普通高等教育"十一五"国家级规划教材

物理量测量

（第四版）

主　编　袁长坤　张静华
　　　　袁文峰　王家政

科学出版社

北　京

内 容 简 介

本书根据《高等工业学校物理实验课程教学基本要求》编写而成，立意新颖，突出物理量的测量.全书分章节介绍了测量的不确定度与数据处理，力学量、热学量与波动特征量测量，电磁学量测量，光学量测量，近代物理与综合性实验，设计性实验；书末附表还给出了常用物理量表.书中列出的不同层次的实验，内容比较全面，强调学生基本测量技能的培养和科学观念、科学行为的养成教育.

本书可作为高等工业学校各专业本、专科及理科类学生的物理实验教材，也可供成人教育学院、函授大学和职工大学选用或参考.

图书在版编目(CIP)数据

物理量测量/袁长坤等主编.—4版.—北京：科学出版社，2014. 12
普通高等教育“十一五”国家级规划教材
ISBN 978-7-03-042654-3

Ⅰ.①物… Ⅱ.①袁… Ⅲ.①物理量-测量-高等学校-教材 Ⅳ.①O4-34

中国版本图书馆CIP数据核字(2014)第280591号

责任编辑：窦京涛 / 责任校对：邹慧卿
责任印制：徐晓晨 / 封面设计：迷底书装

科学出版社出版
北京东黄城根北街16号
邮政编码：100717
http://www.sciencep.com

北京虎彩文化传播有限公司印刷

科学出版社发行 各地新华书店经销

*

2004年11月第 一 版 开本：720×1000 1/16
2014年12月第 四 版 印张：30
2018年 3月第十五次印刷 字数：604 000

定价：59.00元

（如有印装质量问题，我社负责调换）

第四版前言

所谓物理实验，其实就是使用仪器仪表对相关物理量进行测量，不论是基础物理实验还是近代物理实验，概莫例外. 有的物理量可以直接测量，有的物理量需要间接测量. 通过物理量测量，可以验证物理学规律；也可以通过物理学规律，来创新物理量的测量方法. 后者对培养学生的科学素养可能更为重要.

《物理量测量》一书出版以来，已经历三次修订. 可以看出，以往历次修订都十分重视充实基础物理实验，如力学量、热学量、电磁学量、光学量的测量；历次修订都注意适当加强近代物理及综合性实验；历次修订越来越注重学生的创新能力培养，越来越注重设计性和应用性实验. 该书实验项目内容覆盖面广，实验内容由浅入深，涉及实验仪器品种多，给学生提供实践研究的空间，对学生进行技能的培养和训练，使其养成良好的实验习惯和严谨的科学作风.

较前三版，新版的显著特点，是进一步加强了设计创新性实验. 例如增加了光电设计及创新应用性实验 5 个（光照度计测量光照度、光功率计测量光照度、PSD 位移测量、光电转速里程测量、光电传感器的特性测量），光电探测综合实验 3 个（光敏电阻特性测试、光电二极管特性测试、光电三极管特性测试），光纤压力传感器测压力，以及感应式落球法测量液体黏度系数、用千分表法测量金属线膨胀系数、用悬丝耦合弯曲共振法测量金属材料杨氏模量、声速综合实验的研究等实验项目. 让学生在掌握了大量的基础性试验的训练后，能有充足的设计性实验项目供他们选择，充分发挥学生动手和思考能力，进一步培养学生的自主研究能力，提高学生的设计水平和创新素质.

此次修订由袁长坤、张静华、袁文峰、王家政任主编，编委有耿雪、郝子文、闫兴华、刘玉金、李强、盛爱兰、穆晓东、王军、杨赞国.

荣玮教授对本书的编辑和修订提出了很多宝贵的意见和建议，并受邀担任本书的主审.

由于编者水平所限，错误在所难免，敬请读者指正.

编　者

2014 年 9 月于山东理工大学

第三版前言

《物理量测量》一书，从开始以《物理实验教程》为名出版，并在工科类大学投入使用，至今已经历了17个年头. 期间经过更名及几次修订，使本书立意更加科学，内容更趋完善，编排更为合理，受到同行专家的好评.

我们知道，大学物理实验不只是对物理学理论的简单应用，也不只是对传统物理实验项目的机械重复，最重要的是让学生熟悉基本的科学仪器的使用方法，掌握常规物理量的测量方法，在此基础上设计物理量的测量方法和编制实验程序. 概言之，大学物理实验承担了对学生进行科学实验的基础训练的功能. 我们这次修订就是以进一步使学生得到科学实验训练为目的，除了更新一些必要的实验项目外，着力加强了设计性实验. 本书由修订前的11个设计性实验项目增加到17个，覆盖了力学、热学、电磁学、光学和近代物理学. 这样不仅可以方便实验指导教师增加设计性实验，同时也扩大了学生选择设计性实验项目的余地.

此次再版由袁长坤任主编，王家政、张静华、袁文峰任副主编，参加编写的有耿雪、郝子文、闫兴华、刘玉金、李强、盛爱兰、穆晓东、王军、杨赞国.

荣玮教授对本书的编辑和修订提出了很多宝贵的意见和建议，并受邀担任本书的主审.

在本书编写和修订过程中，得到了科学出版社及山东理工大学有关部门的鼎力支持和热情帮助，征求了许多实验指导教师的意见，也借鉴了兄弟院校的宝贵经验，在此一并致以诚挚的谢意.

由于编者理论水平和实践经验有限，书中疏漏和不妥在所难免，诚望读者不吝指教.

编　者

2012年11月于山东理工大学

第二版前言

科学实验大多要涉及物理量的测量，在工程技术中，测量物理量的大小也是必不可少的. 因此，对于理工科的学生来说，物理量测量是培养学生科学行为、训练学生基本技能不可或缺的重要课程之一.

大学物理实验教材《物理量测量》出版以来，以其新颖的立意，宽泛的内涵，系统而全面的内容受到使用者的青睐，在教学实践中收到了较好的效果.

随着科学技术的不断进步，仪器设备的更新换代，物理量测量的方法也不断得以改进. 为了适应测量方法的改进，编者认为有必要对原书进行修订，删去某些相对过时的内容，增加若干新的测量方法. 例如，随着科学技术的发展，微位移测量技术也越来越先进，这次新增加的实验项目“霍尔元件传感器测量杨氏模量”，采用先进的霍尔位置传感器，利用磁铁和集成霍尔元件间位置的变化输出信号来测量微小位移，并将其用于梁弯曲法测杨氏模量的实验中. 又如以往测量导热系数和比热大多采用稳态法，使用稳态法要求温度和热流量均要稳定，因而导致重复性、稳定性、一致性较差，测量误差大. 为了克服稳态法测量误差大的问题，此次引进了“准稳态法测导热系数和比热”. 再如“用硅压阻式力敏传感器测量液体的表面张力系数”，用硅半导体材料制成的硅压阻式力敏传感器灵敏度高、稳定性好，并可以使用数字电压表直接读数.

此次修订版由袁长坤任主编，王家政、郝子文、闫兴华任副主编. 参加编写的有刘玉金、李强、盛爱兰、穆晓东、耿雪、王军、张静华、杨赞国、袁文峰.

本书由荣玮教授主审，他对本书的编写给予了极大的鼓励和支持.

全书编写中，采纳了物理实验中心多年来的实验教学改革及实践的成果，征求了许多实验指导教师的意见，也吸收了兄弟院校的宝贵经验，在此表示衷心的感谢.

由于编者水平有限，时间仓促，书中不妥和疏漏之处在所难免，敬请专家和读者不吝批评指正.

编　者

2009 年 7 月

第一版前言

世界是物质的，研究物质的基本结构和运动规律是物理学的任务. 科学地、理性地、正确地研究物质世界的方法，就是伽利略首先倡导并身体力行的实验方法. 迄今为止，在研究、验证、探索物质世界的性质和规律中，实验仍然是极其重要、不可或缺的手段. 物理实验通常以测量物理量来验证物理定律或检测物质的性质. 从这个意义上讲，物理实验就是对物理量的测量，大学物理实验也是如此.

在工科院校众多的实验课中，只有"大学物理实验"单独设课. 这是因为"大学物理实验"课不是"大学物理"课的附属或延续，它具有自己独立、独特的教学目的和任务. 仅就学习各种基本仪器的使用，掌握各种物理量的测量方法而言，它对理工类各专业学生今后的学习和工作都具有重要的意义.

当今任何重大科学发现或高技术的发展，只要与物质有关，都会与物理量测量或多或少相关联. 无论是机械制造、交通运输、电子通讯，还是生命科学、考古学，甚至是历史学研究领域，只要是涉及自然科学的，无一不存在对物理量的测定问题. 基于上述考虑，将《大学物理实验》定名为《物理量测量》以显示其宽泛、深厚的内涵.

本书是编者根据《高等工业学校物理实验课程教学基本要求》，以 1996 年出版的《物理实验教程》为基础，结合编者多年教学实践，修改补充而成.

全书共分 7 章. 首先介绍了不确定度和误差处理，以及部分仪器的使用，然后以物理量测量为主线，介绍了力学量、热学量和波动特征量的测量，电磁学量测量，光学量测量和近代物理与综合性实验，以及设计性实验. 教学中，不一定按教材中顺序进行.

在具体实验项目选取上，力求新颖、现代. 在编写中，力求做到实验原理叙述清楚、计算公式推导完整、实验步骤简明扼要，以适应大学物理实验独立设课的要求.

本书由袁长坤任主编，武步宇、王家政、闫兴华任副主编. 参加编写的有刘玉金、李强、盛爱兰、穆晓东、耿雪、王军等.

本书由荣玮主审.

编写中，参考了兄弟院校的有关教材，在此表示衷心感谢.

由于编者水平有限，疏漏和错误在所难免，恳请读者不吝批评指正.

编　者

2004 年 4 月

目　　录

绪　论

认识源于实践，又要得到实践的检验.科学实验是实践的重要形式之一，自然规律的认识与应用，无不与实验息息相关，在科学研究和生产活动中，有着十分重要的作用.随着教学改革的深入，作为一门独立的实验课程，大学物理实验不再仅仅是对物理理论的简单应用和机械重复，而应当承担起对学生进行科学实验基础训练的功能.鉴于此，使学生掌握基本科学仪器的使用方法和常规物理量的测量方法，成为这种基础训练的重中之重，这也是开设“物理量测量”课程的目的所在.通过本课程的学习，为今后更高层次的科学实验研究打下牢固的基础，以适应 21 世纪“面向现代化，面向未来”的人才培养要求.

1.“物理量测量”课程目的

通过对物理现象的观察和分析，阅读教材和相关资料，概括出具体物理量测量的原理与方法，正确使用仪器，科学测量，同时记录和处理数据，分析测量结果并撰写实验报告.对一些不太复杂的物理量，能够自行设计测量方法并完成测量.同时注意培养实事求是的科学态度和严谨的工作作风，以及遵守纪律、团结协作、爱护公物的优良品质.

2. 主要教学环节

为达到课程开设目的，基本程序大致有三个重要环节.

1）课前预习

课前应根据网上预约的课程项目，认真阅读教材，必要时应查阅相关资料，明确本次课的测量目的，基本弄懂所用的原理方法，在此基础之上，弄清楚要观察哪些现象，测量哪些数据，是直接测量还是间接测量.全面了解之后，写出预习报告，内容包括:基本原理的文字概述、画出原理图、列出理论公式、拟定数据记录表格.

2）课堂测量

学生进入实验室之后，应遵守实验室规则，在教师指导下，进一步明确测量的目的、仪器的使用方法及注意事项，认真操作，仔细观察，积极思考，细心记录.实验结束时，将测量数据交教师审阅签字后，方可离开实验室.

3）课后总结

课后及时对测量数据进行处理，数据处理包括计算、作图、误差分析等方面.数据处理后给出实验结果，撰写出实验报告，要求字迹工整、文理通顺、图表合理、结论明确、格式规范.实验报告内容包括：

(1) 实验名称(同时注明实验者姓名、实验日期).

(2) 实验目的.

(3) 实验原理.概述本次测量所依据理论,附带必要的公式、原理图.

(4) 实验步骤.根据实际操作过程,条理分明地概括说明测量主要程序及注意事项.

(5) 数据处理.记录测量数据,完成数据计算、曲线图绘制、误差分析.

3. 物理实验课学生须知

(1) 大学物理实验课开课学期为每级学生的第二学期和第三学期上课.学生预约时要观察网上的每个实验项目规定的学时数,在每学期的第一至二周内一次性预约完本学期规定的实验学时数(实验项目数×学时数).学生根据预约实验项目按时上课,可自己设计创新研究项目.

(2) “清明节”、“劳动节”、“端午节”、“国庆节”、“中秋节”、“元旦”节日休息时间,请不要预约实验项目.

(3) 学生要掌握本学期上理论课的时间,确定理论课与实验课时间不冲突的前提下预约实验项目.选课路径:教务处—实验教学网络管理系统—大学物理实验中心.初始密码为123456;你第一次登陆后必须修改初始密码,并记牢你修改的新密码.要记录下你预约的每个实验项目、实验室编号、时间代码(例第09周、星期3、第56节上课,时间代码为09356).

(4) 实验前必须预习实验讲义,写出预习报告,实验报告上的内容要准确填写,到实验室上课签名时再填写实验序号,没有写预习报告者一律不准做实验,请与老师商定另做实验的时间.

(5) 如果预约的实验项目不能按时上课,请在每周四以前在网上撤销该实验项目重新预约,或者提前持请假条向任课教师请假,另商定上课时间.

(6) 学生上实验课必须随身携带有照片的有效证件,已方便老师对教学查询及教学问题的处理.

(7) 禁止让他人网上替代预约实验项目,以防出错.不准学生替做实验,替做和被替做的学生本学期成绩为零分,出现的不良后果学生本人自负.

(8) 学生上实验课时不准开通信工具,不准随便出入实验室,有事向老师请假.

(9) 实验结束后两天内将实验报告投到任课教师的实验报告箱内,交实验报告时请不要投错实验报告箱,以防实验报告丢失.

(10) 第17周四至18周二为成绩公示时间,学生可网上查询本学期的实验成绩,成绩有误者请本周及时找任课教师查询.

(11)上大学物理实验课时,如遇到其他事宜,请直接到大学物理实验中心(15-445室)网络管理中心处咨询.

(12) 物理实验室分布在15号教学楼北区:三层实验室、四层实验室、五层实验室.

(13) 物理实验网址:http://210.44.176.104/wuli.

4. 物理实验成绩评分细则

为使学生的实验成绩公平、公正、合理的原则,对学生的每个实验项目要有统一的综合评价,评价学生的实验成绩由三部分组成:实验课前预习分、课堂实验综合考察分和实验测试报告分.为使所有实验项目评分尽量达到统一的标准要求,特制定如下评分细则:

1) 实验预习分(30分)

(1) 实验报告上的内容填写要完整(实验名称、姓名、时间代码、实验序号、级班、仪器与用具等).

(2) 实验目的.

(3) 实验原理及原图.

(4) 操作步骤.

(5) 画出数据记录表格.

(6) 书写工整,表达完整.

2) 实验课堂综合考察分(30分)

(1) 进入实验室要签名,按实验序号对号入座.

(2) 迟到超过八分钟本次实验取消.

(3) 入座后检查仪器的器件数量是否缺少、开关、旋钮是否正常.

(4) 认真听老师讲解,不明白的地方举手提问.

(5) 熟悉仪器各项功能,正确连接线路,掌握仪器的正确操作功能.

(6) 按正确的实验步骤逐项进行操作.

(7) 实验数据采取实事求是,数据用钢笔、圆珠笔填入数据表格中,抄袭别组实验数据为零分.

(8) 实验结束后,将仪器、物品清点好,凳子放回原处.

(9) 要保持室内良好的环境卫生.

3) 实验报告分(40分)

(1) 实验原理能用创新的理论知识阐述,做到简明扼要.

(2) 实验过程能补充新的实验步骤和测量技巧.

(3) 采取数据准确、能估读到仪器最佳有效数字的位数.

(4) 实验数据采取量要大(不少于五组).

(5) 数据处理要计算全过程(只写公式及结果零分).

(6) 根据实验数据仔细作图.

(7) 对不同的实验要采取正确的误差处理方法(按教材及教师要求).

(8) 对实验结果要进行分析(简要用文字说明).

(9) 回答课后思考题.

(10) 按时交实验报告.

(11) 不交实验报告者实验报告分记零分.

4) 无故旷课补做实验者满分(60%分). 旷课一周内有任课教师按学生旷课原因解决,一周外由实验室正、副主任按学生旷课原因解决.

各位任课教师认真掌握评分细则,在报告中打出批改标记(对号√、错号×、扣掉分标记),批改日期. 上述三项成绩之和为每一个实验项目的总成绩.

第一章　测量的不确定度与数据处理

1.1　测量、测量误差与误差处理

1. 测量与测量误差

自然科学的发展过程是通过对客观世界的观察研究，发现现象，找出物质运动规律，并作出正确解释的过程. 为了更准确地分析事物，测量物理量的大小是必不可少的，因此要借助于实验的方法来测量数据. 物理量须有一个标准单位来与之比较方能知道其大小. 被测物理量与所选的标准单位进行比较，得到的倍数即为测量值. 例如长度选择米(m)为标准单位(它是光在真空中 1/299792458s 传播的距离). 显然，测量值的大小与所选用单位有关. 因此，表示一个物理量的测量值时必须包括数值和单位.

1) 直接测量与间接测量

测量分为两类，直接测量和间接测量.

直接测量是用能直接读出被测值的仪器进行测量的方法，相应测量值称为直接测量值. 例如用米尺测物体的长度，用天平测物体的质量，用电流表测量电路中的电流强度等都是直接测量.

实际测量中，很多物理量是没有专门仪器来直接测量的. 通常的方法是先用直接测量的方法测出几个物理量，然后代入公式计算得到所需物理量，这种方法称为间接测量. 例如用单摆测量重力加速度时，先测出摆长 l 和周期 T，然后代入公式 $g=\frac{4\pi^2 l}{T^2}$，得到当地的重力加速度. 实际接触到的测量，大部分属于间接测量.

2) 等精度测量和不等精度测量

对某一物理量进行多次测量时，如果测量条件保持不变(同一的测量者、仪器、方法及相同的外部环境)，是无法判断测量精度有何差异的，即无法判断某一次测量比另一次测量是否更准确，那么只能认为每次测量的精度是同等级别的，这样进行的重复测量称为等精度测量. 如果测量条件中，一个或几个发生了变化，这时所进行的测量就称为不等精度测量. 实际测量中应尽量保持为等精度测量.

3) 测量误差

在一定条件下，任何待测物理量都是客观存在的，不依人的意志为转移的确定量值，称为真值. 测量过程中，测量仪器不可能是尽善尽美的，测量所依据的理论公式所要求的条件也是无法绝对保证的，再加上测量技术、环境条件等各种因素的限制，测量不可能是无限精确的，测量结果与客观存在的真值之间都有一定的差异，我们把测量结果与真值之间的差值叫做测量误差. 测量误差反映了测量结果的准确程度，可用绝对误差表示，也可以用相对误差(E)表示

$$\text{绝对误差}=\text{测量结果}-\text{被测量的真值}$$

$$\text{相对误差}=\frac{\text{绝对误差}}{\text{被测量真值}}\times 100\%$$

式中，绝对误差表示测量结果偏离真值的大小与方向，即表示某一次测量结果的优劣；相对误差则可以比较不同测量结果的优劣度.

2. 误差分类

误差按其性质和产生原因可分为系统误差和随机误差.

1) 系统误差

系统误差总是使测量结果向一个方向偏离，其数值是一定的或以可预知的方式变化的. 它来源于仪器本身的缺陷(仪器误差)，如仪器的零点不准，球面镜各处的曲率不一样；或来源于理论公式和测量方法的近似性(理论误差或方法误差)，如用伏安法测电阻时没考虑电表内阻，单摆测重力加速度时忽略了空气阻力；或来源于测量者个人习惯性误差(个人误差)，如计时时，有人反应快、有人反应慢等.

系统误差有时是定值，如游标卡尺的零点不准；有些是积累性的，如在较高温度下用钢制米尺进行测量，其指标值小于真值，误差随待测长度成正比增加；还有些是周期性变化的，如分光计的转动中心轴与刻度中心不重合而造成的偏心差，在不同的位置有不同的数值，按一定规律变化，但在某一定位置，其误差又是定值.

可见，系统误差的出现是有规律的，或全部结果都大于真值，或全部结果都小于真值，增加测量次数并不能减小这种误差的影响. 消除和纠正系统误差的方法是对仪器进行校正，修正实验方法，或者在计算公式中引入修正项，以消除某些因素对实验结果的影响. 本课程只要求初步建立系统误差的概念，并在某些实验中学习消除系统误差的方法.

2) 随机误差

测量时，由于测量者的感官有一定限制，如估读仪器读数时最后一位不准；或由于周围环境条件变化，如测量中气流扰动或温度起伏；或由于测量对象本身有统计的涨落，如一定温度下以一定速度运动的分子数目是个有涨落的统计量；或由于其他一些不可预测的随机因素造成的干扰等，都会引起测量误差. 这些由于随机的或不确定的因素所引起的每一次测量值无规律的涨落而造成的误差，称为随机误差，也叫偶然误差.

随机误差的存在使得每次测量值涨落不定，但它服从一定的统计分布规律，常见的一般性测量中，基本上属于正态分布，因此可以用统计的方法处理随机误差.

3. 随机误差的处理方法

由于偶然因素的影响，每一次测量中随机误差的出现在大小和方向上是不可预知的. 但在相同条件之下，对同一物理量的多次重复测量结果，服从某种统计分布规律，其中最常见的是正态分布.

1）随机误差的正态分布规律

理论和实践均表明，大量的随机误差服从正态分布（或称高斯分布）规律. 正态分布曲线如图 1.1.1 所示，x 表示测量值的概率密度

$$f(x)=\frac{1}{\sqrt{2\pi}\sigma}\mathrm{e}^{-\frac{(x-\mu)^2}{2\sigma^2}} \qquad (1.1.1)$$

式中

$$\mu=\lim_{n\to\infty}\frac{\sum_{i=1}^{n}x_i}{n}$$

$$\sigma=\lim_{n\to\infty}\sqrt{\frac{\sum_{i=1}^{n}(x_i-\mu)^2}{n}} \qquad (1.1.2)$$

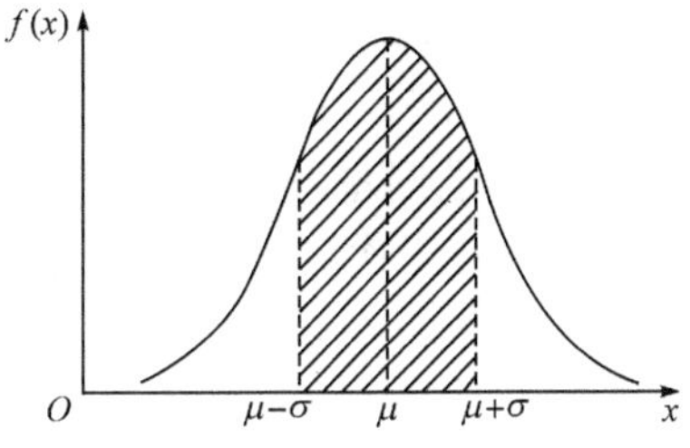

图 1.1.1

从正态分布曲线图上可以看出，测量值在 $x=\mu$ 处的概率密度最大，相应横坐标 μ 为测量次数 $n\to\infty$ 时的测量平均值. 横坐标上任一点 x 到 μ 值的距离为 $x-\mu$，即为与测量值 x 相应的随机误差分量. 随机误差小的概率大，随机误差大的概率小. σ 称为正态分布的标准偏差，其值为曲线上拐点处的横坐标与 μ 值之差，是表征测量值分散性的参数. 正态分布曲线，即正态分布的概率密度分布曲线，当曲线与 x 轴之间的总面积为 1 时，介于横坐标上任意两点之间的面积可用来表示此范围内随机误差的概率. 例如，图中 $\mu-\sigma$ 到 $\mu+\sigma$ 之间的面积就是随机误差在 $\pm\sigma$ 范围内的概率，即测量值落在 $(\mu-\sigma,\mu+\sigma)$ 区间中的概率，可计算得概率 $P=68.3\%$. 区间扩大 2 倍，测量值落在 $(\mu-2\sigma,\mu+2\sigma)$ 区间内的概率为 95.4%；落在 $(\mu-3\sigma,\mu+3\sigma)$ 区间内的概率为 99.7%.

2）残差、偏差和误差

残差 Δx 为单次测量值 x_i 与有限次测量平均值 $\bar{x}$ 之差. 即

$$\Delta x=x_i-\bar{x} \qquad (i=1,2,\cdots,n) \qquad (1.1.3)$$

偏差为单次测量值 x_i 与总体平均值 μ 之差. 注意：偏差即为随机误差，系统误差为 0 时，偏差才是误差.

误差为单次测量值 x_i 与被测量真值 x_0 之差.

3) $\sigma, S, S_{\bar{x}}$

(1) 总体标准偏差 σ.

由前文已经知道,总体平均值

$$\mu = \lim_{n\to\infty} \frac{\sum_{i=1}^{n} x_i}{n}$$

为 $n\to\infty$时的理想值,在系统误差为零时,μ 就是某物理量的真值. 总体标准偏差

$$\sigma = \lim_{n\to\infty} \sqrt{\frac{\sum_{i=1}^{n}(x_i-\mu)^2}{n}} \tag{1.1.4}$$

说明了一定测量条件下,等精度测量列随机误差的概率分布情况。尽管某一次测量值的随机误差不可能恰等于 σ,但可以认为这一系列测量中的所有测量值都服从一个标准偏差为 σ 的概率分布.

(2) 有限次测量时的单次测量值标准差 S.

实际测量中,测量次数是有限的,算术平均值可以近似地代表真值

$$\bar{x} = \frac{1}{n}\sum_{i=1}^{n} x_i \tag{1.1.5}$$

相应单次测量得到的标准差

$$S = \sqrt{\frac{\sum_{i=1}^{n}(x_i-\bar{x})^2}{n-1}} \tag{1.1.6}$$

称为实验标准偏差(概率论称为样本标准差),它是对总体标准差 σ 的最佳估计值,表征 n 次有限测量结果的分散程度.

(3) $\bar{x}$ 的标准偏差 $S_{\bar{x}}$.

相同条件下,进行多组重复的系列测量,每组都有一个算术平均值. 由于随机误差的存在,任何两组的算术平均值不相同,它们在真值周围有一定分散,这种分散表明算术平均值的不可靠性. 表征各个组中算术平均值分散性的参数称为算术平均值的标准偏差

$$S_{\bar{x}} = \frac{S}{\sqrt{n}} = \sqrt{\frac{\sum_{i=1}^{n}(x_i-\bar{x})^2}{n(n-1)}} \tag{1.1.7}$$

显然,由于算术平均值 $\bar{x}$ 相对于单次测量值 x_i 的随机误差有一定抵消,更接近于真值,其误差分散程度也小得多,因而,算术平均值的标准偏差 $S_{\bar{x}}$ 比单次测量的标准偏差 S 小得多.

1.2　测量的不确定度

1. 不确定度

1）不确定度的概念

不确定度是指由于测量误差的存在而对测量值不能肯定的程度，是表征被测量的真值所处的量值范围的评定.

引入不确定度可以对测量结果的准确程度作出科学合理的评价.不确定度愈小，表示测量结果与真值愈靠近，测量结果愈可信.反之，不确定度愈大，测量结果与真值差别愈大，可信度愈差，使用价值愈低.

2）不确定度与误差的关系

不确定度和误差是两个不同的概念，前者是在后者理论基础上发展起来的，它们都是由于测量过程的不完善性引起的.误差用于定性地描述理论和概念的场合；不确定度用于给出具体数值或进行定量运算分析的场合.在叙述误差分析方法、合成方法和误差传递的一般原理公式时，可保留原来的名称，在具体计算和表示计算结果时，应改为不确定度，即凡涉及到具体数值场合均应用不确定度代替误差.

由于真值一般是未知的，测量误差一般也是未知的，所以无法表示测量结果的误差.前文所涉及的“误差”等词，也不是指具体的误差数值，而是用来描述误差分布的数值特征和与一定置信概率相联系的误差分布范围的.不确定度则表示由于测量误差的存在而对被测值不能确定的程度，反映了可能存在的误差分布范围，表征被测量的真值所处的量值范围，所以不确定度准确地用于测量结果的表示.不确定度可以计算或评定出来的，其值永为正值.而误差一般是无法计算的，可正可负也可接近于零.

2. 直接测量结果不确定度的估计

完整的测量结果应记为 $x=x_0\pm\Delta$，x_0 为被测量的量值，Δ 为总不确定度，这表示被测量的真值以很大概率落在$(x_0-\Delta, x_0+\Delta)$内.“总不确定度”有时简称为“不确定度”.

不确定度从估计方法上可以分为两类：

A 类不确定度是指多次重复测量用统计方法计算出的分量，用 Δ_A 表示.

B 类不确定度是指用其他方法估计出的分量，用 Δ_B 表示.

这两类不确定度用方和根法合成

$$\Delta=\sqrt{\Delta_A^2+\Delta_B^2} \tag{1.2.1}$$

1）A 类不确定度 Δ_A

在进行无限次测量时$(n\to\infty)$，测量误差服从正态分布律，而实际测量中，只可能进行有限次测量，这时测量误差服从 t 分布(又称学生分布)律. A 类不确定度 Δ_A 的表达式为

$$\Delta_A = \frac{S_x}{\sqrt{n}} t_{\frac{\alpha}{2}}(n-1) \tag{1.2.2}$$

式中，$t_{\frac{\alpha}{2}}(n-1)$是与测量次数 n、置信度$(1-\alpha)$有关的量，可以从表 1.2.1 中查得.

表 1.2.1

n \ α	0.25	0.10	0.05	0.025	0.01	0.005
2	0.8165	1.8856	2.9200	4.3027	6.9646	9.9248
3	0.7649	1.6377	2.3534	3.1824	4.5407	5.8409
4	0.7407	1.5332	2.1318	2.7764	3.7469	4.6041
5	0.7267	1.4759	2.0150	2.5706	3.3649	4.0322
6	0.7176	1.4398	1.9432	2.4469	3.1427	3.7074
7	0.7111	1.4149	1.8946	2.3646	2.9980	3.4995
8	0.7064	1.3968	1.8595	2.3060	2.8965	3.3554
9	0.7027	1.3830	1.8331	2.2622	2.8214	3.2498
10	0.6998	1.3722	1.8125	2.2281	2.7638	3.1693

S 为标准偏差，表达式为 $S=\sqrt{\frac{\sum_{i=1}^{n}(x_i-\overline{x})^2}{n-1}}$.

实验室中一般要求测量次数 n 不大于 10，在要求精度不太高的情况下，当 $6\leqslant n\leqslant 10$ 时，式(1.2.2)可简化为

$$\Delta_A = S_x \tag{1.2.3}$$

经计算当 $6\leqslant n\leqslant 10$ 时，取 $\Delta_A=S_x$，置信概率近似为 0.95 或更大，故而可直接把 S_x 的值当作测量结果的 A 类不确定度. 当 n 不在上述范围内时或要求精确误差估计时，应查表得到相应的值.

2) B 类不确定度 Δ_B

B 类不确定度 Δ_B 分量的误差成分与不确定的系统误差相对应，而后者存在于测量的各个环节之中，因此 B 类不确定度的估计是测量不确定估算中的难点. 从教学的实际出发，我们只要求掌握由仪器误差引起的 B 类不确定度 Δ_B 的估计方法.

常用仪器的误差或误差限值，由生产厂家或实验室给出，用 $\Delta_{仪}$ 表示. 实际测量中一般约定把 $\Delta_{仪}$ 简化地直接当作不确定度中用非统计方法估计的 B 类分量 Δ_B，即

$$\Delta_B = \Delta_{仪} \tag{1.2.4}$$

3）总不确定度的合成

由式(1.2.1)、式(1.2.2)和式(1.2.4)可得

$$\Delta = \sqrt{\Delta_A^2 + \Delta_B^2} = \sqrt{\left[\frac{S_x}{\sqrt{n}} t_{\frac{\alpha}{2}}(n-1)\right]^2 + \Delta_{仪}^2} \tag{1.2.5}$$

当测量次数 n 符合 $6 \leqslant n \leqslant 10$ 条件时，简化为

$$\Delta = \sqrt{S_x^2 + \Delta_{仪}^2} \tag{1.2.6}$$

当 $S_x < \frac{1}{3}\Delta_{仪}$，或 Δ_A 对测量结果影响甚小，或只进行了一次测量，Δ 可简单地用 $\Delta_{仪}$ 表示. 这只是一种近似或粗略的估算方法，并不意味着单次测量的不确定度小于多次测量的不确定度.

3. 间接测量结果不确定度的估计

实际生活中，大部分测量属于间接测量. 间接测量结果由直接测量结果经过数学计算得到，也必然存在不确定度.

设间接测量所用的数学表达式为

$$\varphi = f(x, y, z, \cdots)$$

式中，φ 为间接测量结果；$x, y, z, \cdots$ 为直接测量结果，且它们相互独立. $x, y, z, \cdots$ 的不确定度（分别为 $\Delta_x, \Delta_y, \Delta_z, \cdots$）必然影响间接测量结果，使 φ 也有相应的不确定度. 不确定度是微小量，相当于数学中的“增量”，所以间接测量结果不确定度的计算公式和数学中的全微分公式基本相同. 不同之处在于不确定度 $\Delta x, \Delta y, \Delta z, \cdots$ 替代了 $\mathrm{d}x, \mathrm{d}y, \mathrm{d}z, \cdots$ 以及不确定度用“方和根”合成的统计性质. 我们常用以下两式简化地计算间接测量结果 φ 的不确定度 Δ_φ：

$$\Delta_\varphi = \sqrt{\left(\frac{\partial f}{\partial x}\right)^2 \Delta_x^2 + \left(\frac{\partial f}{\partial y}\right)^2 \Delta_y^2 + \left(\frac{\partial f}{\partial z}\right)^2 \Delta_z^2 + \cdots} \tag{1.2.7}$$

$$\frac{\Delta_\varphi}{\varphi} = \sqrt{\left(\frac{\partial \ln f}{\partial x}\right)^2 \Delta_x^2 + \left(\frac{\partial \ln f}{\partial y}\right)^2 \Delta_y^2 + \left(\frac{\partial \ln f}{\partial z}\right)^2 \Delta_z^2 + \cdots} \tag{1.2.8}$$

式(1.2.7)适用于 φ 为和差形式的函数，式(1.2.8)适用于积商形式的函数.

间接测量结果的表示方法为

$$\left.\begin{aligned} \varphi &= \bar{\varphi} \pm \Delta_\varphi \\ E_\varphi &= \frac{\Delta_\varphi}{\varphi} \times 100\% \end{aligned}\right\} \tag{1.2.9}$$

式中，$\bar{\varphi}$ 为间接测量最佳值，由直接测量的最佳值（算术平均值）代入相应函数关系式得到；Δ_φ 为直接测量结果代入式(1.2.7)、式(1.2.8)得到的不确定度.

1.3 数据处理

1. 测量结果的有效数字

在测量中，我们要取得测量结果，除数字表直接显示的数字外，都要我们从测量仪器或仪表上根据刻度读数，那么读到哪位才是适当的呢？在数据处理过程中，要进行数值运算，通常会出现位数越乘越多或除不尽的情况，如何取舍而不影响结果呢？有些数据如 π，e，h，c 在计算中应取几位呢？测量的最后结果应保留几位数字呢？这些都是与测量结果的有效数字有关的问题.

1）有效数字的定义

实际测量中测量结果都是含有误差的数值，对这些数值的尾数不能任意取舍，应反映出测量值的准确度. 由于受到测量工具误差的制约，在测量读数时，只能读到它的最小分度值，在最小分度值以下还要再估读一位数字. 例如用刻度尺测量某物体长度为 12.6mm，从刻度尺读出的最小分度值的整数部分 12 是准确数字，最小分度下估计读出的末位数字 6 是欠准确的，是测量工具误差或相应不确定度所在的一位，称为存疑数字. 因此，测量结果的若干位准确数字和最后一位存疑数字的全体称为有效数字.

有效数字位数的多少，反映了测量结果的准确度，位数越多，准确度越高. 测量结果取几位有效数字是件严肃的事，不可任意取舍. 如用最小分度是毫米(mm)的刻度尺测得某物体长度恰好是 15mm 整，应记录为 15.0mm 而不是 15mm，有效数字的位数与测量工具的最小分度值有关，对同一物理量，最小分度值越小，测量精度越高，有效数字位数越多. 有效数字位数与小数点的位置无关，单位换算时，有效数字的位数不应发生变化. 还应注意，表示小数点位置的“0”不是有效数字，数字中间或数字后面的零是有效数字，不能任意增减.

2）有效数字的表示

有效数字的末位为估读数字，存在不确定性，当规定绝对不确定度的有效数字只取一位时，测量结果最后一位应与绝对不确定度所在的那一位对齐. 如 $V=(32.56\pm0.08)\text{cm}^3$ 中，测量值末位“6”应与不确定度 0.08 的“8”对齐.

进行单位变换时，测量结果有时会变得很大或很小，数值表示与有效数字位数可能会发生矛盾. 如 2.34cm，显然是用最小分度为毫米(mm)的刻度尺测量得到，单位变换为 2.34cm=0.0234m 是正确的，但变为 2.34cm=23400μm 是错误的. 为避免这种情况发生，通常采用科学表示法，应记为 $2.34\times10^4\mu\text{m}$. 又如某人测得真空中光速为 299700km/s，不确定度为 300km/s，如记为(299700±300)km/s 是不正确的，应写成 $(2.997\pm0.003)\times10^5\text{km/s}$.

3）有效数字的运算规则

测量结果有效数字位数取几位取决于测量，而不取决于计算过程，运算时，不应随意扩大或减少有效数字位数，也不要认为计算出的结果位数越多越好.

（1）加减运算.

设 $\varphi=x+y+z+\cdots$，各分量不确定度为 $\Delta_x,\Delta_y,\Delta_z,\cdots$.

先计算绝对不确定度 $\Delta_\varphi=\sqrt{\Delta_x^2+\Delta_y^2+\Delta_z^2+\cdots}$，计算过程中取两位，最后取一位；再计算 φ，其中各分量 $x,y,z,\cdots$ 位数取到和不确定度所在位相同或比不确定度所在位低一位；最后用绝对不确定度决定最后结果的有效数字.

若未标明 $\Delta_x,\Delta_y,\Delta_z,\cdots$，运算中以各分量中估计位最高的为准，其他各分量运算过程中保留到它下面一位，最后对齐. 对计算

$$\varphi=71.3-0.753+6.262+271$$

显然以 271 为准，其余比它多保留一位

$$\varphi=71.3-0.8+6.3+271=347.8$$

最后与 271 取齐，即 $\varphi=348$.

（2）乘除运算.

设 $\varphi=xyz\cdots$，各分量不确定度为 $\Delta_x,\Delta_y,\Delta_z,\cdots$.

以有效数字位数最少的分量为准，其他各分量的有效数字取到比它多一位，计算 φ，结果也暂多保留一位；再计算不确定度，由不确定度决定最后结果有效数字的位数.

在未标明不确定度 $\Delta_x,\Delta_y,\Delta_z$ 时，最后结果在最“保险”情况下可取到比上述最少位数的分量多一位，如计算

$$\varphi=\frac{39.5\times4.08437\times0.0065}{867.8}$$

式中 0.0065 有效数字位数最少只有 2 位，运算中其余分量取三位，结果也可取三位，即

$$\varphi=\frac{39.5\times4.08\times0.0065}{868}=1.21\times10^{-3}$$

（3）函数运算.

设 $\varphi=f(x,y,z,\cdots)$.

在直接测量值标明不确定度时，先用微分方法写出该函数的不确定度公式，再将直接测量值不确定度代入公式，确定函数有效数字的位数. 若直接测量值未标明不确定度，则在直接测量值的最后一位数上取 1 作为不确定度代入公式. 如测得 $x=25.4$，求 $\ln x$.

对 $\ln x$ 求微分得误差公式为

$$\Delta(\ln x)=\frac{1}{x}\Delta_x$$

由于直接测量值 $x=25.4$ 未标明不确定度，应在 25.4 最后一位上取 1 作为不确定度，即 $\Delta_x=0.1$，所以 $\Delta(\ln x)=0.004$. 因此 $\ln x$ 小数点后应保留至第三位，即

$$\ln x=\ln 25.4=3.235$$

在计算中，若有物理常数(如 c，h 等)和纯数学数字(如 π，e，$\sqrt{2}$等)参与运算，它们不影响运算结果中有效数字的位数.

(4) 数值舍入规则.

间接测量结果由直接测量值经过运算得到，在确定有效数字位数时，一般要舍去后面多余的数字，数值的舍入一般遵循“四舍六入五凑偶”的规则：

① 拟舍数字部分最左一位数字≤4，直接舍去，保留位不变.

② 拟舍数字部分最左一位数字≥6，则直接进一，即保留数字末位数字加 1 .

③ 若拟舍数字部分最左一位的数字为 5，当 5 后边为非 0 数字时，则进一，即保留数字末位加 1；当 5 后边无数字或全为 0 时，则保留数字末位为奇数则进一，为偶数或 0 则舍弃.

例 将下列数字保留四位有效数字，舍入后为

3.14159→3.142　　　　2.72729→2.727

4.62050→4.620　　　　3.21750→3.218

对于测量结果不确定度的有效数字，采用只入不舍的规则. 如计算得 $\Delta=0.0052\text{m}$，结果应表示为 $\Delta=0.006\text{m}$.

2. 数据处理

数据处理的方法较多，常用的有列表法、作图法、逐差法、回归法等.

1) 列表法

在记录和处理数据时，常常将数据列成表格. 数据列表可以简单而又明确地表示出有关物理量之间的关系，便于随时检查测量结果和运算是否合理，提高工作效率，减少或避免错误，及时发现问题和分析问题，有助于找出一些物理量之间的规律性的联系等.

有时也可以把运算的主要中间过程列出.

列表的主要要求是：简单明了，便于看出有关量之间的关系，便于处理数据；必须交代清楚表中各符号所表示的物理量的意义，并写明单位，单位写在标题栏中；表中的数据要正确反映测量结果的有效数字；写明表的标题或加上必要的说明.

2) 作图法

用作图法处理实验数据是数据处理中最常用的方法之一，通过它可以研究物理量之间的变化关系，找出规律. 从图上可以由斜率、截距、用内插、外推、叠加、相减、相乘、求微商、求积分、求极值、求渐近线等方法去寻找或求出某些物理量数值. 用作图法还可以减小误差、发现误差或发现错误等.

作图的规则是：作图一定要用坐标纸，坐标纸的大小要根据测量结果有效数字的多少和结果的需要来定，一般不能太小；坐标原点不一定在图纸上，图线不要偏在图纸的一角或一部分；要标明图的名称和轴名、单位，在轴上每隔一定相等的间距按有效数字的数标明数值；可对图做必要的说明；图上标的实验数据点要用直尺尖笔画出，一般可用"＋". 一张图上同时有两条以上曲线时，数据点必须用不同的符号标出，如用"○"、"×"、"△"等；图上连线要用直尺或曲线尺，曲线板；在连成光滑曲线时不一定通过所有的数据点，可使数据点在曲线两侧较合理的分布；在图上求直线斜率时，要选取线上相距较远的两点，不一定要取原来的数据点.

我们常常设法使作图的图线线性化，特别是在检验规律及求值时更是如此. 图线线性化，主要是通过改变坐标轴所代表的物理量来实现的. 例如等温过程中气体压强与体积的关系.

$pV=C$，是一条双曲线，如果作 p-$\frac{1}{V}$图就成一直线了.

又如弦线中波长 $\lambda=\frac{1}{\nu}\sqrt{\frac{T}{\mu}}$，显示了 λ 与绳中张力 T 的关系，取对数，有

$$\lg\lambda=\frac{1}{2}\lg T-\frac{1}{2}\lg\mu-\lg\nu$$

则 $\lg\lambda$ 与 $\lg T$ 就成线性关系了. 如用双对数坐标作图是非常方便的.

再如电流衰减曲线 $I=I_0\exp(-\beta t)$，取对数，有 $\lg I=\lg I_0-\beta t$，作 $\lg I$-t 图，则为一直线，用单对数坐标纸作图是很方便的.

3）逐差法

在通常情况下，如果一元函数能写成多项式，即

$$y=a_0+a_1x$$

或

$$y=a_0+a_1x+a_2x^2$$

或

$$y=a_0+a_1x+a_2x^2+a_3x^3$$

而且自变量 x 是等间距变化的，则可以用逐差法处理数据.

用逐差法处理数据可以检验函数是不是多项式的形式. 即把对应于各个自变量 x_i 的函数值 y_i 逐项相减（逐差），如果相减一次（一次逐差）得一常量，即说明 y 是 x 的一次函数；如果相减两次（二次逐差）得一常量，即说明 y 是 x 的二次函数，其余类推.

用逐差法处理数据还可以求得多项式的系数值. 用逐差法求值时，必须把数据分成前后两部分，然后将前后两组的对应项相减. 以线性函数 $y=a_0+a_1x$ 为例，设有 $2n$ 组数据

$$(x_1, y_1), (x_2, y_2), \cdots, (x_{2n}, y_{2n})$$

其中

$$x_1 = x, x_2 = 2x, \cdots, x_{2n} = 2nx$$

则有

$$\begin{aligned}
y_1 &= a_0 + a_1 x \\
y_2 &= a_0 + a_1(2x) \\
y_3 &= a_0 + a_1(3x) \\
&\cdots\cdots \\
y_n &= a_0 + a_1(nx) \\
y_{n+1} &= a_0 + a_1(n+1)x \\
y_{n+2} &= a_0 + a_1(n+2)x \\
y_{n+3} &= a_0 + a_1(n+3)x \\
&\cdots\cdots \\
y_{2n} &= a_0 + a_1(2n)x
\end{aligned}$$

隔 n 项相减，有

$$\delta y_i = y_{n+i} - y_i = a_1 nx, \quad i = 1, 2, \cdots$$

共有 n 个 δy_i，因此 a_1 的平均值

$$\bar{a}_1 = \frac{\overline{\delta y_i}}{nx} = \frac{1}{n^2 x} \sum_{i=1}^{n} \delta y_i$$

把 $\bar{a}_1$ 代入每组数据，都可求得一个 a_0，共有 $2n$ 组，取平均，有

$$\bar{a}_0 = \frac{1}{2n}\left(\sum_{i=1}^{2n} y_i - \bar{a}_1 x \sum_{i=1}^{2n} i\right)$$

如果数据是奇数个，即有$(2n-1)$个，亦将数据分成两半，前半多一项，隔 n 项逐差，有

$$\bar{a}_1 = \frac{1}{n(n-1)x} \sum_{i=1}^{n-1} \delta y_i$$

$$\bar{a}_0 = \frac{1}{2n-1}\left(\sum_{i=1}^{2n-1} y_i - \bar{a}_1 x \sum_{i=1}^{2n-1} i\right)$$

对于二次式或二次以上的多项式，也可以写出其系数的普遍表达式来.

4）回归法

最常用的回归方法是最小二乘法. 下面介绍一种最简单的情况—— 一元线性回归. 如果推断物理量 y 是 x 的线性函数，即

$$y = a_0 + a_1 x$$

测得一组 x，y 的数据 x_i，y_i（$i=1,2,\cdots,n$），各测量数值是等精度的. 用这一组数据，根据最小二乘法原理去求直线的经验方程，也就是令从直线上的一点到测得的数据点，其函数值（对同一 x_i）的偏差的平方和为极小，根据统计理论，有

$$a_0=\frac{\sum_{i=1}^{n}y_i\cdot\sum_{i=1}^{n}x_i^2-\sum_{i=1}^{n}x_i\cdot\sum_{i=1}^{n}x_iy_i}{n\sum_{i=1}^{n}x_i^2-\left(\sum_{i=1}^{n}x_i\right)^2}$$

$$a_1=\frac{n\sum_{i=1}^{n}x_iy_i-\sum_{i=1}^{n}x_i\cdot\sum_{i=1}^{n}y_i}{n\sum_{i=1}^{n}x_i^2-\left(\sum_{i=1}^{n}x_i\right)^2}$$

相关系数

$$r=\frac{n\sum_{i=1}^{n}x_iy_i-\sum_{i=1}^{n}x_i\cdot\sum_{i=1}^{n}y_i}{\left\{\left[n\sum_{i=1}^{n}x_i^2-\left(\sum_{i=1}^{n}x_i\right)^2\right]\left[n\sum_{i=1}^{n}y_i^2-\left(\sum_{i=1}^{n}y_i\right)^2\right]\right\}^{\frac{1}{2}}}$$

r 的值在 -1 与 $+1$ 之间，它表示数据点接近直线的程度. r 值越接近 $+1$ 或 -1，说明 y 与 x 的线性关系越好.

下面举一个例子来说明. 弹簧振子的周期

$$T=2\pi\sqrt{\frac{m+m_0}{k}}$$

式中，m 是振子的质量；m_0 是弹簧的等效质量；k 是弹簧的劲度系数. 上式可变为

$$T^2=\frac{4\pi^2}{k}m+\frac{4\pi^2m_0}{k}$$

与 $y=a_0x+a_1$ 相比

$$a_0=\frac{4\pi^2m_0}{k},\quad a_1=\frac{4\pi^2}{k}$$

即 T^2 与 m 是线性关系. 测量数据如下表：

i	1	2	3	4	5	6	7	8
m_i/g	0	5.00	10.00	15.00	20.00	25.00	30.00	35.00
T_i^2/s^2	0.558	1.000	1.462	1.855	2.307	2.756	3.140	3.553

应用上面计算 a_1，a_0 及 r 的公式，得

$$a_1=0.08571$$

$$a_0=0.5789$$

$$r=0.99978$$

该弹簧振子的周期的经验公式为

$$T^2 = 0.08571m + 0.5789$$

即

$$T = \sqrt{0.08571m + 0.5789}$$

这种数据处理方法可以在带统计运算的计算器上进行.如果使用计算机,还可以进行更复杂的回归法数据处理.

第二章　力学量、热学量与波动特征量测量

2.0　力学、热学量测量基本知识

力学是研究物体机械运动的规律及其应用的学科，是各门自然科学中发展最早且最富有直观性的学科，是一切工程技术的理论基础．力学量测量的目的，是让学生掌握一些基本力学量（长度、质量、时间等）的测量方法，学习一些常用测量仪器和工具（游标卡尺、螺旋测微器、天平等）的使用，学习正确的数据处理方法，为后面热学量、电磁量及光学量等物理量测量奠定良好基础．力学量测量一般比较简单直观，测量手段也不复杂，学生一开始就应持认真的态度，培养良好的作风，打下扎实的基础．

本节着重介绍力学测量的基础知识，也介绍一点热学基本物理量的测量及测量仪器的使用方法．

2.0.1　长度的测量

长度是最基本的物理量之一，而且其他一些物理量（如温度、压力、电流等）最终都是转化为长度而进行读数的．长度的国际单位制单位是米（m）．

长度的直接测量，根据不同的精度要求，可采用各种不同的测量工具，下面一一介绍．

1. 米尺

将待测物体的两端与标准米尺进行直接比较，是最简单的长度测量方法．米尺的最小分度一般是1mm，观测者用眼睛估计，有可能以最小分度$\frac{1}{10}$格值即0.1mm精度直接读得长度值．

2. 游标卡尺

游标卡尺是在主尺上附带一个可以沿尺移动的小尺（游标），游标上的分度值x与主尺上的分度值y之间有一定的关系，一般使游标的全部P个分格的长度等于主尺的$(P-1)$个分格的长度，即

$$Px=(P-1)y$$

而主尺与游标上每个分格之差

$$\delta_x = y - x = \frac{y}{P}$$

称为游标的精度,也就是这种游标的最小读数值.它可以准确地估读到主尺最小分格值的$\frac{1}{P}$,主尺最小分格值为 1mm,常用的游标有$\frac{1}{10}$,$\frac{1}{20}$,$\frac{1}{50}$.利用游标尺可以读到$\frac{1}{100}$mm 这一位上.

3. 螺旋测微计

螺旋测微计是比游标卡尺更精密的长度测量仪器.在一根带有毫米刻度的测杆上,加工出高精度的螺纹,并配上与之相应的精制套筒,在套筒周界上准确地等分上刻度.套筒每转一周,测杆前进(或后退)一个螺距.例如螺距为 0.5mm,而套筒上刻有 50 个分格,那么套筒每转一个分格,测杆沿轴线前进(或后退)了$\frac{0.5}{50}$mm 即 0.01mm.从而使沿轴线方向的微小长度用圆周上较大的弧度精确地表示出来.利用螺旋测微计,可以估读到$\frac{1}{1000}$mm 这一位上.

4. 显微镜和望远镜

当被测物很小或由于各种原因实验者不能靠近待测物时,可借助于显微镜或望远镜将被测物的像放大或移近到人眼观测的适当距离,然后与标准米尺、精密测微螺杆等进行比较.

5. 光学干涉仪

利用光的干涉现象测量长度是最精密的方法,不同用途的干涉仪的测量精度可达到光波波长(0.1μm)的数量级.当然,随近代光学技术的发展,还有一些测量长度的新仪器不断出现.

2.0.2 质量的测量

物体质量的测量,通常是以物体重量的测量代替,然后比较得出结果的.因为测量在同一地点进行,两物体重量相等,其质量必然相等.

物体重量的测量绝大多数用天平,也可用弹簧秤.

1. 天平

天平是一种等臂杠杆.它的主要部分是一条横梁,中点有一个支点,两端挂有秤盘,两边的横梁相对于支点是等臂的. 当两端秤盘中放置的物体质量相等时,横梁保持稳定平衡. 我们在其中一个秤盘中放上待测物,另一个秤盘中放上砝码,天平平衡时可以由比较法测量待测物的质量.

按照天平称量精确度进行分类:精确度低的称为物理天平,精确度高的称为分析天平.

2. 弹簧秤

弹簧秤是以胡克定律为基础设计的. 当弹簧受到待测物的重量 G 的作用而伸长 Δx,则有

$$G=k\Delta x$$

k 是弹簧的劲度系数,对于某一特定弹簧,k 是一定值. 因此,只要测出弹簧的伸长量,即可得到物体的重量或质量. 应该指出的是,物体的重量随测量地点的变化而变化,要对待测物进行测量,应该对弹簧秤进行调整和定标.

2.0.3　时间的测量

时间的测量在现代科学领域及日常生活中是不可少的,根据测量精度的需要可用下面测量仪器:

(1) 秒表. 秒表一般有机械表和电子表. 它的原理和使用是大家所熟知的.

(2) 数字毫秒计. 数字毫秒计的计时是以石英晶片控制的振荡电路的频率为标准,它有两种计量方法:

① 机控:用机械接触来控制开关的通和断,使毫秒计"开始计时"和"停止计时".

② 光控:利用光电信号来控制"开始计时"和"停止计时". 它有两个功能不同的挡:S_1 挡和 S_2 挡. 启用 S_1 挡时,连接毫秒计的两只光敏管任一管被遮挡的瞬间开始计时,遮挡结束的瞬间结束计时,所以 S_1 显示的时间就是遮挡光敏管的时间. 启用 S_2 挡时,每遮挡一只光敏管,就改变一次计时状态. 所以 S_2 挡所显示的时间是两次遮挡光敏管的时间间隔.

另外,数字毫秒计上还有手动和自动复位机构,可以在一次测量之后消去显示的数字.

2.0.4　温度的测量

温度测量是热学实验的基本测量之一. 测量温度的仪器很多,如液体温度计,气体温度计,热电偶,电阻温度计,光测高温计等.

1. 液体温度计

它是利用液体受热后体积膨胀的原理作为测量手段. 常用的测量物质有水银和酒精. 水银应用最广，其测量温度范围在－39～375℃，最小分度值一般为0.1℃.

2. 热电偶

热电偶的测温原理是利用温差电动势和温度的关系为基础的，在温度范围不太大时，温差电动势 $\mathscr{E}_x$ 与两接触点的温度差成正比

$$\mathscr{E}_x = c(t - t_0)$$

用热电偶测量温度，可先作出电动势和温度的分度关系曲线，曲线的斜率为上式中的 c. 然后利用这个关系曲线，当冷端的温度 t_0（常取冰点）已知的条件下就可确定热端的温度 t（待测温度）.

热电偶测温的优点是测温范围广（－200～2000℃），灵敏度高.

3. 电阻温度计

电阻温度计有金属电阻温度计和半导体温度计. 金属和半导体的电阻值都随温度的变化而变化，当温度升高 1℃时，有些金属的电阻要增加 4‰～6‰，某些半导体则减小 3%～6%，因此我们可以利用它们的电阻值随温度的变化来测量温度. 电阻温度计的测量范围在－260～1000℃.

2.1 密度测量

2.1.1 游标卡尺、螺旋测微计与天平的使用

[实验目的]

（1）掌握游标卡尺、螺旋测微计和物理天平的原理与使用.

（2）测量物体的密度.

（3）学习做记录和计算不确定度.

[实验原理]

如图 2.1.1 所示，一个物体的质量为 M，体积为 V，密度为 ρ，则按密度定义有

$$\rho = \frac{M}{V}$$

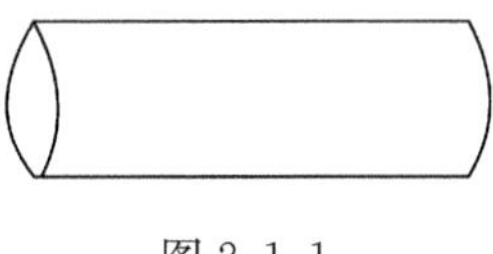
图 2.1.1

当待测物体是直径为 d，高度为 h 的圆柱体时，上式变为

$$\rho = \frac{4M}{\pi d^2 h}$$

一般说来，规则物体的规则程度，是以量具的精密度来判断的. 如待测圆柱体用游标卡尺、螺旋测微计测量时，各个断面的大小和形状相比用米尺测量均有微小差异，为了精确测定圆柱体的体积，必须在它的不同位置对直径和高度进行多次测量，取直径和高度的算术平均值才能得到.

[实验仪器]

游标卡尺、螺旋测微计、物理天平、待测铜圆柱体.

1. 游标卡尺

游标卡尺又称游标尺. 它是一种能够提高长度测量精密度的常用量具，游标卡尺由主尺和游标尺两部分组成.

如图 2.1.2 是使测量精密到$\frac{1}{10}$分格的游标(称为 10 分游标)的原理图. 游标 V 是可沿主尺 AB 滑动的一段小尺，其上有 10 个分格，是将主尺的 9 个分格分成 10 等份而成的，因此游标上的一个分格的间隔等于主尺一分格的$\frac{9}{10}$. 图 2.1.3 是使用 10 分游标测量的示意图. 测量时将物体 ab 的 a 端和主尺的零线对齐，若另一端 b 在主尺的第 7 和第 8 分格之间，即物体的长度稍大于 7 个主尺格，设物体的长度比 7 个主尺格长 Δl，使用 10 分游标可将 Δl 测准到主尺一分格的$\frac{1}{10}$. 如图 2.1.3 所示，将游标的零线和物体的末端 b 相接，查出与主尺刻线对齐的是游标上的第 6 条线，则

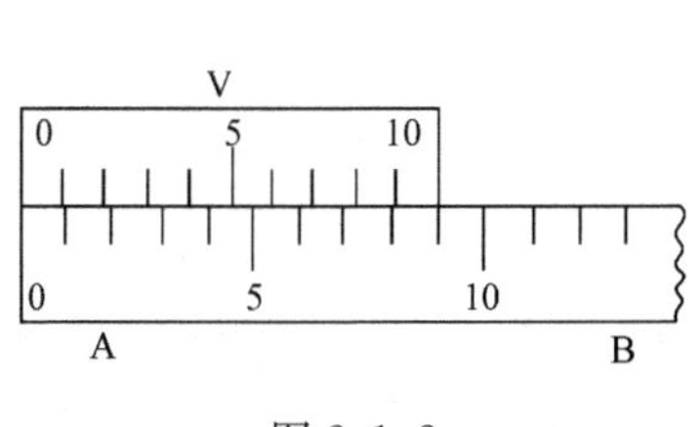

图 2.1.2

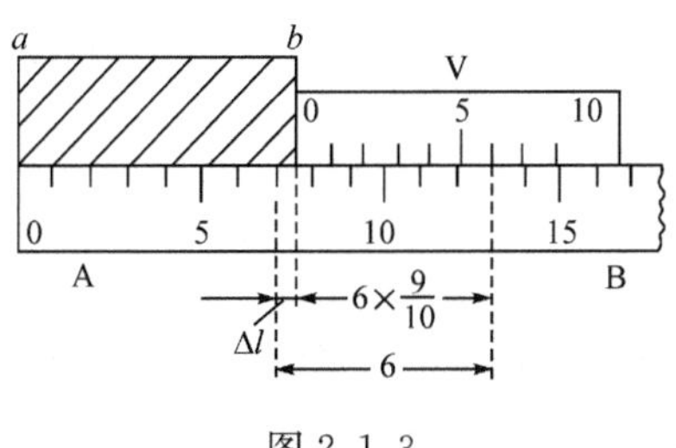

图 2.1.3

$$\Delta l = \left(6 - 6 \times \frac{9}{10}\right) \text{主尺格} = 6\left(1 - \frac{9}{10}\right) \text{主尺格}$$
$$= 6 \times \frac{1}{10} \text{主尺格} = 0.6 \text{主尺格}$$

即物体长度等于 7.6 主尺格(如果主尺格每分格为 1mm 则被测物体的长度为 7.6mm).从图上可以看出,游标尺是利用主尺和游标上每一分格之差,使读数进一步精确的,此种读数方法称为差示法,在测量中具有普遍意义.

参照上例可知,使用游标尺测量时,读数分为两步:①从游标零线的位置读出主尺的整格数;②根据游标上与主尺对齐的刻线读出不足一分格的小数,两者相加就是测量值.

一般说来,游标是将主尺的($n-1$)个分格,分成 n 等分(称为 n 分游标).如主尺的一分格宽为 x,则游标一分格宽为$\frac{n-1}{n}x$,二者的差 $\Delta x=\frac{x}{n}$是游标尺的精度值.如图 2.1.4 所示,使用 n 分游标测量时,如果是游标的第 k 条刻线与主尺某一刻线对齐,则所求的 Δl 值等于

$$\Delta l = kx - k\frac{n-1}{n}x = k\frac{x}{n}$$

即 Δl 等于游标尺的精度值$\frac{x}{n}$乘以 k.所以使用游标尺时,先要明确其精度值.

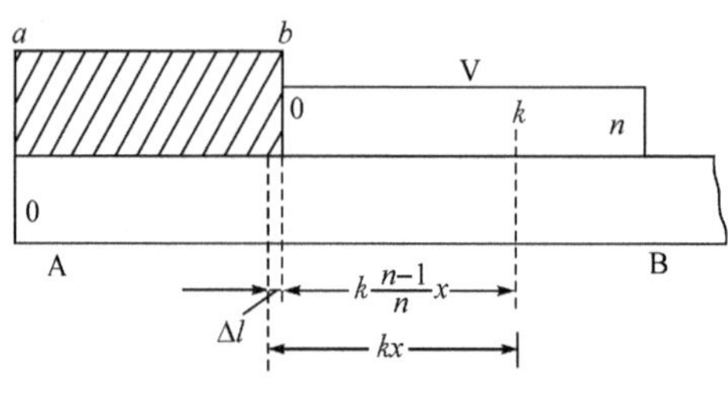

图 2.1.4

游标尺读数的精密程度取决于其精度值$\frac{x}{n}$.一般实用的游标有 n 等于 10、20 和 50 三种,其精度值即精密度分别为 0.1mm、0.05mm 和 0.02mm.

如图 2.1.5 所示,使用游标尺时,游标紧贴着主尺滑动,外量爪用来测量厚度和外径,内量爪用来测量内径,深度尺用来测量槽的深度,紧固螺钉用来固定量值读数.使用游标卡尺时,一手拿物体,另一手持尺,轻轻把物体卡住,应特别注意保护量爪不被磨损,不允许用游标尺测量粗糙的物体,更不允许被夹紧的物体在卡口内挪动.

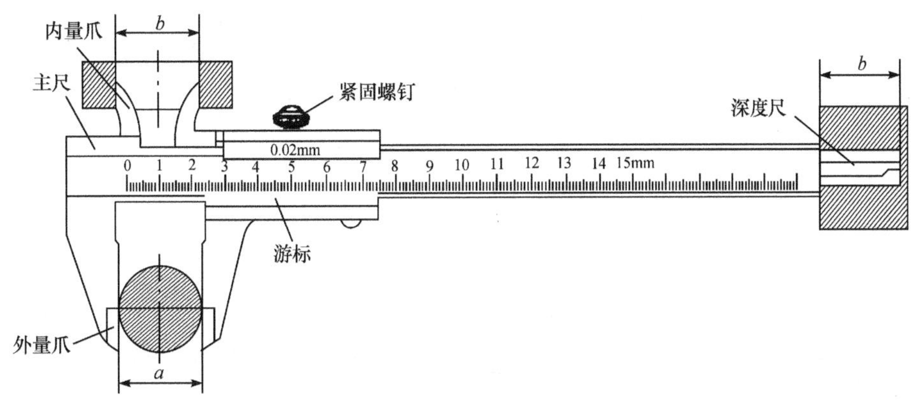

图 2.1.5

2. 螺旋测微计(千分尺)

螺旋测微计如图 2.1.6 所示，实验室中常用的量程为 25mm，仪器精密度是 0.001mm，即$\frac{1}{1000}$mm，所以又称为千分尺. 图中 A 为测杆，它的一部分加工成螺距为 0.5mm 的螺纹，当它在固定套管 D 的螺套中转动时，将前进或后退，活动套管 C 和螺杆 A 连成一体，其周边等分为 50 个分格. 螺杆转动的整圈数由固定套管上间隔 0.5mm 的刻线去测量，不足一圈的部分由活动套管周边的刻线去测量. 所以用螺旋测微计测量长度时，读数也分为两步，即①从活动套管前沿的固定套管上，读出整圈数；②从固定套管上的横线所对活动套管上的分格数，读出不到一圈的小数，二者相加就是测量值. 估计不确定度到 0.001mm 位上，如图 2.1.7 读数分别为 4.183mm、4.687mm 和 1.978mm.

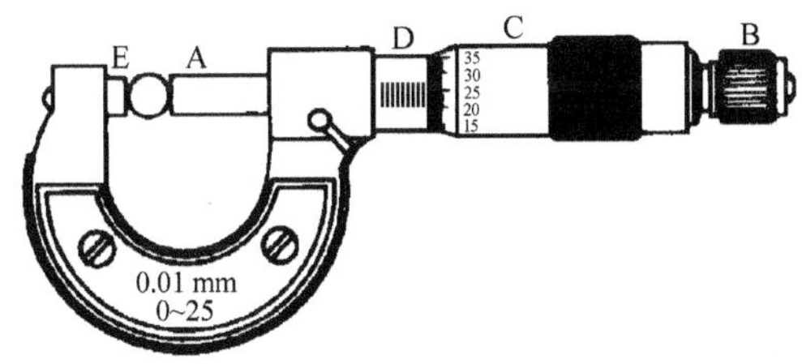

图 2.1.6

螺旋每转一周将前进(或后退)一个螺距，对于螺距为 x 的螺旋，如果转$\frac{1}{n}$周，螺旋将移动$\frac{x}{n}$. 设一螺旋的螺距为 0.5mm，当它转动$\frac{1}{50}$圆周时，螺旋将移动

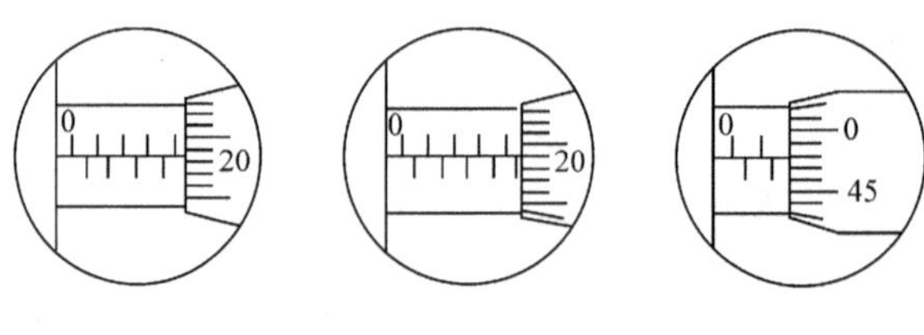

图 2.1.7

$\frac{0.5}{50}$mm=0.01mm，如果转动 3 圈又$\frac{24}{50}$圆周时，螺旋就移动 $3\times0.5\text{mm}+\frac{24}{50}\times0.5\text{mm}=1.5\text{mm}+0.24\text{mm}=1.74\text{mm}$. 因此借助螺旋的转动，将螺旋的角位移转变为直线位移可进行长度的精密测量. 这样的测微螺旋被广泛应用于精密测量长度工作中.

螺旋测微计的尾端有一棘轮装置 B，拧动 B 可使测杆移动，当测杆 A 与被测物(或砧台 E)相接后的压力达到某一数值时棘轮将滑动并有卡、卡的响声，活动套管不再转动，这时就可读数. 设置棘轮可保证每次的测量条件(对被测物的压力)一定，并能保护螺旋测微计精密的螺纹.

不夹被测物体而使测杆和砧台相接时，活动套管上的零线应当刚好和固定套管上的横线对齐. 实际使用的螺旋测微计，由于调整的不充分或使用不当，其初始状态多少和上述不符，即有一个不等于零的零点读数. 图 2.1.8 表示两个零点读数的例子. 要注意它们的符号不同. 每次测量之后，要从测量值的平均值中减去零点读数.

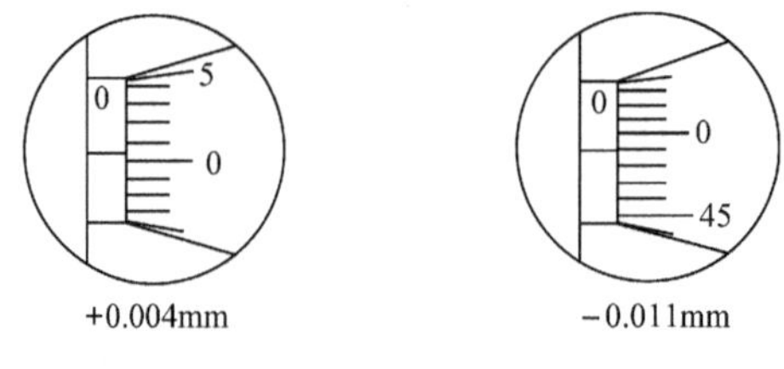

图 2.1.8

螺旋测微计用完后，应使测微螺杆与测砧之间有一空隙，避免热膨胀时损坏测微螺杆上的精密螺纹.

3. 物理天平

物理天平是实验中常用的一种称量质量的仪器. 结构如图 2.1.9 所示，主要由底座②、支柱⑪、横梁⑦和秤盘⑬四大部分组成. 横梁上有三个用玛瑙或钢制的刀口，中央刀口刀刃向下，两侧刀口刀刃向上. 顺时针旋转升降手轮⑮，玛瑙垫支起横梁. 两侧刀口上的吊耳⑤下边悬挂秤盘⑬. 三刀口在同一水平面上组成等臂杠杆. 当横梁被支起时，可进行称衡. 不用时，逆时针转动升降手轮，横梁下降，由支架

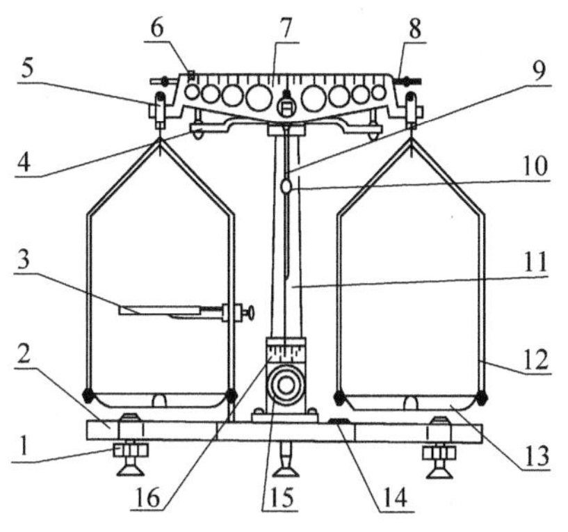

图 2.1.9

1. 调平螺钉；2. 底座；3. 托架；4. 支架；5. 吊耳；6. 游码；7. 横梁；8. 平衡调节螺母；9. 读数指针；10. 感量调节器；11. 支柱；12. 盘梁；13. 秤盘；14. 水准器；15. 升降手轮；16. 刻度牌

④托住，中央刀口与玛瑙垫分离. 两侧刀口也由于秤盘落在底座上而减去负荷，保护刀口不受损伤. 调节底盘水平螺丝①可使天平水平，即水平仪气泡在水平中央，指针⑨可在刻度牌⑯前摆动，平衡螺母⑧可调节空载平衡. 天平横梁上刻有游码标尺并装有游码⑥，游码每向右移动一个分度，即相当于在天平右盘上加放一与标尺分度值相同的砝码. 通常游码标尺的分度值就是天平的感量值. 天平的性能用称量和感量表示，称量或最大负载指天平的最大称量范围. 天平感量是指天平指针偏转一小格需增加(或减少)的质量. 感量的倒数为天平的灵敏度. 常用物理天平的感量有0.02g/格和0.05g/格两种.

物理天平的使用方法如下：

(1) 调水平. 调节底座上的调平螺丝，或使水平仪中的气泡处在正中间.

(2) 调平衡. 先把游码移到0刻度线，转动升降轮，天平启动，指针便左右摆动. 当指针在零刻线左右对称地摆动时，表明天平已达到平衡. 否则应转动手轮止动天平(即横梁落在支架上). 调节平衡螺母的位置之后再启动天平，观察指针摆动情况，反复调节，直至天平平衡.

(3) 称衡物体质量. 待测物体放在左盘中央，先估计它的质量，用镊子夹适当的砝码放在右盘中央，启动天平，根据指针偏转方向判明轻重再调整砝码. 调砝码时，一定要由重到轻，依次更换砝码，当指针偏转于零刻线左或右方时，可向左或右移动游码，使天平处于平衡. 止动天平，将盘中砝码质量与游码所指数值相加即得被测物体质量.

(4) 操作规则. 使用天平必须遵守操作规则，以保证测量的准确性，保护天平的灵敏度. 第一，待测物体的质量不得超过天平的称量. 第二，不得在天平启动时加减砝码，移动游码，取放物体和调节平衡螺母. 只有在判断天平哪一侧较重和是否平衡时，才能启动天平. 第三，使用砝码一定用镊子夹取，不能用手拿，以免污染锈蚀，改变砝码质量，影响测量精度. 用完后依序放在砝码盒内.

[实验内容]

(1) 用游标卡尺测圆柱体高度 h，并选取不同的位置测量5次，记入表2.1.1，取

算术平均值 $\bar{h}$.

(2) 用螺旋测微计测圆柱体的外径 d,选取不同的位置测 5 次,记入表 2.1.2,取算术平均值 $\bar{d}$.

(3) 用物理天平称该物体的质量 M 五次,记入表 2.1.3,取算术平均值 $\overline{M}$.

[数据处理]

表 2.1.1　测圆柱体高 *h*

游标卡尺(No.　　)　零点读数　　cm

	1	2	3	4	5	$\bar{h}$
h/cm						

表 2.1.2　测圆柱体直径 *d*

螺旋测微计(No.　　)　零点读数　　mm

	1	2	3	4	5	$\bar{d}$
d/cm						

表 2.1.3　测圆柱体质量 *M*

	1	2	3	4	5	$\overline{M}$
M/g						

圆柱体密度 ρ 的不确定度计算

$$\sigma_\rho=\bar{\rho}\sqrt{\left[\left(\frac{\sigma_M}{\overline{M}}\right)^2+\left(\frac{2\sigma_d}{\bar{d}}\right)^2+\left(\frac{\sigma_h}{\bar{h}}\right)^2\right]}$$

其中

$$\sigma_M=\sqrt{\sigma_{\overline{M}}{}^2+\left(\frac{\Delta M}{\sqrt{3}}\right)^2},\quad \sigma_d=\sqrt{\sigma_{\bar{d}}{}^2+\left(\frac{\Delta d}{\sqrt{3}}\right)^2},\quad \sigma_h=\sqrt{\sigma_{\bar{h}}^2+\left(\frac{\Delta h}{\sqrt{3}}\right)^2}$$

式中,ΔM、Δd、Δh 为仪器的极限误差,实验室给出;$\sigma_{\bar{d}}$、$\sigma_{\bar{h}}$、$\sigma_{\overline{M}}$ 分别是圆柱体直径 d、高 h 和质量 M 的算术平均值标准误差,用公式 $\sigma_{\bar{x}}=\sqrt{\dfrac{\sum\limits_{i=1}^{n}(x_i-\bar{x})^2}{n(n-1)}}$ 求得.

测量结果 $\rho=\bar{\rho}\pm\sigma_\rho$.

[思考题]

(1) 使用螺旋测微计时,为什么用棘轮而不直接转动活动套筒去卡住物体?

(2) 从游标卡尺上读数时，怎样读出被测量的毫米整数部分？

(3) 使用物理天平的步骤和规则是什么？

(4) 给你下图所示的物体，请你正确选用量具测出各个部位的具体数值. 自拟表格.

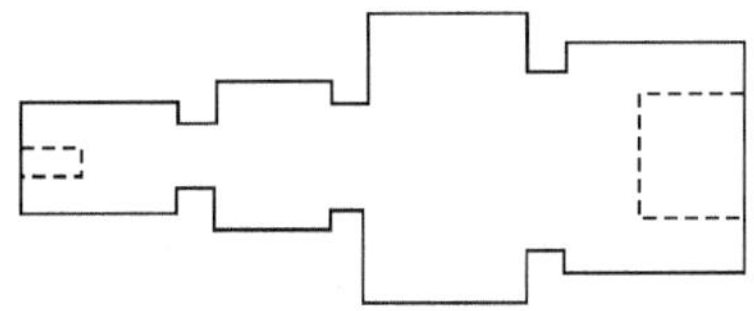

2.1.2　液体与不规则物体密度的测量

[实验目的]

(1) 学习正确使用物理天平和比重瓶.

(2) 掌握用比重瓶测定液体密度的原理.

[实验原理]

如要测定液体的密度，可先称出比重瓶的质量 M_0，然后再分两次将温度相同的(室温)待测液体和纯水注满比重瓶，称出纯水和比重瓶的总质量 M_1 以及待测液体和比重瓶的总质量 M_2. 于是，同体积的纯水和待测液体的质量分别为 M_1-M_0 与 M_2-M_0，通过计算可得待测液体的密度

$$\rho=\frac{M_2-M_0}{M_1-M_0}\rho_0 \tag{2.1.1}$$

式中 ρ_0 为水的密度.

要是用比重瓶法来测量不溶于水的小块固体(其大小应保证能放入比重瓶内)的密度 ρ，可依次称出小块固体的质量 M_3，盛满纯水后比重瓶和纯水的总质量 M_1 以及装满纯水的瓶内投入小块固体后的总质量 M_4. 显然，被小块固体排出比重瓶的水的质量是 $M_1+M_3-M_4$，排出水的体积就是质量为 M_3 的小块固体的体积. 所以，小块固体的密度为

$$\rho=\frac{M_3}{M_1+M_3-M_4}\rho_0 \tag{2.1.2}$$

[实验仪器]

图 2.1.10

实验所用的比重瓶如图 2.1.10 所示. 在比重瓶注满液体后,用中间有毛细管的玻璃塞子塞住,则多余的液体就会从毛细管中溢出,这样瓶内盛有的液体的体积就是固定的.

[实验内容]

(1) 将比重瓶注满纯水,塞上塞子,比重瓶内不能有气泡,瓶外用滤纸吸干.

(2) 注水时水面恰好达到毛细管顶部,用物理天平称出比重瓶和纯水的总质量 M_1.

(3) 将小块固体洗净,烘干,然后称出其质量 M_3.

(4) 将小块固体投入盛有纯水的比重瓶内,重复步骤(1),称出比重瓶,瓶内的纯水和小块固体的总质量 M_4.

(5) 洗净、烘干比重瓶(瓶内外都要干燥),称出其质量 M_0.

(6) 洗净、烘干比重瓶,再装满待测液体,称出待测液体和比重瓶的总质量 M_2.

[数据处理]

根据式(2.1.1)和式(2.1.2)计算待测液体与固体的密度.

自拟表格并进行误差分析.

[思考题]

(1) 假如待测固体能溶于水,但不溶于某种液体,现欲用比重瓶法测定该固体的密度,试写出原理及大致步骤.

(2) 用天平测定的各次质量的绝对误差都是±0.01g,水的密度绝对误差是±0.001g/cm^3,试由此估计 ρ 的绝对误差是多少?

2.2 气垫导轨的应用

摩擦力的存在严重制约力学测量的准确度. 气垫导轨利用从导轨表面喷出的压缩空气,在导轨与滑块间形成称作气垫的空气薄膜,使滑块在气轨上做运动阻力可以忽略的运动，为力学测量创造了较为理想的条件.

[实验目的]

(1) 学会气垫导轨调整及光电计时装置的操作.
(2) 验证动量守恒定律.
(3) 学会研究力学问题及误差分析的方法.

2.2.1　验证动量守恒定律

[实验原理]

如果系统不受外力作用或所受合外力矢量和为零，则系统动量守恒. 下面研究两个滑块在水平气轨上发生碰撞的情况，如图 2.2.1 所示.

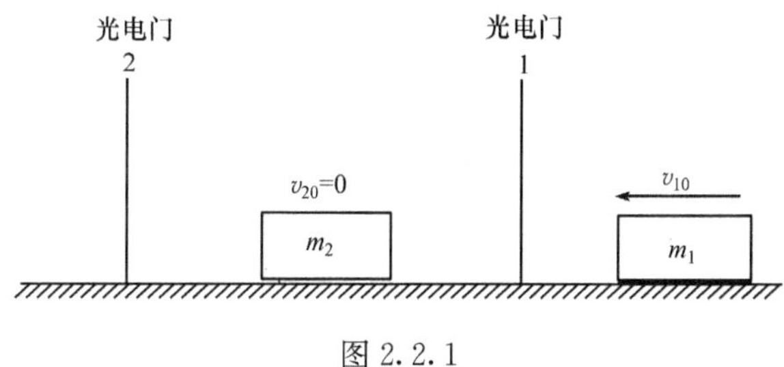

图 2.2.1

滑块与气轨之间形成很薄的空气膜，因此滑块与气轨之间存在的很小摩擦，可以忽略不计. 当两滑块发生碰撞时，可视为水平方向仅受到内力作用，系统动量守恒.

讨论两种特殊的碰撞.

1. 完全弹性碰撞

完全弹性碰撞的特点是：碰撞前后系统的动量守恒，机械能也守恒. 实验中两个滑块相撞端部装有缓冲弹簧，滑块相碰时缓冲弹簧先发生弹性形变随后恢复原状，系统机械能损失很小，可近似认为两个滑块碰撞前后的总动能不变.

设两个滑块的质量分别为 m_1 和 m_2，碰撞前的速度分别为 v_{10} 和 v_{20}，碰撞后的速度分别为 v_1 和 v_2，根据动量守恒定律有

$$m_1 v_{10} + m_2 v_{20} = m_1 v_1 + m_2 v_2 \tag{2.2.1}$$

机械能守恒有

$$\frac{1}{2}m_1 v_{10}^2+\frac{1}{2}m_2 v_{20}^2=\frac{1}{2}m_1 v_1^2+\frac{1}{2}m_2 v_2^2 \tag{2.2.2}$$

(1) 若两个滑块质量相等，即 $m_1=m_2=m$，当 $v_{20}=0$ 时，碰撞后两个滑块彼此交换速度，即 $v_1=0, v_2=v_{10}$.

(2) 若两个滑块质量不相等，即 $m_1\neq m_2$；若 $v_{20}=0$ 时，则由式(2.2.1)和式(2.2.2)解得

$$v_1=\frac{m_1-m_2}{m_1+m_2}v_{10}$$

$$v_2=\frac{2m_1}{m_1+m_2}v_{10}$$

2. 完全非弹性碰撞

完全非弹性碰撞的特点是：两滑块碰撞后以同一速度运动. 碰撞前后系统的动量守恒，但机械能不守恒. 为了实现完全非弹性碰撞，实验时可用尼龙搭代替滑块端部的弹簧，使两滑块碰撞后粘在一起运动.

设完全非弹性碰撞后两个滑块一起运动的速度为 v，即 $v_1=v_2=v$. 由式(2.2.1)得

$$m_1 v_{10}+m_2 v_{20}=(m_1+m_2)v \tag{2.2.3}$$

$$v=\frac{m_1 v_{10}+m_2 v_{20}}{m_1+m_2}$$

当 $v_{20}=0$ 且 $m_1=m_2$ 时

$$v=\frac{1}{2}v_{10}$$

[实验仪器]

气垫导轨是一种阻力极小的力学实验装置. 它利用气源将压缩空气打入导轨腔内，再由导轨表面上的小孔喷出，在导轨与滑块之间形成很薄的气膜，将滑块浮起，使滑块能在导轨上作近似无阻力的直线运动，极大地减少误差，使实验结果接近理论值. 利用气垫导轨可以观察和研究在近似无阻力的情况下物体的各种运动规律，它与一小型气源及 MUJ-ⅢA 型计时计数测速仪配套使用.

气垫导轨使用方法：导轨调整水平状态是实验前的重要准备工作，要耐心地反复调整，可按下列两种方法调平气轨.

(1) 静态调平：将导轨通气，把滑块放置于导轨上，调节支点螺钉，直至滑块在实验段内保持不动或稍有滑动，但不总是向一个方向滑动，即认为基本调平.

(2) 动态调平：把两个光电门装在导轨底座的“T”形槽上，接通计时器电源. 给

气轨通气，使滑块从气轨一端向另一端运动，先后通过两个光电门，在计时器上记下通过两个光电门所用的时间 Δt_1 和 Δt_2，调节支点螺钉使 $\Delta t_1=\Delta t_2$，此时可视为导轨调平.

气垫滑轮的调节：气垫滑轮是一段圆弧弯管，一端封死，另一端与气体腔相通，上面钻有小孔. 将轻质胶带跨在滑轮上，接通气源后，气流从弯管面上吹出托起胶带，减少了摩擦阻力. 当胶带下端的负荷量增大时，可随时调节气量保证气流能托起胶带，减少摩擦阻力. 由于不采用滑轮，使计算简化，提高了准确度.

MUJ-ⅢA 型计时计数测速仪的使用方法，本仪器的计时范围：0.01ms～99.999ms，计数范围：0～99999，测速范围：0.01cm · s^{-1}～9900.9m · s^{-1}；光电输入，双路 4 门. 面板如图 2.2.2 所示，各部位的作用如下.

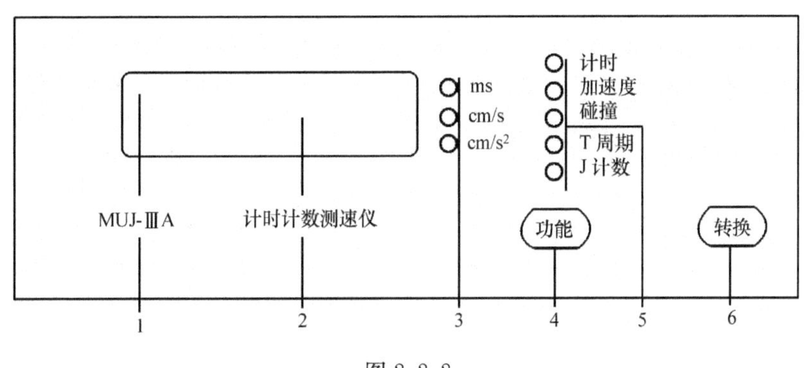

图 2.2.2

1. 溢出指标；2. LED 显示屏；3. 测量单位指示灯；4. 功能选择/复位键；
5. 功能转换指示灯；6. 数值转换键

功能键的作用：

① 功能选择/复位键：用于五种功能选择及取消显示数据，复位.

② 数值转换键：用于挡光片宽度设定，简谐运动周期值的设定，测量单位的转换.

③ 根据实验的需要，选择所需光电门的数量，将光电门线插入 P_1、P_2 插口. 按下电源开关.

④ 按功能选择/复位键，选择所需要的功能，当光电门没有遮光时每按键一次转换一次功能，循环显示. 当光电门遮光时按一下此键复位清零.

⑤ 当每次开机时，挡光片宽度，会自动设定为 10mm，周期自动设定为 10 次.

⑥ 当选择计时，加速度或碰撞功能时，按下数值转换键小于 1.5s 时，测量数值自动在 ms，cm · s^{-1}，cm · s^{-2}循环显示可选择.

⑦ 按下数值转换键大于 1.5ms，将挡光片的宽度 10mm 变为显示 1.0，30mm 变为显示 3.0，50mm 变为显示 5.0，100mm 变为显示 10，此时如有已完成的实验

数据可保存.

⑧ 再按数值转换键,可重新选择所需要的挡光片宽度,前面所保存的实验数据将被清除.

⑨ 当选择周期(T)功能时,按上述方法可设定所需要的周期数值.

实验开始前确认所用的挡光片与本机设定的挡光片宽度应相等.

(1) 计时(s_1):测量 $P1$ 口或 $P2$ 口两次挡光时间间隔及滑块通过 $P1$、$P2$ 两只光电门时的速度.

①将光电门连线接牢靠. ②按下功能选择键,设定在计时功能. ③让带有凹形挡光片的滑行块通过光电门,即可显示所需要的测量数据. ④此项实验可连续测量.

(2) 加速度:测量滑块通过每个光电门的速度及通过相邻光电门的时间或这段路程的加速度 a.

①按功能选择键,设定在加速度功能. ②让带有凹形挡光片的滑块通过光电门. ③本机会循环显示下列数据.

a	1	第一个光电门
	$X\ X\ X$	第一光电门测量值
b	2	第二个光电门
	$X\ X\ X$	第二个光电门测量值
c	1～2	第一至第二光电门
	$X\ X\ X$	第一至第二光电门测量值

(3) 碰撞:①将 $P1$、$P2$ 各接一只光电门. ②按下功能选择键,设定在碰撞功能. ③在两只滑块上装好相同宽度的凹形挡光片和碰撞弹簧,让滑块从气轨两端向中间运动,各自通过一个光电门后相撞,相撞后向反方向运动,分别通过各自的光电门. ④本机会循环显示下列数据:

$P1.1$	$P1$ 口光电门第一次通过
$X\ X\ X\ X\ X\ X$	$P1$ 口光电门第一次测量值
$P1.2$	$P1$ 口光电门第二次通过
$X\ X\ X\ X\ X\ X$	$P1$ 口光电门第二次测量值
$P2.1$	$P2$ 口光电门第一次通过
$X\ X\ X\ X\ X\ X$	$P2$ 口光电门第一次测量值
$P2.2$	$P2$ 口光电门第二次通过
$X\ X\ X\ X\ X\ X$	$P2$ 口光电门第二次测量值

为提高循环显示效率,本机只显示遮过光的光电门的测量值. 如果滑块 3 次通过 $P1$ 口,本机将不显示 $P1.2$ 而显示 $P1.3$. 本机具有保护功能,只有按下功能选择键方可选择下一次测量.

(4) 周期(T)：测量简谐运动的周期. ①滑块装好挡光条，接好光电门接口. ②按下功能选择键，设定在周期(T)功能. ③按下数值转换键不放，确认到所需周期数放开此键即可. ④简谐运动每完成一个周期，显示的周期数会自动减 1，当最后一次遮光完成，本机会自动显示累计时间值. ⑤当需要重新测量时，请按功能选择键复位.

(5) 计数(J)：①将光电门接牢靠. ②按下功能选择键，设定在计数功能. ③滑块装好挡光条，并通过光电门计数开始. 最大计数量程为 99999 次，超过后会自动清零，重新开始计数.

[实验内容]

1. 完全弹性碰撞

(1) 选择两滑块质量相等，并分别装有遮光板及弹性碰撞器，接通气源后，将一个滑块 m_2 置于两光电门之间使其静止不动，即 $v_{20}=0$.

(2) 如 m_2 不能静止时，可将导轨调到水平状态.

(3) 将另一滑块 m_1 放在气轨光电门 1 外侧，轻轻将它推向滑块 m_2，记下滑块 m_1 经过光电门 1 所需要的时间 Δt_{10}.

(4) 两滑块相碰后，滑块 m_1 静止，而滑块 m_2 以速度 v_2 向前运动，记下 m_2 经过光电门 2 所需要的时间 Δt_2.

(5) 重复上述步骤，将测试数据记入表 2.2.1 中并进行计算.

(6) 在滑块上加一砝码，这时 $m_1\neq m_2$，重复上述步骤，记下滑块 m_1 在碰撞前经过光电门 1 所需的时间 Δt_{10}，以及碰撞后 m_2 和 m_1 先后经过光电门 2 所需用的时间 Δt_2 和 Δt_1，当 m_2 经过光电门 2 运动到气垫一端时，应使它静止，否则会影响 Δt_1 时间的测量，重复数次，将测试数据记入表 2.2.2 中并进行计算.

2. 完全非弹性碰撞

(1) 将质量相等的两滑块分别装上尼龙搭，并轻轻放在导轨上.

(2) 把质量为 m_2 的滑块放在两光门之间，使之静止，$v_{20}=0$，把质量相同的 m_1 放在光电门 1 的外侧. 若向光电门 1 的方向推动滑块 m_1，可在光电门上测出通过的时间 Δt_{10}，其通过的速度 $v_{10}=\Delta l/\Delta t_{10}$. 当滑块 m_1 在两光电门之间与滑块 m_2 发生完全非弹性碰撞时，两滑块粘在一起以相同的速度向前运动，可以测出滑块 m_1 的遮光片通过光电门 2 的时间 Δt，因而求得两滑块的合速度为 $v=\Delta l/\Delta t$.

(3) 重复上述步骤，将测试数据记入表 2.2.3 中并进行计算.

[数据处理]

根据表中实验数据,计算出实验结果,进行误差处理.

表 2.2.1

$m_1=$　　kg，$m_2=$　　kg，$v_{20}=0$，$\Delta l=$　　m

次　数	Δt_{10}	v_{10}	Δt_2	v_2	Δt_1	v_1	$m_1 v_{10}$	$m_1 v_1+m_2 v_2$
1								
2								
3								
4								
5								

表 2.2.2

$m_1=$　　kg，$m_2=$　　kg，$v_{20}=0$，$\Delta l=$　　m

次　数	Δt_{10}	v_{10}	Δt_2	v_2	Δt_1	v_1	$m_1 v_{10}$	$m_1 v_1+m_2 v_2$
1								
2								
3								
4								
5								

表 2.2.3

$m_1=$　　kg，$m_2=$　　kg，$v_{20}=0$，$\Delta l=$　　m

次数	Δt_{10}	v_{10}	Δt	v	$m_1 v_{10}$	$(m_1+m_2)v$
1						
2						
3						
4						
5						

[思考题]

(1) 完全弹性碰撞的特点是什么？求证在完全弹性碰撞中两块滑块在碰撞点的相对速度在数值上等于碰撞后两滑块的相对速度.

(2) 完全非弹性碰撞的特点是什么？完全非弹性碰撞前后的动量是否减少？

2.2.2　简谐振动规律研究

[实验目的]

(1) 学习气垫导轨和通用电脑计时器的使用;

(2) 研究简谐振动规律.

[实验原理]

在水平的气垫导轨上放置一个滑块,其两端连接两根轻质弹簧,两弹簧的另一端分别固定在导轨的端点,如图 2.2.3 所示.开通气源后,滑块与导轨间可视为光滑接触.把滑块拉离其平衡位置后松手,滑块就在两弹簧的弹性恢复力作用下做往复运动.忽略空气阻力、弹簧质量等因素的微小影响,滑块的运动是简谐振动.通过本实验分析简谐振动特点,研究简谐振动规律.

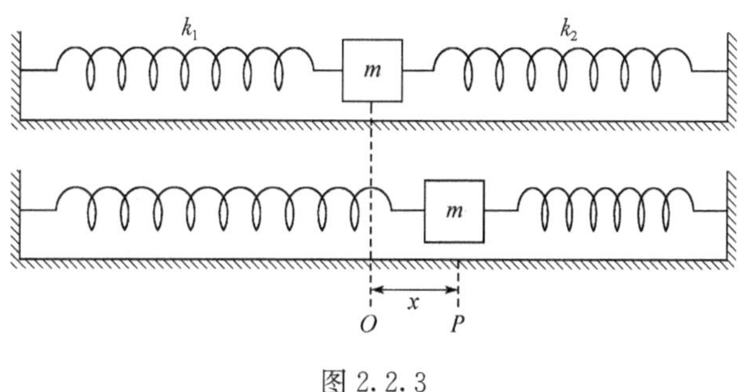

图 2.2.3

若两弹簧的劲度系数分别为 k_1、k_2,则滑块在偏离平衡位置 O 点的距离为 x 的 P 点处,滑块受到的力为

$$F = -(k_1 + k_2)x \tag{2.2.4}$$

令 $k=k_1+k_2$,根据牛顿第二定律,滑块的运动方程为

$$\frac{m\mathrm{d}^2 x}{\mathrm{d}t^2} = -(k_1 + k_2)x \tag{2.2.5}$$

方程式(2.2.5)的解为

$$x = A\cos(\omega t + \varphi) \tag{2.2.6}$$

即物体做简谐运动,其中 $w=\sqrt{\dfrac{k}{m}}$ 称为振动的圆频率,A 为振幅,φ 为初相位.A 和

φ 由初始条件决定.

系统的振动周期

$$T=\frac{2\pi}{w}=2\pi\sqrt{\frac{m}{k}} \tag{2.2.7}$$

由式(2.2.7)可得

$$k=4\pi^2 m/T^2 \tag{2.2.8}$$

$$m=kT^2/4\pi^2 \tag{2.2.9}$$

将式(2.2.6)对时间求导得

$$v=\frac{\mathrm{d}x}{\mathrm{d}t}=-Aw\sin(\omega t+\varphi) \tag{2.2.10}$$

则振动系统的机械能

$$\begin{aligned}E&=E_\mathrm{k}+E_\mathrm{p}=kx^2/2+mv^2/2\\&=k[A\cos(\omega t+\varphi)]^2/2+m[wA\sin(\omega t+\varphi)]^2/2\\&=kA^2/2\end{aligned} \tag{2.2.11}$$

由此可见弹簧振动系统的周期只决定于系统的质量和弹性系数,与振动的初始条件无关,在简谐振动过程中,系统的动能和势能相互转化,总机械能守恒.

[仪器与用具]

气垫导轨、通用电脑计时器、气源、滑块、轻质弹簧(两根)、光电门、挡光条、配重块(一块 25g 的,两块 50g 的)、天平等.

[实验内容]

1. 学习仪器的调整、设置和使用

(1) 判断气垫导轨是否水平,调整其三个支撑螺旋改变支点高度,反复调整至导轨水平(分静态调整和动态调整).

(2) 学习电脑计时器的功能设置(打开电脑计时器后面板上的电源开关,轻触计时器前面板上的"切换/复位"键或"功能"键,选择不同的测量功能.本实验中,需将测量功能设置为"测量周期",对应 JC201 显示序数"4"或者 MUJIIIA"周期 T"前边的指示灯亮,其功能是测量连续 10 个周期所需的时间).

(3) 在导轨上安装好弹簧振动系统,练习仪器各功能使用.

2. 研究简谐振动规律

(1) 打开气源,将挡光条(安装到滑块正中央位置)、光电门调整至平衡位置;

(2) 使滑块偏离平衡位置，设置电脑计时器为测量周期功能；

(3) 沿滑块偏离方向，继续拉动滑块至偏离平衡位置 0.20m 处松手(振幅 $A=0.20\mathrm{m}$)，观察弹簧振子的振动情况，研究系统动能、势能转化规律；待完成 10 次完全振动后，计时器上显示的时间数据记入表 2.2.4；

(4) 重复以上 2、3 步骤 9 次，注意每次都使振幅比上一次增大 2cm.

(5) 依次测量滑块质量为原重 m_0 及 $m_0+0.025\mathrm{kg}$、$m_0+0.050\mathrm{kg}$、$m_0+0.075\mathrm{kg}$、$m_0+0.100\mathrm{kg}$、$m_0+0.125\mathrm{kg}$ 的系统振动周期(任意振幅)，记入表 2.2.5；

(6) 改变弹簧的弹性系数为 $k=k_1>k_0$(将一根弹簧全接入弹簧振动系统，另一根弹簧的三分之二接入弹簧振动系统)，重新调整光电门位置，重复步骤(5)，数据记入表 2.2.6；

(7) 改变弹簧的弹性系数为 $k=k_2>k_1$(分别将两根弹簧的三分之二接入弹簧振动系统)，重新调整光电门位置，重复步骤(5)，数据记入表 2.2.7.

[数据处理]

1. 分析简谐振动系统的周期与振幅的关系

表 2.2.4　　$m=m_0=$　　kg

项目＼次数	1	2	3	4	5	6	7	8	9	10
A_i/m	0.20	0.22	0.24	0.26	0.28	0.30	0.32	0.34	0.36	0.38
t_i/s										
T_i/s										
$T_{平均}/\mathrm{s}$										
$S_x=\sqrt{\dfrac{\sum(\Delta x_i)^2}{n-1}}$										
$E=S_x/T_{平均}\times100\%$										
$T=T_{平均}\pm S_x$										

2. 分析简谐振动系统的周期与其质量、弹性系数的关系

表 2.2.5　　$k=k_0$

项目＼m_i/kg						
t_i/s						
T_i/s						
T^2/s^2						

表 2.2.6 $k=k_1>k_0$

m_i/kg 项目						
t_i/s						
T_i/s						
T^2/s^2						

表 2.2.7 $k=k_2>k_1$

m_i/kg 项目						
t_i/s						
T_i/s						
T^2/s^2						

以 m 为纵坐标，T^2 为横坐标，绘出 m-T^2 曲线(应该为经过原点的直线，其斜率为 m/T^2)，并依据此曲线求解弹簧系统的弹性系数 k(在该曲线上取代表性点，将其坐标值带入周期公式).

[思考题]

(1) 若把两根弹性系数分别为 k_1、k_2 的弹簧串联起来，合劲度系数多大？若并联呢？

(2) m-T^2 曲线应该为什么样的曲线？实际的 m-T^2 曲线一般不经过原点，是什么因素造成的？

(3) 要使弹簧振动系统的周期缩短，可以用什么方法实现？

2.2.3 验证牛顿第二定律

[实验目的]

(1) 学习掌握气垫导轨和通用电脑计时测速仪的使用；

(2) 验证牛顿第二定律.

[实验原理]

牛顿第二定律：系统获得的加速度与其所受的合外力成正比，与其本身的质量成反比,加速度的方向与合外力的方向相同.

如图 2.2.4 所示,将重物(砝码组合)用细线跨过定滑轮并穿过气垫导轨端盖上的小孔与滑块相连,此时滑块在水平拉力 T 的作用下作匀加速运动.设细线两端的张力分别为 T 和 T',则有如下关系:

$$T = Ma, \quad mg - T' = ma \tag{2.2.12}$$

式中,M 为滑块部分的质量,m 为砝码盘端的质量.

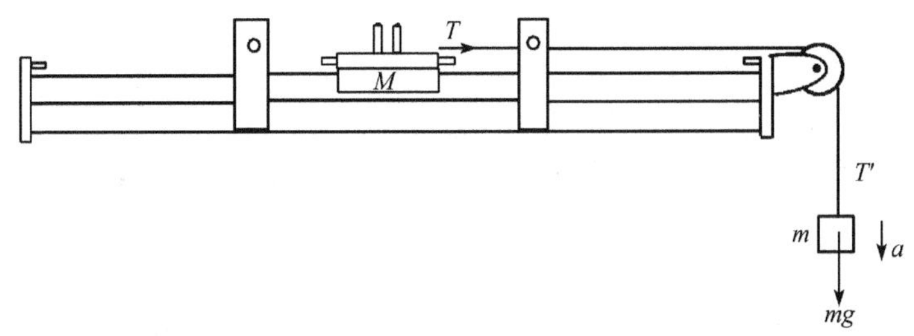

图 2.2.4

忽略滑轮摩擦力矩时,$T=T'$,由此可得

$$mg = (M+m)a \tag{2.2.13}$$

(1) 保证总质量 $M+m$ 不变,改变砝码盘上砝码质量来改变合外力 $F=mg$,测量相应的加速度 a,由合外力 F 与相应加速度 a 的关系知:$F_i : F_j = a_i : a_j$,即可验证 $a \propto F$;

(2) 保证合外力 $F=mg$ 不变,增减滑块上的配重块来改变系统的总质量 $M+m$,测量相应的加速度 a,由系统总质量 $M+m$ 与相应加速度 a 的关系知:$1/(M_i+m) : 1/(M_j+m) = a_i : a_j$,即可验证 $a \propto 1/(M+m)$.

[仪器与用具]

气垫导轨、通用电脑计时测速仪、气源、光电门、滑块一个(安装有挡光片、小钩)、配重块(25g 配重块 2 块,50g 配重块 2 块)、砝码(5g 砝码 5 个,5g 砝码盘一个).

[实验内容]

1. 学习气垫导轨的使用

调整气垫导轨水平,测量滑块的质量 M.

2. 通用电脑测速仪的使用

学习通用电脑测速仪的功能设置及使用方法(参考 2.2.1 验证动量守恒定律

实验).

3. 验证牛顿第二定律

(1) 验证系统质量 $M+m$ 不变情况下,系统获得的加速度 a 与其所受的合外力 F 成正比.

① 将 5 个砝码全部组合到滑块上,测量在一个砝码(盘)的重力作用下,系统的加速度 a_1,记入表 2.2.8 中.

② 将滑块上的砝码依次挪到砝码盘上,测量相应合外力作用下的系统加速度 a_2、a_3、a_4、a_5、a_6,记入表 2.2.8 中.

(2) 验证系统所受合外力 F 不变情况下,系统获得的加速度 a 与其本身质量的倒数 $1/(M+m)$ 成正比.

① 将 125g 的配重块组合到滑块上,测量在恒定砝码盘端合外力 F(30g 重力:一个砝码盘及一个 25g 配重块的重力)作用下系统的加速度 a_1,记入表 2.2.9 中.

② 将滑块上的质量依次减小 25g,测量相应系统质量在恒定砝码盘端合外力 F 作用下的系统加速度 a_2、a_3、a_4、a_5、a_6,记入表 2.2.9 中.

[数据处理]

表 2.2.8　　$M+m=$________

项目＼测量序号	1	2	3	4	5	6
F_i/N						
F_i/F_1						
$v_1/(\mathrm{cm \cdot s^{-1}})$						
$v_2/(\mathrm{cm \cdot s^{-1}})$						
$a_i/(\mathrm{cm \cdot s^{-2}})$						
a_i/a_1						
(F_i/a_i)/g						
$(F/a_{平均值})$/g	F/a 的平均值=					
E_1	$E_1=\lvert((M+m)-F/a_{平均值})/(M+m)\rvert\times100\%=$					

比例关系 1:$F_1 : F_2 : F_3 : F_4 : F_5 : F_6=1:2:3:4:5:6$

比例关系 2:$a_1 : a_2 : a_3 : a_4 : a_5 : a_6=1:$ __ : __ : __ : __ : __

表 2.2.9　　$F=$______

项目 \ 测量序号	1	2	3	4	5	6
$(M_i+m)/\text{g}$						
$1/(M_i+m)/\text{g}^{-1}$						
$[1/(M_i+m)]/[1/(M_1+m)]$						
$a_i/(\text{cm/s}^2)$						
a_i/a_1						
$(M_i+m)a_i/(\text{N})$						
$(M+m)a_{平均值}/(\text{N})$	$(M+m)a$ 的平均值＝					
E_2	$E_2=\lvert(F-(M+m)a_{平均值})/F\rvert\times100\%=$					

比例关系 3：$1/m_1:1/m_2:1/m_3:1/m_4:1/m_5:1/m_6=1:$ __ : __ : __ : __ : __

比例关系 4：$a_1:\ a_2:\ a_3:\ a_4:\ a_5:\ a_6=1:$ __ : __ : __ : __ : __

[思考题]

在验证牛顿第二定律中，如果不通过滑轮加外力，而是利用滑块自身的重力，该实验应如何进行？实验的测量公式是什么？

2.3　惯性质量测量

[实验目的]

(1) 掌握用惯性秤测量物体质量的原理和方法.

(2) 测量物体的惯性质量，加深对惯性质量和引力质量的理解.

(3) 了解仪器的定标和使用.

[实验原理]

当惯性秤的悬臂在水平方向作微小振动时，运动可近似地看成简谐振动. 根据牛顿第二定律，有

$$(m_0+m_i)\frac{\mathrm{d}^2x}{\mathrm{d}t^2}=-kx$$

式中，m_0 为惯性秤等效惯性质量；m_i 为砝码或其他待测物的惯性质量；k 为秤臂的劲度系数；x 为摆动位移. 其振动方程为

$$\frac{\mathrm{d}^2x}{\mathrm{d}t^2}=-\frac{k}{m_0+m_i}x \tag{2.3.1}$$

振动周期为

$$T=2\pi\sqrt{\frac{m_0+m_i}{k}} \tag{2.3.2}$$

将式(2.3.2)两侧平方,改写成

$$T^2=\frac{4\pi^2}{k}m_0+\frac{4\pi^2}{k}m_i \tag{2.3.3}$$

式(2.3.3)表明,惯性秤水平振动周期 T 的平方和附加质量 m_i 成线性关系. 当测出各已知附加质量 m_i 所对应的周期 T_i,则可作 T^2-m_i 直线图(图 2.3.1)或 T-m_i 曲线图(图 2.3.2),这就是该惯性秤的定标曲线. 如需测量某物体的质量时,可将其置于惯性秤的秤台 B 上,测出周期 T_j,就可从定标图线上查出 T_j 对应的质量 m_j,即为被测物体的质量.

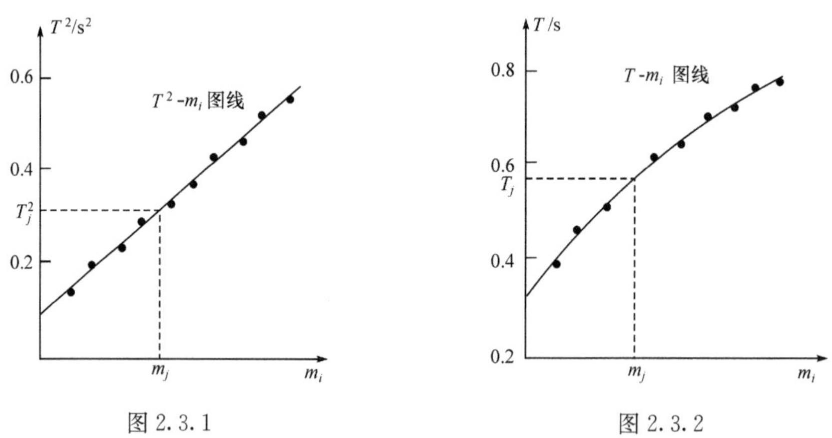

图 2.3.1　　　　图 2.3.2

惯性秤称量质量,基于牛顿第二定律,是通过测量周期求得质量值;而天平称量质量,基于万有引力定律,是通过比较重力求得质量值. 在失重状态下,无法用天平称量质量,而惯性秤可照样使用,这是惯性秤的特点.

[实验仪器]

惯性秤、周期测定仪、定标用槽码(共 10 块)、待测圆柱体.

惯性秤如图 2.3.3 所示,其主要部分是两根弹性钢片连成的一个悬臂振动体 A,振动体的一端是秤台 B,秤台的槽中可插入定标用的标准质量块. A 的另一端是平台 C,通过固定螺栓 D 把 A 固定在 E 座上,旋松固定螺栓 D,则整个悬臂可绕固定螺栓转动,E 座可在立柱 F 上移动,挡光片 G 和光电门 H 是测周期用的. 光电门和周期测定仪用导线相连. 立柱顶上的吊杆 I 用以悬挂待测物,研究重力对秤的振动周期的影响.

［实验内容］

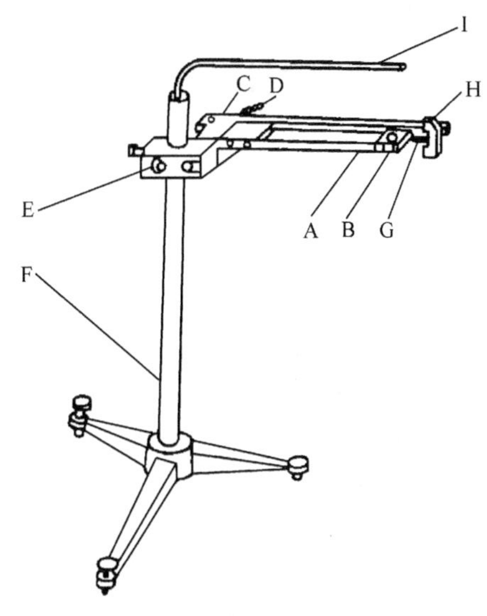

图 2.3.3

(1) 调整仪器. 按图 2.3.3 装好惯性秤,用水平仪调节秤台水平.

(2) 对惯性秤定标,作定标曲线. 用周期测定仪先测量空载($m_i=0$)时的 10 个振动周期 T_{10}. 重复 3 次,求平均值 $\overline{T}_{10}$,记入表 2.3.1 中. 然后逐次增加一个槽码,直到增加到 10 个,依次测量出 10 个振动周期平均值,记入表 2.3.1 中,并求出每一振动周期 T 及 T^2. 根据所测数据作 $\overline{T}^2$-m_i 或 $\overline{T}$-m_i 定标图线.

(3) 用惯性秤测量待测物质量. 将槽码取下,将待测圆柱体置于秤台中间的孔中,用同样的方法,测量振动周期 T,根据定标曲线求出圆柱体的惯性质量.

(4) 考查重力对惯性秤的影响.

① 水平放置惯性秤,待测圆柱体通过长约 50cm 的细线铅直挂在秤的圆孔中. 此时圆柱体的重量由吊线承担,当秤台振动时,带动圆柱体一起振动,测量其周期. 将此周期和前面测量值比较一下,说明二者有何不同?

② 垂直放置惯性秤,使秤在铅直面内左右振动,插入定标槽码测量周期. 将其和惯性秤在水平方向振动周期进行比较,说明周期变小的原因.

［数据处理］

表 2.3.1

	0	m_1	m_2	m_3	m_4	m_5	m_6	m_7	m_8	m_9	m_{10}	待测圆柱 m
m_i/g												
$\overline{T}_{10}$/ms												
$\overline{T}$/ms												
$\overline{T}^2$												

［思考题］

(1) 说明惯性秤称量质量的特点.

(2) 如何由 $\overline{T}^2$-m_i 图线求出惯性秤的劲度系数 k 和惯性质量 m_0？

(3) 在测量惯性秤周期时，为什么特别强调惯性秤装置水平及摆幅不得太大？

2.4　重力加速度测量

2.4.1　自由落体法测重力加速度

重力加速度是重要的地球物理常数，随着各地区的地理纬度及海拔高度的不同它的量值会有变化，因此准确测量重力加速度，无论从理论上还是科研上都有十分重要的意义.

[实验目的]

(1) 研究自由落体运动.

(2) 测量当地的重力加速度.

(3) 学会用逐差法处理数据.

[实验原理]

物体做自由落体运动 t 时间内下落高度为 h，则其运动方程为

$$h=\frac{1}{2}gt^2 \tag{2.4.1}$$

式中，g 为重力加速度.

由式(2.4.1)可知高度 h 与时间 t 的函数关系. 在实验过程中仅通过一次性测量时间和高度，难以准确测量重力加速度. 本实验通过测量物体在不同时间段 it 内下落的高度差 h_i，研究物体的自由落体运动. 当物体下落速度为 v_0 时，开始计时，t 时间内，物体下落高度差为

$$h = v_0 t + \frac{1}{2}gt^2 \tag{2.4.2}$$

依次测量 $it(i=1,2,3,\cdots)$时间内下落的高度差 h_i，根据式(2.4.2)对应方程为

$$h_1 = v_0 t + \frac{1}{2}gt^2$$

$$h_2 = v_0(2t) + \frac{1}{2}g(2t)^2$$

……

$$h_8 = v_0(8t) + \frac{1}{2}g(8t)^2 \tag{2.4.3}$$

用逐差法可求得重力加速度 g. 对式(2.4.3)一次逐差得

$$\begin{aligned} h_{51} &= h_5 - h_1 = v_0(4t) + \frac{1}{2}g(24t^2) \\ h_{62} &= h_6 - h_2 = v_0(4t) + \frac{1}{2}g(32t^2) \\ h_{73} &= h_7 - h_3 = v_0(4t) + \frac{1}{2}g(40t^2) \\ h_{84} &= h_8 - h_4 = v_0(4t) + \frac{1}{2}g(48t^2) \end{aligned} \tag{2.4.4}$$

对式(2.4.4)二次应用逐差法得

$$h_{71} = h_{73} - h_{51} = 8gt^2 \tag{2.4.5}$$

$$h_{82} = h_{84} - h_{62} = 8gt^2 \tag{2.4.6}$$

由式(2.4.5)得

$$g_1 = \frac{h_{71}}{8t^2}$$

由式(2.4.6)得

$$g_2 = \frac{h_{82}}{8t^2}$$

由式(2.4.5)、式(2.4.6)平均得

$$g = \frac{1}{2}(g_1 + g_2) = \frac{h_{71} + h_{82}}{16t^2} \tag{2.4.7}$$

即得重力加速度的结果.

[实验仪器]

QDZJ-2 型自由落体仪，SSM-5C 计时-计数-计频仪.

(1) QDZJ-2 型自由落体仪如图 2.4.1 所示，它由有刻度的支柱为主体，其上装有吸球器，光电门 1(x_1 点)，光电门 2(x_2 点)，捕球网，另外还有直径为 12mm 的小钢球. 磁式吸球器配有 6V 直流稳压电源. 若用气

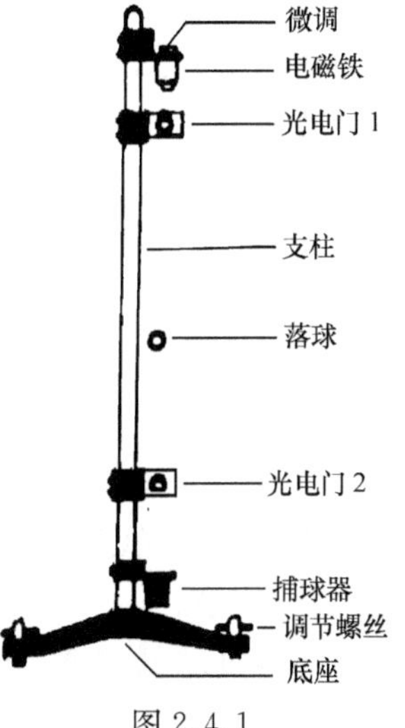

图 2.4.1

压式吸球器,将橡皮球内气体排出吸住小球,当球内负压承担不住小球的重量时,则小球下落.若用电磁式吸球器,接好电源吸住小球,断电后小球自由下落.光电门1和光电门2是由一个光敏二极管和聚光灯泡组成的一种光电转换器,光电门由四芯线插座与计时器连接,形成光电回路,当小球下落通过光电转换器遮断聚光灯射向光敏管的光束时,光电转换器即产生一电脉冲信号,此信号可控制计时器的启停.

(2) SSM-5C 计时-计数-计频仪如图 2.4.2 所示,其面板布置:

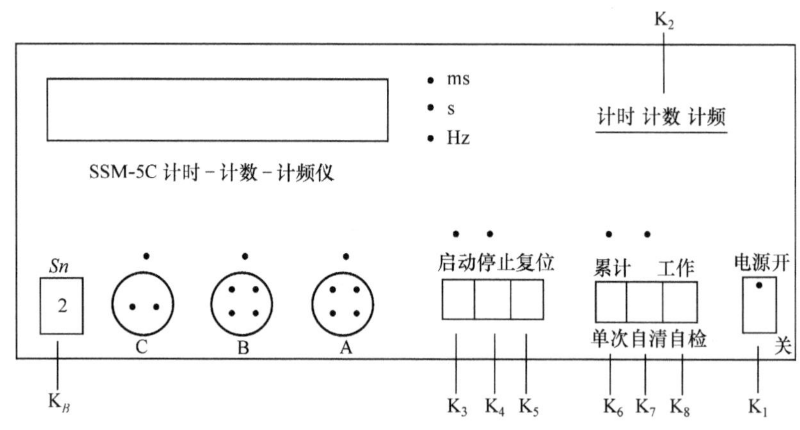

图 2.4.2

K_1:电源开关.

K_2:功能选择开关.此开关分为 3 挡,分别为计时、计数、计频.

$K_B(Sn)$:输入信号分配开关.此开关为一只十位拨盘开关,仅在仪器作"计时"测量时使用.当此开关扳于"1"时,仪器记录光敏管为一次遮光的时间.此开关扳于"2-0"时,则记录第一次遮光和第末次遮光之间的时间.

[**提示**]　在计数、计频功能时,此开关不能拨在"0"、"1"挡测量.

K_3:启动键.按下启动键,表示处于启动状态,启动指示灯亮.在计数、计频状态下要先按下启动键,然后才能进行计数、计频.

K_4:停止键.按下此键,表示此时计时、计数或计频停止,停止红灯亮.

K_5:复位键.按下此键,整机复位,显示为全"0".

K_6:累计/单次键.该键弹出时为累计状态,指示灯亮;该键按下时为单次状态,指示灯灭.

K_7:自动复位键.该键弹出时无自动复位功能;按下时,计时停止后能自动复位.

[**提示**]　K_6、K_7 只有"计时"状态下才起作用.

K_8　工作/自检键. 弹出时处于工作状态，能进行各功能测量；按下时，对本机进行自检.

电压输出、电压调节：本机配有直流稳压电源，输出电压 3～6V 连续可调，额定电流为 0.5A. 输出调节见整机的背面.

[实验内容]

(1) 组装好重力加速度测试仪，校准垂直. 用专用接线将重力加速度测试仪与计时-计数-计频仪连接.

(2) 将两光电门置于适当高度，K_1 按下，K_2 置于“计时”挡，K_B 置于“2”，然后按下复位键使仪器进入准备工作状态.

(3) 用吸球器控制小球自由下落. 适当调节两光电门 1、2 之间的高度差 h_1，同时测出两光电门之间的高度差 h_1，用计时器测出小球通过两光电门之间距离所用的时间 t，重复 5 次测量，确定 t 的平均值.

(4) 光电门 1 不动，逐渐改变光电门 2 的位置，用计时器测小球通过两光电门的距离所用的时间 it，同时测出两光电门之间的高度差 h_i，重复 5 次测量，确定 it 的平均值.

(5) 光电门 1 不动，逐渐改变光电门 2 的位置，两光电门间的高度差为 h_i，重复步骤 3，确定时间为 it，共测 8 组数据.

(6) 将所测数据填入表 2.4.1，求出 g 及相对误差.

淄博地区 $g_{标}=9.79878\text{m}\cdot\text{s}^{-2}$.

[数据处理]

表 2.4.1

时间(t)/s	t	$2t$	$3t$	$4t$	$5t$	$6t$	$7t$	$8t$
高度差(h_i)/m								
高度差($\bar{h}_i$)/m								
it								
平均时间								

[思考题]

(1) 实验中，为什么只改变光电门 2 的位置，而不改变光电门 1 的位置？

(2) 实验中小球下落后，计时器不停止计时的原因是什么？

(3) 如何测小球下落时某处的瞬时速度？

2.4.2 单摆法测重力加速度

[实验目的]

(1) 用单摆测量重力加速度.

(2) 了解测量中的主要误差来源，并设法减小它.

[实验原理]

当单摆的摆角很小(<5°)时，单摆的周期 T 可以用下式表示

$$T=2\pi\sqrt{\frac{L}{g}}$$

式中，L 是摆长；g 是重力加速度. 由此可得

$$g=\frac{4\pi^2 L}{T^2} \tag{2.4.8}$$

只要测量 L 和 T，即可得到当地重力加速度 g.

由式(2.4.8)可得如下相对误差关系式

$$\frac{\Delta_g}{g}=\frac{\Delta_L}{L}+2\frac{\Delta_T}{T}$$

可知 g 的测量误差主要由 L 和 T 的测量误差决定. 因此应尽量使摆长 L 长一些. 而测量 T 的主要误差是偶然误差，因此实验时可以连续测量 n 个周期 T_n 来代替测定单个周期 T，这样可以使 T 的测量误差减小为$\frac{1}{n}$. 于是式(2.4.8)改写成

$$g=\frac{n^2 4\pi^2 L}{T_n{}^2} \tag{2.4.9}$$

[实验内容]

(1) 摆长 L 的测量：用米尺从摆线的夹紧点测量到摆球的中部，一次估计误差.

(2) 周期 T 的测量：使摆振动起来，摆角小于 5°，摆角可由式 $\theta=\arctan\frac{x}{L}$来估

计，式中 x 为摆球离开平衡位置的距离. 用 SSM-5C 计时-计数-计频仪测量摆动 4 个周期所用的时间 T_4，重复几次测量.

［数据处理］

表格自拟.

［思考题］

(1) 测量单摆周期时，采取每次数 n 个周期而非一个周期，可以使相对误差减小为$\frac{1}{n}$. 这样做的结果会使绝对误差(推算到一个周期)减小多少？

(2) 用单摆测量重力加速度，如果考虑浮力影响时，怎样修改单摆公式？

2.4.3　复摆法测重力加速度

测量重力加速度有多种方法，这里介绍复摆法.

［实验目的］

(1) 了解复摆小角摆动周期与回转轴到复摆重心距离的关系.

(2) 测量重力加速度.

［实验原理］

一个围绕定轴摆动的刚体就是复摆. 当复摆的摆动角 θ 很小时，复摆的振动可视为角谐振动. 根据转动定律有

$$mgb\theta = -J\beta = -J\frac{\mathrm{d}^2\theta}{\mathrm{d}t^2}$$

即

$$\frac{\mathrm{d}^2\theta}{\mathrm{d}t^2} + \frac{mgb}{J}\theta = 0$$

可知其振动角频率

$$\omega = \sqrt{\frac{mgb}{J}}$$

角谐振动的周期为

$$T = 2\pi\sqrt{\frac{J}{mgb}} \tag{2.4.10}$$

式中,J 为复摆对回转轴的转动惯量;m 为复摆的质量;b 为复摆重心至回转轴的距离;g 为重力加速度.如果用 J_C 表示复摆对过质心轴的转动惯量,根据平行轴定理有

$$J = J_C + mb^2 \tag{2.4.11}$$

将式(2.4.11)代入式(2.4.10)得

$$T = 2\pi\sqrt{\frac{J_C + mb^2}{mgb}} \tag{2.4.12}$$

以 b 为横坐标,T 为纵坐标,根据实验测得 b、T 数据,绘制以质心为原点的 T-b 图线,如图 2.4.3 所示.左边一条曲线为复摆倒挂时的 T'-b' 曲线.过 T 轴上 $T=T_1$ 点作 b 轴的平行线交两条曲线于点 A、B、C、D.则与这 4 点相对应的 4 个悬点 A'、B'、C'、D'都有共同的周期 T_1.

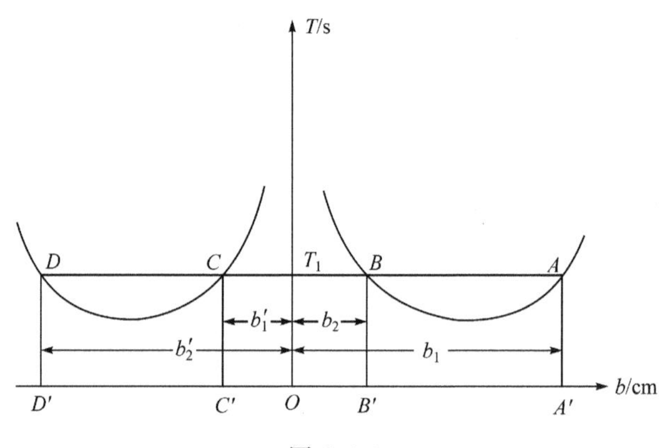

图 2.4.3

设 $OA'=b_1$,$OB'=b_2$,$OC'=b_1'$,$OD'=b_2'$,则有

$$T_1 = 2\pi\sqrt{\frac{J_C + mb_1^2}{mgb_1}} = 2\pi\sqrt{\frac{J_C + mb_1'^2}{mgb_1'}}$$

或

$$T_1 = 2\pi\sqrt{\frac{J_C + mb_2^2}{mgb_2}} = 2\pi\sqrt{\frac{J_C + mb_2'^2}{mgb_2'}}$$

消去 J_C,得

$$T_1=2\pi\sqrt{\frac{b_1+b_1'}{g}}=2\pi\sqrt{\frac{b_2+b_2'}{g}} \tag{2.4.13}$$

将式(2.4.13)与单摆周期公式相比较，可知与复摆周期相同的单摆的摆长 $l=b_1+b_1'$ 或 $l=b_2+b_2'$，故称 b_1+b_1'(或 b_2+b_2')为复摆的等值摆长. 因此只要测得正悬和倒悬的 T-b 曲线，即可通过作 b 轴的平行线，求出周期 T 及与之相应的 b_1+b_1' 或 b_2+b_2'，再由式(2.4.13)求重力加速度 g 值.

[实验仪器]

复摆、秒表. 复摆如图 2.4.4 所示. 一块有刻度的匀质钢板，板面上从中心向两侧对称的开一些悬孔. 另有一固定刀刃架用以悬挂钢板. 调节刀刃水平螺丝使刀刃水平.

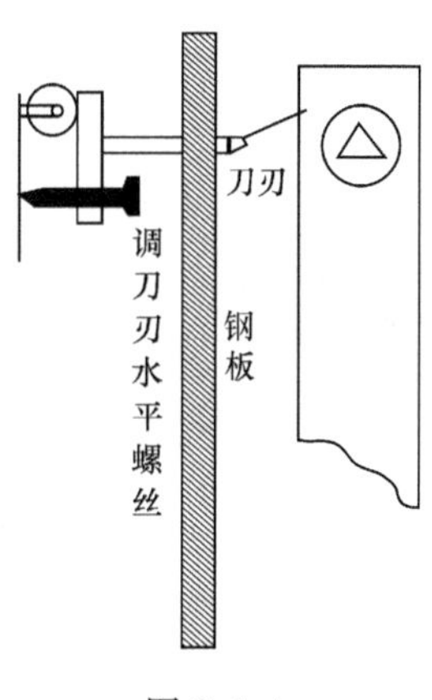

图 2.4.4

[实验内容]

(1) 将复摆一端第一个悬孔装在摆架的刀刃上，调节调平螺丝，使刀刃水平，摆体竖直.

(2) 在摆角很小时($\theta<5°$)，用秒表依次测定复摆在正挂和倒挂时，每一悬点上摆动 50 个周期的时间 t_i 和 t_i'，将测量数据记入表 2.4.2、表 2.4.3 中，求出相应周期 T_i 和 T_i'.

(3) 将摆横置于水平棱上，找出复摆的重心位置. 测量正挂和倒挂时各悬点与重心的距离 b_i 和 b_i'，将测量数据记入表 2.4.2、表 2.4.3 中.

[提示] 悬点的位置不是孔中心位置.

(4) 根据测得数据绘出 T-b 图线和 T'-b' 图线.

(5) 由实验图线分别找出五组不同周期对应的等值摆长，分别按式(2.4.13)求出重力加速度 g，并取其平均值，计算标准误差. 并与当地重力加速度标准值作比较. 淄博地区重力加速度 $g_{标}=9.79878\text{m/s}^2$.

[数据处理]

表 2.4.2　复摆正挂时的测量值

悬　点	3	5	7	9	11	13	15	17	19	21	23	…
t_i/s												
T_i/s												
b_i/cm												

表 2.4.3　复摆倒挂时的测量值

悬　点	2	4	6	8	10	12	14	16	18	20	22	……
t_i'/s												
T_i'/s												
b_i'/cm												

［思考题］

(1) 设想在复摆的某一位置上加一配重时，其振动周期将如何变化（增大、缩短、不变）？

(2) 试根据你的实验数据，求复摆的对过质心轴的转动惯量 J_C.

(3) 试比较用单摆法和复摆法测量重力加速度的精确度，说明其精确度高或低的原因？

2.5　转动惯量测量

2.5.1　扭摆法测物体的转动惯量

转动惯量是刚体转动惯性大小的量度，是表明刚体特性的一个物理量，其值与刚体的质量、质量分布、转轴位置等因素有关. 对于形状简单、质量分布均匀的物体，可直接计算其绕特定转轴的转动惯量，但对于形状复杂、质量分布不均匀的刚体，计算复杂，但可以使刚体以一定形式运动，通过表征这种运动特性的物理量与转动惯量之间的关系，进行转换测量，得到其转动惯量值.

［实验目的］

(1) 熟悉扭摆构造、使用方法并测定扭摆弹簧的扭转常数 k.

(2) 测定几种不同形状物体的转动惯量.

(3) 验证转动惯量平行轴定理.

［实验原理］

扭摆的结构如图 2.5.1 所示，在其垂直轴 1 上装有一根薄片状的螺旋弹簧 2，用以产生恢复力矩. 在轴的上方可以装上各种待测物体. 垂直轴与支座间装有轴承，使摩擦力尽可能降低. 将物体在水平面内转过一角度 θ 后，在弹簧的恢复力矩的作用下，物体就开始绕垂直轴做往返扭转运动. 根据胡克定律，弹簧因扭转而产

生的恢复力矩 M 与所转过的角度 θ 成正比，即

$$M=-k\theta \qquad (2.5.1)$$

式中，k 为弹簧的扭转常数. 根据转动定律

$$M=J\beta$$

式中，J 为物体绕轴的转动惯量，β 为角加速度. 可得

$$\beta=\frac{M}{J} \qquad (2.5.2)$$

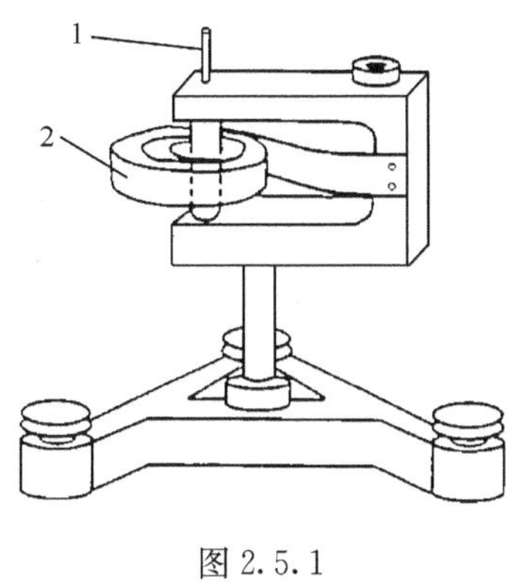

图 2.5.1

令 $\omega^2=\frac{k}{J}$ 且忽略轴承的摩擦阻力矩，由式(2.5.2)得

$$\beta=\frac{\mathrm{d}^2\theta}{\mathrm{d}t^2}=-\frac{k}{J}\theta=-\omega^2\theta$$

上述方程表示扭摆运动具有角简谐振动的特性：角加速度与角位移成正比，方向相反. 此方程的解为

$$\theta=\theta_m\cos(\omega t+\varphi)$$

式中，θ_m 为谐振动的角振幅；φ 为初相角；ω 为角频率. 此谐振动的周期为

$$T=\frac{2\pi}{\omega}=2\pi\sqrt{\frac{J}{k}} \qquad (2.5.3)$$

利用上式测得扭摆的摆动周期后，在转动惯量 J 和弹簧的扭转常数 k 二者中任何一个量已知时，可计算出另一个量.

先用一个几何形状规则、质量分布均匀的物体(塑料圆柱体)进行实验，它的转动惯量可以根据它的质量和几何尺寸用理论公式直接计算得到. 可由式(2.5.3)算出本仪器弹簧的 k 值. 若要测定其他形状物体的转动惯量，只需将待测物体安放在仪器顶部的各种夹具上，测定其摆动周期，由公式即可算出该物体绕转动轴的转动惯量.

通过理论分析可以证明，质量 m 的物体绕通过质心轴的转动惯量为 J_0 时，当转轴平行移动距离为 x 时，则此物体对新轴线的转动惯量变为 J_x，由平行轴定理可知

$$J_x=J_0+mx^2 \qquad (2.5.4)$$

[实验仪器]

(1) 扭摆，如图 2.5.1 所示，辅助以托盘或支架，安装被测物体.

(2) 转动惯量测试仪，面板如图 2.5.2 所示，测量物体的转动、摆动周期或转速.

状态指示灯窗口(计时、转动、摆动)、参量指示窗口和数据显示窗口，显示测量状态和测量数据. 复位键：清除全部数据，参量返回至初始默认值；功能键：选择“扭

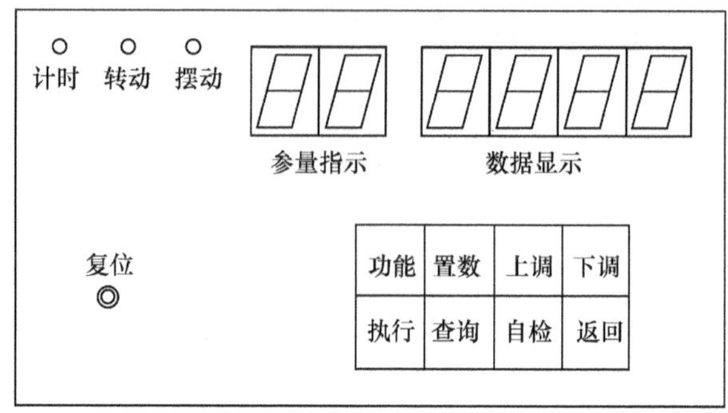

图 2.5.2

摆”或“转动”功能，本实验选择“扭摆”；置数键：显示设置周期数；上调、下调键：与置数键配合，设置周期数，本机默认周期数为 10；执行键：按下此键计量开始；查询键：查读平均周期值；自检键：本机自检恢复错乱程序；返回键：清除当前数据，恢复至实验开始状态.

光电传感器，即光探头，获取光信号，转换为脉冲电信号送入主机.

(3) 几种待测物体：载物盘、支架、塑料圆柱体、木球、金属圆筒、金属细杆和两个滑块.

(4) 天平、游标卡尺、钢尺.

附转动惯量测试仪使用方法：

① 调节光电传感器在支架上的高度，使被测物体的挡光杆自由往返通过光电门.

② 开启电源开关，按功能键，选择显示“扭摆”状态，参量指示窗口和数据显示窗口分别显示为“$P1$”、“— — — —”.

③ 按下置数键辅助上调、下调键设定周期数，一旦复位，恢复至默认周期数 10.

④ 按执行键，显示为“0000”，表示仪器处于待测量状态，当挡光杆经过光电门时，开始计时或计数，达到设定周期数，自动停止，结果在 $C1$ 中储存，以供查询和多次测量后求平均值. 至此 $P1$(第 1 次)测量结束.

⑤ 按执行键，$P1$ 变为 $P2$，表示第 2 次测量，过程同上，本机最多测量 5 次，并存储结果.

⑥ 按查询键，Cn(n=1,2,3,4,5)为 5 次测量周期，CA 表示平均值.

[实验内容]

(1) 用游标卡尺和钢尺测量各被测物体的外形尺寸，用天平测量其相应质量分别测量 3 次.

(2) 调整机座脚螺丝，使水准仪中的气泡居中，系统水平.

(3) 装上载物盘，调整光探头位置，挡光杆处于其缺口中央，能够正确挡光. 使载物盘自由摆动，幅度在 90°～120°，测量其摆动周期 T_0 三次.

(4) 将塑料圆柱体垂直放于载物盘上，测量其摆动周期 T_1 三次.

(5) 取下圆柱体，将金属圆筒垂直放于载物盘上，测定其摆动周期 T_2 三次.

(6) 取下载物盘，装上木球，测出其摆动周期 T_3 三次.

(7) 取下木球，装上夹具和金属细杆，细杆的中心位于转轴处，测出其摆动周期 T_4 三次.

将以上数据填入表 2.5.1 中.

(8) 验证平行轴定理：将滑块固定于细杆上已刻好的槽口(槽口间距 5.00cm)内，如图 2.5.3 所示. 使滑块质心与转轴的距离 x 分别为 5.00cm、10.00cm、15.00cm、20.00cm 和 25.00cm，测出不同距离时的摆动周期 3 次，记录于表 2.5.2 中，计算相应转动惯量，以验证转动惯量的平行轴定理.

由于夹具的转动惯量与金属细杆的转动惯量相比甚小，因此在计算中可以忽略不计.

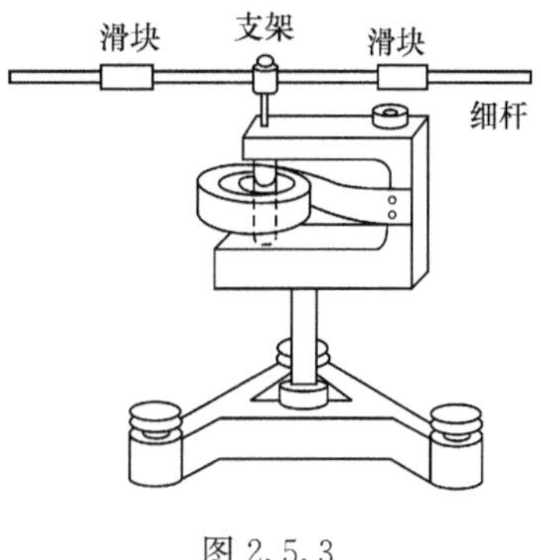

图 2.5.3

[数据处理]

表 2.5.1

物体名称	质量/kg	几何尺寸/(×10⁻²m)		周期/s		转动惯量理论值/(kg·m²)	实验值/(kg·m²)	百分误差
金属载物盘				T_0			$J_0=\frac{J_1'\overline{T}_0^2}{\overline{T}_1^2-\overline{T}_0^2}$	
				$\overline{T}_0$				
塑料圆柱		D_1		T_1		$J_1'=\frac{1}{8}m\overline{D}_1^2$	$J_1=\frac{k\overline{T}_1^2}{4\pi^2}-J_0$	
		$\overline{D}_1$		$\overline{T}_1$				
金属圆筒		$D_{外}$		T_2		$J_2'=\frac{1}{8}m(\overline{D}_{外}^2+\overline{D}_{内}^2)$	$J_2=\frac{k\overline{T}_2^2}{4\pi^2}-J_0$	
		$\overline{D}_{外}$						
		$D_{内}$						
		$\overline{D}_{内}$		$\overline{T}_2$				

续表

物体名称	质量/kg	几何尺寸/($\times 10^{-2}$m)		周期/s		转动惯量理论值/($\mathrm{kg\cdot m^2}$)	实验值/($\mathrm{kg\cdot m^2}$)	百分误差
木球		$D_{直}$		T_3		$J_3'=\frac{1}{10}m\overline{D}_{直}^2$	$J_3=\frac{k\overline{T}_3^2}{4\pi^2}-J_{支座}$	
		$\overline{D}_{直}$		$\overline{T}_3$				
金属细杆		L		T_4		$J_4'=\frac{1}{12}m\overline{L}^2$	$J_4=\frac{k\overline{T}_4^2}{4\pi^2}-J_{夹具}$	
		$\overline{L}$		$\overline{D}_4$				

$\left(k=4\pi^2\dfrac{J_1'}{T_1^2-T_0^2}=\_\_\_\_\ \mathrm{N\cdot m^{-1}}.\right)$

表 2.5.2

$x/\times 10^{-2}$m	5.00	10.00	15.00	20.00	25.00
摆动周期 T/s					
$\overline{T}$/s					
实验值/($\times 10^{-4}\mathrm{kg\cdot m^2}$) $J=\frac{k}{4\pi^2}T^2$					
理论值/($\times 10^{-4}\mathrm{kg\cdot m^2}$) $J'=J_4+2mx^2+J_5$					
百分误差					

[思考题]

(1) 在实验中,为什么在称量球和细杆的质量时必须将安装夹具取下?为什么它们的转动惯量在计算中又未考虑?

(2) 如何用本装置来测定任意形状物体绕特定轴的转动惯量?

[附]

(1) $k=4\pi^2\dfrac{J_1'}{T_1^2-T_0^2}$的推导

$$\frac{T_0}{T_1}=\frac{\sqrt{J_0}}{\sqrt{J_1'+J_0}}$$

$$\frac{J_0}{J_1}=\frac{T_0^2}{T_1^2-T_0^2}$$

弹簧的扭转常数

$$k=4\pi^2\ \frac{J_1'}{T_1^2-T_0^2}$$

(2) 细杆夹具转动惯量实验值

$$J_{夹具}=\frac{k}{4\pi^2}T^2-J_0=\frac{3.567\times10^{-2}}{4\pi^2}\times0.741^2-4.929\times10^{-4}$$
$$=0.321\times10^{-5}(\mathrm{kg\cdot m^2})$$

球支座转动惯量实验值

$$J_{支座}=\frac{k}{4\pi^2}T^2-J_0=\frac{3.567\times10^{-2}}{4\pi^2}\times0.740^2-4.929\times10^{-4}$$
$$=0.187\times10^{-5}(\mathrm{kg\cdot m^2})$$

二滑块绕过滑块质心转轴的转动惯量理论值

$$J_5'=2\left[\frac{1}{8}m(D_{外}^2+D_{内}^2)\right]=2\left[\frac{1}{8}\times239\times(3.50^2+0.60^2)\times10^{-7}\right]$$
$$=0.753\times10^{-4}(\mathrm{kg\cdot m^2})$$

测单个滑块与载物盘转动周期 $T=0.767\mathrm{s}$ 可以得到

$$J=\frac{k}{4\pi^2}T^2-J_0=\frac{3.567\times10^{-2}}{4\pi^2}\times0.767^2-4.929\times10^{-4}$$
$$=0.386\times10^{-4}(\mathrm{kg\cdot m^2})$$
$$J_5=2J=0.772\times10^{-4}(\mathrm{kg\cdot m^2})$$

2.5.2　转动惯量仪的使用

[实验目的]

(1) 测定刚体的转动惯量,验证刚体转动定律及平行轴定理.

(2) 观察刚体的转动惯量与质量及质量分布的关系.

(3) 运用作图法处理实验数据.

[实验原理]

当刚体绕固定轴转动时,由转动定律,刚体的角加速度 β 与刚体所受的合外力

矩 M 成正比，即

$$M = J\beta \tag{2.5.5}$$

J 为刚体对该定轴的转动惯量.

本实验采用图 2.5.4 所示的实验装置，M 为绳子给予塔轮的力矩 Tr 和摩擦力矩 M_μ 之和. T 为绳子的张力，与 OO' 相垂直，r 为塔轮的绕线半径，m 为砝码盘端重物总质量. 如果忽略滑轮及绳子的质量、滑轮上的摩擦力，并认为绳子长度不变，则 m 向下运动时，近似可得

$$mg - T = ma$$

$$T = m(g - a) \tag{2.5.6}$$

设砝码由静止开始下落高度 h 所用时间为 t，则

$$h = \frac{1}{2}at^2 \tag{2.5.7}$$

又因为

$$a = r\beta \tag{2.5.8}$$

所以由式(2.5.5)～式(2.5.8)有

$$m(g-a)r - M_\mu = \frac{2hJ}{rt^2}$$

实验中保持 $g \gg a$ 且 $M_\mu \ll mgr$，近似有

$$mgr \approx \frac{2hJ}{rt^2} \tag{2.5.9}$$

根据式(2.5.9)，如果保持 r、h 及重物 m_0 的位置不变，改变 m 测出相应的下落时间 t，则

$$m = \frac{2hJ}{gr^2} \cdot \frac{1}{t^2}$$

令

$$K = \frac{2hJ}{gr^2}$$

则

$$m = K\frac{1}{t^2} \tag{2.5.10}$$

上式表明 m 与 $\frac{1}{t^2}$ 成线性关系，作 m-$\frac{1}{t^2}$ 图，如得一直线，表明式(2.5.5)成立，并且通过求解斜率 K 可求得转动惯量 J.

实验时保持 r、h、m 不变，对称地改变两个重物 m_0 的质心到轴 $\overline{OO'}$ 之间的距离 x，根据刚体转动惯量的平行轴定理，整个刚体系统绕轴 $\overline{OO'}$ 的转动惯量，为

$$J = J_O + J_{OC} + 2m_0x^2 \tag{2.5.11}$$

式中，J_O 为塔轮 A 与两臂 B、B' 绕轴 $\overline{OO'}$ 的转动惯量；J_{OC} 为两个重物 m_0 绕过其质

心且平行于轴$\overline{OO'}$的转动惯量. 将式(2.5.11)代入式(2.5.9)整理，得

$$t^2 = \frac{4m_0h}{mgr^2}x^2 + \frac{2h(J_O + J_{OC})}{mgr^2} = K'x^2 + C \tag{2.5.12}$$

对称地移动两个重物 m_0 的位置，可得到不同的 x，测出 x 及对应的 t 值，作 t^2-x^2 图线. 如为一直线，则证明式(2.5.12)成立，即证明平行轴定理是正确的.

[实验仪器]

刚体转动实验仪(包括附件)、米尺、游标卡尺、秒表、砝码等.

刚体转动实验仪如图 2.5.4 所示. A 是一具有不同半径的塔轮，两边对称地装有两根有等分刻度的均匀细柱 B 和 B′，B 和 B′上各有一个可移动的圆柱形重物 m_0，它们一起组成一个可以绕固定轴 OO'转动的刚体系. 塔轮的半径自上而下分别为：15mm、25mm、30mm、20mm 和 10mm，塔轮上绕一细线，通过滑轮 C 与砝码 m 相连，当 m 下落时，通过细线对刚体系统施加外力矩. 滑轮 C 的支架可以借助固定螺丝 D 而升降，以保证当细线绕塔轮的不同半径转动时均可保持与转轴相垂直. 滑轮台架 E 上有一个标记 F，用来判断砝码 m 的起始位置. H 是固定台架的螺旋扳手. 取下塔轮，换上铅直准钉，通过底脚螺丝 S_1、S_2、S_3 可以调节 OO'竖直. 调好 OO'轴竖直后，再换上塔轮，转动合适后用固定螺丝 G 固定.

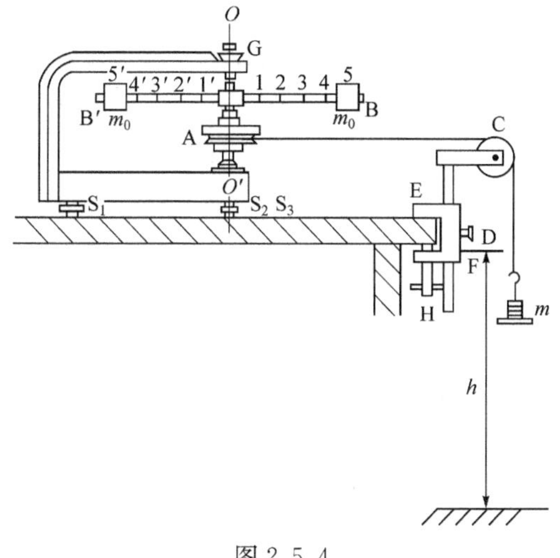

图 2.5.4

[实验内容]

(1) 调节实验装置：取下塔轮，换上铅直准钉，调 OO'垂直. 装上塔轮，尽量减

少摩擦，并在实验过程中保持绳子与 OO' 垂直，绕线要尽量密排.

(2) $m\text{-}\frac{1}{t^2}$ 关系的研究：r 取最大值，重物 m_0 放在棒 BB′的(5,5′)位置. 将砝码托(质量为 5.00g)放置在标记 F 处静止，然后让其自由下落到某一固定位置，保持 h 不变. h 的值可用米尺测得，下落时间 t 由秒表测出，重复 5 次取平均值. 改变 m(每次增加 5.00g 砝码，直至增加到 40.00g)，用同样的方法测定相应的下落时间 t，记入表 2.5.3 中. 根据所测数据作 $m\text{-}\frac{1}{t^2}$ 图线，验证刚体转动定律并求刚体的转动惯量.

(3) 观测转动惯量与质量分布的关系，验证平行轴定理：保持 m 为 10.00g，r 为 2.50cm 不变. 对称地改变两个重物 m_0 的位置，分别将它们放在(1,1′)、(2,2′)、(3,3′)、(4,4′)、(5,5′)处，与轴 $\overline{OO'}$ 的距离分别为 x_1、x_2、x_3、x_4、x_5，测出每一位置砝码自由下落同一距离 h 所需的相应时间 t_1、t_2、t_3、t_4、t_5，记入表 2.5.4 中. 由式(2.5.5)求出 t_1、t_2、t_3、t_4、t_5 对应的转动惯量 J_1、J_2、J_3、J_4、J_5. 分析转动惯量与质量的分布关系. 作 $t^2\text{-}x^2$ 图线，验证平行轴定理.

[数据处理]

表 2.5.3 $m\text{-}\frac{1}{t^2}$ 关系的研究 $r=$ cm，$h=$ cm

m/g \ t/s	5.00	10.00	15.00	20.00	25.00	30.00	35.00	40.00
1								
2								
3								
4								
5								
$\bar{t}$								
$\bar{t}^{-2}$								

表 2.5.4 $r=$ cm，$h=$ cm，$m=$ cm

t(s)x	t_1	t_2	t_3	t_4	t_5	t 的平均值
x_1(1,1′)						t_{x1}
x_2(2,2′)						t_{x2}
x_3(3,3′)						t_{x3}
x_4(4,4′)						t_{x4}
x_5(5,5′)						t_{x5}

［思考题］

(1) 实验中如何保证 $g \gg a$ 的条件？由于作了这一近似，会对结果产生什么影响？

(2) 实验中如果保持 h、m 及重物 m_0 的位置不变，改变 r，可否测刚体的转动惯量且验证刚体的转动定律？

(3) 若 r、m、h 不变，m_0 不对称放置，如何验证刚体的转动定律，并测转动惯量？

2.6　杨氏模量测量

杨氏弹性模量是选定机械零件材料的依据之一，是工程技术设计中常用的参数. 杨氏模量的测定对研究金属材料、光纤材料、半导体、纳米材料、聚合物、陶瓷、橡胶等各种材料的力学性质有着重要意义，还可用于机械零部件设计、生物力学、地质等领域.

测量杨氏模量的方法一般有拉伸法、弯曲法、振动法、利用霍尔元件传感器等.

2.6.1　拉伸法测量杨氏模量

［实验目的］

(1) 掌握光杠杆测量微小变化的原理和方法.

(2) 学会测量金属杨氏弹性模量的方法.

(3) 学会用逐差法处理数据.

［实验原理］

物体在外力的作用下都会发生形变. 如外力撤销后物体能完全恢复到原形，称为弹性形变. 本实验只研究弹性形变，因此，外力必须在适当范围内.

设一根均匀的金属丝长为 L，截面积为 S，在金属丝长度方向上受到外力 F 的作用，金属丝伸长 ΔL. 根据胡克定律，在弹性限度内应变 $\Delta L/L$ 与物体所受的应力

F/S 成正比.即

$$\frac{\Delta L}{L}=\frac{1}{Y}\cdot\frac{F}{S} \tag{2.6.1}$$

式中,Y 是该金属的杨氏弹性模量,它与测试样品的几何形状、外力大小无关,仅决定于物体的材料性质.一定金属的杨氏模量是一个常数,其单位为 N/m^2.

设金属丝直径为 d,则 $S=\frac{1}{4}\pi d^2$ 代入式(2.6.1)得

$$Y=\frac{4FL}{\pi d^2\Delta L} \tag{2.6.2}$$

表明在长度 L、直径 d 和外力 F 相同的情况下,杨氏模量大的金属丝伸长量较小,而杨氏模量小的金属丝伸长量较大.

式(2.6.2)中 F、d 和 L 都较容易测量,但 ΔL 是一个微小的长度变化量,很难用一般的仪器直接测准.本实验用光杠杆法来测量 ΔL.

[实验仪器]

杨氏模量仪、光杠杆、尺读望远镜、标尺、螺旋测微计、游标卡尺、米尺和砝码等.

1. 杨氏模量仪

杨氏模量仪如图 2.6.1 所示,A、B 为钢丝两端的螺栓夹,在 B 的下端挂有重

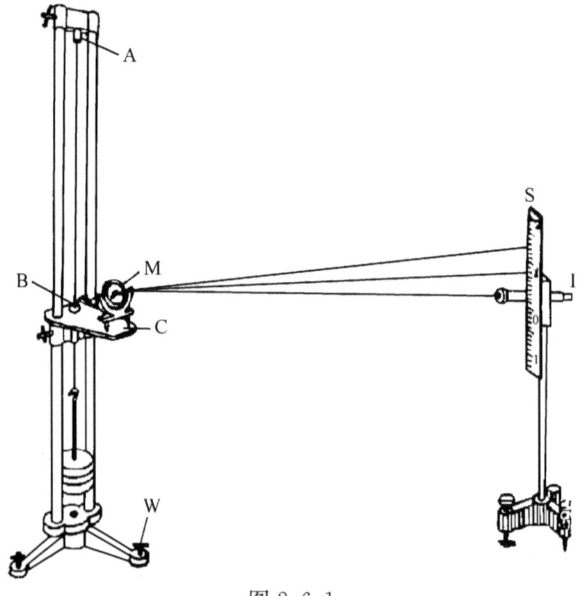

图 2.6.1

物托盘，C 是摆放光杠杆的平台，中间留有圆孔，可使螺栓夹 B 和金属丝一起上下移动. W 为底脚调平螺栓，通过调节 W 可使螺栓夹 B 位于平台 C 的圆孔中央，使上下移动无阻力.

图 2.6.2

2. 光杠杆

光杠杆结构如图 2.6.2 所示，T 型架带有三个尖脚，在前两个尖脚上面固定一个平面反射镜. 实验时，将两前足放在固定平台 C 前沿的槽内，后足放在 B 的中心附近.

光杠杆和望远镜放置如图 2.6.1 所示，平面镜 M 至标尺的距离在 0.7～1.5m，装置全部调好后，可从望远镜中看到经由 M 反射的标尺的像. 设标尺上某一刻度与望远镜中的十字叉丝的横丝相重合，如图 2.6.4(a)所示，此时刻度线 a_0 为测量前的初始值. 当托盘挂上砝码后，金属丝伸长 ΔL，光杠杆的后尖脚随同 B 下降 ΔL，平面镜转过 θ 角到 M′的位置(如图 2.6.3)，望远镜中看到标尺的某刻度 a_i 与叉丝横线重合(如图 2.6.4(b))，即光线 a_iO 经反射镜进入望远镜中，根据反射定律，由图2.6.3可得

$$\angle a_iOa_0 = 2\theta$$

$$\tan\theta = \frac{\Delta L}{D}$$

$$\tan 2\theta = \frac{a_i - a_0}{R} = \frac{l_i}{R}$$

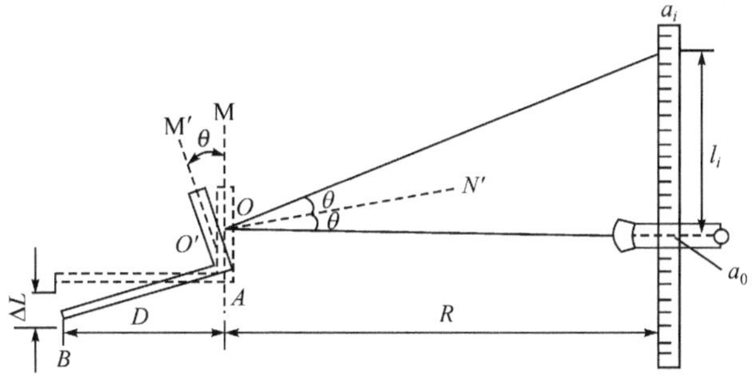

图 2.6.3

式中，D 为光杠杆后尖脚到前两尖脚连线的垂直距离；R 为镜面到标尺的距离；l_i 为悬挂砝码后标尺读数的差值. 由于 ΔL 很小，$\Delta L \ll D$，所以平面镜转角 θ 很小，故

$$\theta = \frac{\Delta L}{D}, \quad 2\theta = \frac{l_i}{R}$$

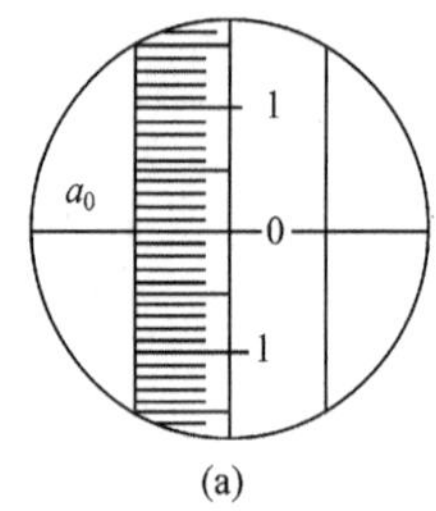

(a)

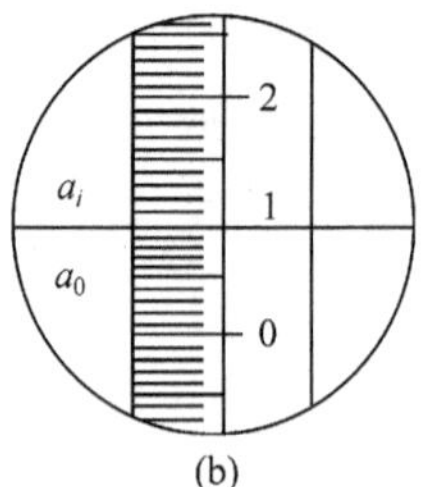

(b)

图 2.6.4

则得

$$\Delta L=\frac{Dl_i}{2R} \tag{2.6.3}$$

可见,光杠杆将微小的伸长量 ΔL 放大为标尺读数的差值,只要测得 D、R 值,就能间接得到 ΔL. 将式(2.6.3)和 $F=mg$ 代入式(2.6.2)得

$$Y=\frac{8mgLR}{\pi d^2 Dl_i} \tag{2.6.4}$$

这就是测量杨氏模量的原理公式.

[实验内容]

(1) 调节杨氏模量仪的底脚螺丝栓 W,使钢丝架铅直,同时使螺栓夹 B 位于平台 C 的圆孔中央,使上下移动无阻力.

(2) 将光杠杆前两尖脚放在平台 C 的槽内,后尖脚放在螺栓夹 B 的中心附近,调节平面镜使 M 与钢丝铅直平行.

(3) 调节望远镜的高度,使望远镜与平面镜 M 等高,然后把望远镜置于光杠杆前 0.7～1.5m 远处.

(4) 左右移动望远镜,用一只眼睛能沿着望远镜上方的准线方向看到平面镜中标尺的像,并且正好瞄准标尺像上中央的一点. 调节望远镜目镜使十字叉丝最清晰,再调节物镜使从望远镜中能看到清晰的标尺的像. 否则,调节仰角微调螺栓以改变望远镜仰角,微小转动平面镜 M,然后再调节物镜,直到从望远镜中能看到清晰的标尺的像.

(5) 记下望远镜标尺与叉丝重合的读数 a_0,此后,不能碰动整套仪器和实验台. 以后逐渐增加砝码(F_1,F_2,…,F_7),同时观察望远镜中标尺的像,依次记下与叉丝重合的标尺读数(a_1,a_2,…,a_7),填入表 2.6.1.

(6) 再逐次减少砝码(F_7,…,F_2,F_1),同时记录(a_7,…,a_2,a_1),填入表 2.6.1.

(7) 用米尺测出从标尺到光杠杆平面镜间的距离 R,金钢丝 AB 端的长度 L. 取下光杠杆,在纸上压出三个尖脚的尖痕,并用卡尺测出后尖脚与前两尖脚连线的垂直距离 D. 用螺旋测微计测得金属丝直径 d,在不同位置测量 5 次,填入表2.6.2中,求平均值.

[提示] 增加(或减少)砝码时动作要轻一些,待标尺读数稳定后再读数.

[数据处理]

表 2.6.1　$R=$　　cm,$L=$　　cm,$D=$　　cm

次数	负重/kg	增重时标尺读数 a_i/mm	减重时标尺读数 a_i/mm	同负荷下标尺读数平均值 $\overline{a_i}$/mm	每增加 4 个砝码时标尺差值 l_i/mm	l_i 的绝对误差 Δl_i/mm
0				$\overline{a_0}=$	$l_1=\overline{a_4}-\overline{a_0}=$	$\Delta l_1=\lvert l_1-\bar{l}\rvert=$
1				$\overline{a_1}=$		
2				$\overline{a_2}=$	$l_2=\overline{a_5}-\overline{a_1}=$	$\Delta l_2=\lvert l_2-\bar{l}\rvert=$
3				$\overline{a_3}=$		
4				$\overline{a_4}=$	$l_3=\overline{a_6}-\overline{a_2}=$	$\Delta l_3=\lvert l_3-\bar{l}\rvert=$
5				$\overline{a_5}=$		
6				$\overline{a_6}=$	$l_4=\overline{a_7}-\overline{a_3}=$	$\Delta l_4=\lvert l_4-\bar{l}\rvert=$
7				$\overline{a_7}=$		
平均值					$\bar{l}$	$\overline{\Delta l}$

表 2.6.2

次　数	1	2	3	4	5	平均
直径 d/mm						

将 L、R、D、d 和 $\bar{l}$ 值代入 $\overline{Y}=\dfrac{8mgLR}{\pi d^2 D\,\bar{l}}$,求出金属丝杨氏模量的平均值.

[提示] m 为 4 个砝码的质量.

杨氏模量的相对误差为

$$E=\frac{\sigma_y}{\overline{Y}}=\sqrt{\left(\frac{\sigma_L}{L}\right)^2+\left(\frac{\sigma_R}{R}\right)^2+\left(\frac{\sigma_F}{\overline{F}}\right)^2+\left(2\,\frac{\sigma_{\bar{d}}}{d}\right)^2+\left(\frac{\sigma_D}{D}\right)^2+\left(\frac{\sigma_l}{\bar{l}}\right)^2}$$

式中,$\sigma_L=0.05\text{cm}$;$\sigma_R=0.05\text{cm}$;$\sigma_F=0.5\text{g}$;$\sigma_{\bar{d}}=0.0005\text{cm}$;$\sigma_D=0.05\text{cm}$;$\sigma_l=\overline{\Delta l}$.

根据杨氏模量的相对误差计算出标准误差 σ_y,并写出实验结果表达式

$$Y = \overline{Y} \pm \sigma_y$$

[附]

几种常用金属材料的 Y 值：

钢	$2.0\times10^{11}\mathrm{N\cdot m^{-2}}$	铸铁	$1.1\times10^{11}\mathrm{N\cdot m^{-2}}$
铜	$1.05\times10^{11}\mathrm{N\cdot m^{-2}}$	合金钢	$2.1\times10^{11}\mathrm{N\cdot m^{-2}}$
康铜	$1.63\times10^{11}\mathrm{N\cdot m^{-2}}$	碳钢	$2\times10^{11}\mathrm{N\cdot m^{-2}}$

请根据计算出的金属杨氏模量值，判断其属于哪种金属.

[思考题]

(1) 实验中整条金属丝都被拉伸，应测量哪一段记入原始数据中？为什么？

(2) 两条材料相同，粗细长度不同的金属丝，在相同加载的条件下，伸长量一样吗？杨氏模量相同吗？

(3) 怎样提高光杠杆测量微小长度变化的灵敏度？

(4) 实验中，哪些量的测量误差对测量结果的准确性影响最大？

2.6.2 梁弯曲法测量杨氏模量

梁弯曲法测量杨氏模量研究梁的弯曲与梁的长度、宽度、厚度、负重等之间的关系.

[实验目的]

(1) 掌握梁弯曲法测量杨氏模量的原理及方法.

(2) 学会用作图法处理实验数据.

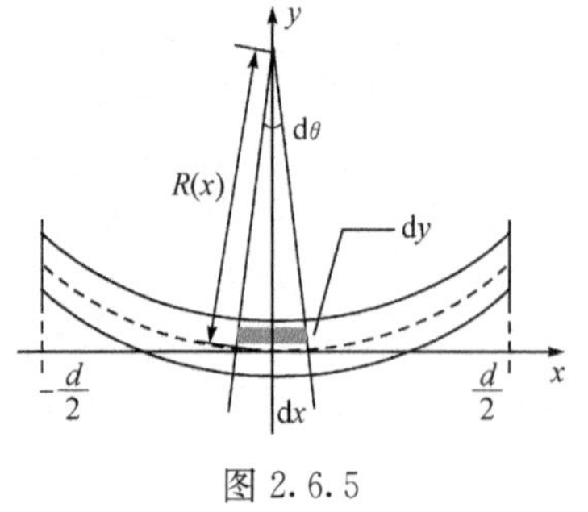

图 2.6.5

[实验原理]

在横梁发生微小弯曲时，梁中存在一个中性面，面上部分发生压缩，面下部分发生拉伸，所以整体来说，可以理解横梁发生形变，即可以用杨氏模量来描写材料的性质.

如图 2.6.5 所示，虚线表示弯曲梁的中性面，易知其既不拉伸也不压缩，取弯曲梁长为 $\mathrm{d}x$

的一小段:设其曲率半径为 $R(x)$,所对应的张角为 $\mathrm{d}\theta$,再取中性面上部距离为 y、厚为 $\mathrm{d}y$ 的一层面为研究对象.

那么,梁弯曲后其长变为$[R(x)-y]\mathrm{d}\theta$,所以变化量为

$$[R(x)-y]\mathrm{d}\theta-\mathrm{d}x$$

又因为 $\mathrm{d}\theta=\frac{\mathrm{d}x}{R(x)}$,所以有

$$[R(x)-y]\mathrm{d}\theta-\mathrm{d}x=(R(x)-y)\frac{\mathrm{d}x}{R(x)}-\mathrm{d}x=-\frac{y}{R(x)}\mathrm{d}x$$

所以应变为

$$\varepsilon=-\frac{y}{R(x)}$$

根据胡克定律有$\frac{\mathrm{d}F}{\mathrm{d}S}=-Y\frac{y}{R(x)}$,又因为 $\mathrm{d}S=b\cdot\mathrm{d}y$,所以有

$$\mathrm{d}F(x)=-\frac{Y\cdot b\cdot y}{R(x)}\mathrm{d}y$$

对中性面的转矩为

$$\mathrm{d}\mu(x)=|\mathrm{d}F|\cdot y=\frac{Y\cdot b\cdot y^2}{R(x)}\mathrm{d}y$$

积分得

$$\mu(x)=\int_{-\frac{a}{2}}^{\frac{a}{2}}\frac{Y\cdot b\cdot y^2}{R(x)}\mathrm{d}y=\frac{Y\cdot b\cdot a^3}{12\cdot R(x)} \tag{2.6.5}$$

对梁上各点有

$$\frac{1}{R(x)}=\frac{y''(x)}{[1+y'(x)^2]^{\frac{3}{2}}}$$

因梁的弯曲微小,即 $y'(x)=0$,所以有

$$R(x)=\frac{1}{y''(x)} \tag{2.6.6}$$

梁平衡时,梁在 x 处的转矩应与梁右端支撑力$\frac{Mg}{2}$对 x 处的力矩平衡,所以有

$$\mu(x)=\frac{Mg}{2}\left(\frac{d}{2}-x\right) \tag{2.6.7}$$

根据公式(2.6.5)~(2.6.7)得

$$y''(x)=\frac{6Mg}{Y\cdot b\cdot a^3}\left(\frac{d}{2}-x\right) \tag{2.6.8}$$

据所讨论问题的性质有边界条件 $y(0)=0$,$y'(0)=0$,解上述微分方程(2.6.8)得

$$y(x)=\frac{Mg\cdot d^3}{4Y\cdot b\cdot a^3}\left(\frac{d}{2}x^2-\frac{1}{3}x^3\right) \tag{2.6.9}$$

将 $x=\dfrac{d}{2}$ 代入式(2.6.5),得到右端点的 y 值为

$$y=\frac{Mg\cdot d^3}{4Y\cdot b\cdot a^3}$$

又因为 $y=\Delta Z$,所以杨氏模量为

$$Y=\frac{d^3 Mg}{4a^3 b\Delta Z} \tag{2.6.10}$$

式中,d 为两刀口间梁的距离;a 为梁的厚度;b 为梁的宽度;ΔZ 为梁中心由于外力的作用而下降的距离;M 为砝码的质量;g 为重力加速度.

[实验仪器]

梁弯曲实验仪、螺旋测微器、游标卡尺、米尺.

梁弯曲实验仪由两个上端带有水平刀口的支座、测量用的金属梁、梁上有一个内部是刀口的金属框,在金属框下部挂钩上挂一个砝码盘组成. 如图 2.6.6 所示.

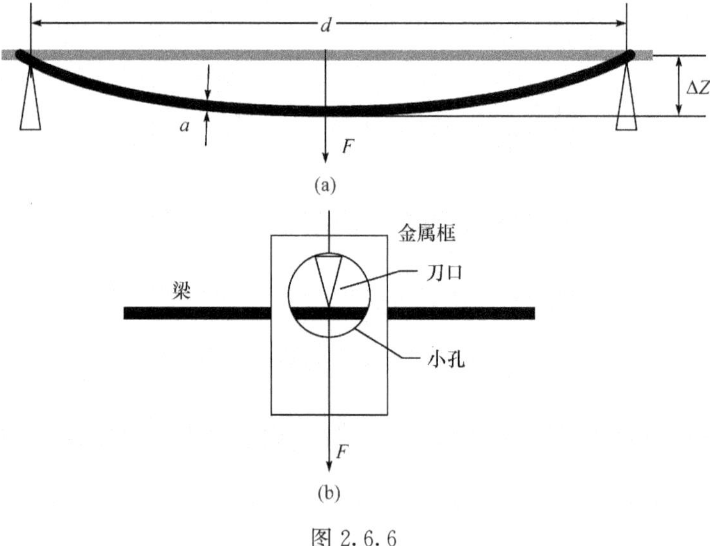

图 2.6.6

[实验内容]

(1) 将待测材料矩形横梁放在两支座上端的刀口上,套上金属框并使刀刃刚

好在仪器两刀口的中间.

(2) 将水准仪放在横梁上，用支座下的可调底脚调节，直到横梁处于水平位置.

(3) 调节读数显微镜的上下和左右位置，使镜筒轴线正对金属框上的小圆孔.调节读数显微镜目镜，直到用眼睛能观察到镜筒内清晰的十字叉丝，然后前后移动读数显微镜距离，使其能清楚地看到小孔中横梁的边沿，再转动读数显微镜的鼓轮使横梁的某边沿与读数显微镜内十字刻线吻合，并计下初始读数值.

(4) 在砝码盘上逐次增加砝码，每次增加 200.00g，相应从读数显微镜读出梁中心的位置 Z_i(mm)填入表 2.6.3 中.然后依次减少砝码，每次减少 200.00g，做同样的记录.

(5) 测量横梁的有效长度 d(两刀口间的距离，一次测量)、横梁的宽度 b(一次测量)填入表 2.6.4 中；在横梁不同的位置测量其厚度 a(6 次测量取均值)填入表 2.6.5 中.

(6) 更换待测材料，重复上述操作.

[数据处理]

表 2.6.3　　Z 的单位为 mm

次 i	m_i/g	增加砝码	减少砝码	平均值$\overline{Z_i}$
		Z_i	Z_i	
1	200.00			
2	400.00			
3	600.00			
4	800.00			
5	1000.00			

表 2.6.4　横梁有效长度 d 及宽度 b 的测量

$\Delta_{游}=0.02$mm，　$\Delta_{钢尺}=0.5$mm

M/(g)	d/(mm)	b/(mm)
200.00		

表 2.6.5　横梁厚度 a 的测量　　$\Delta_{千}=0.004$mm

1	2	3	4	5	6	$\bar{a}$(mm)

(1) 作图:根据表 2.6.3 中的数据,以 m 为横坐标,以 Z 为纵坐标,作出 m 与 Z 的关系图,其中 Z-m 关系应为直线.

(2) 计算:作出的直线应使数据点均匀分布在直线两侧,以直线通过的两个数据点(m_1,Z_1)、(m_2,Z_2)求出直线的斜率 $K=\dfrac{Z_2-Z_1}{m_2-m_1}$,则待测材料的杨氏模量为

$$Y=\frac{d^3 g}{4a^3 bK}$$

(3) 待测材料杨氏模量的相对误差为

$$E_Y=\sqrt{\left(3\,\frac{\Delta_d}{d}\right)^2+\left(3\,\frac{\Delta_a}{\bar{a}}\right)^2+\left(\frac{\Delta_b}{b}\right)^2+\left(\frac{\Delta_{(\Delta z)}}{\overline{\Delta z}}\right)^2}$$

式中,$\Delta_d=\Delta_{钢尺}=0.5\text{mm}$,$\Delta_b=\Delta_{游}=0.02\text{mm}$,$\Delta_a=\sqrt{S_a^2+\Delta_{千}^2}$,$S_a=\sqrt{\dfrac{\sum(a_i-\bar{a})^2}{6-1}}$,$\Delta_{(\Delta z)}=\sqrt{\dfrac{\sum[(\Delta z_i)-\overline{\Delta z}]^2}{5-1}}$.

(4) 根据杨氏模量相对误差计算出标准误差 Δ_Y 并写出实验结果表达式

$$Y_{黄铜}=\bar{Y}\pm\Delta_Y$$

[思考题]

(1) 实验中误差主要来源有哪些?

(2) 两种材料相同,长度、宽度、厚度不同的横梁,在相同加载的条件下,弯曲量相同吗? 杨氏模量相同吗?

(3) 实验中记入数据的横梁长度是哪一段? 为什么?

2.7 用焦利秤测量液体表面张力系数

由于分子间引力的存在,使得液体表面有尽量缩小的趋势,这种沿着表面使液面收缩的力称为表面张力. 液体的许多现象都与表面张力有关,比如泡沫的形成、润湿和毛细现象等.

液体表面张力系数的测量有很多方法,本实验介绍焦利秤拉脱法.

[实验目的]

(1) 学习焦利秤的使用方法.

(2) 测量弹簧的劲度系数.

(3) 了解液体的表面特性,测量水的表面张力系数.

[实验原理]

液体的表面都有尽量缩小的趋势，这是由于液体存在着沿表面切线方向作用的表面张力. 设想在液面上有一长为 l 的线段，那么表面张力的作用就表现在线段 l 两边的液面分别以力 f 相互作用，f 的方向垂直于线段 l，且与液面相切，大小与 l 的长度成正比，即

$$f = \alpha l \tag{2.7.1}$$

式中 α 为液体的表面张力系数，它在数值上等于作用在液体表面单位长度上的力. 在 SI 中，表面张力系数的单位为 $\mathrm{N \cdot m^{-1}}$，表面张力系数的大小与液体的性质、温度和所含杂质有关.

如图 2.7.1 所示，将金属丝框垂直浸入水中润湿后往上提起，金属丝框将带出一水膜. 该膜有两个表面，每一个表面与水面相交的线段都受到大小为 $f=\alpha l$，方向竖直向下的表面张力的作用. 若在力 F 作用下，把金属丝框从水中提拉出来，当水膜刚要被拉断时，则有

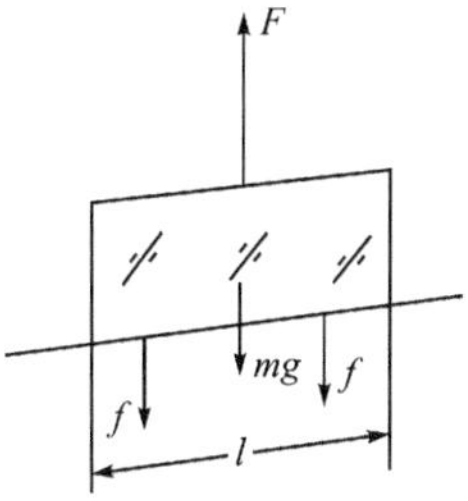

$$F = mg + 2\alpha l \tag{2.7.2}$$

图 2.7.1

式中，mg 为金属丝框和水膜所受的重力，根据式(2.7.2)有

$$\alpha = \frac{F - mg}{2l} \tag{2.7.3}$$

可见，只要测出金属丝框的宽度 l 和 $F - mg$ 的值，即可算出水的表面张力系数.

[实验仪器]

焦利秤，⼍形金属丝框，玻璃皿，游标卡尺，砝码，温度计，蒸馏水.

焦利秤是一种精细的弹簧秤，常用于测量微小的力，如图 2.7.2 所示. 带有米尺刻度的圆筒 B 插在中空立管 A 内，A 管上附有游标 V，调节旋钮 P 可使 B 筒在 A 管内上下移动，B 筒的横梁上悬挂一锥型细弹簧 L，弹簧的下端挂着一面刻有水平线 C 的小镜子，小镜悬空在刻有水平线 D 的玻璃管中间，小镜子下端的小钩用来悬挂砝码盘 G 和金属丝框 H，工作平台 E 可通过螺旋 S 作上下移动.

使用焦利秤时，通过调节旋钮 P 使圆筒 B 上下移动，从而调节弹簧 L 的升降，使小镜子上的水平刻线 C、玻璃管上的水平刻线 D 以及 D 刻线在小镜子中的像三者重合(简称“三线对齐”)，这样可以保持 C 线的位置不变. 弹簧增加负载后的伸长量 Δx 与弹簧上端点向上的移动量相等，它可以用圆筒 B 上的主尺和套管 A 上

的游标测量,根据胡克定律

$$2f = k\Delta x \tag{2.7.4}$$

在已知弹簧劲度系数 k 的条件下,可求出力 $2f$ 的值.

[实验内容]

1. 连接仪器

按图 2.7.2 装好焦利秤(盛水玻璃皿暂不要放上去).调节三脚底座上的螺丝,使金属筒竖立铅直,使小镜子上下移动时不与玻璃管壁相碰.

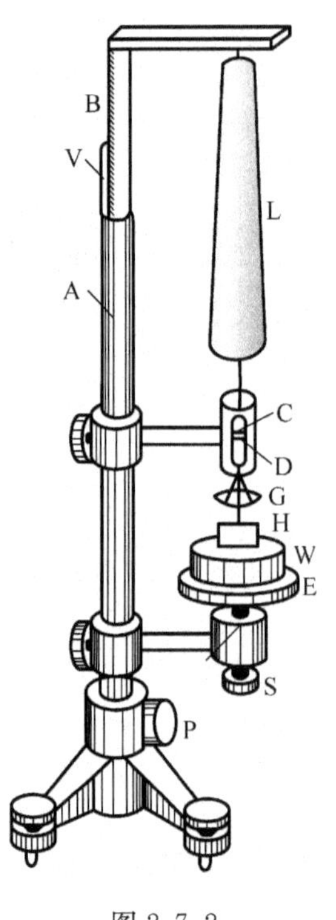

图 2.7.2

2. 测量弹簧的劲度系数

(1) 调节升降旋钮 P,使小镜中的刻度 C、玻璃管中的刻线 D 及 D 在小镜中的像三者重合.从游标上读出未加砝码时的位置坐标 x_0.

(2) 在砝码盘内逐次增加相同的砝码(如取 $\Delta m=0.5$g),直至所加砝码共3.5g 为止.每增添一只砝码,都要调节升降旋钮 P,使焦利秤重新达到“三线对齐”,依次读出其位置坐标 x_i,填入表 2.7.1 中.

(3) 用逐差法处理所测数据,求出弹簧的劲度系数 $\bar{k}$.

3. 测量水的表面张力系数

(1) 用镊子夹药棉少许,蘸碱液擦玻璃皿,然后用清水冲洗干净,再盛上蒸馏水,放置在平台上.

(2) 用镊子夹住金属丝框在酒精灯上烧至呈暗红色,以去油污,然后用酒精棉擦干净,挂在砝码盘下.

(3) 调节平台升降螺旋 S,使金属丝框浸入水中,再调节升降旋钮 P,使焦利秤达到“三线对齐”,记下游标所示的位置坐标 x_0.

(4) 先调节 S 使液面逐渐下降,当小镜中的 C 刻线到玻璃管中的 D 刻线下一点时,再同时调节升降旋钮 P,并保持“三线对齐”,当水膜刚被拉脱时,记下游标所在的位置坐标 x.

(5) 重复上述步骤 5 次,求出弹簧的伸长量 $x-x_0$ 和平均伸长量$\overline{x-x_0}$,于是 $F-mg=\bar{k}\cdot\overline{x-x_0}$.

(6) 记录室温,并用游标卡尺测量金属丝框的宽度(l)5 次,计算出平均值 $\bar{l}$.

(7) 根据式(2.7.3)算出水的表面张力系数的平均值 $\bar{\alpha}$,并计算出不确定度

$\Delta\alpha$，写出测量结果(表 2.7.2).

[数据处理]

表 2.7.1　测量弹簧的劲度系数　　$\Delta m=$________ g

次数	荷重 m_i/g	读数 x_i/cm	$(x_{i+4}-x_i)$/cm	劲度系数 k_i	k_i 标准误差 Δk_i
0			x_4-x_0 =	$k_1=\frac{4\Delta mg}{x_4-x_0}$ =	
1					
2			x_5-x_1 =	$k_2=\frac{4\Delta mg}{x_5-x_1}$ =	
3					
4			x_6-x_2 =	$k_3=\frac{4\Delta mg}{x_6-x_2}$ =	
5					
6			x_7-x_3 =	$k_4=\frac{4\Delta mg}{x_7-x_3}$ =	
7					
平均值	$\bar{k}=\frac{1}{4}(k_1+k_2+k_3+k_4)$		$\Delta k=\frac{1}{4}(\Delta k_1+\Delta k_2+\Delta k_3+\Delta k_4)$		

测量结果 $k=\bar{k}\pm\Delta k$.

表 2.7.2　测量水的表面张力系数　　$t=$__________℃

次数	读数 x_0/cm	读数 x/cm	$x-x_0$/cm	标准误差 $\Delta(x-x_0)$	l/cm	标准误差 Δl/cm
1						
2						
3						
4						
5						
平均值	$\overline{x-x_0}=$			$\overline{\Delta(x-x_0)}=$	$\bar{l}=$	$\overline{\Delta l}$

$$\bar{\alpha}=\frac{\bar{k}\ \overline{(x-x_0)}}{2\bar{l}}$$

按照误差传递公式

$$\frac{\Delta\alpha}{\alpha}=\frac{\overline{\Delta(x-x_0)}}{\overline{x-x_0}}+\frac{\Delta k}{\bar{k}}+\frac{\overline{\Delta l}}{\bar{l}}$$

算出 $\Delta\alpha$，最后写出测量结果

$$\alpha = \bar{\alpha} \pm \Delta\alpha$$

[思考题]

(1) 测金属丝框的宽度 l 时，应测内宽还是外宽？为什么？

(2) 若中空立管 A 不垂直，对测量有何影响？试做定性分析.

2.8 空气绝热指数测量

空气的绝热指数 γ 是反映气体性质的一个重要物理量. γ 值的测定对研究气体的内能和气体分子内部运动规律都是很重要的. 由绝热过程方程可以看出，理想气体做绝热膨胀时，它的温度必然降低，反之，气体被绝热压缩时，温度必然升高. 因此可以用绝热过程来调节气体的温度，也可以借助绝热过程来获得低温. 广泛应用在生产和生活中的制冷设备，多利用绝热过程获取低温.

[实验目的]

(1) 了解气体压力传感器和集成温度传感器的原理及使用方法.

(2) 掌握绝热膨胀法测量空气绝热指数的方法.

(3) 观察热力学过程中气体状态变化及基本物理规律.

[实验原理]

气体由于受热过程不同，具有的摩尔热容也不同，在等压及等体过程中，气体的摩尔热容分别为定压摩尔热容 C_p，和定体摩尔热容 C_V. 定压摩尔热容是将 1 摩尔气体在压强保持不变的情况下加热，温度上升 1℃时所需的热量. 显然前者由于对外做功而大于后者，即 $C_p > C_V$. 气体的定压摩尔热容 C_p 与定容摩尔热容 C_V 之比为绝热指数 $\gamma = \frac{C_p}{C_V}$. 它在热力学过程中特别是绝热过程中是一个非常重要的物理参量.

如图 2.8.1 所示，储气玻璃瓶 B，瓶口用橡皮塞密封，橡皮塞上装有：1 为进气活塞 C_1，与打气球连接. 2 为放气活塞 C_2. 3 为集成温度传感器 AD590，它是一种新型的半导体测温元件，测温范围在 −50～150℃. AD590 需要采用钾电池作为稳压稳流电源，测温灵敏度为 1μA/℃. AD590 与测定仪的三位半数字电压表连接. 4

为气体压力传感器，是测压力（压强）的，它输出的信号与测定仪的三位半数字电压表连接.

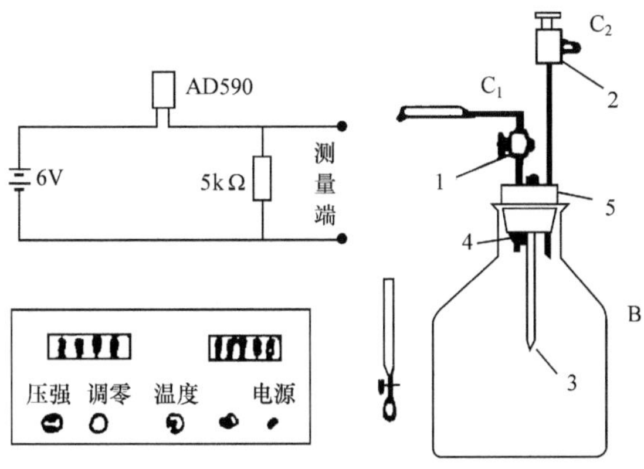

图 2.8.1

实验时环境大气压为 p_0、室内温度为 T_0. 先关闭活塞 2，打开活塞 1，用打气球将室内空气从活塞 1 处打入储气瓶内，使储气瓶 B 内的空气压强高于大气压强 p_0，然后把 1 关闭. 当瓶内气体温度等于室内温度 T_0 时，瓶内的压强为 p_1（$p_1 > p_0$）. 接着迅速打开活塞 2，使瓶内的空气与大气相通，瓶内空气放出后，瓶内压强 p' 与大气压强 p_0 相同（$p' = p_0$）时，再迅速关闭活塞 2. 将瓶内剩余气体作为一定质量的热力学系统来研究. 剩余气体放气前的状态作为状态Ⅰ（p_1, T_0, V_1）. 因为放气时间很短，可认为是绝热膨胀过程. 这时瓶内压强减小到 p'，温度降低到 T_2，把这一状态称为状态Ⅱ（p', T_2, V_2）或（p_0, T_2, V_2）. 关闭活塞 2 之后，储气瓶内的气温将逐渐回升到室温 T_0，瓶内压强逐渐增大到稳定值 p_2，把这一状态作为状态Ⅲ（p_2, T_0, V_3）. 这时气体体积 V_3 虽比 V_2 略有增加，可忽略不计，故有（$V_3 = V_2$），这是一个等体过程. 所以状态Ⅲ可以是Ⅲ（p_2, T_0, V_2）.

由上述三种状态分析知：如图 2.8.2 所示，自状态Ⅰ（p_1, T_0, V_1）变到状态Ⅱ（p_0, T_2, V_2）是绝热过程，由泊松公式可得

$$p_1 V_1^{\gamma} = p_0 V_2^{\gamma} \tag{2.8.1}$$

因状态Ⅰ（p_1, T_0, V_1）与状态Ⅲ（p_2, T_0, V_2）温度相同，根据理想气体状态方程可知

$$p_1 V_1 = p_2 V_2 \tag{2.8.2}$$

由式（2.8.1）、式（2.8.2）整理取对数得

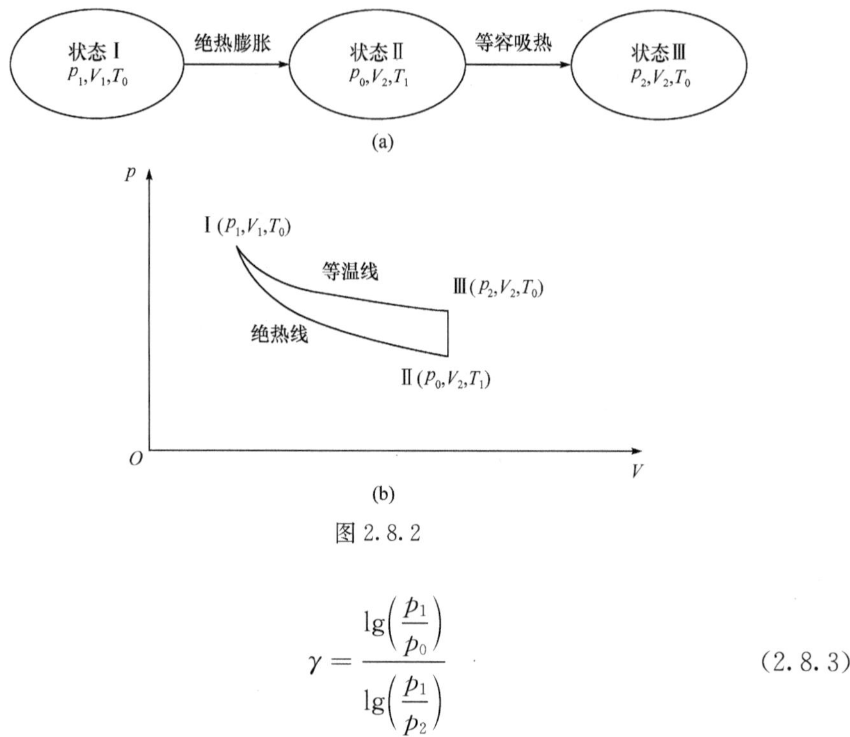

图 2.8.2

$$\gamma=\frac{\lg\left(\dfrac{p_1}{p_0}\right)}{\lg\left(\dfrac{p_1}{p_2}\right)} \tag{2.8.3}$$

通过测量 p_0、p_1、p_2 的值，代入式(2.8.3)即可求出空气的绝热指数 γ 值.

[实验仪器]

储气瓶(包括玻璃瓶、进气阀、放气阀、橡皮塞)、三位半数字电压表、电池 4 节(或稳压电源)、电阻箱一个、气压计、水银温度计.

[实验内容]

(1) 按图 2.8.1 连接好电路，AD590 的正负极请勿接错，用气压计测定大气压强 p_0，用水银温度计测环境温度 T_0. 打开电源，将电子仪器部分预热 20min，然后用调零电位器调节零点，使电压表的示值为 0.

(2) 把活塞 2 关闭，活塞 1 打开，用打气球把空气稳定地打入储气瓶 B 内，关闭活塞 1. 待瓶内压强稳定时，用压力传感器和 AD590 温度传感器测量瓶内空气的压强 p_1'和温度 T_0(使等于室温).

(3) 迅速打开活塞 2，当储气瓶的空气压强降低至环境大气压强 p_0 时(放气声消失)，迅速关闭活塞 2.

［**提示**］　从打开活塞 2 到关闭活塞 2 的时间越短越好，要求把 2 开到最大，瓶内空气与大气交流迅速达到平衡，这时迅速关闭 2，否则实验不成功.

(4) 当储气瓶内空气的温度上升至室温时，记下储气瓶内的气体压强读数 p_2'.

(5) 用公式(2.8.3)进行计算，求得空气绝热指数 γ 值. 其中

$$p_1 = p_0 + \frac{p_1'}{2000} \times 10^5, \quad p_2 = p_0 + \frac{p_2'}{2000} \times 10^5, \quad \gamma = \frac{\lg(p_1/p_0)}{\lg(p_1/p_2)}$$

［**附**］　压力传感器与三位半数字电压表的信号转换关系.

当储气瓶内压强等于大气压强 p_0 时，数字电压表显示压强读数为 0. 当瓶内压强为 $p_x(p_x>p_0)$时，显示读数 p_x'mV，将 p_x'除以 2000 就转换为以 10^5Pa 为单位的压强值. 这时瓶内实际压强为

$$p_x = p_0 + \frac{p_x'}{2000} \times 10^5$$

［**数据处理**］

表 2.8.1

$p_0/\times10^5$Pa	p_1'/mV	T_1'/mV	p_2'/mV	T_2'/mV	$p_1/\times10^5$Pa	$p_2/\times10^5$Pa	γ

$$\bar{\gamma} = \frac{1}{n}\sum_{i=1}^{n}\gamma_i = \qquad \sigma_{\bar{\gamma}} = \sqrt{\frac{\sum_{i=1}^{n}(\gamma_i - \bar{\gamma})^2}{n(n-1)}} = \qquad \gamma = \bar{\gamma} \pm \sigma_{\bar{\gamma}} =$$

［**思考题**］

(1) 实验中打开阀门 2，如何掌握放气结束后关闭阀门的时机？

(2) 测量得出的 γ 值有无可能大于标准值(理论值 1.402)，为什么？

(3) 实验过程中要求环境温度基本不变，若温度变化，对实验有什么影响？

2.9　不良导体的导热系数测量

导热系数又称为热导率，导热系数是表征物质热传导性质的物理量. 热传导是

指发生在物体内部由于形成温差而引起热量的传递，它因材料的结构及所含杂质的不同而千变万化. 测量材料导热系数的实验方法有稳态法和动态法. 本实验采用稳态法测定不良导体的导热系数.

[实验目的]

(1) 利用物体的散热速率求传热速率.

(2) 用稳态法测量橡皮的导热系数.

(3) 学会利用理论分析和实验观测的手段，尽快找到最佳的实验条件和参数，正确测出所需的结果.

[实验原理]

热传导是热量传递的一种形式. 1882 年，法国数学家、物理学家约瑟夫·傅里叶给出的导热方程式，正确地反映了材料内部热传导的基本规律. 该方程指出：在物体内部，取两个垂直于热传导方向，相距 h，面积为 S，温度分别为 T_1、T_2 的平行平面(设 $T_1 > T_2$)，在 Δt 时间内通过这两平行平面 S 的热量为 ΔQ，满足下述关系：

$$\frac{\Delta Q}{\Delta t}=\lambda S\frac{T_1-T_2}{h} \tag{2.9.1}$$

式中，$\frac{\Delta Q}{\Delta t}$为热流量；$\lambda$ 定义为该物质的导热系数(又称热导率). 导热系数是表示物质热传导性能的物理量，其数值等于两平面相距 1m，温度差为 1K 时，单位时间内通过单位面积的热量. 在 SI 单位制中，导热系数的单位为瓦特每米开尔文，符号为 $\mathrm{W\cdot m^{-1}\cdot K^{-1}}$.

实验装置如图 2.9.1 所示，当样品 B 上下表面维持的稳定温度分别为 T_1、T_2 时，由式(2.9.1)知，单位时间内垂直通过待测样品 B 单位面积的热量为

$$\frac{\Delta Q}{\Delta t}=\lambda\frac{T_1-T_2}{h_B}\pi {R_B}^2 \tag{2.9.2}$$

式中，h_B 为样品的厚度；R_B 为样品 B 的半径；λ 为样品 B 的导热系数. 此时，通过样品上表面的热流量与铜盘 P 向周围环境散热的速率相等，因此可通过 P 盘在稳定温度 T_2 时的散热速率来求出热流量$\frac{\Delta Q}{\Delta t}$.

在实验中读得稳定的 T_1 和 T_2 后，即可移去样品 B，使圆筒发热体 A 的底直接与 P 盘接触，当 P 盘温度上升到高于温度 T_2 为 10℃左右时，再将圆筒发热体 A 移开，放上圆盘样品(或绝缘圆盘)，让散热盘 P 冷却，电扇处于工作状态，观测 P

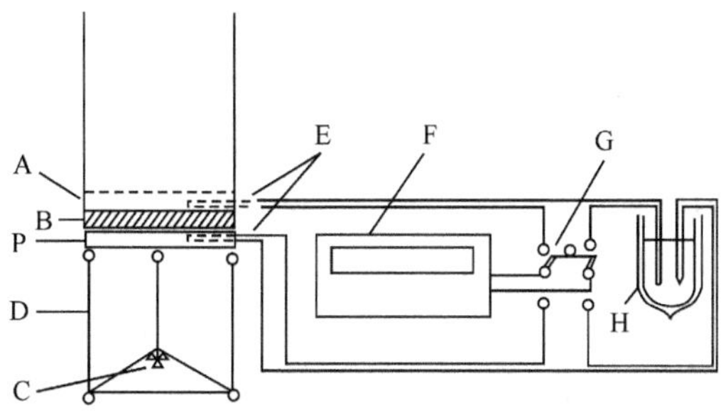

图 2.9.1

A. 带电热板的圆筒发热体；B. 样品；C. 电扇；D. 绝热支架；E. 热电偶；
F. 数字电压表；G. 双刀双掷开关；H. 杜瓦瓶；P. 散热盘

盘温度随时间 t 的变化，取邻近 T_2 的温度数据，求出铜盘 P 在 T_2 的冷却速率 $\left.\frac{\Delta T}{\Delta t}\right|_{T=T_2}$，而$mc\left.\frac{\Delta T}{\Delta t}\right|_{T=T_2}=\frac{\Delta Q}{\Delta t}$（$m$ 为黄铜盘 P 的质量，c 为其比热容），就是黄铜盘 P 在 T_2 时的散热速率，代入式(2.9.2)得

$$\lambda=mc\left.\frac{\Delta T}{\Delta t}\right|_{T=T_2}\cdot\frac{h_B}{T_1-T_2}\cdot\frac{1}{\pi R_B{}^2}\qquad(2.9.3)$$

[实验仪器]

导热系数测定仪，热电偶，杜瓦瓶，数字式电压表，秒表.

在图 2.9.1 中，绝热支架 D 上的三个测微螺旋头支撑着铜散热盘 P，在散热盘 P 上，安放一待测的圆盘样品 B，样品 B 上再安放圆筒发热体 A，圆筒发热体 A 由电热板提供热源. 实验时，一方面发热体 A 底端直接将热量通过样品 B 的上平面传入样品 B 内，另一方面散热盘 P 用电扇有效稳定地散热，使传入样品 B 的热量不断地从样品 B 的下平面散出，当传入的热量等于散出的热量时，样品处于稳定的导热状态. 这时，发热体 A 与散热盘 P 的温度分别为一稳定的温度 T_1 与 T_2.

[实验内容]

(1) 用游标卡尺多次测量样品盘 B 的直径和厚度，用物理天平称量散热盘 P 的质量.

(2) 安装、调整、熟悉整个实验装置. A 筒与圆盘 P 在安放时，需使插入热电偶的小孔与杜瓦瓶、数字毫伏表位于同侧. 热电偶插入测温小孔前要抹上硅油，并插至孔底，以保证热电偶热端与铜盘接触良好. 热电偶冷端不能直接放入冰水混合物

中，而需插在盛有硅油的细玻璃管内，再放入冰水里. 本实验选用铜-康铜热电偶E，其功能是温差为 100℃时，产生 4.2mV 的温差电动势. 数字式电压表选取0～20mV的量程. 利用式(2.9.3)计算时，可直接以电动势值代入.

(3) 做稳态法实验时，必须将热板电源电压打在 220V 挡，当 $T_1=4.00$mV 时，即可将开关拨至 110V 挡，T_1 降至 3.50mV 左右时，通过手动调节电热板电压 220V 挡与 110V 挡，使 T_1 读数在±0.03mV 范围内，同时每隔 2min 记下分别置于样品上下表面的圆筒发热体 A 和散热盘 P 的温度示值 T_1 和 T_2，当 T_2 的数值在 10min 内保持不变时，即可认为已达到稳定态，记下此时的 T_1 和 T_2 值. 填入表 2.9.1 中.

(4) 记录稳定的 T_1 和 T_2 后，将样品盘 B 抽去，让圆筒发热体 A 的底面与散热盘 P 直接接触，使 P 盘的温度比 T_2 高出 0.4mV 左右，再将圆筒发热体 A 移开，放上圆盘样品，让散热盘 P 在室温下冷却，电扇处于工作状态，每隔 30s 测读一次 P 盘的温度示值，选取邻近 T_2 的温度数据，求出铜盘 P 在 T_2 的冷却速率 $\left.\frac{\Delta T}{\Delta t}\right|_{T=T_2}$，填入表 2.9.2 中.

[数据处理]

表 2.9.1　样品 B 内稳定的温度分布研究

$h_B=$　cm，$R_B=$　cm，$m=$　g，室温 $T=$　℃

T_1/mV									
T_2/mV									

表 2.9.2　在 T_2 附近 P 盘散热速率 $\frac{\Delta T}{\Delta t}$ 的研究

T/mV						
$\frac{\Delta T}{\Delta t}$						

根据式(2.9.3)计算橡皮的导热系数 λ.

计算测量结果的不确定误差，由式(2.9.3)分析可知，误差的主要来源由冷却速率引起，因此根据误差处理方法，则

$$\frac{\mathrm{d}\lambda}{\lambda}=\frac{\mathrm{d}(\Delta T)}{\Delta T}+\frac{\mathrm{d}(T_1-T_2)}{T_1-T_2}$$

上式右边第二项可忽略得

$$\frac{\mathrm{d}\lambda}{\lambda}=\frac{\mathrm{d}(\Delta T)}{\Delta T}$$

标准偏差为

$$S=\sqrt{\frac{\sum_{i=1}^{n}(T_i-\overline{T})^2}{n-1}}$$

平均值标准偏差为

$$S_{\overline{T}}=\frac{S}{\sqrt{n}}$$

则测量结果表达式

$$\lambda\pm d\lambda=$$

[思考题]

(1) 什么叫稳定导热状态？如何判定实验达到了稳定导热状态？

(2) 在利用式(2.9.3)计算时，ΔT、T_1 和 T_2 的值可直接以电动势值代入，为什么可以这样做？

(3) 在实验过程中，环境温度的变化对实验有无影响？为什么？

2.10　比热容测量

比热容是物质的重要属性之一.比热容的测量属于物理学基本测量的范畴.测定比热容的方法有多种，在热学实验中常用冷却法测定物质的比热容.本实验用比较法，以铜为标准样品，测定铁、铝两种样品的比热容.

随着科技的发展，新材料、新能源的开发、研制和应用，已摆在重要的议事日程上，其中物质热性能的研究是必不可少的项目.因此掌握测量热学的基本技能是理工科学生必备的本领.

[实验目的]

(1) 学会用冷却法测量金属比热容.

(2) 观察金属的冷却速率.

(3) 用标准误差处理数据.

[实验原理]

物体温度与环境温度形成一定的温差时，由热传递的规律可知，物体的内能将随时间发生变化.物体从周围环境吸收热量，也会向周围放出热量，最后，当物体的温度与所处环境的温度相同时，物体与周围环境的热交换结束. 本实验研究 200℃以下的物体温度变化. 温度不高时，物体热辐射很小，可以忽略. 如果物体没有与良导体直接接触，热传导部分也可以忽略. 只需观测加热物体与周围环境所进行的对流过程，这时物体温度下降的速率称为冷却速率.

将质量为 M_1 的物体，加热到温度为 T_1，并高于室内环境温度 T_0 时，再将物体放到室内环境中，让物体在周围的空气中自然散热. 若在 Δt 时间内，物体的温度下降了 ΔT，物体所散失的热量为

$$\Delta Q=M_1C_1\Delta T \tag{2.10.1}$$

物体的散热速率$\dfrac{\Delta Q}{\Delta t}$与冷却速率$\dfrac{\Delta T}{\Delta t}$成正比

$$\frac{\Delta Q}{\Delta t}=M_1C_1\frac{\Delta T}{\Delta t} \tag{2.10.2}$$

式中，C_1 是物体的比热容. 物体的散热速率$\dfrac{\Delta Q}{\Delta t}$与温度差 T_1-T_0 及周围环境有关. 当以对流为主要热交换方式时，根据牛顿冷却定律有

$$\frac{\Delta Q}{\Delta t}=a_1S_1(T_1-T_0)^m \tag{2.10.3}$$

式中，a_1 为热交换系数；S_1 为样品表面积；m 为常数. 由式(2.10.2)和式(2.10.3)可得

$$M_1C_1\left(\frac{\Delta T}{\Delta t}\right)_1=a_1S_1(T_1-T_0)^m \tag{2.10.4}$$

保持周围环境的温度 T_0 恒定不变，选取形状尺寸都相同的标准样品和被测样品. 在此条件下，两样品有热交换系数 $a_1=a_2$，有面积 $S_1=S_2$，并使两样品的散热温度相同，即 $T_1=T_2=T$. 质量为 M_2，比热容为 C_2 的物体的散热速率为

$$M_2C_2\left(\frac{\Delta T}{\Delta t}\right)_2=a_2S_2(T_2-T_0)^m \tag{2.10.5}$$

若已知标准样品的比热容 C_1，由式(2.10.4)和式(2.10.5)可得到待测样品的比热容 C_2

$$C_2=C_1\frac{M_1\left(\dfrac{\Delta T}{\Delta t}\right)_1}{M_2\left(\dfrac{\Delta T}{\Delta t}\right)_2}=C_1\frac{M_1(\Delta t)_2}{M_2(\Delta t)_1} \tag{2.10.6}$$

式中，M_1、C_1 为已知标准样品的质量和比热容，M_2 为待测样品的质量.

[实验内容]

(1) 选取长度、直径相同，表面光滑的三种金属样品(铜、铁、铝)，用物理天平

称出三样品的质量 M. 从 $M_{Cu} > M_{Fe} > M_{Al}$，判断出样品类别.

(2) 如图 2.10.1 所示，先将热电偶从防风容器底端慢慢穿过，再将制成长 30mm、直径 5mm 带孔的小圆柱形的被测样品套在热电偶上. 热电偶的冷端放在冰水混合物内.

(3) 将可移动的 75W 的模拟电炉慢慢地放入防风容器内，并将被测样品全部套在模拟电炉内.

(4) 先关闭热源开关，将数字表仪器后面电源打开，首先用导线将热电偶正负端短路，调节数字表上的调零旋钮，使窗口数字显示为“OOO”字样.

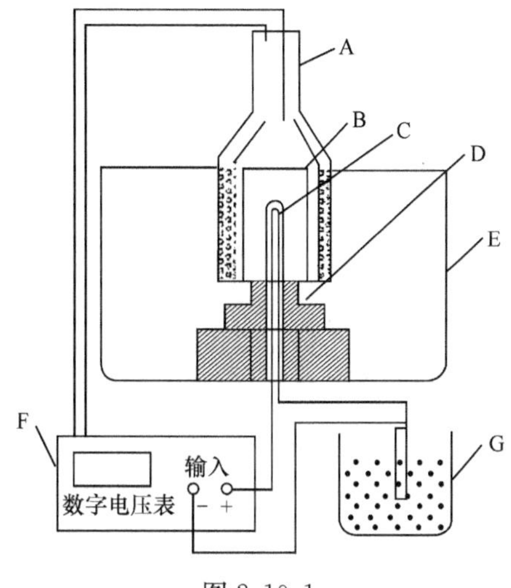

图 2.10.1

A. 热源；B. 样品；C. 热电偶；D. 热电偶支架；E. 防风容器；F. 数字表；G. 冰水

(5) 把热电偶冷端引线接数字表负端，热电偶热端引线接数字表正端. 接通数字表上的热源开关，随时观察数字显示窗口，当显示“7mV”时，关闭热源开关，将模拟电炉移走，用盖子盖住筒口，让样品在容器内自然冷却，当数字表上热电动势值降为 4.371mV 时(此时热电偶分度值对应的温度为 102℃)，开始用秒表记录时间，当数字表上热电势值降为 4.184mV 时(热电器的分度对应的温度为 98℃)，停止计时，从秒表中读出 Δt，并使热电势保持在 4.371～4.184mV. 按铜、铁、铝次序分别重复测量 5 次时间 Δt，填入表 2.10.1 中.

[数据处理]

$T_0 = 0$℃，各样品温度控制电压在 4.371～4.184mV. 记录时间 Δt.

表 2.10.1

次数 / 时间 Δt / 样品	1	2	3	4	5	平均值$\overline{\Delta t}$	$\Delta(\Delta t)=\sqrt{\frac{\sum_{i=1}^{n}(\Delta t_i-\overline{\Delta t})^2}{n-1}}$
Cu							
Fe							
Al							

以铜为标准样品　$C_1=C_{Cu}=0.0940\text{cal/g}\cdot℃$[①]

铁：$C_2=C_1\dfrac{M_1(\Delta t)_2}{M_2(\Delta t)_1}$

铝：$C_3=C_1\dfrac{M_1(\Delta t)_3}{M_3(\Delta t)_1}$

误差计算：质量为 M_1、M_2、M_3 标准误差为 σ_m，按物理天平估计到 $\Delta M=0.007\text{g}$.

铁样品：$\dfrac{\Delta C_2}{C_2}=\dfrac{\Delta M_1}{M_1}+\dfrac{\Delta M_2}{M_2}+\dfrac{\Delta(\Delta t)_1}{(\Delta t)_1}+\dfrac{\Delta(\Delta t)_2}{(\Delta t)_2}$

$\Delta C_2=$

$C_2\pm\Delta C_2=$

同样：$\Delta C_3=$

$C_3\pm\Delta C_3=$

[思考题]

(1) 如果热电偶冷端为室内温度时，能否找到具有相同的比热容示值？

(2) 根据公式分析，存在误差的原因都在哪些方面？

(3) 为什么可以用热电势的一段电势范围示值代替一段温度示值，请加以解释？

2.11　金属线膨胀系数测量

金属线膨胀系数是描述材料"热胀冷缩"特征的一个重要物理量，在机械设计与制造、材料加工等许多领域，线膨胀系数是选用材料的一项重要指标. 本实验采用光杠杆法测量金属材料的线膨胀系数.

[实验目的]

(1) 用电热法测定金属的线膨胀系数.

(2) 巩固用光杠杆法测量微小伸长量的原理和方法.

[实验原理]

固体因温度升高而引起的长度变化称为"线膨胀". 原长度为 L 的固体受热

① 1 cal=4.2J.

后，其相对伸长与温度的变化成正比，即

$$\frac{\Delta L}{L}=\alpha\Delta t \tag{2.11.1}$$

式中，比例系数 α 称为固体的线膨胀系数，其单位为 K^{-1}. 线膨胀系数是一种材料参数，它随物体的材料而异，α 本身稍与温度有关，在温度变化不太大的范围内，可以把 α 看作常数.

由式(2.11.1)得

$$\alpha=\frac{\Delta L}{L\Delta t} \tag{2.11.2}$$

可见，线膨胀系数可理解为温度升高 1℃时，固体增加的长度和原长度之比.

设固体在温度 t_1 和 t_2 时的长度分别为 L_1 和 L_2，则该温度范围内的线膨胀系数 α 为

$$\alpha=\frac{L_2-L_1}{L_1(t_2-t_1)}=\frac{\Delta L}{L_1(t_2-t_1)} \tag{2.11.3}$$

式中，L_1、t_2 和 t_1 都可在实验中测得，其中伸长量 ΔL 的数值很小，不易直接测量，本实验采用光杠杆法来测量 ΔL.

由光杠杆的测量原理(请参阅拉伸法测量杨氏模量)

$$\Delta L=\frac{D}{2R}(a_2-a_1) \tag{2.11.4}$$

式中，D 为光杠杆后足到两前足连线间的垂直距离；R 为标尺到光杠杆上平面镜的距离；a_1 和 a_2 分别为 t_1 和 t_2 温度时标尺的读数值.

将式(2.11.4)代入式(2.11.3)得

$$\alpha=\frac{D(a_2-a_1)}{2RL_1(t_2-t_1)} \tag{2.11.5}$$

这就是测量 $t_1 \sim t_2$ 温度范围内线膨胀系数的公式.

[实验仪器]

线膨胀系数测定仪、光杠杆、游标卡尺、米尺、温度计和尺读望远镜.

线膨胀系数测定仪如图 2.11.1 所示.

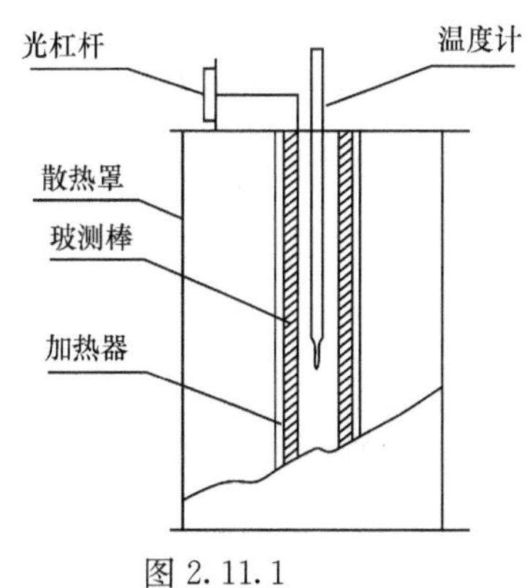

图 2.11.1

[实验内容]

(1) 实验前把被测铜管取出，用米尺测量其

长度 L_1，然后把被测铜管慢慢放入加热管中，直到被测铜管的下端接触底面为止.

(2) 把温度计放入铜管内，记下初始温度 t_1.

(3) 将光杠杆两前足放在测定仪水平槽内，后足尖与铜管上端接触，使光杠杆的平面镜垂直于水平面.

(4) 调节望远镜高度，使其与平面镜等高. 然后把望远镜置于平面镜前 1m 远左右处. 左右移动望远镜，能用眼睛从望远镜上方观察到平面镜中标尺的像. 调节望远镜目镜，使十字叉丝清晰，再调节物镜和仰角微调螺栓及微小转动平面镜，直到能从望远镜中看到清晰的标尺的像，记下叉丝与标尺重合的读数 a_1. 此后切勿碰动整套仪器.

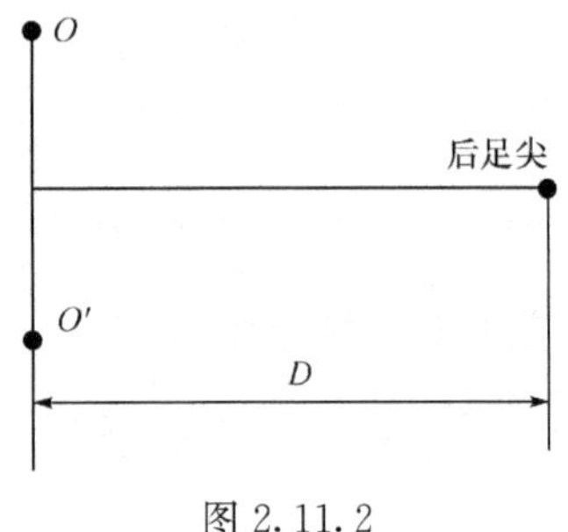

图 2.11.2

(5) 接通电源，开始给铜管加热，调节调压旋钮使温度缓慢上升. 每隔 5℃，记下相应的标尺读数 a_i 值，填入表 2.11.1 中.

(6) 切断电源，用米尺量测出 R 值. 取下光杠杆，然后测出 D 值，如图 2.11.2 所示.

［数据处理］

(1) 数据如表 2.11.1：

表 2.11.1　　$R=$　　cm，$D=$　　cm，$L=$　　cm

温度 t_i/℃								
标尺读数 a_i/cm								

(2) 作图：根据上面表格数据以 t 为横坐标，以 a 为纵坐标，作出 t 与 a 的关系图，其中 a-t 关系应为直线.

(3) 计算：作出的直线应使数据点均匀地分布在直线两侧，以直线通过的两个数据点为(t_1,a_1)、(t_2,a_2)，求出直线斜率 $K=\dfrac{a_2-a_1}{t_2-t_1}$. 则金属的线膨胀系数为

$$\bar{\alpha}=\frac{D}{2RL_1}K$$

(4) 误差分析如下：

$$E=\frac{\Delta\alpha}{\alpha}=\frac{\Delta D}{D}+\frac{\Delta a_1+\Delta a_2}{|a_2-a_1|}+\frac{\Delta R}{R}+\frac{\Delta t_1+\Delta t_2}{|t_2-t_1|}+\frac{\Delta L_1}{L_1}$$

式中，L_1、D、R 的相对误差都在$\frac{1}{1000}$，可以忽略，误差主要来自 a_1、a_2、t_1、t_2，于是相对误差和绝对误差为

$$E = \frac{\Delta a_1 + \Delta a_2}{|a_2 - a_1|} + \frac{\Delta t_1 + \Delta t_2}{|t_2 - t_1|}$$

$$\Delta\alpha = E\alpha$$

其测量结果为

$$\alpha = \bar{\alpha} \pm \Delta\alpha$$

[思考题]

(1) 试分析哪一个量是影响本实验结果精度的主要因素？

(2) 两根材料相同，粗细长度不同的金属棒，在同样的温度变化范围内，它们的线膨胀系数是否相同？

(3) 试举出几个在日常生活和工程技术上应用线膨胀的实例.

(4) 您能否设想出另一种测量微小伸长量的方法，从而测出材料的线膨胀系数.

2.12　冰的熔解热测量

根据热平衡原理用混合法测定物体间的热交换，是热学中一种常用的方法，本实验用此法测定冰的熔解热. 由于实验过程中量热器不可避免地要与外界进行热交换，本实验还要求学会能将这种热交换因素分离出去的“面积补偿法”，以减小实验的误差.

[实验目的]

(1) 用混合法测量冰的熔解热.

(2) 用散热补偿法进行散热修正.

[实验原理]

单位质量的某种晶体熔解成为同温度的液体所吸收的热量，叫做该晶体的熔解潜热，亦称熔解热，常用 λ 表示.

1. 用混合法测量冰的熔解热

若将质量为 M、温度为 0℃的冰，与质量为 m、温度为 t_1℃的水在量热器内混合. 冰全部熔解为水后，水的平衡温度为 t℃. 当实验系统接近于孤立系统的条件下，由能量守恒定律有 $Q_{吸}=Q_{放}$，且

$$Q_{吸}=M\lambda+Mct$$

$$Q_{放}=(mc+m_1c_1+m_2c_2)(t_1-t)$$

则

$$\lambda=\frac{1}{M}(mc+m_1c_1+m_2c_2)(t_1-t)-ct \tag{2.12.1}$$

式中，m_1、m_2 和 c_1、c_2 分别为量热器内筒及搅拌器的质量和比热容；c 为水的比热容. 测量式(2.12.1)中各量，即可求出 λ.

2. 散热补偿法

只要实验系统与外界存在温度差，系统就不可能达到完全绝热要求. 因此就需采取一些方法进行散热修正. 本实验中，我们介绍一种粗略修正散热的方法——散热补偿法.

牛顿冷却定律指出，在系统温度 t 和环境温度 θ 相差不大时，散热速率与温度差成正比. 即

$$\frac{\mathrm{d}Q}{\mathrm{d}\tau}=-K(t-\theta) \tag{2.12.2}$$

式中，τ 为时间；K 为散热常数，与系统表面积成正比，并随表面的吸收或热辐射本领而变.

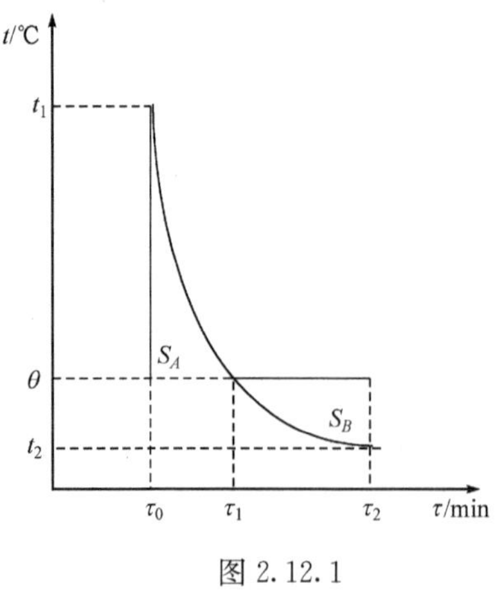

图 2.12.1

由式(2.12.2)可知，$t>\theta$ 时，$\frac{\mathrm{d}Q}{\mathrm{d}\tau}<0$，系统向外界散热；当 $t<\theta$ 时，$\frac{\mathrm{d}Q}{\mathrm{d}\tau}>0$，系统从外界吸热. 散热补偿法的基本思想就是设法使系统在实验过程中能从外界吸热以补偿散热的损失，使系统与外界间的热量传递相互抵消.

本实验量热器中水的温度随时间的变化曲线如图 2.12.1 所示. 在混合之初，冰块大，水温高，冰块熔解快；随着冰的熔解，水温降低，冰块变小，熔解变慢，系统温度的降低也

就变慢了. 在 $\tau_0 \sim \tau_1$ 这段时间里，温度由 t_1 降为 θ，由式(2.12.2)可得系统放出的热量

$$Q'_{放} = -K_0\int_{\tau_0}^{\tau_1}(t_1-\theta)\mathrm{d}\tau = -K_0 S_A$$

式中负号表示放热，$S_A = \int_{\tau_0}^{\tau_1}(t_1-\theta)\mathrm{d}\tau$. 在$\tau_1 \sim \tau_2$ 时间内系统温度低于环境温度 θ，系统从外界吸收热量

$$Q'_{吸} = -K_0\int_{\tau_1}^{\tau_2}(t_2-\theta)\mathrm{d}\tau = K_0\int_{\tau_1}^{\tau_2}(\theta-t_2)\mathrm{d}\tau = K_0 S_B$$

式中 $S_B = \int_{\tau_1}^{\tau_2}(\theta-t)\mathrm{d}\tau$.

散热补偿法要求 $Q'_{吸} \approx Q'_{放}$，因此只要使 $S_B \approx S_A$，系统对外界的吸热和散热就可相互抵消，即系统吸收的热量可以补偿散失的热量，实现了散热修正的目的.

粗略的散热补偿，可将上述条件 $S_A \approx S_B$ 改写为

$$(t_1-\theta)(\tau_1-\tau_0) \approx (\theta-t_2)(\tau_2-\tau_1) \tag{2.12.3}$$

如果式(2.12.3)左边大于右边，可适当增加冰的质量或减少水的质量，或降低水的温度；若左边小于右边，则反之，以使式(2.12.3)近似满足.

［实验仪器］

仪器主要组成部分：冰的熔解热实验仪(温度测量范围−20～150℃；温度测量精度 0.1℃；计时范围 0～100min). 集成温度传感器、量热器(量热器将一个金属筒放入另一有盖的大筒中，并插入带有绝缘柄的搅拌器和温度传感器，内筒放置在绝热架上，两筒互不接触，夹层之间不传热)的结构如图 2.12.2 所示. 物理天平、电冰箱、冰、温水、吸水纸.

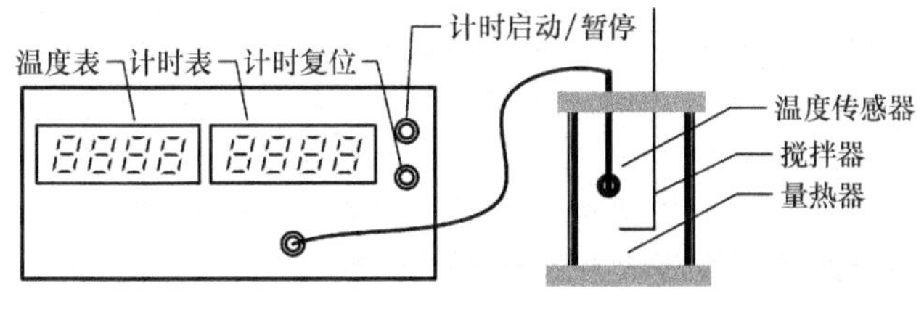

图 2.12.2

冰的制备：将装有纯水的盒子放在冰箱的冷冻室里，约经 2 小时就能结成冰块，过一段时间取用时，以自来水冲洗盒子外壳，使冰块滑出；在投入量热器之前用干纱布揩干其表面的水，然后立即投入量热器的水中进行实验.

[实验内容]

(1) 测量环境温度 θ,用物理天平称量量热器内筒及搅拌器的质量 m_1 和 m_2.

(2) 将高于室温 θ 的温水倒入量热器内筒. 测量水的质量 m. 不停搅拌,每隔半分钟记录一次温度,3～5min 后(t_1 比室温 θ 高出 12℃左右),将揩干的 0℃冰块投入量热器中,搅拌并继续记录温度,记录表 2.12.1. 作温度-时间曲线,确定水的初温 t_1 和冰水混合后的终温 t_2.

(3) 取出内筒,称其总质量,把这个总质量减去(内筒+搅拌器+水)三者的质量,就是冰的质量 M.

(4) 由式(2.12.1)计算 λ,并与冰在 0℃时的熔解热(值为 3.329×10^5J/kg)比较.

(5) 算出测量结果,并根据式(2.12.3)分析各参量的选择是否满足散热补偿的要求,如补偿效果不佳,可在此实验的基础上重新选取 m、M 和 t_1 值,再做一次实验.

[提示]

① 测量中要时刻不停地搅拌,不要碰温度传感器和量热器,不要把水溅出内筒外.

② 温度传感器不要接触量热器和冰块,应悬于水中.

[数据处理]

表 2.12.1

m_1=　　g,　m_2=　　g,　m=　　g,　M=　　g,　θ=　　℃

τ/min						
t/℃						

[思考题]

(1) 水的初温选得太高或太低有什么不好?

(2) 分析本实验产生误差的主要原因,如何改进?

(3) 实验中有哪些因素会影响测量冰的质量 M 的准确性? 试估算其影响大小.

2.13　机械波波长测量

同一介质中两列振幅相等的相干波，在同一直线上沿相反方向传播叠加时形成驻波．驻波是干涉的特例．

[实验目的]

(1) 观察驻波现象，了解驻波的形成．

(2) 验证弦线上的横波波长与弦线张力及线密度的关系．

[实验原理]

如图 2.13.1 所示，弦线一端固定在电动音叉一条叉臂的末端 A 上，另一端跨过一滑轮 B 后系一质量为 m 的砝码，使弦线因崩紧而产生张力($T=mg$)．振动的音叉作为波源，它的振动状态通过弦线向滑轮方向传播，称之为入射波．当波动传至劈形挡板 C 时，波动被反射回来向音叉方向传播，称之为反射波．这两列波满足相干条件，叠加后，弦线上各点分段作振幅不同的振动，形成驻波．弦线上始终静止的点称为波节，振幅有最大值的点称为波腹．

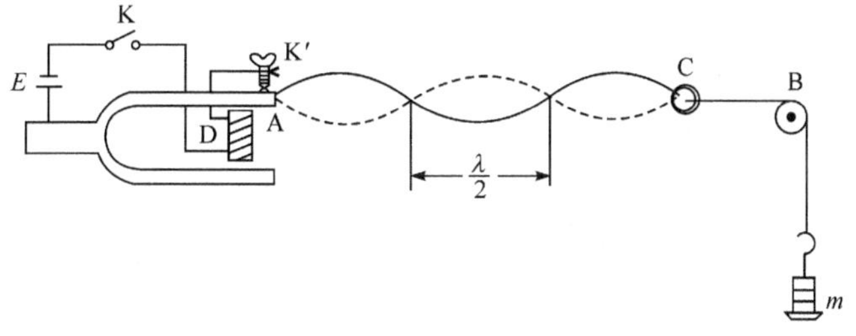

图 2.13.1

实验中，若弦线的质量线密度为 μ，张力为 T，则沿弦线上传播的横波满足运动方程

$$\frac{\partial^2 y}{\partial t^2}=\frac{T}{\mu}\frac{\partial^2 y}{\partial x^2} \tag{2.13.1}$$

式中，x 为波在传播方向上的位置坐标；y 为振动位移．与平面波波动方程 $\frac{\partial^2 y}{\partial t^2}=u^2\frac{\partial^2 y}{\partial x^2}$ 比较，可得到波的传播速度

$$u=\sqrt{\frac{T}{\mu}} \tag{2.13.2}$$

若波源的振动频率为 ν，$u=\lambda\nu$，则有

$$\lambda=\frac{1}{\nu}\sqrt{\frac{T}{\mu}} \tag{2.13.3}$$

式(2.13.3)为弦线上横波波长与张力及线密度之间的关系. 为了用实验证明式(2.13.3)成立，将等式两边取对数，得

$$\lg\lambda=\frac{1}{2}\lg T-\frac{1}{2}\lg\mu-\lg\nu \tag{2.13.4}$$

若振动频率 ν 及弦线线密度保持不变，改变张力 T，测出各相应的波长 λ，可作 $\lg\lambda$-$\lg T$ 图，如果得到一条直线，斜率为$\frac{1}{2}$，则证明 $\lambda\propto\sqrt{T}$成立. 同理，频率 ν 及张力 T 保持不变，改变弦线的线密度 μ，测相应的波长 λ，作 $\lg\lambda$-$\lg\mu$ 图，如果得到斜率为$-\frac{1}{2}$的直线，就验证了 $\lambda\propto\frac{1}{\sqrt{\mu}}$成立.

横波波长 λ 可利用在弦线上形成的驻波直接测量. 两个相邻波节(弦线上振幅为零的点)或波腹(弦线上振幅最大的点)间的距离是半个波长. 实验证明，弦从音叉接点 A 到劈形挡板 C 的距离 L 等于半波长的整数倍时，可得到稳定的驻波，A、C 两点均为波节，即

$$L=n\frac{\lambda}{2} \tag{2.13.5}$$

式中 n 为正整数，等于波腹的总个数. 利用式(2.13.5)，可测得弦线横波波长.

[实验仪器]

电动音叉、滑轮、弦线、砝码盘、砝码、劈形挡板、米尺.

[实验内容]

(1) 选一根弦线，按图 2.13.1 装好仪器. 在滑轮端的弦线上挂上砝码，记下砝码与盘的总质量 m.

(2) 接上电源，调节起振器 D，使音叉振动，振动频率为音叉标有的固有频率.

(3) 移动阻挡板，使弦线上出现较为稳定、明显的驻波，注意要细心地调节到使波节处不动，且振动面在铅垂面上.

(4) 测量 n 个半波间的距离 L.

(5) 按步骤(3)、(4)重复两次,求出平均距离 $\overline{L}$,计算出波长 λ.

(6) 依次增加砝码,改变弦线张力,重复上述步骤,测量 5 组数据,作出 $\lg\lambda$-$\lg mg$ 图,求其斜率.

(7) 固定砝码与盘的总质量,以保持张力不变;选用不同粗细的弦线,以改变弦线密度,重复(2)、(3)、(4)、(5)步骤. 测量 5 组数据,作出 $\lg\lambda$-$\lg\mu$ 图,求其斜率.

[数据处理]

表 2.13.1 横波波长 λ 与弦线张力 T 的关系

砝码及盘的质量		半波数 n	n 个半波长度 L/cm				波长/cm $\lambda=\frac{2\overline{L}}{n}$	
m/g	$\lg(mg)$		L_1	L_2	L_3	$\overline{L}$		$\lg\lambda$

表 2.13.2 横波波长 λ 与弦线线密度 μ 的关系

弦线的线密度		半波数 n	n 个半波长度 L/cm				波长/cm $\lambda=\frac{2\overline{L}}{n}$	
$\mu/(\mathrm{g\cdot cm^{-1}})$	$\lg\mu$		L_1	L_2	L_3	$\overline{L}$		$\lg\lambda$

根据表 2.13.1 作 $\lg\lambda$-$\lg(mg)$ 图线,由图求得斜率 k,同样由表 2.13.2 作出 $\lg\lambda$-$\lg\mu$ 图,求其斜率.

[思考题]

(1) 为了减小测量波长的误差,弦线形成的驻波波节数不能太少. 为什么?

(2) 弦线的粗细和弹性对于实验有什么影响?

第三章　电磁学量测量

3.0　电磁学量测量基本知识

电磁测量是现代生产和科学研究中应用很广的一种测量方法和技术.它除了测量电磁量外,还可以通过换能器把非电量变为电量来测量.物理量测量中的电磁量测量基本知识,主要是学习电磁学中常用的典型测量方法(如伏安法、电桥法、电位差计法、冲击法等)以及测量方法和技能的训练,培养看电路图、正确连接线路和分析判断实验故障的能力.同时,通过实际的测量和观测,深入认识和掌握电磁学理论的基本规律.

首先我们了解一些测量电磁量的基本仪器的规格、性能和使用方法.

1. 电源

电源是把其他形式的能量转变成为电能的装置.电源分为直流和交流两种.

1) 直流电源

常用的直流电源有铅蓄电池、干电池、直流发电机、晶体管稳压电源等,用符号“DC”或“－”表示.电源的接线柱上标有正负极.

铅蓄电池的正常电动势为 2V,额定供电电流为 2A.它的电动势降低到 1.8V 以下时应及时充电,长期不用时也必须每隔 2～3 周充电一次.因为维护比较麻烦,又加之体积较大、有腐蚀性等缺点,现在实验室中已不采用.干电池在功率小,稳定度要求不高的场合下使用是很方便的.它的电动势一般为 1.5V,使用后电动势不断下降,内阻增大.当内阻很大时,就不能提供电流,电池即告报废.直流发电机也可提供直流电,但实验室中一般不采用.

现在实验室中常采用的是晶体管稳压电源,它的电压稳定性好,内阻小,功率较大,使用起来也很方便,只要接到 220V 交流电源上,就能输出连续可调的直流电压.使用时要注意它的最大允许输出电压和电流,切勿超过.

2) 交流电源

常用的电网电源是交流电源,用符号“AC”或“～”表示.常用的交流电源有两种,一种是单相 220V,频率为 50Hz;另一种是三相 380V.使用时要注意安全,人体的安全电压是 36V,超过 36V,人触及就有麻电感觉,电压再高就会危及生命.

使用交、直流电源时,均需注意,不得使电源短路,另外各种电源都有额定功率,不允许超过额定功率输出.

2. 电表

电测仪表的种类很多，在物理实验中常用的电表绝大多数都是磁电式仪表. 磁电式仪表由表头与扩程电阻(分流电阻或分压电阻)两部分组成. 表头的作用是将接受的电流(或电压)变成指针或光点的偏转；扩程电阻部分是将被测量的物理量转换成表头所能承受的电流(或电压). 这种仪表适用于直流，具有灵敏度高、刻度均匀、便于读数等优点. 下面逐一简单介绍之.

(1) 电流计(表头)：它是利用通电流的线圈在永久磁铁的磁场中受到一力偶作用而发生偏转的原理制成的. 在磁场、线圈面积和线圈匝数一定时，偏转角度与电流的大小成正比.

表头的主要规格：①满偏电流，即表针偏转到满度时，线圈所通过的电流值，以 I_g 表示. 一般表头满偏电流为 50μA，100μA，200μA 和 1mA. ②内阻主要指表头内线圈的电阻，以 R_g 表示. 表头内阻一般为几十欧姆到 2000Ω. 表头满偏电流越小，内阻越大.

电流计也可以用于检验电路有无电流通过，它只能允许通过几十微安到几十毫安之间的电流. 如果用它来测量较大的电流，必须对电表加以改装.

专门用来检验电路中有无电流通过的电流计称为检流计，有按钮式和光点反射式两类.

(2) 电流表：在表头线圈上并联一个附加低电阻，就成了电流表. 有安培表、毫安表、微安表等多种. 电流表的主要规格：①量程，即指针偏转满度时所通过的电流值，电流表一般是多量程的，例如毫安表有三个量程，分别为 1mA、5mA 和 10mA，我们通常以 0～1～5～10mA 表示. 它表示第一个量程通过 1mA 电流时，指针满偏，第二个量程通过 5mA，指针满偏，第三个量程通过 10mA，指针满偏. ②内阻，指表头内阻与为了扩程而并联的分流电阻的总电阻. 安培计的内阻一般在 1 欧姆以下，毫安表的内阻一般在几欧姆到几十欧姆.

(3) 电压表：在表头线圈上串联一个附加高电阻，就是电压表，或称伏特表. 电压表是用来测量电路中两点间的电压大小的，有伏特计、毫伏计等. 它的主要规格：①量程，即指偏转满度时的电压值，电压表通常也是多量程的. 例如一电压表的三个量程分别为 1V、5V、10V，通常以 0～1～5～10V 表示. ②内阻，指表头内阻加上扩程而串联的电阻. 电压表的量程不同，内阻也不同. 但对同一块电表来讲，表头的满偏电流 I_g 是相同的，而 $\frac{R}{V}=\frac{1}{I_g}$，所以每一块电压表的各个量程的每伏欧姆数相同. 因此，电压表的内阻一般以“Ω/ V”表示，通常又称为电表的电压灵敏度. 这样电表中某一量程的内阻可以用下式计算

$$内阻=\Omega/V\times 量程$$

例如,0～1～5～10 伏特计,其每伏欧姆数为 1kΩ/V,那么三个量程的内阻分别为 1kΩ、5kΩ、10kΩ.

(4) 欧姆表:用来测量电阻大小的电表.它也是利用一个表头,再配上电池、固定电阻和可变电阻改装而成的.在标度尺上欧姆表的零点位置与电压表、电流表的零点位置相反.

(5) 万用表:将电压表、电流表和欧姆表共用一个表头,就构成了简易的万用表.

根据《GB776—76 电器测量指示仪表通用技术条件》规定,电表的准确度等级定为 0.1、0.2、0.5、1.0、1.5、2.5 和 5.0 七级.电表指针指示任何一测量值所包含的最大基本误差为

$$\Delta m = \pm A_m \cdot k\%$$

式中,Δm 为绝对误差;A_m 为电表的量限(即电表可测量的最大值);k 是电表的量限准确度等级.例如,准确度等级为 0.5 的电表,在规定条件下工作时,它所表示的数值可能包含的最大基本误差是该电表量限的±0.5%.

3. 电阻

为了改变电路中的电流和电压,或作为特定电路的组成部分,在电路中经常需要接入各种不同大小的电阻.常用的电阻有:

(1) 滑线变阻器.实验室常用变阻器来控制电路中的电压和电流.它的构造如图 3.0.1 所示.它是把涂有绝缘物的电阻丝密绕在绝缘瓷管上,圈与圈之间相互绝缘,电阻丝两端分别固定在瓷管两端的接线柱 A、B 上.瓷管上方装有一根与瓷管平行的金属棒,一端连有接线柱 C,棒上装有滑动器,它紧压在电阻圈上,滑动器与线圈接触处的绝缘物已被刮掉,所以滑动器沿金属棒滑动时,可以改变 AC(或 BC)之间的电阻值.

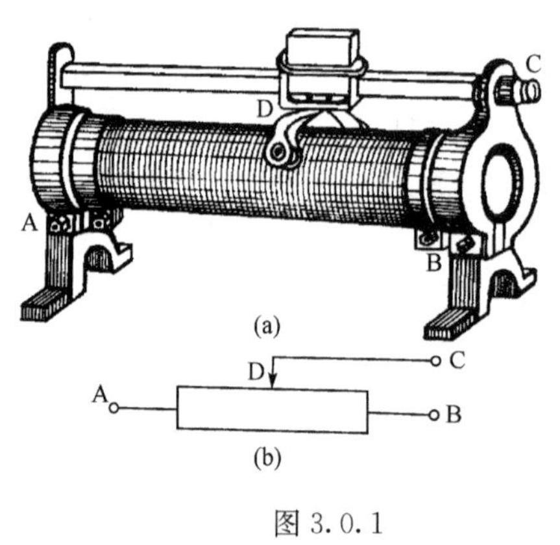

图 3.0.1

变阻器的主要规格:①总电阻,指 AB 间的电阻值,以 R_0 表示.实验室常用的变阻器的总电阻由几欧到几千欧.②额定电流,指变阻器允许通过的最大电流.使用时变阻器上任何一部分的电流都不可超过此值.

变阻器在电路中有两种基本的连接方法——制流电路和分压电路.

制流电路,如图 3.0.2 所示,变阻器的固定端 B 空着,而把 A、C 段接入电路中,滑动 C 时,由于 AC 段电阻改变而使整个电路中电流随之改变,所以称为制流

电路.使用该接法时,在接通电源前必须将 C 滑至 B 端,使变阻器的全部电阻 R_0 串入电路中,以防电路中电流太大.

分压电路,如图 3.0.3 所示,变阻器的两个固定端 A、B 分别接到电源上,从滑动端 C 与一个固定端 B 引出电压,接到用电部分.为确保安全,在接通电源前须将 C 滑到 B 端,使分出的电压值为零.

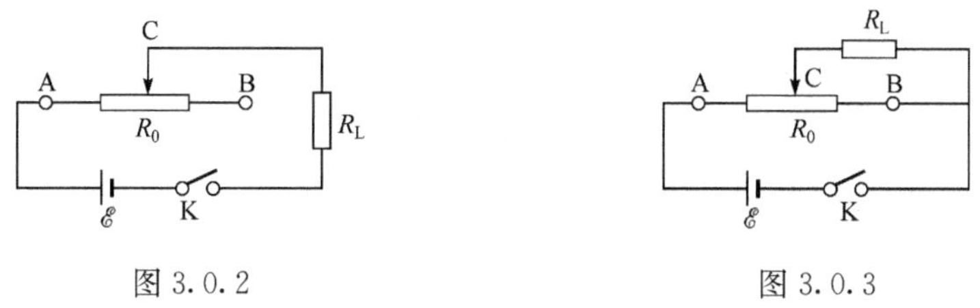

图 3.0.2　　图 3.0.3

(2) 电阻箱.电阻箱的外形如图 3.0.4 所示.它的内部有一套用温度系数较小的锰铜线绕成的电阻,按图 3.0.5 联线.

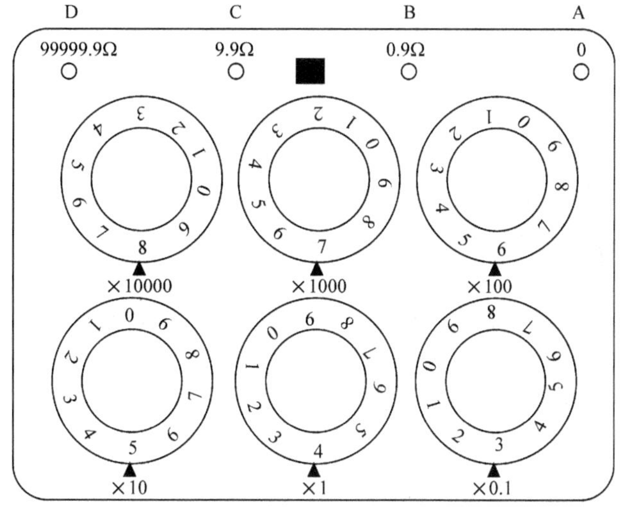

图 3.0.4

旋转电阻箱上的旋钮,可以得到不同的电阻值.

电阻箱的规格:①总电阻,指电阻箱上各个旋钮都放在最大值时的电阻值.如图 3.0.5 所示的电阻箱,其总电阻为 99999.9Ω.②额定功率,指电阻箱中每一个电阻的功率额定值,在一般电阻箱中此值为 0.25W.由此可以算出每个电阻的电流额定值.在同一挡中,额定电流值都是相同的.例如指示为 600Ω 时与指示为 500Ω 时,其额定电流都与指示为 100Ω 电阻时的额定电流相同,因为它们分别是 6 个

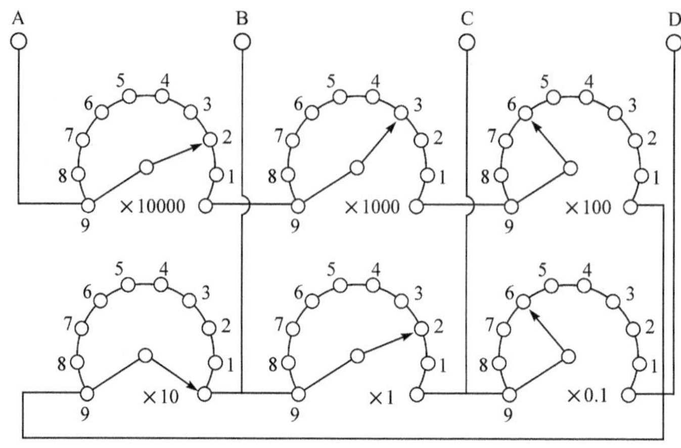

图 3.0.5

100Ω 电阻或 5 个 100Ω 电阻串联而成，所以允许通过的电流都是

$$I=\sqrt{\frac{P}{R}}=0.05\text{A}$$

同理，在×1000Ω 挡中，不论旋钮指在什么数值，允许通过的电流都是 0.016A. 由此可以看出，电阻值越大的挡，允许通过的电流越小. 因此在几挡联用时额定电流按电阻最大的一挡计算才能确保安全.

电阻箱的级别，根据其误差的大小分为若干个等级，一般分为 0.02、0.05、0.1、0.2 等，它表示电阻值相对误差的百分数. 例如，电阻箱为 0.1 级，当电阻为 23602.6Ω 时其误差为

$$23602.6\times0.1\%=24(\Omega)$$

不同级别的电阻箱，规定允许的接触电阻标准也不同. 例如，0.1 级规定每个旋钮的接触电阻不得大于 0.002Ω，在电阻较大时，它带来的误差微不足道，但在电阻值较小时，这个误差却很可观. 例如，一个六钮电阻箱，当阻值为 0.5Ω 时，接触电阻所带来的相对误差为

$$\frac{6\times0.002}{0.5}=2.4\%$$

为了减小接触电阻，一些电阻箱增加了小电阻的接头. 例如，图 3.0.5 所示的电阻箱，增加了 0.9Ω 和 9.9Ω 两个接线柱.

(3) 固定电阻，有碳膜电阻、线绕电阻等多种. 电流通过电阻要产生热效应，因此各种电阻都有一定的使用条件，每种电阻都注明了阻值大小和允许通过的电流(或功率)，使用时切勿超过此限.

4. 开关

开关是将电源与电路中的其他元件、仪表接通或断开的电器元件. 常用的有单

刀单掷开关、单刀双掷开关、双刀单掷开关、双刀双掷开关及换向开关等.

其次,我们介绍一下关于电磁学实验的有关误差知识.

1）仪器的结构误差

在电磁学实验中所使用的各种仪器、仪表,如电阻箱、电表,都有它的结构误差.通常也叫级别误差或标准误差.结构误差是仪器本身带来的误差,我们可以根据对实验结果误差大小的要求来选择合适的实验仪器.

2）电表的接入误差

电磁学实验一般要用到电流表和电压表,由于电表的内阻的存在,对测量结果总会有一定的影响,这就是电表的接入误差.通过后面的实验,我们要懂得如何通过电表连接方式的改变来减少内阻的影响,并要知道如何对测量结果进行修正.

3）灵敏度的误差

在使用不同的仪器来测量电流或电压时,有的反应灵敏,有的反应不灵敏.仪器反应越灵敏,即灵敏度越高,造成的误差就小.通过电磁学实验,学会通过对灵敏度的分析找出提高测量精度、改进实验的途径.

4）其他误差

除以上所说之外,还有一些其他系统误差和偶然误差,如读数误差等,仍要引起足够的重视,否则会引起有效数字不对等问题.

最后,做电磁学实验时要切实按照操作规程进行.

(1) 准备.进入实验室后,先了解所用仪器的结构、规格、使用方法和使用注意事项.

(2) 连线.先把仪器、元件、开关等放在合适的位置,然后在理解电路的基础上连接线路.一般在电源正极、高电势处用红线或浅色导线连接,电源负极、低电势处用黑色线或深色线连接.

(3) 测量.接好线路后,先检查连接是否正确,再检查其他要求是否达到,如电表正负极、量程选择、电阻箱数值、变阻器滑动端的位置等,检查完毕,经老师同意后再接通电源.在合电源开关时,采用跃接法,即轻点开关,随时准备切断电源,与此同时,密切注意各仪表是否正常,都正常后才能紧合开关.

(4) 归整.实验完毕,经教师检验数据后再拆电路.拆电路时,先拆去电源再拆其他部分.拆完电路,整理好仪器才能离开实验室.

3.1　电表使用

3.1.1　电表改装与校正

电流表表头一般只能用来测量微安级的电流和毫伏级的电压,若要用来测量较大的电流和电压，必须通过改装来扩大其量程. 磁电式系列多量程仪表都是用这种方法实现的. 电表改装的原理在实际应用中非常广泛.

［实验目的］

(1) 了解安培表和伏特表的构造原理.
(2) 掌握将微安表改装成较大量程的电流表和伏特表的原理和方法.
(3) 了解欧姆表的测量原理和刻度方法.
(4) 学会校正电流表和电压表的方法.

［实验原理］

1. 将微安表改装成毫安表

实验中用于改装的微安表，习惯上称为“表头”. 表针偏转到满刻度时所需要的电流强度 I_g 称为表头的量程，这个电流越小，表明表头的灵敏度越高. 表头内线圈的电阻 R_g 称为表头内阻. 表头能测量的电流是很小的，要将表头改装成能测量大电流的电表，就必须扩大它的量程. 扩大量程的办法是在表头两端并联一个阻值较小的分流电阻 R_s，如图 3.1.1 所示. 这样就使被测量的电流大部分从分流电阻流过，而表头仍保持在原来允许通过的最大电流 I_g 范围之内.

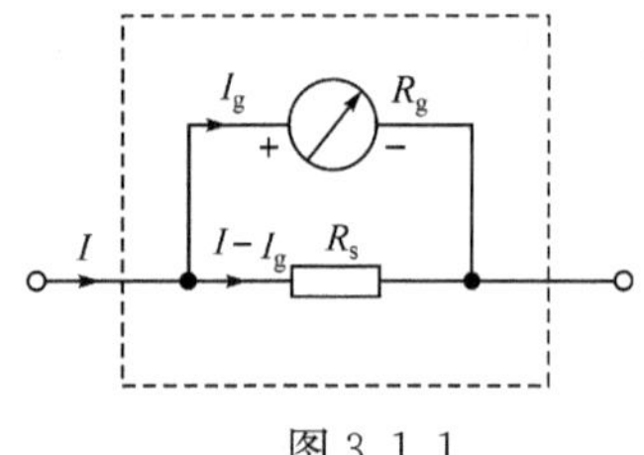

图 3.1.1

设表头改装后的量程为 I，由欧姆定律得

$$(I-I_g)R_s=I_gR_g$$

$$R_s=\frac{I_gR_g}{I-I_g}$$

若 $I=nI_g$，则

$$R_s=\frac{R_g}{n-1} \tag{3.1.1}$$

可见，当表头参量 I_g 和 R_g 确定后，根据微安表的量程扩大的倍数 n，只需在表上并联一个阻值为$\frac{R_g}{n-1}$的分流电阻，就可以实现电流表的扩程.

表头上并联阻值不同的分流电阻，相应点引出抽头，便可制成多量程的电流表，如图 3.1.2 所示.

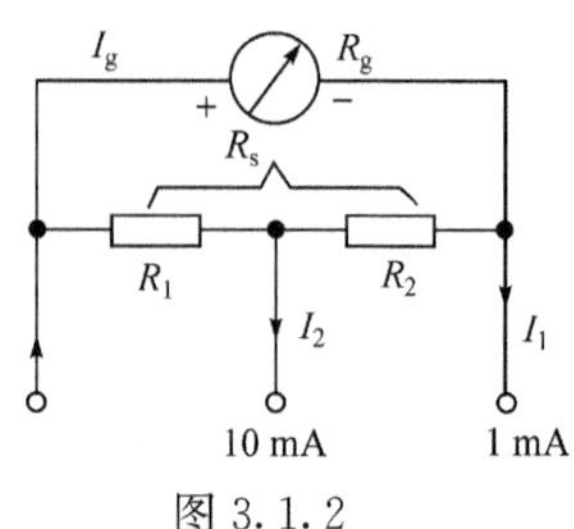

图 3.1.2

2. 将微安表改装成伏特表

由欧姆定律可知，微安表的电压量程为 I_gR_g，虽然可以直接用来测量电压，显然由于量程太小不能满足实际需要．为了能够测量较高的电压，在微安表上串联一个阻值较大的电阻（也称分压电阻）R_H，如图 3.1.3 所示．这样就使得被测电压大部分落在串联的附加电阻上，而微安表上的电压降很小，仍保持原来的量值 I_gR_g 范围之内．

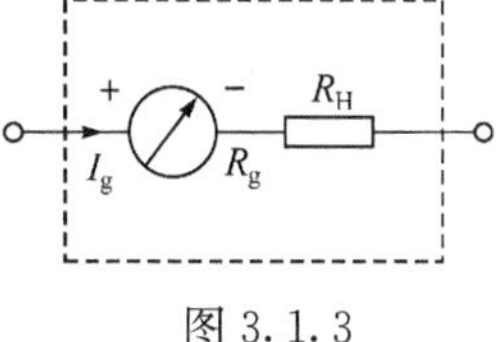

图 3.1.3

设微安表的量程为 I_g，内阻为 R_g，改装成量程为 U 的电压表，由欧姆定律得

$$I_g(R_g + R_H) = U$$

当 $U=nI_gR_g$ 时，有

$$R_H = \frac{U}{I_g} - R_g = (n-1)R_g \tag{3.1.2}$$

可见，要将量程为 I_g 的微安表改装成量程为 U 的电压表，只需串联一个阻值为 R_H 的附加电阻即可．

表头上串联阻值不同的分压电阻，便可制成多量程的电压表，如图 3.1.4 所示．

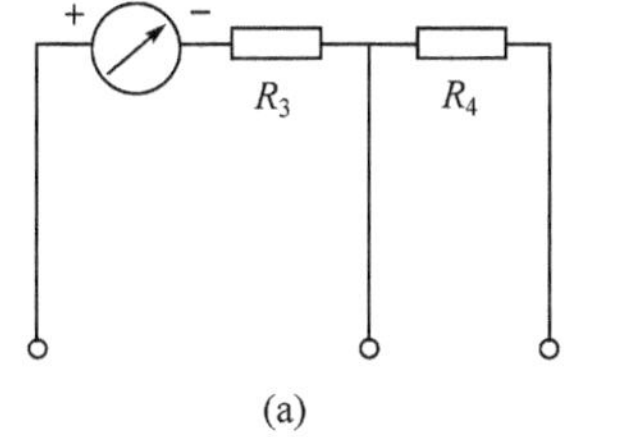

(a)

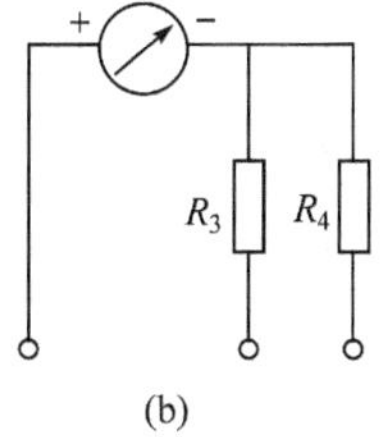

(b)

图 3.1.4

3. 将微安表改装成欧姆表

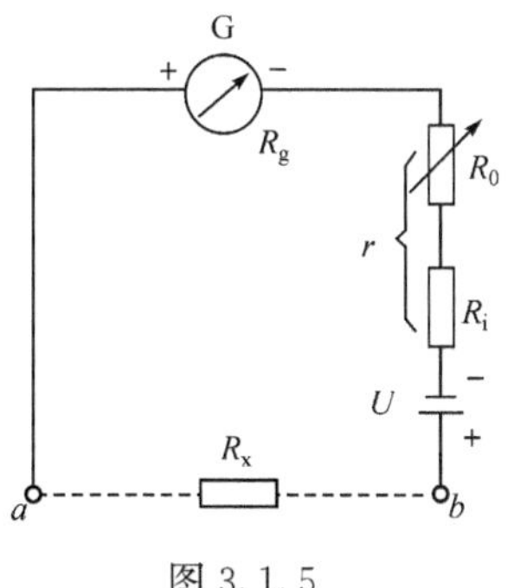

图 3.1.5

用来测量电阻大小的电表称为欧姆表，电路如图 3.1.5 所示．图中 U 为电池的端电压，它与固定电阻 R_i、可变电阻 R_0 以及微安表相串联，R_x 是待测电阻．用欧姆表测电阻时，首先需要调零，即将 a、b 两点短路（相当于 $R_x=0$），调节可变电阻 R_0，使表头指针偏转到满偏刻度，这时电路中的电流即为微安表的量程 I_g．由欧姆定律得

$$I_g = \frac{U}{R_g + R_0 + R_i} = \frac{U}{R_g + r} \tag{3.1.3}$$

式中 R_g 为表头内阻；$r=R_0+R_i$. 可见，欧姆表的零点是在表头刻度 R 的满偏刻度处，它正好跟电流表和电压表的零点相反.

在 a、b 端接入待测电阻 R_x 后，电路中的电流为

$$I = \frac{U}{R_g + r + R_x} \tag{3.1.4}$$

当电池端电压 U 保持不变时，待测电阻 R_x 和电流值 I 有一一对应关系，就是说，接入不同的电阻 R_x，表头的指针就指出不同的偏转读数. 如果表头的标度尺预先按已知电阻刻度，就可以直接用来测量电阻. 因为待测电阻 R_x 越大，电流 I 就越小. 当 $R_x=\infty$ 时(相当于 a、b 开路)，表头的指针指在零位. 所以，欧姆表的标度 R 为反向刻度，且刻度是不均匀的，电阻 R_x 越大，刻度线间隔越小，如图 3.1.6 所示.

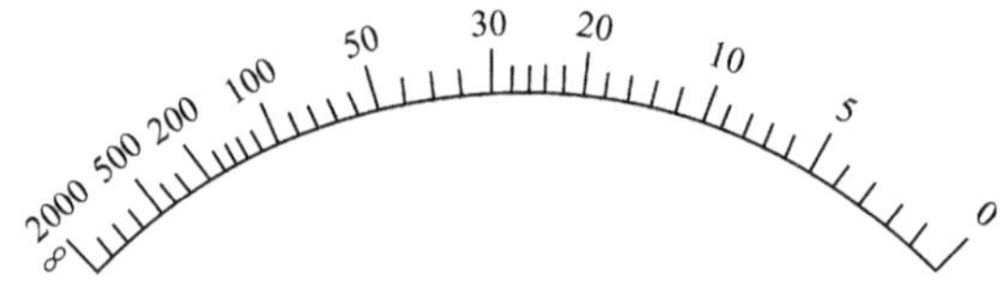

图 3.1.6

要满足待测电阻 $R_x=0$ 时，电路中通过的电流恰为表头的量程，对于式(3.1.3)中的 R_0 和 R_i 就有一定的要求. 因电池的端电压 U 在使用过程中会不断的下降，而表头的内阻 R_g 为常数，故要求 $r=R_0+R_i$ 也要跟着改变才能满足上式，但实际上在 $R_x=0$ 时，表头的指针转到满偏刻度是通过调节可变电阻(电位器)R_0 的值来实现的. 为了防止电位器 R_0 调得过小而烧坏电表，用固定电阻 R_i 来限制电流.

[实验仪器]

直流毫安表(C31-mA 型)、直流微安表(C31-μA 型)($I_g=100\mu$A 时，表头内阻 $R_g=1200\Omega$)、直流电压表(C31-V 型)、直流稳压电源、滑线变阻器、电阻箱(ZX21 99999.9Ω)(2 个)、导线、电键等.

[实验内容]

1. 电流表的改装和校正

(1) 根据实验室给定的表头(微安表)量程 I_g 和内阻 R_g 以及要改装成的电流

表量程 I，用公式 $R_s=\frac{R_g}{n-1}$ 算出所需并联的分流电阻 R_s 的阻值.

(2) 从电阻箱上取相应的电阻值 R_s，与表头并联组成电流表. 将改装的电流表与标准表及限流电阻串连按图 3.1.7 所示接好电路.

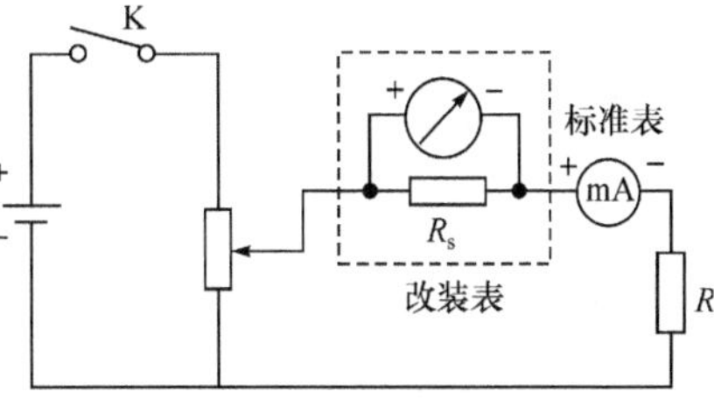

图 3.1.7

(3) 经教师检查线路正确后接通电源，调节电路中的电流，使改装表读数从零增加到满刻度，然后再减到零，同时记下改装表与标准表相应电流的读数.

(4) 以改装表的读数为横坐标，标准表的读数为纵坐标，在坐标纸上作出电流表的校正曲线.

2. 电压表的改装和校正

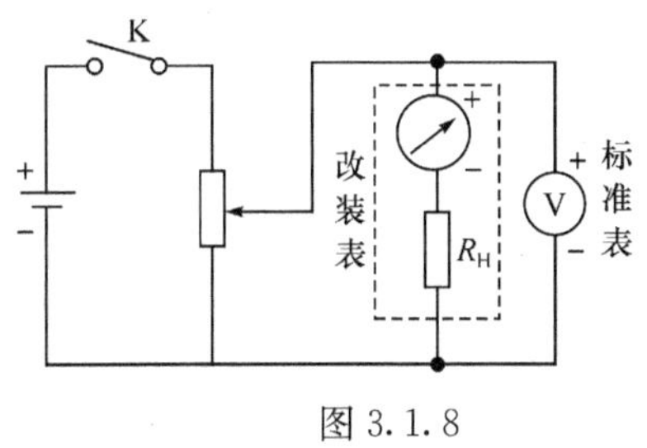

图 3.1.8

(1) 根据表头的量程 I_g 和内阻 R_g 以及要改装成的电压表量程 U，用公式 $R_H=\frac{U}{I_g}-R_g$，算出串联电阻 R_H 的阻值.

(2) 从电阻箱上取相应的电阻值 R_H，将它与表头串联组成电压表. 将改装的电压表与标准电压表按图 3.1.8 所示接好电路.

(3) 接上电源，调节滑线变阻器的滑动头，使电压读数从零到满刻度，然后再减到零，同时记下改装表与标准表相应电压的读数，填入设计的数据表格.

(4) 以改装表的读数为横坐标，标准表的读数为纵坐标，在坐标纸上作出电压表的校正曲线.

3. 欧姆表的改装和标定表面刻度

(1) 根据表头参数 I_g 和 R_g 以及电池端电压 U 的变化范围，按下式

$$I_g=\frac{U}{R_g+R_0+R_i}=\frac{U}{R_g+r}$$

分别算出图 3.1.5 中所示电阻 $r(r=R_0+R_i)$ 的上、下限阻值.

(2) 选取一个固定电阻 R_i（R_i 的阻值应与算出的下限阻值相等）和一个可变电阻 R_0（用电位器和电阻箱都可，其阻值大于或等于上、下限阻值之差），然后将它们与表头和电池串联，组成图 3.1.5 所示的欧姆表电路.

(3) 将图 3.1.5 中的 a、b 两点短路，调节可变电阻 R_0，使表针偏转到满刻度 ($R_x=0$).

(4) 将电阻箱(图 3.1.5 中的 R_x)接于欧姆表的 a、b 两端,取电阻箱的电阻为一组特定的整数值 R_{xi},读记相应的表针偏转格数 d_i. 利用 R_{xi}、d_i,绘制出改装欧姆表的标度尺.

[数据处理]

(1) 设计实验数据表,将实验测得数据填入表中.

(2) 根据校正数据,分别作出 $I\text{-}\Delta I$ 和 $U\text{-}\Delta U$ 误差校正曲线.

(3) 根据改装表的校正数据,分别求出毫安表和电压表的标称误差,并定出相应的精确度等级.

(4) 电表的标称误差的计算. 标称误差指的是电表的读数和精确值的差异,它包括了电表在构造上的各种不完善因素所引入的误差. 为了确定标称误差,先将电表和一个标准电表同时测量一定的电流(或电压),结果得到电表各个刻度的绝对误差,选最大的绝对误差除以量程即为电表的标称误差.

$$\text{标称误差}=\frac{\text{最大的绝对误差}}{\text{量程}}\times 100\%$$

根据标称误差的大小,电表分为不同的等级,电表的等级常用一个内写数字的圆圈标在电表的面板上,如 0.5 表示该表为 0.5 级,其标称误差的范围是 ±0.5%.

[思考题]

(1) 标准电表满刻度时,改装的电表未满刻度或超过满刻度,这两种情况倍增电阻是大还是小?

(2) 校正后的电表使用时,它的测量误差是否可以比标准的误差小些? 试取任一刻度值加以比较.

(3) 为什么校正电表时需要把电流(或电压)从小到大做一遍,又从大到小做一遍? 两者完全一致说明了什么? 不一致说明了什么?

3.1.2 制流电路与分压电路

电路一般包含电源、控制和测量三个部分. 电源是根据不同电路的要求而确定的,它是电路中的能源. 控制负载上的电流和电压常用制流电路和分压电路. 根据电路要求,就要选择合适的电源和控制元件,使负载的电流和电压在一定范围内变化.

[实验目的]

(1) 了解基本仪器的使用方法；

(2) 掌握制流与分压两种电路的连接方法；

(3) 测绘制流特性曲线和分压特性曲线.

[实验原理]

1. 制流电路

电路如图 3.1.9 所示，图中 $\mathscr{E}$ 为直流电源；R_0 为滑线变阻器；A 为电流表；R 为负载(电阻箱)；K 为电源开关.

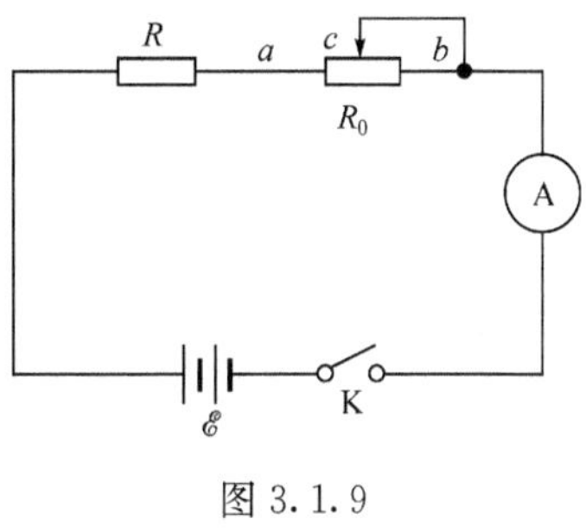

图 3.1.9

当 c 滑至 a 点，$R_{ac}=0$，$I_{\max}=\dfrac{\mathscr{E}}{R}$，负载处 $U_{\max}=\mathscr{E}$；

当 c 滑至 b 点，$R_{ac}=R_0$，$I_{\min}=\dfrac{\mathscr{E}}{R+R_0}$，负载处 $U_{\min}=\dfrac{\mathscr{E}}{R+R_0}R$.

电压调节范围

$$\frac{R}{R_0+R}\mathscr{E}\sim\mathscr{E}$$

相应的电流变化为

$$\frac{\mathscr{E}}{R_0+R}\sim\frac{\mathscr{E}}{R}$$

一般情况下负载 R 中的电流为

$$I=\frac{\mathscr{E}}{R+R_{ac}}=\frac{\dfrac{\mathscr{E}}{R_0}}{\dfrac{R}{R_0}+\dfrac{R_{ac}}{R_0}}=\frac{I_{\max}k}{k+x} \tag{3.1.5}$$

式中，$k=\dfrac{R}{R_0}$；$x=\dfrac{R_{ac}}{R_0}$.

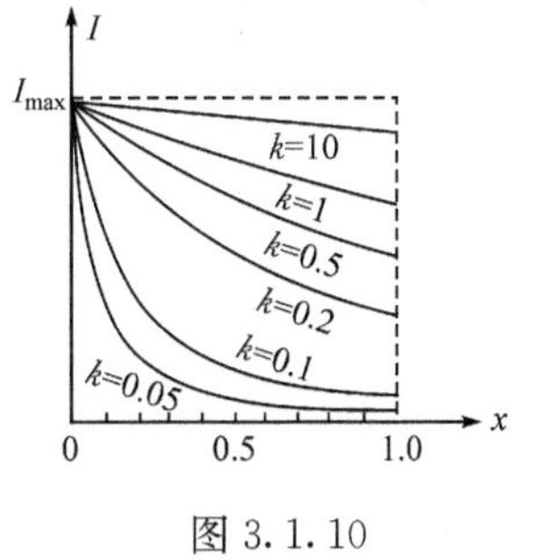

图 3.1.10

图 3.1.10 表示不同 k 值的制流特性曲线，从曲线可以清楚地看到制流电路有以下几个特点：

(1) k 越大电流调节范围越小；

(2) $k\geqslant 1$ 时调节的线性较好；

(3) k 较小时(即 $R_0\gg R$)，x 接近 0 时电流变化很大，细调程度较差；

(4) 不论 R_0 大小如何,负载 R 上通过的电流都不可能为零.

2. 分压电路

分压电路如图 3.1.11 所示.当滑动头 c 由 a 端滑至 b 端,负载上电压由零变至 $\mathscr{E}$,调节的范围与变阻器的阻值无关.当滑动头 c 在任一位置时,ac 两端的分压值 U 为

$$
\begin{aligned}
U &= \frac{\mathscr{E}}{\dfrac{RR_{ac}}{R+R_{ac}}+R_{bc}} \frac{RR_{ac}}{R+R_{ac}} = \frac{\mathscr{E}}{1+\dfrac{R_{bc}(R+R_{ac})}{RR_{ac}}} \\
&= \frac{\mathscr{E}RR_{ac}}{R(R_{ac}+R_{bc})+R_{bc}R_{ac}} = \frac{RR_{ac}\mathscr{E}}{RR_0+R_{bc}R_{ac}} \\
&= \frac{\dfrac{R}{R_0}R_{ac}\mathscr{E}}{R+\dfrac{R_{ac}}{R_0}R_{bc}} = \frac{kR_{ac}\mathscr{E}}{R+R_{bc}x}
\end{aligned}
\tag{3.1.6}
$$

式中,$R_0=R_{ac}+R_{bc}$;$k=\dfrac{R}{R_0}$;$x=\dfrac{R_{ac}}{R_0}$.

由实验可得不同 k 值的分压特性曲线,如图 3.1.12 所示.从曲线可以看出分压电路有如下几个特点:

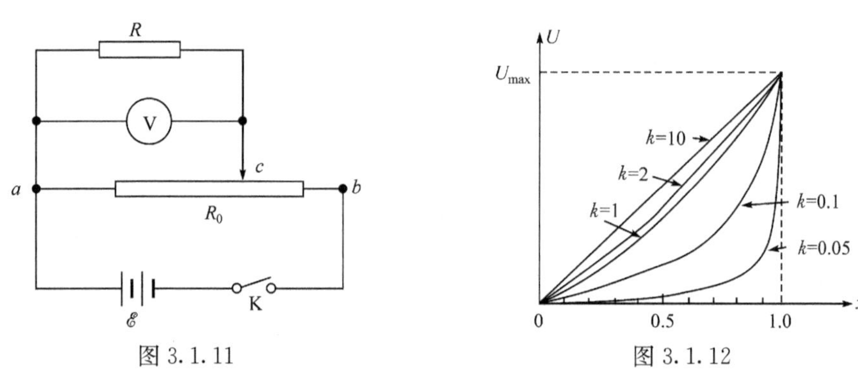

图 3.1.11　　图 3.1.12

(1) 不论 R_0 的大小,负载 R 的电压调节范围均可从 0 至 $\mathscr{E}$;

(2) k 越大,电压调节越均匀,因此要使电压 U 在零到 U_{max} 整个范围内均匀变化,则取 $k>1$ 比较合适,实际 $k=2$ 那条线可近似作为直线,故取 $R_0\leqslant\dfrac{R}{2}$ 即可认为电压调节已达到一般均匀的要求了.

[实验仪器]

毫安表、伏特表、直流电源、滑线变阻器、电阻箱、开关、导线.

[实验内容]

(1) 记下所用电阻箱的级别,如果该电阻箱的示值是 400Ω 时,它的最大允许电流是多少?

(2) 制流电路特性的研究.

按图 3.1.9 连接电路,用电阻箱作为负载 R,取 k 为 0.1,确定 R 值.根据所用毫安表的量程和 R 的最大允许电流,确定实验时的最大电流 I_{max}及电源电压 $\mathscr{E}$ 值.注意,I_{max}值应小于 R 最大允许电流.复查电路无误后,闭合电源开关 K 开始测量.

移动变阻器滑动头 c,在电流从最小到最大过程中,测量 8~10 次电流值及 c 在标尺的位置 l,并记下变阻器绕线部分的长度 l_0,以$\frac{l}{l_0}\left(即\frac{R_{ac}}{R_0}\right)$为横坐标,电流 I 为纵坐标作图.注意,电流最大时 c 的标尺读数为测量 l 的零点.

取 $k=1$,重复上述测量并绘图.

(3) 分压电路特性的研究.

按图 3.1.11 连接电路,用电阻箱当负载,取 $k=2$确定 R 值,参照变阻器的额定电流和 R 的允许电流,确定电源电压 $\mathscr{E}$ 之值.要注意如图 3.1.13 所示,变阻器 bc 段的电流是 I 和 I_{ca}之和,确定 $\mathscr{E}$ 值时,特别要注意 bc 段的电流是否大于滑线变阻器的额定电流.

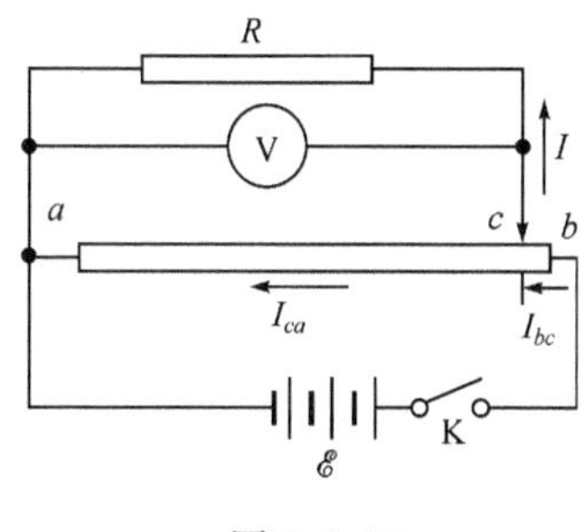

图 3.1.13

移动变阻器滑动头 c,使加到负载 R 上的电压从最小变到最大,在此过程中,测量 8~10 次电压值 U 及 c 点在标尺上的位置 l,以$\frac{l}{l_0}$为横坐标,U 为纵坐标作图.

取 $k=0.1$,重复上述测量并绘图.

[思考题]

(1) ZX21 型电阻箱示值为 5000Ω 时,试计算它的允许基本误差,它的额定电流值,若示值改为 0.6Ω,试计算它的允许基本误差.

(2) 如图 3.1.14 所示电路正确吗? 若有错误,说明原因并改正之.

电阻箱读数为各挡示值与倍率乘积之和.ZX21 型电阻箱在室温 20℃的准确度见表 3.1.1(表中的 α 为准确度等级):

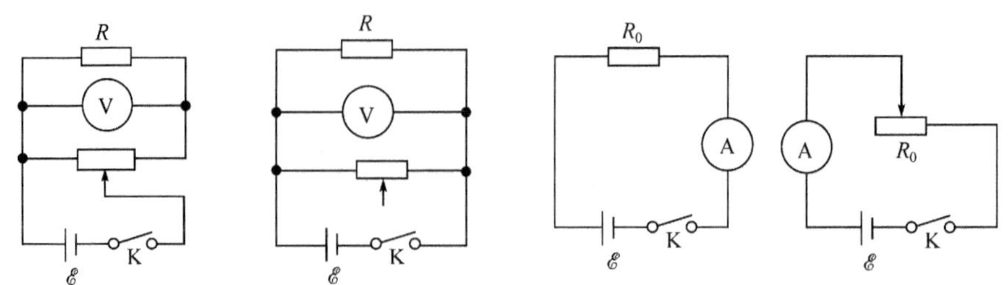

图 3.1.14

表 3.1.1

R/Ω	9×10000	9×1000	9×100	9×10	9×1	9×0.1
$\alpha\%$	0.1%	0.1%	0.5%	1%	2%	5%

上述电阻箱如果用在交流电路中，只有在低频(不超过 1kHz)下才能当作“纯电阻”. 所以也称为直流电阻箱. 它的额定功率为 0.25W，故各挡以 1 为首位的电阻额定功率为 0.25W，以 2 为首位的电阻其额定功率为 0.25×2W，当几挡联用时，额定电流按最大挡计算，根据

$$I=\sqrt{\frac{P}{R}} \tag{3.1.7}$$

可算出电阻箱所能承受的最大电流值. 各挡最大允许电流如表 3.1.2 所示：

表 3.1.2　ZX21 型旋转式电阻箱各挡最大允许电流

R/Ω	R×10000	R×1000	R×100	R×10	R×1	R×0.1
I_{max}/A	0.005	0.0158	0.05	0.158	0.5	1.58

3.2　静电场测绘

静电场是由电荷分布决定的. 直接测量静电场的电势分布通常是很困难的，因为将仪表(或其探测头)放入静电场中，总要使被测场发生一定变化，除静电式仪表之外的大多数仪表也不能用于静电场的直接测量. 因为静电场中无电流流过，对这些仪表不起作用. 如果用恒定电流场模拟静电场，即根据测量结果来描绘出与静电场对应的恒定电流场的电势分布，从而确定静电场的电势分布，这是一种很方便的实验方法.

[实验目的]

(1) 了解用电流场模拟静电场的基本原理.

(2) 学习用模拟法测绘静电场的分布.

(3) 加深对静电场强度和电势概念的理解.

[实验原理]

两无限长带等量异号电荷的同轴圆柱面的电场,其截面如图 3.2.1 所示. 设电极 A 的半径和电极 B 的内半径分别为 r_a 和 r_b,每单位长度分别带有电荷 $+\lambda$ 和 $-\lambda$. B 接地,设 A 的电势为 U_A,B 的电势为零.

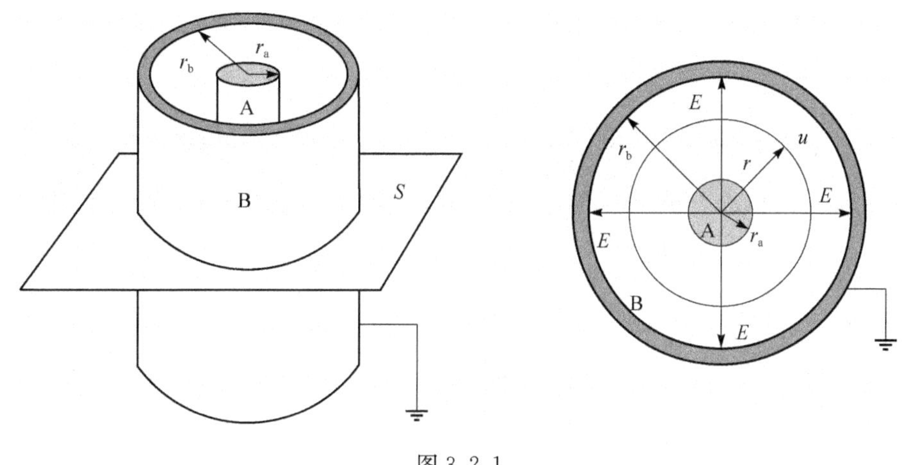

图 3.2.1

根据理论计算,A、B 两电极间半径为 r 处的电场强度大小为

$$E=\frac{\lambda}{2\pi\varepsilon_0 r} \tag{3.2.1}$$

式中 ε_0 为真空中的介电常量. 场强的方向在垂直于轴线的平面内,沿径向呈辐射状.

A、B 两电极间任一半径为 r 的柱面电势为

$$U_r=\int_r^{r_b}E\mathrm{d}r=\frac{\lambda}{2\pi\varepsilon_0}\int_r^{r_b}\frac{\mathrm{d}r}{r}=\frac{\lambda}{2\pi\varepsilon_0}\ln\frac{r_b}{r} \tag{3.2.2}$$

同理,电极 A 的电势为

$$U_A=\frac{\lambda}{2\pi\varepsilon_0}\ln\frac{r_b}{r_a} \tag{3.2.3}$$

式(3.2.2)与式(3.2.3)相除可得

$$U_r=U_A\frac{\ln\frac{r_b}{r}}{\ln\frac{r_b}{r_a}} \tag{3.2.4}$$

下面讨论相应的稳恒电流场.若电极 A、B 间用均匀的不良导体(如导电纸、稀硫酸铜溶液等)连接或填充时,接上电源(设输出电压为 U_A)后,不良导体中就产生了从电极 A 均匀辐射状地流向电极 B 的电流,根据欧姆定律的微分形式,电流密度为

$$j=\frac{E'}{\rho}$$

式中,E'为不良导体内的电场强度;ρ 为不良导体的电阻率.

如图 3.2.2 所示,设不良导体的厚度为 d,以半径为 r 和 $r+\mathrm{d}r$ 作两个圆柱面,圆柱面的面积 $S=2\pi rd$,则两圆柱面间的电阻为

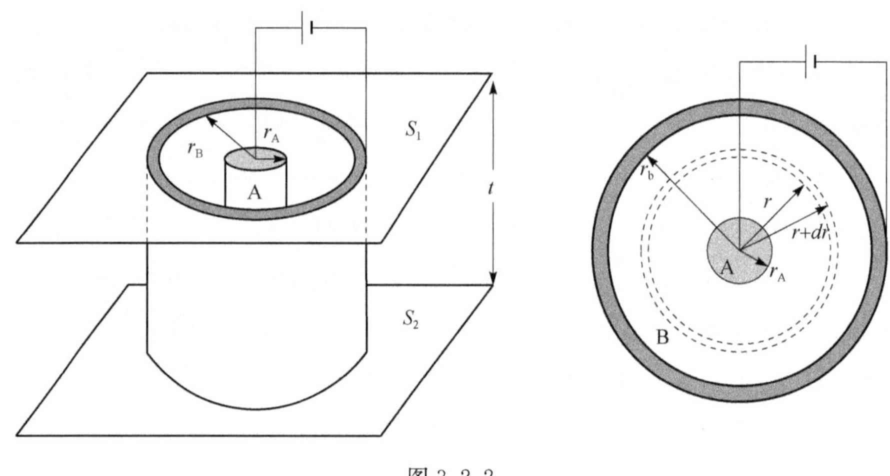

图 3.2.2

$$\mathrm{d}R=\rho\frac{\mathrm{d}r}{S}=\frac{\rho\,\mathrm{d}r}{2\pi rd}$$

从半径为 r 的圆柱面到半径为 r_b 的电极 B 之间的电阻为

$$R_{rB}=\frac{\rho}{2\pi d}\int_r^{r_b}\frac{\mathrm{d}r}{r}=\frac{\rho}{2\pi d}\ln\frac{r_b}{r} \tag{3.2.5}$$

同理,在电极 A、B 间充满的不良导体的总电阻为

$$R_{AB}=\frac{\rho}{2\pi d}\ln\frac{r_b}{r_a} \tag{3.2.6}$$

图 3.2.2 为长直同轴圆柱面横截面电场分布模拟模型,设从电极 A 到电极 B 的总电流为 I,根据欧姆定律,有

$$U_{AB}=U_A-U_B=IR_{AB}$$

由于 $U_B=0$,所以电极 A 的电势为

$$U_A=IR_{AB} \tag{3.2.7}$$

同理,半径为 r 的圆柱面的电势为

$$U_r = IR_{rB} \tag{3.2.8}$$

将式(3.2.8)和式(3.2.7)相除可得

$$U_r = U_A \frac{R_{rB}}{R_{AB}} \tag{3.2.9}$$

将式(3.2.5)和式(3.2.6)代入式(3.2.9)得

$$U_r = U_A \frac{\ln \frac{r_b}{r}}{\ln \frac{r_b}{r_a}} \tag{3.2.10}$$

比较式(3.2.10)和式(3.2.4),可以看到稳恒电流场与静电场的电势分布是相同的.

由于稳恒电流场和静电场具有这种等效性,因此欲测绘静电场的分布,只要测绘相应的稳恒电流场的分布就行了.

[实验仪器]

场强 E 在数值上等于电势梯度,方向指向电势降落的方向. 考虑到 E 是矢量,而电位 U 是标量,从实验测量来讲,测定电势比测定场强容易实现,所以可先测绘等势线,然后根据电场线与等势线正交的原理,画出电场线. 这样就可由等势线的间距确定电场线的疏密和指向,将抽象的电场形象反映出来.

GVZ-3 型导电微晶静电场描绘仪(包括导电微晶,双层固定支架,同步探针等),如图 3.2.3 所示,支架采用双层式结构,上层放记录纸,下层放导电微晶.

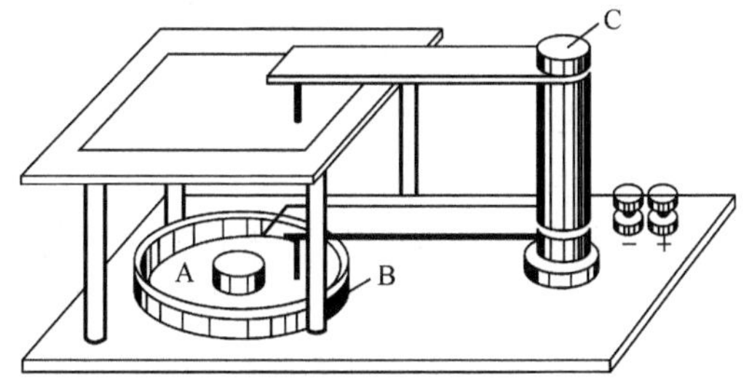

图 3.2.3

A、B. 电极； C. 手柄座

电极已直接制作在导电微晶上,并将电极引线接出到外接线柱上,电极间制作有导电率远小于电极且各项均匀的导电介质. 接通直流电源(10V)就可以进行实验. 在导电微晶和记录纸上方各有一探针,通过金属探针臂把两探针固定在同一手柄座上,两探针始终保持在同一铅垂线上. 移动手柄座时,可保证两探针的运动轨迹是一样的.由导电微晶上的探针找到待测点后,按一下记录纸上的探针,在记录纸上留下一个对应的标记.移动同步探针在导电微晶上找出若干电势相同的点,由此即可描绘出等势线.

[实验内容]

1. 描绘同轴电缆的静电场分布

(1) 取一张记录纸,放到静电场描绘仪图 3.2.3 上层,并用磁铁压住.

(2) 按图 3.2.4,静电场专用稳压电源输出"+(红)-(黑)"接线柱,用红黑色连接线连接描绘架后面"+(红)-(黑)"接线柱.稳压电源探针测量输出"+(红),用红色线连接线连接探针架接线柱,并使探针下探头置于导电微晶电极上,上探针与记录纸有 1~2mm 距离.

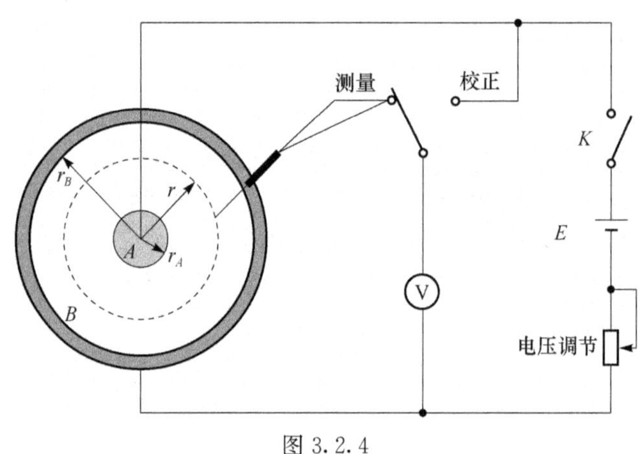

图 3.2.4

(3) 校正:接通电源,开关线接通"校正",调节"电压调节"旋钮,使稳压电源输出电压(10V),即电极 A 的电势为(10V).

(4) 测量:开关线接通"测量",从 2V 开始,平移同步探针,用导电微晶上的探针找到等位电后,按一下记录纸上的探针,测出一系列等势点,共测 5 条等势线,每条等势线上找 8 个点,一位条等势线上各点到原点的平均距离 r 为半径,画出等势线的同心圆簇.

(5) 根据电场线与等势线正交原理,再画出电场线,并指出电场强度方向,得到一张完整的电场分布图.

[数据处理]

(1) 用 8 个点连成等势线(应是圆),确定圆心 O 的位置,量出各条等势线的半

径 r,并分别求其平均值.

(2) 用游标卡尺分别测量电极 A 和电极 B 的半径 r_a 和 r_b(或由实验室给出).

(3) 按式(3.2.4)计算各相应半径 r 处的电势的实验值 $U_{理}$,并与理论值比较,计算相对误差.将以上数据填入表 3.2.1.

表 3.2.1　模拟法描绘静电场　　r_a=　　cm,r_b=　　cm

$U_{理论}$/V	5.00	4.00	3.00	2.00	1.00
$\bar{r}$/cm					
$\ln\bar{r}$					
$U_{实}$/V					
$E_r=\frac{\lvert U_{实}-U_{理}\rvert}{U_{理}}\times 100\%$					

(4) 根据等势线与电场线相互正交的特点,在等势线图上添画电场线,成为一张完整的两无限长带等量异号电荷的同轴圆柱面的静电场分布图.

(5) 以 $\ln r$ 为横坐标,$U_{实}$ 为纵坐标,作 $U_{实}$-$\ln r$ 曲线,并与 $U_{理}$-$\ln r$ 曲线比较.

[思考题]

(1)用电流场模拟静电场的条件是什么?

(2) 根据测绘所得等势线和电场线的分布,分析哪些地方场强较强,哪些地方场强较弱?

(3) 等势线与电场线之间有何关系?

(4) 如果电源电压 V_1 增加一倍,等势线和电场线的形状是否发生变化? 电场强度和电势分布是否发生变化? 为什么?

3.3　电阻测量

为改变电路中的电流或电压,或作为特定电路的组成部分,在电路中需要接入大小不同的电阻,电阻按阻值大小可分为三类:阻值在 1Ω 以下的为低值电阻;1Ω 到 100kΩ 的电阻为中值电阻;100kΩ 以上的为高值电阻.这三种不同阻值的电阻,从测量精度上讲,应采用不同的方法进行测量.电桥在电测技术中应用十分广泛,直流电桥主要分为单臂电桥(惠斯通电桥)和双臂电桥,其中单臂电桥适用于测量中值电阻,双臂电桥适用于测量低值电阻.

3.3.1　惠斯通电桥测电阻

[实验目的]

(1) 掌握电桥的比较法测量原理，了解桥式电路的特点.

(2) 学会正确使用惠斯通电桥测量电阻，掌握调节电桥平衡的方法.

[实验原理]

1. 惠斯通电桥的工作原理

惠斯通电桥又称直流单臂电桥，其基本电路如图 3.3.1 所示. 标准电阻 R_1、R_2、R_s 和待测电阻 R_x 构成电桥的四个“桥臂”. 接入灵敏电流计 G 的 BD 线路，就称为“桥”. 当 K_1、K_2 闭合时，一般讲桥路上电流不为零，电流计指针会发生偏转. 通过调整 3 个标准电阻 R_1、R_2 和 R_s 的值，使电流计示数为零，即流过电流计的电流 I_g 为零，称这种状态($I_g=0$)为电桥平衡. 此时

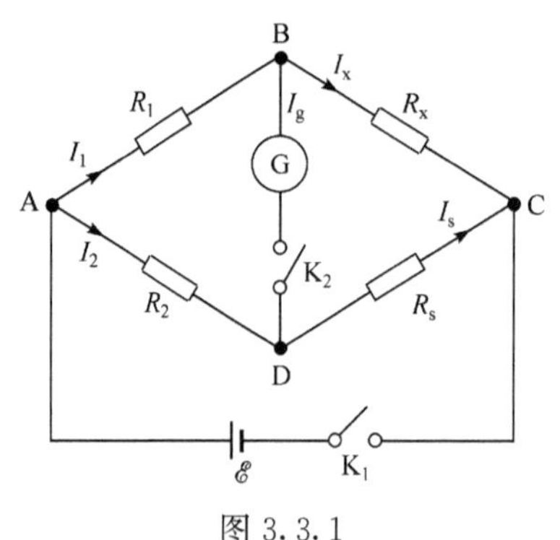

图 3.3.1

$$U_B=U_D,\quad I_1=I_x,\quad I_2=I_s$$

$$I_1R_1=I_2R_2,\quad I_1R_x=I_2R_s$$

整理后得待测电阻 R_x 与 3 个标准电阻的关系为

$$R_x=\frac{R_1}{R_2}R_s \tag{3.3.1}$$

将待测电阻与已知标准电阻比较，得到待测电阻阻值. 这就是惠斯通电桥用比较法测量电阻的原理公式，也是电桥平衡的条件. 在式(3.3.1)中，称 R_x 为待测臂，R_s 为比较臂，R_1 和 R_2 为比例臂，并且称 R_1/R_2 为倍率. 由式(3.3.1)可知，接入待测电阻后，有两种方法使电桥平衡. 一种是选定比较臂后不再动，调倍率；另一种是确定倍率，调比较臂. 前一种方法准确度很低，本实验采用后一种方法. 选择恰当的倍率，调节比较臂使电桥达到平衡，再应用式(3.3.1)求得待测电阻的值.

2. 电桥的灵敏度

电桥的灵敏度指电桥判断平衡的分辨能力. 理论和实验证明，电桥灵敏度由电源电动势、电流计的电流灵敏度及四个桥臂的阻值搭配等诸多因素决定，并非定值，需视具体情况测定.

电桥灵敏度 S 的定义式是

$$S=\frac{\Delta n}{\dfrac{\Delta R_x}{R_x}} \tag{3.3.2}$$

它表示电桥平衡后，调节 R_x，使其变动 ΔR_x，这时，电流计指针偏离平衡位置 Δn 格. 由于实验中待测臂 R_x 是不便调节的，比较臂 R_s 是可调的，根据式(3.3.1)有关系

$$\frac{\Delta R_x}{R_x}=\frac{\Delta R_s}{R_s}$$

可将电桥灵敏度定义式改写为

$$S=\frac{\Delta n}{\dfrac{\Delta R_s}{R_s}} \tag{3.3.3}$$

即当电桥平衡后，调节 R_s，使其改变 ΔR_s，同时记录下电流计指针偏转格数 Δn，就可计算出电桥灵敏度 S.

S 值越大，电桥越灵敏. 一般人们能察觉到电流计$\frac{1}{10}$格的偏转，因此判断电桥平衡所带来的误差必定小于 $0.1\frac{R_x}{S}$.

[实验仪器]

本实验使用的是 QJ23 型便携式直流单臂电桥. 仪器面板构造如图 3.3.2 所示. 电桥各部件作用、特点和使用方法说明如下：

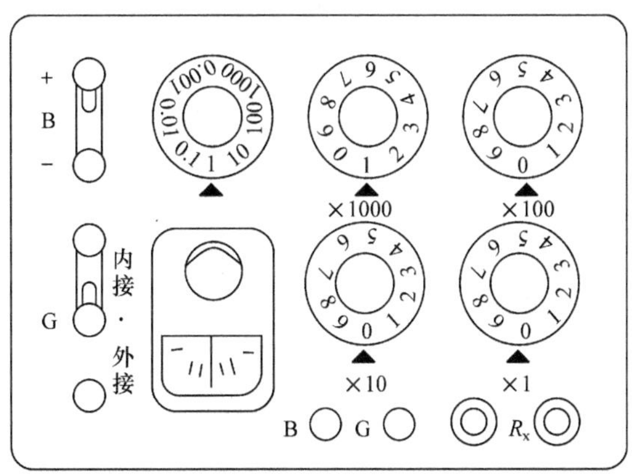

图 3.3.2

1. 电流计 G

电流计 G 灵敏度约为 3×10^{-6} A/div，内阻近百欧姆，用以指示电桥是否平衡. 电桥平衡时，表头指针稳定示零. 在其左侧有 3 个接线柱，当连接片接通“外接”时，电流计 G 被接入桥路；当连接片接通“内接”时，电流计被短路，此时既锁住电流计指针，又可以从“外接”处接入灵敏度更高的电流计.

用电桥测量电阻时，先将电流计的连接片从“内接”转换到“外接”上，并调整电流计到零点，进入工作状态. 测量结束后，记住将连接片换到“内接”上，以保护电流计.

2. 比例臂 R_1、R_2 和比较臂 R_s

面板左上角的转换旋钮即为倍率盘，从图 3. 3. 2 可知，倍率 R_1/R_2 分为 0. 001 到 1000，共 7 挡.

比较臂 R_s 是一个 4 位十进制电阻箱. 由量程分别为 ×1Ω，×10Ω，×100Ω 和 ×1000Ω 的具有步进盘的 4 个电阻箱组成，位于面板的右侧.

实际测量时，根据待测电阻的标称值选取适当的倍率，以使比较臂 R_s 能具有四位有效数字.

3. 待测臂 R_x

面板右下方的两个接线柱可接入待测电阻 R_x.

4. 电源与电流计开关

面板下方的按钮 B 和 G 如图 3. 3. 1 中的开关 K_1 和 K_2，分别为电源与电流计开关.

当测量电阻的准备工作就绪，需接通电源，观察电桥是否平衡时，应先接通 B，后接通 G；然后先断开 G，再断开 B. 同时注意：①不要将 B 按下锁住，避免电流热效应引起阻值改变，增大误差，并防止电池过快耗尽. ②接通开关 G 应采用“跃接法”，即短暂接通后马上断开，以免过载损坏电流计.

在调节电桥平衡时，若电流计指针偏向“+”，表示 R_s 需要增大，反之需减小.

[实验内容]

(1) 根据电阻上的色环，计算出待测电阻的标称值(色环查对数值表见附录).

(2) 用电桥测出电阻阻值，同时测出相应的电桥灵敏度.

具体步骤如下：①电流计连接片转到“外接”上，将电桥检流计指针调零. 然后将 R_x 接入电路. ②选择合适的比例臂$\frac{R_1}{R_2}$的值及比较臂 R_s 的值，并保证 R_s 上有四位有效数字. 调节比较臂 R_s 使电桥平衡，记下平衡时$\frac{R_1}{R_2}$及 R_s 的值. ③让 R_s 改变 ΔR_s，记下电流计此时的偏转格数 Δn. ④重复测量 3 个电阻的阻值，将测量值填入表 3.3.1 中，并进行计算.

[数据处理]

表 3.3.1

待测电阻色环				
待测电阻标称值				
平衡时比较臂 R_s				
倍率$\frac{R_1}{R_2}$				
测量值$\frac{R_1}{R_2}R_s$				
平衡后改变 ΔR_s				
改变 ΔR_s 对应 Δn				
电桥灵敏度 S				
不确定度 $\Delta R_x=\left(\alpha\%+\frac{0.1}{S}\right)\frac{R_1}{R_2}R_s$				
待测电阻 $R_x=\frac{R_1}{R_2}R_s\pm\Delta R_x$				

注：α 为直流单臂电桥的准确等级. 本实验采用的 QJ23 型电桥的准确度等级 $\alpha=0.2$ 级.

[思考题]

(1) 什么叫电桥平衡？在实验中如何判断电桥达到平衡？电流计指针在电源接通瞬间仍停在示零处，但有振颤，能说此时的电桥已达到平衡了吗？

(2) 如何选择适当的倍率？为什么比较臂 R_s 要保持四位有效数字？

(3) 什么叫开关的“跃接法”？为什么实验中开关 G 要采用“跃接法”？

(4) 电桥平衡后，互易电源与电流计的位置，电桥是否依然平衡，试证明之.

(5) 电桥的灵敏度是否越高越好呢？

[附]

电阻色环查对数值表

颜色环	有效数字	倍　乘	允许偏差
黑	0	10^0	—
棕	1	10^1	±1%
红	2	10^2	±2%
橙	3	10^3	—
黄	4	10^4	—
绿	5	10^5	±0.5%
蓝	6	10^6	±0.25%
紫	7	10^7	±0.1%
灰	8	10^8	—
白	9	10^9	±5%～20%
金			±5%
银			±10%
无色			±20%

电阻色环查对值表的使用方法是:以五色环电阻为例,判断出电阻色环的顺序,自左起,第一色环的有效数字乘以 100,第二色环的有效数字乘以 10,第三色环有效数字乘以 1,三个色环电阻的有效数字相加,再乘以第四色环的倍乘,所得到的数字为电阻的总值,第五色环代表电阻的允许偏差.

3.3.2　双臂电桥测电阻

[实验目的]

(1) 掌握双臂电桥测低电阻的原理和方法.
(2) 学会用双臂电桥测量导体的电阻率.

[实验原理]

QJ-44 型直流双臂电桥是一种测量低电阻的常用仪器. 对于金属电导率的测量,电机和变压器中线圈电阻的测量都属于低电阻测量. 但是在测量中存在的附加电阻(如线圈的连线电阻,接头的接触电阻等,一般为 $10^{-4} \sim 10^{-3}\Omega$)相对于低电阻来说是不能忽略的. 而直流双臂电桥正是能够消除附加电阻对测量结果的影响,完成低电阻测量功能的仪器. 其原理如图 3.3.3 所示.

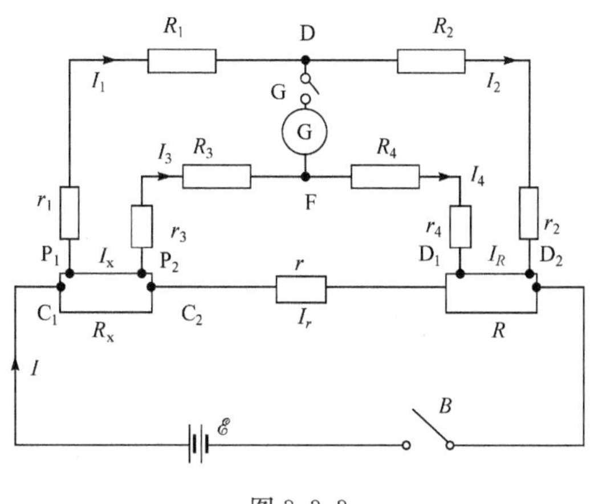

图 3.3.3

R_x 为待测低值电阻. 考虑到连接时的接触电阻和引线电阻的影响,把 R_x 用四端接法连接,接入图 3.3.3 电路中. 电路可分为四个回路.

C_1C_2 为待测电阻,P_1P_2 为电压接头,待测电阻为 $\mathrm{P_1}$、$\mathrm{P_2}$ 两点间的电阻. 因 $R_1R_2 \gg R_xR$,$R_3R_4 \gg R_xR$,R_1、R_2 与 R_3、R_4 并联,故称双臂电桥. 因 $\mathrm{P_1}$、$\mathrm{P_2}$ 为电流的节点,当电源开关 B 合上后,回路中电流 I 流入 $\mathrm{P_1}$ 节点处时,使得电流 $I=I_1+I_x$,电流 I_x 直接流入电阻 R_x,没有遇到接触电阻. 但是电流 I_1 通过了接触点 $\mathrm{P_1}$,在接触点 $\mathrm{P_1}$ 处就存在着接触电阻 r_1. 由电路分析可知 $I_1 \ll I_x$,r_1 是 R_1 的万分之几,所以在桥路连接线上的电压降和接触电阻上的电压降远比 R_1、R_2、R_3 和 R_4 上的电压降及 R 和 R_x 上的电压降小,所引起的误差可忽略不计. 以同样的方法分析其余回路,各臂的接触电阻 r_i 也可忽略不计. 因用四端接法连接被测电阻,$\mathrm{C_1}$、$\mathrm{C_2}$ 两点间的接触电阻在被测电阻 $\mathrm{P_1}$、$\mathrm{P_2}$ 两点之外,并不影响电桥平衡. 所以说双臂电桥消除了接触电阻对测量结果的影响.

在图 3.3.3 中,当 $I_G=0$ 时,$U_D=U_F$,此时电桥处于平衡状态,根据电压回路方程可知

$$U_{\mathrm{P_1P_2F}}=U_{\mathrm{P_1D}}, \quad U_{\mathrm{FD_1D_2}}=U_{\mathrm{DD_2}}$$

$$\left.\begin{aligned} R_xI_x+I_3(r_3+R_3)&=I_1(r_1+R_1) \\ I_RR+I_4(r_4+R_4)&=I_2(r_2+R_2) \\ I_3(r_3+R_3)+I_4(r_4+R_4)&=I_rr \end{aligned}\right\} \tag{3.3.4}$$

由电路分析可知:$r_1 \ll R_1$;$r_2 \ll R_2$;$r_3 \ll R_3$;$r_4 \ll R_4$,当 $I_G=0$,则回路中电流

$I_1=I_2, I_3=I_4, I_x=I_R, I_r=I_x-I_3$，整理以上方程得

$$\left.\begin{aligned}I_xR_x+I_3R_3&=I_1R_1\\I_xR+I_3R_4&=I_1R_2\\I_3(R_3+R_4)&=(I_x-I_3)r\end{aligned}\right\}\tag{3.3.5}$$

联立求得

$$R_x=\frac{R_1}{R_2}R+\frac{R_4r}{R_3+R_4+r}\left(\frac{R_1}{R_2}-\frac{R_3}{R_4}\right)\tag{3.3.6}$$

从式(3.3.6)第二项中可以看出，只需满足$\frac{R_1}{R_2}=\frac{R_3}{R_4}$的条件，第二项将等于零.通常电路设计成双十进制电阻箱，两个相同的十进电阻的转臂连接在同一转轴上，使得在任何位置都满足上述条件，则式(3.3.6)可改写为

$$R_x=\frac{R_1}{R_2}R\tag{3.3.7}$$

电阻值 R_x=倍率读数×(步进读数+滑线盘读数)，与单臂电桥结论相同.

[实验仪器]

QJ44 型直流双臂电桥如图 3.3.4 所示、DHSR 型四端电阻器、待测金属棒.

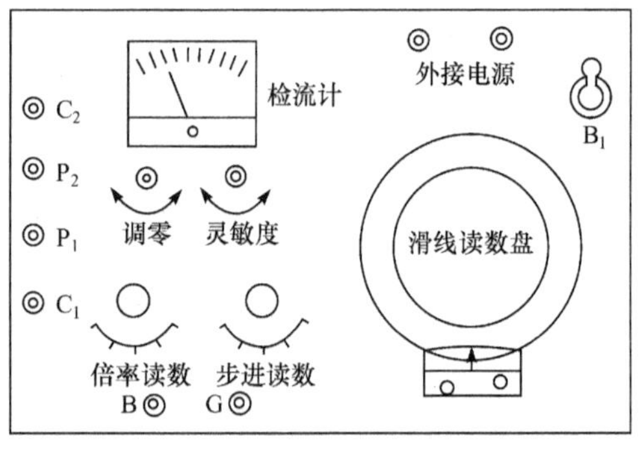

图 3.3.4

QJ44 型直流双臂电桥的实际电路如图 3.3.5 所示.中间的 6 个电阻相当于图 3.3.3 中的 R_1 和 R_2，R_1/R_2 分为 $10^{-2}\sim10^2$ 五挡，分别在面板(图 3.3.4)上倍率调节盘处标明.电路下面的 6 个电阻相当于 R_3 和 R_4，由同一倍率调节盘将它们与 R_1 和 R_2 一起联动切换，且保证 $R_1/R_2=R_3/R_4$.桥路中的电流放大器和检流计相连，组成了高灵敏度检流计，可通过调节灵敏度旋钮改变检流计灵敏度，内接的放大器电源靠开关 B_1 接通.电路图中其他各部分都可与面板图上的部件一一对应.

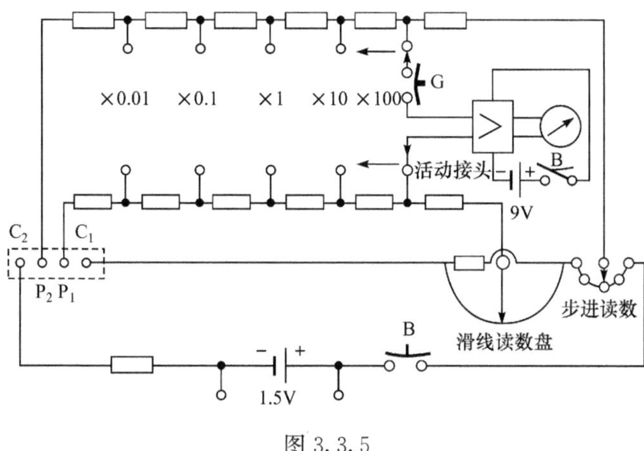

图 3.3.5

［实验内容］

(1) 将待测金属棒插入 DHSR 四端电阻器的螺孔内，然后旋紧压紧块螺钉. 将 C_1、P_1、P_2、C_2 四个端子分别与 QJ44 型双臂电桥上的同名端子相连，并根据被测电阻大约阻值预置倍率调节盘的位置.

(2) 接好电桥专用电源线，插入 220V 插座，打开后面的电源开关，预热 5min，将灵敏度旋钮沿反时针方向旋到最小，调节电流计零位. 测量时应先从低灵敏度开始，依次调节步进盘与滑线盘，使电桥达到平衡，放开 G、B，放开 G、B 后逐步将灵敏度调到最大. 然后按下 B、G 再次调检流计零位，按下 B、G，并随即调节电桥平衡，从而得到被测电阻阻值为

$$R_x = \text{倍率读数} \times (\text{步进读数} + \text{滑线盘读数})$$

(3) 按钮 B、G 一般应间歇使用，即宜跃按，不应锁住. 电桥使用完毕后，“B”与“G”按钮应放开，晶体管检流计工作电源开关应放在“断”的位置，以避免消耗电能，同时也能防止内部元件发热影响测量精度.

(4) 测量被测电阻的电阻率. 由于被测金属棒的电阻率 ρ 与其长度 l 成反比，与横截面及电阻成正比，即

$$\rho = \frac{RS}{l} = \frac{\pi d^2}{4l}R \tag{3.3.8}$$

将测量出的金属棒长 l，金属棒的直径 d 以及电阻 R 代入上式，即可求出该金属棒的电阻率.

[数据处理]

(1) QJ44 型双臂电桥在环境温度为(20.0±1.5)℃、相对湿度为 40%～60% 等条件下,电桥基本误差极限为

$$E_{\lim}=\pm C\%\left(\frac{R_{\mathrm{N}}}{10}+R_x\right) \tag{3.3.9}$$

式中 C 为等级指数,R_{N} 为基准值,R_x 为标度盘示值. 所以电阻测量结果的不确定度为

$$\Delta R=|E_{\lim}| \tag{3.3.10}$$

根据实验记录得出完整的测量结果

$$R=R_x\pm\Delta R \tag{3.3.11}$$

(2) 按间接测量误差传递公式,计算 ρ 的误差. 即

$$E_r=\frac{\Delta\rho}{\rho}=\frac{\Delta R}{R}+\frac{\Delta l}{l}+\frac{2\Delta d}{d} \tag{3.3.12}$$

最后电阻率的计算结果写成 $\rho\pm\Delta\rho$ 形式.

[思考题]

(1) 双臂电桥与单臂电桥有哪些异同?

(2) 为什么双臂电桥能消除接触电阻的影响,试简要说明.

3.4 电动势测量

3.4.1 电势差计测量温差电动势

电势差计是一种精密测量电压的仪器,其准确度可达 0.001%. 它的应用很广泛,可用来测量电动势和电压,若配用标准电阻,可以测量电流、电阻和校验电表. 若配用各种转换器,还可以测量非电量,常用在自动测量和控制系统中.

本实验采用了 UJ31 型电势差计,其准确等级为 0.05,工作电流 10mA,测量范围为 0～171mV.

[实验目的]

(1) 掌握电势差计的结构原理和使用方法.

(2) 了解如何使用补偿法测量温差电动势.

[实验原理]

1. 电压计原理——补偿法和比较法

如图 3.4.1 所示的线路图可用来测定未知电动势. $\mathscr{E}_x$ 是被测电动势，$\mathscr{E}_N$ 是可以调节的已知电源. 如调整 $\mathscr{E}_N$ 值使回路中检流计指示值为零(即回路内电流为零)，则 $\mathscr{E}_N$ 与 $\mathscr{E}_x$ 的关系为电动势方向相反，大小相等，即

$$\mathscr{E}_x=\mathscr{E}_N \tag{3.4.1}$$

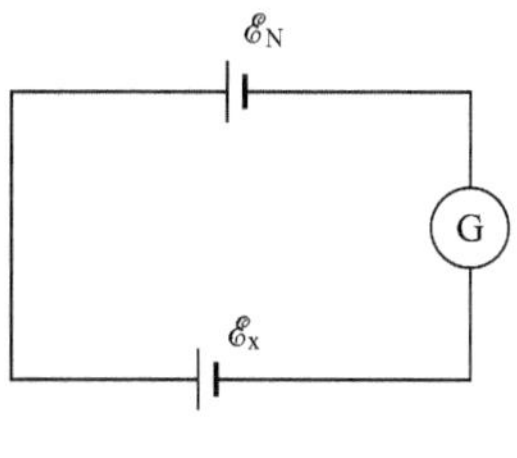

图 3.4.1

这时称电路达到电压补偿，这种方法称为补偿法，电势差计测量电动势，就是按电压的补偿原理而设计的. 电压计原理如图 3.4.2 所示. 各器件的作用介绍如下.

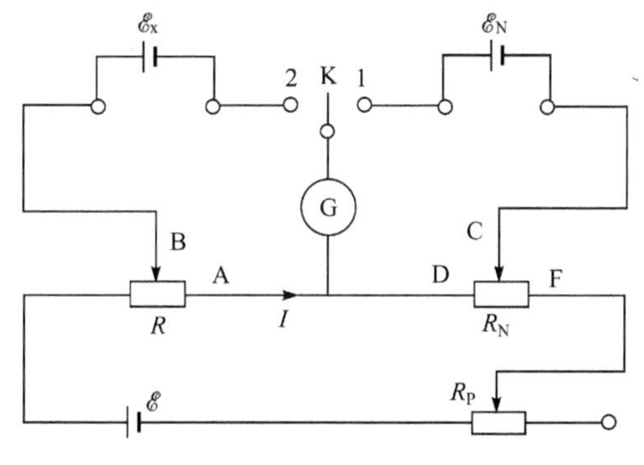

图 3.4.2

1) 标准电池

$\mathscr{E}_N$ 为标准电池，它能保持稳定的电动势. 但随温度的变化，电动势也略有变化. 已知温度在 20℃时的电动势的值为 $\mathscr{E}_{20}=1.0186\text{V}$，如在温度 t℃时，电动势可由下式计算得出：

$$\mathscr{E}_t=\mathscr{E}_{20}-4.06\times10^{-5}(t-20)-9.5\times10^{-7}(t-20)^2 \tag{3.4.2}$$

2) 标准电流的调节

将转换开关 K 闭合到"1"的位置时，从电路中可以看出，电路构成了两个闭合回路(补偿回路和辅助回路). 通过调节变阻器 R_P，使检流计 G 中无电流，此时补偿回路($\mathscr{E}_N$—K—G—R_N—$\mathscr{E}_N$)达到补偿，即

$$\mathscr{E}_N=IR_{DC} \tag{3.4.3}$$

式中 I 为辅助回路($\mathscr{E}$—R—R_N—R_P—$\mathscr{E}$)中的电流，该电流 I 称为标准电流. 其大小为

$$I=\frac{\mathscr{E}_{\mathrm{N}}}{R_{\mathrm{DC}}} \tag{3.4.4}$$

3）未知电动势的补偿

转换开关 K 闭合到“2”的位置时，电路形成了另外两个闭合回路（补偿回路和辅助回路），可通过调节电阻器 R，再次使检流计 G 指示值为零时，被偿回路（$\mathscr{E}_{\mathrm{x}}$—R—G—K—$\mathscr{E}_{\mathrm{x}}$）达到补偿，此时的温差电动势 $\mathscr{E}_{\mathrm{x}}$ 等于在电阻 R 上的压降，即

$$\mathscr{E}_{\mathrm{x}}=IR_{\mathrm{AB}} \tag{3.4.5}$$

式(3.4.5)中的 I 就是前述的标准电流，将式(3.4.4)代入式(3.4.5)得

$$\mathscr{E}_{\mathrm{x}}=\frac{R_{\mathrm{AB}}}{R_{\mathrm{DC}}}\mathscr{E}_{\mathrm{N}} \tag{3.4.6}$$

从式(3.4.6)可知，如果 $\mathscr{E}_{\mathrm{N}}$、R_{AB}、R_{DC}的值为已知，则被测电动势 $\mathscr{E}_{\mathrm{x}}$ 即可算出.

2. 热电偶

热电偶是由两种不同的金属或不同成分的合金，两端焊成一闭合回路而成，如图 3.4.3 所示.

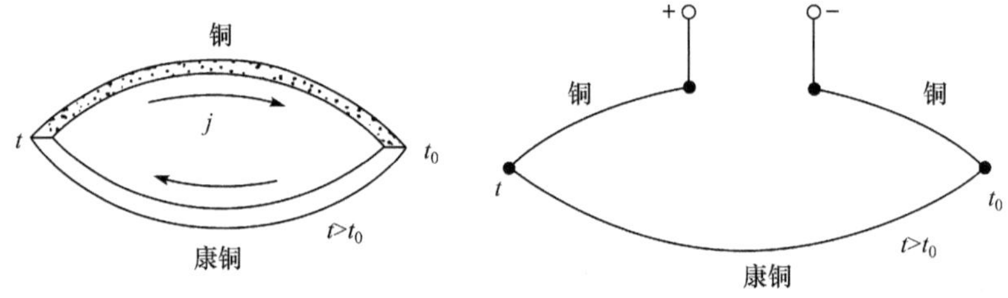

图 3.4.3

本实验采用的是镍铬-镍铜两种合金，两个接点保持在不同的温度 t 和 t_0 中，则回路中会产生温差电动势. 温差电动势的大小与热电偶的材料有关，还与两个接点处的温度差 $t-t_0$ 有关. 电动势与温度的关系可近似表示为

$$\mathscr{E}_{\mathrm{x}}=\alpha(t-t_0)+\beta(t-t_0)^2 \tag{3.4.7}$$

式中，t 是热端温度；t_0 是冷端温度. α、β 为温差系数. 按式(3.4.7)可描绘出一条抛物线，其抛物线顶端的温度叫中性温度 t_n，所以电动势具有极限值. 一般在中性温度以下进行实验，所以式(3.4.7)可写成如下近似式：

$$\mathscr{E}_{\mathrm{x}}=\alpha(t-t_0) \tag{3.4.8}$$

$\mathscr{E}$ 为纵坐标，t 为横坐标，绘出 $\mathscr{E}$-t 曲线，各点处的斜率即是对应温差系数 α.

［实验仪器］

UJ31 型电势差计的面板如图 3.4.4 所示. 各个旋钮的作用如下：

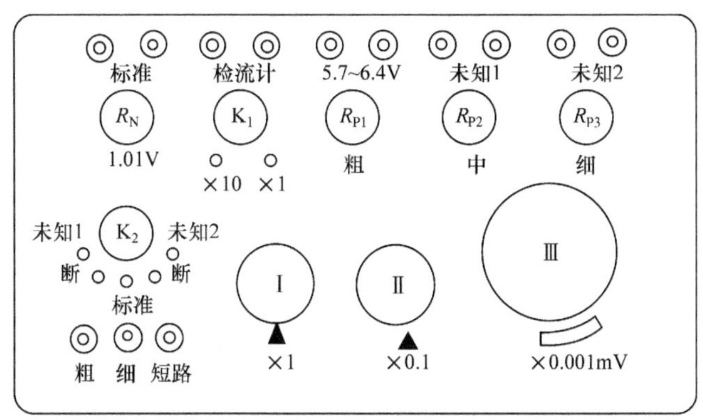

图 3.4.4

(1) R_N 补偿旋钮. 按式(3.4.2)计算出标准电池在室温时电动势值 $\mathscr{E}_t$，调节 R_N 旋钮使对应的示值等于 $\mathscr{E}_t$.

(2) K_1 为量程倍率旋钮，分为×1 和×10 两个倍率. 当选用×1 倍率时，测量的未知电动势就等于读数盘值，能测量的最大电动势为 17.1mV. 当选用×10 倍率时，测量的示值电动势等于读数盘值乘以 10，此时能测量的最大电动势为 171mV.

(3) K_2 转换开关. 测量时 K_2 处于"标准"位置，接通标准电池回路. 处于"未知1"或"未知 2"，接入被测电动势. 处于"断"不接通任何回路.

(4) 粗、细、短路按钮. 在检流计支路上串接 R' 起限流作用. 当"粗"钮按下时 R' 与 G 串联；当"细"钮按下时 R' 被旁路；当"短路"钮按下时 G 被短路.

(5) R_{P1}、R_{P2}、R_{P3} 变阻器. 调节 R_{P1}(粗)、R_{P2}(中)、R_{P3}(细)旋钮，可改变回路的标准电流 I.

(6) Ⅰ(×1)、Ⅱ(×0.1)、Ⅲ(×0.001)电流调节旋钮. 调节测量读数盘Ⅰ、Ⅱ、Ⅲ，当回路中无电流时，读数盘值等于(Ⅰ×1＋Ⅱ×0.1＋Ⅲ×0.001)×K_1(mV).

(7) 标准电池. 以标准电池为标准，调节辅助回路中电流. 在实验中使各仪器中的辅助回路的电流都达到标准电流.

(8) 检流计. 检验回路中有无电流，同时也说明检流计两端电势是否相等.

[实验内容]

1. 测量前准备工作

(1) 按图 3.4.5 所示，分别将标准电池、光点检流计、直流稳压电源(5.7～6.4V)、热电偶(镍铜为正极)接入电势差计.

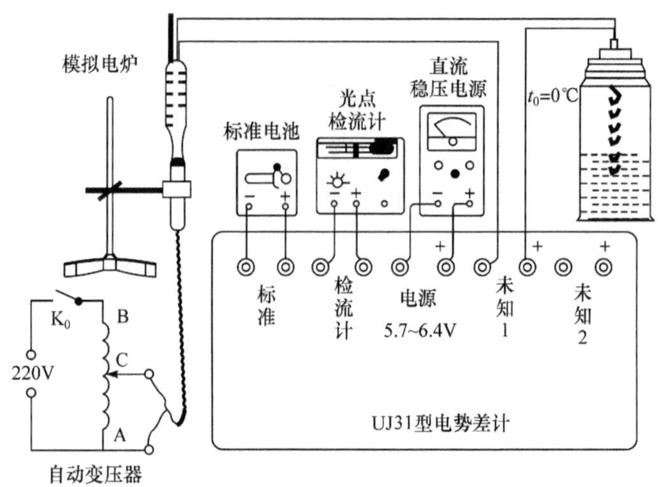

图 3.4.5

(2) 测量转换开关 K_2 处于“断”位置.

(3) 量程开关 K_1 处于“×1”挡(或“×10”挡),视被测值大小而定.本实验中 K_1 处于“×1”挡.

2. 仪器工作状态调节

(1) 标准电池补偿.由式(3.4.2)算出标准电池电动势值 $\mathscr{E}_t$,调节 R_N 旋钮使示值与之相等.

(2) 标准电流调节. K_2 处于“标准”位置.先按下“粗”按钮,调节 R_{P1}、R_{P2},使检流计光标指示值为零;将“粗”按钮放开后再按下“细”按钮,调节 R_{P2}、R_{P3},再使 G 中光标完全指向零点.上述步骤完成后,回路中电流达到标准电流,可以进行实验测量了.

3. 测量过程

(1) K_2 处于“未知”位置(未知 1、未知 2,与热电偶的连接方式有关).

(2) 把 0～350℃的水银温度计和热电偶插入模拟炉中,读出室内温度.

(3) 先按下“粗”按钮,依次调节读数盘Ⅲ、Ⅱ、Ⅰ,使检流计光标指零.然后放开“粗”钮,按下“细”钮,再依次调节读数盘Ⅲ、Ⅱ、Ⅰ,使检流计 G 的光标再次指零.

(4) 接通电源给电炉加热,调节调压器使输出电压为 15～25V 左右.随着温度的上升,随时调节读数盘Ⅲ、Ⅱ、Ⅰ,使检流计 G 光标总在零点左右,每升温 10℃,则调节读数盘使检流计 G 准确指零,记下相应温度的电动势值.

［提示］ ①当Ⅱ旋转一周，要进位时，必须先按下“短路”按钮，读数盘Ⅰ数值增加1，Ⅱ则再从零开始调节，然后再放开“短路”按钮. ②炉温不得上升过快，否则实验失败，调压器输出电压不得超过规定范围. 另外，炉温不得超过温度计限度. ③实验完毕后立即切断电源开关.

［数据处理］

根据升降温过程中温差电动势的值.

(1) 绘出 $\mathscr{E}_{t升}$ 和 $\mathscr{E}_{t降}$ 两条曲线.

(2) 求出温差系数 α，单位 $mV\cdot K^{-1}$.

$$\alpha=\frac{\mathscr{E}_2-\mathscr{E}_1}{t_2-t_1}$$

数据记录如表 3.4.1 所示.

表 3.4.1

t/℃									
$\mathscr{E}_x$ 上升									
$\mathscr{E}_x$ 下降									

［思考题］

(1) 在电势差计调平衡时，若检流计光标始终向一个方向偏，可能是什么原因?

(2) 如果有一个已知阻值的标准电阻，能否用电压计测出一个未知阻值的电阻? 试写出测量原理和步骤.

［附录］

1. AC15/4 型直流复射式检流计

检流计可供电桥、电压计等作为电流指零仪或测量小电流及小电压用，检流计的灵敏度很高，如图所示，AC15/4 型直流复射式检流计的分度值小于 5×10^{-9} A/div.

［基本原理］

检流计测量原理是基于通电线圈与永久磁铁磁场间的相互作用. 当电流通过导电游丝、拉丝而流过线圈时，检流计活动部分因产生转矩而转动，其偏转的角度由通过线圈的电流值、拉丝及导电游丝的反作用力矩所决定.

为了提高检流计灵敏度,检流计活动部分上装有水平的平面镜,利用光线的反射原理,把具有叉丝的光斑反射到标度尺上.

[面板使用]

检流计装有零点调节及标盘活动零点调节.零点调节的作用是零点粗调,标盘活动零点调节的作用是零点细调,如图 3.4.6 所示.

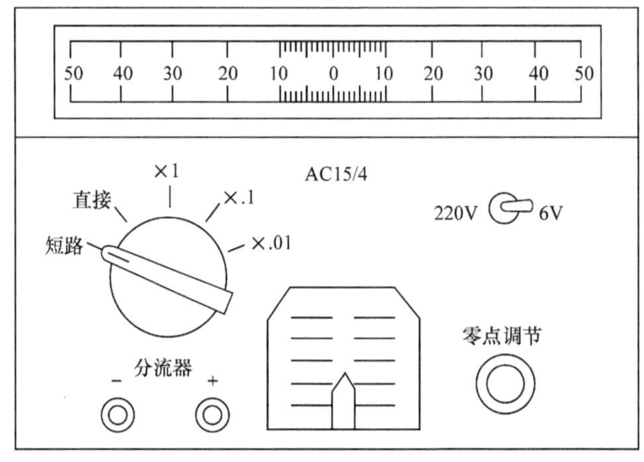

图 3.4.6

检流计装有分流器选择开关,测量时,应从检流计最低灵敏度的测量挡开始,如偏转不大,则可逐步转到灵敏度较高的测量挡. ×0.01 挡为灵敏度最低挡.为了防止检流计活动部分、拉丝和导电游丝受到机械振动而遭损坏,检流计采用短路阻尼的方法,分流器选择开关具有短路挡.如发现尺上找不到光斑时,可将分流器选择开关置于直接挡,轻微摆动检流计,如有光斑掠过,则可调节零点调节,使光斑调到标尺上,如仍无光斑,可能灯珠烧坏.

检流计面板上还有用来接通测量电路的"+"、"-"两个接线柱,电流从"+"极流向"-"极时,检流计光斑应向右偏转.

[注意事项]

(1) 本仪器有两种供电方法:当 220V 电源插口接上 220V 电压时,电源开关置于 220V 外,电源接通;当 6V 电源插口接上 6V 电压时,电源开关置于 6V 处,电源接通.

(2) 在测量中光斑摇晃不停时,可用短路键使检流计受到阻尼;在改变电路或实验结束,以及移动仪器时,均应将检流计置于短路状态.

(3) 由于检流计灵敏度很高,若使用检流计的地方有轻微震动时,可把检流计放到海绵橡皮衬垫上.

2. 标准电池

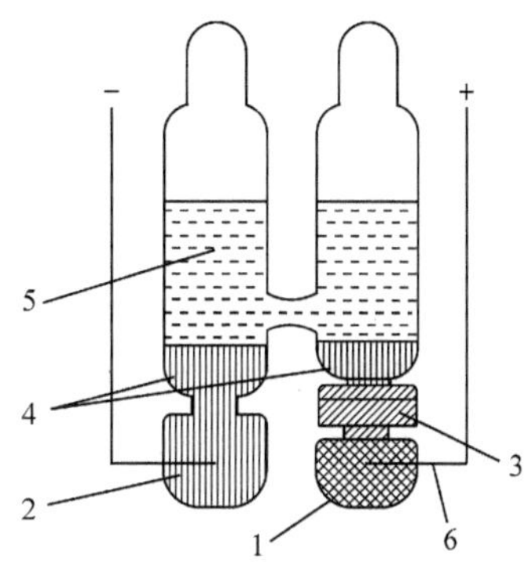

图 3.4.7
1. 汞(电池正极)；2. 镉汞合金(电池负极)；3. 去极化剂；4. 碎硫酸镉晶体；5. 饱和硫酸镉溶液；6. 铂丝电极引出端

标准电池如图 3.4.7 所示，它是复制“伏特”量值的标准量值. 这种标准电池是一种汞镉电池，其外部用黑色胶木圆筒保护，内部有 H 型封闭玻璃管. 电池的两极分别为纯汞(正极)和镉汞合金(负极)，并用铂丝和两电极接触，作为引出线. 两电极上部放有硫酸镉和硫酸亚汞晶体制成的膏状物用作去极化剂，电池的电解液为硫酸镉溶液. 标准电池具有下列特点：

(1) 电动势恒定，使用中随时间变化也很小.

(2) 电动势因温度的影响而产生变化，可以用下面经验公式准确地加以更正.

$$\mathscr{E}_t=\mathscr{E}_{20}-[40.6(t-20)-0.95(t-20)^2]\times10^{-6}\,\mathrm{V}$$

式中 $\mathscr{E}_t$ 为室温 t℃时，标准电池电动势的实际值；$\mathscr{E}_{20}$ 为室温 20℃时的标准电动势的实际值 $\mathscr{E}_{20}=1.0186\mathrm{V}$.

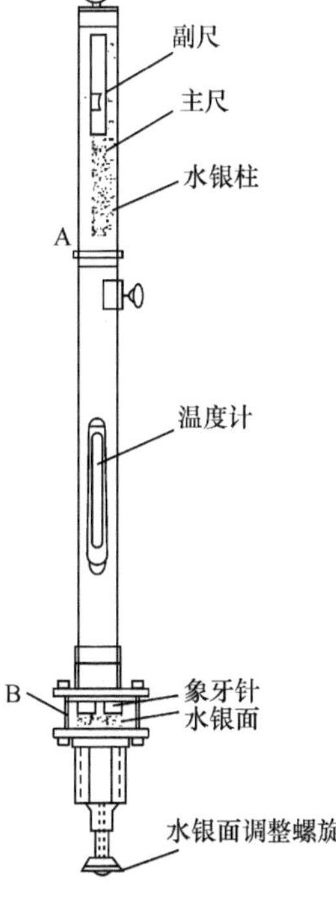

图 3.4.8

(3) 不存在化学副反应，极化作用可能小到忽略程度.

(4) 电池的内阻随时间保持相当大的恒定性.

[注意事项]

(1) 使用与存放地点温度，应根据标准电池的级别，符合技术规范中规定的温度范围.

(2) 温度波动尽量小，否则会加剧电池内部化学反应，使电池不稳定.

(3) 标准电池应远离热源和免受阳光直接照射.

(4) 通入或取自标准电池的电流不应大于 10^{-6}A.

(5) 标准电池严禁摇晃和震动，且不能颠倒.

(6) 标准电池极性不能接反.

3. 福廷式气压计

福廷式气压计是一种常用的水银气压计，它主要用于测量大气压强，其结构如图 3.4.8 所示.

一长约 80cm 的玻璃管，上端封口，下端开口，垂直地插入水银杯 B 内. 玻璃管内水银柱上端为真空，因此当大气压力加在杯内的水银面上时，水银将在管 A 内上升到一定的高度. 通过测量这高度就能确定大气压强的数值.

大气压强测量方法如下：

(1) 将通气孔螺母拧松，使其感应大气压力.

(2) 观测附属温度计的温度示值，准确到 0.1℃.

(3) 旋转气压计下部的调节螺丝的手柄，使象牙针与其在水银面中的倒影尖端刚好接触为上. 必须注意，当管中的水银上升时，它的凸面格外凸出，反之当水银下降时，它就凸得不显著. 为使凸有正常状态. 可用手指把保护套管轻轻弹一下，使水银震动，凸面就会自然形成.

(4) 测量水银柱高度. 转动游标尺的调节手柄，使游标尺的基面在水银柱顶端稍高一些，使它的下侧边缘和水银凸面刚好相切为止. 这时标尺和游标上读得的数，即是此次观测的气压示值.

(5) 对读取的气压示值，必须经过温度修正、重力修正和仪器修正，才能得到当时较准确的气压值.

① 温度修正. 由于水银密度随温度升高而变小及金属标尺受热膨胀从而影响读数，应作修正. 气压计一般以 0℃时水银的密度和黄铜标尺的标准. 水银体膨胀率 $\alpha=1.82\times10^{-4}$℃$^{-1}$；黄铜的线膨胀率 $\beta=1.9\times10^{-5}$℃$^{-1}$；那么，修正值近似为(计算式推导略)

$$\Delta p=-p(\alpha-\beta)t=-p(1.82\times10^{-4}-1.9\times10^{-5})t$$
$$=-1.63\times10^{-4}pt$$

② 重力修正(包括纬度修正和高度修正). 国际上以纬度 45°的海平面上重力加速度 $g_0=980.665\text{cm}\cdot\text{s}^{-2}$作为水银气压计测定大气压强标准. 自然，各地区纬度不同，海拔高度不同，造成重力加速度不同，所以要作修正. p 要乘上一个因子 $\frac{g}{g_0}$，由此可得

$$\Delta p_g=-p(2.64\times10^{-3}\cos2\varphi+3.15\times10^{-7}h)$$

式中，φ 的单位为度，h 的单位为 m.

③ 仪器修正. 由于毛细管作用使水银面降低以及针尖与标尺零点不一致等等需作仪器修正，此项修正一般小于 40Pa，其数据由仪器出厂证书上给出. 需要时可与标准气压计相比较后得到.

3.4.2 板式电势差计测电池电动势

板式电势差计是利用补偿原理和比较法精确测量直流电压或电源电动势的常

用仪器,它准确度高、使用方便,测量结果稳定可靠,常被用来精确的间接测量电流、电阻和校正各种精密电表.在现代工程技术中还广泛用于各种自动检测和自动控制系统.板式电势差计是一种解剖式结构,便于更好地学习和掌握电压计的基本工作原理和操作方法.

[实验目的]

(1) 理解电势差计的工作原理——补偿原理;

(2) 掌握线式电势差计测量电池电动势的方法;

(3) 熟悉数显稳压电源和数字检流计的使用方法.

[实验原理]

用电压表测量电源电动势,其实测量结果是端电压,不是电动势.因为将电压表并联到电源两端,就有电流 I 通过电源的内部.由于电源有内阻 r,在电源内部不可避免地存在电势降 Ir,因而电压表的指示值只是电源的端电压($U=E_X-Ir$)的大小,它小于电动势,显然只有当 $I=0$ 时,电源的端电压 U 才等于其电动势 E_X.

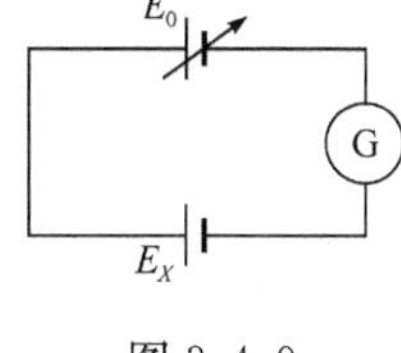

图 3.4.9

怎样才能使电源内部没有电流通过而又能测定电源的电动势呢?在图 3.4.9 所示的电路中,E_X 是待测电源,E_0 是电动势可调的电源,E_X 与 E_0 通过检流计并联在一起.当调节 E_0 的大小至检流计指针不偏转,即电路中没有电流时,两个电源在回路中互为补偿,它们的电动势大小相等,方向相反,即$E_X=E_0$,电路达到平衡.若已知平衡状态下 E_0 的大小,就可以确定 E_X 的值.这种测定电源电动势的方法,叫做补偿法.

实际上,利用板式电势差计(11 米线电势差计)测量甲电池的电动势,是通过两次比较实现测量目的,可以分别称作定标和测量,下面予以说明.

1. 定标

电势差计的测量原理如图 3.4.10 所示,可以看作是由三个回路组成,它们分别是:

(1) 由 E_0-R_N-AB 构成的工作回路;

(2) 由 E_N-G-CD 构成的定标(或校正)回路;

(3) 由 E_X-G-CD 构成的测量回路.

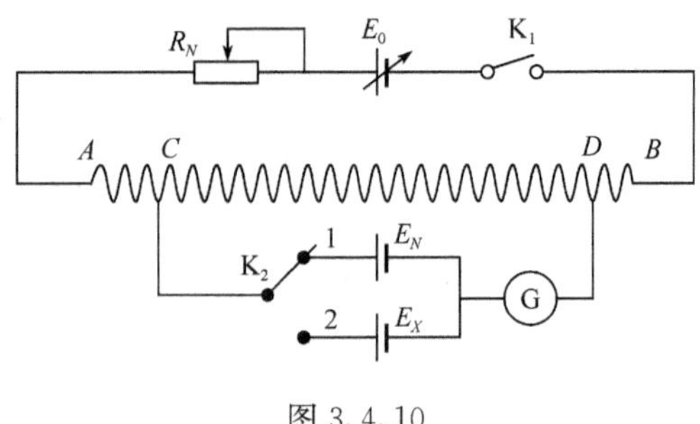

图 3.4.10

在 K_1 闭合的情况下，如果将 K_2 拨向位置 1 时，将标准电池 E_N 与 U_{CD} 进行比较，达到平衡(G 中无电流通过)时，则 $U_{CD}=E_N$，此时电阻丝单位长度上的电势降

$$U_N = \frac{E_N}{L_0} \tag{3.4.9}$$

式中 L_0 为此时 CD 的长度.

假如测量者要求每米电阻丝上的电势降 0.2V/m(运算中作常数处理)，则可计算出 CD 的长度 $L_0=\frac{E_N}{0.2}$，确定了 CD 的长度后，通过调节 E_0 或 R_N 使检流计中无电流通过，即调节好工作电压(或工作电流).

2. 测量

在保证工作电压(或工作电流)不变的条件下，将 K_2 拨向位置 2，调节 C 和 D 的位置使检流计中电流为零，比较未知电动势 E_X 与 U_{CD}，此时有 $E_X=U_{CD}$，测出此时 CD 的长度并记为 L_X，则可计算出未知电动势为

$$E_X = U_N \cdot L_X = \frac{E_N}{L_0} \cdot L_X \tag{3.4.10}$$

如果已经选取工作电压为 0.2V/m，未知电动势为

$$E_X = 0.2L_X \tag{3.4.11}$$

[实验仪器]

板式电势差计面板图功能介绍如图 3.4.11 所示.

(1) 稳压电源. 电压显示数字表：三位半显示，单位为 V，显示精度为 0.5 级；

(2) 稳压电源. 电流显示数字表：三位半显示，单位为 mA，显示精度为 0.5 级.

(3) 检流计 G. 电流显示数字表：三位半显示，单位为 μA，显示精度为 0.5 级.

(4) 稳压电源控制部分. 包含稳压电源电势调节和电势输出端. 通过旋转“电压调节”，改变稳压电源的输出电压. 红色接线柱为输出“+”端，黑色接线柱为输出“—”端；

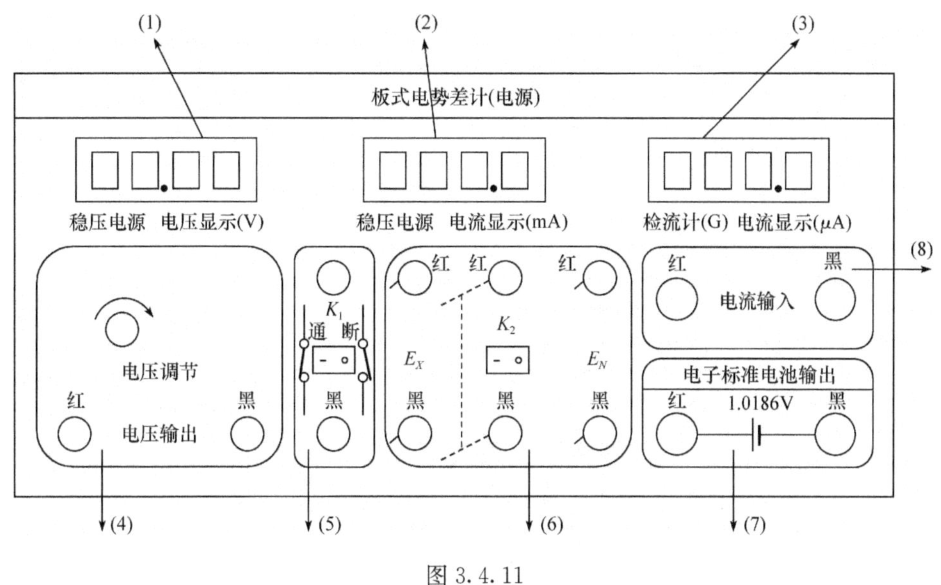

图 3.4.11

(5) 单刀单掷开关 K_1:按下开关左端,K_1 为接通状态;按下开关右端,K_1 为断开状态;

(6) 双刀双掷开关 K_2:按下开关左端,K_2 中间的两个红黑接线柱和左边 E_X 两接线柱接通;按下开关右端,K_2 中间的两个红黑接线柱和右边 E_N 两接线柱接通;

(7) 电子标准电池输出:红色接线柱为输出"+"端,黑色接线柱为输出"−"端;

$$E_N = 1.0186 \pm 0.0002\text{V}$$

(8) 电流输入部分:检流计电流输入端.红色接线柱为输入"+"端,黑色接线柱为输入"−"端.

[实验内容]

(1) 按图 3.4.12 连接好电路.工作电源 E 为直流稳压电源,R_p 为保护电阻,E_N 为电子标准电池(1.0186V),E_X 为甲电池,G 为数字检流计,K_1 为单刀单掷开关,K_2 为双刀双掷开关,K_3 为单刀双掷开关.

(2) 将稳压电源 E 调节到为 0.00V.

(3) 接通开关 K_1,将开关 K_3 拨向保护电阻端,将开关 K_2 拨向定标回路 E_N,接通电子标准电池 E_N,将 E 调节到为 2.00V,调节 C、D 的位置使数字检流计指示"00.0"μA.将开关 K_3 拨向短路端,同时微调活动触头 D 以保证回路中无电流,记下此时 C、D 间电阻丝的长度 L_0.

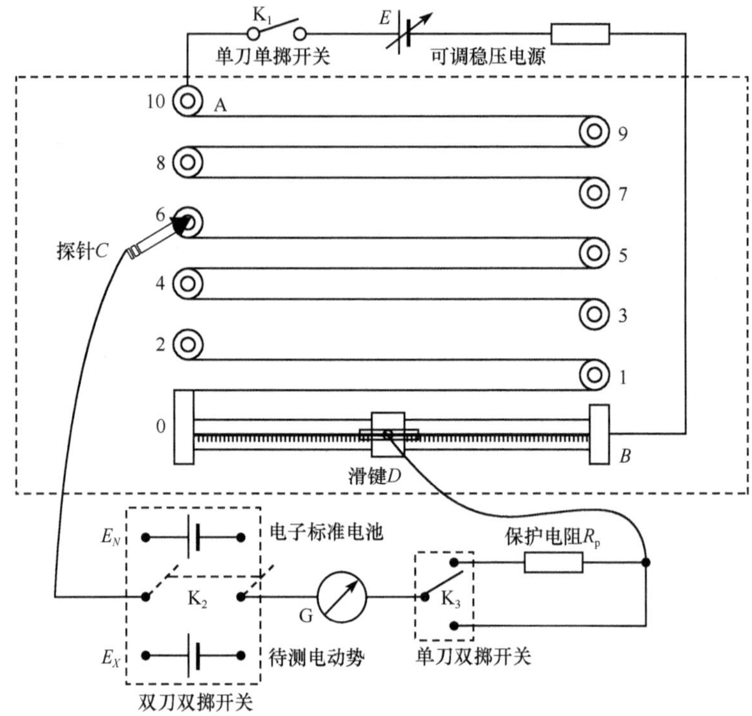

图 3.4.12

(4) 在不改变工作回路的情况下,将开关 K_3 拨向保护电阻端,将 K_2拨向 E_X,接通甲电池 E_X,调节 C、D 的位置,使检流计中无电流通过;再将开关 K_3 拨向短路端,同时细调 D 的位置,保持检流计指示"00.0"μA;测出此时电阻丝的长度 L_X,利用式(3.4.10)求出未知电动势 E_X.

(5) 重复以上步骤(3)和(4),再测量三次,算出 E_X 的平均值及不确定度.

[数据处理]

由式

$$E_X = \frac{E_N}{L_0} \cdot L_X$$

不确定度的计算

$$\sigma_{E_X} = E_X \sqrt{\left(\frac{\sigma_{E_N}}{E_N}\right)^2 + \left(\frac{\sigma_{L_X}}{L_X}\right)^2 + \left(\frac{\sigma_{L_0}}{L_0}\right)^2}$$

$$\sigma_{E_N} = E_N \times \text{精度等级} / 100$$

[思考题]

(1) 板式电势差计是利用什么原理制成的?

(2) 实验中,若发现检流计总是不指零,无法调平衡,试分析可能的原因有哪些?

(3) 如果任你选择一个阻值已知的标准电阻,能否用板式电势差计测量一个未知电阻? 试写出测量原理,绘出测量电路图.

(4) 为什么板式电势差计能测量电源的电动势,而电压表则不能?

3.5　示波器原理与使用

示波器是一种用途广泛的电子仪器,一切可转换成电压的电学量(如电流、阻抗等)和非电学量(如温度、压力、磁场、光强和频率等),它们的动态过程均可通过一定传感器转化为电信号后,再利用示波器进行观察.本实验采用 SS-5702A 型示波器,它是为双踪测量设计的,带宽覆盖 DC 至 20MHz 的小型轻便示波器.

[实验目的]

(1) 了解示波器的基本结构和显示波形的原理(电偏转、扫描、同步).

(2) 学习正确使用示波器的方法.

(3) 学习用示波器测量电压、频率和相位.

[实验原理]

如图 3.5.1 所示,电子示波器主要由四部分组成:阴极射线示波管、扫描、触发系统和放大系统.

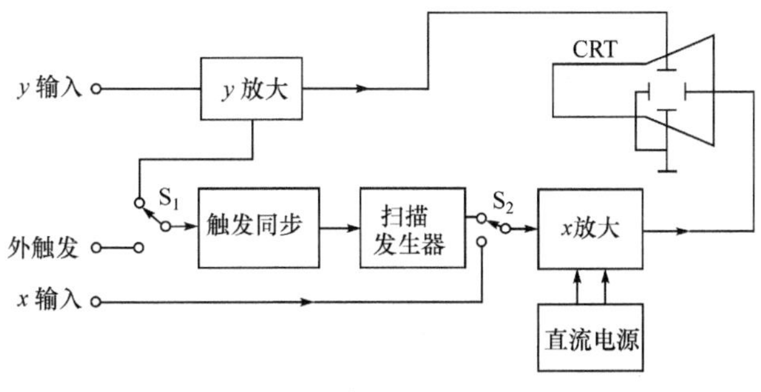

图 3.5.1

1. 示波管基本结构

示波管基本结构如图 3.5.2 所示. 主要包括电子枪、偏转系统和荧光屏三个部分.

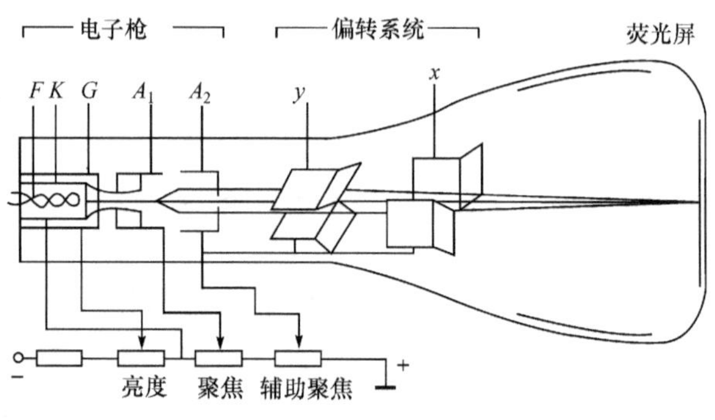

图 3.5.2

1）电子枪

由灯丝、阴极、控制栅极、第一阳极和第二阳极组成. 阴极被加热发射大量电子,在靠近阴极处,设置控制栅极来控制电子束强度,使荧光"辉度"改变,经第一、二阳极聚焦、加速后高速轰击荧光屏发出荧光,"聚焦"旋钮就是通过调节阳极电位,使屏上的光斑成为清晰的小光点.

2）偏转系统

它由两对互相垂直的偏转板组成. 在水平(或 x)偏转板上加一定电压,电子束在水平方向发生偏转,荧光屏上光斑的水平位置发生改变. 在垂直(或 y)偏转板上加一定电压,电子束在垂直方向发生偏转,荧光屏上光斑的垂直位置发生改变. 其改变量与加在偏转板上电压成正比.

3）荧光屏

屏上涂有荧光粉,电子打上去就发光形成光斑. 屏前一块透明的带刻度坐标板,供测定光点位置用.

2. 示波器显示波型原理

若加在垂直偏转板上电压 u(单位为 V)使电子束沿纵向(或横向)偏转 y(单位 cm),则定义$\frac{u}{y}$为偏转因数,记作 K,即

$$K=\frac{u}{y} \tag{3.5.1}$$

K 的单位为 V/cm,读作伏每厘米,也用伏/格表示,显然偏转因数为 K 时,使电子

束偏转 y 的电压值为

$$u=Ky \tag{3.5.2}$$

根据式(3.5.2)，从电子束偏转距离的大小，可测量出被测电压值.

如果只在垂直偏转板上加一交变正弦电压，则电子束的亮点就会在荧光屏上随电压变化在竖直方向来回运动，如图 3.5.3 所示.

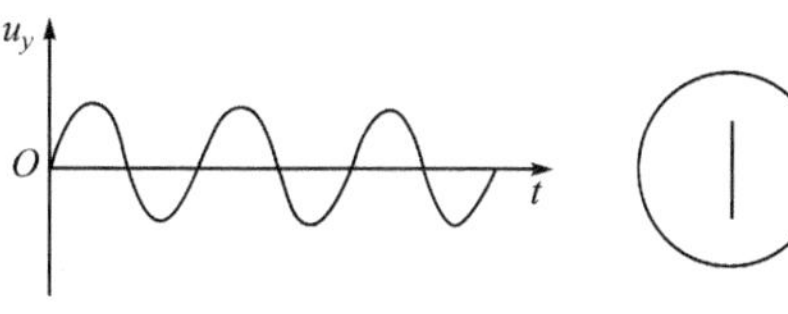

图 3.5.3

如果只在水平偏转板上加一锯齿波电压，电子束亮点就会在荧光屏上自左向右扫描运动，到达右端突然回到左端，周而复始往返运动，称为扫描. 频率足够高时，荧光屏上显示一条水平亮线，如图 3.5.4 所示.

若在水平板上加扫描电压，致使电子束在一个周期 T 内(单位为 s)，沿水平方向位移 L(单位为 cm)，则 T/L 为厘米扫描时间，记作 t_0，即

$$t_0 = T/L \tag{3.5.3}$$

t_0 单位为 s/cm，也用"时间/格"表示. 电子束水平方向扫描 L 所用时间为

$$T = t_0 L \tag{3.5.4}$$

要在荧光屏上显示波形，必须同时在垂直偏转板(y 轴)上加一正弦电压，在水平偏转板上(x 轴)加锯齿波电压，电子束的运动为两相互垂直运动的合成，在屏上显示出完整的、周期变化的正弦波图形，如图 3.5.5 所示.

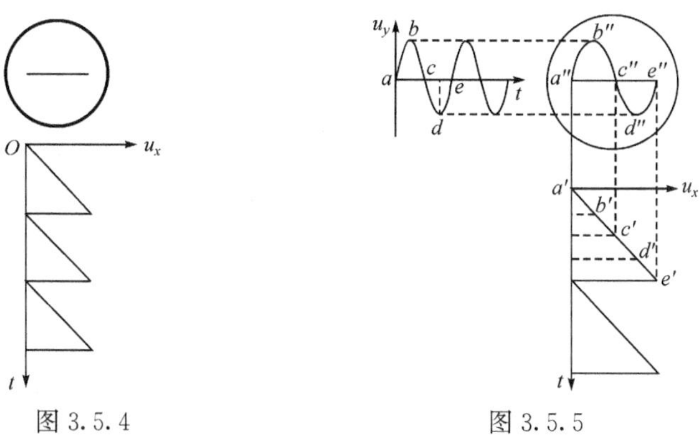

图 3.5.4　　图 3.5.5

3. 触发扫描同步原理

在示波器的垂直偏转板上加上周期为 T_y 的被观测信号(正弦波)$U_y(t)$，而在水平偏转板上加周期为 T_S 的扫描电压(线性锯齿波)$U_x(t)$，后者使 y 方向振动沿 x 方向展开，呈现二维平面图形. 当 $T_S=nT_y$(n 为整数)时，每次锯齿波的扫描起始点会准确地落到被测信号的同相位点上，即扫描电压和被观测信号达到同步，称为扫描同步.

若 $T_S \neq nT_y$ 时，则每次扫描起始点会落在被测信号不同相位点上，于是每次扫出的波形不重复，结果是屏上波形不断移动，无法观测到稳定的波形，即扫描不同步，如图 3.5.6 所示.

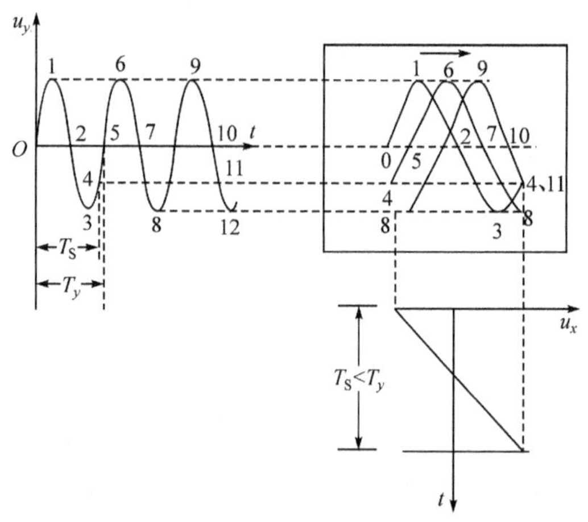

图 3.5.6

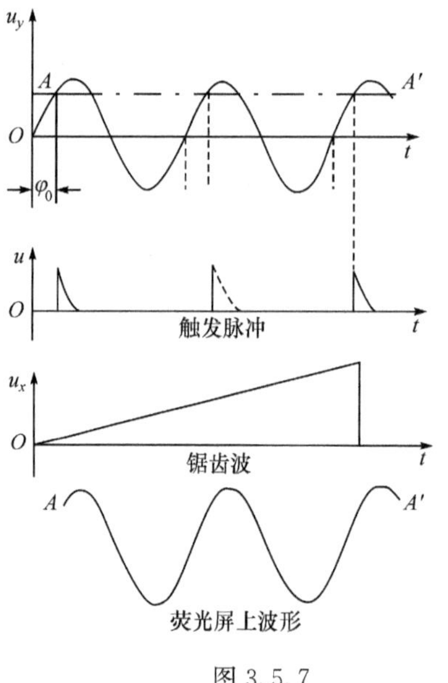

图 3.5.7

由此可见，扫描显示稳定波形（同步）的条件是：扫描电压周期 T_S 为被观测信号周期 T_y 的整数倍，即

$$T_S = nT_y, \quad n = 1,2,3,\cdots \tag{3.5.5}$$

SS5702A 型示波器是通过触发系统实施触发扫描来实现扫描同步.从输入的被测信号中取样送至触发电路，触发电路输出触发脉冲，去启动扫描电路进行扫描，触发脉冲产生于对应的被测信号的同相位点（φ_0）. 如图 3.5.7.在一个扫描周期内，光点由 A 点移动至 A' 点，期间扫描电路不受到来的触发脉冲（如图 3.5.7 中的脉冲）的影响，直至本次扫描结束，之后，等到下一个触发脉冲到来时，重新启动下一次扫描，每次扫描的起始点会准确地落在同相位点，每次扫出的波形重复而稳定地显示被测波形.

[实验仪器]

图 3.5.8 是 SS5702A 型示波器的面板图.

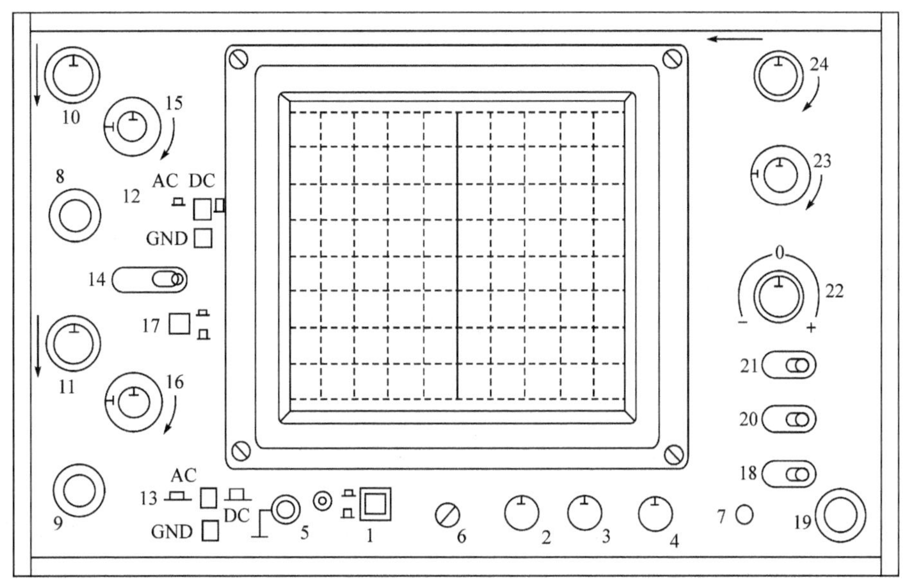

图 3.5.8

1. 电源开关；2. 辉度旋钮；3. 刻度照明旋钮；4. 聚焦；5. 接地端；6. 扫迹旋钮；7. 校正信号；8、9. 通道 CH_1CH_2；10、11. 垂直位移；12、13. 输入耦合；14. 垂直方式；15、16. 偏转因数；17. 通道 CH_2 极性转换；18. 触发源；19. 外触发信号；20. 耦合方式；21. 扫描方式；22. 触发电平、触发极性；23. 扫描时间；24. 水平位移(黑)及扫描线长度旋钮(红)

在使用上可分为五个主要部分.

(1) 主机部分：1"电源"键(POWER)；2"刻度照明"钮(ECALE)，控制刻度照明亮度；3"辉度"钮(IVTEN)，控制显示亮度；4"聚焦"钮(FOCUS)，供调节出最佳清晰度；5"接地"端⊥，各输入端的地线 E 在机内与此相连；6"扫迹旋钮"(TRACE ROTATION)，机械地控制扫迹与水平刻度线成平行位置；7"校正信号"输出端(CAL)，提供 1kHz、峰-峰为 0.3±3%的方波.

(2) 通道放大系统：8/9CH_1/CH_2 (1MΩ 3pF)，为垂直信号输入端；10/11CH_1/CH_2 的"垂直位移"调节钮，此钮也是用作控制灵敏度扩展 5 倍的推拉开关；12/13CH_1/CH_2 的信号"输入耦合"方式选择键，当"GND"键弹出状态下，"AC/DC"键弹出为直流耦合，推入为交流耦合，而当"GND"键推入为输入接地方式，屏上出现地电平扫描线，常用作基准电平的零位；14"垂直方式"选择键，它置于 CH_1(或 CH_2)时仅显示通道 1(或 2)，在 x-y 显示时作用由触发源开关决定，置于"DUAL"时为双踪显示，置于"ADD"时为两通道相加显示；15/16CH_1/CH_2 的"偏转因数"选择与调节钮，它包括"粗调钮"和与它同轴的"微调"钮，"微调"提供在"伏特/格"开关各校正挡位之间连续可调的偏转因数，当把"微调"钮顺时针旋到底关闭至校正位置时，"粗调"钮给出该挡偏转因数的校正值，以供未知电压幅度的定量测试用;17 通道 2 的“极性反转”钮.

(3) 锯齿波扫描电压发生器:23“扫描时间”(SECT/DIV VAR IABLE),包括“粗调”和与之同轴的“微调”钮,扫描速度 0.2μs/格～0.1s/格.“微调”钮提供在时间/格开关各挡位间连续可调的扫描速度,顺时针旋到底关闭至校正位时,“粗调”钮给出该挡的厘米扫描时间校正值,供交变信号(或非周期信号)周期(或时间间隔)定量测试用;24 水平位移(POSITION)钮,控制显示图像的水平位移,此钮也是显示扫描速度扩展 10 倍的推拉开关.

(4) 触发系统:18“触发源”键,当它置于“CH_1/CH_2”时为内触发,系统从垂直通道 1/通道 2 取出部分信号作为触发信号.当它置于“EXT”时为“外触发”,此时须由“外触发”信号输入端 19 输入触发信号,才能实现触发扫描;20“触发耦合”方式键(COUPLING),用来选择触发信号与触电路间耦合方式,当它置于 AC(EXT DC)时,对内触发为交流耦合,对外触发为直流耦合(从直流到各种频率信号都能触发),当它置于“TV-V”时为全电视信号供稳定触发的耦合方式;21“扫描方式”键(SWEEPMODE),设有“常态”(NORM)和“自动”(AUTO)两种方式.其中“常态”方式只有在触发电平在合适范围内,才能触发扫描,当“电平”旋钮旋至触发范围以外,或无触发信号加至触发电路时,扫描停止(屏上无光迹).“自动”方式:当系统不能实施触发时,就自动转换为自激扫描状态;22 触发电平/触发极性钮(LEVEL/SLOPE),用来调节触发电平和转换触发极性.当旋钮从 0→+(0→-)时,扫描从触发信号的正半周(负半周)开始,当此钮推入(拉出)时,触发点位于触发信号的上升(下降)沿,所以,此钮可任意选择扫描起始点,获得触发扫描同步,而观测到稳定波形.

(5) x-y 函数显示系统:将 23“扫描时间”钮置于“x-y”位置,14“垂直方式”选择 CH_1(或 CH_2),18 置 CH_1(或 CH_2EXT),可观测到 x-y 函数图形.

在 x、y 偏转板上分别加频率为 f_x、f_y 两个简谐波信号时,则电子束受合成场控制,沿合成的振动轨迹运动,荧光屏上描画出两个正交谐振动的合成振动图形,这种图形称为李萨如图形,其形状随两个信号的频率和相位差的不同而不同,如图 3.5.9.如两个谐振动的频率比为简单整数比 $m:n(m=1,2,3,\cdots;n=1,2,3,\cdots)$,且两信号间相位差 φ 恒定不变时,屏上会显示稳定的李萨如图形,根据李萨如图形可确定两信号的频率比为

$$f_y : f_x = m : n \tag{3.5.6}$$

式中 m 为水平线与图形相交点数,n 为垂直线与图形相交的点数.若其中一个频率(f_y)为已知,用式(3.5.6)可确定另一个未知频率(f_x).

用李萨如图形,还可以测定两信号间相位差 $\Delta\varphi$.由式(3.5.7)可根据图3.5.10 计算 μ_y、μ_x 两同频信号间相位差 $\Delta\varphi$.

$$\Delta\varphi=\arcsin(A/B) \tag{3.5.7}$$

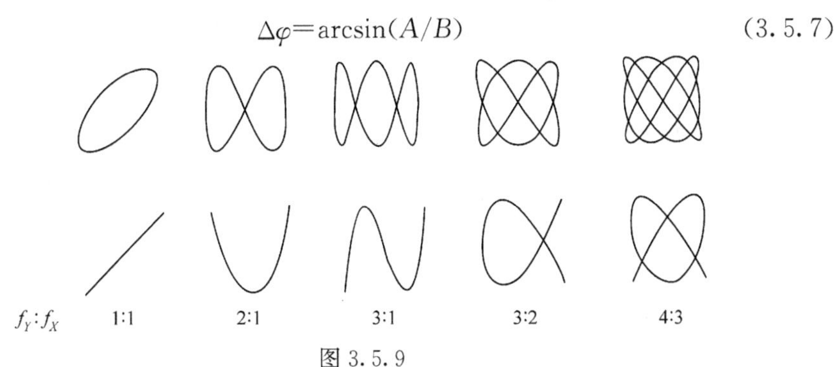

图 3.5.9

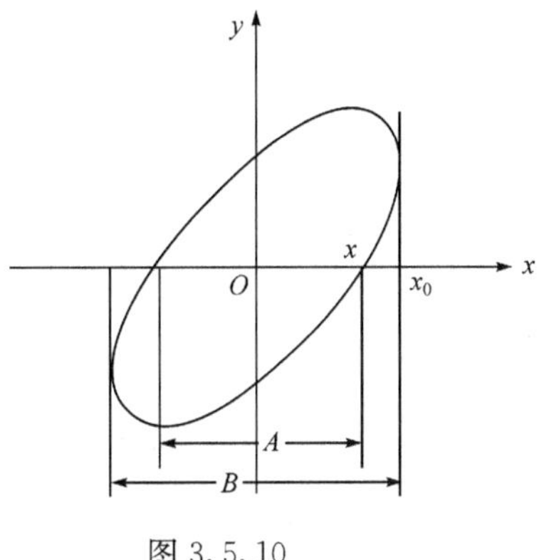

图 3.5.10

［实验内容］

1. 示波器基本操作练习

(1) 开机前预置：②“辉度”顺时针旋到底；⑩⑪“垂直位移”旋至中间位置；⑫⑬“输入耦合”方式的“GND”推入（接地）；⑭“垂直方式”选 CH_1（或 CH_2）；⑱“触发源”选 CH_1（或 CH_2）；⑳“触发耦合”置于 AC（DC EXT）；㉑“扫描方式”选自动（AUTO）；㉔“水平位移”旋至中间位置，“扫描线长度”顺时针旋到底；㉓“扫描时间”1mSEC/格.

(2) 通电（推入(1)），稍候，屏上会出现扫描线，调节“垂直位移”、“水平位移”找出扫描线，并调至中间位置，再仔细调节②“辉度”和④“聚焦”（交替调），使扫描线细而清晰.

本步骤可反复练习多次.

(3) 将⑫/⑬“输入耦合”方式的“GND”弹出，选 AC（或 DC）方式，由⑧或⑨“输入端”输入被观测信号（低频信号发生器提供），选择合适的⑮/⑯“偏转因数”，配合调节信号源输出幅度，使屏上波形幅度适中.

(4) 调节㉓“扫描时间”的粗调和微调，使波形利于观察且相对稳定.

(5) 调节㉒“触发电平”，使波形完全稳定.

改变低频信号发生器信号频率 50Hz、2kHz、40kHz，分别按上述步骤(3)、(4)、(5)，练习迅速调出稳定波形.

(6) 固定信号频率 $f=1$kHz，调出稳定波形后，进行以下操作：(a)改变“触发源”选择状态；(b)调节“触发电平”，改换“触发极性”推拉状态；(c)“扫描方式”分别选择“自动”和“常态”；(d)“扫描时间”的粗调和细调选不同位置；(e)“偏转因数”粗调和微调选不同位置.

观察并记录以上调控键钮对波形稳定性或形状(宽度、幅度)的影响或变化,总结键钮功能及使用方法.

2. 电学量测量

示波器可以测量电压、电流、时间(间隔)、频率、相位差、电阻等许多电学量,这些量的测量,都可归结为电压测量.

1) 测量仪器上校正信号 0.3V 的直流电压

(1) 将⑮"偏转因数 CH_1"选 5mV/格,"微调"旋到 DAL 位置. ㉓扫描时间选择 0.5ms/格,"微调"旋到"CAL"位置. ⑭垂直方式选择"CH_1". "AC、DC、GND"选择 DC. ⑳"耦合方式"开关选择"AC、DC". ⑱触发源选择"CH_1".

(2) 用探头($X10$)探测标准信号(0.3V),荧光屏上垂直方向显示一定格数,根据式(3.5.2)可得

$$电压值=5\text{mV}/格\times 格数\times 10$$

(3) 用探头($X1$)位置测量标准信号(0.3V). 此时波形可能失真,可调节⑮"偏转因数"及微调,使波形稳定,则

$$电压值=伏特/格\times 格数\times 1$$

2) 测量交流信号频率

(1) 校正厘米扫描时间. 取函数发生器输出信号频率 50Hz、1kHz、50kHz,对应选厘米扫描时间取 5ms/cm、0.2ms/cm、5μs/cm 挡,"扫描微调"钮分别取三个不同位置(校正位,中间某一位置,逆时针旋到底位置)测出对应一个周期的水平距离 L,用式(3.5.3)算出该位置下的厘米扫描时间.

(2) 自选合适的厘米扫描时间,测定信号源输出的交流信号频率.

3) 观察李萨如图形

(1) 将"扫描时间"㉓逆时针旋至"x-y"方式,将函数信号发生器的信号输入到 CH_1 接口,调节"偏转因数"⑮,同时调节信号发生器调谐和输出细调,使图形适中(注意:使图形与 y 轴重合,"GND"不要接地),此时 y 轴信号确定(f_y).

(2) 将"触发源"开关⑱打向 EXT 处,在"EXT TRIG"处接入低频信号源,调节低频信号源输出(频率大小),出现李萨如图形.

(3) 观测三种[$f_y : f_x$]比值下的李萨如图形;描画图形,确定比值,由已知 f_y 算出待测 f_x,求出 $f_y : f_x=1:1$ 时的相位差.

[思考题]

(1) 写出下列问题的操作步骤:

① 怎样迅速调出清晰扫描线?

② 怎样测定信号(DC、AC)的大小?

③ 怎样观察李萨如图形?

(2) 试分析用示波器测量电压和频率时产生误差的可能原因.

3.6　非线性元件伏安特性曲线测绘

[实验目的]

(1) 了解电阻的线性和非线性的意义.

(2) 了解晶体二极管的单向导电性,分析二极管的伏安特性曲线.

(3) 测绘二极管的伏安特性曲线.

[实验原理]

通过一个元件的电流随外加电压的变化曲线,称为伏安特性曲线.从伏安特性曲线遵循的规律,可以得知该元件的导电特性,从而确定它在电路中的作用.

当一个元件两端加上电压,元件内有电流流过时,电压与电流之比称为该元件的电阻.对于碳膜电阻、金属膜电阻、线绕电阻等电学元件,在通常情况下,通过元件的电流与加在元件两端的电压成正比,即伏安特性曲线为一直线,这类元件称为线性元件,如图 3.6.1 所示.对于半导体二极管、稳压管、热敏电阻等元件,通过元件的电流与加在元件两端的电压不成线性关系变化,即伏安特性曲线不是直线,而是一条曲线,这类元件称为非线性元件如图 3.6.2 所示.

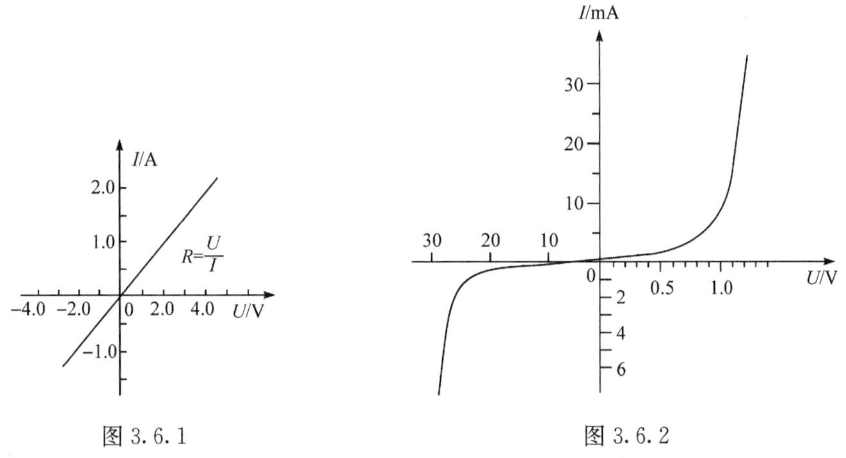

图 3.6.1　　　　图 3.6.2

在设计测量伏安特性曲线时,必须了解待测元件的规格,使加在它上面的电压和通过它的电流均不超过其允许的额定值. 同时,还必须了解实验中所用的其他仪器的规格,如电源、电压表、电流表、滑线变阻器等的规格,注意不得超过仪器的量程和使用范围. 根据所提供的仪器设计线路,尽可能将测量误差减到最小.

一般金属电阻是线性电阻,它与外加电压的大小和方向无关,其伏安特性曲线是一条直线. 从图上可以看出,直线通过一、三象限. 这表明,当调换电阻两端电压的极性时,电流也会换向,而电阻始终为一定值,等于直线斜率的倒数,$R=\frac{U}{I}$.

常用的晶体二极管是非线性元件,其阻值不仅与外加电压的大小有关,而且还与方向有关. 为了解晶体二极管的导电特性,下面对它的结构和电学性能作一简要说明.

晶体二极管也叫半导体二极管. 半导体的导电特性介于导体和绝缘体之间,如果在纯净的半导体中适当的掺入极微量的杂质,则半导体的导电能力就会有上百万倍的增加. 掺杂后的半导体可分为两种类型,一种杂质加到半导体中后,在半导体中会产生许多带负电的电子,这种半导体称为电子型半导体,也称 N 型半导体,另一种杂质加到半导体中会产生许多缺少电子的空穴,这种半导体称为空穴型半导体,也称 P 型半导体. 晶体二极管是由两种不同导电性能的 P 型半导体和 N 型半导体结合形成的 PN 结构成的. 它有正负两个电极,正极由 P 型半导体引出,负极由 N 型半导体引出,如图 3.6.3(a)所示. PN 结具有单向导电性能,表示符号如图 3.6.3(b)所示.

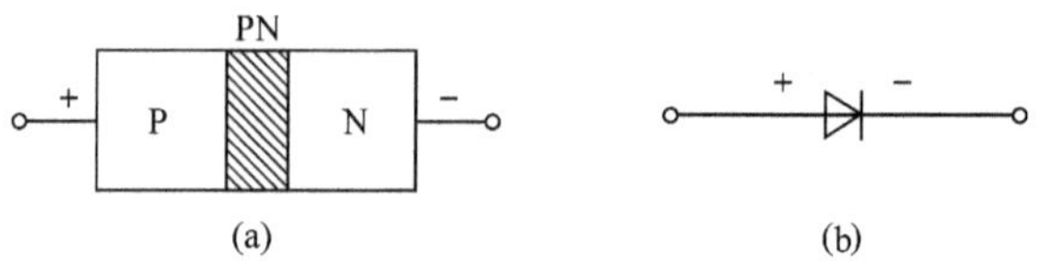

图 3.6.3

晶体二极管 PN 结在正向导电时电阻很小,反向导电电阻很大,具有单向导电性. 随着所加电压的大小变化,电流不是成比例的变化,它的伏安特性是一条曲线,所以属于非线性元件. 如图 3.6.2 可见,在二极管两端加正向电压时,在死区电压之内,二极管的电阻较大,所以只有很小的电流流过,一旦超过死区电压,电流增长很快. 二极管正向电流不允许超过最大整流电流,否则二极管将损坏. 加反向电压时,由于少数载流子的作用,形成反向电流. 反向电压在一定范围内,反向电流很小,且大小几乎不变,形成反向饱和电流. 当反向电压增大到一定程度时,反向电流突然增大,二极管反向击穿损坏. 所以实验中二极管必须给出最大反向工作电压(通常是击穿电压的一半).

[实验仪器]

直流毫安表(C31-mA 型)、直流微安表(C31-μA 型)、直流电压表(C31-V 型)、直流稳压电源、滑线变阻器、电阻箱(ZX21)、金属电阻、晶体二极管、导线、电键等.

[实验内容]

1. 测绘金属膜电阻的伏安特性曲线

(1) 如图 3.6.4,连接好线路,注意将滑线变阻器的滑动端调至输出电压为零的位置,电流表量程选择适当.

(2) 检查线路无误后,方可接通电源,调节滑线变阻器滑动头,从零开始逐步增大电压(如 0.00V,0.50V,1.00V,1.50V,…),读出相应电流值.

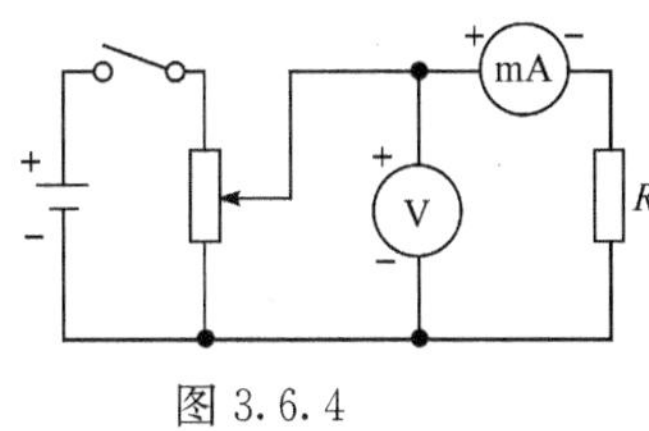

图 3.6.4

(3) 将电压调为 0,改变加在电阻上的电压方向,取电压为 0.00V,−0.50V,−1.00V,−1.50V,…,读出相应电流值.

(4) 自拟表格,将测得的正反电压和相应的电流值填入表格中,以电压为横坐标,电流为纵坐标,绘出金属膜电阻的伏安特性曲线.

2. 测绘晶体二极管的伏安特性曲线

测量前,记录所选用晶体二极管型号(为读出反向电流数值,选用锗管)和主要参数(最大正向电流和最大反向电压),判别晶体管的正负极.

(1) 为了测绘晶体管的正向特性曲线,如图 3.6.5 所示接好线路. 图中电阻 R 为保护晶体二极管的限流电阻,电压表的量程选 1V 左右. 检查线路连接无误后接通电源,缓慢地增加电压,注意在电流变化大的地方,电压间隔应取小一些,读出相应电流值.

(2) 为了测绘晶体管的反向特性曲线,如图 3.6.6 所示接好线路. 电流表换成微安表,并注意电流表的内外接法,电压表换比 1V 大的量程,接通电源,逐步改变

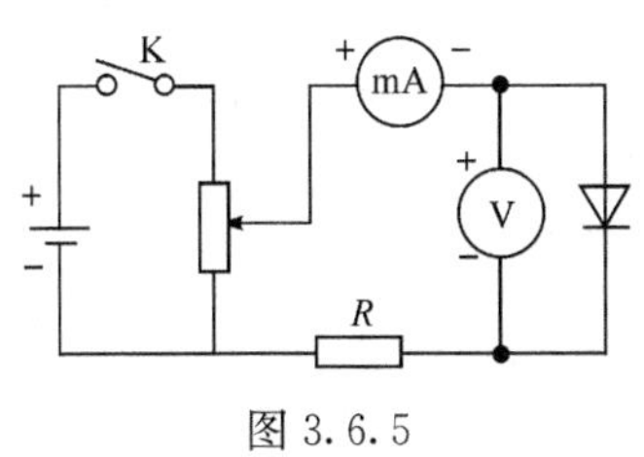

图 3.6.5

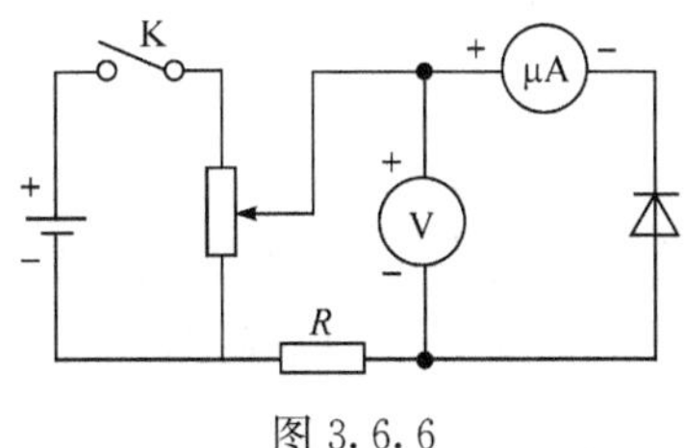

图 3.6.6

电压,读出相应电流值.

(3) 以电压为横坐标,电流为纵坐标,利用测得的正、反向电压和电流数据,绘出晶体二极管的伏安特性曲线.由于正向电流读数为毫安,反向电流为微安,在纵轴上半段和下半段坐标纸上每小格代表的电流可以不同,但必须分别标注清楚.

[数据处理]

(1) 自拟表格填写金属膜电阻的伏安特性数据,在坐标纸上画出其伏安特性曲线.

(2) 根据实验要求将测得的晶体二极管伏安特性数据填入表 3.6.1 中,并在坐标纸上画出晶体二极管的正向伏安特性曲线和反向伏安特性曲线.

表 3.6.1

正向	U/V	0.05	0.10	0.15	0.20	0.25	0.30
	I/mA						
反向	U/V	1.0	1.5	2.0	2.5		
	I/μA						

[思考题]

(1) 在图 3.6.5 和图 3.6.6 中,电流表的接法有何不同?为什么要采用这样的接法?

(2) 根据测量数据计算出的一系列电阻值可能会有不同,是否说明碳膜电阻的阻值不是常数?

(3) 如何作出伏安特性曲线?金属膜电阻和晶体管的伏安特性曲线各有什么特性?

3.7 PN 结温度传感器研究

早在 20 世纪 60 年代初,人们就试图用 PN 结正向压降随温度升高而降低的特性制作测温元件,由于当时 PN 结的参数不稳定,未能进入实用阶段.随着半导体技术的提高以及人们的不断探索,到 70 年代时,PN 结及在此基础上发展起来的晶体管温度传感器,已广泛应用于各个领域.PN 结传感器具有灵敏度高、线性好、热响应快和体积小等优点,尤其是在温度数字化、温度控制以及用微机进行温度实时信号处理等方面,具有其他温度传感器不可比拟的优势.但 PN 结温度传感器的测量范围较小,如以硅为材料的温度传感器,在非线性误差不超过 0.5%的条件下,测温范围为−50~150℃.如采用不同材料(如锑化铟或砷化镓)的 PN 结可以展宽低温区或高温区的测量范围.

[实验目的]

(1) 了解 PN 结正向压降随温度变化的基本公式.

(2) 在恒流供电条件下,测绘 PN 结正向压降随温度变化的曲线,并由此确定其灵敏度和被测 PN 结材料的禁带宽度.

(3) 学习用 PN 结测量温度的方法.

[实验原理]

1. PN 结温度传感器的基本方程

根据半导体物理理论,理想 PN 结的正向电流 I_F 和正向电压降 U_F 存在如下近似关系式

$$I_F = I_s \exp\left(\frac{qU_F}{kT}\right) \tag{3.7.1}$$

式中 q 为电子的电量,k 为玻尔兹曼常量,T 为热力学温度(绝对温度),I_s 为反向饱和电流,它是一个与 PN 结材料的禁带宽度以及温度等有关的量,可以证明

$$I_s = CT^{\gamma} \exp\left[\frac{-qU_g(0)}{kT}\right] \tag{3.7.2}$$

式中 C 是与 PN 结结面积、掺杂浓度等有关的常数;γ 在一定范围内也是常数;$U_g(0)$为热力学温度 0K 时 PN 结材料的导带底和价带顶的电压,对于给定的 PN 结材料,$U_g(0)$是一个定值.

将式(3.7.2)代入式(3.7.1),两边取对数得

$$U_F = U_g(0) - \left(\frac{k}{q}\ln\frac{C}{I_F}\right)T - \frac{kT}{q}\ln T^{\gamma} = U_1 + U_m \tag{3.7.3}$$

式中

$$U_1 = U_g(0) - \left(\frac{k}{q}\ln\frac{C}{I_F}\right)T$$

$$U_m = -\frac{kT}{q}\ln T^{\gamma}$$

式(3.7.3)是 PN 结正向压降作为电流和温度函数的表达式,它是 PN 结温度传感器的基本方程.

2. PN 结测温原理和温标转换

根据式(3.7.1),对给定的 PN 结材料来讲,如令 PN 结的正向电流 I_F 恒定不

变，则正向电压 U_F 只随温度变化而变化. 式(3.7.3)中除线性项 U_1 外，还包含非线性项 U_m，实验与理论证明，在温度变化范围不大时，U_m 的变化量与 U_F 的变化量相比之下误差甚小. 对于通常的硅 PN 结材料来说，在－50～150℃的温度区间内，其非线性误差仍然很小，但当温度变化范围增大时，U_F 温度响应的非线性误差将有所增加.

可见，对于给定的 PN 结材料，在允许的温度变化区间范围内，在恒流供电(I_F 不变)条件下，PN 结的正向电压 U_F 对温度的依赖关系取决于线性项 U_1，正向电压 U_F 几乎随温度升高而线性下降，即

$$U_F=U_g(0)-\left(\frac{k}{q}\ln\frac{C}{I_F}\right)T \tag{3.7.4}$$

式(3.7.4)是 PN 结测温依据公式.

式(3.7.4)中的温度 T 是热力学温度，在实际使用中有不便之处，为此，有必要进行温标转换，确定 PN 结正向电压增量 ΔU(温度为 t℃时的正向电压与 0℃的正向电压比较)与摄氏温标表示的温度之间的关系.

设温度 T 时的 PN 结正向电压为 U_F，根据热力学温度与摄氏温度的转换关系有

$$T=273.2+t \tag{3.7.5}$$

令 U_F 在 0℃时的值为 $U_F(0)$，在 t℃时值的 U_F，正向电压增量为 ΔU，所以有

$$U_F=U_F(0)+\Delta U \tag{3.7.6}$$

将式(3.7.5)、式(3.7.6)代入式(3.7.4)，有

$$U_F(0)+\Delta U=U_g(0)-\left(\frac{k}{q}\ln\frac{C}{I_F}\right)\times 273.2-\left(\frac{k}{q}\ln\frac{C}{I_F}\right)t \tag{3.7.7}$$

式(3.7.7)在 $t=0$℃时，显然 $\Delta U=0$，得到

$$U_F(0)=U_g(0)-\left(\frac{k}{q}\ln\frac{C}{I_F}\right)\times 273.2 \tag{3.7.8}$$

对于其他任意温度 t℃，将式(3.7.8)代入式(3.7.7)，则得到正向电压的增量 ΔU 随温度升高而下降的关系为

$$\Delta U=-\left(\frac{k}{q}\ln\frac{C}{I_F}\right)t \tag{3.7.9}$$

定义 $S=\frac{k}{q}\ln\frac{C}{I_F}$为 PN 结温度传感器的灵敏度，则有

$$\Delta U=-St \tag{3.7.10}$$

式(3.7.10)即为 PN 结温度传感器在摄氏温标下的测温原理公式.

3. 测量 PN 结材料的禁带宽度

PN 结材料的禁带宽度 $E_g(0)$定义为电子的电量 q 与热力学温度为 0K 时 PN

结材料的导带底和价带顶的电压 $U_g(0)$ 的乘积，即 $E_g(0)=qU_g(0)$，根据式(3.7.4)，有

$$U_g(0)=U_F+\left(\frac{k}{q}\ln\frac{C}{I_F}\right)T=U_F+ST$$

当 $t=0$℃时，$T=273.2\text{K}$，$U_F=U_F(0)$，有

$$U_g(0)=U_F(0)+273.2S$$

所以

$$E_g(0)=qU_g(0)=q[U_F(0)+273.2\times S] \tag{3.7.11}$$

[实验仪器]

TH-J 型 PN 结正向压降温度特性实验组合仪，它由样品室和测试仪两部分组成.

1. 样品室

样品室结构如图 3.7.1 所示，其中 A 为样品室，是一个可卸的筒状金属容器. D 为待测 PN 结样管(采用 3DG6 晶体管的基极与集电极短接作为正极，发射极作为负极，构成一只二极管)和测温元件(AD590)均置于铜座 B 上，其管脚通过高温导线分别穿过两旁空心细管与顶部插座 P_1 相连，通过 P_1 插件的专用线，将被测 PN 结的温度和电压信号输入测试仪. 加热器 H 装在中心管的支座下，其发热部分埋在铜座 B 的中心柱体内，加热电源的进线由中心管上方的插孔 P_2 引入，P_2 和引线与容器绝缘，容器为电源负端，通过 P_1 的专用线与测试仪机壳相连接地.

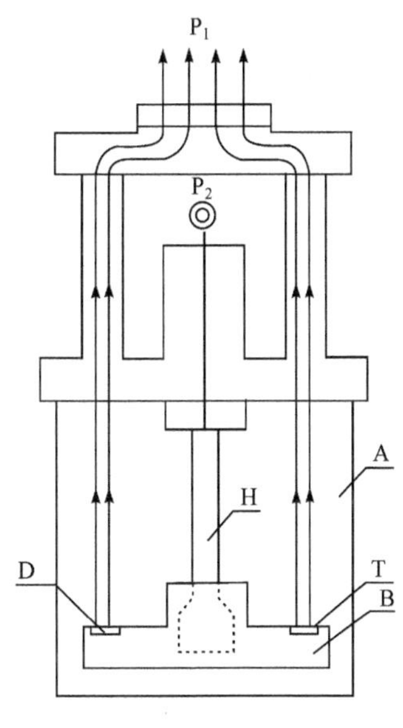

图 3.7.1

2. 测试仪

测试仪由恒流源、基准电压源和数字显示板等单元组成.

恒流源有两组，一组提供 I_F，电流输出范围 0～1000μA连续可调；另一组用于加热，其控温电流为 0.1～1A，分为 10 挡，逐挡递增或递减 0.1A.

基准电压源也分为两组，一组用于补偿被测 PN 结在 0℃或室温 t_R℃时正向压降 $U_F(0)$或 $U_F(t_R)$，可以通过设置在面板上的“ΔU 调零”电位器实现 $\Delta U=0$，并

满足此刻若升温 $\Delta U<0$，若降温 $\Delta U>0$，以表明正向压降随温度升高而下降. 另一组基准电压源用于温标转换和校准，本实验采用 AD590 温度传感器测量，其输出电压以 1mV/K 正比于热力学温度，它的工作温度范围为 218.2～423.2K（即－55～150℃），相应输出电压为 218.2～423.2mV，设置 273.2mV（相当于 AD590 在 0℃时的输出电压）为基准电压，其目的是将上述开氏温标转换成摄氏温标，这样对应于－55～150℃的工作温区，输出给显示单元的电压为－55～150mV.

输出显示单元分为两组，一组用于显示测量温度，采用量程为 220mV 的 $3\frac{1}{2}$ 位 LED 显示器，另一路量程为 1000mV 的 $3\frac{1}{2}$ 位 LED 显示器，用于测量 I_F、U_F 和 ΔU，通过"测量选择"开关来实现测量和显示功能的转换.

［实验内容］

1. 实验系统检查与连接

(1) 取下样品室的筒套（左手扶筒盖，右手扶筒套逆时针旋转），待测 PN 结管和测温元件应分别放在铜座的左右两侧的圆孔内，管脚不与容器接触，装上筒套.

(2) 控温电流开关置"关"位置，此时加热指示灯不亮. 接上加热电源线与信号传输线，注意：加热电源线两连线均为直插式，在连接信号线时，应对准插头与插座的凹凸定位标记，再按插头紧线夹部位即可插入；拆除时，应拉插头可动外套，决不可鲁莽，左右转动，操作部位不对而硬拉，可能拉断引线而影响实验.

2. $U_F(0)$和 ΔU 的测量与调零

(1) 将样品室埋入盛有冰水的杜瓦瓶中降温，开启电源开关（位于机箱后面），预热 10 分钟后将"测量选择"开关 K 扳到 I_F，由"I_F 调节"旋钮调节使 $I_F=50\mu A$.

(2) 待样品室温度冷却到 0℃时，将"测量选择"K 扳到 U_F，测量并记录 $U_F(0)$值.

(3) 将"测量选择"K 扳到 ΔU 位置，由"ΔU 调零"旋钮调节，使 $\Delta U=0$.

3. 测定 ΔU-t 曲线

(1) 撤去冰瓶，开启"控温电流 A"电源，逐步提高控温电源进行变温实验，ΔU 每改变 10mV 读取一组(ΔU, t)数据，直到最高温度为 100℃左右.

［提示］ 整个实验过程中，升温速度要慢，温度控制在 120℃以内.

(2) 用最小二乘法处理数据，求出其灵敏度 S.

4. 求禁带宽度和相对误差

利用所测得 $U_F(0)$ 和 S 值，求所测 PN 结禁带宽度 $E_g(0)=qU_g(0)$，并与公认值 $E_g(0)=1.21\text{eV}$ 比较，求相对误差.

5. 具体实验调节步骤

本实验也可以直接从室温 t_R 开始，具体实验调节步骤如图 3.7.2 所示：

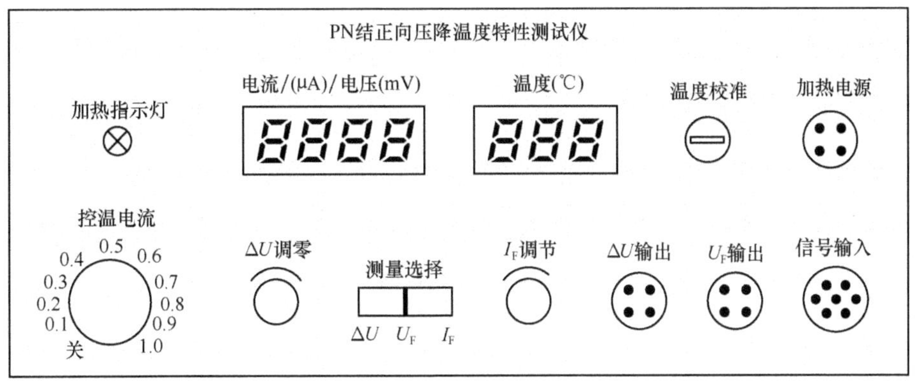

图 3.7.2

(1) 先将“控温电流 A”旋钮旋到关位置，开启电源开关，将“测量选择”K 扳到 I_F，调节 $I_F=50\mu\text{A}$ 后，将 K 扳至 U_F 位置，测量记录室温 t_R 和 $U_F(t_R)$值.

(2) 将 K 扳到 ΔU，调节 ΔU 的调零旋钮，使 $\Delta U=0$.

(3) 开启“控温电流 A”，从 0.1，0.2，…逐步提高控温电流进行变温实验，ΔU 每改变 10mV 读取一组($\Delta U,t$)数据，测到最高温度为 100℃左右为止. 记录(ΔU_i，t_i)数组填入表 3.7.1 中，用最小二乘法处理数据. 作 ΔU-t 曲线，求曲线斜率即可求得 S，计算 $U_g(0)$的相应公式为

$$U_g(0)=U_F(t_R)+(273.2+t_R)S$$

$$E_g(0)=qU_g(0)$$

(4) 与公认值比较，求相对误差.

(5) 实验完毕，应将“控温电流 A”旋钮旋到“关”位置.

[数据处理]

实验起始温度　$t_R=$____℃.

工作电流　$I_F=$____ μA.

起始温度为 t_R 时正向压降 $U_F(t_R)=$____ mV.

表 3.7.1

控温电流 A	$\Delta U=U_F(t)-U_F(t_R)$/mV	t/℃	$T=(273.2+t)$/K
	0		
	−10		
	−20		
	−30		
	−40		
	−50		
	−60		
	−70		
	−80		
	−90		
	−100		
	−110		
	−120		

[思考题]

(1) 测量 $U_F(0)$的目的何在? 为什么实验要求测 ΔU-t 曲线,而不是测 U_F-T 曲线?

(2) 根据 PN 结的 ΔU-t 曲线,试设计一个简单的晶体管温度计.

3.8 热敏电阻特性与温度系数测量

随着科技与控制系统技术的快速发展,传感器已成为传换系统的主要部件之一. 传感器的种类有电阻、电容、电感传感器、热敏电阻传感器、光电传感器、光纤传感器等. 本实验采用的 AD590 温度传感器能够精确地测量温度. 热敏电阻传感器的阻值如随温度的升高而增大时,称为正温度系数热敏电阻,如随温度的升高而减小时,称为负温度系数热敏电阻. 本实验采用 AD590 温度传感器测量温度,观察热敏电阻阻值与温度的特性关系.

[实验目的]

(1) 了解恒温控制过程.

(2) 作 $\ln R_T$-$\frac{1}{T}$的特性关系曲线.

(3) 用作图法和最小二乘法得到热敏电阻的表达式.

(4) 计算热敏电阻温度系数.

[实验原理]

热敏电阻的类型很多,一般采用半导体材料制作热敏电阻.负温度系数热敏电阻在它规定的温度范围内,它的电阻值随温度的升高而减小.热敏电阻与温度的变化特性曲线如图 3.8.1 所示.理论上有

$$R_T = R_0 e^{B\left(\frac{1}{T}-\frac{1}{T_0}\right)} \tag{3.8.1}$$

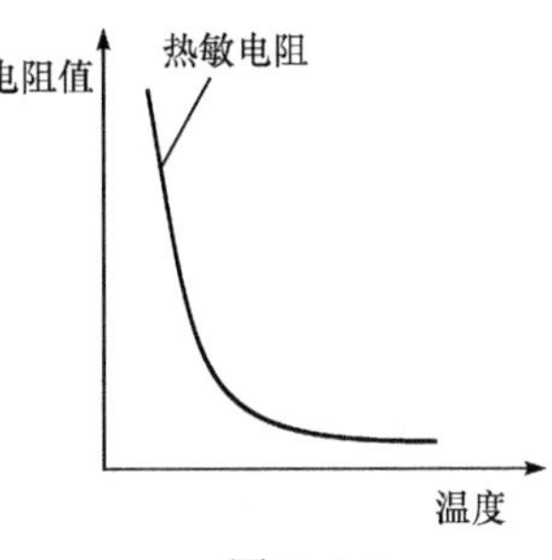

图 3.8.1

式中,R_T 为绝对温度 T 时的实际电阻值;R_0、B 是与电阻的几何尺寸和材料物理特性有关的常数.将式 3.8.1 两边取对数,则有

$$\ln R_T = B\left(\frac{1}{T}-\frac{1}{T_0}\right)+\ln R_0 \tag{3.8.2}$$

式中 $\ln R_0$ 为常数;$\ln R_T$ 与$\left(\frac{1}{T}-\frac{1}{T_0}\right)$成线性关系,可通过作图求得斜率 B 及截距 $\ln R_0$.

由式(3.8.1)可求出热敏电阻的温度系数 α_T.

$$\alpha_T = \frac{1}{R_T}\cdot\left(\frac{dR_T}{dT}\right)_{T=T_c} \tag{3.8.3}$$

式中 α_T 是温度变化 1℃时,电阻实际值的相对变化,对式(3.8.1)求导,将$\frac{dR_T}{dT}$代入式(3.8.3)得

$$\alpha_T = \frac{1}{R_T}\cdot\left(\frac{dR_T}{dT}\right)_{T=T_c} = -\frac{B}{T_c^2} \tag{3.8.4}$$

式(3.8.4)为热敏电阻温度系数公式.负号表示温度升高时,热敏电阻阻值下降,所以称该热敏电阻为负温度系数热敏电阻.

[实验内容]

(1) 图 3.8.2 所示为恒温控制仪装置,使用时首先将各个旋钮以逆时针方向旋到底,AD590 接恒温仪后面板接线柱,热敏电阻连接直流电阻电桥,并将 AD590

及热敏电阻一块放入注入少量变压器油的玻璃管内，并放入盛有净水的烧杯内，磁性转子放入烧杯中间部位.

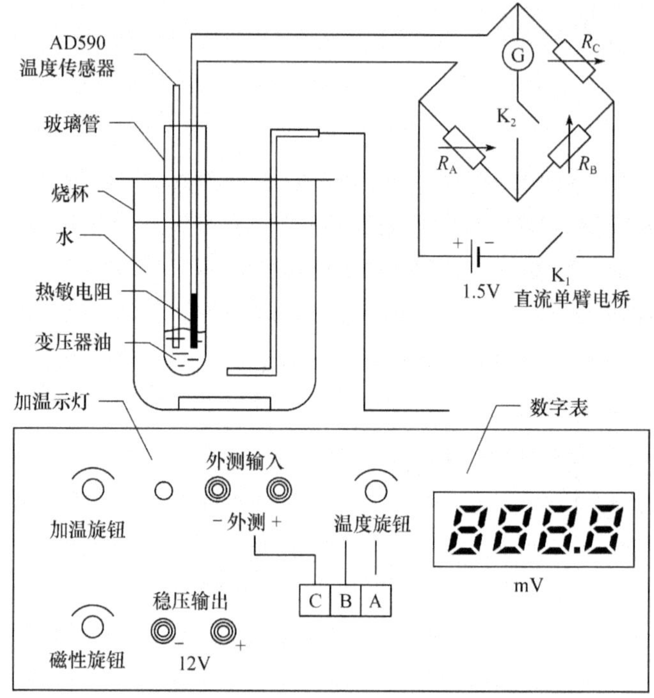

图 3.8.2

(2) 实验前用水银温度计测量的水温与按下 B 键时数字表上显示的温度进行校对，如温差为 0.5℃时，请老师校正.

(3) 将烧杯放在恒温控制仪上指定的磁性最强的位置处，调节磁性转子旋钮，使转子匀速转动，不宜过快.

(4) 按下 A 键，调节设定温度旋钮，可在数字表显示设定的水温度数.

(5) 调节“加温旋钮”，使发光二极管发亮(注意不要太亮)，此时加热器给水加温. 当水温达到设定的温度值时，应再仔细调节“加温旋钮”，使发光二极管微亮，保持水温不变.

(6) 若设定温度，测量热敏电阻值时，应按下 C 键，数字表上显示热敏电阻阻值.

(7) 自己设计温差间隔，用直流单臂电桥测量出对应的热敏电阻阻值共 8 组数据填入表 3.8.1 中.

表 3.8.1

序　号	T	R_T	$\ln R_T$	$\frac{1}{T}-\frac{1}{T_0}$	B	α_T
1						
2						
3						
4						
5						
6						
7						
8						

[数据处理]

(1) 作 $\ln R$-$\frac{1}{T}$图,求 R_0、B.

(2) 用最小二乘法求 R_0、B,写出负温度系数热敏电阻表达式.

[思考题]

(1) 能否用伏安法测量热敏电阻阻值? 请绘出测量电路图.

(2) 为什么加温指示灯不能过亮,而有微亮即可,为什么?

(3) 为什么磁性转子应匀速转动?

3.9　霍尔效应及应用

霍尔效应是霍尔(Hall)于 1879 年在他的导师罗兰指导下发现的,这一效应在科学实验和工程技术中得到了广泛应用. 利用霍尔效应制成的霍尔元件是一种磁电转换元件,又称霍尔传感器,它具有频率响应宽、小型、无接触测量等优点,广泛应用于测试、自动化、计算机和信息处理技术等方面. 近年来霍尔效应又得到了重大发展,冯·克利青在极强磁场和极低温度下发现了量子霍尔效应(他为此获得了 1985 年度诺贝尔物理学奖).

3.9.1　霍尔元件基本参数测量

[实验目的]

(1) 了解霍尔效应实验原理,霍尔元件的参数及材料的要求.

(2) 学习"对称测量法"消除负效应影响的方法.

(3) 绘制试样的 U_H-I_s 曲线和 U_H-I_M 曲线.

(4) 确定试样的导电类型、载流子浓度 n 以及迁移率 μ.

[实验原理]

通有电流的薄片置于与它垂直的磁场中,在薄片两端就会有电压出现,如图 3.9.1 所示,称为霍尔效应现象,这个电压叫做霍尔电压.霍尔电压依赖于磁场与电流的存在.

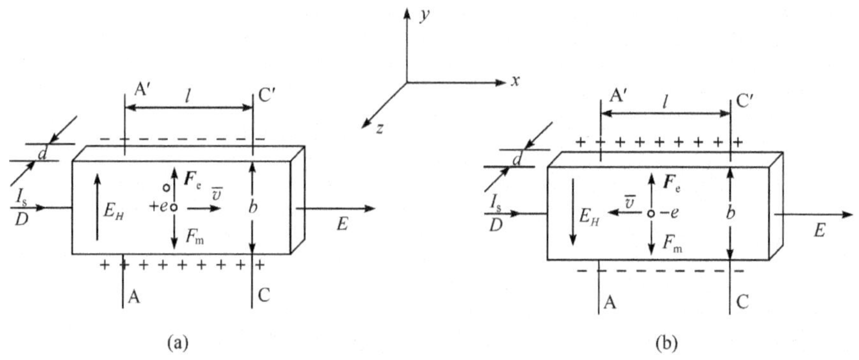

图 3.9.1

霍尔效应就是运动的带电粒子 q 在磁场中受到洛伦兹力 $\boldsymbol{F}_m = q\boldsymbol{v} \times \boldsymbol{B}$ 的作用而引起的偏转现象.由于带电粒子束缚在固体材料中,这种偏转就导致在垂直于电流和磁场方向上正负电荷在样品边界的聚积,形成横向电场.

如图 3.9.1 所示,b 为样品的宽度,d 为样品厚度,I_s 是 x 轴方向从样品电极 D、E 中流过的电流,B 是沿 z 轴方向加的磁场,在 y 轴方向样品的两个侧面 AA′上集聚了异号电荷而产生了相应的横向电场 E_H.电场的指向取决于样品的导电类型(N 型或 P 型).当横向电场对载流子作用的电场力 $\boldsymbol{F}_e = e\boldsymbol{E}_H$ 与磁场对载流子作用的洛伦兹力 $\boldsymbol{F}_m = e\boldsymbol{v} \times \boldsymbol{B}$ 相抵消时,载流子在样品中的运动不再偏转,样品两侧电荷达到平衡形成稳定电场即

$$eE_H = e\bar{v}B \tag{3.9.1}$$

式中,E_H 为霍尔电场;$\bar{v}$ 为载流子在电流方向上的平均漂移速度.

设样品宽度 b=4.00mm,厚度 d=0.5mm,电极间距 l=3.00mm,载流子浓度为 n,则载流子平均速度 $\bar{v}$ 与电流强度 I_s 的关系为

$$I_s = ne\bar{v}bd \tag{3.9.2}$$

将式(3.9.2)代入式(3.9.1)得

$$E_H = \bar{v}B = \frac{I_s B}{nebd} \tag{3.9.3}$$

$$U_H = E_H b = \frac{1}{ne} \cdot \frac{I_s B}{d} = R_H \frac{I_s B}{d} \tag{3.9.4}$$

可见霍尔电压 U_H(AA′电极之间电压)与 $I_s B$ 成正比与样品厚度 d 成反比.

1. 霍尔系数 R_H

$R_H = \frac{1}{ne}$称为霍尔系数,它是反映材料霍尔效应强弱的重要参数,只要测出 U_H(V)、I_s(A)、B(T)和 d(m),代入式 $R_H = \frac{U_H d}{I_s B}$就可计算出霍尔系数.

2. 根据 R_H 的符号(或霍尔电压 U_H 的正负)判断样品的导电类型

半导体材料有 N 型和 P 型两种,前者载流子为电子,带负电,后者载流子为空穴,相当于带正电的粒子.样品两侧 AA′电压符号与载流子所带电荷的正负有关,如图 3.9.1 所示.载流子带正电 $q>0$,则其定向漂移速度的方向与电流的方向一致,洛伦兹力使它向 A 侧偏转,使得 A 侧电势高,即 $U_A > U_{A'}$(图 3.9.1(a)),霍尔系数 R_H 为正,样品为 P 型半导体材料;反之载流子带负电,其定向漂移速度的方向则与电流的方向相反,洛伦兹力使它向 A 侧偏转,使得 A 侧电势低,即 $U_A < U_{A'}$(图 3.9.1(b)),霍尔系数 R_H 为负,样品为 N 型半导体材料.

3. 霍尔元件的灵敏度 K_H

式(3.9.4)中比例系数 $K_H = \frac{R_H}{d} = \frac{1}{ned}$为霍尔元件灵敏度,单位为 $\Omega \cdot T^{-1}$,一般要求 K_H 愈大愈好,它与载流子浓度成反比,由于半导体内载流子浓度远比金属中载流子浓度小,所以选用半导体材料制作霍尔元件. K_H 与样品厚度 d 成反比,所以霍尔元件都做得很薄,一般只有 0.2mm 厚.

4. 载流子浓度 n

$n = \frac{1}{|R_H|e}$,应该指出,此式假定载流子定向漂移的速度为已知,严格一点应考虑载流子漂移速度的统计分布,需引入修正因子$\frac{3\pi}{8}$.因为半导体内载流子比金属中载流子的浓度小,所以半导体的霍尔系数比金属的大得多,因此霍尔效应为研究半导体载流子浓度的变化提供了重要的方法.

5. 电导率 σ，迁移率 μ

迁移率 μ 是指在单位强度的电场作用下，样品中载流子所获得的平均速度，其单位是 $m^2 \cdot V^{-1} \cdot s^{-1}$.

电导率 σ（电阻率 ρ 的倒数）

$$\sigma=\frac{1}{\rho}=\frac{I_s}{U_\sigma}\frac{l}{S}=\frac{I_s}{U_\sigma}\frac{l}{bd}=\frac{ne\bar{v}bd}{U_\sigma}\frac{l}{bd}=ne\bar{v}\frac{l}{U_\sigma}=ne\mu \tag{3.9.5}$$

所以迁移率 μ 与载流子的浓度 n 之间的关系为

$$\mu=|R_H|\sigma \tag{3.9.6}$$

通过实验测出 σ，即可求出 μ. 上述可知：要得到大的霍尔电势，关键是要选择霍尔系数大的材料，即迁移率 μ 高，电阻率 ρ 也较高，这是制造霍尔元件较理想的材料. 由于电子迁移率比空穴的迁移率大，所以霍尔元件一般采用 N 型半导体材料制作.

6. 消除霍尔元件副效应的影响

实验中测量所得 U_H 并不是实际的霍尔电压，还会有些热磁副效应，附加另外一些电压，给测量带来误差. 这些热磁效应有：①爱廷豪森效应，是由于霍尔片两端有温度差，从而产生温差电动势 U_E，它与霍尔电压、电流 I_s，磁场的方向有关；②能斯托效应，是当热流通过霍尔片时，在其两侧 AA′会有电压 U_N 产生，只与磁场和热流有关；③里纪-勒杜克效应，是当热流通过霍尔片时两侧会有温度差产生，从而又产生温差电压 U_R，它同样与磁场及热流有关；④不等位电压 U_0，它是由于霍尔片两侧 AA′的电极不在同一等势面上引起的. 当霍尔电流通过时，即使不加磁场，两端也会有电压产生，其方向随电流 I_s 方向改变而改变. 为了消除这些副效应的影响，具体做法是 $B(I_M)$ 大小不变，设定 I_s 和 B 正反方向后，分别改变它们的方向，记录四组电压数据.

$+I_s$ $+B$: $U_{AA'}=U_1=+U_H+U_0+U_B+U_N+U_R$

$+I_s$ $-B$: $U_{AA'}=U_2=-U_H+U_0-U_B-U_N-U_R$

$-I_s$ $-B$: $U_{AA'}=U_3=+U_H-U_0+U_B-U_N-U_R$

$-I_s$ $+B$: $U_{AA'}=U_4=-U_H-U_0-U_B+U_N+U_R$

由于 U_E 方向始终与 U_H 相同，所以换向法不能消除它，但一般 $U_E \ll U_H$，可以忽略不计，求平均值，得

$$U_H=\frac{U_1-U_2+U_3-U_4}{4}$$

通过上述的对称测量法，虽然还不能消除所有的副效应，但引入的误差很小，可以忽略不计.

[实验仪器]

TH-H 型霍尔效应实验组合仪由实验仪和测试仪两部分组成.

1. 实验仪(图 3.9.2)

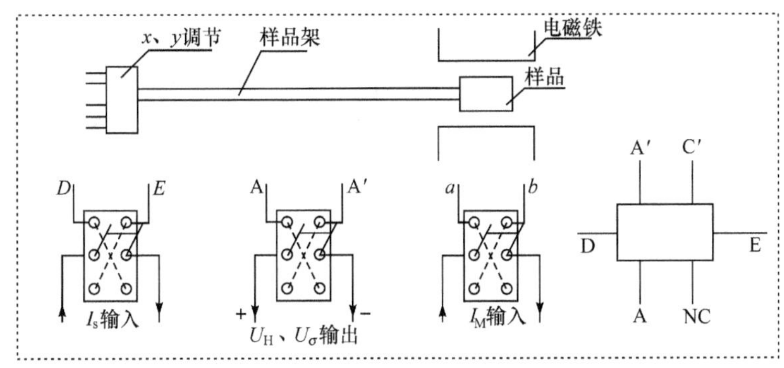

图 3.9.2

1) 电磁铁

规格>0.3T · A^{-1},磁铁线包的引线有星标者为头(见实验仪上图示),线包绕向为顺时针(操作者面对实验仪).根据线包绕向及励磁电流 I_M 流向,可以确定磁感应强度 B 的方向,而磁感应强度 B 的大小与励磁电流 I_M 的关系在线包上标明.

2) 样品和样品架

样品材料为 N 型半导体硅单晶片,根据空脚的位置不同,样品分两种式样,如图 3.9.3 所示,样品的几何尺寸为宽度 $b=4.00\text{mm}$,厚度 $d=0.5\text{mm}$,电极间距 $l=3.00\text{mm}$.

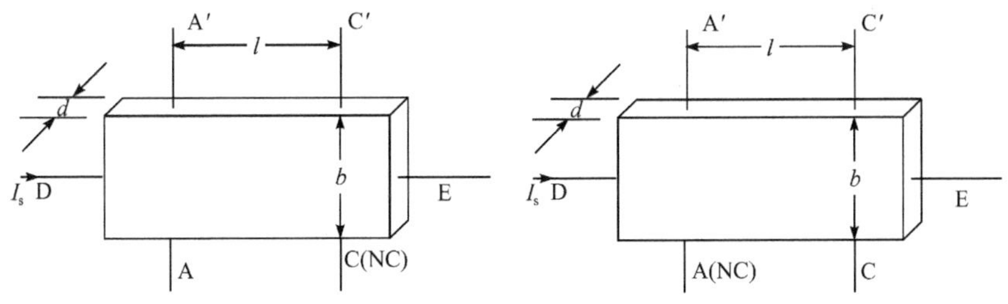

图 3.9.3

样品共有三对电极,其中 AA′和 CC′用于测量霍尔电压 U_H,AC 或 A′C′用于测量电导,D、E 为样品工作电流电极.各电极与切换开关的接线如图 3.9.2 所示.

样品架具有 x、y 调节功能及读数装置，样品放置的方向如图所示（操作者面对实验仪）.

3）I_s、I_M 换向开关和 U_H、U_σ 测量选择开关

I_s、I_M 换向开关扳向上方，则 I_s、I_M 为正值，反之为负值；"U_H、U_σ"切换开关扳向上方测量 U_H，扳向下方测量 U_σ.

2. 测试仪（图 3.9.4）

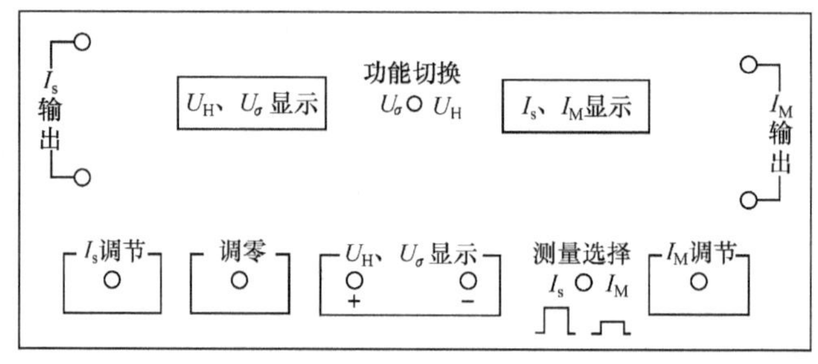

图 3.9.4

（1）"I_s 输出"为 0～10mA 样品工作电流源，"I_M 输出"为 0～1A 励磁电流源，两路输出电流大小通过 I_s 调节旋钮及 I_M 调节旋钮进行连续调节，通过"测量选择"按键由同一只数字电流表进行测量，按键测 I_M，放键测 I_s.

（2）直流数字电压表.

U_H 和 U_σ 二者通过切换开关由同一只数字电压表进行测量，电压表零位可通过调节调零电位器进行调整. 当显示器的数字前出现"－"时，表示被测电压极性为负值.

［实验内容］

（1）按图 3.9.2 所示仪器接口名称指示连接好线路，绝对不允许将"I_M 输出"接到"I_s 输入"或"U_H、U_σ 输出"，否则一旦通电，霍尔元件即遭损坏！"I_s、I_M 调节旋钮"逆时针方向旋到底，接通电源，开机预热数分钟.

（2）保持电流 I_M 不变（I_M＝0.6A），"U_H、U_σ 切换开关"扳向 U_H，取 I_s 分别为 1.00mA、1.50mA、2.00mA、2.50mA、3.00mA、3.50mA 时，测出 U_H，测量数据记入表 3.9.1.

（3）保持电流 I_s 不变（I_s＝3.00mA），"U_H、U_σ 切换开关"位置同上，取 I_M 分别为 0.300A、0.400A、0.500A、0.600A、0.700A、0.800A 时，测出 U_H，测量数据记入表 3.9.2.

(4) 在零磁场下，取 $I_s=0.15\text{mA}$，测量 AC 之间的电压，即 U_σ；改变电流 I_s 方向，再测一次 U_σ，记入表 3.9.3，由式(3.9.5)，即可测得电导率 σ.

[数据处理]

(1) 根据表 3.9.1 中的数据绘制 U_H-I_s 曲线.

表 3.9.1　　$I_M=0.6\text{A}$

I_s/mA	U_1/mV	U_2/mV	U_3/mV	U_4/mV	$U_H=\dfrac{U_1-U_2+U_3-U_4}{4}/\text{mV}$
	$+B$、$+I_s$	$-B$、$+I_s$	$-B$、$-I_s$	$+B$、$-I_s$	
1.00					
1.50					
2.00					
2.50					
3.00					
3.50					

根据表 3.9.2 中的数据绘制 U_H-I_M 曲线.

表 3.9.2　　$I_s=3.00\text{mA}$

I_M/A	U_1/mV	U_2/mV	U_3/mV	U_4/mV	$U_H=\dfrac{U_1-U_2+U_3-U_4}{4}/\text{mV}$
	$+B$、$+I_s$	$-B$、$+I_s$	$-B$、$-I_s$	$+B$、$-I_s$	
0.300					
0.400					
0.500					
0.600					
0.700					
0.800					

表 3.9.13　　$I_s=0.15\text{mA}$

I_s/mA	U_σ/mV
换向前	
换向后	
平均	

比较两次绘出的曲线并算出霍尔系数 R_{H1} 和 R_{H2}，得出霍尔系数 R_H(取 R_{H1} 和

R_{H2}的平均值).

(2) 确定霍尔元件样品的导电类型.

(3) 计算霍尔元件样品的霍尔灵敏度 K_H.

(4) 计算载流子浓度 n.

(5) 测量电导率 σ.

(6) 计算迁移率 μ.

[思考题]

(1) 霍尔电压是如何产生的?它的大小、符号与哪些因素有关?

(2) 为什么霍尔效应在半导体中特别显著?

(3) 若磁场 B 的方向不与霍尔片上的法线一致,对测量结果有何影响?

3.9.2 霍尔元件测量磁感应强度

[实验目的]

(1) 掌握霍尔元件的工作特性.

(2) 学习用霍尔效应法测量螺线管轴向磁感应强度.

[实验原理]

1. 霍尔效应法测量磁场原理

霍尔效应从本质上讲就是运动的带电粒子 q 在磁场中受到洛伦兹力 $\boldsymbol{F}_m=q\boldsymbol{v}\times\boldsymbol{B}$ 的作用而引起的偏转现象. 由于带电粒子束缚在固体材料中,这种偏转导致在垂直于电流和磁场方向上正负电荷在样品边界的聚积,形成横向电场. 如图 3.9.5 所示,b 为样品的宽度,d 为样品厚度,I_s 是 x 轴方向从样品中流过的电流,B 是沿 z 轴方向加的磁场,在 y 方向样品的两个侧面 AA′上集聚了异号电荷而产生了相应的横向电场 E_H. 电场的指向取决于样品的导电类型(N 型或 P 型). 当横向电场对载流子的作用的电场力与磁场对载流子作用的洛伦兹力相抵消时,载流子在样品中的运动不再偏转,样品两侧电荷达到平衡,形成稳定电场,即

$$eE_H=e\bar{v}B \tag{3.9.7}$$

式中,E_H 为霍尔电场;$\bar{v}$ 为载流子在电流方向上的平均漂移速度.

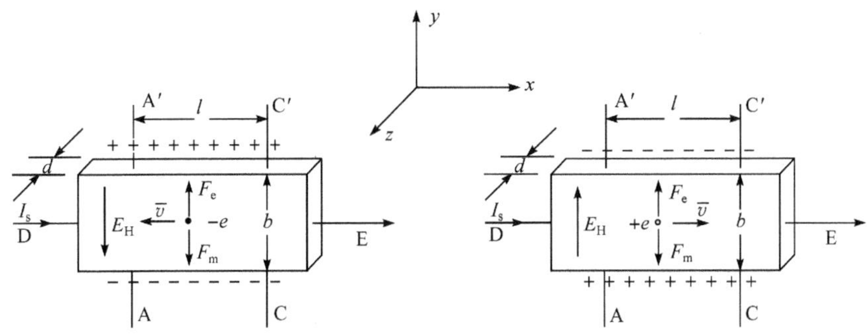

图 3.9.5

设样品宽度 b，厚度 d，载流子浓度为 n，则载流子平均速度 $\bar{v}$ 与电流强度 I_s 的关系为

$$I_s = ne\bar{v}bd \tag{3.9.8}$$

将式(3.9.8)代入式(3.9.7)得

$$U_H = E_H b = \frac{1}{ne} \cdot \frac{I_s B}{d} = R_H \frac{I_s B}{d} \tag{3.9.9}$$

可见，霍尔电压 U_H(AA′电极之间电压)与 $I_s B$ 成正比，与样品厚度 d 成反比. 比例系数 $R_H = \frac{1}{ne}$ 称为霍尔系数，它是反映材料霍尔效应强弱的重要参数.

霍尔元件就是利用上述霍尔效应原理制成的电磁转换元件，对于成品的霍尔元件，其 R_H 和 d 已知，因此将式(3.9.9)写成

$$U_H = K_H I_s B \tag{3.9.10}$$

式中 K_H 为霍尔元件的灵敏度，它表示该元件在单位工作电流和单位磁感应强度下输出的霍尔电压. 式中 I_s 单位取 mA，B 单位取 T，U_H 单位取 mV，则 K_H 单位取 $\mathrm{mV \cdot mA^{-1} \cdot T^{-1}}$. K_H 为已知量(由实验仪器厂家给出)，测得 I_s 和 U_H 就可以得到磁场的磁感应强度 B.

$$B = \frac{U_H}{K_H I_s} \tag{3.9.11}$$

2. 霍尔电压 U_H 的测量方法

由于实验中测量的 U_H 并不是实际的霍尔电压，伴随霍尔效应的产生，出现了热磁副效应，从而附加另外一些电势，给测量带来误差，必须设法消除(参见 3.9.1 霍尔元件基本参数测量). 根据这些副效应产生的机理，采用电流和磁场换向的对称测量法，基本上可以把副效应从测量结果中消除. 具体做法是 I_s 和 $B(I_M)$ 大小不变，设定 I_s 和 B 正反方向后，分别改变它们的方向，记录四组电压数据.

$$+I_s \quad +B: \quad U_1$$
$$+I_s \quad -B: \quad U_2$$
$$-I_s \quad -B: \quad U_3$$
$$-I_s \quad +B: \quad U_4$$

求上述四组数据的代数平均值，得

$$U_H=\frac{U_1-U_2+U_3-U_4}{4} \tag{3.9.12}$$

式(3.9.11)、式(3.9.12)是本实验测量磁感应强度的原理公式.

3. 载流长直螺线管内的磁感应强度

螺线管是由绕在圆柱面上的导线构成，对于密绕的螺线管，可以看成是一列由共同轴线的圆形线圈的组合，因此一个载流长直螺线管轴线上某点的磁感应强度，可以从对各圆形电流在轴线上该点所产生的磁感应强度进行积分得到. 对于一个有限长的螺线管，在距离两端等远的中心点，磁感应强度为最大，则

$$B_0=\mu_0 n I_M \tag{3.9.13}$$

式中，μ_0 为真空磁导率；n 为螺线管单位长度的线圈匝数；I_M 为线圈的励磁电流.

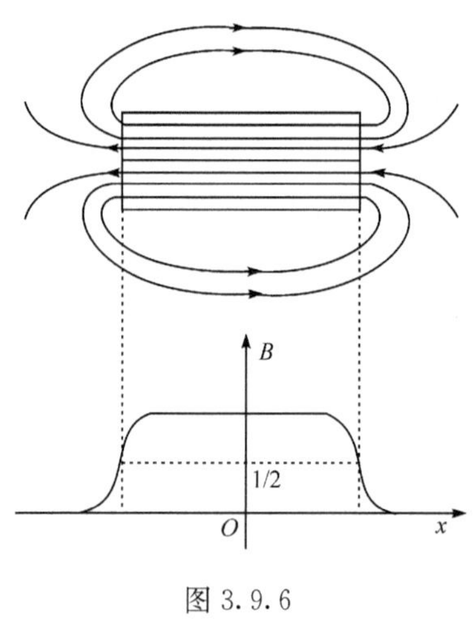

图 3.9.6

如图 3.9.6 所示，由长直螺线管的磁力线分布可知，其内腔中部磁力线为平行于轴线的直线，渐近两端口时，这些直线变为从两端口离散的曲线，说明其内部的磁场是均匀的，仅在靠近两端口处，才呈现明显的不均匀性，根据理论计算，长直螺线管端口的磁感应强度为腔中部磁感应强度的$\frac{1}{2}$.

[实验仪器]

TH-S 型螺线管磁场测定实验组合仪由实验仪和测试仪两部分组成.

1. 实验仪(图 3.9.7)

(1) 长直螺线管，长度 $L=28\text{cm}$，螺线管单位长度的线圈匝数 n(匝/米)标注于实验仪上.

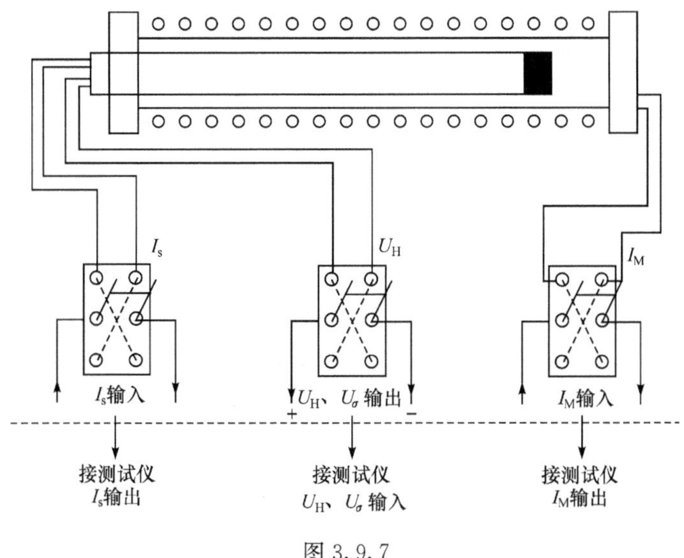

图 3.9.7

(2) 霍尔元件和调节机构. 霍尔元件如图 3.9.8 所示，它有两对电极，A、A′电极用来测量霍尔电压 U_H，D、D′电极为工作电流，两对电极经探杆引出，分别接到实验仪的 I_s 换向开关和 U_H 的输出开关处. 霍尔元件的灵敏度 K_H 与载流子浓度 n 成反比，因半导体材料的载流子浓度随温度变化而变化，故 K_H 与温度有关. 实验仪上给出了该霍尔元件在 15℃时的 K_H 值.

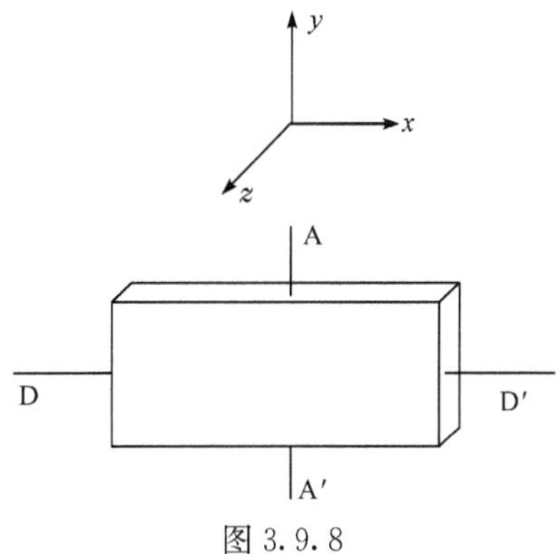

图 3.9.8

探杆固定在二维(x、y 方向)调节支架上. 其中 y 方向调节支架，通过旋钮 y 调节探杆中心轴线与螺线管内孔轴线位置，应使之重合. x 方向调节支架通过旋钮 x_1、x_2 调节探杆的轴向位置. 二维支架上设有 x_1、x_2 及 y 测距尺，用来指示探杆的轴向及纵向位置. x_1、x_2 是两个互补的轴向调节支架，实现了从螺线管一端到另一端整个轴向磁场分布曲线的测试.

霍尔探头位于螺线管的右端，中心及左端测距尺指示如表 3.9.4 所示.

表 3.9.4

位　置		右　端	中　心	左　端
测距尺度数/cm	x_1	0	14	14
	x_2	0	0	14

(3) 工作电流 I_s 及励磁电流 I_M 换向开关，霍尔电压 U_H 输出开关，标注见仪器.

2. 测试仪(图 3.9.9)

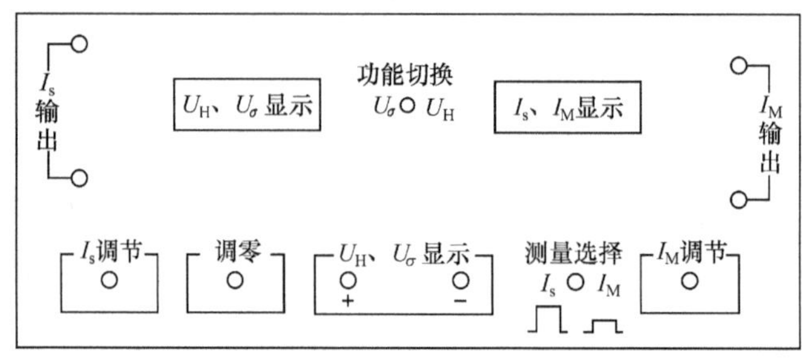

图 3.9.9

1) “I_s 输出”

霍尔元件工作电流源,输出电流 0～10mA,通过 I_s 调节旋钮连续调节.

2) “I_M 输出”

螺线管励磁电流源,输出电流 0～1A,通过 I_M 调节旋钮连续调节.

上述两组恒流源调节的精度分别可达 10μA 和 1mA,读数可通过“测量选择”按键共用一只 $3\frac{1}{2}$ 位 LED 数字电流表显示,按键测 I_M,放键测 I_s.

3) 直流数字电压表

$3\frac{1}{2}$ 位数字直流毫伏表,供测霍尔电压用,电压表零位可通过面板左下方调零电位器旋钮进行校正.

[实验内容]

(1) 连接线路,测试仪面板上的“I_s 输出”、“I_M 输出”和“U_H 输出”三对接线柱应分别与实验仪上的三对相应的接线柱正确连接,如图 3.9.10.

(2) 将 I_s、I_M 调节旋钮逆时针方向旋到底,使其输出电流处于最小状态,然后开机预热几分钟后可进行实验.

(3) 调节“I_s 调节”和“I_M 调节”旋钮取 $I_s=8.00$mA,$I_M=0.800$A 保持不变.其电流随旋钮顺时针方向转动而增加,细心操作,读数可通过“测量选择”按键来实现. 按键测 I_M,放键测 I_s.

(4) 以相距螺线管两端口等远的中心位置为坐标原点,探头离中心位置 $x=14-x_1-x_2$,调节旋钮 x_1、x_2,使测距尺读数 $x_1=x_2=0.0$cm,保持 $x_2=0.0$cm 不变,调节 x_1 使其值为 0.0、0.5、1.0、1.5、2.0、5.0、8.0、11.0、14.0cm,再调节 x_2 旋

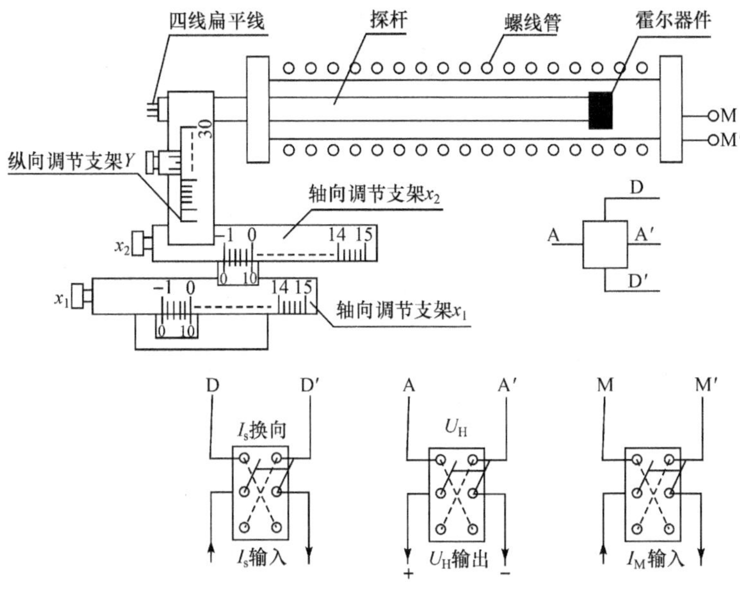

图 3.9.10

钮,保持 $x_1=14.0$cm 不变,使 x_2 值为 3.0、6.0、9.0、12.0、12.5、13.0、13.5、14.0cm,按对称测量法测出各相应位置的 U_1、U_2、U_3、U_4 值,并计算出相应的 U_H 和 B 值,填入表 3.9.5.

[提示] 调节实验仪上 x_1、x_2 旋钮,使测距尺 x_1 及 x_2 均为零,此时霍尔探头位于螺线管右端.使霍尔探头从螺线管的右端移至左端,为调节顺手,应先调节 x_1 旋钮,使调节支架 x_1 的测距尺读数从 0.0～14.0cm,再调节支架 x_2 的测距尺读数从 0.0～14.0cm.反之要使探针从螺线管的左端移至右端,应先调节 x_2 读数从 14.0～0.0cm,再调节 x_1 读数从 14.0～0.0cm.注意要缓慢调节,以防过快损坏仪器.

(5) 关机前,应将“I_s 调节”和“I_M 调节”旋钮逆时针方向旋到底,使其输出电流处于最小状态,然后切断电源.

[数据处理]

取 $I_s=8.00$mA,$I_M=0.800$A 保持不变,测绘螺线管轴线上的磁感应强度分布.

(1) 根据表 3.9.5 绘制 B-x 曲线,验证螺线管端口的磁感应强度为中心位置的 1/2.

表 3.9.5 $I_s=8.00\text{mA}, I_M=0.800\text{A}$

x_1/cm	x_2/cm	x/cm	U_1/mV	U_2/mV	U_3/mV	U_4/mV	U_H/mV	B/T
			$+B、+I_s$	$-B、+I_s$	$-B、-I_s$	$+B、-I_s$		
0.0	0.0							
0.5	0.0							
1.0	0.0							
1.5	0.0							
2.0	0.0							
5.0	0.0							
8.0	0.0							
11.0	0.0							
14.0	0.0							
14.0	3.0							
14.0	6.0							
14.0	9.0							
14.0	12.0							
14.0	12.5							
14.0	13.0							
14.0	13.5							
14.0	14.0							

(2) 将螺线管中心的磁感应强度值与理论值进行比较,求出相对误差.

[提示] 测绘 B-x 曲线时,螺线管端口的磁感应强度变化较大,应多测几点.

[思考题]

(1) 霍尔元件都用半导体材料制成而不用金属材料,为什么?

(2) 为了提高霍尔元件的灵敏度可采用什么办法?

3.10 霍尔效应法测量亥姆霍兹线圈磁场

[实验目的]

(1) 掌握利用霍尔元件测量磁场的原理,学习用"对称测量法"消除副效应产生的附加电压

(2) 了解亥姆霍兹线圈的构成条件及其磁场分布的特点

(3) 测量单个通电圆线圈和亥姆霍兹线圈轴线上的磁场,验证磁场叠加原理

[实验原理]

1. 圆线圈

载流圆线圈在轴线(通过圆心并与线圈平面垂直的直线)上磁场情况如图 3.10.1 所示,根据毕奥-萨伐尔定律,轴线上某点 P 的磁感应强度 B 为

$$B=\frac{\mu_0\bar{R}^2}{2(\bar{R}^2+x^2)^{3/2}}NI \tag{3.10.1}$$

式中 I 为通过线圈的电流强度,N 为线圈匝数,$\bar{R}$ 线圈平均半径,x 为线圈圆心到 P 点的距离,μ_0 为真空磁导率.

2. 亥姆霍兹线圈

亥姆霍兹线圈是由一对彼此平行且连通的共轴圆形线圈构成(如图 3.10.2 所示),其匝数和半径相同,每一线圈 N 匝,两线圈内的电流方向一致,线圈之间距离正好等于圆形线圈的平均半径$\bar{R}$.

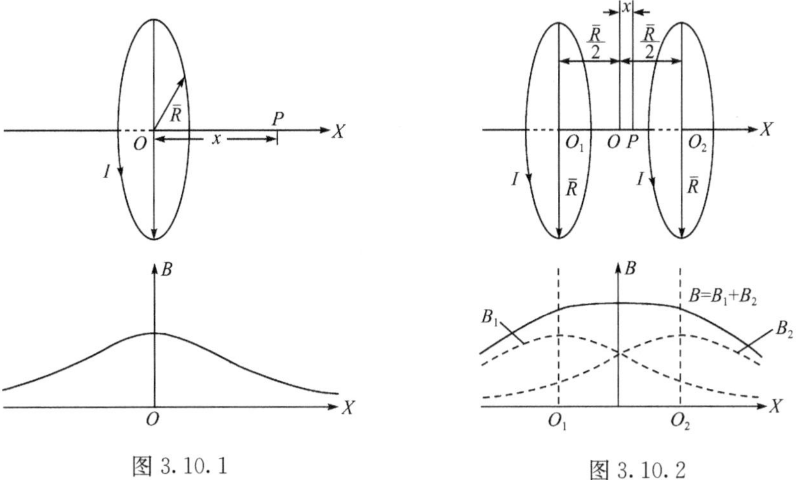

图 3.10.1　　图 3.10.2

取两线圈中心连线的中点 O 为原点,设 x 为亥姆霍兹线圈轴线上任一点 P 离中心点 O 处的距离,则 P 点磁感应强度 B 大小为

$$B=\frac{1}{2}\mu_0 NI\bar{R}^2\left\{\left[\bar{R}^2+\left(\frac{\bar{R}}{2}+x\right)^2\right]^{-\frac{3}{2}}+\left[\bar{R}^2+\left(\frac{\bar{R}}{2}-x\right)^2\right]^{-\frac{3}{2}}\right\} \tag{3.10.2}$$

从式(3.10.2)可以看出,磁场的磁感应强度 B 遵从矢量叠加原理.

亥姆霍兹线圈轴线上磁场分布情况如图 3.10.2 所示,它的特点是能在其公共轴线中点附近产生较均匀磁场区,故在生产和科研中有较大的实用价值,也常用于弱磁场的计量标准.

3. 霍尔效应

霍尔元件一般由半导体材料薄片构成,如图 3.10.3 所示,将其放在磁场中,磁感应强度 B 沿 Z 轴正方向,在导电板中通以电流 I_S,此时在板的横向两侧面 A、A′之间就呈现出一定的电压,这一现象称为霍尔效应,所产生的电压称为霍尔电压 U_H.

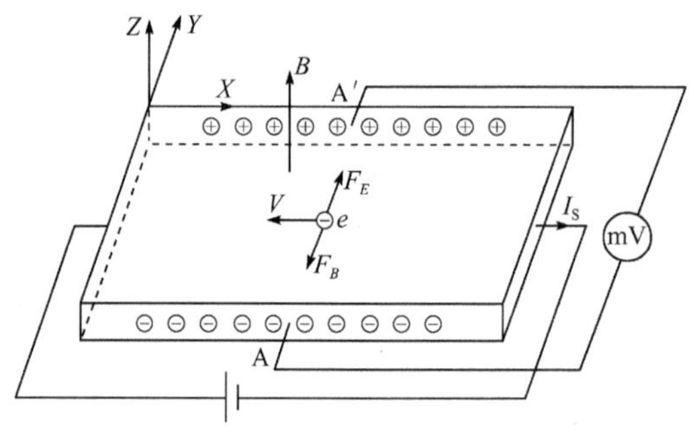

图 3.10.3

霍尔效应从本质上讲,运动的带电粒子在磁场中受洛伦兹力的作用而引起的偏转现象. 电子沿 X 轴负方向运动中,受洛伦兹力 F_B 的作用向 Y 轴负向偏转,并在 A 侧积累,相对的 A′侧出现等量的正电荷,这样在导体内部形成电场,电子受到的电场力 F_E 沿 Y 轴正向,两侧形成电压,即霍尔电压 U_H. 开始电场比较弱,电子仍向 A 侧偏转,随着电荷的积累,电场逐渐增强,F_E 增大,当 $F_E=-F_B$ 时,电子不再偏转,电场达到稳定,霍尔电压 U_H 也不再变化.

$$U_H = K_H I_S B \tag{3.10.3}$$

式中 K_H 称为霍尔元件的灵敏度,表示霍尔元件在单位磁感应强度和通过单位电流时霍尔电压的大小,其单位是 mV/mA · T.

根据式(3.10.3),如果测得霍尔元件的工作电流 I_S 和霍尔电势 U_H 可以计算出磁场的磁感应强度 B.

$$B = \frac{U_H}{K_H I_S} \tag{3.10.4}$$

上面讨论的霍尔电压是理想状态下的情况,实际上随着霍尔效应的产生,霍尔元件内部同时还出现了四种副效应. 这些副效应也要在霍尔元件的 A、A′引起附加电压.因此,直接测量霍尔元件得到的电势包含了各种附加电压.但是,这些附加电压可以通过采用工作电流和磁场换向测量法基本上消除掉(请参考霍尔元件基本参数测量实验).则霍尔电压 U_H

$$U_H=\frac{U_1-U_2+U_3-U_4}{4} \tag{3.10.5}$$

[实验仪器]

亥姆霍兹线圈实验组合仪有实验仪和测试架组成.

1. 亥姆霍兹线圈磁场实验仪

如图 3.10.4 所示,实验仪主要由霍尔元件工作电流 I_S,线圈励磁电流 I_M,霍尔电压 U_H 测量显示部分组成。

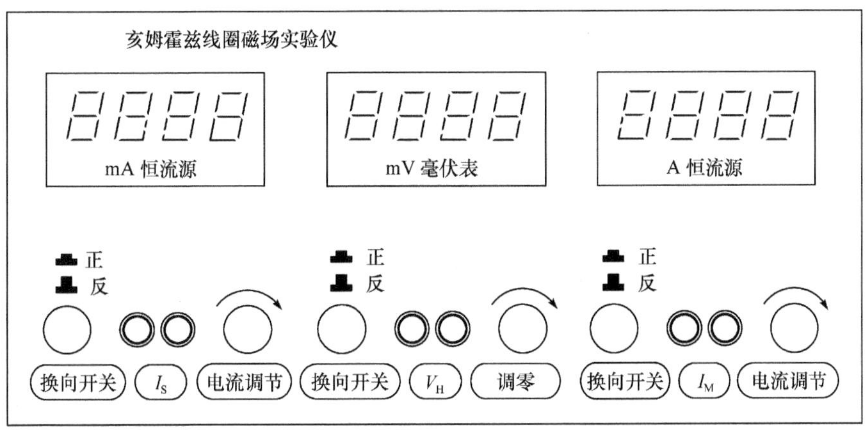

图 3.10.4

(1) 霍尔元件工作电流 I_S:输出直流恒流为 0～5.50mA,通过电流调节旋钮连续调节,使用换向按钮改变输出电流方向,三位半数显显示输出电流值,负载范围:0～1kΩ.

(2) 线圈励磁电流 I_M:输出直流恒流为 0～0.500A,通过电流调节旋钮连续调节,使用换向按钮改变输出电流方向,三位半数显显示输出电流值,负载范围:0～40Ω.

(3) 霍尔电压 U_H:三位半数显显示输入 U_H,测量范围 0～±9.99mV,测量前需要将输入端短路,用调零旋钮调零.

2. 亥姆霍兹线圈测试架，如图 3.10.5 所示. 测试架主要有亥姆霍兹线圈、二维移动装置带霍尔元件组成

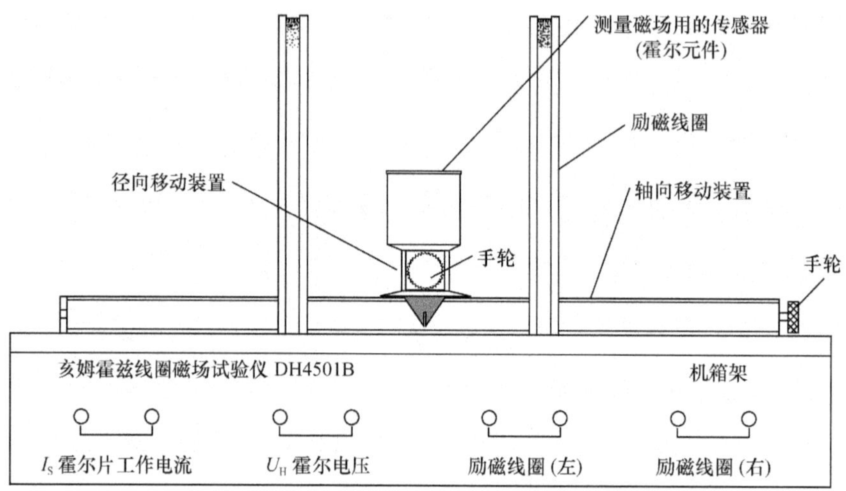

图 3.10.5

(1) 亥姆霍兹线圈. 线圈平均半径 110mm，两线圈中心间距 110mm，线圈匝数 500 匝.

(2) 二维移动装置带霍尔元件. 测试架上安装有径向移动装置和轴向移动装置，使霍尔元件可以在平行线圈平面和垂直线圈平面两个方向上移动. 每个移动装置都附有刻度尺，便于确定霍尔元件的位置，轴向移动范围：±130mm，线圈径向移动范围：±40mm.

[实验内容]

(1) 在开机前将工作电流 I_S 和励磁电流 I_M 旋钮逆时针方向旋转调节到最小，以防开机冲击电流将霍尔传感器损坏，开机后仪器预热 5 分钟.

(2) 用短接线将霍尔电压数显毫伏表输入端短接，调节面板上的调零旋钮，使毫伏表显示为 0.00mV，使用径向移动手轮，将霍尔元件移动到径向导轨刻度尺的零刻度处，即垂直线圈平面且过线圈中心的轴线上.

(3) 测量单个通电圆线圈轴线上各点的磁感应强度.

① 用连接线将励磁电流 I_M 输出端连接到左线圈 a，调节工作电流使 I_S = 3.50mA，调节励磁电流 I_M = 0.500A，测量线圈 a 单独通电时轴线上各点的霍尔电压 U_H. 旋转轴向手轮，每隔 1.00cm 测量一个数据. 为了消除副效应产生的附加

电压,采用换向开关(I_S、I_M)测量轴线上各点的 U_1、U_2、U_3、U_4,将数据记入表 3.10.1 中。根据式(3.10.4)计算出各测量点的磁感应强度 B(a).

② 关断电源,用连接线将励磁电流 I_M 输出端连接到右线圈 b,打开电源,使线圈 b 单独通电.采用换向开关(I_S、I_M)测量轴线上各点的 U_1、U_2、U_3、U_4,将数据记入表 3.10.2 中.根据式(3.10.4)计算出各测量点的磁感应强度 B(b).

(4) 测量亥姆霍兹线圈轴线上的磁感应强度.

用连接线将励磁电流 I_M 输出端连接到两线圈(注意保证两线圈中的电流同方向),调节工作电流 I_S=3.50mA,调节励磁电流 I_M=0.500A,采用换向开关(I_S、I_M)测量亥姆霍兹线圈轴线上各点的 U_1、U_2、U_3、U_4,将数据记入表 3.10.3 中。根据式(3.10.4)计算出各测量点的磁感应强度 B(a+b)。

(5) 比较亥姆霍兹线圈磁感应强度 B(a+b)与两线圈单独通电时磁感应强度和B(a)+B(b),验证磁场叠加原理的正确性.

[数据处理]

(1) 根据表 3.10.1～表 3.10.3 中的实验数据,在同一坐标系中画出 B(a)-x,B(b)-x,B(a+b)-x,B(a)+B(b)-x 四条曲线.验证磁场叠加原理,亥姆霍兹线圈中间部分存在均匀磁场.

表 3.10.1　左线圈 a 单独通电时轴线上的磁场分布

I_S=3.50mA,　I_M=0.500A

X/mm	U_1/mV	U_2/mV	U_3/mV	U_4/mV	U_H/mV	B(a)/mT
	$+I_S$,$+B$	$+I_S$,$-B$	$-I_S$,$-B$	$-I_S$,$+B$		
−50.0						
−40.0						
−30.0						
−20.0						
−10.0						
0.0						
10.0						
20.0						
30.0						
40.0						
50.0						

表 3.10.2　右线圈 b 单独通电时轴线上的磁场分布

$I_S=3.50\text{mA}, I_M=0.500\text{A}$

X/mm	U_1/mV	U_2/mV	U_3/mV	U_4/mV	U_H/mV	B(b)/mT
	$+I_S,+B$	$+I_S,-B$	$-I_S,-B$	$-I_S,+B$		
−50.0						
−40.0						
−30.0						
−20.0						
−10.0						
0.0						
10.0						
20.0						
30.0						
40.0						
50.0						

表 3.10.3　亥姆霍兹线圈轴线上的磁场分布

$I_S=3.50\text{mA}, I_M=0.500\text{A}$

X/mm	U_1/mV	U_2/mV	U_3/mV	U_4/mV	U_H/mV	B(a+b)/mT	B(a)+B(b)/mT
	$+I_S,+B$	$+I_S,-B$	$-I_S,-B$	$-I_S,+B$			
−50.0							
−40.0							
−30.0							
−20.0							
−10.0							
0.0							
10.0							
20.0							
30.0							
40.0							
50.0							

(2) 将实际测量的亥姆霍兹线圈公共轴线中点的磁感应强度 B(a+b)值与式(3.10.2)计算的理论值相比较，计算相对误差$\dfrac{|B_{测量}-B_{理论}|}{B_{理论}}\times 100\%$.

[思考题]

(1) 如果磁场与霍尔元件薄片不垂直,对测量结果有什么影响,还能否准确测量磁场的磁感应强度?

(2) 将组成亥姆霍兹线圈的两线圈通上相反方向的电流,则两线圈内部和外部轴线上磁场将会怎样分布?

3.11　磁滞回线和磁化曲线测绘

磁滞回线和磁化曲线是反映铁磁材料性能的重要特征曲线,也是研制、开发和应用铁磁材料的重要依据.铁磁材料应用前景广阔,远到太空探测开发,近到现代科技发展,都要用到铁磁材料.

[实验目的]

(1) 了解铁磁物质的磁化规律,比较两种典型的铁磁物质的动态磁化特性.

(2) 测定样品的基本磁化曲线,作 μ-H 曲线.

(3) 测定样品的 B_m、H_m、B_r、H_c 和[BH]等参数.

(4) 掌握用示波器观察并测绘样品磁滞回线的方法,估算其磁滞损耗.

[实验原理]

1. 磁滞回线

将未磁化的铁磁材料置于外磁场中,当外磁场强度 H 从零逐渐增加时,铁磁材料中的磁感应强度 B 也会随之由零增大,在 B-H 图中描画出一条起始磁化曲线 OM,如图 3.11.1 所示.从 OM 曲线的走势可以看到,随着 H 的增加,B 起初增加缓慢,不久就急剧增大,然后又变缓慢增加,当磁场强度达到某一值 H_m 时,B 不再增加,说明铁磁材料的磁化达到饱和状态,这时的磁感应强度 B_m 称为饱和磁感应强度.当外磁场由 H_m 减小时,B 也会减小,只是不沿原来的磁化曲线,而是沿另一条曲线 MR 减小.当 H 减为零时,B 仍有值为 B_r,说明外磁场不存在后,铁磁材料仍保留磁性,这时的 B_r 称为剩余磁感应强度.若要去掉剩磁使 B 变为零,必须加反向磁场.当反向磁场强度的值为 H_c 时,B 减小为零.H_c 称为矫顽力,RC 段曲线称为退磁曲线.继续增加反向磁场强度到 $-H_m$,铁磁材料在外磁场作用下,开始反向磁化,并达到反向磁化饱和状态 $-B_m$.随后将磁场强度由 $-H_m$ 减至零,再由

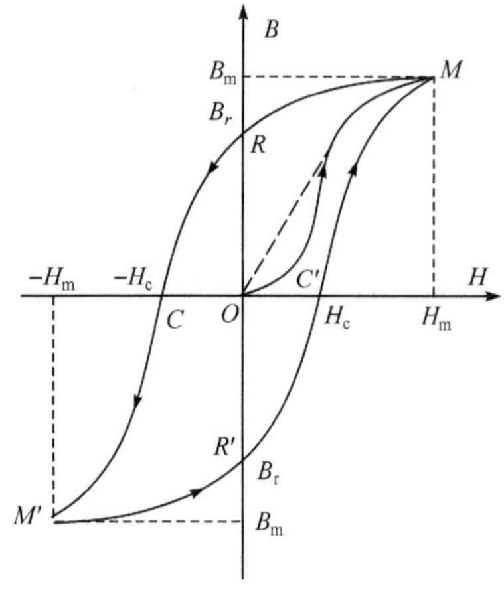

图 3.11.1

零增至 H_m，磁感应强度 B 随 H 沿 $M'R'C'M$ 变化，形成闭合曲线. 在整个磁化过程中，B 的变化是不可逆的，而且总是滞后于 H，称此为磁滞现象. 所形成的闭合曲线称磁滞回线. 磁滞回线的形状与磁场强度 H 有关，与铁磁材料此前的磁化历史及自身的性质有关. 磁滞与剩磁是铁磁材料的重要特性.

铁磁材料在交变磁场中反复被磁化，所消耗的能量称磁滞损耗. 磁滞损耗与磁滞回线的面积有关，磁滞回线面积越大，磁滞损耗越多，反之回线面积小，则损耗就少.

磁滞回线的形状决定铁磁材料矫顽力的大小，根据矫顽力的大小，铁磁材料大体分为软磁材料和硬磁材料两大类. 软磁材料磁滞回线细长，矫顽力小，剩磁小，适于在交变磁场中工作，制作变压器、电机和电磁铁的铁芯等. 硬磁材料磁滞回线宽大，矫顽力大，剩磁也大，适于制作永磁体，应用在电表、录音机和静电复印等诸多方面.

2. 铁磁材料的基本磁化曲线

当初始态 $H=0, B=0$ 时的铁磁材料，在由弱到强的交变磁场中依次进行反复磁化，即让磁场强度从零开始，先在较小值的 $-H_a$ 与 H_a 之间变化，再依次到较大值的 $-H_b$ 与 H_b 之间变化，…($H_a<H_b<\cdots$)，可得到面积由小到大向外扩张的一族磁滞回线，如图 3.11.2 所示. 这些磁滞回线顶点的连线称为铁磁材料的基本磁化曲线. 由此可近似确定其磁导率 $\mu=\dfrac{B}{H}$，因 B 与 H 成非线性关系，故铁磁材料的 μ 不是常数，而是随 H 变化的，如图 3.11.3 所示.

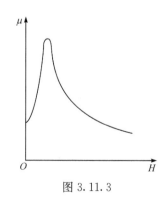

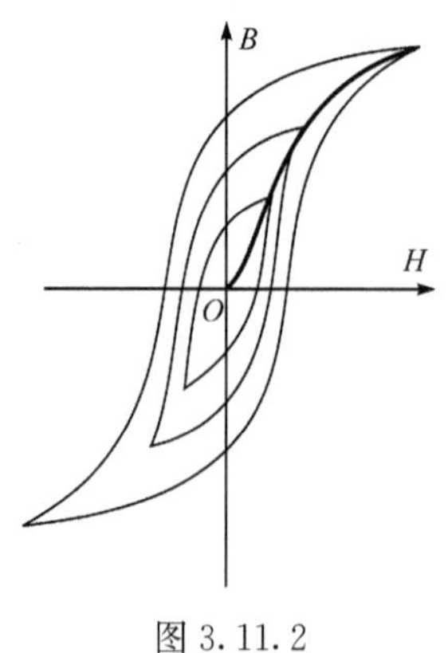

图 3.11.2

图 3.11.3

从测量基本磁化曲线的过程中，可以看出它与图 3.11.1 中的起始磁化曲线是不同的，两者不可混淆.

3. 磁场强度 H 与磁感应强度 B 的确定

观察和测量磁滞回线和基本磁化曲线的实验线路如图 3.11.4 所示.

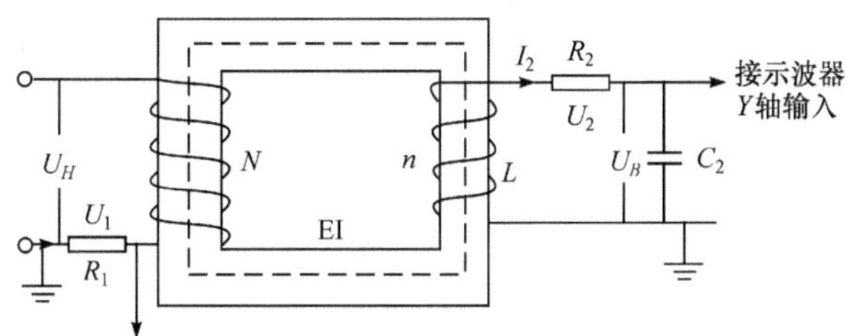

图 3.11.4

制成闭合回路的待测样品为 EI 型矽钢片，N 为励磁绕组，n 为用于测量样品中磁感应强度 B 的绕组，R_1 为励磁电流取样电阻，L 为样品的平均磁路长度，C_2 为电容，设通过 N 的交流励磁电流为 i_1，根据安培环路定理，样品的磁化场强为

$$H=\frac{Ni_1}{L}$$

$$i_1=\frac{U_H}{R_1}$$

$$H=\frac{N}{LR_1}U_H \tag{3.11.1}$$

式中 N、L、R_1 均为已知常数，所以由 U_H 可以确定 H.

在交变磁场中，样品内的磁感应强度瞬时值为 B，穿过样品截面积 S 的磁通为 $\Phi=BS$. 根据法拉第电磁感应定律，由于样品中的磁通量 Φ 发生变化，在测量线圈中产生的感生电动势的大小为

$$\mathscr{E}_2=n\frac{\mathrm{d}\Phi}{\mathrm{d}t}=nS\frac{\mathrm{d}B}{\mathrm{d}t} \tag{3.11.2}$$

如果忽略自感电动势和电路损耗，则回路方程为

$$\mathscr{E}_2=i_2R_2+U_B$$

式中 i_2 为感生电流，设在 Δt 时间内 i_2 向电容 C_2 的充电量为 Q，则此时电容 C_2 两端的电压为

$$U_B=\frac{Q}{C_2}$$

即

$$\mathscr{E}_2=i_2R_2+\frac{Q}{C_2}$$

如果选取足够大的 R_2、C_2 时，使得 $i_2R_2 \gg \frac{Q}{C_2}$，则

$$\mathscr{E}_2 = i_2R_2$$

$$i_2 = \frac{\mathrm{d}Q}{\mathrm{d}t} = C_2 \frac{\mathrm{d}U_B}{\mathrm{d}t}$$

$$\mathscr{E}_2 = C_2R_2 \frac{\mathrm{d}U_B}{\mathrm{d}t} \tag{3.11.3}$$

由式(3.11.2)和式(3.11.3)得

$$B = \frac{C_2R_2}{nS}U_B \tag{3.11.4}$$

式中 C_2，R_2，n，S 均为已知常数，所以由 U_B 可以确定 B.

[实验仪器]

智能磁滞回线实验仪、测试仪，示波器.

1. 实验仪

配合示波器使用，可观察铁磁性材料的基本磁化曲线和磁滞回线.

实验仪由励磁电源、试样、电路板以及实验接线图等部分组成. 其中试样 1 和试样 2 是尺寸(平均磁路长度 $L=60\text{mm}$ 和截面积 $S=80\text{mm}^2$)相同而磁性不同的两只 EI 型铁芯，两者的励磁绕组 $N=50$ 匝和测量磁感应强度 B 的绕组 $n=150$ 匝也相同，取样电阻 R_1 取值为 $0.5\sim5\Omega$ 之间，电阻 $R_2=10\text{k}\Omega$，电容 $C_2=10\mu\text{F}$. 实验线路如图 3.11.4 所示，除电源开关外，其他元器件均可由专用导线实现电路连接.

2. 测试仪

测试仪的面板如图 3.11.5 所示，测试仪使用说明介绍如下：

1) 测量准备

先在示波器上将磁滞回线显示出来，然后开启测试仪电源，再接通与实验仪之间的信号连接.

2) 测试仪按键功能

(1) 功能键：用于选取不同的功能，每按一次键，将在数码显示器上显示出相应的功能.

(2) 确认键：当选定某一功能后，按一下此键，即可进入此功能的执行程序.

(3) 数位健：在选定某一位数码管为数据输入位后，连续按动此键，使小数点右移至所选定的数据输入位处，此时小数点呈闪动状.

(4) 数据键：连续按动此键，可在有小数点闪动的数码管输入相应的数字.

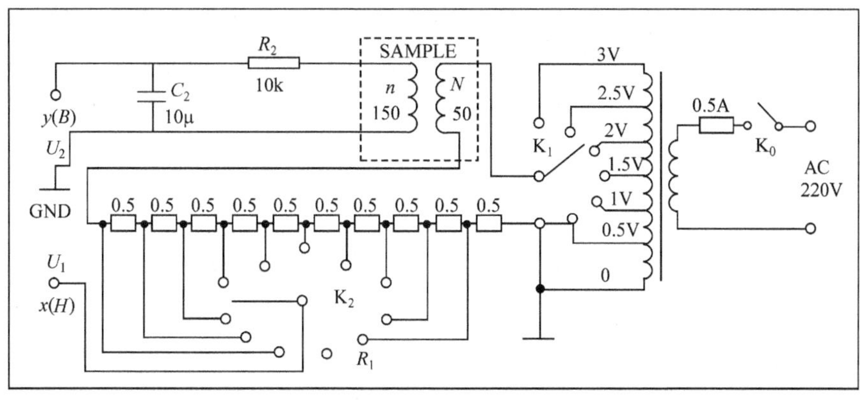

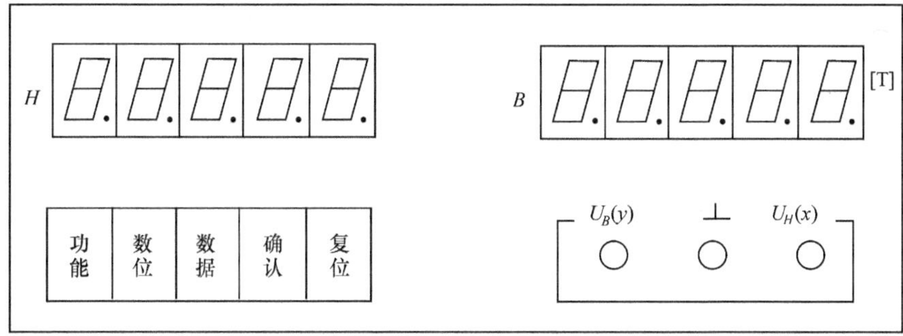

图 3.11.5

(5) 复位键(RESET):开机后,显示器将依次巡回显示 $P\cdots8\cdots P\cdots8\cdots$的信号,表明测试系统已准备就绪.在测试过程中由于外来的干扰出现死机现象时,应按此键,使仪器进入或恢复正常工作.

3) 测试仪操作步骤

(1) 按 RESET 键后,当 LED 显示 $P\cdots8\cdots P\cdots8\cdots$时,按功能键显示器将显示样品的 N 与 L 值.

(2) 按功能键,将显示样品的 n 与 S 值.

(3) 按功能键,将显示电阻 R_1 值与 H、B 值的倍数代号.

[提示] H 与 B 值的倍数是指其显示值需乘上的倍数.

即,H 的测量值=显示值×倍数,H 的倍数代号 1、2、…、5,分别代表 H 的倍数是 $10\text{A}\cdot\text{m}^{-1}$、$10^2\text{A}\cdot\text{m}^{-1}$、…、$10^5\text{A}\cdot\text{m}^{-1}$. B 测量值=显示值×倍数,B 的倍数代号 1,2、…、5,分别代表 B 的倍数是 0.1T、1T、…、10^3T.

(4) 按功能键,将显示电阻 R_2 值与电容 C_2 值.

[提示] 以上显示的 N、L、n、S、R_1、R_2、C_2、H 与 B 的倍数代号等参数为仪器事先的设定值,可根据不同要求进行改写.

(5) 先按功能键,再按确认键将显示 U_{HC} 和 U_{BC} 电压值. U_{HC} 正比于 H 的有效值电压,电压调试范围 0～1V. U_{BC} 正比于 B 的有效值电压,调试范围为 0～1V. 当无输入信号时,禁止操作此功能键. 显示值不能大于 1.0000,否则必须减小输入信号.

(6) 先按功能键,再按确认键,将显示出每周期采样的总点数 n 和测试信号频率 f 值.

(7) 先按功能键,再按确认键,仪器将按步序(6)所确定的点数对磁滞回线进行自动数据采样,显示器分别显示"……"、"……".

若测试系统正常,稍等片刻后,显示器将显示"GOOD",表示采样成功,即可进入下一步程序操作. 如果显示器显示"BAD",表明系统有误,请老师查明原因并修复后,按"功能键",程序将返回到数据采样状态,重新进行数据采样.

(8) 先连续按两次功能键,显示器分别显示"H. SHOW"、"B. SHOW". 然后按两次确认键,将显示曲线上一点的 H 与 B 值(第一次显示采样点的序号,第二次显示出该点的 H 与 B 值),采样总点数参照步序(6),H 与 B 值的倍数参照步序(3). 显示点的顺序是依磁滞回线的第四、一、二和三象限的顺序进行. 否则,说明数据出错或采样信号出错.

(9) 先按功能键,再按确认键,将按步序(3)确定的倍数显示出 H_c 和 B_r 之值.

(10) 先按功能键,再按确认键,将按步序(3)确定的倍数显示样品的磁滞损耗,单位是 $J \cdot m^{-3}$.

(11) 先按功能键,再按确认键,将按步序(3)所确定的倍数显示出 H_m 和 B_m 之值.

(12) 先按功能键,再按确认键,将显示 H 与 B 的相位差.

[**提示**] 测试过程中如显示"COU"字符,表示应继续按动功能键.

[实验内容]

(1) 连接电路:选样品 1,按实验仪上所给的电路图连接线路,并令 $R_1=2.5\Omega$,"U 选择"置于零位,U_H 和 U_B 分别接示波器的"x 输入"和"y 输入",插孔⊥为公共端.

(2) 样品退磁:开启实验仪电源,对试样进行退磁,即顺时针方向转动"U 选择"旋钮,令 U 从 0 增至最大,然后逆时针方向转动旋钮,将 U 从最大值降为 0. 其目的消除剩磁,确保样品处于磁中性状态,即 $H=0$ 时,$B=0$.

(3) 观察磁滞回线:开启示波器电源,令光点位于显示屏坐标中心,令 $U=2.2V$,并分别调节示波器 x 轴和 y 轴的灵敏度,使显示屏上出现图形大小合适的磁滞回线(若图形顶部出现编织状的小环,可适当降低励磁电压予以消除).

(4) 观察基本磁化曲线:按步骤 2 对样品进行退磁. 从 $U=0$ 开始,逐档提高励磁电压,将在显示屏上得到面积由小到大的一簇磁滞回线,这些磁滞回线顶点的连线就是样品的基本磁化曲线. 借助长余辉示波器便可观察到该曲线的轨迹.

(5) 观察比较样品 1 和样品 2 的磁化性能.

(6) 测绘 μ-H 曲线:正确连接测试仪和实验仪之间的连线,开启电源,对样品进行退磁后,依次测定 $U=0.5,1.0,\cdots,3.0\text{V}$ 时的 10 组 H_m 和 B_m 值,填入表 3.11.1,作 μ-H 曲线.

(7) 令 U 为实验室给出的参数,$R_1=2.5\Omega$,测定样品 1 的 B_m、H_m、B_r、H_c 和 $[BH]$等参数.

(8) 取步骤 7 中磁滞回线采样点的 H 和其相应的 B 值(每隔 20 个采样点记录一组数),填入表 3.11.2,用直角坐标纸绘制 B-H 曲线,并估算曲线所围面积.

[数据处理]

表 3.11.1　基本磁化曲线与 μ-H 曲线

U/V	$H_m/(\times10^3\text{A}\cdot\text{m}^{-1})$	$B_m/\times10\text{T}$	$\mu/(\text{N}\cdot\text{A}^{-2})$
0.5			
1.0			
1.2			
1.5			
1.8			
2.0			
2.2			
2.5			
2.8			
3.0			

表 3.11.2　B-H 曲线(磁滞回线)

$H_c=\quad\times10^3\text{A}\cdot\text{m}^{-1}$,$B_r=\quad\times10\text{T}$,$H_m=\quad\times10^3\text{A}\cdot\text{m}^{-1}$,$B_m=\quad\times10\text{T}$,$[HB]=\quad\times10^4\text{J}\cdot\text{m}^{-3}$

No.	H/($\times10^3\text{A}\cdot\text{m}^{-1}$)	B/$\times10\text{T}$	No.	H/($\times10^3\text{A}\cdot\text{m}^{-1}$)	B/$\times10\text{T}$
1			9		
2			10		
3			11		
4			12		
5			13		
6			14		
7			15		
8			16		

[思考题]

(1) 说明本实验中的退磁原理.
(2) 磁滞回线包围面积大小有何意义?
(3) 分别说明 H_m、B_m、H_c、B_r 的物理意义.
(4) 从 B-H 磁化曲线与 μ-H 曲线可以了解哪些磁特性?

3.12 电子比荷测量

电子电荷 e 和电子质量 m 之比 e/m 称为电子的比荷,它是描述电子性质的重要物理量.测定电子比荷可使用不同的方法,本实验采用零电场法、电场偏转法测定电子比荷.它将示波管置于长直螺线管内,并使两管同轴安装,当偏转板上无电压时,从阴极发出的电子,经加速电压加速后,可直射到荧光屏上打出一亮点.若在偏转板上加一交变电压,则电子将随之而偏转,在荧光屏形成一条直线,若给长直螺线管通以电流,运动电子处于轴向磁场中受到洛伦兹力的作用而在荧光屏上会聚成一亮点.由加速电压、聚焦时的励磁电流值便可计算出 e/m 的值.

[实验目的]

(1) 通过对电子射线电磁聚焦和电磁偏转基本原理的实践,加深对电子在电磁场中运动规律的理解.
(2) 通过测定电子比荷,学会一种科学实验的分析方法.

[实验原理]

电子射线的磁聚焦原理(零电场法)

若将示波管的加速电极 A_0、第一阳极 A_1、第二阳极 A_2、偏转电极 D_x 和 D_y 全部连在一起,并相对于阴极 K 加同一加速电压 U_a,这样电子一进入加速电极就在零电场中做匀速运动,如图 3.12.1 所示,这时来自电子射线第一聚焦点 F_1 的发散的电子射线将不再会聚,而在荧光屏上形成一个光斑.为了能使电子射线聚焦,可在示波管外套一个通电螺线管,使在电子射线前进的方向产生一个均匀磁场 B.在 8SJ31 型示波管中,因栅极 G 和加速电极 A_0 的距离仅 1.8mm,见图 3.12.1,可以认为电子离开第一聚焦点 F_1 后立即进入电场为零的均匀磁场中运动.

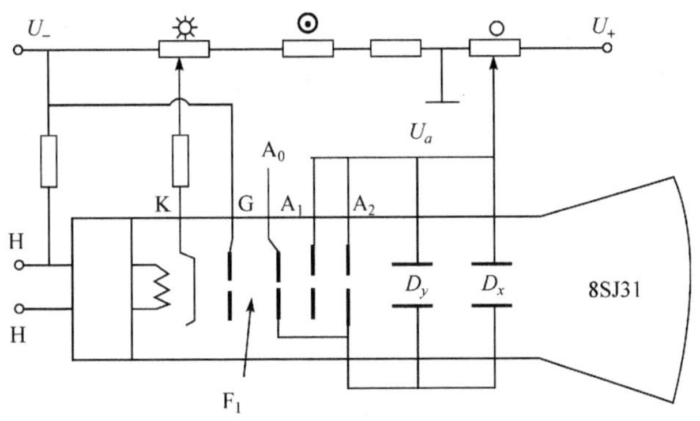

图 3.12.1

那么，在均匀磁场 $\boldsymbol{B}$ 中以速度 v 运动的电子，受洛伦兹力 F 的作用为

$$F=-ev\times\boldsymbol{B} \tag{3.12.1}$$

当 v 和 $\boldsymbol{B}$ 平行时 $\boldsymbol{F}=0$，磁场对运动电子没有力的作用，电子沿着磁场方向做匀速直线运动. 当 v 和 $\boldsymbol{B}$ 垂直时，$F=evB$，电子在垂直于磁场的方向运动时，受到最大的洛伦兹力作用. 由于洛伦兹力与电子速度方向垂直，它只能改变速度的方向，使电子做匀速圆周运动，如图 3.12.2 所示，维持电子做匀速圆周运动的力，即

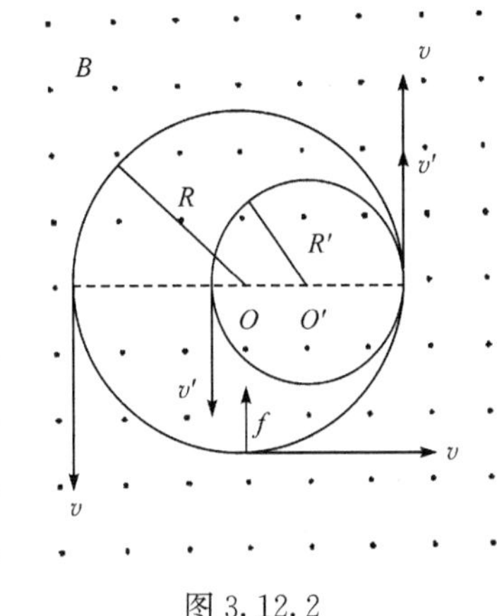

图 3.12.2

$$F=evB=m\frac{v^2}{R} \tag{3.12.2}$$

$$R=\frac{v}{\frac{e}{m}B} \tag{3.12.3}$$

式(3.12.3)表示，在磁场 B 一定时，R 与 v 成正比，说明速度大的电子绕半径大的圆轨道运动，速度小的电子绕半径小的圆轨道运动. 电子绕圆一周所需要的时间为

$$T=\frac{2\pi R}{v}=\frac{2\pi}{\frac{e}{m}B} \tag{3.12.4}$$

式(3.12.4)表示电子做圆周运动的周期 T 与电子速度的大小无关，当 B 一定时，所有从同一点出发的电子尽管它们各自的速度大小不同，但它们运动一周的时间却是相同的. 因此，所有这些电子在旋转一周后，同时回到了原来的位置，如图 3.12.2 所示.

在一般情况下，电子的速度 v 和磁场 $\boldsymbol{B}$ 之间成一角度 $\theta\left(0<\theta<\frac{\pi}{2}\right)$，这时可

将电子速度 v 分解成与磁场方向平行的分量 $v_{/\!/}$ 及与磁场方向垂直的分量 $v_{\perp}$，如图 3.12.3 所示. 平行分量 $v_{/\!/}$ 使电子在磁场方向做匀速直线运动，垂直分量 $v_{\perp}$ 使电子在垂直于磁场方向的平面内做匀速圆周运动. 因此，电子的运动状态是上述两种运动的合成，运动轨迹为螺旋线，如图 3.12.4 所示. 电子回旋半径及周期为

$$R_{\perp}=\frac{v_{\perp}}{\frac{e}{m}B} \tag{3.12.5}$$

$$T_{\perp}=\frac{2\pi R_{\perp}}{v_{\perp}}=\frac{2\pi}{\frac{e}{m}B} \tag{3.12.6}$$

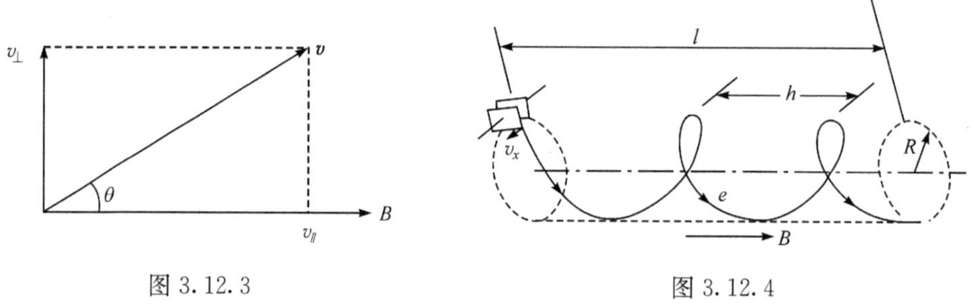

图 3.12.3　　　　图 3.12.4

螺旋轨道的螺距，即电子在一个周期内前进的距离为

$$h=v_{/\!/}T_{\perp}=\frac{2\pi v_{/\!/}}{\frac{e}{m}B} \tag{3.12.7}$$

对于从第一聚焦点 F_1 出发的不同电子，虽然速度 $v_{\perp}$ 不同，因旋半径 R 也不同，但只要速度 $v_{/\!/}$ 相等，并选择合适的速度 $v_{/\!/}$ 和磁场 B(改变 v 的大小，可通过调节加速电压 U_a 改变. 改变 B 的大小可调节螺线管中的励磁电流 I)，使电子在经过的路程 l 中恰好包含有整数个螺距 h，这时电子射线又将会聚于一点，这就是电子射线的磁聚焦原理.

[实验仪器]

本实验采用 8SJ31 型示波管构造如图 3.12.5 所示，阴极 K 是一个表面涂有氧化物的金属圆筒，经灯丝加热后温度上升，一部分电子逸出后脱离金属表面成为自由电子发射. 栅极 G 为顶端开有小孔的圆筒，套于阴极之外，其电势比阴极电势低，使阴极发射出来具有一定初速度的电子，通过栅极和阴极间的电场时减

速. 初速度大的电子可以穿过栅极顶端小孔射向荧光屏,初速度小的电子则被电场排斥返回阴极. 调节栅极电位就能控制射向荧光屏的电子射线密度,即控制荧光屏上的光点亮度.

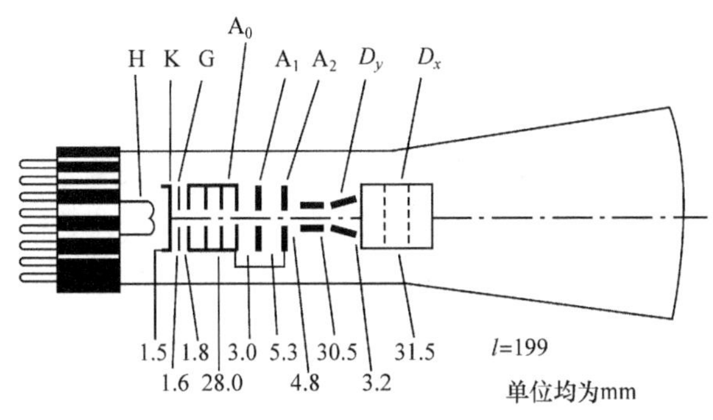

图 3.12.5

为了使电子以较大速度打在荧光屏上,在栅极之后装有加速电极,相对于阴极的电压一般为 1～2kV,加速电极之后是第一阳极 A_1 和第二阳极 A_2. 第二阳极通常和加速电极相连,而第一阳极对阴极的电压一般为几百伏. 这三个电极所形成的电场,除对阴极发射的电子进行加速外,并使之会聚成很细的电子射线,称为聚焦调节. 改变第一阳极电压称为聚焦调节,符号为⊙. 改变第二阳极电压,称为辅助聚焦调节,符号为○.

为使电子射线能够达到荧光屏上的任何一点,必须使电子射线在两个互相垂直的方向上都能偏转,其中一对能使电子射线在 x 方向偏转,称 x 方向偏转极 D_x. 另一对能使电子射线在 y 方向偏转,称为 y 方向偏转板 D_y.

全套仪器包括 EMB-2 型电子射线、电子比荷测定仪、直流励磁电源,励磁螺线管(含示波器)等部件. 各调节旋钮的用途如下:

①☼——亮度调节、加速电压 U_a 的辅助调节. ②⊙——主聚焦调节. ③○——辅助聚焦调节、加速电压 U_a 的主调节. ④↕——图像上下位置调节. ⑤↔——图像左右位置调节. ⑥～——偏转电压 V 的调节. ⑦▄——电压选择按键按入时,电表显示偏转电压 V. ⑧▀——电压选择按键放开时,电表显示加速电压 U_a.

直流励磁电源

电压分 8V、16V、24V 三挡,各挡间均有空挡隔开,以方便暂停对螺线管供电,使示波管光点散焦,保护示波管. 电压值和电流值均由数字电表显示. 电压或电流的微调由"细调"旋钮调节. 电路中设有过热、过流保护,过载时自动跳零.

励磁螺线管和示波管

实验时如 x 方向上的亮线(螺线管未通电时)不水平,可略微转动螺线管后面的后座调之. 示波管荧光屏前的分划板分度为每小格 5mm，x、y 轴方向的总分度为 5cm 和 4cm.

仪器的连接与使用

接 220V 电源，示波管 15 芯插线接主机(在机后). 励磁螺线管接电源输出. 按下“电源”开关，将“电压选择”换挡开关分别置 8V、16V、24V 各挡，调电压“细调”旋钮，各挡的电压值和电流值如表 3.12.1，各挡之间均有覆盖. 换挡开关置空挡时，电压值和电流值均为零. 将电源“电压选择”换挡开关置空挡. 按下“电源”开关，依照各调节旋钮使用方法检查其功能. 按下和放开主机电表的“电压选择”按键，检查数字电压表分别显示加速电压 U_a(约 800～1000V)和偏转电压 U(约 0～80V).

表 3.12.1

	电压值/V	电流值/A
8V	1.5～8	0.08～0.4
16V	8～16	0.4～0.9
24V	16～24	0.9～1.4

[实验内容]

1) 零电场法测定电子比荷

电子速度 v 的大小是由加速电压 U_a 决定的，即

$$\frac{1}{2}mv^2=eU_a \tag{3.12.8}$$

因 θ 角很小近似有

$$v_{/\!/}=v=\sqrt{\frac{2eU_a}{m}} \tag{3.12.9}$$

可见电子在均匀磁场中运动时，具有相同的轴向速度，但因 θ 角的不同，径向速度将不同. 因此，它们将以不同的半径 R 和相同的螺距 h 做螺旋线运动. 经过时间 T 后再聚焦的螺距为

$$h=\frac{2\pi m}{eB}v \tag{3.12.10}$$

调节磁场 B 的大小，使螺距 h 恰好等于电子射线第一聚焦点 F_1 到荧光屏之间的距离 l，如图 3.12.4，这时在荧光屏上的光斑将聚焦成一个小亮点，于是

$$l=h=\frac{2\pi m}{eB}v=\frac{2\pi m}{eB}\sqrt{\frac{2eU_a}{m}} \tag{3.12.11}$$

故电子比荷

$$\frac{e}{m}=\frac{8\pi^2U_a}{l^2B^2} \tag{3.12.12}$$

螺线管的磁场 B,应按多层密绕螺线管的磁场计算,为简便仍按薄螺线管的公式计算轴线中点的磁感应强度

$$B=\mu_0 nI\cos\beta \tag{3.12.13}$$

式中 $\mu_0=4\pi\times10^{-7}\text{H}\cdot\text{m}^{-1}$,$n$ 为螺线管单位长度的匝数.螺线管的总匝数 $N=1596\pm12$,螺线管的长度 $L=0.26\pm0.001\text{m}$,螺线管的内直径 $D_{内}=0.090\pm0.001\text{m}$,绕线后的外直径 $D_{外}=0.098\pm0.001\text{m}$. 8SJ31 型示波管 $l=0.199\pm0.005\text{m}$,即电子射线的第一聚焦点到荧光点的距离.根据以上数据和实验中测出的加速电压 U_a 和螺线管中的励磁电流 I,即可计算电子比荷

$$\frac{e}{m}=\frac{8\pi^2U_a}{l^2B^2}=3.79\times10^7\,\frac{U_a}{I^2} \tag{3.12.14}$$

① 按图 3.12.1 连接电路.

② 选定加速电压 U_a(如 800V、900V、…).注意在改变加速电压后亮点的亮度会改变,应重新调节亮度旋钮,勿使亮点过亮,以防损坏荧光屏,另外聚焦光斑的大小,也不容易判断.调节亮度后加速电压也可能有变化,可再调到规定的电压.

③ 测定第一次、第二次、第三次聚焦时的励磁电流 I_1、I_2 和 I_3(I_1、I_2、I_3 要仔细测量,为了减小偶然误差,各测 5 次,求平均值),然后再把 I_1、I_2、I_3 计算为第一次聚焦时的平均励磁电流 I,即加权平均值为

$$I=\frac{I_1+I_2+I_3}{1+2+3} \tag{3.12.15}$$

计算出电子比荷,并与公认值 $\frac{e}{m}=1.76\times10^{11}\text{C/kg}$ 相比较.

④ 将螺线管磁场的方向反向重测一遍.

⑤ 按要求测定各项数据填入表 3.12.2 中,计算出电子比荷的平均值.

[数据处理]

表 3.12.2

B 的方向	加速电压 U_a/V	励磁电流/A						平均值 I/A	加权平均值 I/A	$\frac{e}{m}/(\times10^{11}\text{C}\cdot\text{kg}^{-1})$
正向	800	I_1								
		I_2								
		I_3								
	900	I_1								
		I_2								
		I_3								

续表

B 的方向	加速电压 U_a/V	励磁电流/A						平均值 I/A	加权平均值 I/A	$\frac{e}{m}/(\times10^{11}\text{C}\cdot\text{kg}^{-1})$
反向	800	I_1								
		I_2								
		I_3								
	900	I_1								
		I_2								
		I_3								
平均值										

2）电场偏转法测定电子比荷

如图 3.12.6 所示，电场偏转法则是在示波管的偏转板（图示为 x 偏转板，y 偏转板与变压器中心抽头连在一起，并接到第二阳极 A_2 上，保持与 A_2 有相同的电势.）上加以交流电压，使电子获得偏转速度 v_x. 在螺线管未通电流时，因电子射线偏转而在荧光屏上出现一条亮线. 接通励磁电流后，不同偏转速度 v_x 的电子将沿不同的螺线运动，但在荧光屏上所见的轨迹仍是一条亮线. 随着磁场 B 的逐渐增大，亮线开始转动，并逐渐缩短，如图 3.12.7 所示，当转过角度 π 时，亮线缩成一点，因为不同偏转速度 v_x 的电子经过一个螺距 h 后又会聚在一起的原因，故第一次聚焦时，螺距 h 在数值上等于 x 偏转板到荧光屏的距离 l，故电子比荷为

$$\frac{e}{m}=\frac{8\pi^2U_a}{l^2B^2} \tag{3.12.16}$$

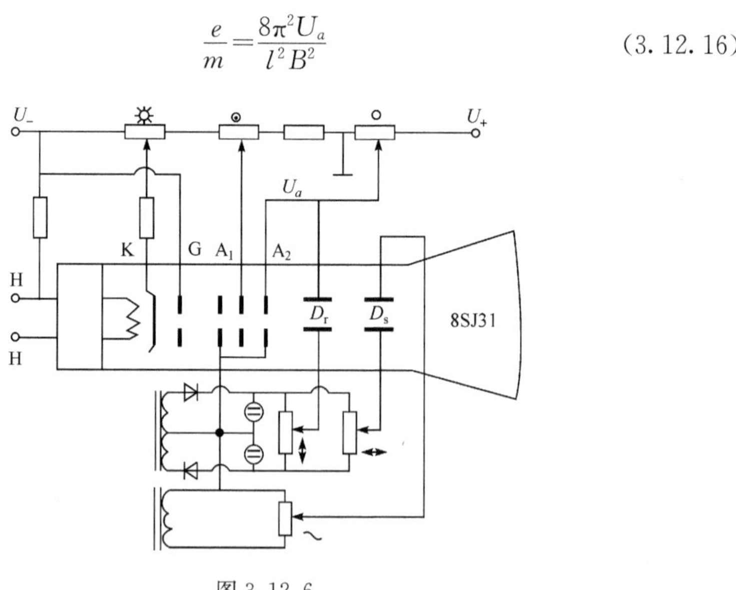

图 3.12.6

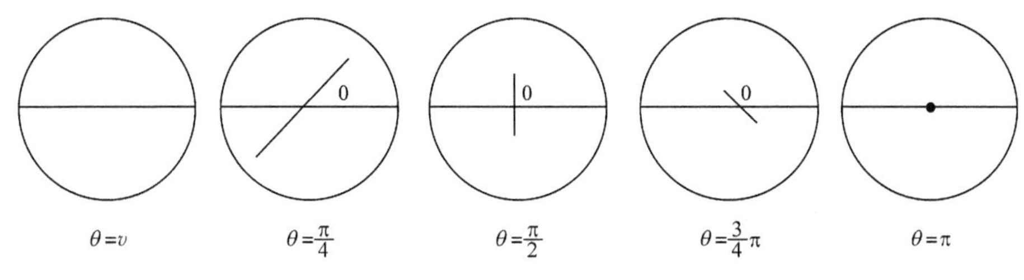

图 3.12.7

［**提示**］ 式(3.12.16)中的 l 值虽也是第一次聚焦时螺旋线的一个螺距 h，但螺旋线的起点和式(3.12.12)中螺旋线的起点不同，是在偏转板中，但在偏转板的什么位置却不明确，一般都将螺旋线的起点从偏转板的中点算起(图 3.12.8)，偏转板的长度为 b，间距为 d，偏转板前沿至荧光屏的距离为 $l_{前}$，根据图 3.12.5 中 8SJ31 型示波管的几何参数计算，x 偏转板的中间位置到荧光屏的距离为

$$l_{中} = 0.107\text{m}$$

x 偏转板的后沿到荧光屏最远距离为

$$l_{后} = 0.123\text{m}$$

计算可得

$$\left(\frac{e}{m}\right)_{l_{中}} = 13.1 \times 10^7 \frac{U_a}{I^2} \tag{3.12.17}$$

$$\left(\frac{e}{m}\right)_{l_{后}} = 10.1 \times 10^7 \frac{U_a}{I^2} \tag{3.12.18}$$

如果亮线对 x 轴的旋转角不是 π 而是 θ，如$\frac{\pi}{4}$、$\frac{\pi}{2}$. 按比例折算，式(3.12.16)应改为

$$\frac{e}{m} = \frac{8U_a}{l^2}\left(\frac{\theta}{B}\right)^2 \tag{3.12.19}$$

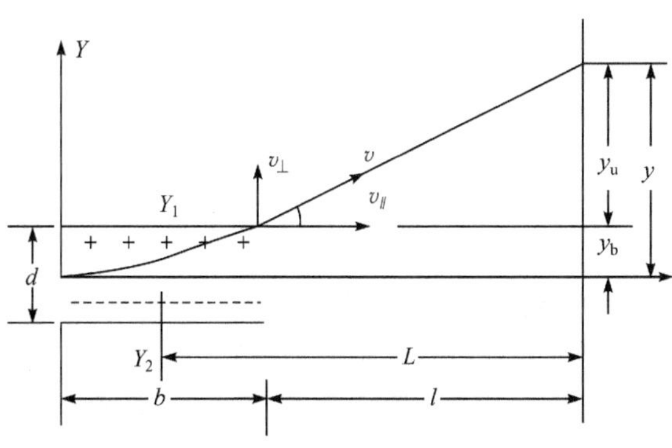

图 3.12.8

经过反复实验，螺旋线的起点位置似应在 $l_{中}$ 和 $l_{后}$ 之间，并随加速电压 U_a 的改变而变化.

(1) 根据式(3.12.17)、式(3.12.18)，计算出当 θ 转过 $\frac{\pi}{4}$、$\frac{\pi}{2}$、π 并缩成一点时，电子比荷计算公式中的系数，并填于表 3.12.3 中.

(2) 按图 3.12.6 连接电路.

(3) 按照表 3.12.4 的数据进行实验.

(4) 讨论测量结果.

[数据处理]

表 3.12.3

$\frac{e}{m}$ \ θ	$\frac{\pi}{4}$	$\frac{\pi}{2}$	π
$\left(\frac{e}{m}\right)_{l_{中}}\Big/\left(\times 10^7 \frac{U_a}{I^2}\mathrm{C \cdot kg^{-1}}\right)$			13.1
$\left(\frac{e}{m}\right)_{l_{后}}\Big/\left(\times 10^7 \frac{U_a}{I^2}\mathrm{C \cdot kg^{-1}}\right)$			10.1

表 3.12.4

θ	U_a/V	励磁电流/A	I/A	$\left(\frac{e}{m}\right)_{l_{中}}/(\times 10^{11}\mathrm{C \cdot kg^{-1}})$	$\left(\frac{e}{m}\right)_{l_{后}}/(\times 10^{11}\mathrm{C \cdot kg^{-1}})$
$\frac{\pi}{4}$					
$\frac{\pi}{2}$					
π					
平均值					

[思考题]

(1) 励磁螺线管内的电流反向后再逐渐增大.荧光屏上的亮线是否反向偏转?

(2) 当加速电压不变时，偏转距离是否与偏转电压(电流)有什么关系?

(3) 当偏转电压(电流)不变时，偏转距离与加速电压有什么关系?

第四章　光学量测量

4.0　光学量测量基本知识

光学是一门古老科学，人类很早就知道把光作为能源和传递信息的工具加以利用. 从 20 世纪 60 年代开始，由于激光的出现和发展，光学和电子学密切结合，在科学研究和精密测量中，导致了光学新的迅速发展，光学仪器在国民经济的各个部门几乎成为不可缺少的工具.

光学量测量的特点之一是与理论联系较紧密，甚至有些测量内容与所学理论内容几乎完全一致，尤其是有关波动光学的测量. 因此在测量前一定要复习所学的理论知识，才能顺利地按照测量要求完成测量任务.

光学量测量的另一个特点是所用仪器比较精密，我们在做测量时将会用到读数显微镜、分光计等. 对于这些仪器如何调节，如何使用，以及使用时应注意的事项，在操作前一定要了解清楚，然后进行测量.

1. 光学量测量的教学要求

(1) 学会光学仪器的调节和使用. 常用的光学仪器大致有以几何光学的反射、折射定律为主而设计的如望远镜、显微镜、折射仪等；以物理光学的原理(干涉、衍射等)为主设计的分光计、迈克耳孙干涉仪等；各种进行光度学测量的光电接收器和单色光源如光电管、钠光灯、汞灯、激光器等. 通过这些仪器的使用，要求掌握以下技术：

① 望远镜、显微镜的调焦；

② 平行光的获得及对它的聚焦；

③ 光路的同轴、等高调节技术；

④ 成像清晰程度及真假像的判断，如叉丝反射像，标尺、狭缝的像等；

⑤ 视差的判断与消除；

⑥ 角游标读数的原理.

(2) 学会基本光学量的某些测量方法及原理. 如折射率、波长、透镜的焦距等.

(3) 培养独立工作的能力，逐步提高测试技术，养成科学、严谨、一丝不苟、耐心细致的工作作风. 如仔细观察实验现象，耐心调节光路，当得不到预期结果时运用理论知识认真分析原因和寻找解决的办法等.

2. 光学仪器的维护

光学仪器一般由两部分组成:光学系统部分和机械系统部分.由于光学仪器一般为精密测量仪器,因而机械部分装配极为精密,光学系统部分则装有极易损坏的玻璃部件.光学玻璃部件的表面应严加保护,避免碰坏、磨损、表面玷污及化学侵蚀,否则将影响观察及成像质量.为此在使用光学仪器时,必须注意以下操作规则:

(1) 轻拿、轻放,勿使仪器受震,更要避免跌落到地板上.光学元件使用完毕,不得随意乱放,应当物归原处.

(2) 在任何时候都不能用手触及光学表面(光线在此表面反射或折射),只能接触经过磨砂的表面(光线不经过的表面,一般都磨成毛面),如透镜的侧面、棱镜的上下底面.

(3) 保持光学表面清洁,不能对着光学表面说话、打喷嚏、咳嗽.

(4) 光学表面有污渍时,不要自行处理,应向教师说明,在教师指导下,对没有薄膜的光学表面,用干净的镜头纸轻擦,若表面镀有薄膜,应由教师进行处理.

对于光学仪器中的机械部分,也要正确使用.应在了解它们的性能之后,根据操作规则进行使用,决不允许随意拆卸仪器,乱扭旋钮和螺钉,以免损坏仪器.

3. 光学仪器的调节

光学仪器的调节大都凭眼睛观察,为了有利于实验的顺利进行,在调节时应注意以下几点:

1) 像的亮度

光经过介质时由于反射、吸收、散射,光能量受到损失而使光强减弱或使成像模糊.如果成像太暗,不易看清时可从下面几个方面加以改善:

(1) 增加光源亮度,改进聚光情况,尽量消除或减少像差;

(2) 降低背景亮度,尽可能消除杂散光的影响,如加光阑、改善暗室遮光情况;

(3) 光源的电源电压是否稳定将影响光源发光的强度,因而当像的亮度有变化时亦应考虑光源的电源电压的稳定性.

2) 视差消除

在调节光源仪器或调节各种光路过程中常须判断两个像的位置或比较像和物(如叉丝)的位置是否重合,这时如用眼睛直接观察往往并不可靠,可利用有无视差的方法来进行判断,即眼睛左右(或上下)移动,判断物像之间是否存在相对位移,这种相对位移称为视差.如有视差存在,则必须反复调节直至消除视差.使两像或像与物完全重合.对于望远镜,消除视差的方法是改进物镜和叉丝(包括目镜)之间的距离,而对于显微镜,则应改进显微镜相对于被观察物体的距离.实际上这两种方法都是使物体通过物镜所成的像恰好与叉丝所在平面重合.

3）调焦

测量中往往成像平面进退一段距离时，像的清晰度看不出明显的变化，因而不易判断像的准确位置. 这时可将成像平面（或透镜）进退几次，找出像开始出现模糊的两个极限位置取其中点，多调节几次即能得到较准确的结果.

4）光学系统各部件的共轴性

对于由多个透镜等元件组成的光路，应使各光学元件的主光轴重合，否则将严重影响成像的质量，增大测量误差，甚至观察不到应有的现象，而导致实验失败. 使用同轴等高的调节方法可达到此要求.

4. 常用光源

发光的物体称为光源. 按光的激发方式区分：利用热能激发的光源叫热光源；利用化学能、电能、光能激发的光源叫冷光源. 实验室常用的光源有：

1）白炽灯

白炽灯是具有热辐射连续光谱的复色光源. 例如钨丝灯、碘钨灯、卤钨灯等. 白炽灯以钨丝为发光体，灯泡内充有惰性气体.

2）汞灯

汞灯是利用汞蒸气放电发光的气体放电光源，灯管内充有水银蒸气. 因为汞灯在常温下须很高的电压才能点燃，因此灯管内还充有辅助气体. 通电时辅助气体首先被电离而放电，使灯管温度升高，汞逐渐气化而产生水银蒸气的弧光放电. 弧光放电的安培特性有负阻现象，要求电路接入一定的阻抗以限制电流，否则电流的急剧增长会将灯管烧坏. 汞灯点燃后一般需 5～15min 发光才能稳定.

3）钠光灯

钠光灯也是一种气体放电光源，是目前所知发光效率较高的电光源. 在可见光范围内它发出两条波长非常相近的强谱线（589. 0nm 和 589. 6nm），通常我们取其中心近似值 589. 3nm 作为黄光的标准参考波长. 它是实验室中常用的单色光源.

汞灯与钠光灯使用时灯管应处于铅垂位置，灯脚向下. 使用完毕，须待冷却后才能颠倒摇动. 汞灯除发出可见光外还有较强的紫外线，对眼睛有刺激作用，因而在实验中应避免用眼睛直视点燃的汞灯.

4）氦氖激光器

氦氖激光器是一种方向性很强、单色性好、空间相干性高的光源，波长为 632. 8nm.

4.1　两次成像法测量凸透镜焦距

透镜是光学仪器中最基本的元件，反映透镜特性的一个主要参量是焦距，它决定了透镜成像的位置和性质(大小、虚实、倒立). 薄透镜焦距测量一般有粗略估测法、物距像距法(物像公式法)、自准直法、两次成像法(又称为位移法、贝塞尔物像交换法)等.

[实验要求]

给出设计方案,依据设计的原理、方法和步骤,布置、调整仪器,测量相关数据,计算被测凸透镜的焦距,给出测量的误差分析,并设计回答相关的思考题.

[实验目的]

(1) 掌握简单光路的分析和光学元件同轴等高的调节方法,掌握两次成像法测量凸透镜焦距的方法.

(2) 测量给定凸透镜的焦距.

[实验原理]

(根据自己的理解设计、补充)

凸透镜成像的基本规律

$$\frac{1}{u}+\frac{1}{v}=\frac{1}{f} \tag{4.1.1}$$

如图 4.1.1 所示凸透镜成像光路中,当物屏 H 与像屏 P 之间距 D 大于 4 倍

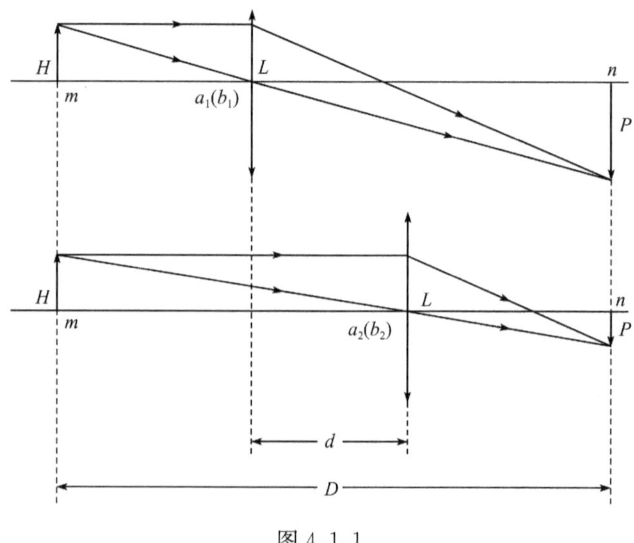

图 4.1.1

的凸透镜焦距时，沿光轴方向移动透镜 L，必能在 P 上观察到两次成像.

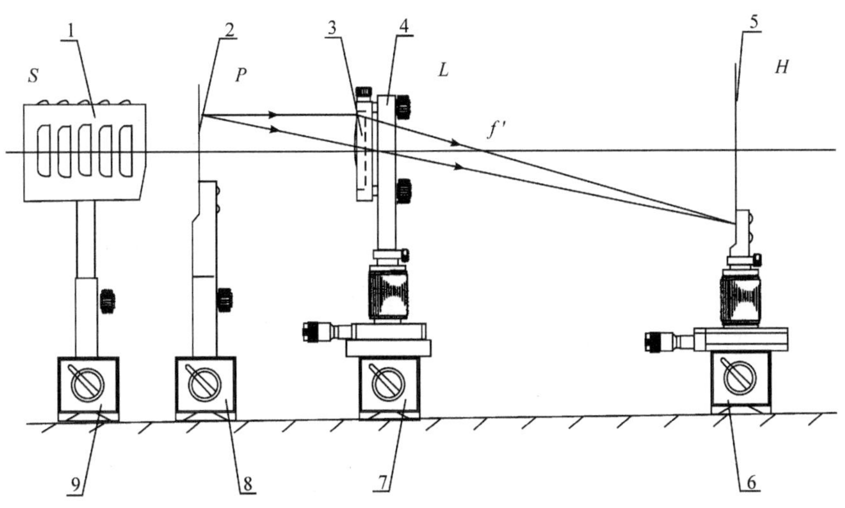

图 4.1.2

1. 溴钨灯 S；2. 物屏 P(SZ-14)；3. 凸透镜 L(f'=190mm)；4. 二维架(SZ-07)；5. 白屏 H(SZ-13)；6. 二维架(SZ-16)；7. 二维平移底座(SZ-02)；8、9. 通用底座(SZ-01)

$$\frac{1}{u_1}+\frac{1}{v_1}=\frac{1}{f} \tag{4.1.2}$$

$$\frac{1}{u_2}+\frac{1}{v_2}=\frac{1}{f} \tag{4.1.3}$$

则

$$\frac{1}{u_1}+\frac{1}{v_1}=\frac{1}{u_2}+\frac{1}{v_2}$$

可得

$$\frac{u_1+v_1}{u_1v_1}=\frac{u_2+v_2}{u_2v_2} \tag{4.1.4}$$

及

$$\frac{u_2-u_1}{u_1u_2}=\frac{v_1-v_2}{v_1v_2} \tag{4.1.5}$$

而 $u_1+v_1=u_2+v_2=D$，$u_2-u_1=v_1-v_2=d$，由式(4.1.4)、(4.1.5)得

$$u_1v_1=u_2v_2 \tag{4.1.6}$$

$$u_1u_2=v_1v_2 \tag{4.1.7}$$

(4.1.6)/(4.1.7),得

$$u_2^2=v_1^2,\quad u_2=v_1$$

可得

$$u_1=v_2$$

由式(4.1.2)有

$$f=\frac{u_1v_1}{u_1+v_1}=\frac{u_1u_2}{u_1+v_1}=\frac{[(u_2+u_1)^2-(u_2-u_1)^2]/4}{u_1+v_1}=\frac{D^2-d^2}{4D}\quad(4.1.8)$$

只需确定了 H、P 的位置 m、n 和两次成像时 L 所在位置 a_1、a_2(或 b_1、b_2),即可较精确地计算出凸透镜焦距 f 为

$$f_a=\frac{D^2-d_a^2}{4D},\quad f_b=\frac{D^2-d_b^2}{4D},\quad f=\frac{f_a+f_b}{2}$$

[实验仪器]

如图 4.1.2 所示,光学实验平台,溴钨灯光源,物屏,像屏,190mm 焦距的凸透镜,通用光学底座,二维三维底座,支架等.

[实验内容]

(1) 按照图 4.1.2 的实物示意图,在光学实验平台上沿直尺布置各器件.注意物屏 P 要靠近光源,物屏 P 与像屏 H 间距 D 要大于 4 倍凸透镜焦距.

(2) 调整光学系统共轴:

① 粗调(目测式调整,使各光学元器件等高、铅直、垂直).

② 细调(根据两次成像规律调整,使两次成像在屏上同一位置,光学系统严格共轴).

(3) 相关数据测量

① 紧靠直尺移动透镜 L,使物体在屏上成清晰的放大实像(第一次成像),将 L、P、H 的位置 a_1、m、n' 及物像间距 D 数据记入表 4.1.1 中(注意读数方法).

② 再移动透镜 L,使物体在屏上成清晰的缩小实像(第二次成像),记下 L 的位置 a_2.记入表 4.1.1 中.

③ 将透镜 L 整体转动 180°,重复①、②步骤,又得到 L 的两个位置 b_1、b_2.记入表 4.1.1 中.

④ 改变像屏 H 的位置 n,重复①~③步 5 次.

［数据记录与处理］

表 4.1.1　　$f_0=190\text{mm}$

$D_i=\|m-n_i\|$	a_1	a_2	b_1	b_2	d_a	d_b	f_a	f_b	f_i
$D_1=\|m-n_1\|=$									
$D_2=\|m-n_2\|=$									
$D_3=\|m-n_3\|=$									
$D_4=\|m-n_4\|=$									
$D_5=\|m-n_5\|=$									
$D_6=\|m-n_6\|=$									
$\overline{f}$	$\overline{f}=\sum_i^N f_i/N=$								
s	$s=\sqrt{\sum_i^N (f_i-\overline{f})^2/(N-1)}=$								
f	$F=\overline{f}\pm s=$								
E	$E=\left\|\frac{\overline{f}-f_0}{f_0}\times 100\%\right\|=$								

实验结论及误差分析：

［思考题］

（1）如何进行光学系统的共轴调整？

（2）该方法测量凸透镜焦距对物像间距有何要求？

（3）该方法测量凸透镜焦距，相对于其他测量方法有什么优点？

4.2　读数显微镜的调节与使用

光的干涉现象是光的波动性的重要特征．建立在光的干涉基础上的光学测量技术具有十分重要的实用价值，如测量微小长度变化、检查光学元件表面质量等．

本实验研究等厚干涉．利用牛顿环测定透镜的曲率半径，这种方法适用于测定大的曲率半径，球面可以是凸面也可以是凹面．利用劈尖膜干涉可以测定金属细丝的直径．

4.2.1　牛顿环法测量透镜曲率半径

[实验目的]

(1) 学会读数显微镜的调节和使用,掌握牛顿环法测透镜曲率半径的方法.

(2) 通过实验加深对等厚干涉原理的理解.

[实验原理]

牛顿环仪示意图如图 4.2.1 所示,在玻璃平板 BB' 上放置一个曲率半径 R 很大的平凸透镜 AOA',透镜凸面和平板 BB' 相切于 O 点,在透镜和平板之间就形成一层以 O 为中心,向四周逐渐增厚的空气薄膜. 当有平行单色光垂直入射时,入射光线将在空气膜的上下表面(即透镜的下表面和平板的上表面)被反射,两束反射光是相干光,在空气膜的上表面发生干涉,形成干涉图样.

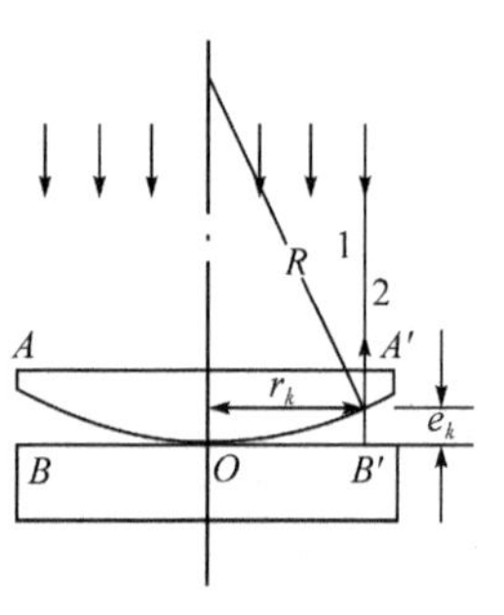

图 4.2.1

由示意图可知,反射光 1 和 2 的光程差为

$$\delta = 2e_k + \frac{\lambda}{2} \tag{4.2.1}$$

式中,e_k 是半径为 r_k 处空气膜厚度;λ 为入射光波长;$\lambda/2$ 是附加光程差(光由光疏介质射向光密介质的界面时,反射光产生 π 的相位突变所引起).

根据干涉条件

亮环　$\delta=2e_k+\lambda/2=k\lambda,\quad k=1,2,\cdots$　(4.2.2)

暗环　$\delta=2e_k+\lambda/2=(2k+1)\lambda/2,\quad k=0,1,\cdots$　(4.2.3)

由式(4.2.1)可知,光程差 δ 仅与 e_k 有关,即厚度相等的地方干涉效果相同,所以干涉条纹是一组明暗相间的同心圆环,称之为牛顿环,如图 4.2.2 所示.

由图 4.2.1 可得

$$r_k^2=R^2-(R-e_k)^2=2Re_k-e_k^2$$

因为 $R\gg e_k$,可忽略 e_k^2 得

$$e_k=r_k^2/2R \tag{4.2.4}$$

将式(4.2.4)代入式(4.2.3)得

$$R=r_k^2/k\lambda \tag{4.2.5}$$

由式(4.2.5)可知,只要测出第 k 级暗环的半径 r_k,且单色光源的波长 λ 为已知,就能算出球面的曲率半径 R.

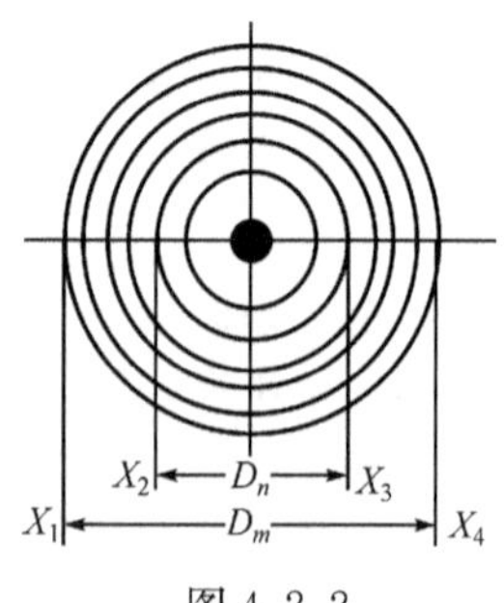

图 4.2.2

由于平凸透镜和玻璃平板的接触点，会因机械压力、尘埃、缺陷等因素影响，致使牛环环中心不再是理论分析中的一点，而是一暗斑，甚至是一亮斑，从而使得暗纹级数难以确定，另外环心也难以准确测定. 因此用式(4.2.5)来测定计算曲率半径 R 是不可能的. 实际测量中，式(4.2.5)改写成如下形式：

$$R=(D_m^2-D_n^2)/4(m-n)\lambda \tag{4.2.6}$$

式中，D_m、D_n 分别为 m 级与 n 级暗环的直径，两暗环间的级数差$(m-n)$是可以准确数出来的. 这样就避免了确定级次和环心的困难，使曲率半径的求解成为可能. 而且可以证明，D_m 与 D_n 即使不是直径，而是暗环弦长，也不影响式(4.2.6)的结果.

[实验仪器]

1. 牛顿环仪

牛顿环仪上的三个螺钉是用来调节平凸透镜和玻璃平板之间压力的，进而调节牛顿环干涉图样中心的位置.

在调中心时，注意螺钉千万别拧得太紧，避免产生较大形变影响测量结果.

2. 钠光灯

本实验使用的是低压钠光灯. 它在可见光范围内发出的强谱线，俗称钠双线，波长分别为 589.0nm 和 589.6nm，通常取它们的平均值 589.3nm 作为钠黄光的标准参考波长.

钠光灯打开后，不得振动撞击，以免损坏灯丝. 另外注意集中使用，减少开关次数，以延长使用寿命.

3. 读数显微镜

读数显微镜构造如图 4.2.3 所示. 它由显微镜、螺旋测微装置和底座三部分组成.

读数显微镜上的螺旋测微系统由标尺、读数准线和测微鼓轮组成. 测微鼓轮的圆周上刻有 100 个小格，鼓轮转一周，读数准线就沿标尺前进或后退 1mm. 鼓轮转动 1 小格，实际移动 0.01mm，读数可估计到 0.001mm.

测量时，转动测微鼓轮，让目镜中叉丝依次对准待测物像上的两个位置，从标尺和鼓轮上读出相应的数值，两者之差即为待测物上这两位置对应的实际距离.

由于测微鼓轮中螺距间有间隙存在，刚开始反向转动时会有空转发生，所以在测量两点间的距离时，测微鼓轮只能沿一个方向转动，不能中途反转，以免产生空转误差.

[实验内容]

(1) 打开钠光灯电源，预热 10 分钟. 把牛顿环仪放在显微镜的载物台上，并使

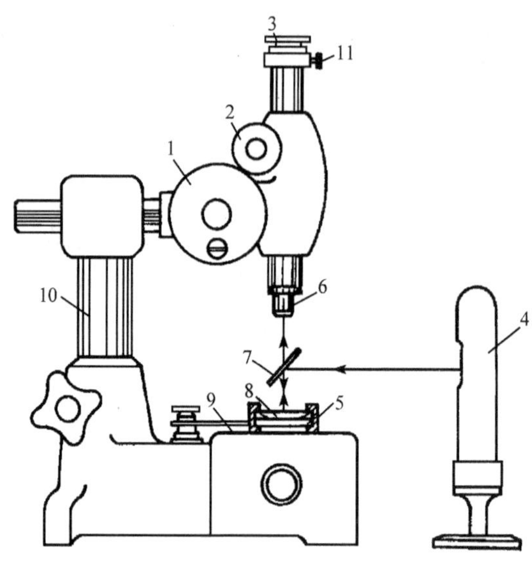

图 4.2.3

1. 测微鼓轮;2. 调焦手轮;3. 目镜;4. 钠光灯;5. 平面玻璃;6. 物镜;7. 45°玻璃片;8. 平凸透镜;9. 载物台;10. 支架;11. 锁紧螺钉

它在镜筒的正下方.

(2) 把显微镜置于钠光灯前,通过转动钠光灯灯罩和调节显微镜的半反射镜,使整个显微镜视场中充满钠黄光.

(3) 调节显微镜目镜,直到能看到清晰的十字叉丝,然后调节物镜调焦手轮,直到能看到清晰的干涉图样.

(4) 转动测微鼓轮,让叉丝经过干涉圆环中心后依次移向第 1 级暗纹左侧、第 2 级暗纹左侧,一直到 22 级暗纹左侧. 这时,再让叉丝缓慢地向右移动,并数着条纹的级数,并分别记下叉丝与 20、19、18、17、16 级和 10、9、8、7、6 级暗条纹左侧边缘相切时相应的标尺和鼓轮读数,然后让叉丝继续向右移动,再分别记下叉丝与 6、7、8、9、10 级和 16、17、18、19、20 级暗纹右侧边缘相切时相应的标尺和鼓轮读数,填入表 4.2.1 中.

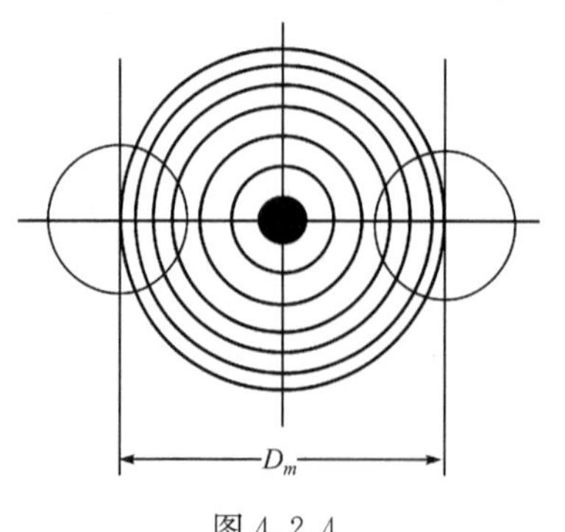

图 4.2.4

(5) 实验完毕,切断电源.

[提示]　测微鼓轮只能沿一个方向转动,以免产生空转误差. 某级暗条纹的直径就等于叉丝分别与该级暗条纹左、右两侧相切时的读数之差,如图 4.2.4 所示.

［数据处理］

表 4.2.1　　λ=________ nm, $m-n=10$

环数	读数/mm		直径/mm	环数	读数/mm		直径/mm	$D_m^2-D_n^2$	$\Delta(D_m^2-D_n^2)$
	左方	右方	D_m(左方－右方)		左方	右方	D_n(左方－右方)		
20				10					
19				9					
18				8					
17				7					
16				6					

(1) 根据表 4.2.1 中测量数据计算平均值

$$\overline{D_m^2-D_n^2}=\frac{1}{5}\sum(D_m^2-D_n^2)$$

$$\overline{\Delta(D_m^2-D_n^2)}=\frac{1}{5}\sum\Delta(D_m^2-D_n^2)$$

(2) 计算曲率半径的平均值和标准偏差

$$\overline{R}=\frac{\overline{D_m^2-D_n^2}}{4(m-n)\lambda} \tag{4.2.7}$$

$$\delta_R=\frac{\overline{\Delta(D_m^2-D_n^2)}}{4(m-n)\lambda} \tag{4.2.8}$$

(3) 结果写成如下形式：

$$R=\overline{R}\pm\delta_R$$

［思考题］

(1) 等厚干涉的特点是什么？若干涉图样发生畸变说明了什么？

(2) 若牛顿环中心是亮斑，对牛顿环直径的测量有影响吗？

(3) 为什么在测量曲率半径时，可以用干涉环的弦长代替直径进行计算，证明之.

4.2.2　劈尖干涉测微小直径或厚度

［实验目的］

(1) 学会利用劈尖干涉测量微小直径或厚度.

(2) 进一步熟悉读数显微镜的调节和使用.

[实验原理]

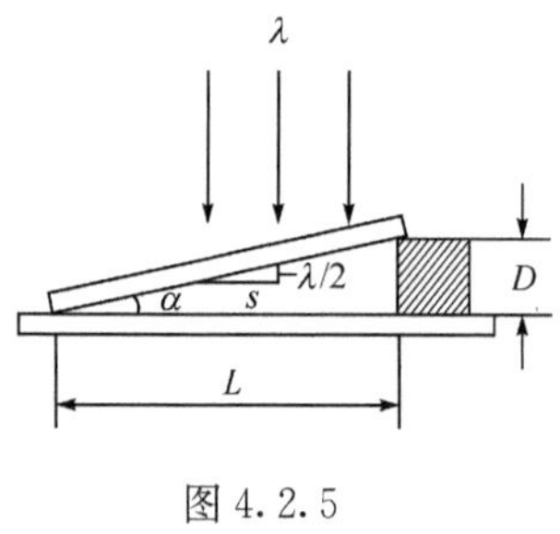

图 4.2.5

两块光学玻璃,一端叠放在一起,另一端夹一细丝(或薄片),在两块玻璃片之间将形成劈形空气膜,又称空气劈尖,如图 4.2.5 所示. 当有平行单色光垂直照射时,由空气劈尖上、下表面反射形成的两束反射光在劈尖上表面处相遇而发生干涉,形成与两玻璃片叠线平行且间隔相等、明暗相间的干涉条纹. 显然,这也是一种等厚干涉条纹. 两束反射光的光程差为

$$\delta=2e_k+\frac{\lambda}{2} \tag{4.2.9}$$

两束光干涉产生明暗纹的条件是

$$\delta=2e_k+\frac{\lambda}{2}=\begin{cases}k\lambda, & k=1,2,\cdots \quad 明纹\\(2k+1)\dfrac{\lambda}{2}, & k=0,1,2,\cdots \quad 暗纹\end{cases}$$

光程差由薄膜厚度决定. 同级明(暗)纹对应的薄膜厚度相同. 劈形空气膜上产生的等厚干涉条纹是与两玻片叠线平行且等间距排列的明暗纹,如图 4.2.6 所示.

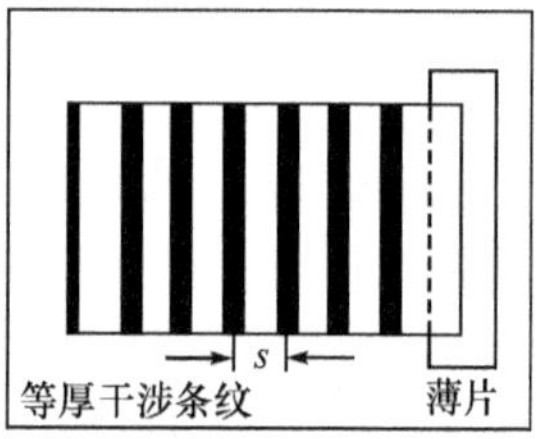

k 级暗纹中心对应厚度

$$e_k=k\frac{\lambda}{2}, \quad k=0,1,2,\cdots \tag{4.2.10}$$

等厚干涉条纹　薄片

图 4.2.6

k 级明纹中心对应厚度

$$e_k=k\frac{\lambda}{2}-\frac{\lambda}{4}, \quad k=1,2,\cdots \tag{4.2.11}$$

只要数出劈形膜上暗纹(或明纹)总条数,利用公式(4.2.10)或公式(4.2.11),即可算出细丝直径或薄片厚度.

若劈形膜上条纹很多,也可采用下面方法进行微小长度的测量.

测出劈形膜的总长 L(叠线到细丝的距离),再数出单位长上的暗纹条数 n,可知总暗纹条数为

$$k=nL \tag{4.2.12}$$

将式(4.2.12)代入式(4.2.10),也可算得细丝直径或薄片厚度为

$$D=nL\frac{\lambda}{2} \tag{4.2.13}$$

[实验仪器]

读数显微镜、劈尖装置、钠光灯.

[实验内容]

(1) 打开钠光灯,预热一段时间后发出明亮的钠黄光,使光线经显微镜物镜下的 45°半反射镜反射垂直射到载物台上,此时从目镜中可以看到明亮的钠黄光.

(2) 将待测细丝夹在两平晶一端,置于显微镜载物台上.调节显微镜观察劈形薄膜干涉图像.

(3) 可数出干涉暗条纹级数 k,代入式(4.2.10),求得细丝直径,或者测出平晶叠线与细丝的距离 L 及条纹数密度 n,应用式(4.2.13)算得细丝直径.

(4) 重复测量 5 次.

[数据处理]

请自拟表格.

[思考题]

(1) 如果干涉条纹不是一组互相平行的直线,而是发生了弯曲、畸变,这是什么原因造成的?

(2) 如果移动夹在平晶间的金属丝的位置,干涉条纹的疏密程度会变化吗?为什么?

4.3　分光计的调整与使用

光的传播在不同介质分界面上会发生反射和折射,致使光的传播方向发生改变,光的反射定律和折射定律定量地表述了这种变化关系.本实验将利用分光计测量玻璃折射率和三棱镜的顶角.

[实验目的]

(1) 了解分光计的结构,学会调整和使用分光计的方法.

(2) 观察色散现象,测量三棱镜对各单色光的折射率.

(3) 学会用分光计测量角度及游标的读数方法.

[实验原理]

1. 三棱镜折射率的测量

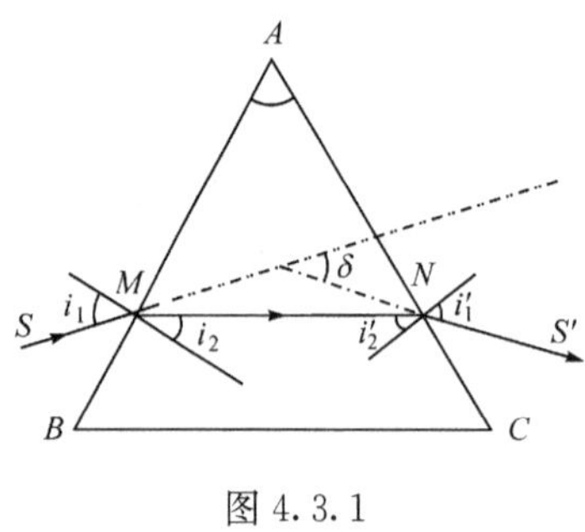

图 4.3.1

光通过三棱镜时光的传播方向发生折射,如图 4.3.1 所示,三角形 ABC 表示三棱镜的横截面,AB 和 AC 是透光的光学表面,又称折射面. A 角是三棱镜的顶角,BC 为毛玻璃面,称为三棱镜的底面. 光线在三棱镜主截面(垂直于两折射面的截面)内的折射如图 4.3.1 所示. SM 为入射光线,经棱镜折射后成为 NS' 光线,两光线的夹角即为光在棱镜主截面内的偏向角 δ. 对于给定的棱镜,偏向角随光线 SM 对棱镜 AB 面的入射角 i_1 的改变而改变. 当入射角 i_1 等于出射角 i_1'时,偏向角 δ 达到最小值 δ_0,δ_0 称为最小偏向角.

可以证明,当光线对称地通过棱镜时,也就是当光线 MN 平行于棱镜的底面 BC 时,$\delta=\delta_0$,$i_1=i_1'$. 最小偏向角的值与三棱镜的折射顶角 A 以及棱镜材料的折射率 n 的关系为

$$n=\frac{\sin\dfrac{A+\delta_0}{2}}{\sin\dfrac{A}{2}} \tag{4.3.1}$$

可见,通过测定三棱镜的折射顶角 A 和某种波长的光线在三棱镜中的最小偏向角 δ_0,由上式可以算出三棱镜对该光线折射率 n. 我们通常所说的某些物质的折射率,是对钠黄光而言的.

2. 三棱镜顶角的测量

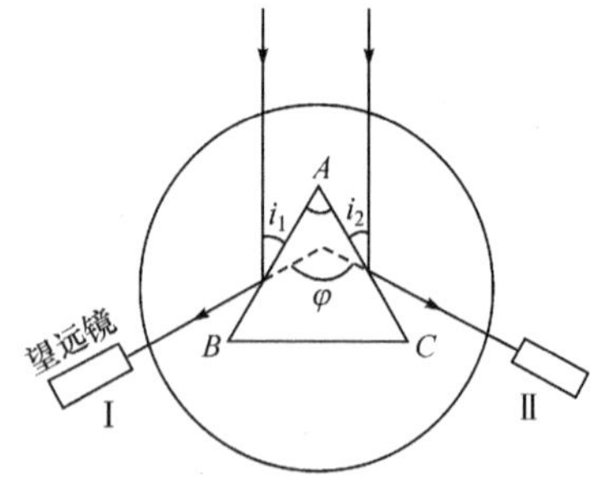

图 4.3.2

测定三棱镜顶角的方法有反射法和自准法(法线法)两种,反射法测量顶角的光路如图 4.3.2 所示. 将三棱镜放在分光计的载物平台上,并使顶角 A 对准平行光管(注意:顶角放的不要太靠前,应放在靠近平台中心处,否则反射光Ⅰ、Ⅱ将不能进入望远镜中),使平行光照射在三棱镜的两个反射面上. 从 AB 面反射的光线可将望

远镜转到Ⅰ处观察. 调重合后从两个读数游标上读出的角度值为 θ_a 和 θ_b，再将望远镜转到Ⅱ处，测量从 AC 面反射的光线，这时读出的角度值为 θ'_a 和 θ'_b，从图 4.3.2 可知，三棱镜的顶角 A 为

$$A=\frac{\varphi}{2}=\frac{1}{4}[(\theta'_a-\theta_a)+(\theta'_b-\theta_b)] \tag{4.3.2}$$

稍微转动一下平台的位置，重复上述测量三次，求出顶角 A 的平均值.

［实验仪器］

分光计，钠光灯，三棱镜（三侧面均为光学表面且主截面为等边三角形）. 分光计是用来测量角度的光学仪器，由以下五大部分组成，即三角架、望远镜、载物台、平行光管和读数圆盘，如图 4.3.3 所示.

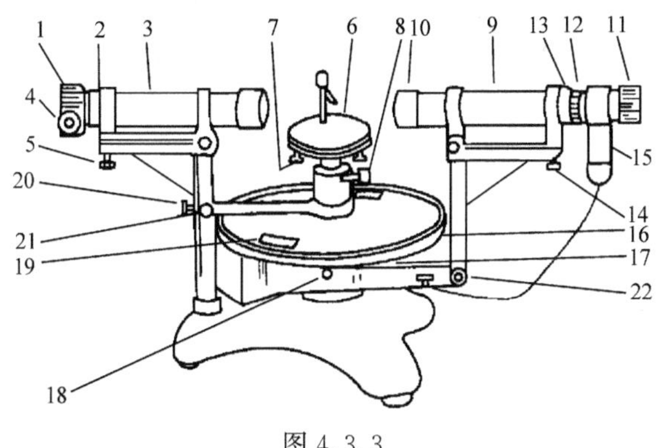

图 4.3.3

1. 狭缝装置；2. 狭缝装置锁紧螺钉；3. 平行光管部件；4. 狭缝宽度调节手轮；5. 平行光管光轴高低调节螺钉；6. 载物台；7. 载物台调平螺钉（3 只）；8. 载物台锁紧螺钉；9. 望远镜部件；10. 物镜；11. 目镜视度调节手轮；12. 阿贝式自准直目镜；13. 目镜锁紧螺钉；14. 望远镜光轴高低调节螺钉；15. 照明灯泡；16. 度盘；17. 底座；18. 转座与度盘止动螺钉；19. 游标盘；20. 游标盘微调螺钉；21. 游标盘止动螺钉；22. 望远镜微调螺钉

(1) 三角架是整个分光计的底座，底座中心有一垂直方向的转轴，望远镜和读数圆盘可绕该轴转动.

(2) 望远镜由物镜和目镜组成，为了调节和测量，物镜和目镜之间装有叉丝，叉丝固定在 B 筒上，目镜 C 则装在 B 筒里，并沿 B 筒前后滑动以改变目镜与叉丝的距离，使叉丝能调到目镜的焦平面上. 物镜固定在 A 筒的另一顶端，筒 B 可沿筒 A 滑动，以改变叉丝与物镜间的距离，使叉丝即能调到目镜焦平面上又能同时调到物镜焦平面上.

目镜由场镜和接目镜组成，常用的目镜一般分为两种，一种是高斯目镜，如图 4.3.4 所示. 在它的场镜与接目镜之间有一片与镜筒成 45°角的薄玻璃片，玻璃片

上的镜筒开有小窗,光从小窗入射,经玻璃片反射将叉丝全部照亮.

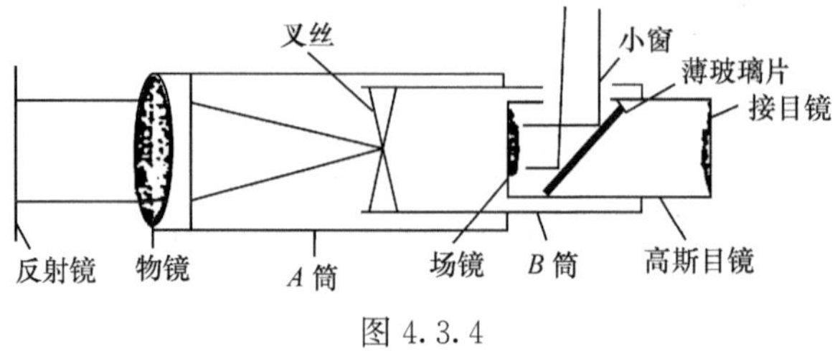

图 4.3.4

另一种是阿贝目镜,如图 4.3.5 所示.在目镜与叉丝间装了一个反射小三棱镜,光线经小三棱镜反射将叉丝上半部照亮,由目镜望去,这小三棱镜将叉丝上半部遮住,故只能看到叉丝下半部.

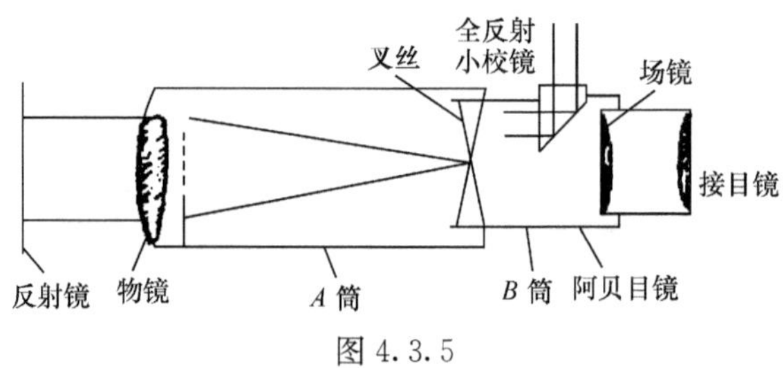

图 4.3.5

(3) 载物台用来放置待测件,台上附有夹住待测件的簧片,台下方装有三个调节螺钉用来调整台面的水平,这三个螺丝的中心形成一个正三角形的三个顶点.载物台可以单独绕分光计中心轴转动或升降,拧紧载物台锁紧螺钉,载物台与游标盘固定.

(4) 平行光管的作用是产生平行光,管筒的一端装有一个消除色差的复合正透镜,另一端是装有狭缝的套管.调节狭缝调节螺丝可改变狭缝的宽度,若用光源把狭缝照明,前后移动狭缝以改变狭缝和透镜的距离,使狭缝落在透镜的主截面上,就可以产生平行光.

(5) 读数圆盘是由刻度盘和游标盘组成,并可绕轴转动.刻度盘分为 360°,最小刻度为半度(30′),小于半度则利用角度游标读数,游标上刻有 30 个小格,游标每一小格对应角度为 1′,角度游标的构成读数方法与游标卡尺的读数方法相似,如图 4.3.6 所示的位置应读 116°12′.

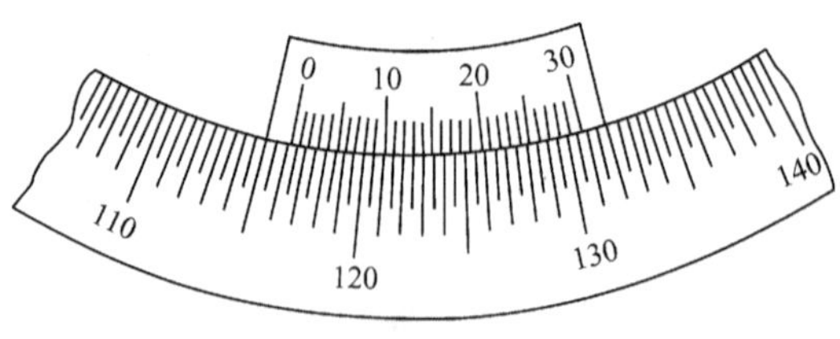

图 4.3.6

[实验内容]

1. 分光计的调整

调整分光计，要求达到望远镜聚焦于无穷远处，平行光管和望远镜的光轴与仪器的转轴相垂直，使平行光管产生平行光.调整前可先用目视法进行粗调，使望远镜、平行光管和载物台大至垂直中心轴，然后再对各部分进行仔细的调整.

(1) 熟悉分光计的结构，对照分光计的结构图和实物，熟悉分光计的各部分具体结构和使用方法.

(2) 用自准法调整望远镜.

打开望远镜内的照明灯，调节目镜与叉丝的间距，直到看清叉丝为止.将半反射膜的平面镜放在载物台上，使平面镜的膜层与望远镜光轴大致垂直，缓慢转动载物台，使得从望远镜射出的光被膜层又反射到望远镜中.然后从望远镜中观察，并缓慢转动载物台，找到从膜层反射回来的光斑，然后调节物镜与叉丝的距离，可从目镜中能看清叉丝反射像，并注意叉丝与其反射像之间有无视差，如有视差，则需反复调节，直到完全消除为止.

(3) 调整望远镜光轴与分光计中心轴垂直.

在上一步调好的基础上，把载物台连同平面镜转过 180°，用上述相同的方法，在望远镜中找到小十字叉丝的反射像，但一般并不位于分划板中心上方的十字叉丝上，如图 4.3.7(a)所示.这时应该分别调整望远镜和载物平台的倾斜度，调整时可以先调望远镜的调节螺丝.使反射像移近十字叉丝一半，如图 4.3.7(b)所示，再调载物台的水平调节螺丝，使反射像和十字叉丝完全重合，如图 4.3.7(c)所示.再将载物台转过 180°，以同样的方法反复调整，直到平面镜不论哪一面对准望远镜时，反射回来的反射叉丝像都能和十字叉丝重合，这时望远镜的光轴和分光计的中心已经垂直了，望远镜调节螺丝和载物台台面调节螺丝不能任意再动了，否则就要重新调整.

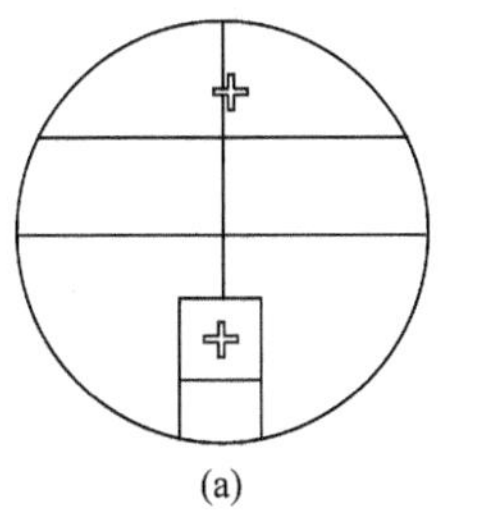
(a)

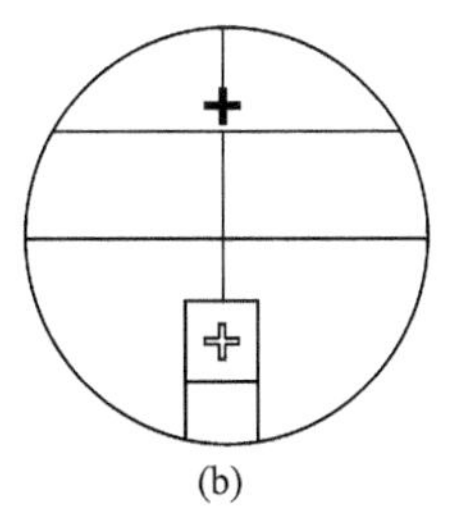
(b)

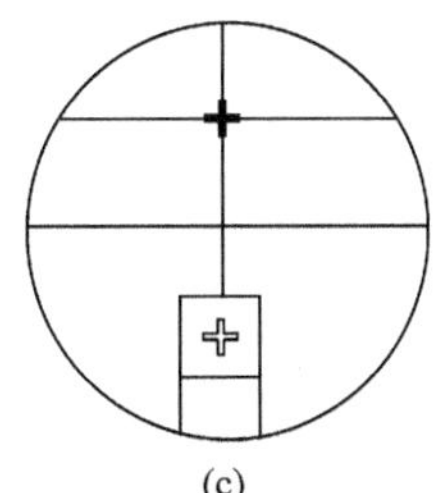
(c)

图 4.3.7

(4) 调整平行光管.

用灯照亮狭缝,松开狭缝固定螺丝,用已经聚焦于无穷远的望远镜作为标准,从望远镜观察来自平行光管的狭缝像,前后移动狭缝的位置,使狭缝位于物镜平面上,并使望远镜中看到清晰的狭缝像.同时转动狭缝使看到的像处于铅直位置,再调节狭缝调节螺丝,使狭缝处于合适的宽度,最后调整平行光管调节螺丝,使狭缝像位于望远镜中心分划板的中间位置.

仪器已基本调好,如果更换测量用的光学元件(如三棱镜、光栅等),平台还要再作仔细的调整,待完全调整好后,用望远镜锁紧螺丝锁紧望远镜,用平行光管锁紧螺丝锁紧平行光管,仪器已完全调整好,即可进行测量数据.

2. 测量三棱镜的顶角 A

按分光计的调整步骤,在载物台上放好三棱镜,测出所需角度,由公式 $A=\frac{\varphi}{2}=\frac{1}{4}[(\theta'_a-\theta_a)+(\theta'_b-\theta_b)]$求出顶角 A.

3. 测定三棱镜的折射率

根据原理中三棱镜折射率的测量,求出最小偏向角 δ_0,再由公式 $n=\dfrac{\sin\dfrac{A+\delta_0}{2}}{\sin\dfrac{A}{2}}$ 求出三棱镜的折射率 n.

不确定度 $\Delta_n=\dfrac{\cos[(\delta_0+A)/2]}{2\sin(A/2)}\Delta_{\delta_0}+\dfrac{\sin[(\delta_0+A)/2]}{2\sin^2(A/2)}\Delta_A$,将测量结果表示为 $n=\bar{n}\pm\Delta_n$.

[数据处理]

将测量的数据填入表 4.3.1 中,并由公式计算出顶角 A,求出 A 的平均值并估算不确定度 Δ_A,最后将结果表示为:$A=\bar{A}\pm\Delta_A$.

表 4.3.1

次 数	左游标		右游标		A	$\bar{A}$
	θ_a	θ'_a	θ_b	θ'_b		
1						
2						
3						

[思考题]

(1) 用自准法调节望远镜时,怎样调节才能使叉丝的像与叉丝完全重合?

(2) 测量时,为什么要同时记录两个游标的读数?

(3) 若用未达到调整要求的分光计测角度,对实验结果会带来什么影响?

(4) 在用反射法测量三棱镜顶角时,为什么三棱镜放在载物台上的位置要使三棱镜顶角离平行光管远一些,而不能太靠近平行光管呢?

4.4 单色光波长测量

4.4.1 单 缝 衍 射

光的衍射现象是光的波动性的重要特征.研究衍射现象无论对理论发展还是实际应用,都具有重要的意义.以衍射理论为基础的傅里叶光学,在光学领域引发了一场深刻的革命,并产生了一系列新的学科分支,取得了许多新成果.本实验对单缝衍射进行研究,并测量单色光的波长.

[实验目的]

(1) 观察单缝衍射现象,了解其特点.

(2) 测定单色光的波长,验证单缝衍射公式.

[实验原理]

光线偏离直线传播的方向,并在其后产生明暗条纹的现象叫做光的衍射,其中入射光和衍射光都是平行光的衍射称为夫琅禾费衍射,其光路如图 4.4.1 所示.

当一束波长为 λ 的平行单色光通过缝宽为 a 的单缝时,根据惠更斯-菲涅耳原理,单缝上的每一点都可视为发射子波的波源,发出球面子波.沿入射光方向传播的衍射光经透镜会聚于 P_0 点,这些平行光经透镜后不产生附加的光程差,因此,在 P_0 点互相加强,形成了中央明条纹.而与入射光线成 φ 角的衍射光经透镜会聚于 P 点,由于各衍射光线到达 P 点的光程不同,这些光线在该点有一定的相位差,利用菲涅耳半波带法,可得出 P 点为明纹或暗纹的条件

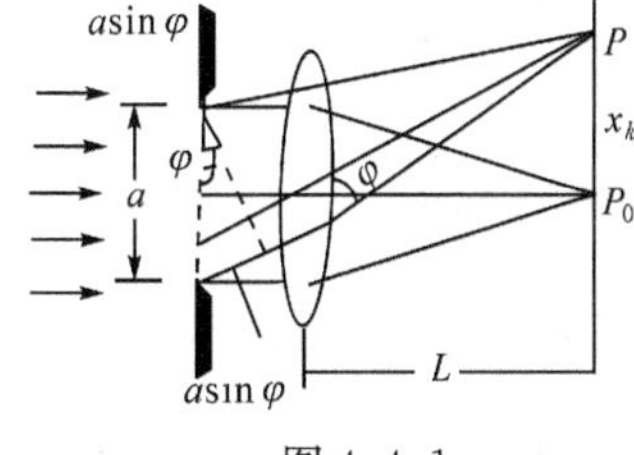

图 4.4.1

$$a\sin\varphi = \pm k\lambda, \qquad k = 1,2,\cdots \quad 暗$$

$$a\sin\varphi = \pm (2k+1)\frac{\lambda}{2}, \quad k = 1,2,\cdots \quad 明$$

式中 k 为衍射级数,分别称为 k 级暗条纹或 k 级明条纹,依次分列于中央明条纹两侧,k 越大,明纹亮度越小,明暗纹分界线越不清楚.

如果单缝竖放,并且规定左负右正,则对于中央明纹左边的第 m 级暗纹($k=m$)和右边的第 n 级暗纹($k=n$)有

$$a\sin\varphi_m = -m\lambda$$

$$a\sin\varphi_n = n\lambda$$

因为 φ 很小,故

$$\sin\varphi \approx \varphi = \frac{x_k}{L} = \frac{k\lambda}{a} \tag{4.4.1}$$

则

$$a\varphi_m = -m\lambda$$

$$a\varphi_n = n\lambda$$

两式相减得

$$a(\varphi_n - \varphi_m) = (n+m)\lambda$$

由图 4.4.1 知

$$\varphi_n - \varphi_m = \frac{\Delta x_{nm}}{L}$$

整理得

$$\lambda = \frac{a\Delta x_{nm}}{(m+n)L} \tag{4.4.2}$$

式中,a 为缝宽;Δx_{nm} 为左边第 m 级暗纹和右边第 n 级暗纹间的距离;L 为透镜与光屏之间的距离.

从式 $\varphi=\frac{k\lambda}{a}$ 和 $\lambda=\frac{a\Delta x_{nm}}{(m+n)L}$ 还可以看出:

(1) 对一定的单缝宽度 a,任意两条相邻暗纹之间的距离相等,均为 $\Delta x=\frac{\lambda L}{a}$.

(2) 对于一定的波长 λ,a 越小,一定级数 k 的衍射角 φ 越大,φ 和缝宽 a 成反比,即 $a\Delta x_{nm}=$常数.

[实验仪器]

(1) 钠光灯光源,如图 4.4.2 所示.灯罩是八面柱体,每面开有一条狭缝,每一条狭缝为一个光源,发光波长为 $\lambda=589.3\text{nm}$.

(2) 单缝衍射仪,包括望远镜和单缝帽套,其结构如图 4.4.3 所示.

(3) 读数显微镜(见等厚干涉的应用实验).

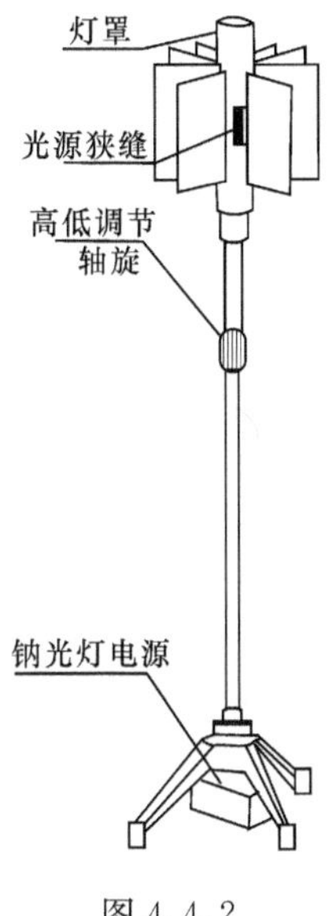

图 4.4.2

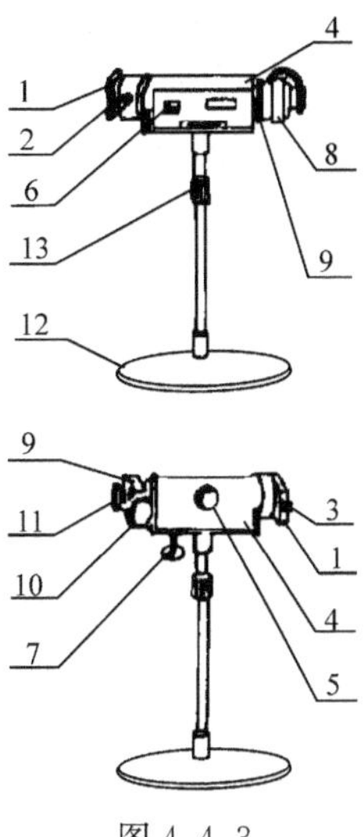

图 4.4.3

1. 单缝帽套;2. 帽套固定手轮;3. 单缝缝宽调节手轮;4. 测微望远镜筒;5. 望远镜调焦手轮;6. L 值读数窗口;7. 望远镜仰角微调螺栓;8. 测微目镜头;9. 测微目镜固定手轮;10. 测微目镜读数鼓轮;11. 测微目镜调焦镜;12. 底座;13. 高低固定手轮

[实验内容]

(1) 将单缝衍射仪置于光源前 1.0～1.5m 的位置,这样光源即可视为平行光光源. 打开电源,给钠光灯预热.

(2) 调节钠光灯的灯罩位置,使狭缝刚好落在钠光灯的最亮部位. 然后调节光源的高度,使光源上的狭缝和单缝衍射仪等高.

(3) 取下单缝帽套,移动单缝衍射仪底座,使测微望远镜正对光源狭缝,并能在望远镜中看到狭缝的像,调节望远镜仰角微调螺栓使像落在测微目镜的中央. 如有反射像,则应使反射像与像重合,这可以通过移动单缝衍射仪底座和调节仰角微调螺栓来实现. 然后调节目镜,使十字叉丝清晰,再调节单缝衍射仪的调焦手轮使狭缝像清晰,从读数窗口读数,则

$$L=125+\text{读数}+\text{修正值}(\text{修正值}\approx 2.5\text{mm})$$

(4) 将单缝帽套套在望远镜的物镜上,使单缝成垂直状态,旋紧帽套固定手轮,调节缝宽调节手轮使单缝有合适的宽度(约 0.5～1.0mm),这时在测微目镜中

即能看到清晰的衍射图样.

(5) 调节测微目镜读数鼓轮,使十字叉丝和左边第 m 级暗纹重合,从测微目镜鼓轮读数 x_m,然后再调节鼓轮,使十字叉丝与右边第 n 级暗纹重合,读数 x_n(注意鼓轮要始终沿一个方向旋转,不得倒转,以避免空转引起读数误差),则左边第 m 级暗纹和右边第 n 级暗纹间的距离 $\Delta x_{nm}=|x_m-x_n|$,测得的数据记入表 4.4.1 中.

(6) 轻轻取下单缝帽套,注意切勿使缝宽 a 改变,用读数显微镜测出缝宽.

(7) 改变缝宽 a,重复上述步骤 4、5、6,测得的数据记入表 4.4.2 中.

[数据处理]

表 4.4.1 $L=$ cm,$a=$ cm

$m+n$	x_m/mm	x_n/mm	Δx_{nm}/mm	$\lambda=\frac{a\Delta x_{nm}}{(m+n)L}$
1+1				
2+2				
3+3				
4+4				

(1) 求出 $\bar{\lambda}$,并与标准值 $\lambda=589.3\text{nm}$ 比较,求出相对误差.

表 4.4.2

	第一组 a_1				第二组 a_2				第三组 a_3			
$m+n$	x_{m1}	x_{n1}	Δx_{nm1}	$a_1\Delta x_{nm1}$	x_{m2}	x_{n2}	Δx_{nm2}	$a_2\Delta x_{nm2}$	x_{m3}	x_{n3}	Δx_{nm3}	$a_3\Delta x_{nm3}$
1+1												
2+2												
3+3												
4+4												

(2) 验证 λ 一定时,一定级数 k 的衍射角与缝宽 a 成反比,即 $a\Delta x_{nm}=$常数.

[思考题]

(1) 用单缝衍射仪测量衍射条纹之间的距离时,你有没有发现螺纹空转误差的存在? 为什么?

(2) 如果衍射条纹能看到的级数较低时,应检查哪些地方?

4.4.2 光栅衍射

衍射现象是光的波动性的一种表现. 衍射现象可以用于精密测量,在晶体结构分析、光谱学研究以及光信息处理等领域也有广泛应用. 本实验通过对光栅衍射现象的观测，加深对衍射现象及其应用等方面内容的理解.

[实验目的]

(1) 观察光的衍射现象，了解光栅的主要特性.

(2) 进一步掌握分光计的调整和使用方法.

(3) 观察平面光栅的衍射现象，测量光栅常数，并测量汞灯在可见光范围内几条光谱线的波长.

[实验原理]

光栅是根据多缝衍射原理制成的一种分光元件，能产生谱线间距较宽的匀排光谱. 在结构上分透射式和反射式两种，本实验采用透射式平面刻痕光栅.

当平行光垂直入射光栅平面时，刻痕处因发生漫反射而不能透光，光线只能从两条刻痕之间的狭缝中通过，通过各狭缝的光线因衍射而向各方向传播，经透镜会聚后相互干涉，在透镜焦平面上形成衍射光谱. 故平面光栅可看成是一系列密集的，均匀而平行排列的狭缝，如图 4.4.4 所示，图中 a 和 b 分别为狭缝和刻痕的宽度，相邻两狭缝对应点之间的距离 $d=a+b$，称为光栅常数.

根据夫琅禾费衍射理论，当一束平行光垂直照射到光栅平面上时，通过狭缝的每束光都发生衍射，各衍射光又彼此发生干涉，故光栅衍射条纹是衍射和干涉的总效果. 如果衍射角 φ 符合条件

$$(a+b)\sin\varphi = k\lambda, \quad k=0, \pm 1, \pm 2, \cdots \tag{4.4.3}$$

在该衍射角 φ 方向上的光将会增强，式中 k 为衍射亮纹的级数，φ 为第 k 级亮纹对应的衍射角，即衍射光线与光栅平面法线之间的夹角，λ 为入射光的波长. 如果用凸透镜把这些衍射后的平行光会聚起来，则在透镜的后焦平面上将形成一系列彼此平行间距相同的亮条纹，即为谱线. 在 $\varphi_0=0$ 的方向上可看到零级亮条纹，其他级数的谱线对称地分布在零级谱线的两侧，如图 4.4.5 所示.

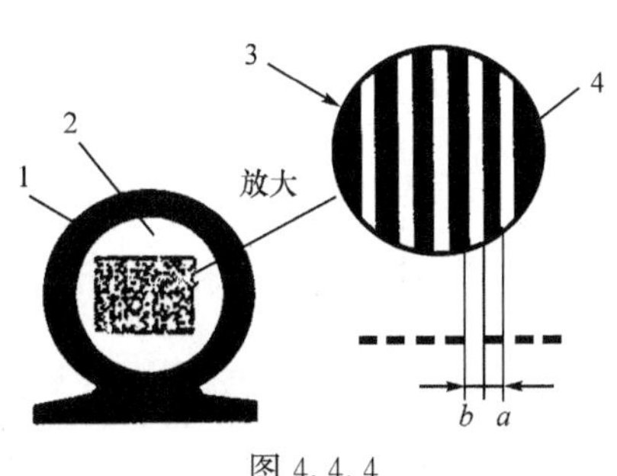

图 4.4.4

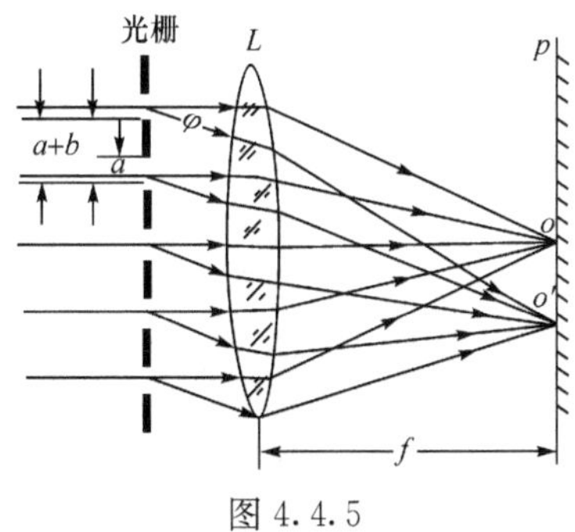

图 4.4.5

若光源发出的是不同波长的复色光，则由式$(a+b)\sin\varphi=k\lambda$可以看出，不同波长的同一级谱线将有不同的衍射角．因此在透镜后的焦平面上出现按波长大小，谱线级次排列的各种颜色的谱线，称为衍射光谱．如图 4.4.6 所示即为汞灯光源的光栅衍射光谱．

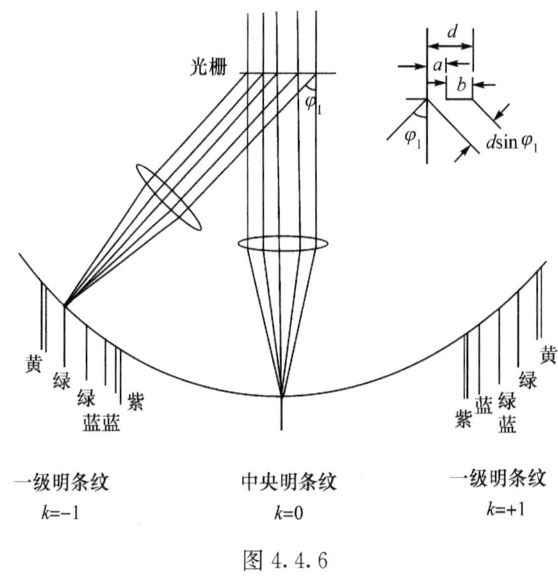

图 4.4.6

用分光计可以观察到各种波长的光栅衍射光谱，并可以测出与k级亮条纹对应的衍射角φ，若已知光栅常数$a+b$，根据公式可以求出入射光的波长为

$$\lambda=\frac{(a+b)\sin\varphi}{k},\quad k=0,\pm1,\pm2,\cdots$$

［实验仪器］

分光计、平面光栅、汞灯光源、照明放大镜等．

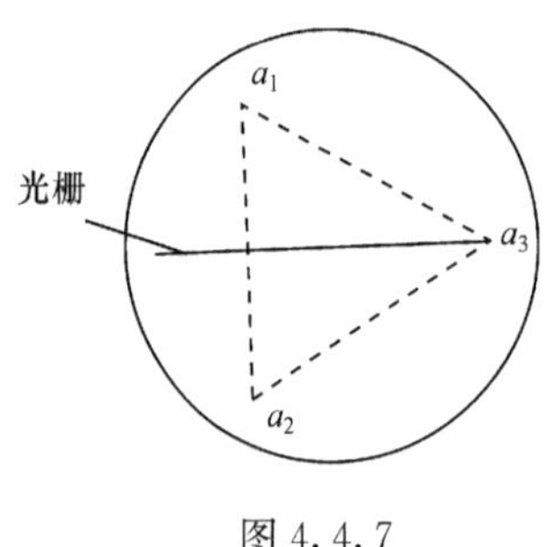

图 4.4.7

［实验内容］

用光栅测定汞灯光谱线波长的具体方法是：

(1) 按分光计调整顺序进行调整，使分光计达到所要求的状态．

(2) 将光栅按图 4.4.7 所示放在载物台上，要求入射光垂直照射光栅表面，平行光管狭缝与光栅刻痕相平行，并记录下光栅常数 $a+b$ 的数据.

(3) 测量汞灯各光谱线的衍射角.

由于衍射光谱对中央明条纹是对称的，为了提高测量准确度，测量第 k 级光谱时，应测出 $\pm k$ 级光谱线的位置，两位置的差值之半即为 φ. 为了消除分光计刻度盘偏心角的误差，在测量每一条谱线时，刻度盘的两个游标都要读数，然后取平均值. 测量时可将望远镜移至最左端，从 -2、$-1\sim+1$、$+2$ 级依次测量，以防漏测数据，将测得的衍射角代入公式，即可计算出相应的光波波长.

例如，测量紫光的波长，具体操作过程是，将望远镜右转，用垂直叉丝对准 $k=+1$ 级紫色亮条纹，从两个游标分别读出在此位置的角度. 再向左转动望远镜过零级亮条纹，用垂直叉丝对准 $k=-1$ 级的紫色亮条纹，再分别从两个游标读出在此位置时的角度. 望远镜转过的角度 $\Delta\varphi=2\varphi$，衍射角 $\varphi=\dfrac{\Delta\varphi}{2}$，应用公式 $\lambda=\dfrac{(a+b)\sin\varphi}{k}$ 即可求出紫光的波长. 同样方法可测出绿光和黄光等的波长.

[数据处理]

(1) 将测得的实验数据填入自制表格中，并计算出三种谱线的光波波长的平均值和标准偏差.

(2) 分别写出三种谱线的光波波长：测量结果的表达式为 $\lambda=\bar{\lambda}\pm\delta_i$.

(3) 光栅常数不确定度计算(绿光)

$$d=a+b\lambda/\sin\bar{\varphi}=$$

$$E_x(d)=\sqrt{\left(\frac{\Delta_\lambda}{\lambda}\right)^2+(\cot\varphi\Delta\varphi)^2}=$$

$$\Delta_d=dE_x(d)=$$

(4) 紫光谱线对应波长不确定度

$$\lambda=d\sin\bar{\varphi}$$

$$E_x(\lambda)=\frac{\Delta_\lambda}{\lambda}=\sqrt{\left(\frac{\Delta_d}{d}\right)^2+(\cot\varphi\Delta\varphi)^2}=$$

$$\Delta_\lambda=E_x(\lambda)\lambda=$$

[思考题]

(1) 光栅常数 $a+b=\dfrac{1}{N}$，若已知某光栅每毫米中有 600 条刻痕，那么，光栅常数是多少？

(2) 当狭缝太宽和太窄时会出现什么现象?

(3) 光栅是较精密的光学器件,严禁用手触摸刻痕,为什么?

(4) 为什么光栅刻痕不但要多而且要均匀?

(5) 当用钠光($\lambda=589.3$nm)垂直入射到 600 条/mm 刻痕的平面光栅上时,试问能看到什么颜色的谱线?

4.4.3 迈克耳孙干涉仪测量 He-Ne 激光波长

迈克耳孙干涉仪是 1883 年美国物理学家迈克耳孙和莫雷设计制造的精密光学仪器,它在近代物理和计量技术中有着广泛的应用.现代科技中有多种干涉仪都是由迈克耳孙干涉仪衍生出来的.

[实验目的]

(1) 了解并掌握迈克耳孙干涉仪的原理、结构及调整方法.

(2) 观察等倾干涉条纹,测量氦氖激光器所发射激光的波长.

[实验原理]

迈克耳孙干涉仪的原理如图 4.4.8 所示,来自光源 S 的扩展激光束入射到分光板 G_1 上,因分光板的后表面涂了半透膜,光束在半透膜上由于反射和透射分成互相垂直的两束光.这两束光分别射向相互垂直的参考镜 M_1 和移动镜 M_2,G_1 与 M_1、M_2 间夹角均为 45°,经过 M_1、M_2 反射后,又汇于分光板 G_1,最后光线朝着屏 E 的方向射出,在屏 E 处我们可以观测到清晰的干涉条纹.通过原理图可以发现,光束 1 只有一次通过分光板 G_1,而光束 2 三次通过分光板 G_1,这样两束光在玻璃板(分光板)中的光程不相等了.为此,在分光板 G_1 和参考镜 M_1 之间放置了一块与分光板 G_1 平行的,折射率和厚度均与分光板 G_1 相同的平面玻璃板 G_2,于是光束 1 也是三次通过玻璃板,因而光束 1、2 经过玻璃板光程相等了,不会因此而产生附加光程差.可见,玻璃板 G_2 的作用是为了补偿其光程差,故称之为补偿板.加上补偿板 G_2 后,考虑两束光的光程差

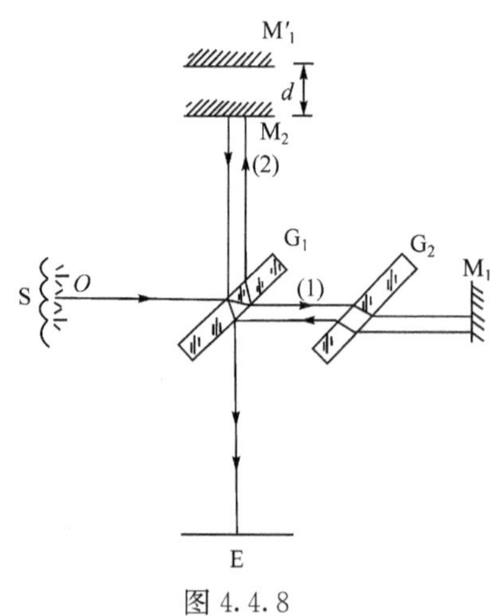

图 4.4.8

时，只需考虑它们在空气中的几何路程差就可以了.

在投影屏 E 上的干涉条件由 M_1 经由 G_1 形成的虚像 M_1' 和 M_2 的相对距离 d 所决定，将 M_1'、M_2 的反射光等效为图 4.4.9 所示的虚光源 S_1 和实光源 S_2 发出的相干光束. 如 M_1' 和 M_2' 的距离为 d，那么 S_1 和 S_2 之间的距离为 $2d$.

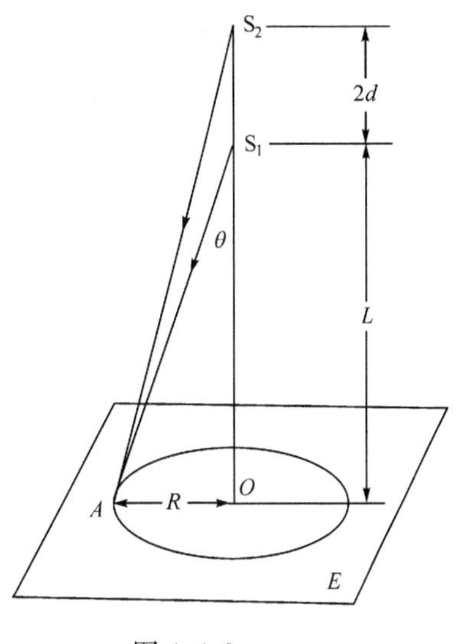

图 4.4.9

通常 M_1 和 M_2 并不严格垂直，那么，M_1' 和 M_2 也不严格平行，它们之间的空气薄层就形成了一个劈形膜，这时观察到的干涉条纹是等间距排列的等厚干涉条纹. 若入射光波长为 λ，则每当 M_2 向前或向后移动 $\frac{\lambda}{2}$ 距离时，可以观察到干涉条纹平移过一条，所以测出视场中移过的条纹数目为 N，M_2 移动的距离为 d，则

$$
\begin{aligned}
d &= N\frac{\lambda}{2} \\
\lambda &= \frac{2d}{N}
\end{aligned}
\tag{4.4.4}
$$

利用式(4.4.4)，可以用来测定光的波长.

若 M_1 和 M_2 严格垂直，则 M_1' 和 M_2 也严格平行，它们之间的空气薄膜厚度均匀，这时观察到干涉条纹是明暗相间的圆环形的等倾干涉条纹. 如图 4.4.9，投影屏 E 置于垂直于 S_1 和 S_2 连线处，对应的交点为 O，由 S_1 和 S_2 到屏上任一点 A，两光线的光程差为 $\delta = S_2A - S_1A$，当 $L \gg d$ 时，近似有 $\delta = 2d\cos\theta$，在 A 点形成干涉条纹的条件为

$$
\delta = 2d\cos\theta = \begin{cases} k\lambda & \text{明纹} \\ (2k+1)\dfrac{\lambda}{2} & \text{暗纹} \end{cases} \quad (k = 0,1,2,\cdots) \tag{4.4.5}
$$

在倾角为 θ 相等的方向上两相干光束的光程差 δ 均相等，具有相等的 δ 的各方向光束形成一锥面，因此在投影屏 E 处形成的等倾干涉条纹呈圆环形. 圆环中心处 $\theta=0$ 时，式(4.4.5)变为

$$
\delta = 2d = \begin{cases} k\lambda & \text{明纹} \\ (2k+1)\dfrac{\lambda}{2} & \text{暗纹} \end{cases} \quad (k = 0,1,2,\cdots) \tag{4.4.6}
$$

转动干涉仪微调手轮带动 M_2 移动，改变 d，例如使 d 增大，k 随着增大，中心处有条纹"涌出"，并向外扩张；反之，d 减小时，k 随着减小，条纹向中心收缩"陷入". 例如，中心处的明纹(或暗纹)数改变 N 时，M_2 移动 d，则

$$2d = N\lambda$$
$$\lambda = \frac{2d}{N} \tag{4.4.7}$$

式(4.4.7)是利用等倾干涉测量光波波长的原理公式.

[实验仪器]

1. 迈克耳孙干涉仪

仪器主体如图 4.4.10 和图 4.4.11 所示，导轨(5)固定于一只稳定的底座上，由三只调平螺钉(1)支撑，调平后可以拧紧锁紧圈以保持底座稳定. 丝杆(3)螺距为 1mm，转动粗调手轮(13)，经一对传动比为 2∶1 的齿轮付带动丝杆旋转与丝杆啮合的可调螺母，带动移动镜(6)在导轨面上滑动，实现粗调，移动距离的毫米数可在机体侧面的毫米刻度尺(17)上读得；通过刻度读数窗口，在刻度盘(11)上读到 0.01mm，转动微调手轮(15)，经 1∶100 的蜗轮付传动，可实现微动，微调手轮的最小刻度读数值为 0.0001mm. 移动镜(6)和参考镜(8)的倾角可分别用镜背后的三颗滚花螺钉(7)来调节，各螺钉的调节范围是有限度的. 如果螺钉向前顶得过松，在移动时，可能因震动而使镜面倾角变化；反之顶得过紧，致使条纹形状不规则，因此，螺钉必须在能对干涉条纹有影响的范围内进行调节. 在参考镜(8)下有两个微调螺钉(14)、(16)，垂直的螺钉使镜面干涉图像上下微动，水平的螺钉则使干涉图像水平移动. 丝杆的顶进力可通过滚花螺帽(18)来调整. 由于结构原因，微调手轮正反空回，仪器允许在 0.03mm 以内，这对测量是无影响的.

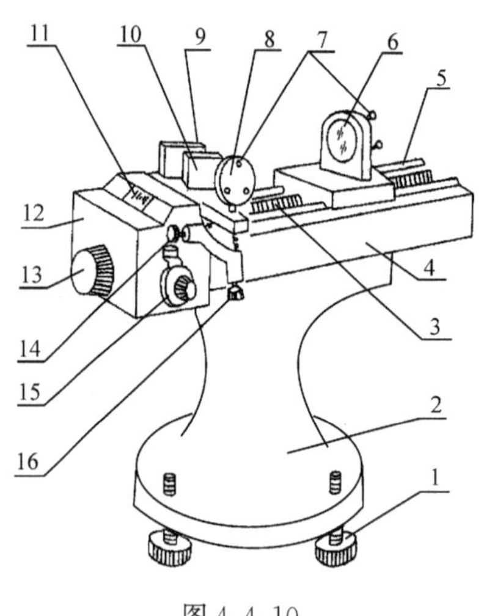

图 4.4.10

1. 调平螺钉；2. 铸铁底座；3. 精密丝杠；4. 机械台面；5. 导轨；6. 移动镜；7. 滚花螺钉；8. 参考镜；9. 分光板；10. 补偿板；11. 读数窗口(刻度盘)；12. 齿轮系统；13. 精调手轮；14. 水平微调螺钉；15. 微调手轮；16. 垂直微调螺钉

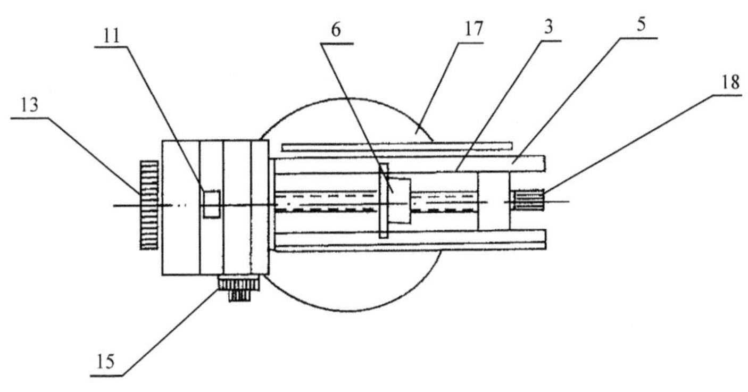

图 4.4.11

17. 毫米刻度值;18. 滚花螺帽

2. 多束光纤光源

每台激光器(He-Ne 激光器)配备 7 条分束光纤,同时供 7 台迈克耳孙干涉仪同时工作.

[实验内容]

(1) 首先用调平螺钉将干涉仪调到水平状态,再用锁紧圈使之固定,转动粗调手轮使参考镜与移动镜到分光板距离大致相等.

(2) 打开激光器电源,待激光器正常工作后,调节激光器光束射向分光板 G_1 中部. 去掉投影屏,视线对 G_1 观察,可看到两排光点,每排光点中有一个最亮的,仔细调节 M_1、M_2 背面的滚花螺钉,使两个最亮的光点重合,其他光点也会随之重合. 装好投影屏,可以观察到干涉条纹.

(3) 如干涉条纹图像太小,可通过粗调手轮改变条纹密度,直到适中为止;如干涉条纹不在投影屏中间部位,可通过调整参考镜附近的两个微调螺钉(14)、(16),将图像调至位置合适为止.

(4) 调节微调手轮,保持长距离,缓慢、连续地调节,从投影屏上观察到"陷入"或"涌出"干涉条纹,数出移过的条纹数目,从刻度尺、刻度读数窗口及微调手轮上读取移动镜移动距离,记入表 4.4.3 中.

[提示] ① 不得用眼睛直视激光束,以免损伤眼睛.

② 迈克耳孙干涉仪属精密仪器,G_1、G_2、M_1、M_2 表面不能用手触摸,不能任意擦拭. 表面不清洁请指导老师处理.

③ 爱护光纤,不得压、捏、折光纤,保持光路畅通.

④ 为避免出现回程误差,测量读数时,应使微调手轮向一个方向转动,中途不

得倒退.

⑤ 测量开始阶段,有时出现空转现象,转动微调手轮,干涉图像不移动变化.这是由于微调手轮与粗调手轮未同步,没有带动移动镜 M_2 所致.此时将粗调手轮转动一下,微调手轮再向同一方向旋转即可.

⑥ 实验中应保持安静,不得离开座位随意走动,以免振动影响本人及他人测量.

[数据处理]

根据要求进行测量,记录数据至表 4.4.3,要求用逐差法进行数据处理.

表 4.4.3

n 条	0	20	40	60	80	100
d_n/mm						
m 条	100	120	140	160	180	200
d_m/mm						
$\|d_m-d_n\|$/mm						

注:He-Ne 激光器发出的激光波长(632.8nm).

[思考题]

(1) 在什么条件下产生等倾干涉条纹? 什么条件下产生等厚干涉条纹?
(2) 迈克耳孙干涉仪产生的等倾干涉条纹与牛顿环有何不同?
(3) 试解释为什么迈克耳孙等倾干涉条纹内疏外密?

4.5 透明材料折射率测量

透明材料的重要光学常数之一就是折射率.测量透明材料折射率的方法很多,最常用的是最小偏向角法和全反射法.其中全反射法对环境条件要求低,具有操作方便快捷不需要单色光源等优点.阿贝折射仪就是利用光的全反射原理制成的,专门用来测量透明或半透明的液体或固体的折射率及平均色散的仪器,是光学仪器制造、食品工业、石油化工等工厂,研究单位及学校常用设备之一.

[实验目的]

(1) 理解全反射原理及其应用、学会使用阿贝折射仪测量折射率.

(2) 测量几种液体的折射率.

(3) 测定糖水溶液的百分比浓度.

[实验原理]

光在两种不同介质的交界面发生折射现象时,遵循折射定律

$$n_1\sin\alpha_1 = n_2\sin\alpha_2$$

如图 4.5.1 所示,n_1、n_2 分别为交界面两侧介质的折射率,α_1 为入射角,α_2 为折射角.若光线从光密介质进入光疏介质,入射角小于折射角.当入射角等于临界角 α 时,会发生全反射现象,这时折射角为 90°,折射光沿两介质的分界面传播.如图 4.5.2所示,折射率为 n_2 的折射棱镜,AB 面以下为被测物体(透明固体或液体),折射率为 $n_1(n_1<n_2)$.沿着 BA 掠射的入射光,以 90°的入射角从棱镜的 AB 面进入棱镜,根据折射定律可知,这时的折射角就是全反射的临界角 α.这束光从 AC 面出射到空气中的折射角为 i.分析可知,其他从 AB 面入射的光,只要入射角小于 90°,进入棱镜后的折射角都小于临界角 α,而从 AC 面出射到空气的折射角都大于 i 角,并分布在折射角为 i 的出射光的上方.用阿贝折射仪的望远镜在 AC 一侧,沿出射光线的方向望去,可以看到视场一半明一半暗,如图 4.5.3 所示.明暗分界处对应的就是发生全反射,空气中的折射角为 i 的出射光.由折射定律在 AB 界面有

$$n_1\sin 90^\circ = n_2\sin\alpha$$

即

$$n_1 = n_2\sin\alpha \tag{4.5.1}$$

在 AC 界面有

$$n_2\sin\beta = \sin i \tag{4.5.2}$$

由图 4.5.2 所示有 $\varphi=\alpha+\beta$,则 $\alpha=\varphi-\beta$,代入式(4.5.1)整理得

$$n_1 = n_2\sin(\varphi-\beta) = n_2(\sin\varphi\cos\beta - \cos\varphi\sin\beta) \tag{4.5.3}$$

由式(4.5.2)平方得

$$n_2^2\sin^2\beta = \sin^2 i$$

$$n_2^2(1-\cos^2\beta) = \sin^2 i$$

$$n_2^2 - n_2^2\cos^2\beta = \sin^2 i$$

$$\cos\beta = \frac{\sqrt{n_2^2-\sin^2 i}}{n_2} \tag{4.5.4}$$

将式(4.5.2)和式(4.5.4)代入式(4.5.3)得

$$n_1 = \sin\varphi\sqrt{n_2^2 - \sin^2 i} - \cos\varphi\sin i \tag{4.5.5}$$

φ(为棱镜 AC 面与 AB 面的夹角)及 n_2 为已知,当求得 i 时,可得到被测物体的折射率 n_1,这种方法称为掠射法.

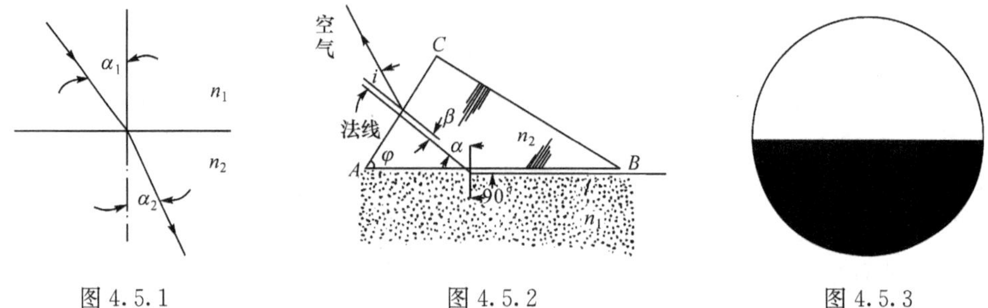

图 4.5.1　　图 4.5.2　　图 4.5.3

当被测物体为液体时,可用一磨砂面的进光棱镜,把液体放在进光棱镜和折射棱镜中间.磨砂面主要是产生漫反射,使液层里有各种不同角度的入射光.由于被测物体折射率不同临界角 α 就不同,因此出射到空气中的折射角 i 就不同,说明物体的折射率与空气中的折射角 i 相关联.阿贝折射仪在设计过程中就把待测物的折射率和折射角 i 的关联对应起来,使测得的数值不是折射角而是折射率,即明暗分界处的数值就是待测物体的折射率.

读数镜筒内的刻度线上有两排数字,右边的一排是折射率,左边的一排是测量在 20℃时糖水溶液的折射率所对应的百分浓度.

[实验仪器]

1. 阿贝折射仪的光学系统由望远镜系统和读数系统组成

如图 4.5.4 所示,望远镜系统:光线由反光镜(1)进入进光棱镜(2)及折射棱镜(3),被测液体放在进光棱镜和折射棱镜之间,阿米西棱镜(4)起抵消待测物体和折射棱镜产生的色散的作用,使望远镜视场中呈现明暗分界线.由物镜(5)将明暗分界线成像于分划板(6)上,经目镜(7)、(8)放大后成像于观察者眼中.

读数系统:光线由反光镜(14)经毛玻璃(13)照明刻度盘(12),经转向棱镜(11)及物镜(10)将刻度成像于分划板(9)上,经目镜(7)、(8)放大后成像于观察者眼中.

2. 机械结构

如图 4.5.5 所示,底座(1)是仪器支承座,也是轴承座,连接二镜筒的支架(5)

与外轴相连，支架上装有圆盘(3)，此支架能绕转轴(17)旋转，以便于工作者选择适当的工作位置. 在无外力作用时应是静止的. 圆盘(3)内装有扇形齿轮板，玻璃刻度盘就固定在齿轮上，当旋转手轮(2)时，扇形板带动主轴(17)，而主轴带动棱镜组(13)同时旋转使明暗分界线位于视场中央，对准叉丝的交叉点.

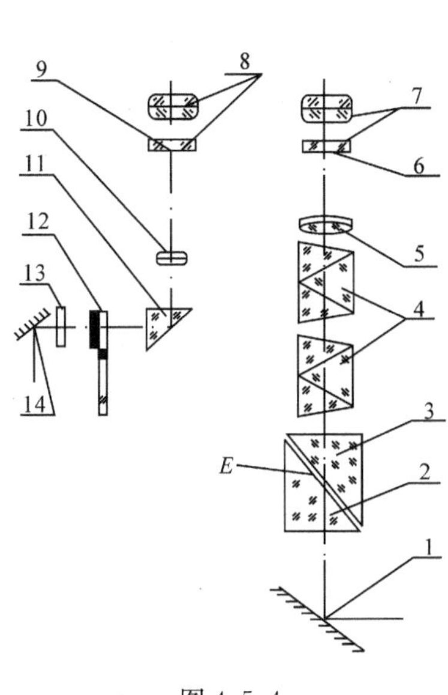

图 4.5.4

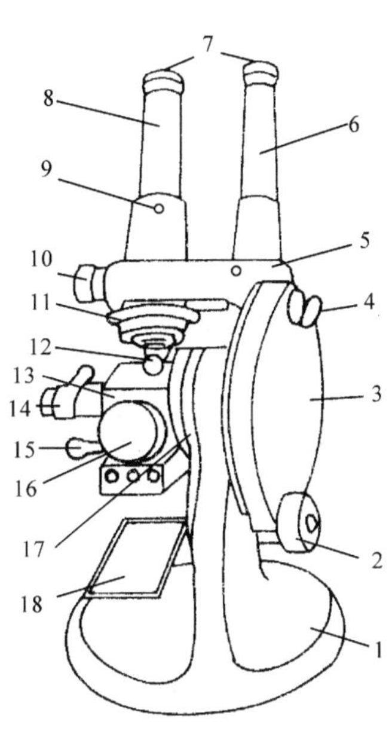

图 4.5.5

1. 底座；2. 棱镜转动手轮；3. 圆盘组(内有刻度板)；4. 小反光镜；5. 支架；6. 读数镜筒；7. 目镜；8. 望远镜筒；9. 示值调节螺钉；10. 阿米西棱镜手轮；11. 色散值刻度圈；12. 棱镜锁紧扳手；13. 棱镜组；14. 温度计座；15. 恒温器接头；16. 保护罩；17. 主轴；18. 反光镜

棱镜组(13)内有恒温结构，因测量时的温度对折射率有影响，为了保证测定精度，在必要时可加恒温器. 如图 4.5.5 所示，阿贝折射仪测量范围 $n_d=1.300\sim1.700$，测量精度 0.0003.

[实验内容]

1. 准备工作

开始测量前必须先用标准玻璃或蒸馏水校对读数. 使用蒸馏水校准时，将棱镜锁紧扳手打开，用滴管在进光棱镜的磨砂面上滴几滴蒸馏水，观察读数镜筒，并调节棱镜转动手轮，使刻度指在1.333(水的折射率). 观察望远镜内明暗分界线是否在十字线中间，若有偏差则用附件方孔调节扳手转动示值调节螺丝，如图 4.5.5 中 9 号部件所示，将明暗分界线调至中央，如图 4.5.6.

2. 测定工作

(1) 开始测定之前必须将进光棱镜及折射棱镜用脱脂棉擦干净，以免有杂质影响测定精度.

(2) 把待测液体(酒精)用吸管滴在进光棱镜的磨砂面上，要求液体均匀无气泡并充满视场，若被测液体为易挥发物则在测定过程中用针管在棱镜组侧面的一个小孔内加以补充.

(3) 调节两反光镜，使二镜筒视场明亮.

(4) 旋转手轮使棱镜组转动，在望远镜中观察明暗分界线上下移动，同时旋转阿米西棱镜手轮使明暗分界线为一清晰直线，如图 4.5.6(a)所示，分界线通过十字叉丝中点时观察读数镜筒所指示的刻度值，如图 4.5.6(b)所示，即为待测液体的折射率.

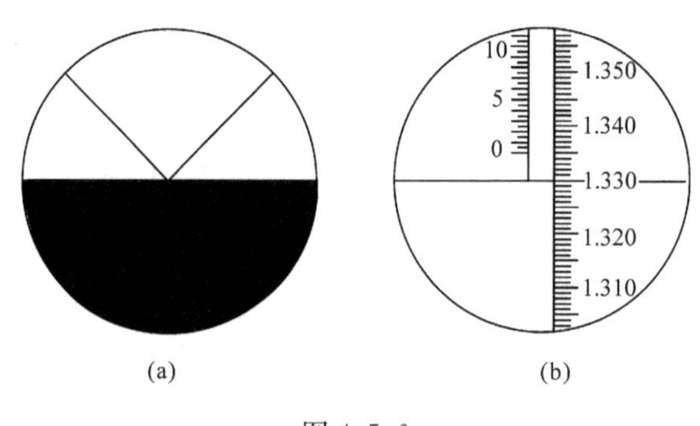

图 4.5.6

(5) 测量固体时，固体上需要有两个互相垂直的抛光面，测定时不用反光镜及进光棱镜，将固体一抛光面用溴代萘粘在折射棱镜上，另一抛光面向上如图 4.5.7，其他操作与上相同，如被测固体折射率大于 1.66，则不应用溴代萘粘固体而改用二碘甲烷.

(6) 当测量半透明固体时，固体上需要有一个抛光面，测量时将固体的抛光面用溴代萘粘在折射棱镜上，取下保护罩作为进光面，如图 4.5.8，利用发射光来测量，具体操作与上相同.

(7) 测量液体内含糖量的浓度时，操作与测量液体折射率相同，此时应从读数镜筒视场上左边所指示值读出，此即为糖液含糖浓度的百分数.

(8) 实验完毕，将仪器的有关元件的光学面用酒精棉擦洗干净，并将仪器收回至箱内.

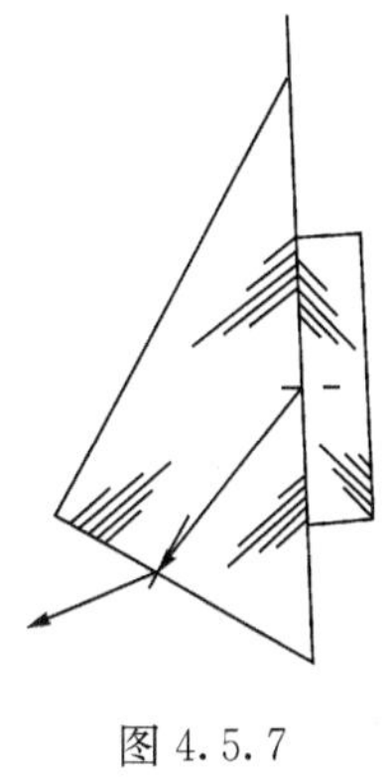
图 4.5.7

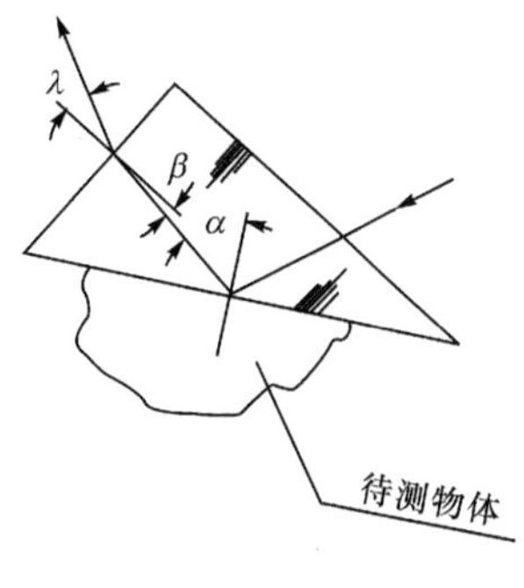

图 4.5.8

[数据处理]

按照上述方法重复 5 次，测量数据记入表 4.5.1，按表格要求处理数据.

表 4.5.1 $n_0=1.3625$

测量次数	无水乙醇的折射率 n_i	葡萄糖溶液浓度 d_i(%)
1		
2		
3		
4		
5		
6		
平均值	$n_{平均值}=\Sigma n_i/N=$	$d_{平均值}=\Sigma d_i/N=$
绝对误差	$\Delta n=\lvert n_0-n_{平均值}\rvert=$	$\Delta d=[(d_i-d_{平均值})^2/(N-1)]^{\frac{1}{2}}=$
相对误差	$E_n=\Delta n/n_0\times 100\%=$	$E_d=\Delta d/d_{平均值}\times 100\%=$
测量结果	$n=n_{平均值}\pm\Delta n=$	$d=d_{平均值}\pm\Delta d=$

[思考题]

(1) 如何进行零点校准?

(2) 测量乙醇的折射率或者葡萄糖溶液的浓度时，可能直接看不到明暗分界线，如何解决?

(3) 如果测量过葡萄糖溶液的阿贝折射仪用蒸馏水校准时没有擦拭干净，测量的待测液体折射率与真实值相比有何特点?

(4) 利用阿贝折射仪可以测量葡萄糖溶液的浓度,也可以直接测量酒精溶液的浓度吗?

(5) 分析望远镜中观察到的明暗视场分界线是如何形成的?

4.6 旋光物质溶液浓度测量

阿喇果(D. F. J. Arago)在 1811 年发现,当线偏振光通过某些透明物质时,它的振动面将以光的传播方向为轴线旋转一定的角度,这种现象称为旋光现象. 能使振动面旋转的物质称为旋光性物质,例如:石英晶体、朱砂、松节油、石油、食糖溶液、酒石酸溶液等都是旋光性较强的物质. 这些物质可用旋光仪来测定它们的比重、纯度、浓度与含量.

[实验目的]

(1) 加深对偏振光的使用.

(2) 掌握旋光仪的结构原理,学会用旋光仪测定旋光物质的比重、纯度、浓度与含量.

[实验原理]

线偏振光通过旋光性物质后,其振动面发生旋转,如果迎着光线观察,旋光性物质使振动面顺时针方向旋转,称为右旋物质;使振动面沿逆时针方向旋转的称为左旋物质. 对以上晶体、溶液分析可知,对于晶体的旋光性物质,振动面旋转的角度 φ 与光所透过的晶体厚度成正比. 若为溶液,则正比于液柱的长度和溶液的浓度. 此外,旋转角还与入射光波长及溶液的温度等有关. 如果当光的波长和溶液的温度一定时,偏振光透过溶液后,其振动面旋转的角度 φ 为

$$\varphi = [\alpha]_\lambda^t cl \tag{4.6.1}$$

式中,c 为溶液的浓度,通常用 100ml 溶液中含溶质的克数为单位;l 是光所透过的溶液厚度,以 dm 为单位;$[\alpha]_\lambda^t$ 则是溶液对波长 λ 的光在温度 t 时的旋光率,在数值上等于通过单位厚度、单位浓度的溶液所产生的旋转角. 旋光率 $[\alpha]_\lambda^t$ 约与光波长的平方成反比,即

$$[\alpha]_\lambda^t \approx \frac{1}{\lambda^2} \tag{4.6.2}$$

通常取 $t=20℃$,$\lambda=589.3\text{nm}$ 时,葡萄糖的旋光率 $[\alpha]_\lambda^t=52.5$ 度/分米(克/厘米^3).

旋光仪采用两个正交尼科耳棱镜来测量旋转角，因此为了更精确测量采用了"半波片"来判断视场两半的亮度是否相等，用它来测量偏振面的旋转角，精确度可达到 0.01°.

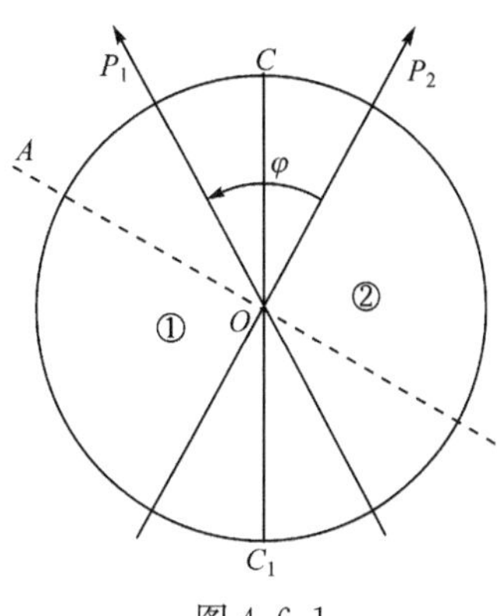

图 4.6.1

"半波片"的作用如图 4.6.1，它将视场分为两半①、②，在①的一半里，光波 P_1 在平面内振动，光波 P_2 在②的一半内振动. P_1P_2 之间的夹角为 φ，当 P_1P_2 通过检偏振动器 A，有如下几种情况分析可知：

(1) 当检偏器的透振方向 $A\perp P_2$ 时，视场②变为黑暗，而视场①变为明亮.

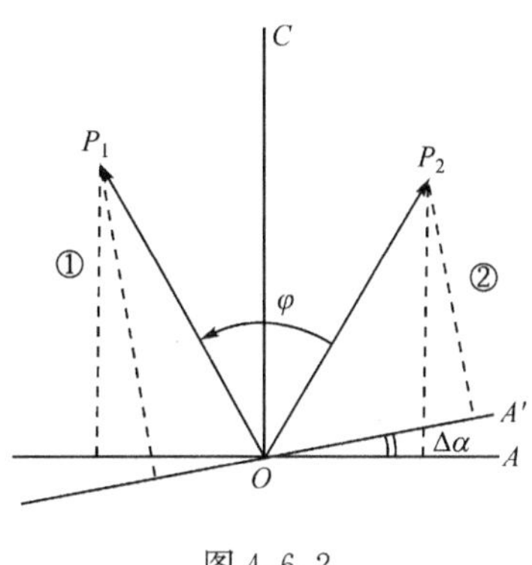

图 4.6.2

(2) 当检偏器的透振方向 $A\perp P_1$ 时，则情况与上述相反.

(3) 当 $A\perp OC$ 或 $A /\!/ OC$ 时，两半视场的亮度相等，因为人的眼睛观察微弱亮度变化是比较敏感的，估测量时应使 $A\perp OC$.

只有当 $A\perp OC$ 时，视场两半亮度才会相等，人的眼睛在判断视场亮度是否相同上是有误差的，如图 4.6.2，当仪器调到 OA' 的位置时，就认为视场两半亮度相等，此时设角度误差用 $\Delta\alpha$ 表示，此时两视场光强之比为

$$\frac{I_2}{I_1}=\frac{I_0\sin^2\left(\frac{\varphi}{2}+\Delta\alpha\right)}{I_0\sin^2\left(\frac{\varphi}{2}-\Delta\alpha\right)}=\left(\frac{\sin\frac{\varphi}{2}\cos\Delta\alpha+\cos\frac{\varphi}{2}\sin\Delta\alpha}{\sin\frac{\varphi}{2}\cos\Delta\alpha-\cos\frac{\varphi}{2}\sin\Delta\alpha}\right)^2$$

$$=\left(\frac{1+\cot\frac{\varphi}{2}\tan\Delta\alpha}{1-\cot\frac{\varphi}{2}\tan\Delta\alpha}\right)^2$$

因 $\Delta\alpha$ 很小，上式近似为

$$\frac{I_2}{I_1}=1+4\Delta\alpha\cdot\cot\frac{\varphi}{2}$$

当两视场光强 $I_1=I_2$ 时，故相对光强差

$$\Delta\left(\frac{I_2}{I_1}\right)=4\Delta\alpha\cdot\cot\frac{\varphi}{2}$$

式中，$\Delta\alpha$ 弧度换算成度，则角误差是

$$\Delta\alpha = \frac{45}{\pi}\Delta\left(\frac{I_2}{I_1}\right)\tan\frac{\varphi}{2} \tag{4.6.3}$$

例如，光强差 $\Delta\left(\frac{I_2}{I_1}\right)$ 为 2%时，则

$$\varphi = 1° \text{时}, \quad \Delta\alpha = 0.0025°$$
$$\varphi = 2° \text{时}, \quad \Delta\alpha = 0.005°$$
$$\varphi = 8° \text{时}, \quad \Delta\alpha = 0.02°$$

由此可见，在 φ 相当小的情况下，读数至少精确到$\frac{1}{100}$度.

[实验仪器]

旋光仪及其附件(测定范围：±180°，盘格值 1°)，试管长度 100mm、200mm 各一支，钠光灯(波长 589.3nm)，糖溶液.

旋光仪中采用钠光灯作为光源，在起偏器和检偏器之间装有半波片，半波片由一片石英和一片玻璃(或一片石英两片玻璃或是各一)组成，如图 4.6.3 所示，线偏振光从石英晶片通过后，振动面就转过一个小角度，从玻璃部分透过后，仍保持原来的振动方向. 因而，以半波片出射两束振动方向略有不同的线偏振光. 经过盛有待测样品的试管，它们的振动方向同时转过一定角度，然后进入检偏器. 当检偏器的振动面和这两束光的振动方向近似垂直，并且平分这两个振动方向间的夹角，即图 4.6.2 所示 $A \perp OC$，在物目镜组观察到两部分视场同样亮(整个视场较暗)，如果不能平分，就会出现半明半暗的视场，即 $A \perp P_1$ 或 $A \perp P_2$，所以人的眼睛在较暗视场下区别明暗差别的能力较强，只要微调检偏器，视场就变化明显，因而设置了半波片，大大提高仪器灵敏度. 半波片的结构及工作原理如图 4.6.4 所示，旋光仪的外形如图 4.6.5 所示.

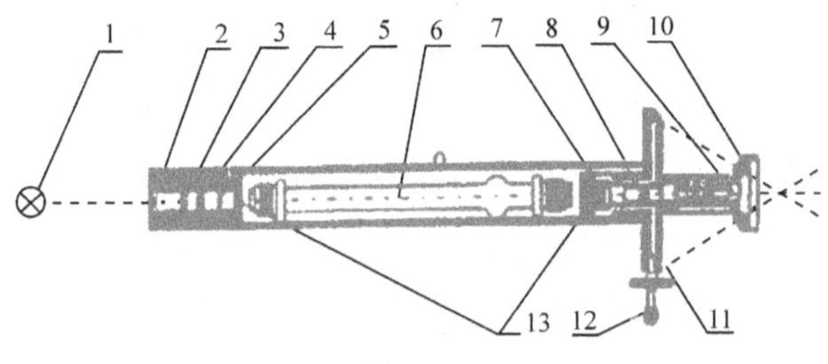

图 4.6.3

1. 光源(钠光)；2. 聚光镜；3. 滤色镜；4. 起偏镜；5. 半波片；6. 试管；7. 检偏镜；8. 物镜；9. 目镜；10. 放大镜；11. 度盘游标；12. 度盘转动手轮；13. 保护片

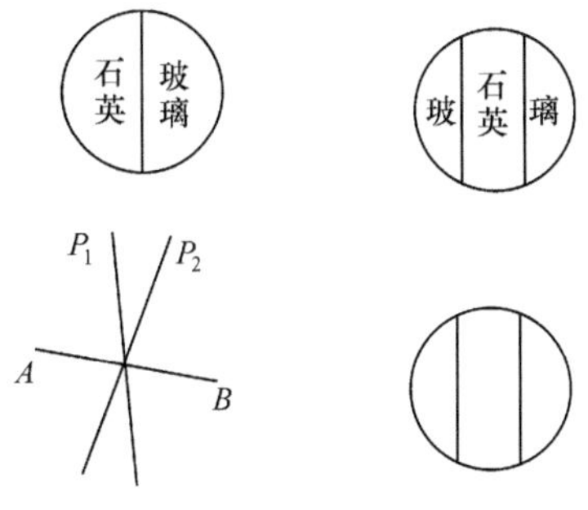

图 4.6.4

AB:检偏器偏振化方向

$P_1(P_2)$:通过玻璃(石英)后振动方向

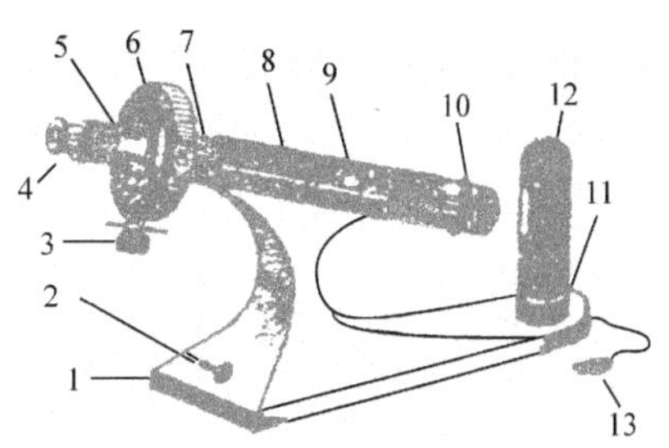

图 4.6.5

1. 底座;2. 电源开关;3. 检偏器与度盘转动手轮;4. 放大镜座;5. 视度调节螺旋;6. 度盘游标;7. 试管筒;8. 试管筒盖;9. 筒盖把手;10. 连接圈;11. 灯座;12. 灯罩;13. 电源插头

仪器采用双游标读数,精度为 0.05°,如图 4.6.6 所示,以消除度盘偏心差,测量时必须同时读出两个游标上的示数,分别计算角度,并取平均值.

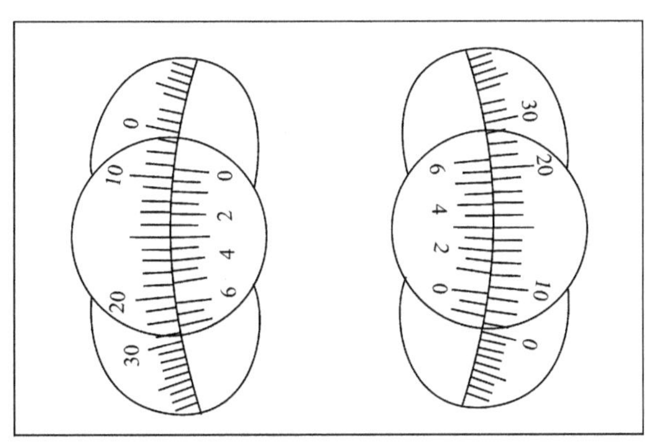

图 4.6.6

[实验内容]

(1) 先把预测溶液配好,并加以稳定和沉淀.

(2) 把预测溶液盛入试管待测. 但应注意试管两端螺旋不能拧得太紧(一般不漏为止),以免护玻片产生应力而引起视场亮度发生变化,影响测定准确度,并将两端残液揩拭干净.

(3) 接通电源,点亮钠光灯后,检验度盘零度位置是否正确,如不正确,在老师指导下进行.

(4) 测定旋光仪的零点.将装有蒸馏水的试管放入镜筒盒内,调节物目镜组,使之清楚地看到三分视场分界线,然后转动检偏器,在暗视场条件下使三个区域亮度相同,记录左右刻度盘上的读数,重复 5 次,求其平均值,作为旋光仪的零点位置 φ_0.

(5) 取出蒸馏水试管,放入装有已知浓度的葡萄糖溶液的试管,重新调节物目镜组,使三分视场分界线清晰,然后转动检偏器,使三分域亮度再次相同,记录刻度盘读数 φ_1',重复测量 5 次,取平均值.由 $\varphi'-\varphi_0$ 即得线偏振光振动面的旋转角 φ_1,已知试管长度 $l=20\text{cm}$,求出糖溶液的旋光率$[\alpha]_\lambda^t$.

(6) 把未知浓度的葡萄糖溶液试管置于镜筒盒内,用同样方法测定旋转角 φ_2',重复 5 次,取平均值,由 $\varphi_2'-\varphi_0$ 即得线偏振光振动面旋转角 φ_2,用已知的旋光率,计算未知溶液含糖的百分率.

[数据处理]

表 4.6.1

n \ φ	φ_0		φ_1'		φ_2'		φ_1	φ_2
	左	右	左	右	左	右	$\varphi_1'-\varphi_0$	$\varphi_2'-\varphi_0$
1								
2								
3								
4								
5								
平均值								

(1) 根据已知葡萄糖溶液浓度、试管长度及旋转角度 φ_1,求出糖溶液的旋光率$[\alpha]_\lambda^t$.

(2) 用已知旋光率,预测糖溶液试管长度及旋转角度 φ_2,求未知溶液含糖量的百分率.

[思考题]

(1) 旋光角的大小和哪些因素有关?

(2) 半波片的作用是什么?

(3) 怎样知道检偏器 A 的偏振化方向是处在和 OC 垂直的位置呢?还是处在和 OC 平行的位置?

(4) 为何要选择亮度相等的暗视场进行读数?

(5) 测量不同浓度的溶液时需要将物目镜组调至不同状态,你知道这是为什么吗?

4.7　光强分布的测量

光的衍射和干涉揭示了光的波动性.本实验通过对光的各种衍射现象的研究,不仅有助于对光的波动性的认识,而且有助于了解光子(对电子等其他微观粒子也适用)运动受不确定性关系制约.光的衍射是近代光学技术(光谱分析、全息技术、晶体分析、光学信息处理等)的实验基础.

利用硅光电池作为光电转换器研究衍射光强空间分布并测量光强的相对变化,是光强测量中常用的一种新型技术.

光的偏振性显示了光的横波性.偏振光在光学计量、应力分析、薄膜技术等许多方面均有广泛应用.

[实验目的]

(1) 测量单缝衍射的相对光强分布.

(2) 测量偏振光的光强分布.

(3) 观察单缝、单丝、多缝、小孔、小屏、矩孔、双孔、光栅和正交光栅的衍射现象.

[实验原理]

1. 单缝衍射的相对光强

衍射现象分为两大类:夫琅禾费衍射和菲涅耳衍射.本实验仅研究单缝的夫琅禾费衍射.

夫琅禾费衍射属平行光的衍射,要求光源及接收屏到衍射屏的距离都是无限远(或相当于无限远).在实验中可借助两个透镜来实现.如图 4.7.1 所示,位于透镜 L_1 的前焦平面上的单色狭缝光源 S 发出的光,经 L_1 后变成平行光,垂直照射在单缝 D 上,通过 D 衍射后,在透镜 L_2 的后焦平面上呈现出单缝衍射花样,它是一组平行于狭缝的明暗相间的条纹.与光轴平行的衍射光束会聚于屏上 P_0 处,P_0 是中央亮纹的中心,其光强设为 I_0.与光轴成 θ 角的衍射光束会聚于 P_θ 处,由惠更斯-菲涅耳原理可知,单缝衍射图像中的光强分布规律为

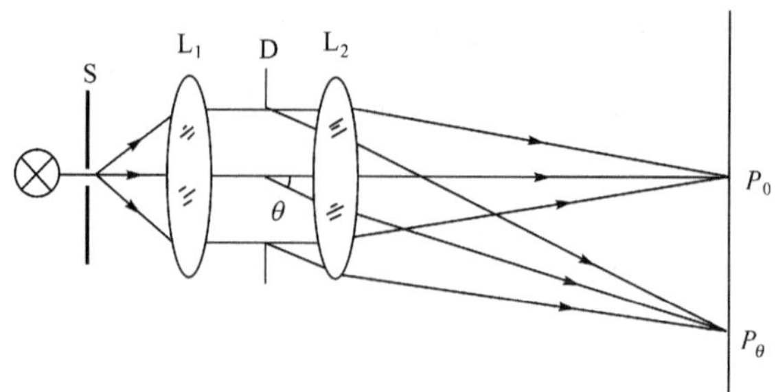

图 4.7.1

$$I_\theta = I_0 \frac{\sin^2 u}{u^2} \tag{4.7.1}$$

式中 $u=\frac{\pi a\sin\theta}{\lambda}$，其中 a 为单缝宽度、θ 为衍射角、λ 为单色光的波长.

当 $\theta=0$ 时，$u=0$，$I_\theta=I_0$，衍射光强有最大值. 此光强对应于屏上 P_0 点，称为中央主极大.

当 $u=k\pi(k=\pm1,\pm2,\pm3,\cdots)$，即 $a\sin\theta=k\lambda$，$I_\theta=0$，衍射光强有极小值，对应于屏上暗纹. 由于 θ 值实际很小，因此可近似地认为暗条纹所对应的衍射角为 $\theta\approx\frac{k\lambda}{a}$. 显然，主极大两侧暗纹之间的角宽度 $\Delta\theta=\frac{2\lambda}{a}$，而其他相邻暗纹之间的角宽度 $\Delta\theta=\frac{\lambda}{a}$，即中央亮纹的宽度为其他亮纹宽度的两倍.

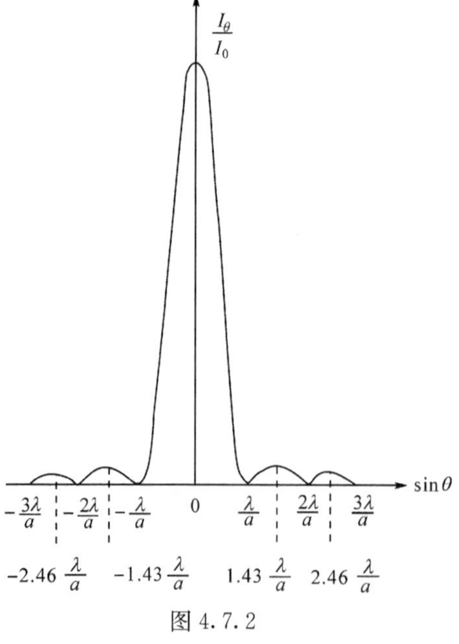

图 4.7.2

除中央主极大外，两相邻暗纹之间都有一个次极大，对式(4.7.1)求导为零，可求得这些次极大的位置出现在 $\sin\theta=\pm1.43\frac{\lambda}{a},\pm2.46\frac{\lambda}{a},\pm3.47\frac{\lambda}{a},\pm4.48\frac{\lambda}{a},\cdots$ 处；其相对光强依次为 $\frac{I_\theta}{I_0}=0.047,0.017,0.008,0.005,\cdots$. 夫琅禾费单缝衍射相对光强分布曲线如图 4.7.2 所示.

2. 偏振光的光强

光是电磁波，电磁波的横波性说明光矢量的振动方向与光的传播方向垂直. 在与光传播方向垂直的平面内，若光矢量的振动取一切可能的方向，并且任一方向的光矢量振幅相等，这样的光是自然光；若某个方向的光矢量振动较其他方向强，这样的光是部分偏振光；若光矢量只在某一特定方向内振动，这种光称作线偏振光或平面偏振光.

可以采用光的反射和透射，光通过双折射晶体或二向色性晶体等方法获得偏振光.

从自然光中获取偏振光的过程称起偏. 比较经济实用，面积又可做得较大的起偏器是偏振片. 将具有二向色性的硫酸碘奎宁微晶涂在薄膜上，并沿某一方向拉伸，使晶粒沿光轴定向排列，就制成了偏振片. 偏振片能透过光矢量的方向称为偏振化方向或透振方向，用符号"↕"表示. 偏振片也可用来检验光的偏振状态，做检偏器用.

根据马吕斯定律，强度为 I_0 的线偏振光通过偏振片，透射光的光强为

$$I = I_0 \cos^2 \alpha \tag{4.7.2}$$

α 为入射光矢量的振动方向与偏振片偏振化方向的夹角. 如图 4.7.3 所示为两平行放置的偏振片，A 为起偏器，B 为检偏器. 自然光通过起偏器 A 后，成为线偏振光，强度减为原来的一半. 转动检偏器 B，在 B 一侧迎着光传播方向看去，会发现光强变化. 当 B 的偏振化方向与 A 的夹角为 0°时，视场最亮，光强最大，如图 4.7.3(a)所示；当夹角为 90°时，视场最暗，光强为零，如图 4.7.3(b)所示；当夹角介于 0°和 90°之间时，光强 I 也介于最明最暗之间. 若将 B 旋转一周，视场中会出现两次最亮，两次最暗. 可见，通过检偏器观察光强变化，可以将自然光、部分偏振光和线偏振光分检出来.

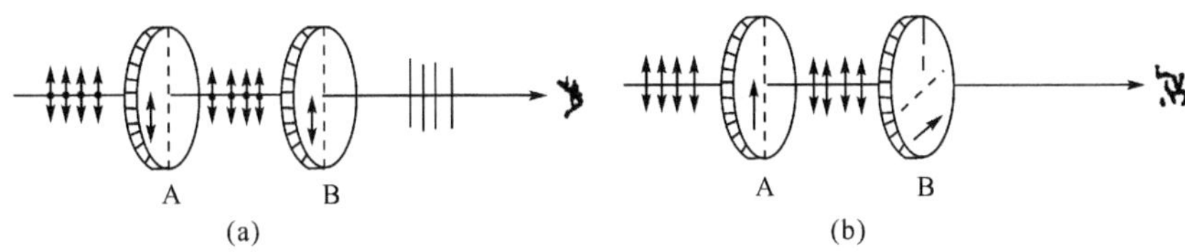

图 4.7.3

[实验仪器]

导轨、激光器、激光电源、单缝、二维调节架、小孔屏、一维光强测量装置、扩束镜及起偏器、检偏装置、数字式检流计.

[实验内容]

1. 测量单缝衍射的相对光强分布

(1) 按图 4.7.4 安装好仪器.

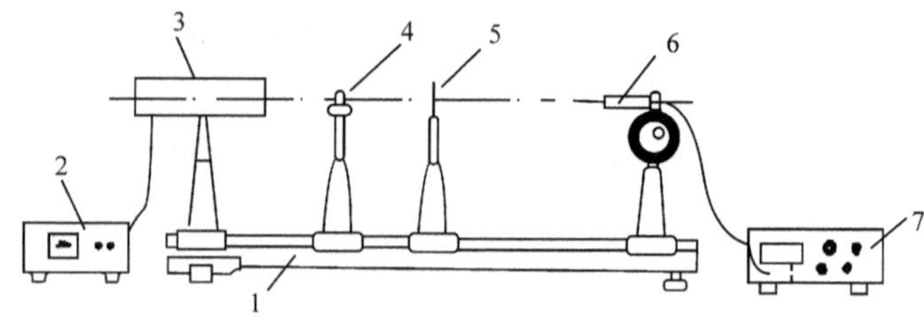

图 4.7.4

1. 导轨；2. 激光电源；3. 激光器；4. 单缝或双缝二维调节架；5. 小孔屏；6. 一维光强测量装置；7. 数字式检流计

(2) 打开激光电源，用小孔屏调整激光光路.

(3) 打开检流计电源，预热 15min，对检流计调零. 测量导线连接检流计与光电探头.

(4) 调整二维调节架，选择所需的单缝对准激光束中心，使之在小孔屏上形成清晰的衍射图样.

(5) 拿去小孔屏，调整一维光强测量装置，使光电探头中心与激光束等高，移动方向与激光束垂直，选择起始位置适当. 沿衍射图像的展开方向(x 轴)，从左到右(或反之)以 0.5mm 间隔单向、逐点测量衍射图像的光强，从数字检流计中依次读取数值，记录表 4.7.1 中.

(6) 将所测光电流数据归一化，即将所测数据对其中最大值 I_0 取相对比值 $\frac{I_\theta}{I_0}$，作$\frac{I_\theta}{I_0}$-x 单缝衍射相对光强分布曲线.

(7) 由光强分布曲线确定各级亮条纹光强次极大的位置及相对光强，并与理论值比较，归纳单缝衍射图样的分布规律和特点.

[数据处理]

表 4.7.1　　　$\lambda=$　　nm，$a=$　　mm

x/mm	
I_θ/($\times 10^{-7}$A)	
$\frac{I_\theta}{I_0}$	

2. 测量偏振光的光强

(1) 用干净的脱脂棉花蘸上酒精乙醚混合液擦洗起偏器与检偏器，按图 4.7.5 安装好实验仪器.

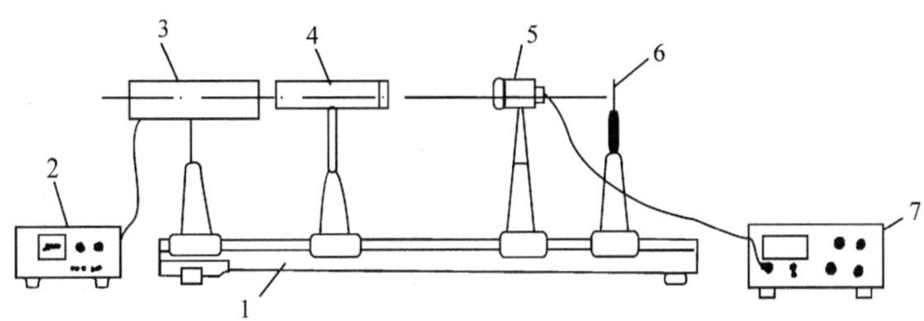

图 4.7.5

1. 导轨；2. 激光电源；3. 激光器；4. 扩束镜及起偏器；
5. 检偏装置；6. 小孔屏；7. 数字检流计

(2) 打开激光电源调好光路.

(3) 打开数字式检流计电源，预热并调零. 将测量导线连接检流计与光电探头.

(4) 取下光电探头，转动分度盘(检偏器)，在小孔屏上观察光强变化.

(5) 装上光电探头进行测量，转动分度盘 2°或 4°，从数字式检流计上读取一个数值，自拟表格，逐点记录下来，测量一周.

(6) 用方格纸或极坐标纸，将记录下来的数值描出来就是偏振光实验的光强分布图，其结果应符合马吕斯定理 $I=I_0\cos^2\alpha$.

3. 观察各种衍射现象

将单缝换为单丝、小孔、小屏、矩孔、双孔、光栅及正交光栅，将它们的衍射、干涉现象在小孔屏上演示出来.

[思考题]

(1) 什么叫夫琅禾费衍射？用 He-Ne 激光器做光源的实验装置(图 4.7.4)是否满足夫琅禾费衍射，为什么？

(2) 当缝宽增加一倍时，衍射花样的光强和条纹宽度将会怎样改变？如果减半，又怎样改变？

(3) 如何区分自然光、部分偏振光和线偏振光？

4.8　椭圆偏振消光法测薄膜厚度及折射率

1809 年，法国军事工程师马吕斯发现了光的偏振现象，使人们进一步认识了光的本性及传播规律. 光的偏振现象在光学计量、晶体性质的研究和实验应力分析等方面有着广泛的应用,利用检测光的偏振状态来确定被测试样的相位差,从而得到被测试样膜层的折射率和厚度等数值.

[实验目的]

(1) 了解各种起偏、检偏方法,检验光的各种偏振状态.

(2) 掌握产生和检验偏振光的原理和方法.

(3) 了解$\frac{1}{4}$波片和$\frac{1}{2}$波片的作用.

(4) 利用椭圆偏振消光法,测定透镜薄膜的厚度及折射率.

[实验原理]

1. 光的偏振状态

光是电磁波,是横波. 根据麦克斯韦的电磁场理论,它在真空中以光速 c 传播,它的电矢量 $\boldsymbol{E}$ 和磁矢量 $\boldsymbol{H}$ 相互垂直,$\boldsymbol{E}\times\boldsymbol{H}$ 的方向就是光的传播方向. 因此,通常用光的电矢量 $\boldsymbol{E}$ 代表光的振动方向,$\boldsymbol{E}$ 与 c 构成的平面称为光的振动面. 目前,常见的光源可分为普通光源和激光光源,激光的电矢量只限于某一确定的方向,即光的振动面是一定的,因而称之为平面偏振光. 由于电矢量末端的轨迹是直线,也将这种光称为线偏振光(如图 4.8.1(a)所示,图中的短线和点代表光的电矢量),普通光源发出的光,其电矢量可处于一切可能的方向上,即光的振动面的取向是杂乱无章的和随机变化的,从统计规律看,在垂直于光的传播方向的平面内,没有哪个方向的光振动比其他方向更占优势(图 4.8.1(b)). 因此,对外不显示偏振,称之为自然光.

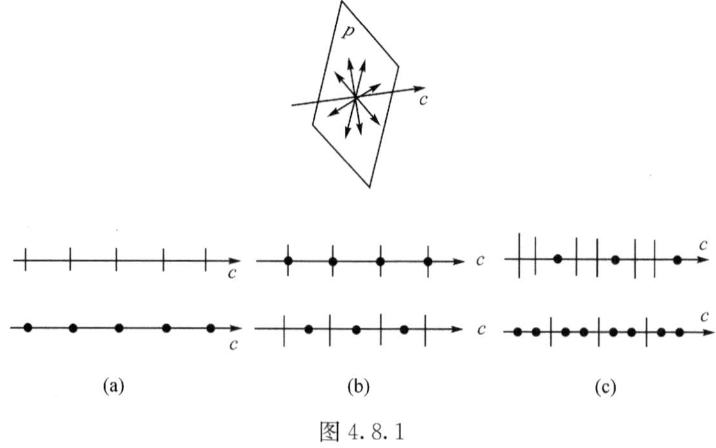

图 4.8.1

自然光经介质的反射、折射、吸收或散射后，光的电矢量会在某一方向上具有相对的优势，成为部分偏振光(图 4.8.1(c)). 如果电矢量 E 的端点在垂直于光的传播方向的平面内，随时间做椭圆(或圆)运动，则称这种光为椭圆(或圆)偏振光.

2. 线偏振光的产生

1) 利用非金属表面的反射

当自然光以入射角 $i_0=\arctan n$，从空气中入射到折射率为 n 的非金属表面时，反射光成为线偏振光，光的振动矢量垂直于入射面. 同时透射光成为部分偏振光(图 4.8.2)，这时的入射角称为布儒斯特角. 当自然光以其他角度入射时，反射光和透射光均是部分偏振光.

2) 利用多次反射

自然光以布儒斯特角 i_0 入射到一系列平行放置的玻璃片堆时(图 4.8.3)，经过多次的反射和折射，使反射光(光垂直于入射面的线偏振光)的强度不断增强. 同时，折射光中因不断失去垂直于入射面的振动成分，而变成偏振化程度不断提高的部分偏振光. 玻璃片越多，折射光就越接近线偏振光(一般五层以上玻璃片就可以). 因此，利用多次折射，可以获得两组线偏振光.

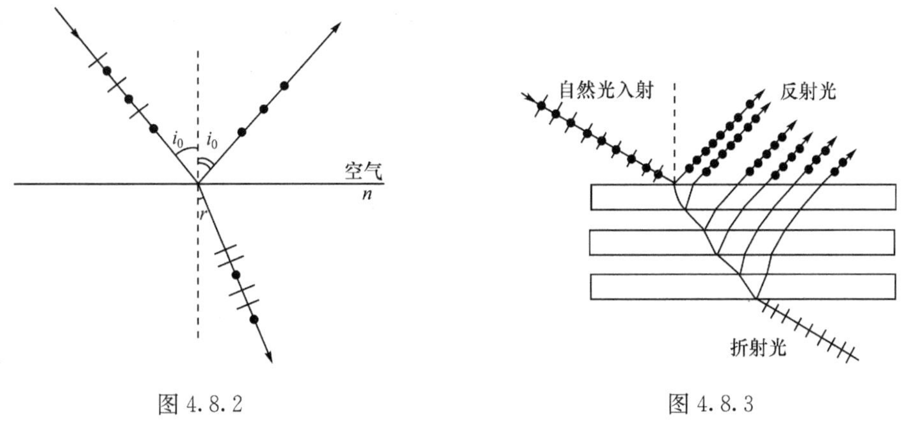

图 4.8.2　　　　图 4.8.3

3) 利用双折射

当自然光入射到某些介质(如方解石、石英等)的表面时，在介质内部会产生两条折射光，这种现象称为双折射. 其中一条折射光始终遵从折射定律，称为寻常光或 o 光. 另一条折射光不遵从折射定律，称为非常光或 e 光. o 光和 e 光均为线偏振光，o 光的折射率 n_0 不随入射角 i 变化，e 光的折射率 n_e 是随入射角 i 变化的. 因此，在双折射晶体中不同的方向上，o 光的传播速度相同，而 e 光的传播速度不同.

3. 椭圆偏振光的产生

椭圆偏振可以由两个互相垂直的振动叠加而成. 用一束单色线偏振光垂直入

射到表面平行于光轴的双折射晶体后，就产生了电矢量互相垂直的 o 光和 e 光. 这两束光的传播方向虽然相同，但它们的传播速度和折射率却不同. 因此，两束光从厚度为 d 的晶体中射出时，有确定的相位差

$$\Delta\varphi = \frac{2\pi}{\lambda}(n_0 - n_e)d$$

式中 λ 为光在真空中波长. o 光和 e 光是振动方向互相垂直的线偏振光，从而可以获得椭圆偏振光(如图 4.8.4). 它们的振幅分别为

$$E_o = E\sin\alpha, \quad E_e = E\cos\alpha$$

两条光从晶体中射出时叠加的结果，由它们的相位差 $\Delta\varphi$ 及线偏振光与晶体光轴的夹角 α 决定，随着 $\Delta\varphi$ 值不同，椭圆的形态也不相同. 由图 4.8.5 可知，各种形态的椭圆都被限制在一个由 E_o 和 E_e 决定边长的矩形框里. 当 $\alpha=45°$时，$E_o=E_e$，若 $\Delta\varphi=\frac{\pi}{2}$时可得到圆偏振光.

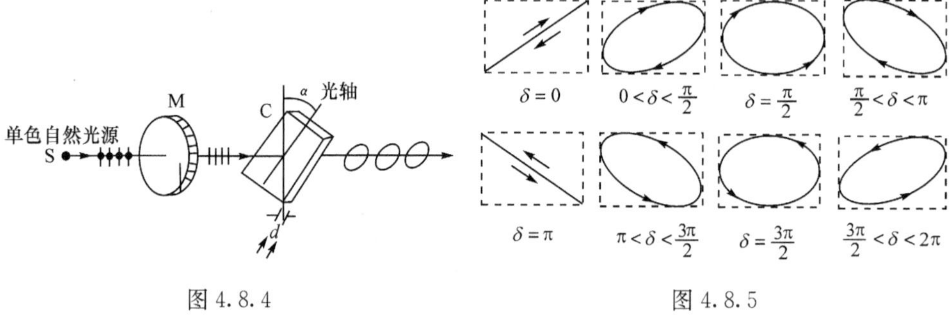

图 4.8.4　　　图 4.8.5

4. 偏振光的鉴别

检验与鉴别光的偏振状态的过程，称为检偏，使用的器件叫检偏器. 实验中起偏器和检偏器是通用的. 鉴别入射光的偏振状态除了用检偏器外，还需要用$\frac{1}{4}$波片.

使入射光通过检偏器，并旋转检偏器一周，可能会出现以下三种情况：①出现两次光强最大和两次消光(光强为零)的现象，则入射光为线偏振光；②透射光的强度没有变化，则入射光是自然光或圆偏振光(或二者的混合)；③透射光强度虽有变化，但不出现消光现象，则入射光是椭圆偏振光或部分偏振光. 要进一步做出鉴别，须在入射光与检偏器之间插入一块$\frac{1}{4}$波片. 若入射光是圆偏振光，则通过$\frac{1}{4}$波长后成为线偏振光. 转动检偏器时会出现消光现象，否则，就是自然光. 若入射光是椭圆偏振光，当$\frac{1}{4}$波长的慢轴(或快轴)与被检椭圆偏振光的长轴或短轴平行时，通过$\frac{1}{4}$

波长后也变为线偏振光，于是转动检偏器也会出现消光现象，否则就是部分偏振光.

［实验仪器］

分光计、激光器、透明薄膜、多功能激光椭圆偏振仪、照明放大镜.

WJZ 型多功能激光椭圆偏振仪具体调整按以下五个步骤：

(1) 调整望远镜与平行光管同轴，将水平度盘对准零位.

(2) 将检偏器读数头装在望远镜筒上，90°读数朝上，基本居中.

(3) 检偏器读数头 90°位置的调整：

① 拆下平行光管上的狭缝装置，换上小孔光栏，拆下平行光管的物镜.

② 拆下望远镜目镜组，换上消光屏目镜.

③ 打开激光器，使激光光束通过小孔光栏，并投射到检偏器的中心.

④ 将黑色反光镜置于载物台中央，使激光光束按布儒斯特角(约 57°)入射到黑色反光镜表面，反射光到达消光屏上应是一亮点.

⑤ 调整检偏器读数头与物镜筒的相对位置(此时检偏器应对准 90°不变)，使之消光.

(4) 起偏器读数头的调整：

① 取下黑色反光镜，将起偏器读数头装在平行光管镜筒上$\left(\text{此时不装}\frac{1}{4}\text{波片}\right)$，零读数朝上，基本居中.

② 把起偏器和检偏器的读数头调成一条直线，并与入射激光光束共轴.

③ 调整起偏器读数头与物镜筒的相对位置，找出消光位置(起偏器应对准零点).

(5) $\frac{1}{4}$波片零位的调整：

① 保持起偏器和检偏器的位置不变，将$\frac{1}{4}$波片读数头(即内刻度圈)对准零位.

② 使$\frac{1}{4}$波片的红点(即快轴方向记号)向上，转动$\frac{1}{4}$波片框使之消光后，锁紧该框上的螺丝，定此位置为$\frac{1}{4}$波片的零位(即快轴平行于起偏器主截面).

［实验内容］

利用椭圆偏振消光法，测定透明薄膜的厚度 d 和折射率 n，基本光路如

图 4.8.6所示. 入射单色平行光束经起偏器 P 后成为线偏振光，再经$\frac{1}{4}$波片后成为椭圆偏振光. 对给定的透明薄膜试样，只要调节起偏器和$\frac{1}{4}$波片的相对方位，椭圆偏振光经透明薄膜反射后，就可成为线偏振光. 调节检偏器 A 的位置，以确定振幅的衰减量.

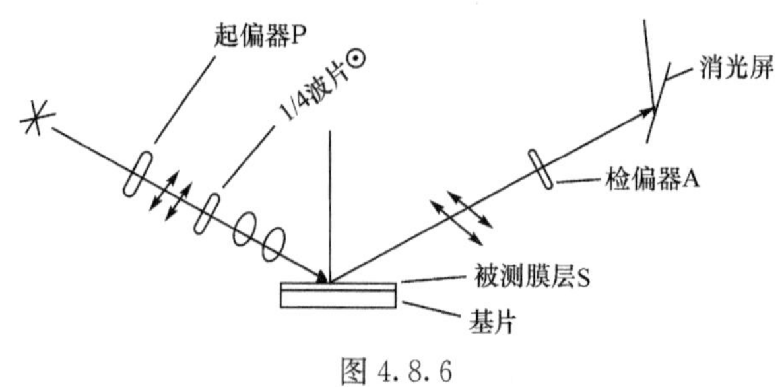

图 4.8.6

把被测样板放在载物台中央，旋转载物台使之达到预定的入射角 70°，并使反射光线在消光屏上是一亮点. 为减少系统误差，采用四点测量法.

先置$\frac{1}{4}$波片快轴于+45°，调节检偏器 A 和起偏器 P，测得两组消光位置. 记录其中 A 读数，在第一象限的为 A_1，对应的 P 读数为 P_1；在第二象限的为 A_2，对应的 P 读数为 P_2.

再置$\frac{1}{4}$波片快轴于−45°，同样测得两组消光位置. 记录其中 A 读数，在第一象限的为 A_3，对应的 P 读数为 P_3；在第二象限的为 A_4，对应的 P 读数为 P_4. 把上述各值用下列公式换算后取平均值，就得到所要求的 A 和 P 的读数. 再由$P\cdot A\text{-}n\cdot d$ 曲线图和数表(实验室给出图和表)，从数据表中即可查出透明薄膜的厚度 d 和折射率 n.

换算公式为

$$\begin{aligned} A_{(1)} &= A_1 - 90^\circ \quad & P_{(1)} &= P_1 \\ A_{(2)} &= 90^\circ - A_2 \quad & P_{(2)} &= P_2 + 90^\circ \\ A_{(3)} &= A_3 - 90^\circ \quad & P_{(3)} &= 270^\circ - P_3 \\ A_{(4)} &= 90^\circ - A_4 \quad & P_{(4)} &= 180 - P_4 \end{aligned}$$

[思考题]

(1) 设计一个实验方案判别自然光、圆偏振光、自然光与圆偏振光的混合光.

(2) 研究光的偏振特性可以有哪些实际应用?

第五章　近代物理与综合性实验

5.0　近代物理与综合性实验基本知识

1900 年，德国物理学家普朗克在热辐射的理论中首先引入了分立的“能量子”概念，标志着量子物理学的诞生. 1905 年，爱因斯坦把光量子概念应用于光电效应，提出了爱因斯坦光电效应方程，进一步促进了量子论的发展. 本章实验 5.2 验证了爱因斯坦光电效应方程，并测出普朗克常量. 热辐射和光电效应现象必须用光的粒子性才能得到很好的说明. 这说明光既具有波动性又同时具有粒子性，即光具有波粒二象性. 那么实物粒子是否也具有波粒二象性呢? 1924 年德布罗意在总结前人研究的基础上指出，实物粒子也具有波动性. 德布罗意的假设是否正确，必须由实验来验证. 在德布罗意的假设提出后仅 3 年，戴维逊和革末于 1927 年就成功地观测到了电子在金属表面反射时的衍射现象，成功地证实了德布罗意假说的正确性，第一次测量了电子波的波长. 接着 1928 年，汤姆孙又通过实验，证明电子束穿过金属箔时也表现出波动性. 同年，菊池正士用电子束射向云母薄片，透射后的电子束也产生圆环状的衍射图样，不仅证明了电子具有波动性，而且证实了电子的动量和波长符合德布罗意公式. 本章实验 5.5 就是按照这种理论设计的.

近代物理学的另一伟大成就是相对论. 经典理论认为时空是绝对的，与观测者的相对运动无关，于是可以设想在所有惯性系中一定存在一个与绝对空间相对静止的参考系，即绝对参考系. 然而力学的相对性原理指明，所有的力学规律在惯性系中都是等价的，因此不可能用力学方法来判明不同惯性系中哪个是绝对静止的. 于是人们设想了其他方法，如电磁学方法，1856 年，麦克斯韦预言了电磁波的存在，并认为电磁波在真空中以光速传播. 后来人们认识到光也是电磁波.

本章还将介绍几个综合性物理实验.

本章所使用的仪器都是专用仪器，结构比较复杂，操作较难掌握，调节比较费时，在实验中应耐心、细心.

5.1　电子电量测量

由美国实验物理学家密立根(R. A. Millikan)首先设计完成的密立根油滴实验，在近代物理学发展史上具有十分重要的地位. 它证明任何带电体所带的电量都是某一最小电量——基本电量的整数倍；明确了电荷的不连续性；并精确测定了基本电量的数值,为从实验上测定一些基本物理量提供可能性.由于密立根油滴实验设计巧妙、原理清楚、设备简单、结果准确,所以历来是一个著名而又有启发性的物理实验.通过学习密立根油滴实验的设计思想与实验技巧,以提高学生实验能力和素质.

[实验目的]

(1) 了解、掌握密立根油滴实验的设计思想、实验方法和实验技巧.

(2) 测定电子电荷量并验证电荷的不连续性.

(3) 复习用逐差法处理数据.

[实验原理]

一个质量为 m、带电量为 q 的油滴处在二块平行极板之间,在平行极板未加电压时,油滴在重力作用而加速下降,由于空气黏滞阻力的作用,下降一段距离后,油滴将做匀速运动,速度为 v_g,这时重力与阻力平衡(空气浮力忽略不计),如图 5.1.1 所示.根据斯托克斯定律,黏滞阻力为

$$f_r = 6\pi\eta r v_g$$

式中,η 是空气的黏滞系数;r 是油滴的半径,这时有

$$6\pi\eta r v_g = mg \tag{5.1.1}$$

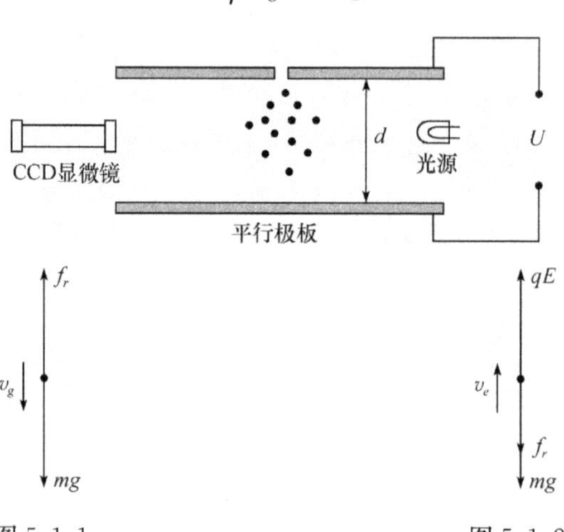

图 5.1.1　　图 5.1.2

当在平行极板上加电压 U 时,油滴处在场强为 E 的静电场中,油滴受到的电场力和重力作用,有如下三种情况:

(1) 当 $qE>mg$ 时,油滴向上作加速运动;

(2) 当 $qE<mg$ 时，油滴向下作加速运动；

(3) 当 $qE=mg$ 时，油滴保持静止状态，此时平行极板上的电压，即平衡电压 U_0.

设电场力 $qE>mg$ 且与重力 mg 相反，如图 5.1.2 所示，使油滴受电场力加速上升，由于空气黏滞阻力作用，上升一段距离后，油滴所受的空气黏滞阻力、重力与电场力达到平衡(空气浮力忽略不计)，则油滴将以匀速上升，此时速度为 v_e，则有

$$6\pi\eta r v_e = qE - mg \tag{5.1.2}$$

又因为

$$E = \frac{U}{d} \tag{5.1.3}$$

由上述式(5.1.1)～(5.1.3)可解出

$$q = mg\,\frac{d}{U}\left(\frac{v_g + v_e}{v_g}\right) \tag{5.1.4}$$

为测定油滴所带电荷 q，除应测出 U、d 和速度 v_e、v_g 外，还需知油滴质量 m. 由于空气中悬浮和表面张力作用，可将油滴看作圆球，其质量为

$$m = \frac{4}{3}\pi r^3 \rho \tag{5.1.5}$$

式中 ρ 是油滴的密度.

由式(5.1.1)和式(5.1.5)，得油滴的半径

$$r = \left(\frac{9\eta v_g}{2\rho g}\right)^{\frac{1}{2}} \tag{5.1.6}$$

考虑到油滴非常小，空气已不能看成连续介质，空气的黏滞系数 η 应修正为

$$\eta' = \frac{\eta}{1 + \dfrac{b}{pr}} \tag{5.1.7}$$

式中 b 为修正常数，p 为空气压强，r 为未经修正过的油滴半径，由于它在修正项中，不必计算得很精确，由式(5.1.6)计算就够了.

实验时取油滴匀速下降和匀速上升的距离相等，都取为 l，测出油滴匀速下降的时间 t_g，匀速上升的时间 t_e，则

$$v_g = \frac{l}{t_g},\quad v_e = \frac{l}{t_e} \tag{5.1.8}$$

将式(5.1.5)～(5.1.8)代入式(5.1.4)，可得

$$q = \frac{18\pi}{\sqrt{2\rho g}}\left[\frac{\eta l}{1 + \dfrac{b}{pr}}\right]^{3/2} \frac{d}{U}\left(\frac{1}{t_e} + \frac{1}{t_g}\right)\left(\frac{1}{t_g}\right)^{1/2}$$

令

$$K=\frac{18\pi}{\sqrt{2\rho g}}\left(\frac{\eta l}{1+\frac{b}{pr}}\right)^{3/2}d$$

得

$$q=K\left(\frac{1}{t_e}+\frac{1}{t_g}\right)\left(\frac{1}{t_g}\right)^{1/2}\frac{1}{U} \tag{5.1.9}$$

此式是动态(非平衡)法测油滴电荷的公式.

下面导出静态(平衡)法测油滴电荷的公式.

调节平行极板间的电压,使油滴不动,该电压即使油滴保持静止的平衡电压U_0,此时$v_e=0$,有$t_e\to\infty$,由式(5.1.9)可得

$$q=K\left(\frac{1}{t_g}\right)^{3/2}\frac{1}{U_0}$$

或者

$$q=\frac{18\pi}{\sqrt{2\rho g}}\left[\frac{\eta l}{t_g\left(1+\frac{b}{pr}\right)}\right]^{3/2}\frac{d}{U_0} \tag{5.1.10}$$

上式即为静态法测油滴电荷的公式.

式(5.1.8)和式(5.1.10)中油的密度$\rho=981\text{kg}\cdot\text{m}^{-3}$(20℃);平行极板间距离$d=5.00\pm0.01\text{mm}$;重力加速度$g=9.79878\text{m}\cdot\text{s}^{-2}$(山东淄博);空气黏滞系数$\eta=1.83\times10^{-5}\text{kg}\cdot\text{m}^{-1}\cdot\text{s}^{-1}$;油滴匀速下落和上升距离$l=1.5\times10^{-3}\text{m}$;修正常数$b=8.22\times10^{-3}\text{m}\cdot\text{Pa}$;大气压强$p=1.013\times10^5\text{Pa}$.

为了求电子电荷e,对实验测得的各个电荷q求最大公约数,就是基本电荷e的值,也就是电子电荷e,

$$q=ne\quad(n=\pm1,\pm2,\cdots)$$

为了验证油滴所带电量的不连续性,实验时需要测定数个不同油滴的带电量q_1,q_2,…,通过处理这些数据,可以发现各个油滴所带的电量存在着一个最大公约数,即$q_1=n_1e,q_2=n_2e,\cdots$,并且$n_1,n_2,\cdots$均为整数.可见,这个最大公约数就是单个电子所带的电量,从而验证了电荷的不连续性.

[实验仪器]

密立根油滴仪主要由油滴盒、CCD电视显微镜、电路箱、监视器、喷雾器等组成.

油滴盒是个重要部件,由两块经过精磨的平行极板及中间加垫的绝缘胶木圆环组成,结构见图5.1.3.在上电极板中心有一个0.4mm的油雾落入孔,在胶木圆环上开有显微镜观察孔和照明孔.在油滴盒外套上有防风罩,罩上放置一个可取下的油雾杯,杯底中心有一个落油孔及一个挡片,用来开关落油孔.在上电极板上方

有一个可以左右拨动的压簧，只有将压簧拨向最边位置，方可取出上极板. 油滴仪照明灯采用了带聚光的半导体发光器件，安装在照明座中间位置，照明光路与显微光路间的夹角为 150°～160°，油滴像特别明亮. CCD 摄像头与显微镜是整体设计，成像质量好. 油滴盒底部装有三只调平手轮用来调节水平，由水准泡进行检查.

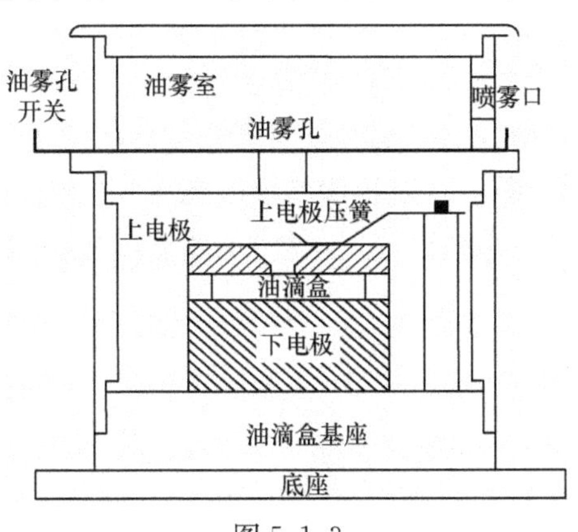

图 5.1.3

电路箱体内装有高压电源、测量显示等电路，面板结构见图 5.1.4. 测量显示电路产生的电子分划板刻度. 油滴仪备有两种分划板，标准分划板 A 是 8×3 结构，垂直线视场为 2mm，分八格，每格值为 0.25mm. 为观察油滴的布朗运动，设计了另一种 X、Y 方向各为 15 小格的分划板 B. 用随机配备的标准显微物镜时，每格为 0.08mm；换上高倍显微物镜后，每格值为 0.04mm. 进入或退出分划板 B 的方法是按住“计时/停”按钮大于 5 秒即可切换分划板.

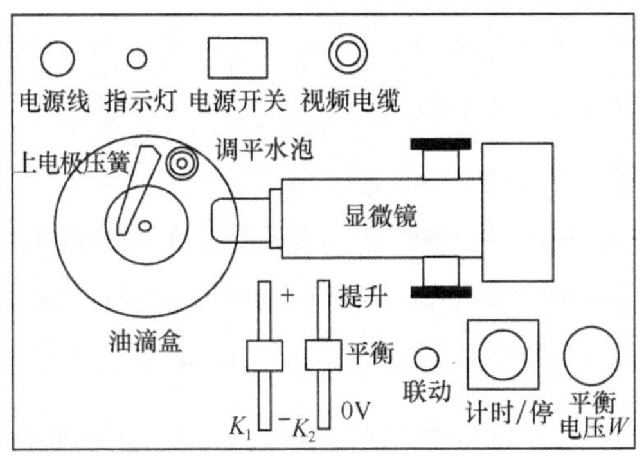

图 5.1.4

在面板上有两只控制平行极板电压的三挡开关，K_1 控制极板电压的极性，K_2 控制极板上电压的大小. 当 K_2 处于中间位置即“平衡”挡时，可用电位器调节平衡电压. 打向“提升”挡时，自动在平衡电压的基础上增加 200～300V 的提升电压，打向“0V”挡时，极板上电压为 0V. 为了提高测量精度，油滴仪将 K_2 的“平衡”、“0V”

挡与计时器的"计时/停"联动. 在 K_2 由"平衡"打向"0V",油滴开始匀速下落的同时开始计时,油滴下落到预定距离时,迅速将 K_2 由"0V"挡打向"平衡"挡,油滴停止下落的同时停止计时. 这样,在屏幕上显示的是油滴实际的运动距离及对应的时间. 由于空气阻力的存在,油滴是先经一段变速运动然后进入匀速运动的. 但这变速运动时间非常短,远小于 0.01s,与计时器精度相当. 可以看作当油滴自静止开始运动时,油滴是立即作匀速运动的;运动的油滴突然加上原平衡电压时,将立即静止下来. 所以,采用联动方式完全可以保证实验精度. 根据不同的实验要求,也可以不联动(关闭联动开关即可). 油滴仪的计时器采用"计时/停"方式,即按一下开关,清 0 的同时立即开始计数,再按一下,停止计数,并保存数据.

[实验内容]

1. 调整仪器

调节仪器底座上的三只调平手轮,将水泡调平. 由于底座空间较小,调手轮时应将手心向上,用中指和无名指夹住手轮调节较为方便. 照明光路不需调整. CCD 显微镜对焦也不需用调焦针插在平行电极孔中来调节,只需将显微镜筒前端和底座前端对齐,然后喷油后再稍稍前后微调即可. 在使用中,前后调焦范围不要过大,取前后调焦 1mm 内的油滴较好.

2. 练习测量

练习是顺利做好实验的重要一环,包括练习控制油滴运动,练习测量油滴运动时间和练习选择合适的油滴.

(1) 练习控制油滴. 喷雾器内的油不可装得太满,否则会喷出很多"油"而不是"油雾",堵塞上电极的落油孔. K_2 选择"平衡"挡,调节平衡电压旋钮使平行极板上加上起始工作电压 200～300V,用喷雾器喷入油雾后,迅速调节显微镜调节手轮,在监视器中看到大量油滴,注意几颗缓慢运动、较为清晰明亮的油滴. 选取其中一颗,仔细调节平衡电压旋钮,使油滴静止不动;将 K_2 置"0V",让其自由下落,下降一段距离后再将 K_2 置"提升",使油滴上升. 如此反复练习,以掌握控制油滴的方法.

(2) 练习测量油滴运动时间. 任意选择几滴运动速度快慢不同的油滴,用计时器测量出它们下降和上升一段距离所用的时间,如此反复练习几次,掌握测量油滴运动时间的方法.

(3) 练习选择合适油滴. 做好本实验,选择一颗合适的油滴十分重要. 大而亮的油滴必然质量大,所带电荷也多,而匀速下降时间则很短,增大了测量误差和给数据处理带来困难;过小的油滴观察困难,布朗运动明显,会引入较大的测量误差.

通常选择平衡电压为 200～300V，匀速下落 1.5mm(6 格)的时间在 8～20s 左右的油滴较适宜. 选取方法：喷油后，K_2 置“平衡”挡，调平衡电压旋钮使极板电压为 200～300V，注意几颗缓慢运动、较为清晰明亮的油滴. 试将 K_2 置“0V”挡，观察各颗油滴下落大概的速度，从中选一颗作为测量对象.

3. 正式测量

实验方法可选用平衡测量法(静态法)和动态测量法.

(1) 平衡法(静态法)测量.

平衡法需要测量的量有两个，一个是使油滴保持静止的平衡电压 U_0，一个是在重力和黏滞阻力作用下油滴匀速下降一段距离 l 所需时间 t_g. 平衡电压 U_0 需要仔细调节，并将油滴置于分划板某条横线附近，便于判断油滴是否平衡. 将已调平衡的油滴用 K_2 控制移到“起点”线上(一般取第 2 格上线)，按 K_3(计时/停)，让计时器停止计时(值未必要为 0)，然后将 K_2 拨向“0V”，油滴开始匀速下降的同时，计时器开始计时. 到“终点”(一般取第 6 格下线)时迅速将 K_2 拨向“平衡”，油滴立即静止，计时也立即停止，此时电压值和下落时间 t_g 值显示在屏幕上. 对某颗油滴可重复测量，每次测量需要重新调整平衡电压，用同样方法分别对多滴油滴进行测量，将数据记入表 5.1.1 中.

表 5.1.1

序号 i	U_0/V	t_g/s	$q_i/(\times10^{-19}\text{C})$	$\Delta q=q_{i+1}-q_i$	n		$e_i/(\times10^{-19}\text{C})$
					计算值	取整值	
1							
2							
3							
4							
5							

(2) 动态法测量.

动态法测量需要测量的量有 3 个，一个是提升电压 U，另两个分别是油滴上升的时间 t_e 和下落的时间 t_g. 提升电压 U(K_2 由“平衡”挡打向“提升”挡时自动在平衡电压的基础上增加 200～300V，该电压即提升电压). 油滴的运动距离 l 一般取 1.5mm(取第 2 格上线和第 7 格下线间距离)，分别测出加“提升”电压时油滴上升的时间 t_e 和不加电压“0V”时油滴下落的时间 t_g. 对某颗油滴重复测量，选择多颗油滴测量，将数据记录于表 5.1.2 中，每次测量时都要重新调整平衡电压，以减小偶然误差和因油滴挥发而使平衡电压发生变化.

表 5.1.2

序号 i	U/V	t_g/s	t_e/s	q_i/($\times 10^{-19}$C)	$\Delta q=q_{i+1}-q_i$	n		e_i/($\times 10^{-19}$C)
						计算值	取整值	
1								
2								
3								
4								
5								

［思考题］

(1) 在测量油滴下降一段距离 l 所需要的时间 t 时，应选哪段 l 最合适？为什么？

(2) 如何选择合适的待测油滴？

(3) 对油滴进行跟踪测量时，有时油滴会变得逐渐模糊，为什么？应如何避免在测量中丢失油滴？

5.2 爱因斯坦方程验证及普朗克常量测量

金属在波长较短的可见光或紫外光照射下，有电子从表面逸出的现象称为光电效应，逸出的电子称为光电子. 该效应是赫兹在 1887 年研究电磁辐射时发现的. 1905 年，爱因斯坦用光量子理论圆满解释了光电效应. 本实验用“减速电势法”测量光电子的动能，从而验证爱因斯坦方程，并测得普朗克常量.

光电效应和光量子理论在近代物理学的发展中具有深远意义，利用光电效应制成的光电元件在科学技术中得到广泛应用.

［实验目的］

(1) 通过实验加深对光的量子性的了解.

(2) 验证爱因斯坦方程并测定普朗克常量.

［实验原理］

当一定频率的光照射到某些金属表面时，可以使电子从金属表面逸出，这就是光电效应现象. 为解释这一现象，爱因斯坦提出了光量子理论，认为光由称作光子

(全称光量子)的微粒流组成;频率为 ν 的一个光子具有的能量为 $h\nu$,其中 h 为普朗克常量. 根据这一理论,当金属中的电子吸收一个频率为 ν 的光子,成为光电子,便获得了光子的全部能量 $h\nu$,如果此能量大于或等于电子摆脱金属表面约束的逸出功 A,电子就能从金属中逸出. 按照能量守恒定律有

$$h\nu = \frac{1}{2}mv_{\mathrm{m}}^2 + A \tag{5.2.1}$$

式(5.2.1)称为爱因斯坦方程. v_{m} 表示逸出光电子的最大速度,$\frac{1}{2}mv_{\mathrm{m}}^2$ 为光电子逸出金属表面时所具有的最大动能. 产生光电效应的最低入射光频率 $\nu_0 = A/h$,称作红限频率. 不同的金属材料因逸出功不同,其红限频率也各不相同.

光电效应的实验原理如图 5.2.1 所示. 入射光照射到光电管阴极 K 上,产生的光电子在电场的作用下向阳极 A 迁移形成光电流,改变外加电压 U_{AK},测量出光电流 I 的大小,即可得出光电管的伏安特性曲线.

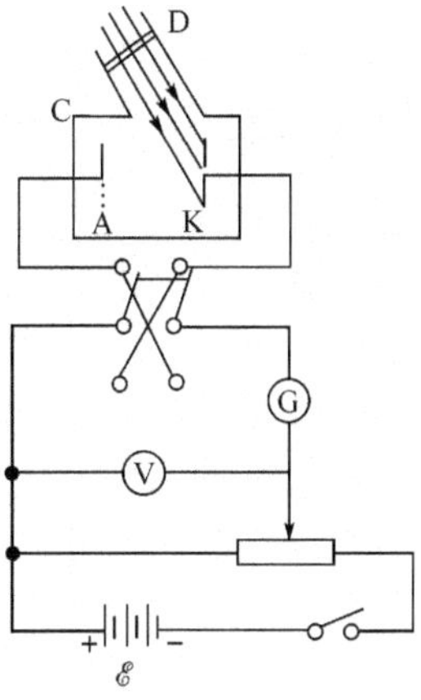

图 5.2.1

(1) 对应于某一频率,光电效应的 I-U_{AK} 关系如图 5.2.2所示. 可见,对一定的频率,有一电压 U_a,满足

$$eU_a = \frac{1}{2}mv_m^2 \tag{5.2.2}$$

显然当 $U_{AK} \leqslant U_a$ 时,光电流为零,这个相对于阴极的负值的阳极电压 U_a,称为截止电压.

(2) 当 $U_{AK} \geqslant U_a$ 后,I 迅速增加,然后趋于饱和,饱和光电流 I_M 的大小与入射光的强度 P 成正比.

(3) 对于不同频率 ν 的光,其截止电压 U_a 的值不同,如图 5.2.3 所示.

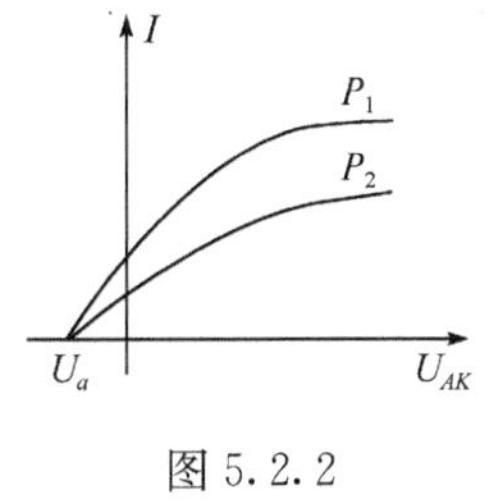

图 5.2.2

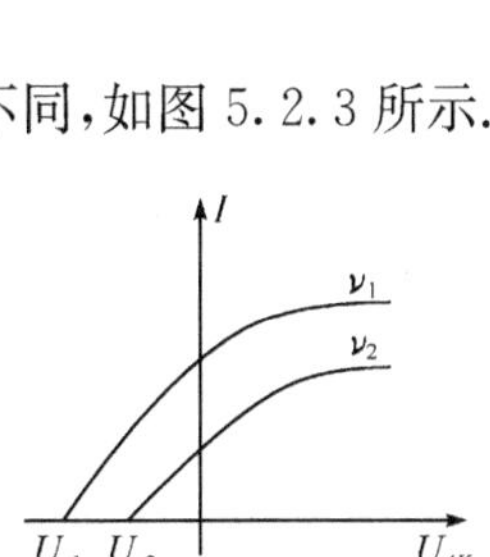

图 5.2.3

(4) 当入射光频率低于某极限值 ν_0(ν_0 随不同金属而异)时,不论光的强度 P 如何,照射时间多长,都没有光电流产生,由式(5.2.1),显然有 $A = h\nu_0$.

将 $A = h\nu_0$ 及式(5.2.1)代入式(5.2.2)得

$$U_a = \frac{h}{e}(\nu - \nu_0)$$

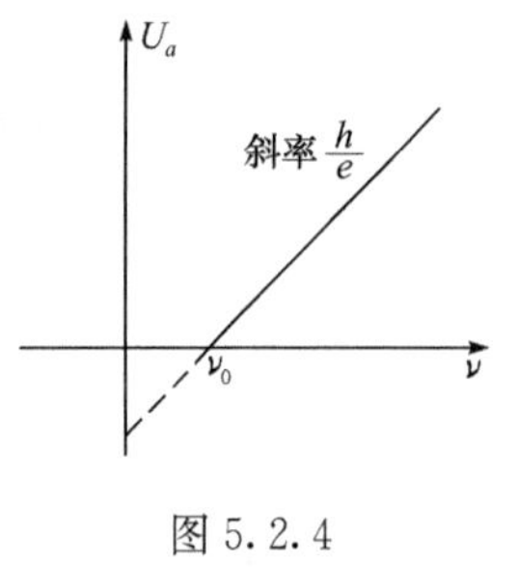

图 5.2.4

表示截止电压 U_a 和入射光频率 ν 之间存在线性关系.截止电压 U_a 与频率 ν 的关系如图 5.2.4 所示,图中斜率等于$\frac{h}{e}$.可以从 U_a 与 ν 的数据分析中求出普朗克常量 h.

(5) 光电效应是瞬时效应.即使入射光的强度非常微弱,只要频率大于 ν_0,在开始照射后立即有光电子产生,所经过的时间至多为 10^{-9}秒的数量级.

说明:实际,反向电流并不为零.图 5.2.2 和图 5.2.3 中从零开始,是因为反向电流极小,仅为$10^{-14}\sim10^{-13}$数量级,所以在坐标上反映不出来.

[实验仪器]

智能光电效应(普朗克常量)实验仪.仪器结构如图 5.2.5 所示,由汞灯电源及汞灯、滤色片、光阑、光电管、基座组成.实验仪的调节面板如图 5.2.6 所示.实验仪有手动和自动两种工作模式,具有数据自动采集,存储,实时显示采集数据,动态显示采集曲线(连接普通示波器,可同时显示 5 个存储区中存储的曲线),及采集完成后查询数据的功能.

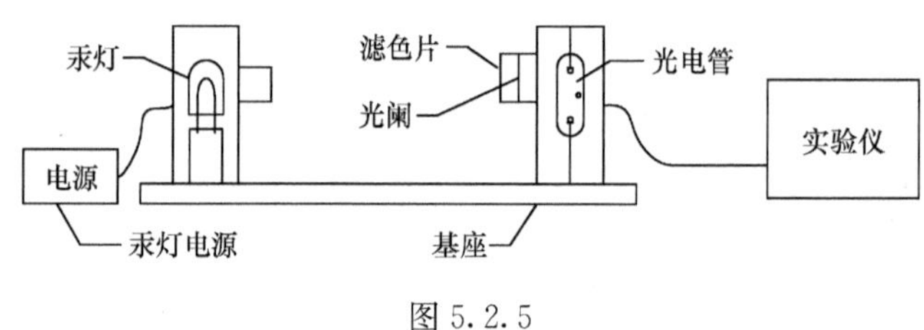

图 5.2.5

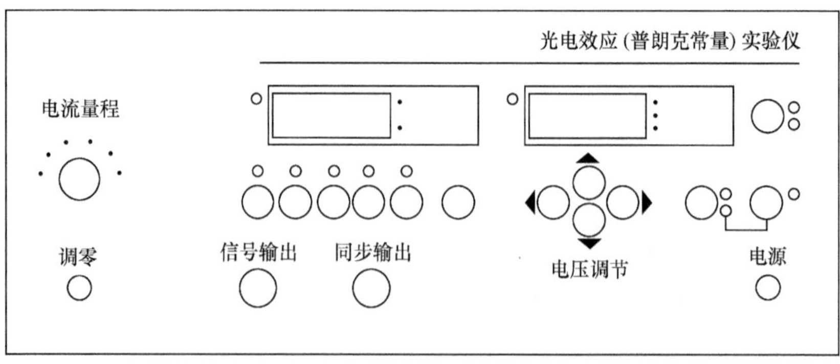

图 5.2.6

［实验内容］

1. 实验前的准备工作

(1) 将汞灯及光电管暗盒遮光盖盖上，接通实验仪及汞灯电源，预热 20 分钟.

(2) 调整光电管与汞灯距离为约 40cm 并保持不变.

(3) 用专用连接线将光电管暗箱电压输入端与实验仪电压输出端(后面板上)连接起来(红—红，蓝—蓝).

(4) 将光电管暗盒电流输出端 K 与实验仪微电流输入端(后面板上)断开(高频匹配电缆)，"电流量程"选择开关置于 10^{-13} A 挡.

(5) 旋转"调零"旋钮使电流指示为 000.0. 调节好后，用高频匹配电缆将电流输入连接起来.

(6) 按"调零确认/系统清零"键，系统进入测试状态.

2. 测量截止电压 U_a

测量截止电压 U_a 时，"伏安特性测试/截止电压测试"状态键应为"截止电压测试"状态.

a. 手动测量方法

(1) 使"手动/自动"模式键处于手动模式.

(2) 将直径 4mm 的光阑先套在光电管暗箱光输入口套筒内，再将 365.0nm 的滤色片装在光电管暗箱光输入口，打开汞灯遮光盖. 此时电压表显示 U_{AK} 的值，电流表显示与 U_{AK} 对应的电流值 I.

(3) 用电压调节键←↕→(←、→调节位，↑、↓调节值的大小).

(4) 调节时应从高电势到低电势调节电压(绝对值减小)，寻找电流为零时对应的 U_{AK}，以其绝对值作为该波长对应的 U_a 的值.

(5) 依次换上 404.7nm、435.8nm、546.1nm、577.0nm 的滤色片，重复以上测量步骤，并将数据记于表 5.2.1 中.

b. 自动测量方法

(1) 按"手动/自动"键将仪器切换到自动模式.

(2) 此时电流表左边指示灯闪烁(表示系统处于自动测量扫描范围设置状态)，用电压调节键设置扫描起始电压和扫描终止电压(显示区左边设置起始电压，显示区右边设置终止电压). 建议扫描范围：

365.0nm，−1.95～−1.55V；404.7nm，−1.65～−1.25V；435.8nm，−1.40～−1.00V；546.1nm，−0.80～−0.40V；577.0nm，−0.70～−0.30V.

(3) 设置好后,按动相应的存储区按键,右边显示区显示倒记时 30 秒. 倒记时结束后,开始以 4mV 为步长自动扫描,此时右边显示区显示电压,左边显示区显示相应电流值.

(4) 扫描完成后,"查询"指示灯亮,用电压调节键改变电压,读取电流为零时的电压值,以其绝对值作为 U_a 的值,并将数据记于表 5.2.1 中.

(5) 按"查询"键,查询指示灯灭,此时系统回复到扫描范围设置状态,可进行下一次测试.

(6) 依次换上 404.7nm、435.8nm、546.1nm、577.0nm 滤光片(更换滤光片时应盖上汞灯遮光盖).

(7) 重复步骤(2)～(6),直到测试结束. 在自动测量过程中或测量完成后,按"手动/自动"键,系统回复到手动测量模式,模式转换前工作的存储区内的数据将被清除.

(8) 若要动态显示采集曲线,仪器与示波器连接方式,需将实验仪的"信号输出"端口接至示波器的"Y"输入端,"同步输出"端口接至示波器的"外触发"输入端. 示波器"触发源"开关拨至"外","Y 衰减"旋钮拨至约"1V/格","扫描时间"旋钮拨至约"20μs/格". 此时示波器将用轮流扫描的方式显示 5 个存储区中存储的曲线,横轴代表电压 U_{AK},纵轴代表电流 I. 则可观察到 U_{AK} 为负值时各谱线在选定的扫描范围内的伏安特性曲线.

[数据处理]

表 5.2.1 U_a-ν 关系 光阑孔 Φ=____ mm

波长 λ_i/nm		365.0	404.7	435.8	546.1	577.0
频率 ν_i/($\times 10^{14}$ Hz)		8.214	7.408	6.879	5.490	5.196
截止电压 U_{ai}/V	手动					
	自动					

由表 5.2.1 的实验数据,得出 U_a-ν 直线的斜率 k,即可用 $h=ek$ 求出普朗克常量 h,并与 h 的公认值 h_0 比较求出相对误差 $E=\frac{h-h_0}{h_0}$,式中 $e=1.602\times10^{-19}$C, $h_0=6.626\times10^{-34}$J·s.

测光电管的伏安特性曲线 I-U_{AK} 关系

A. 准备工作.

5 条谱线在同一光阑、同一距离下的伏安饱和特性曲线(以 400mm 距离,4mm

光阑为例).

(1) 断开光电管暗箱电流输出端 K 与实验仪微电流输入端,将"电流量程"置于 10^{-10} 挡,系统进入调零状态,进行调零(调零时必须把光电管暗箱电流输出端 K 与实验仪微电流输入端断开,且必须断开实验仪一端).

(2) 用高频匹配电缆(短 Q9 线,长 500mm)将电流输入连接起来,按"调零确认/系统清零"键,系统进入测试状态.

a. 手动方法

(1) 按"手动/自动"键将仪器切换到手动模式.

(2) 将 4mm 的光阑及 365.0nm 的滤光片安装在光电管暗箱光输入口上,打开汞灯遮光盖.

(3) 按电压值由小到大调节电压(←、→调节位,↑、↓调节值的大小),记录下不同电压值及其对应的电流值. 所测 U_{AK} 及 I 的数据记录到表 5.2.2 中.

(4) 更换滤光片,重复步骤(2)～(4).

(5) 测试结束,依据记录下的数据作出 I-U_{AK} 图像.

b. 自动方法

(1) 按"手动/自动"键将仪器切换到自动模式.

(2) 此时电流表左边指示灯闪烁(表示系统处于自动测量扫描范围设置状态),用电压调节键设置扫描起始电压和扫描终止电压(最大扫描范围为－1～50V).

(3) 设置好后,按动相应的存储区按键,右边显示区显示倒记时 30 秒. 倒记时结束后,开始以 1V 为步长自动扫描,此时右边显示区显示电压,左边显示区显示相应电流值.

(4) 扫描完成后,"查询"指示灯亮,用电压调节键改变电压,记录下不同电压值及其对应的电流值. 所测 U_{AK} 及 I 的数据记录到表 5.2.2 中.

(5) 按"查询"键,查询指示灯灭,此时系统回复到扫描范围设置状态,可进行下一次测试.

(6) 依次换上 404.7nm、435.8nm、546.1nm、577.0nm 滤光片(更换滤光片时应盖上遮光盖).

(7) 重复步骤(2)～(6),直到测试结束,依据记录下的数据作出 I-U_{AK} 图像.

B. 在 U_{AK} 为 50V 时,将仪器设置为手动模式,测量并记录对同一谱线、同一入射距离,光阑分别为 2mm、4mm、8mm 时对应的电流值数据记录到表 5.2.3 中,验证光电管的饱和光电流与入射光强成正比.

C. 在 U_{AK} 为 50V 时,将仪器设置为手动模式,测量并记录对同一谱线、同一光阑时,光电管与入射光在不同距离,如 300mm、400mm 等对应的电流值数据记录到表 5.2.4 中,验证光电管的饱和电流与入射光强成正比.

表 5.2.2 I-U_{AK} 关系

U_{AK}/(V)												
$I/(\times10^{-10}$A)												
U_{AK}/(V)												
$I/(\times10^{-10}$A)												

表 5.2.3 I_M-P 关系

$U_{AK}=$ V， $\lambda=$ nm， $L=$ mm

光阑孔 Φ			
$I/(\times10^{-10}$A)			

表 5.2.4 I_M-P 关系

$U_{AK}=$ V，$\lambda=$ nm，$\Phi=$ mm

入射距离 L			
$I/(\times10^{-10}$A)			

［**提示**］ 实验过程中，仪器暂不使用时，均须将汞灯和光电暗箱用遮光盖盖上，使光电暗箱处于完全闭光状态. 切忌汞灯直接照射光电管.

［思考题］

(1) 本实验基本的设计思想是什么？

(2) 实验时，如果改变光电管的照明度，对 I-U 曲线有何影响？

(3) 光电管的阴极上均涂有逸出功小的光敏材料，而阳极则选用逸出功大的金属来制造，为什么？

(4) 本实验中有哪些误差来源？实验中如何减少误差？你有何建议？

5.3 金属电子逸出功的测量

金属电子逸出功(或逸出电势)的测定实验，综合性地应用了直线测定法、外延测量法和补偿测量法等基本实验方法，在数据处理方面有比较好的技巧性训练，因此，这是一个有意义的实验. 通过实验，了解热电子发射的规律，掌握逸出功的测量方法. 在国外，多数高等学校都开设了此实验. 对工科学生而言，如在阅读理论部分有困难时，可以在承认公式的前提下进行实验.

[实验目的]

(1) 用里查孙直线法测定钨的逸出功.

(2) 学习直线测量法、外延测量法和补偿测量法等基本实验方法.

(3) 进一步学习数据处理的方法.

[实验原理]

若真空二极管的阴极(用被测金属钨丝做成)通以电流加热,并在阴极上加以正电压,在连接两个电极的外电路中将有电流通过,如图 5.3.1 所示. 这种电子从热金属丝发射的现象,称为热电子发射. 研究热电子发射的目的之一是用以选择合适的阴极材料. 诚然,可以在相同温度下测量不同阴极材料二极管的饱和电流,然后相互比较,加以选择. 但通过对阴极材料物理性质的研究来掌握热电子发射的性能,这是带有根本性的工作,因而更为重要.

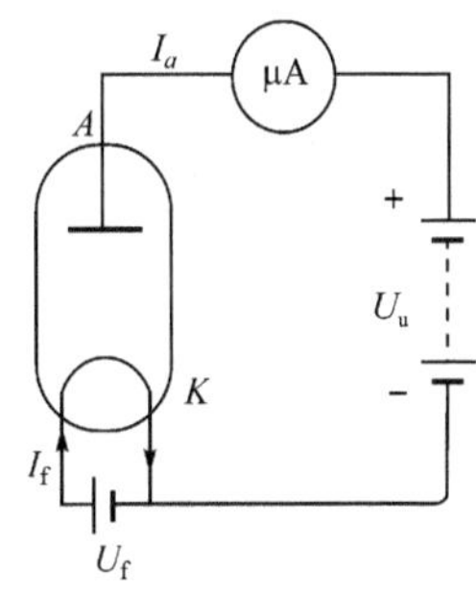

图 5.3.1

1. 电子逸出功

根据量子理论,金属中自由电子的能量是量子化的,电子具有全同性,即各电子是不可区分的,电子所处能级的填充符合泡利不相容原理. 根据现代的量子理论观点,金属中电子的能量分布是按费米-狄拉克能量分布的,即

$$f(E)=\frac{\mathrm{d}N}{\mathrm{d}E}=\frac{4\pi}{h^3}(2m)^{\frac{3}{2}}E^{\frac{1}{2}}\left[\exp\left(\frac{E-E_\mathrm{F}}{kT}\right)+1\right]^{-1} \tag{5.3.1}$$

式中 E_F 称费米能级.

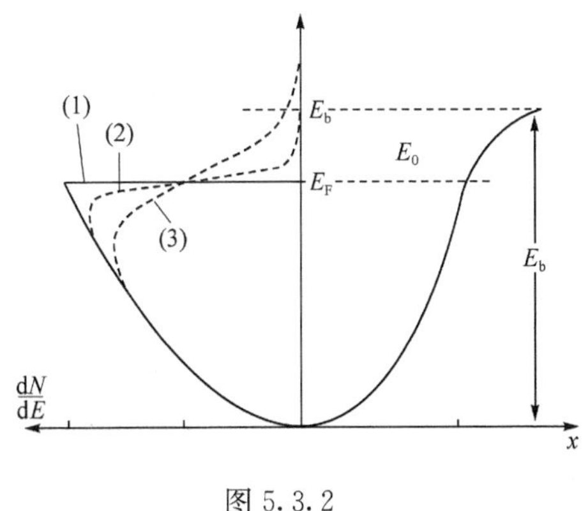

图 5.3.2

在绝对零度时,电子的能量分布如图 5.3.2 中曲线(1)所示. 这时电子所具有的最大能量为 E_F. 当温度 $T>0$ 时,电子的能量分布曲线如图中曲线(2)、(3)所示. 其中能量较大的少数电子具有比 E_F 更高的能量,其数量随能量的增加而指数减少.

在通常温度下,由于金属表面与外界(真空)之间存在一个势垒 E_b,所以电子要从金属中逸出,至少具有能量 E_b. 从

图中可见，在绝对零度时，电子逸出金属至少需要从外界得到的能量为

$$E_0 = E_b - E_F = eU_0$$

E_0（或 eU_0）称为金属电子逸出功（或功函数），其常用单位为电子伏特（eV），它表征要使处于绝对零度下的金属中具有最大能量的电子逸出金属表面所需要给予的能量. U_0 称为逸出电势，其数值等于以电子伏特为单位的电子逸出功.

可见，热电子发射是用提高阴极温度的办法来改变电子的能量分布，使其中一部分电子的能量大于势垒 E_b，这样，能量大于势垒 E_b 的电子就可以从金属中发射出来. 因此，逸出功 eU_0 的大小，对热电子发射的强弱具有决定性作用.

2. 热电子发射公式

根据费米-狄拉克能量分布公式，可以导出热电子发射的里查孙-德西曼公式

$$I = AST^2 \exp\left(-\frac{eU_0}{kT}\right) \tag{5.3.2}$$

式中 I 为热电子发射的电流强度，单位为 A；A 为和阴极表面化学纯度有关的系数，单位为 $\mathrm{A \cdot m^{-2} \cdot K^{-2}}$；$S$ 为阴极的有效发射面积，单位为 $\mathrm{m^2}$；T 为发射热电子的阴极的绝对温度，单位为 K；k 为玻尔兹曼常量，$k=1.38\times10^{-23}\mathrm{J \cdot K^{-1}}$. 原则上我们只要测定 I、A、S 和 T，就可以根据式(5.3.2)计算出阴极材料的逸出功 eU_0. 但困难在于 A 和 S 这两个量是难以直接测定的，所以在实际测量中常用下述的里查孙直线法，以设法避开 A 和 S 的测量.

3. 里查孙直线法

将式(5.3.2)两边除以 T^2，再取对数得

$$\begin{aligned} \lg\frac{I}{T^2} &= \lg AS - \frac{eU_0}{2.30kT} \\ &= \lg AS - 5.04\times10^3 U_0 \frac{1}{T} \end{aligned} \tag{5.3.3}$$

从式(5.3.3)可见，$\lg\frac{I}{T^2}$ 与 $\frac{1}{T}$ 成线性关系. 如以 $\lg\frac{I}{T^2}$ 为纵坐标，以 $\frac{1}{T}$ 为横坐标作图，从图中可得直线的斜率，斜率值即为式中 -5.04×10^3U_0，因而得到电子的逸出电势 U_0，从而求出电子的逸出功 eU_0. 该方法称为里查孙直线法. 其好处是可以不必求出 A 和 S 的具体数值，直接从 I 和 T 就可以得出 U_0 值，A 和 S 的影响只是使 $\lg\frac{I}{T^2}$-$\frac{1}{T}$ 直线产生平移. 类似的这种处理方法在实验和科研中都有应用.

4. 从加速电场外延求零场电流

为了维持阴极发射的热电子能连续不断地飞向阳极，必须在阴极和阳极间外

加一个加速电场 E_a. 然而由于 E_a 的存在会使阴极表面的势垒 E_b 降低,因而逸出功减小,发射电流增大,这一现象称为肖特基效应. 可以证明,在阴极表面加速电场 E_a 的作用下,阴极发射电流 I_a 与 E_a 有如下的关系:

$$I_a = I\exp\left(\frac{0.439\sqrt{E_a}}{T}\right) \tag{5.3.4}$$

式中 I_a 和 I 分别是加速电场为 E_a 和零时的发射电流. 对式(5.3.4)取对数得

$$\lg I_a = \lg I + \frac{0.439}{2.30T}\sqrt{E_a} \tag{5.3.5}$$

如果把阴极和阳极做成共轴圆柱形,并忽略接触电压和其他影响,加速电场可表示为

$$E_a = \frac{U_a}{r_1 \ln \dfrac{r_2}{r_1}} \tag{5.3.6}$$

式中 r_1 和 r_2 分别为阴极和阳极的半径;U_a 为阳极电压,将式(5.3.6)代入式(5.3.5)得

$$\lg I_a = \lg I + \frac{0.439}{2.30T}\frac{1}{\sqrt{r_1 \ln \dfrac{r_2}{r_1}}}\sqrt{U_a} \tag{5.3.7}$$

由式(5.3.7)可见,对于一定尺寸的管子,当阴极的温度 T 一定时,$\lg I_a$ 和$\sqrt{U_a}$成线性关系. 如果以 $\lg I_a$ 为纵坐标,以$\sqrt{U_a}$为横坐标,如图 5.3.3 所示. 这些直线的延长线与纵坐标的交点为 $\lg I$. 由此即可求出在一定温度下加速电场为零时的发射电流 I.

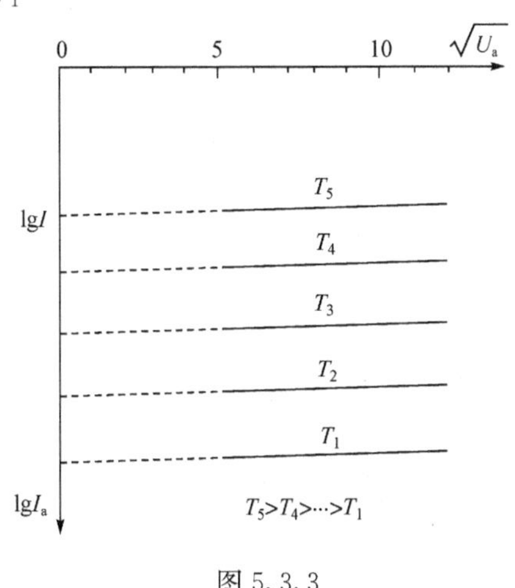

图 5.3.3

综上所述,要测定金属材料的逸出功,首先应该把被测材料做成二极管的阴极. 当测量了阴极温度 T,阳极电压 U_a 和发射电流 I_a 后,通过上述的理论分析,得到零场电流 I. 再根据式(5.3.3),即可求出逸出功 eU_0(或逸出电势 U_0).

[实验仪器]

全套仪器包括理想(标准)二极管、温度测量系统、专用电源、测量阳极电压、电流等的电表. 以下分别加以介绍.

1. 理想(标准)二极管

为了测定钨的逸出功,我们将钨作为理想二极管的阴极(灯丝)材料. 所谓“理

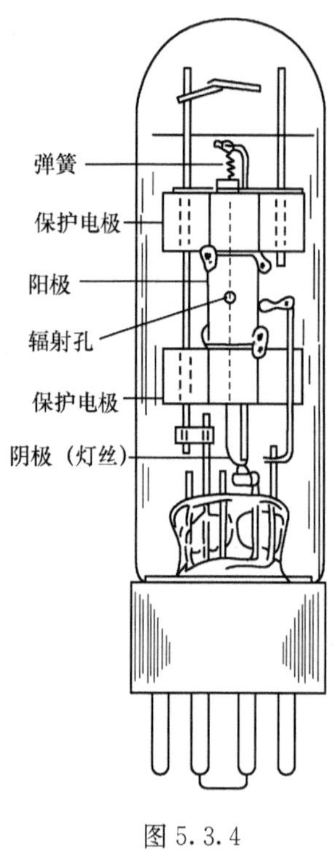

图 5.3.4

想”是指电极设计成能够严格的进行分析的几何形状，根据上述原理，我们设计成同轴圆柱形系统.“理想”的另一含义是指把待测的阴极发射面限制在温度均匀的一定长度内和近似地把电极看成是无限长，即无边缘效应的理想状态.为了避免阴极的冷端效应（两端温度较低）和电场不均匀等的边缘效应，在阳极两端各装一个保护（补偿）电极，它们在管内相连后再引出管外，但阳极和它们绝缘.因此保护电极虽和阳极加相同的电压，但其电流并不包括在被测热电子发射电流中.这是一种用补偿测量的仪器设计.在阳极上还开有一个小孔（辐射孔），通过它可以看到阴极，以便于用光测高温计测量阴极温度.理想二极管的结构如图 5.3.4 所示.

2. 阴极（灯丝）温度 T 的测定

阴极温度 T 的测定有两种方法：一种是用光测高温计通过理想二极管阳极上的小孔直接测定.但用这种方法测温时，需要判定二极管阴极和光测高温计的亮度是否一致.该项判定具有主观性，尤其对初次使用光测高温计的学生，测量误差更大.另一种方法是根据已经标定的理想二极管的灯丝（阴极）电流 I_f，查表 5.3.1 得到阴极温度 T.相对而言，此种方法的实验结果比较稳定.测定灯丝电流的安培表应选用较高级别的，如 0.5 级安培表.

表 5.3.1

灯丝电流 I_f/A	0.50	0.55	0.60	0.65	0.70	0.75	0.80
灯丝温度 $T/\times10^3$K	1.72	1.80	1.88	1.96	2.04	2.12	2.20

3. 实验电路

根据实验原理，实验电路如图 5.3.5 所示.

［实验内容］

（1）熟悉仪器装置，并连接好安培表（1A，测量灯丝电流 I_f）和微安表（1000μA，测量阳极电流 I_a，伏特表已安装在逸出功测定仪上），接通电源，预热 10min.

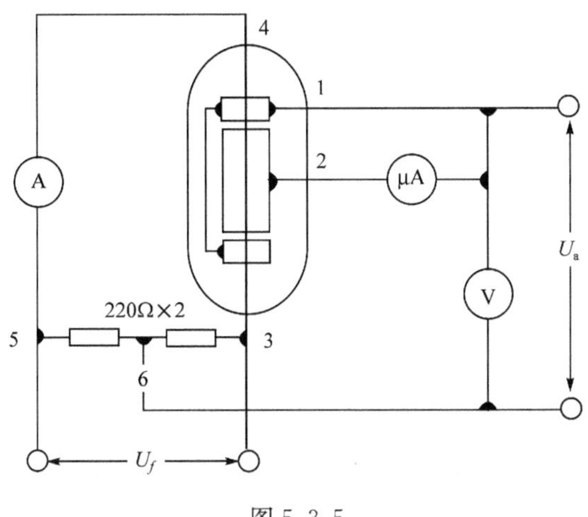

图 5.3.5

(2) 理想二极管灯丝电流 I_f 从 0.55～0.75A，每间隔 0.05A 进行一次测量. 对应每一灯丝电流，在阳极上分别加 25V、36V、49V、64V、…、144V 诸电压，各测出一组阳极电流 I_a，记入表 5.3.2.

(3) 将表 5.3.2 中数据按要求换算至表 5.3.3 中，据表 5.3.3 数据，作出 $\lg I_a$-$\sqrt{U_a}$ 图线，求出截距 $\lg I$，即可得到在不同阴极温度时的零场热电子发射电流 I，并将数据换算至表 5.3.4.

(4) 根据表 5.3.4 数据，作出 $\lg \frac{I}{T^2}$-$\frac{1}{T}$ 图线. 从直线斜率求出钨的逸出功 eU_0（或逸出电势 U_0）.

[数据处理]

表 5.3.2

$I_a/10^{-6}$A　U_a/V　I_f/A	25	36	49	64	81	100	121	144
0.55								
0.60								
0.65								
0.70								
0.75								

表 5.3.3

$\lg I_a$ \ $\sqrt{U_a}$ / $T/10^3$K	5.0	6.0	7.0	8.0	9.0	10.0	11.0	12.0

表 5.3.4

$T/10^3$K					
$\lg I$					
$\lg \frac{I}{T^2}$					
$\frac{1}{T}$					

直线斜率　$m=$________.

逸出功　$eU_0=$________ eV.

逸出功公认值　$eU_0=4.54$eV.

相对误差　$E=$________%.

[思考题]

(1) 求加速电场为零时的阴极发射电流 I,需要在 $\lg I_a$-$\sqrt{U_a}$曲线图上用外延图解法.为什么不能直接测量阳极电压为零时的阴极发射电流?

(2) 请说明里查孙直线法的优点?

5.4　原子能级与激发电势测量

20 世纪初,原子光谱学的研究明确了原子能级的存在,原子光谱中的每条谱线就是原子从某个较高能态向较低能态跃迁时辐射形成的.原子能态除了由光谱理论证实外,还可以用加速电子轰击稀薄气体原子的方法来证实.1914 年,德国物理学家弗兰克(Franck)和赫兹(Hertz)采用此方法,使原子从低能态激发到高能态,研究了电子与原子碰撞前后电子能量改变情况,测定了汞原子的激发电势,从而证明了原子能级的存在,这就是著名的弗兰克-赫兹实验.弗兰克-赫兹实验的结果为玻尔的原子模型理论提供了直接证据.1920 年弗兰克及其合作者对原先的实验装置进行了改进,提高了分辨率,测得了汞除 4.9eV 以外的较高激发能级和电离能级,进一步证实了原子内部能量是量子化的.弗兰克和赫兹二人因此同获 1925 年度诺贝尔物理学奖.

[实验目的]

(1) 学习并理解弗兰克-赫兹实验的原理与方法.

(2) 测定汞原子的第一激发电势,证明原子能级存在.

[实验原理]

根据玻尔理论,原子只能处于一系列不连续的状态,每一个状态对应一定的能量值,这些能量值是离散的、不连续的.当原子从低能态跃迁到高能态时,必须吸收确定频率的光子,反之,从高能态向低能态跃迁时,则辐射出确定频率的光子.当原子与一定能量的电子发生碰撞也可以使原子从低能态跃迁到高能态.如果是基态和第一激发态之间的跃迁则有

$$eU_1 = \frac{1}{2}m_e v^2 = E_1 - E_0$$

电子在加速电场中获得一定的动能,在与原子碰撞时,原子从电子那里得到能量而由基态跃迁到第一激发态,U_1 称原子第一激发电势.

实验中采用的 F-H 管是充汞的特殊真空管.汞原子能级较简单,且常温下呈液态,饱和蒸汽压很低,加热即可改变其饱和蒸汽压,易于操控.汞的原子量较大,在和电子做弹性碰撞时几乎不损失动能.汞的第一激发能级较低,只有4.9eV,只需几十伏的电压就可观测到多个峰值.

本实验采用四极式 F-H 管,线路图如图 5.4.1 所示.U_F 为灯丝加热电压,U_{G_1K}为正向小电压,U_{G_2K}为加速电压,U_{G_2P}为减速电压.

第一栅极 G_1 和阴极 K 之间加上约 1.5V 电压(U_{G_1K}),其作用是消除空间电荷对阴极散射电子的影响.灯丝 F 通电加热时,被加热的阴极氧化层 K 发射大量电子.第一栅极 G_1 和第二栅极 G_2 之间加电压U_{G_2K},此电压为加速电压.电子经过 G_1 后,在加速电压 U_{G_2K} 作用下做加速运动.这些电子在运动过程中可能与汞原子发生碰撞,如果电子的能量小于第一激发能 eU_1,与汞原子的碰撞为弹

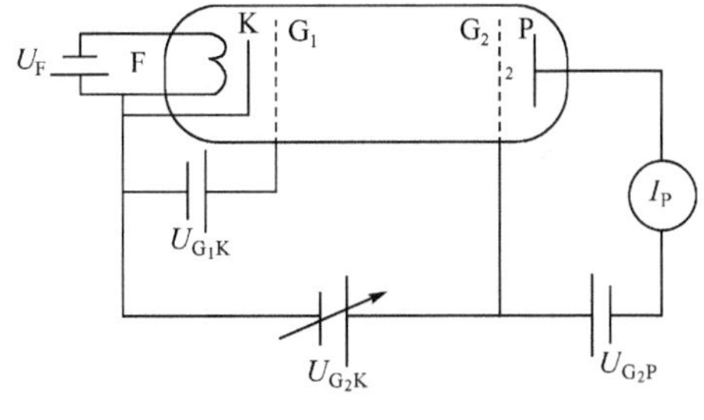

图 5.4.1

性碰撞,碰撞前后动量守恒,机械能守恒,电子损失的能量很少,可以到达阳极 P;如果电子的能量达到或超过 eU_1,与汞原子的碰撞为非弹性碰撞,电子把能量 eU_1 传给气态汞原子,如非弹性碰撞正好发生在第二栅极 G_2 附近,由于电子损失了能量,将无法克服减速电场 U_{G_2P} 到达阳极 P.

这样,从阴极 K 发出的电子随着加速电压 U_{G_2K} 从零开始增加,极板 P 上将有电流出现并增加. 电子的能量增大到 eU_1 后,电子因发生非弹性碰撞而损失 eU_1 的能量,这时电子剩余的能量因不足以克服 U_{G_2P} 而无法到达阳极 P,这样 I_P 第一次大幅度下降. 随着 U_{G_2K} 增加,电子与原子发生非弹性碰撞的区域向阴极方向移动,碰撞损失能量的电子在趋向阳极途中又得到加速而又开始有足够的能量克服 U_{G_2P} 减速电压到达阳极 P,I_P 随 U_{G_2K} 的增加又开始增加. 如果 U_{G_2K} 的增加使那些经历过非弹性碰撞的电子能量又达到了 eU_1,则电子又与汞原子发生非弹性碰撞,损失能量,从而造成 I_P 又一次下降. 在 U_{G_2K} 较高情况下,电子趋向阳极的路途中将与汞原子发生多次非弹性碰撞,每当 U_{G_2K} 造成的最后一次非弹性碰撞区落在第二栅极 G_2 附近,就会使 I_P-U_{G_2K} 曲线出现下降,如此反复如图 5.4.2 所示. 实验装置的巧妙之处在于收集电子的阳极 P 与第二栅极之间加有一定的反向减速电压 U_{G_2P},起到了对电子筛选的作用,又称之为"拒斥电压"或"筛选电压".

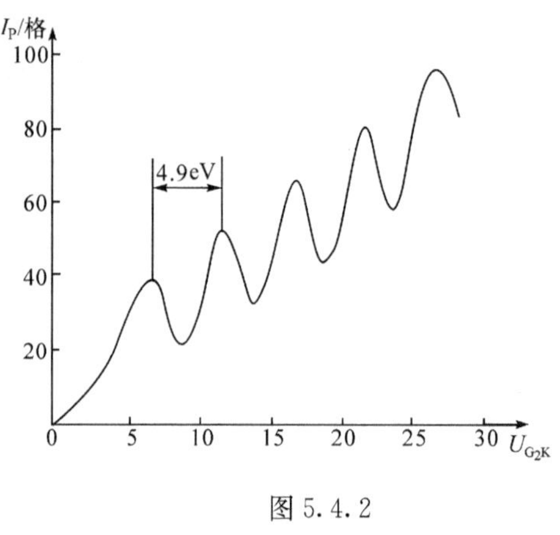

图 5.4.2

曲线的极大值与极小值的出现呈明显的规律性,它是因能级量子化与能量被吸收而产生的结果,是原子能级量子化的体现. 图 5.4.2 中任意两相邻极大值或极小值之间的电压值都约等于第一激发电势.

从图 5.4.2 的曲线可见,阳极电流 I_P 到达峰值以后的下降并不是完全突变的,波峰总会有一定宽度,这主要是由于阴极发出的电子的能量不是单一的,它服从一定的统计分布规律. 同时,即使是在 $U_{G_2K}=nU_1$ 条件下,波谷点的 I_P 也不等于零,这主要是由于电子与原子的碰撞存在一定的概率,当大部分电子恰好在 G_2 栅极前因碰撞使汞原子激发而损失能量时,总有一些电子未经碰撞而穿过栅极到达阳极,形成一定的阳极电流.

[实验仪器]

实验仪器由三大部分组成:F-H 管电源组,扫描电源和微电流放大器,F-H 管及加热炉和控温装置.

(1) F-H 管电源组,如图 5.4.3.

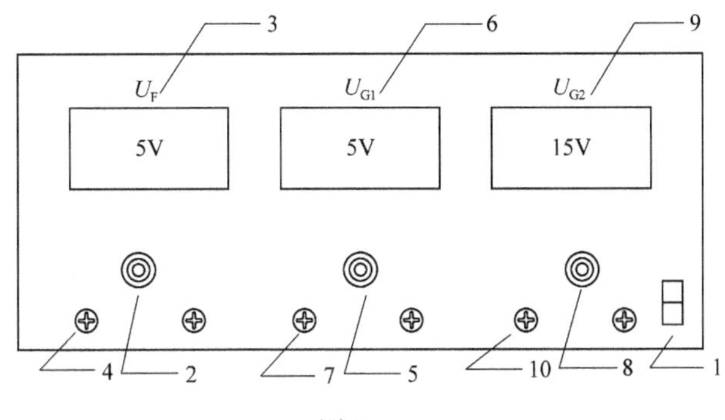

图 5.4.3

提供 F-H 管各级所需要的工作电压.

① 电源开关及指示灯;

② 灯丝电压 U_F 调节电位器:1～5V;

③ 灯丝电压指示表:量程 0～5V;

④ 灯丝电压输出接线柱;

⑤ 0～5V 调节电位器;

⑥ 0～5V 电压指示表:量程 0～5V;

⑦ 0～5V 电压输出接线柱;

⑧ 0～15V 电压调节电位器:0～15V;

⑨ 0～15V 电压指示表:量程 0～15V;

⑩ 0～15V 电压输出接线柱.

(2) 扫描电源和微电流放大器,如图 5.4.4 所示.

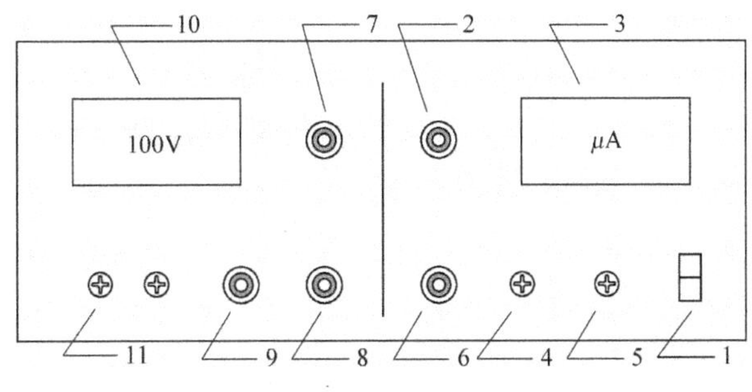

图 5.4.4

提供 0～90V 可调直流电压或慢扫描输出锯齿波电压,作为 F-H 管的加速电压,供手动测量或函数记录测量. 微电流放大器用来检测 F-H 管的阳极电流 I_P.

① 电源开关及指示灯;

② 微电流放大器量程选择开关:三挡;

③ 微电流指示表头:量程选在 10^{-8} 挡时,表示满刻度指示为 1×10^{-8} A,其他量程以此类推;

④ 微电流放大器输入电缆 BNC 插座;

⑤ 微电流放大器输出电缆 BNC 插座;

⑥ 极性选择开关,用于改变微电流放大器输出电压的极性;

⑦ 极性选择开关:用来选择"手动"或"自动"工作方式,自动二挡的扫描周期比自动一挡长,用于慢速记录高激发能级曲线;

⑧ 手动调节电位器:在手动工作方式中,调节此电位器,可输出 0～90V 加速电压;

⑨ 自动上限调节电位器:调节此电位器可改变自动扫描电压输出上限值. 如用在充汞 F-H 管时,可将上限从 90V 调小到 50～60V;

⑩ 数字电压表,满量程为 199.9V;

⑪ 加速电压输出接线柱.

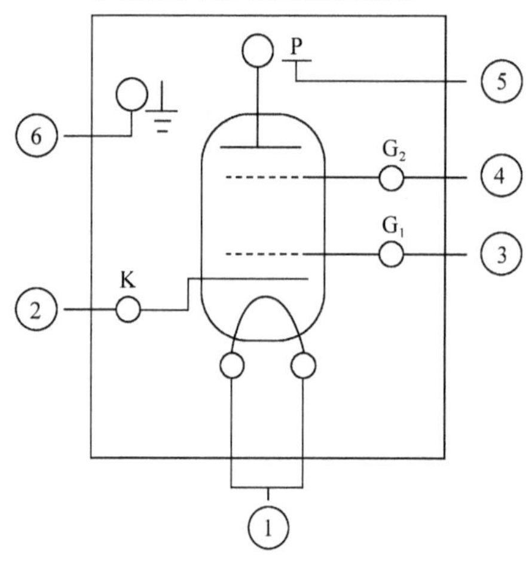

图 5.4.5

(3) F-H 管,加热炉及控温装置,如图 5.4.5 所示. 实验所使用的 F-H 管为充汞或充氩气的特殊真空管,安装于加热炉内.

① F、F 接线柱:F-H 管灯丝电极;

② K 接线柱:F-H 管阴极;

③ G_1 接线柱:F-H 管第一栅极;

④ G_2 接线柱:F-H 管第二栅极;

⑤ P BNC 插座:F-H 管阳极;

⑥ ⏚接线柱:用于接地.

加热炉:F-H 管置于其中,以维持适当温度,确保管内的汞蒸汽总是处于饱和状态,这对电子与汞原子碰撞过程有着关键性影响.

[实验内容]

实验测定 F-H 管的 I_P-U_{G_2K} 曲线,观察原子能量量子化情况,并由此求出充气管中汞原子第一激发电势.

(1) 按图 5.4.6 接好线路.

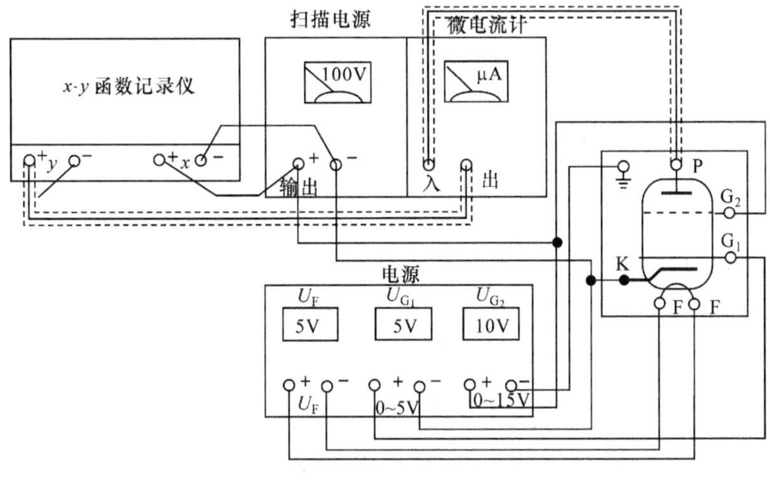

图 5.4.6

(2) 开启电炉加热系统,使 F-H 管置于某一温度(160～180℃).

(3) 根据 F-H 管的参数,选择适当的灯丝电压 U_F 和 U_{G_1K}、U_{G_2K}电压,用手动改变加速电压,观察微电流计上 I_P 变化情况.

［**提示**］ 若 U_{G_2K} 增加时,电流迅速增加则表明 F-H 管击穿,应立即调低 U_{G_2K}.

若希望有较大的击穿电压,可以用增加气体密度或降低灯丝电压的方法达到.

(4) 逐步调节加速电压,观察电流 I_P,出现 10 个峰谷.

(5) 选择合适的实验点记录数据,完整真实地绘制 I_P-U_{G_2K}曲线.

(6) 根据绘制的 I_P-U_{G_2K}曲线,求出汞的第一激发电位.

(7) 降低炉温(如 140℃),观察 I_P-U_{G_2K}曲线变化,记录第一峰与最末峰位置,与第 6 步比较,粗略推断炉温对曲线影响.

[**数据处理**]

根据测量数据绘制 I_P-U_{G_2K}曲线.

由 I_P-U_{G_2K}曲线,记录峰位电压值和峰序数于表 5.4.1.

表 5.4.1

n	1	2	3	4	5	6	7	8	9	10
电压										

用最小二乘法处理峰位置电压

$$U_{G_2K} = a + U_1 n$$

式中 n 为峰序数,U_1 为第一激发电压.

[思考题]

(1) 炉温的大小对 F-H 管内什么参量有影响?

(2) 实验测得 I_P-U_{G_2K} 曲线为什么呈周期性变化? 曲线的峰值为什么越来越高?

(3) 灯丝电压 U_F 变化时,对 F-H 管内哪个参量有影响?

(4) 拒斥电压 U_{G_2P}(反向减速电压)有何作用,U_{G_2P}增大或减小,对 I_P 有何影响?

5.5 德布罗意波长及普朗克常量测量

电子衍射是近代物理学发展史上一个重要的实验,它表明电子具有波动性. 1928 年,汤姆孙研究电子穿过金属箔的透射时,得到了圆环状的电子衍射图样,并且证实了电子的动量和波长符合德布罗意公式. 本实验采用与汤姆孙相似的方法,用电子束透过金属薄膜,在荧光屏上观察电子衍射图样,并测量电子的德布罗意波长,以便加深对实物粒子波粒二象性的认识.

[实验目的]

(1) 了解电子衍射仪的结构,掌握其使用方法,观察电子衍射图样.

(2) 验证德布罗意假设的正确性.

(3) 测定普朗克常量.

[实验原理]

1924 年,德布罗意根据已发现的光的波粒二象性,提出实物粒子也具有波粒二象性的假设. 与微观粒子相联系的波,称为德布罗意波或概率波. 质量为 m,以动量 $P=mv$ 运动的粒子,其德布罗意波长满足下列关系:

$$\lambda = \frac{h}{P} \tag{5.5.1}$$

式中 $h=6.63\times10^{-34}\,\text{J}\cdot\text{s}$,称为普朗克常量. 设电子在电压为 U 的电场中做加速运动,当电子的运动速度 $v \ll c$ 时,其动量由电场力做的功来决定

$$eU = \frac{1}{2}mv^2 = \frac{P^2}{2m} \tag{5.5.2}$$

把式(5.5.2)代入式(5.5.1),可得

$$\lambda = \frac{h}{\sqrt{2meU}} \tag{5.5.3}$$

式中,$e=1.6\times10^{-19}$C;$m=9.11\times10^{-31}$kg. 把 h、m 和 e 的数值代入式(5.5.3)得

$$\lambda = \frac{1.225}{\sqrt{U}}\text{nm} \tag{5.5.4}$$

根据式(5.5.4),当 $U=150$V 时,$\lambda=0.1$nm. 可见电子的德布罗意波长与 X 射线的波长同数量级,也与原子的线度或固体中相邻原子间的距离同数量级. 因此,对微观粒子必须考虑其波动性.

当单色 X 射线在多晶体薄膜上产生衍射时,可由布拉格方程确定 X 射线的波长. 同理,也可由此法测出电子的波长. 如图 5.5.1 所示,晶体中有许多晶面(即相互平行的原子层),相邻晶面间距离为 d. 当电子束通过晶体时,电子受到原子(或离子)的散射. 若掠射角 θ 满足式(5.5.4),可产生相长干涉,也就是在荧光屏上可看到光环(图 5.5.2).

$$2d\cdot\sin\theta = n\lambda,\quad n=1,2,\cdots \tag{5.5.5}$$

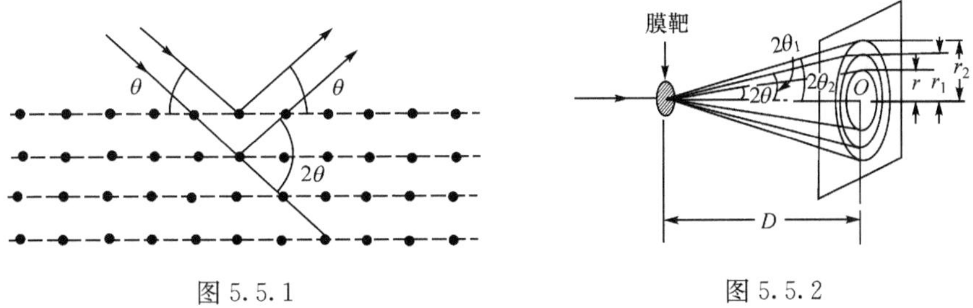

图 5.5.1　　图 5.5.2

式(5.5.5)即布拉格方程. 一块晶体实际上具有很多方向不同的晶面族,晶面间距也各不相同,只有符合式(5.5.5)的晶面,才能产生相长干涉. 对同一种材料,还可形成多晶结构,即其中含有大量各种取向的微小单晶体. 当波长为 λ 的电子束射入多晶薄膜(如金属薄膜)时,总可以有不少小晶体,其晶面与入射电子束之间的掠射角 θ 满足布拉格方程. 因此,在与入射电子束成 2θ 的衍射方向上,产生相应该波长的最强反射. 即各衍射电子束位于以入射电子束为轴、半顶角为 2θ 的圆锥面上. 若荧光屏垂直于入射电子束,则可观察到圆环形衍射图样(图 5.5.3). 当 λ 不变时,对于满足式(5.5.5)的不同取向的晶面,2θ 值不同,故形成半径不同的衍射环.

如图 5.5.4 所示,常见的许多金属,如金、银、铜、铝等,都为面心立方晶体结构. 可以证明,晶面族法线方向与三个坐标轴的夹角的余弦之比等于晶面在三个轴上截距的倒数之比,它们是互质的三个整数,分别以 h、k、l 表示,称它们为该晶面的米勒指数,在固体物理中常用米勒指数(h,k,l)表示晶面的法线方向. 相邻晶面

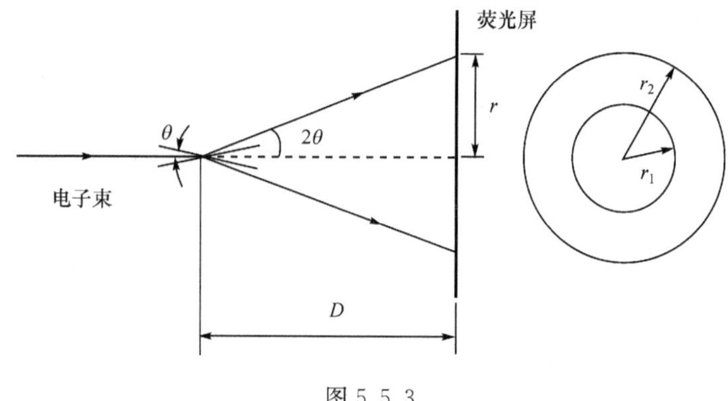

图 5.5.3

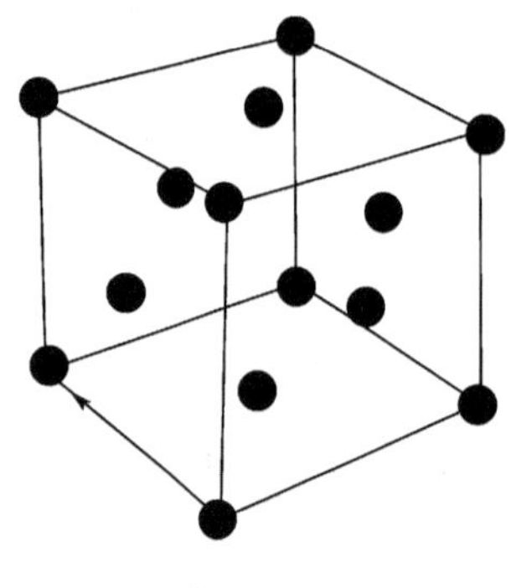

图 5.5.4

的间距 d 与其米勒指数有如下关系

$$d(h,k,l)=\frac{a}{\sqrt{h^2+k^2+l^2}} \qquad (5.5.6)$$

式中 a 是单个晶胞边缘长度，即晶格常数. 再把式(5.5.6)代入式(5.5.5)得第一级($n=1$)布拉格公式

$$\lambda=\frac{2a\sin\theta}{\sqrt{h^2+k^2+l^2}} \qquad (5.5.7)$$

从图 5.5.3 可知，当 θ 很小时，$\sin\theta=\frac{r}{2D}$，r 为环半径，D 为多晶薄膜与荧光屏的距离. 因此，式(5.5.7)可化简为

$$\lambda=\frac{ar}{D}\cdot\frac{1}{\sqrt{h^2+k^2+l^2}} \qquad (5.5.8)$$

式(5.5.8)表明，半径小的衍射环，对应于米勒指数值小的晶面族. 面心立方晶体(如金、银、钼、铝等常见金属)的几何结构，决定了 h、k、l 全是奇数或全是偶数的晶面才能得到衍射图样(表 5.5.1 列出了面心立方晶体可产生衍射环晶面的米勒指数).

表 5.5.1

h,k,l	$h^2+k^2+l^2$	$\sqrt{h^2+k^2+l^2}$
1,1,1	3	1.732
2,0,0	4	2.000
2,2,0	8	2.828
3,1,1	11	3.316

续表

h,k,l	$h^2+k^2+l^2$	$\sqrt{h^2+k^2+l^2}$
2,2,2	12	3.464
4,0,0	16	4.000
3,3,1	19	4.358
4,2,0	20	4.472
4,2,2	24	4.898
5,1,1、3,3,3	27	5.196
4,4,0	32	5.656

因此,我们可根据式(5.5.5)和式(5.5.8),用两种方法测定电子的波长,并进行比较以验证德布罗意假设,进而测定普朗克常量.此外,还可测定晶体的晶格常数或与衍射环对应的米勒指数等.

[实验仪器]

电子衍射仪、直尺、交流稳压电源.

电子衍射仪由电子衍射管和电源组成.电子衍射管包括三个部件(图 5.5.5):

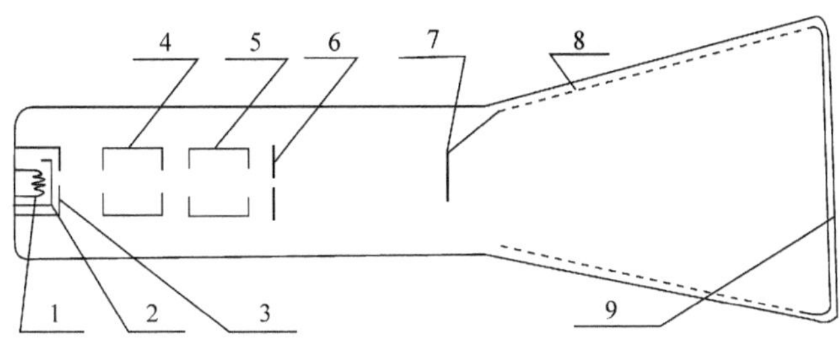

图 5.5.5

1. 灯丝;2. 阳极;3. 栅极;4. 第一阳极;5. 第二阳极;6. 限止目孔;7. 第三阳极(晶体薄膜);8. 石墨涂层;9. 荧光屏

(1) 电子枪.它由阴极、灯丝、栅极、第一阳极(加速极)、第二阳极(聚焦极)、辅助聚焦极和 x、y 电偏转极等构成.

(2) 晶体薄膜.可采用厚度约为 10～20nm 的多晶体或单晶体薄膜.

(3) 荧光屏.电子衍射管的外壳为玻璃,它事先被抽成真空后封闭.靶周围的玻璃壳部分涂有石墨层,并和荧光屏、靶连接在同一点.此点与 2～15kV 可调高压直流电源输出端连接在一起.

[实验内容]

(1) 不接电源，打开仪器上盖，用直尺测出靶与屏之间的距离 D，再合上上盖. 仪器工作时，管脚上有高压电，切勿将上盖打开，以免触电.

(2) 将高压调节旋钮逆时针方向旋至最小后，接通电源. 把高压调至 10～15kV 范围，转动亮度旋钮逐渐增大亮度，调节 x 位移、y 位移使光点在屏中心附近. 转动聚焦与辅助聚焦旋钮，便可看到清晰的衍射图形.

(3) 记下加速电压 U，用短直尺测量几个衍射圆环的直径. 每个圆环的直径可在四至六个不同方向测量，然后取平均值 $2\bar{r}$. 测量时注意消除误差.

(4) 改变加速电压，重新调节亮度、聚焦、辅助聚焦旋钮，使图像最清晰，再测量各圆环直径.

为了延长管子的使用寿命，避免过早击穿金属薄膜，在使用过程中，应以最小的亮度给出最清晰的图像为原则. 测完一组数据后，移动一下光点位置继续测量.

[数据处理]

(1) 由德布罗意假设推出的 $\lambda=\dfrac{1.225}{\sqrt{U}}$(nm)公式，计算出电子的波长.

(2) 由晶体衍射方法推出的 $\lambda=\dfrac{ar}{D}\cdot\dfrac{1}{\sqrt{h^2+k^2+l^2}}$ 公式计算同一加速电压下电子的波长.

(3) 比较两种方法得到的结果，由公式 $\lambda=\dfrac{h}{\sqrt{2meU}}=\dfrac{1.225}{\sqrt{U}}$，得到普朗克常量，验证德布罗意假设的正确性.

(4) 对不同的加速电压，重复以上的数据处理.

例　测得 $D=20.8\text{cm}$，$2\bar{r}=2.17\text{cm}$，$U=10\text{kV}$，已知金的晶格常数 $a=0.40786\text{nm}$.

$$\lambda=\frac{12.25}{\sqrt{U}}=0.01225(\text{nm})$$

$$\lambda'=\frac{2\bar{r}a}{2D}\cdot\frac{1}{\sqrt{h^2+k^2+l^2}}\quad(\text{取表 5.5.1 中第一行数据})$$

$$=\frac{2.17\times4.0786}{2\times20.8\times1.732}$$

$$=0.0123(\text{nm})$$

$$
\begin{aligned}
h &= \lambda\sqrt{2meU} \\
&= 0.1225\times10^{-10}\times\sqrt{2\times9.11\times10^{-31}\times1.6\times10^{-19}\times10^{4}} \\
&= 6.614\times10^{-34}(\mathrm{J\cdot s})
\end{aligned}
$$

［思考题］

(1) 为什么在电子衍射管靠近荧光屏的玻璃壳要用石墨保护涂层？

(2) 为什么靶、屏和管子荧光屏周围的石墨涂层要连接在一起？

(3) 增大加速电压，电子的波长及衍射圆环的直径如何变化？

［附录］

表 5.5.2　电子衍射实验数据

D=20.8cm，a=0.40786nm

U/kV	h,k,l	$\sqrt{h^2+k^2+l^2}$	$2\bar{r}$/cm	λ/nm	λ'/nm
10.0	110	1.732	2.17	0.0123	0.0123
	200	2.000	2.54		0.0125
	220	2.828	3.62		0.0126
	311	3.317	4.22		0.0125
11.0	110	2.732	2.06	0.0117	0.0117
	200	2.000	2.41		0.0118
	220	2.828	3.43		0.0119
	311	3.317	4.05		0.0120
12.0	111	1.732	1.96	0.0112	0.0111
	200	2.000	2.31		0.0113
	220	2.828	3.30		0.0114
	311	3.317	3.86		0.0114
13.0	111	1.732	1.90	0.0108	0.0107
	200	2.000	2.22		0.0108
	220	2.828	3.14		0.0108
	311	3.317	3.69		0.0109

5.6　波的傅里叶分解与合成

本实验采用傅里叶频谱分析，通过 RLC 串联谐振回路将基波和 n 阶谐波从周期函数信号中分解出来，再将 n 个正弦波叠加成方波、三角波. 通过实验加深对波的叠加原理的理解，学会傅里叶分解与合成的方法.

［实验目的］

(1) 通过 RLC 谐振电路对方波、三角波进行傅里叶频谱分解，并测量相对振幅，确定基波与各阶谐波的初相位.

(2) 利用加法器将一组可调节的振幅和相位、正弦波合成为方波、三角波.

［实验原理］

任意一个周期波函数 $f(t)$ 都可以展开为傅里叶级数

$$f(t)=\frac{1}{2}a_0+\sum_{n=1}^{\infty}(a_n\cos n\omega t+b_n\sin n\omega t) \tag{5.6.1}$$

式中，a_0 为直流分量；a_n、b_n 称为第 n 阶谐振波的幅值，由下列积分可得

$$a_n=\frac{1}{\pi}\int_{-\pi}^{\pi}f(t)\cos n\omega t\,\mathrm{d}\omega t,\quad n=0,1,2,\cdots \tag{5.6.2}$$

$$b_n=\frac{1}{\pi}\int_{-\pi}^{\pi}f(t)\sin n\omega t\,\mathrm{d}\omega t,\quad n=1,2,\cdots \tag{5.6.3}$$

如 $a_1\cos\omega t+b_1\sin\omega t$ 称为基波，$a_2\cos 2\omega t+b_2\sin 2\omega t$ 称为第二阶谐波，依此类推为 n 阶谐波.

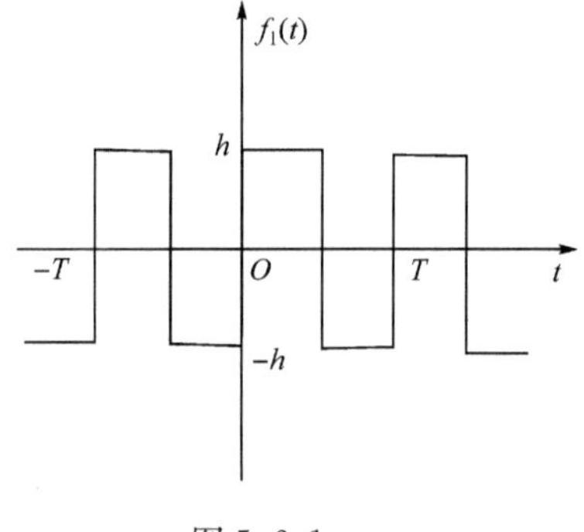

图 5.6.1

方波、三角波傅里叶级数展开.

周期为 T、振幅为 h 的方波，如图 5.6.1 所示，其数学表达式为

$$f_1(t)=\begin{cases}h, & 0\leqslant t<\dfrac{T}{2}\\ -h, & -\dfrac{T}{2}\leqslant t<0\end{cases} \tag{5.6.4}$$

此方波是奇函数，其常数项为零，展开的傅里叶级数为

$$f_1(t)=\frac{4h}{\pi}\left[\sin\omega t+\frac{1}{3}\sin 3\omega t+\cdots+\frac{1}{2n-1}\sin(2n-1)\omega t\right] \tag{5.6.5}$$

如图 5.6.2 所示三角波，其数学表达式为

$$f_2(t)=\begin{cases}\dfrac{4h}{T}t, & -\dfrac{T}{4}\leqslant t\leqslant\dfrac{T}{4}\\ 2h\left(1-\dfrac{2t}{T}\right), & \dfrac{T}{4}\leqslant t\leqslant\dfrac{3T}{4}\end{cases} \tag{5.6.6}$$

其傅里叶级数展开式为

$$f_2(t)=\frac{8h}{\pi^2}\left[\sin\omega t-\frac{1}{3^2}\sin 3\omega t+\cdots+(-1)^{n-1}\cdot\frac{1}{(2n-1)^2}\sin(2n-1)\omega t\right] \tag{5.6.7}$$

1. 傅里叶级数分解

周期函数由 n 阶谐波信号组成. 通过如图 5.6.3 所示的 RLC 串联谐振回路，以周期函数信号源中分解出第 n 阶谐波信号. 方法是取 RL 值固定不变，调谐可变电容 C 值，使得 RLC 回路产生谐振. 此时的输入信号 $\omega_0=\frac{1}{\sqrt{LC}}$ 可顺利通过 RLC 回路被分解出来. 逐渐改变电容 C 值，可将不同频率的输入信号通过谐振分解出来. 被分解的谐振信号可通过电阻 R 上的压降输入到示波器垂直极上，观察其波的振幅. 如在示波器水平板上输入一个标准信号与分解的波信号叠加成李萨如图形，确定基波及 n 阶谐波的初相位.

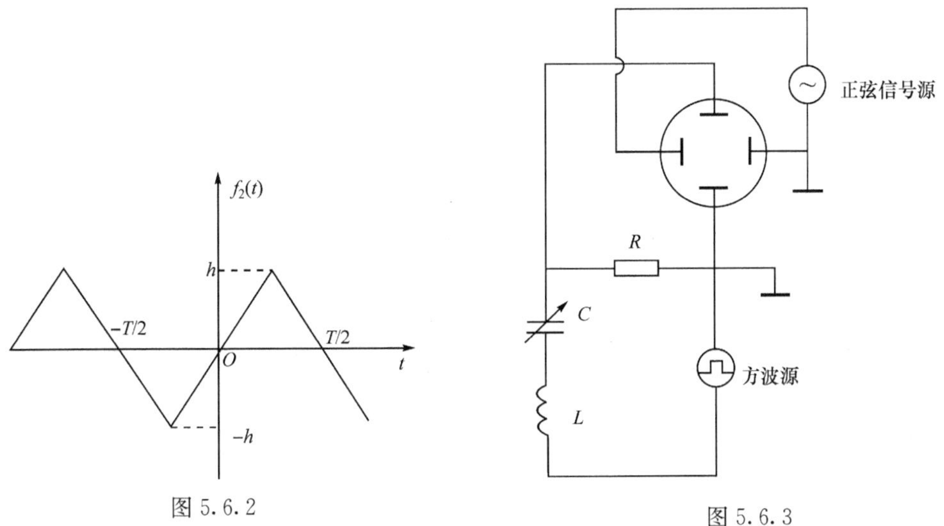

图 5.6.2　　图 5.6.3

当使 RLC 回路的频率与输入信号第 n 阶频率谐振时，可从周期性波形中选择出这个单元的值为

$$U(t)=bn\sin n\omega_0 t$$

电阻 R 两端电压为

$$U_R(t)=I_0 R\sin(n\omega_0 t+\varphi)$$

式中 $\varphi=\arctan\frac{X}{R}$，$X$ 为回路中感抗和容抗之和，$I_0=bn/Z$，Z 为回路总阻抗，谐振时 $X=0$，且阻抗为 $Z=R+r+R_L$，r 为输入信号源等效电阻，R_L 为电感损耗电阻，

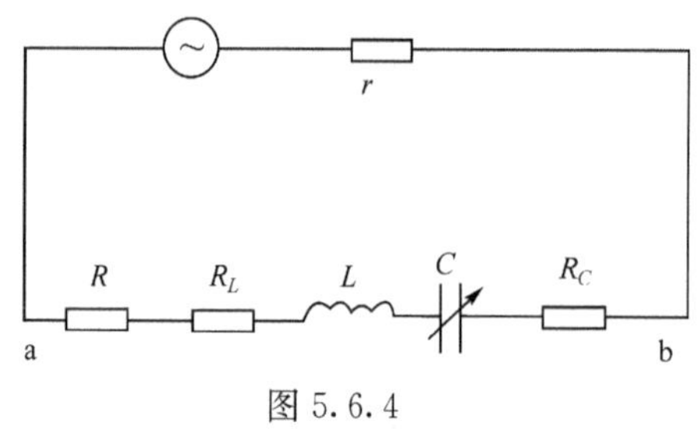

图 5.6.4

由于趋肤效应 R_L 值随频率的增加而增大，如图 5.6.4 所示，用示波器测出电源输出电压 U_{ab} 及电阻 R 上的电压 U_R，则电感损耗电阻为

$$R_L = \frac{U_{ab}R}{U_R} - R$$

2. 傅里叶级数合成

合成的必要条件是：初相位等，振幅比值为 $1:\frac{1}{3}:\frac{1}{5}:\frac{1}{7}$. 傅里叶分解与合成仪提供对 1kHz、3kHz、5kHz、7kHz 四个正弦波信号的振幅和相位有连续可调功能，见仪器板面图 5.6.5 所示，输入加法器叠后合成为方波及三角波.

［实验仪器］

傅里叶分解与合成仪如图 5.6.5 所示：

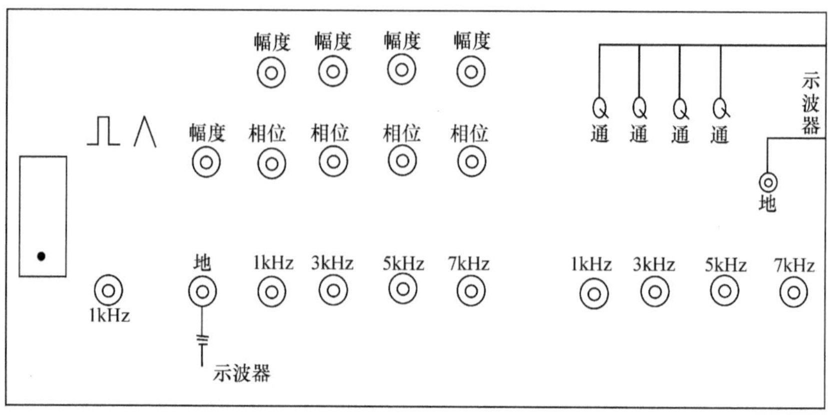

图 5.6.5

方波、三角波 1kHz 的调幅信号供分解实验. 1kHz、3kHz、5kHz、7kHz 的调幅、调相位正弦信号供合成用. 电容 Rx7/0 型十进电容箱、电感(0.1～1H)、示波器、电阻.

［实验内容］

1. 方波的傅里叶分解

(1) 测量谐振时电容值：当电感 $L=0.1\text{H}$，取样电阻 $R=22\Omega$，信号源内阻 $r=$

6.0Ω 时，如图 5.6.3，当分别输入到 RLC 串联电路 1kHz、3kHz、5kHz 的正弦波信号，测量谐振时的电容值 C_1、C_3、C_5 并与理论值 $C_i=1/\omega_i^2L$ 比较. 将测量结果填入表 5.6.1 中.

表 5.6.1

谐振频率 f_i	1kHz	3kHz	5kHz
实验值 C_i			
理论值 C_i	0.253	0.028	0.0101

当取不同电感时损耗电阻 R_L 值如表 5.6.2.

表 5.6.2

谐振频率 f_i		1kHz	3kHz	5kHz
R_L(Ω)	0.1(H)	307	362	602
	1(H)	26	34	53

(2) 确定振幅值及各阶谐波的初相位：将 1kHz 的方波输入到 RLC 电路进行频谱分解，如图 5.6.3 所示，将 R 两端电压输入示波器垂直板，调谐 RLC 电路的电容 C_1、C_3、C_5 在理论值附近，可从示波器上观察到振幅的最大值为 b_1、b_2、b_3. 确定 1kHz 正弦波的基波及各阶谐波的初相位. 将测量结果填入表 5.6.3.

表 5.6.3　　$R=22\Omega, L=0.1\text{H}, r=60\Omega$

谐振电容值 $C_i/\mu\text{F}$	C_1	C_1-C_3	C_3	C_3-C_5	C_5
相对振幅 b_i/cm					
谐振频率 f_0/kHz					
李萨如图形					
与 1kHz 相位差					

2. 方波的傅里叶级数合成

(1) 在示波器 x 轴输入 1kHz 的正弦波，在 y 轴输入经加法器反相后的 1kHz、3kHz、5kHz、7kHz 正弦波，如图 5.6.6 所示，在示波器上显示如图 5.6.7 波形，说明基波和各阶谐波相位相同.

(2) 调节 1kHz、3kHz、5kHz、7kHz 正弦波电压幅值比为 $1:\frac{1}{3}:\frac{1}{5}:\frac{1}{7}$.

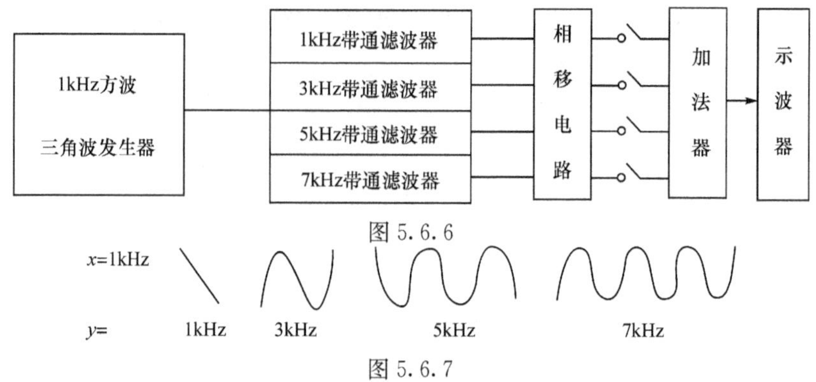

图 5.6.6

图 5.6.7

(3) 将 1kHz、3kHz、5kHz、7kHz 正弦波按顺序逐一输入加法器，观察合成图像变化情况，分别绘出正弦波叠加图像.

3. 三角波的合成

(1) 在示波器 x 轴上输入 1kHz 正弦波，观察李萨如图形调节各阶谐波移相器相位旋钮，使示波器上图形如图 5.6.8 所示.

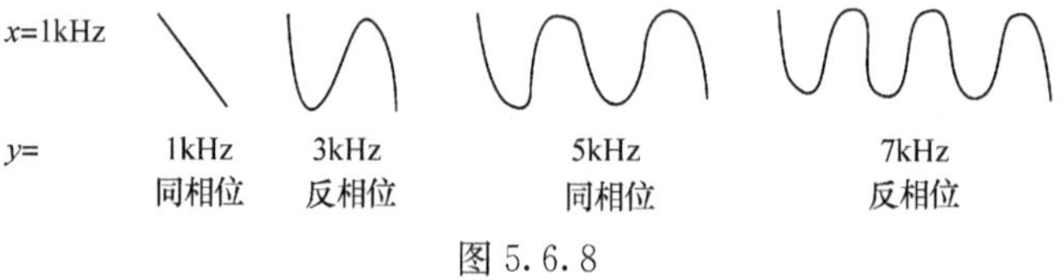

图 5.6.8

(2) 调节振幅旋钮，使 1kHz、3kHz、5kHz、7kHz 正弦波振幅比为 $1:\frac{1}{3^2}:\frac{1}{5^2}:\frac{1}{7^2}$.

(3) 将 1kHz、3kHz、5kHz、7kHz 正弦波逐一输入到加法器，记录示波器屏上的合成波形，并给出合成图像.

[思考题]

(1) 叠加的谐波越多，合成的方波如何?

(2) 将 1kHz 方波进行频谱分解时，改变取样电阻和电感的值时，其相对振幅及相位差有何变化?

5.7　全息照相

全息照相是一种能记录并再现物光波全部信息的技术，其基本原理是盖伯(D. Gaber)于 1948 年提出来的，他因此获得 1971 年度诺贝尔物理学奖. 20 世纪

60 年代以后,由于激光的发现和利思(E. N. Leith)等人发明了离轴全息图,才使得全息照相技术得以迅速发展.今天,光学全息照相技术在精密计量,信息存储及处理,生物医学等方面得到了广泛应用.

[实验目的]

(1) 了解全息照相的基本原理和实验装置.
(2) 掌握全息照相的基本方法.
(3) 了解摄影暗室技术.
(4) 学习全息照片的再现方法.

[实验原理]

普通照相的底片记录的是物光信号的光强分布,得到的是物体的二维平面像,物、像之间是点点对应关系.如果能把物体上发出的光信号的全部信息,即光波的强度和相位同时记录下来,然后再设法实现这一物体的三维立体像,这一过程就是全息照相.

但是,感光乳胶和一切光敏元件都是"相位盲",不能直接记录相位,所以必须借助于一束相干参考光,拍摄记录物光和参考光的干涉条纹,由此间接记录下物光的振幅(光强)和相位.记录了干涉条纹的感光板经过显影和定影成为全息图.全息图上干涉条纹的对比度记录了物光的振幅,干涉条纹的疏密记录了物光的相位.因此全息图可视为一块复杂的光栅,直接观察,看不到像,当用激光沿原来参考光的方向照射全息图时,观察者通过全息图可以看到一个与原物一样的三维立体像.

下面分别介绍透射式和反射式全息照相原理.

1. 透射式全息照相(一般全息)

所谓透射式全息照相是指重现时所观察和研究的是全息图透射光形成的像.这里重点介绍参考光为平行光、物光和参考光夹角较小条件下的平面全息图记录和再现过程.

1) 全息记录

物光和参考光的干涉条纹用感光底片记录下来,就同时记录了物光波波前的振幅和相位,图 5.7.1 是全息照相的基本光路.激光器 S 射出的激光束在分束镜 BS 处分成两束,其中一束①经平面反射镜 M_1 反射再经扩束镜扩束后射向被拍摄物体 O,物体 O 上的漫反射光(物光)射向感光板 H;分束镜分出的另一束光②作为参考光,经平面镜 M_2 反射又经扩束镜扩束后直接射向感光板 H.两束光由于是从同一束光分束得到，符合相干条件，且两束光光程近似相等，故在 H 平面相遇而产生一组稳定的干涉条纹. 感光板经曝光和暗室处理后记录下了干涉图样，从而得到了全息图.

下面简单描述全息照相的记录原理. 如图 5.7.2 所示，设感光板 H 放在 xy 平面内，O 表示物光的点光源，R 表示参考光的点光源，它们在感光板 H 上任一点 (x,y) 的复振幅分布为

$$O(x,y)=A_{\mathrm{o}}(x,y)\exp[\mathrm{i}\varphi_{\mathrm{o}}(x,y)] \tag{5.7.1}$$

$$R(x,y)=A_{\mathrm{r}}(x,y)\exp[\mathrm{i}\varphi_{\mathrm{r}}(x,y)] \tag{5.7.2}$$

根据叠加原理，感光板上的总复振幅分布为

$$U(x,y)=O(x,y)+R(x,y) \tag{5.7.3}$$

此时感光板上的光强分布为

$$I(x,y)=U(x,y)U^{*}(x,y) \tag{5.7.4}$$

将式(5.7.1)～(5.7.3)代入式(5.7.4)得

$$\begin{aligned}I(x,y)&=|O(x,y)+R(x,y)|^{2}\\&=|O(x,y)|^{2}+|R(x,y)|^{2}+O(x,y)R^{*}(x,y)+O^{*}(x,y)R(x,y)\\&=A_{\mathrm{o}}{}^{2}+A_{\mathrm{r}}{}^{2}+A_{\mathrm{o}}A_{\mathrm{r}}\exp[\mathrm{i}(\varphi_{\mathrm{o}}-\varphi_{\mathrm{r}})]+A_{\mathrm{o}}A_{\mathrm{r}}\exp[-\mathrm{i}(\varphi_{\mathrm{o}}-\varphi_{\mathrm{r}})]\end{aligned} \tag{5.7.5}$$

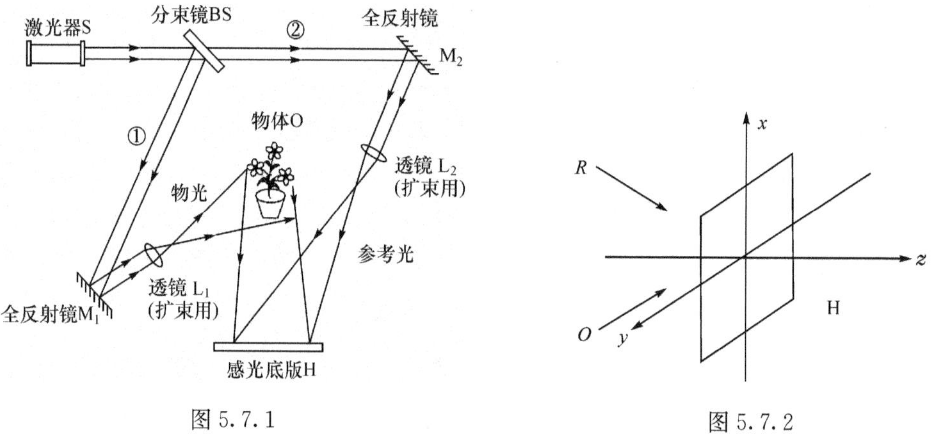

图 5.7.1　　图 5.7.2

显然，式(5.7.5)中第一项 A_{o}^{2} 和第二项 A_{r}^{2} 分别是物光和参考光的光强，为常数；第三项 $A_{\mathrm{o}}A_{\mathrm{r}}\exp[\mathrm{i}(\varphi_{\mathrm{o}}-\varphi_{\mathrm{r}})]$和第四项 $A_{\mathrm{o}}A_{\mathrm{r}}\exp[-\mathrm{i}(\varphi_{\mathrm{o}}-\varphi_{\mathrm{r}})]$反映了物光和参考光的振幅与相对相位的关系，是干涉项. 可见，全息图将物光的振幅和相位两种信息同时记录下来了.

感光板在曝光后经显影和定影后成为全息图，适当控制曝光量及显影条件，可以使全息图的振幅透过率 $t(x,y)$ 和光强 $I(x,y)$ 成线性关系

$$t(x,y)=t_{0}+\beta I(x,y) \tag{5.7.6}$$

式中 t_0 和 β 为常数.

2）再现全息

若再现全息图的像时，一般采用与参考光相似的光照射全息图，设此光波的复振幅为

$$C(x,y)=A_c(x,y)\exp[i\varphi_c(x,y)]$$

此时，透射光波应是

$$\begin{aligned}U'(x,y)&=C(x,y)t(x,y)\\&=[t_0+\beta(A_o{}^2+A_r{}^2)]\cdot A_c\exp(i\varphi_c)+\beta A_cA_r\exp[i(\varphi_c-\varphi_r)]\cdot A_o\exp(i\varphi_o)\\&\quad+\beta A_cA_r\exp[i(\varphi_c+\varphi_r)]\cdot A_o\exp(-i\varphi_o)\end{aligned}\tag{5.7.7}$$

再现光波经全息图后，透射光包括三个不同的部分，如图 5.7.3. 式(5.7.7)中第一项为再现光波 $C(x,y)$ 和系数 $[t_0+\beta(A_o{}^2+A_r{}^2)]$ 的乘积，近似看作衰减了的再现光波，这是零级衍射光，零级衍射光中不包含物光的相位信息，因而我们不感兴趣；第二项是+1 级衍射光，它正好是物光 $A_o(x,y)\exp[i\varphi_o(x,y)]$ 和系数 $\beta A_cA_r\exp[i(\varphi_c-\varphi_r)]$ 的乘积，这决定了全息图后面的衍射空间有一个与原始物光波和相位的相对分布完全相同的衍射波，这一光波形成了与物体完全相同的虚像，称原始像；第三项是−1 级衍射光，它包含了物光的共轭波 $A_o(x,y)\exp[-i\varphi_o(x,y)]$，是一束会聚波，会聚点是一个发生畸变的实像. 若要得到无畸变的实像，需用一束与参考光共轭的再现光波照射全息图.

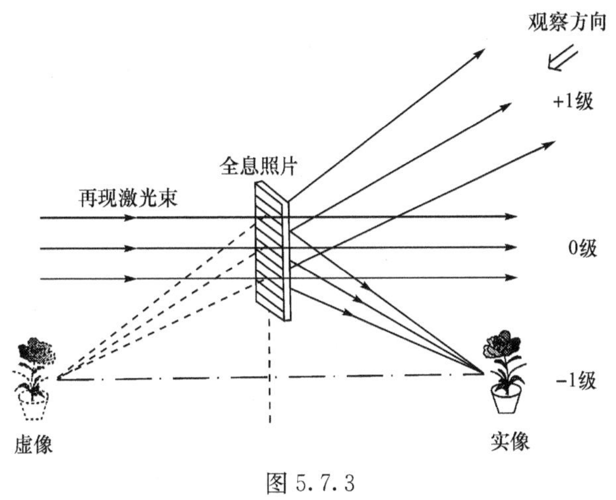

图 5.7.3

2. 反射式全息照相(白光再现全息)

透射式全息都要用激光再现，如果用白光再现，则由于不同波长的光衍射方向不同，再现像的位置彼此交错，所以再现像模糊不清. 反射式全息照相用相干光记录全息图，而用白光再现，由于重现时眼睛接收到的是白光在全息图底片上的反射

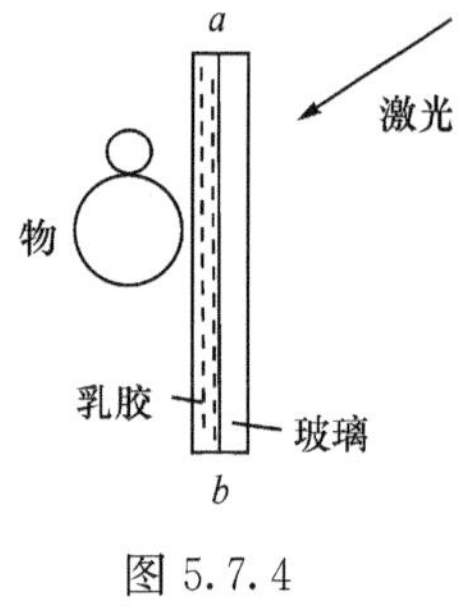

图 5.7.4

光，故称反射式全息照相.

反射全息图主要利用了布拉格衍射效应和感光板的厚乳胶层. 如图 5.7.4 所示，记录全息图时，使相干的物光和参考光从感光板的两边入射，当物光和参考光的夹角 θ 接近 180°时，两光波相干叠加，形成的干涉条纹实际上是一些峰值强度面，经显影、定影后，在峰值强度面上形成高密度银层，这些银层相当于一些反射平面，基本平行于感光板，各反射平面间距 d 近似于半个波长，则

$$d \approx \frac{\lambda}{2\sin(180^\circ/2)} = \frac{\lambda}{2}$$

λ 为记录光波波长. 当用波长为 632.8nm 的激光作光源时，这一距离约为0.32μm（由于乳胶内 $n>1$，因此银层间距离还要更小），全息感光板乳胶层厚为 6～15μm，这样在乳胶层厚度内就能形成几十片金属银层，因而全息图是一个三维结构的衍射体（三维衍射光栅）.

再现光波以与银层成 i 角度照射全息图，一部分光被银层反射，一部分光透过银层，各峰值强度面层所散射的光相干叠加形成衍射极大值. 同一面层的散射光，当满足反射定律时是同相相加的，不同面层之间的散射光，则必须满足光栅方程，如图5.7.5，相邻银层的反射光之间的光程差必须是 λ，则

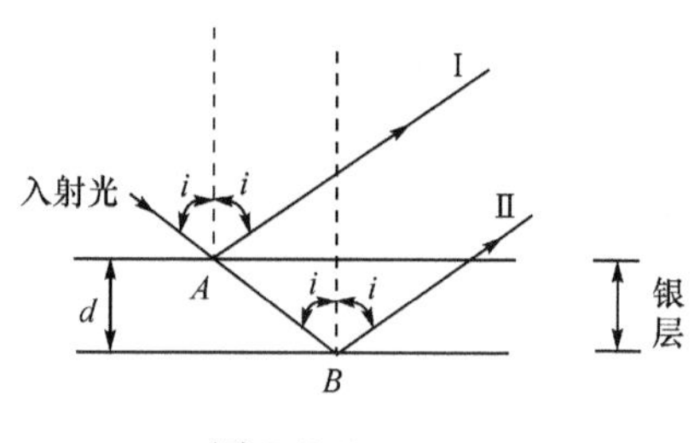

图 5.7.5

$$\delta = 2d\cos i = \lambda$$

这就是布拉格条件. 当不同波长的混合光以一定角度入射感光板底片时，只有满足 $\lambda = 2d\cos i$ 的光才能有衍射极大值，所以看到的全息反射光是单色的，因而再现像是单色的. 再现像的颜色应该与记录时光波的颜色相同，但实际上反射的光波长比记录的光波长要短些，如记录时用波长 632.8nm 的 He-Ne 激光，可见，重现像应是红的，但实际上重现像往往是绿色的，原因在于显影、定影过程中，乳胶发生收缩，层间距 d 变小，因而波长 λ 变小.

如果全息照片破碎成几块，通过前面分析可知，由于每一小块上都包含了物体上各个发光点光波信息，故而每一小块仍可再现物体的像，只是小块上包含的光信息容量有所减少，这些是普通照片无法比拟的.

[实验仪器]

光学平台、He-Ne 激光器及电源、快门及定时曝光器、扩束透镜、反射镜、分束

器、光功率计、全息底片、被摄物体、暗室设备.

[实验内容]

1. 透射全息图的记录与再现

1) 记录

(1) 按图 5.7.1 在光学平台上摆好光路.

(2) 打开激光器,调整各光学元件的高度及倾斜度,参考光扩束后均匀照在整个底片上,被摄物体各部分均匀照明,物光和参考光的光程应大致相等.

(3) 底片处的物光与参考光光强之比大约为 1∶2～1∶6(用激光功率计在此位置测量或放置白屏目测).

(4) 物光、参考光夹角在 30°～45°之间.

(5) 关上照明灯(可开暗绿灯),用激光功率计测出物光和参考光总光强,由于

$$曝光量 = 总光强 \times 曝光时间$$

根据实验室给出的曝光要求,确定曝光时间,调好定时曝光器.

(6) 关闭快门挡住激光,将全息感光板装在底片夹上,乳胶面对着光入射方向静置 2～3min,待整个系统稳定后进行曝光. 曝光过程中极小的干扰都会引起干涉条纹的模糊,甚至无法记录(底片位移 1μm,条纹就看不清),因此曝光时严禁大声喧哗、敲门、吹风等.

(7) 冲洗全息照片方法与冲洗普通照相底片方法基本一致,显影液用 D-19,定影液用 F-5,显影定影温度以 20℃最适宜,显影时间 2～3min,定影时间 5～10min,定影后照片应放在清水中冲洗 5～10min(长时间保存应冲洗 20min 以上)晾干.

2) 再现

(1) 用扩束后的激光照射全息图,尽可能使光照沿参考光方向照射(将全息图放于原记录位置即可),可观察到虚像. 上下、左右移动头部改变观察角度,注意虚像有何不同.

(2) 平移全息图,靠近远离光源,注意像的大小、位置变化.

(3) 用一张中间开孔(ϕ=5mm)的黑纸贴近全息图,透过小孔看到的虚像有何特点? 移动小孔位置,注意观察到的虚像有何不同.

(4) 将全息图绕铅垂线为轴转 180°,相当于用参考光的共轭光作为再现光,或用未扩束的激光束照射全息图,用毛玻璃接收再现实像. 毛玻璃与全息图距离不同,屏上的像也在大小与清晰度上有所不同,像的质量最好的位置是实像的位置.

2. 反射全息图的记录与再现

(1) 按图 5.7.4 布置光路,使物体靠近感光板位置放置,扩束后的激光均匀照

在物体上.

(2) 关闭快门阻断激光,安装感光板,乳胶面朝向被摄物体,激光从感光板玻璃面入射,稳定 2～3min 后曝光.

(3) 同前法冲洗、晾干得到全息图.

(4) 用白光照射全息图,如图 5.7.6 观察实像虚像.

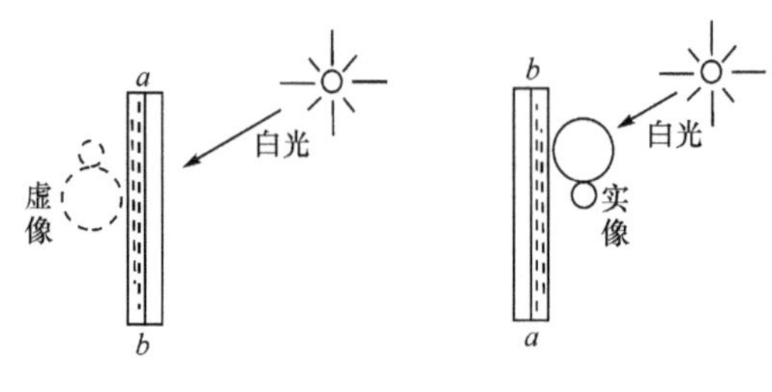

图 5.7.6

[思考题]

(1) 全息照相和普通照相有何不同?

(2) 布置光路时应注意什么条件?

(3) 透射全息照相和反射全息照相有何不同? 再现全息像的方式又有何不同?

5.8 动态悬挂法、支撑法测量杨氏模量

杨氏模量是反映材料弹性性质的重要参数,是设计各种工程结构时选用材料的主要依据之一. 用动态法(动力学方法)测杨氏模量,能准确反映材料在微小形变时的物理性能,对脆性材料(石墨、陶瓷、玻璃、复合材料等)都能进行测量,测定的温度范围也较宽.

[实验目的]

(1) 学会用动态法测材料的杨氏模量.

(2) 了解压电陶瓷换能器的功能,熟悉信号源和示波器的使用.

(3) 培养学生综合运用知识和常用实验仪器的能力.

[实验原理]

对一长度 $l \gg$ 直径 d 的细长棒,当其作微小横振动(弯曲振动)时,满足下列动

力学方程：

$$\frac{\partial^4 y}{\partial x^4}+\frac{\rho S}{YJ}\frac{\partial^2 y}{\partial t^2}=0 \tag{5.8.1}$$

用分离变量法解方程(5.8.1)，得方程式通解

$$y(x,t)=(B_1\operatorname{ch}kx+B_2\operatorname{sh}kx+B_3\cos kx+B_4\sin kx)A\cos(\omega t+\varphi) \tag{5.8.2}$$

$$\omega=\left(\frac{k^4 YJ}{\rho S}\right)^{\frac{1}{2}} \tag{5.8.3}$$

式中，ω 是棒的固有角频率；k 是常数；Y 是沿轴向的杨氏模量；J 为棒横截面对中心轴的转动惯量；ρ 为棒的密度；S 为棒的横截面积.

式(5.8.3)称为角频率公式，对任意形状的截面，不同边界条件下的试样都是成立的.

如果悬挂(或支撑)在试样的节点附近，则有边界条件：棒的两端为自由端($x=0$，l 处)，不受正应力和切向力. 将通解代入边界条件，可以得到棒自由振动的基频角频率

$$\omega=\left(\frac{4.730^4 YJ}{\rho l^4 S}\right)^{\frac{1}{2}} \tag{5.8.4}$$

棒作基频振动和一次谐波振动的波形如图 5.8.1 所示.

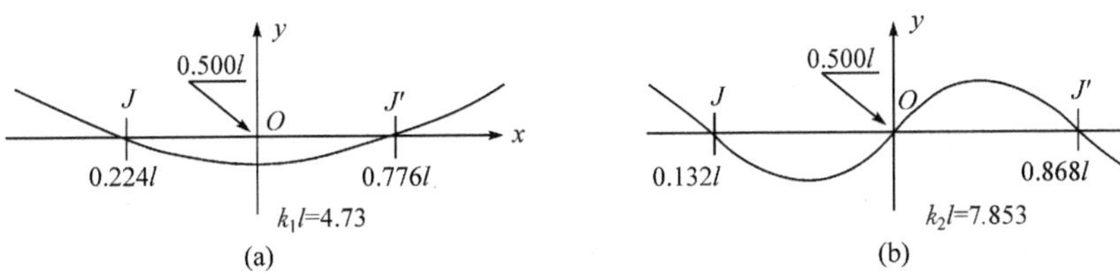

图 5.8.1

圆形截面试样棒的转动惯量

$$J=\frac{\pi^2 d^4}{64}$$

将 J 代入式(5.8.4)解出

$$Y=1.6067\,\frac{l^3 m}{d^4}f^2 \tag{5.8.5}$$

式中，Y 为杨氏模量，单位 N/m^2；l 为棒的长度；m 为棒的质量；d 为棒的横截面直径；f 为棒作基频振动的固有频率.

由于实际测量时不能满足 $l\gg d$，所以式(5.8.5)应乘上一个修正系数 T_1，即

$$Y=1.6067\,\frac{l^3 m}{d^4}f^2 T_1 \tag{5.8.6}$$

式(5.8.6)即为本实验计算公式.

T_1 可根据比值$\dfrac{d}{l}$的泊松比查表 5.8.1 得到.

表 5.8.1

径长比 d/l	0.01	0.02	0.03	0.04	0.05	0.06	0.08	0.10
修正系数 T_1	1.001	1.002	1.005	1.008	1.014	1.019	1.033	1.055

杨氏模量大小与温度有关，温度变化时，试样的线度(长度、直径)发生变化，精确测定材料的杨氏模量，需考虑试样膨胀的影响，可用式(5.8.7)加以修正

$$Y_T=Y_{室温}\left(\frac{f_T}{f_{室温}}\right)^2\left(\frac{1}{1+\alpha\Delta T}\right) \tag{5.8.7}$$

式中，α 为膨胀系数；ΔT 为温差.

[实验仪器]

本实验所用仪器:信号发生器、弹性模量测定仪、示波器、医用听诊器、天平、螺旋测微计等.

如图 5.8.2 和图 5.8.3 所示:1 是功率函数信号发生器，输出 5～55kHz，分 9 挡，F_A 为第一细调，可连续调整 10 圈来改变频率，F_C 为第二细调，能对输出信号作 0.1Hz 微调. 输出幅度调节器可改变输出信号大小，分－40～＋20dB 和 0～9dB 细调(V_c). 本实验采用正弦波信号；弹性模量测定仪的主要部分是激发和接收换能器，激发换能器 2 将输入的电信号转换为机械振动信号输入到试样 3，接收换能器 4 将从试样接收的机械振动信号转换为电信号，输入到示波器 5，通过示波器屏上波形变化观察试样振动情况. 3 为试样，本实验采用圆柱形细长棒(铜、不锈钢)，通常取直径 d 在 6～8mm，棒长 l 在 160～180mm；示波器 5 的使用参照实验 2.3；6 为加热炉，温度可达 1000℃，7 为温控器(详见变温装置使用说明).

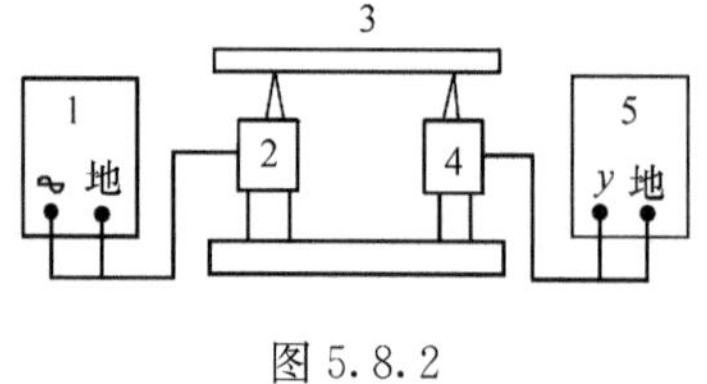

图 5.8.2

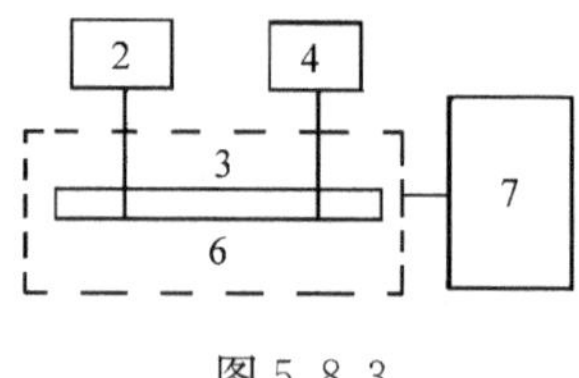

图 5.8.3

[实验内容]

(1) 将仪器按图 5.8.2 接好.

(2) 分别用直尺、螺旋测微计和天平测量试样的长度 l、直径 d 和质量 m，测量

三次，取平均值记入表 5.8.3 中.

根据$\frac{x}{l}=0.224$，确定试样作基频振动时两节点位置($x_0=0.224l, 0.776l$)，在该点两侧各取三个点(x_1、x_2、x_3、x_4、x_5、x_6)作为测试点，各点间隔 5mm 左右，记入表 5.8.4 中.

(3) 启动信号发生器，频率置于 2.5k 挡，幅度为 +10dB 挡，V_c 为中间位置，连续调节 F_A，此时激发换能器发出相应声响.

(4) 将两端有刻度的试样放在两换能器支架上，支点距棒端点 x_1(两端对称)，由低到高调节 F_A，直到示波器上波形出现最大(y 轴)，此时试样发生共振. 调节示波器"扫描速率"、"垂直因数"及"触发电平"使波形稳定、适中. 调节 F_c，使波形出现极大.

(5) 判断基频共振的方法：①用听诊器靠近试样(注意不要触碰)左右移动，听声音变化是否按图 5.8.1(a)方式变化；②用细棒轻轻触碰试样中部，若波形消失(或减少)，说明是试样共振，否则，可能是其他物体(悬线、支架)共振所致. 将共振频率记入表 5.8.2.

(6) 将试样换成不锈钢试样(同长度)，按(4)、(5)步骤测出其基频共振的频率，记入表 5.8.2 中.

(7) 改变支点到细棒端点距离(x_2、x_3、x_4、x_5、x_6)，按(4)、(5)、(6)步骤，分别测出共振频率，记入表 5.8.2.

(8) 按图 5.8.3 所示，将试样用细丝悬挂，放入加热炉中.

注意　悬丝吊扎位置不能在试样作基频振动时的两个节点上($x=0.224l$)，应适当偏离.

(9) 首先，测定该样品在室温下的共振频率 $f_{室温}$. 然后，按照"变温装置使用说明"调控炉内温度，分别测出 f_{100}、f_{200}、…、f_{800}，记入表 5.8.4 中.

[数据处理]

根据表 5.8.2 中数据，在图 5.8.4(a)、(b)中分别画出 $f_{铜}$-$\frac{x}{l}$、$f_{钢}$-$\frac{x}{l}$ 关系曲线，从曲线上找出$\frac{x}{l}=0.224$ 点对应的 $f_{铜}$、$f_{钢}$ 记入表 5.8.3 中.

表 5.8.2

x/mm						
x/l						
$f_{铜}$						
$f_{钢}$						

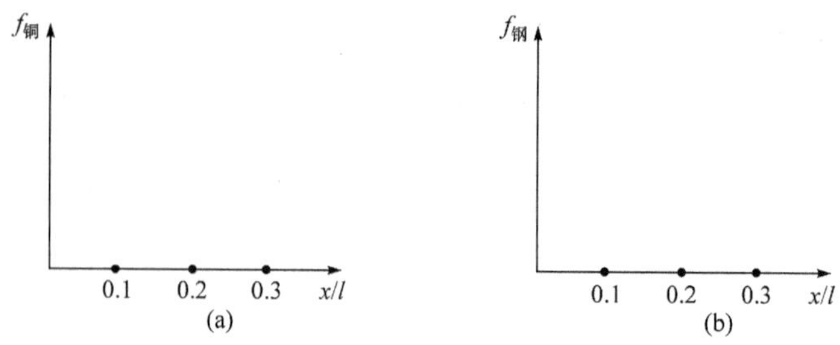

图 5.8.4

表 5.8.3

试样材质	截面直径 d/m	试样长度 l/m	试样质量 m/g	共振频率 f/Hz	修正系数 T_1
铜					
钢					

由表 5.8.3 中数据，计算 $Y_{铜}$、$Y_{钢}$.

$$Y_{铜}=1.6067\,\frac{l_{铜}^3\,m_{铜}}{d_{铜}^4}f^2T_1=$$

$$Y_{钢}=1.6067\,\frac{l_{钢}^3\,m_{钢}}{d_{钢}^4}f^2T_1=$$

计算相对误差，写出结果表达式.

根据表 5.8.4 中数据，画出 f-T(℃)关系曲线(图 5.8.5)和 Y-T(℃)关系曲线(图 5.8.6).

室温下

$$f_{室温}=$$

$$Y_{室温}=1.6067\,\frac{l^3m}{d^4}f_{室温}^2=$$

表 5.8.4

温度 T/ ℃	100	200	300	400	500	600	700	800
共振频率								
Y_T								

计算表 5.8.4 中 Y_T 应考虑试样膨胀的影响，由下式计算，式中 α 为膨胀系数，

ΔT 为温差.

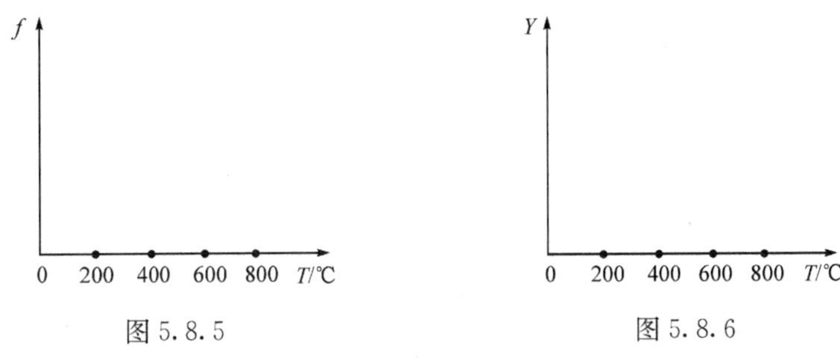

图 5.8.5　　图 5.8.6

$$Y_T = Y_{室温}\left(\frac{f_T}{f_{室温}}\right)^2 \frac{1}{1+\alpha\Delta T}$$

[思考题]

(1) 物体的固有频率和共振频率有什么不同？它们之间有何关系？

(2) 分别用动态支撑法、悬挂法测不同样品的杨氏模量.

5.9　智能法测刚体转动惯量

转动惯量是刚体转动时惯性大小的量度，它与刚体的质量及质量对轴的分布有关，如果刚体形状简单，质量分布均匀，可以直接计算出它绕特定轴的转动惯量，但对几何形状不规则和质量分布不均匀的物体，只能用实验的方法来测量.

[实验目的]

(1) 测定刚体的转动惯量，刚体上的外力矩与刚体角速度的关系.

(2) 验证刚体转动定理，平行移轴定理.

[实验原理]

根据定轴转动定理

$$M=J\beta=J\frac{\mathrm{d}\omega}{\mathrm{d}t}$$

只要测出刚体转动时所受合外力矩及在该力矩作用下刚体转动的角加速度 β，则可计算出刚体的转动惯量.

设转动惯量仪空载时的转动惯量为 J_0，加试件后的转动惯量为 J_1，根据转动惯量的叠加原理，该试件的转动惯量为 J_2

$$J_2 = J_1 - J_0 \tag{5.9.1}$$

(1) 系统不加重锤，该系统将在某一初角速度的启动下转动，此时，只受摩擦力矩的作用.

$$-M = J_0\beta_1 \tag{5.9.2}$$

式中，M 为摩擦力矩(负号是因 M 的方向与外力矩的方向相反)，β_1 为角加速度(计算出 β_1 值应为负值)，J_0 为空载时的转动惯量.

(2) 给系统加适当的重锤，则

$$mg - T = ma \tag{5.9.3}$$

$$T \times r - L = J_0\beta_2 \tag{5.9.4}$$

$$a = r\beta_2 \tag{5.9.5}$$

式中，β_2 为在外力矩作用下(外力矩与摩擦力矩)的角加速度，r 为塔轮的半径.

由式(5.9.2)、式(5.9.3)、式(5.9.4)、式(5.9.5)联立求得

$$J_0 = \frac{mgr}{\beta_2 - \beta_1} - \frac{\beta_2}{\beta_2 - \beta_1}mr^2 \tag{5.9.6}$$

由于 β_1 本身是负值所以计算时 $\beta_2 - (-\beta_1) = \beta_2 + \beta_1$，则(5.9.6)式应该为

$$J_0 = \frac{mgr}{\beta_2 + \beta_1} - \frac{\beta_2}{\beta_2 + \beta_1}mr^2 \tag{5.9.7}$$

因此加试件(J_1)也可以由式(5.9.1)求得. 上式中 m、g、r 为可知物理量，关键在如何测 β_1，β_2 量，由刚体运动知道角位移 θ 和时间的关系为：设转动体系的初角速度为 ω_0，当 $t=0$ 时开始计时角位移 $\theta=0$

$$\theta = \omega_0 t + \frac{1}{2}\beta t^2 \tag{5.9.8}$$

在一次转动过程中，取两个不同的角位移 θ_1，θ_2 则有

$$\theta_1 = \omega_0 t_1 + \frac{1}{2}\beta t_1^2 \tag{5.9.9}$$

$$\theta_2 = \omega_0 t_2 + \frac{1}{2}\beta t_2^2 \tag{5.9.10}$$

因此求得

$$\beta = \frac{2(\theta_2 t_1 - \theta_1 t_2)}{t_1 t_2 (t_2 - t_1)} \tag{5.9.11}$$

本实验采用电脑数字式毫秒计自动记录，每过 π 弧度记录一次时间和相对应转过 π 弧度的次数值为 k 值. 因为开始时，$k=1$；$t=0$ 经过 $\theta=1\pi$ 时，$k=2$ 于是 $\theta=$

$(k-1)\pi=(2-1)\pi$

同理

$$\beta=\frac{2[(k_2-1)\pi t_1-(k_1-1)\pi t_2]}{t_2t_1(t_2-t_1)}$$

$$\beta=\frac{2\pi[(k_2-1)t_1-(k_1-1)t_2]}{t_2t_1(t_2-t_1)} \tag{5.9.12}$$

k_1,k_2 不一定取相邻的两个数，例如 k_2 取 6，k_1 取 4；或者 k_2 取 5，k_1 取 3 均可. k_1 与 k_2 的差不宜太大，而且取偶数为好.

只要测出张力矩，摩擦阻力矩和角加速度，根据刚体转动定律即可求出其转动惯量.

注：$t_1,t_2,\cdots,t_n$ 记录前 $n\pi$ 弧度总积累的时间.

[实验内容]

(1) 用三个调平螺钉，将载物台调水平，如图 5.9.1 所示.

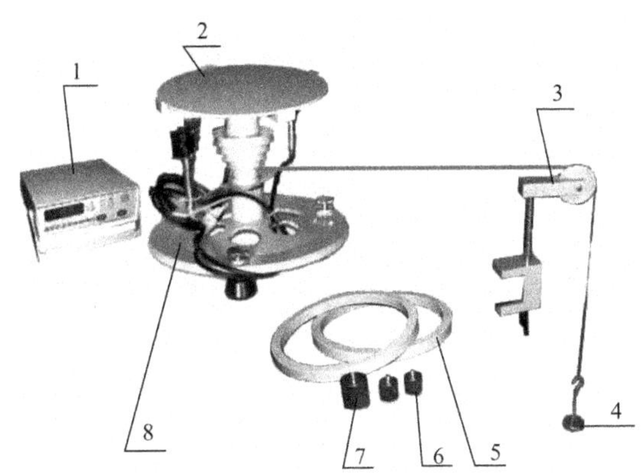

图 5.9.1

1. 电脑存储测试仪；2. 平盘；3. 滑轮组；4. 砝码；5. 铁环；6. 100g 重物砝码；7. 300g 重物砝码；8. 转动惯量仪主体

(2) 滑轮支架固定在实验台边沿调正滑轮槽与选取的绕线塔轮槽等高，且方位相互垂直.

(3) 将电脑数字式毫秒计连接好并按其使用说明操作. 操作中光电门一只工作.

(4) 向实验台施加微小力矩产生加(减)速转动测定相应的角位移及时间.

(5) 验证平行轴定理，将待测砝码插入载物台相应的圆孔中，并测定圆孔中心到中心转轴距离.

(6) 置相应选定的砝码放于砝码托盘上,将细线沿塔轮上开的细缝塞入并密绕于塔轮上,线不可重叠,释放托盘,由数字毫秒计记录相应的角位移和时间.

(7) 在砝码没接触地面前,细线释放完毕,自然从塔轮上脱落,此时塔轮作减速运动,此时所记录的角位移和时间可用以计算阻力矩,因而可计算出加速时的合力矩.

(8) 可以改变塔轮半径和重锤砝码质量组合,形成相同和不同的力矩在不同状态下测定同一被测物体的转动惯量可做 16 组的组合.也可以塔轮和重锤砝码一定的情况,改变测件重锤砝码的质量或轴距,测得多种组合的转动惯量.

[数据处理]

J / β / K	J_0(本底)	$J_{圆环}+J_0$	$J_{圆盘}+J_0$	$J_{球的本底}$	$J_{球+本底}$
1					
2					
3					
4					
5					
6					
7					
8					
9					
10					
11					
$\bar{\beta}_2$					
16					
17					
18					
19					
20					

续表

K \ β \ J	J_0(本底)	$J_{圆环}+J_0$	$J_{圆盘}+J_0$	$J_{球的本底}$	$J_{球+本底}$
21					
22					
23					
24					
25					
26					
$\bar{\beta}_1$					

重力砝码 $m=39.995\text{g}=3.9995\times10^{-2}\text{kg}$,塔轮半径 $r=15.00\text{mm}=1.500\times10^{-2}\text{m}$

1. 本底转动惯量 J_0 的测量

$$\beta_2 = \qquad \beta_1 = \qquad \beta_2-(-\beta_1)=$$

$$J_0=\frac{mgr}{\beta_2+\beta_1}-\frac{\beta_2}{\beta_2+\beta_1}mr^2$$

$$J_0=$$

2. 圆环加本底的转动惯量

$$\beta_2 = \qquad \beta_1 = \qquad \beta_2-(-\beta_1)=$$

$J_{圆环}+J_0=$

$J_{圆环}=$

$$J_{圆环(理论)}=\frac{1}{2}\cdot m(R_{内}^2+R_{外}^2)=\frac{1}{8}\cdot m(D_{内}^2+D_{外}^2)$$

环的质量 $m=418.0\text{g}=418.0\times10^{-3}\text{kg}$

$D_{外}=23.976\text{cm}=0.23976\text{m}$

$D_{内}=20.990\text{cm}=0.20990\text{m}$

$J_{圆环(理论)}=$

理论值与实验值相比较 $E=\quad\%$

3. 圆盘加本底的转动惯量

$$\beta_2 = \qquad \beta_1 = \qquad \beta_2-(-\beta_1)=$$

$J_{圆环}+J_0=$

$J_{圆盘}=$

$J_{圆盘(理论)}=\frac{1}{2}\cdot mr^2=\frac{1}{8}mD^2$

$m=482.6\text{g}=0.4826\text{kg}$

$D=0.2399\text{m}$

$J_{圆盘(理论)}=$

理论值与实验值相比较 $E=\quad\%$

4. 球的本底转动惯量

$\beta_2=\qquad\beta_1=\qquad\beta_2-(-\beta_1)=$

$J_{球的本底}=$

$\beta_2=\qquad\beta_1=\qquad\beta_2-(-\beta_1)=$

$J_{球+本底}=$

$J_{球(理论)}=\frac{1}{10}mD^2$

球的质量 $m=225.7\times10^{-3}\text{kg}$

球的直径 $D_1=7.440\text{cm}\quad D_2=7.450\text{cm}\quad D_3=7.462\text{cm}$

$D_4=7.450\text{cm}\quad D=7.450\text{cm}=7.450\times10^{-2}\text{m}$

$J_{球(理论)}=$

理论值与实验值百分误差 $E=\quad\%$

附:电脑数字毫秒计使用说明

一、技术性能

本仪器采用 ECU 内部定时器计时方式,可顺时序记录 64 个光电脉冲的间隔时间,并可由此计算出等运动间距的加速度值,并将这些所测数据存储于内部或外

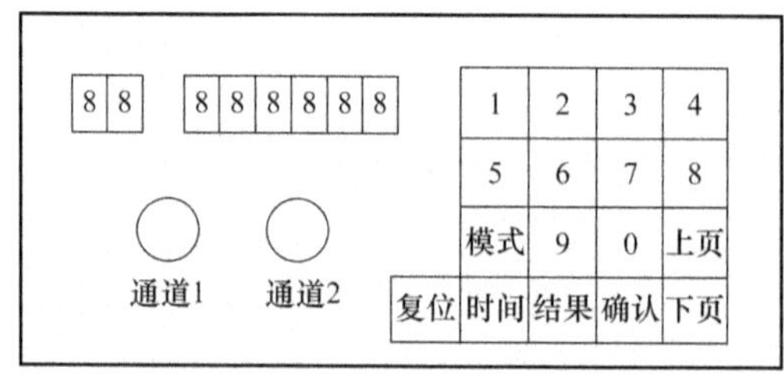

注:左上两位数码管为脉冲个数显示窗,中上六位数码管为计时时间显示窗

部扩展的数据存储器中供提取记录；该仪器还可进行脉冲编组的存储和计算，并设有备用通道，即双光电门信号“或”输入.

面板安排及按键功能：

二、使用方法

1. 将转动惯量仪的两组光电门信号输出接口和毫秒计输入接口的Ⅰ和Ⅱ两个通道分别连接，系统自动选择通道进行测量并记录；通常情况下只选择一路信号测量，当一路信号有问题时，系统自动切换到另外一路测量.

2. 通电后，显示PP-HELLO，3秒钟后进入模式设定等待状态，显示F-0164：显示数字的前两位表示几个输入脉冲为一组(一个计时单位)，如01表示一个脉冲计时一次，05表示5个脉冲作为一个计时单元；后两位表示可记录的次数，注意：“组脉冲数”与“记录次数”的乘积应不大于64. 如果设定数值在正常范围内，按下“确认”键确认设定结束. 当设定值超出机器正常记录的范围，系统会显示OU-PLUSE，提示溢出，需再次按“模式”键重新进入设定等待状态，重新设定.

3. 设定结束后系统显示88-888888进入待测状态，当第一个光电脉冲通过时开始计时，显示00-000000；测量过程中屏上显示的组数和时间值随计时变化跳动，表示计数正常运行.

4. 计算和测量完毕显示“EE”(数据提取模式)，此时各组数据已被存储，以备提取，若未显示“EE”，则不能提取各类参数.(如果5分钟内未完成测量，将显示HOVE，此时应按复位键重新开始).

5. 提取时间：按“时间”键，显示01-tt后按“确认”键则显示记录第一个脉冲的起始时间，按“上页”键则依次递增提取各次记录的数据，按“下页”键则依次递减提取各次记录的数据；也可以在显示01-tt时按数字键设定要提取的时间组数，然后按“确认”键即可提取相应组的时间.

6. 提取角加速度：按“结果”键，显示01-bb后按“确认”键则显示记录第一个角加速度值，按“上页”键则依次递增提取各次记录的数据，按“下页”键则依次递减提取各次记录的数据；也可以在显示01-bb时按数字键设定要提取的角加速度的组数，然后按“确认”键即可提取相应组的角加速度.

7. 软启动：“模式”键也作软启动键使用，每次设定的模式测量完成之后，按“模式”键可重新设定；重新设定完毕按“确定”键，开始新的实验，在进行新的实验之前，上次的实验数据尚未清除，还可以再次提取.

8. 串口通讯：用串口线连接该仪器和上位机，启动该仪器，打开上位机应用程序界面，就可以方便地通过上位机控制该仪器执行相应的操作. 实验过程中测得的时间数据也可以实时地被上位机监测，以方便提取和计算.

三、注意事项

1. t 的单位为秒，(角)加速度的单位为弧度除以秒的平方. 作其他用途时，需

自行修改;配套仪器为转动惯量仪,角加速度的计算公式为

$$\beta=\frac{2\pi[(k_2-1)\times t_1-(k_1-1)\times t_2]}{(t_1\times t_2\times t_2)-(t_1\times t_1\times t_2)}$$

从加速到减速机器记录的时间是独立的,计算 β 值为负时,是用新的时间原点 t' 和新的计时次数 K',K' 是实际显示值减去最后一个 PASS 点的新值,然后再代入上述公式计算.

2. 摩擦随运动速度有一些变化,所以在 F 为 0164 模式下测量,角加速度值不多,而角减速度值有几十个,而且还是逐渐减少的,如何取舍?建议从开始减速起,取与加速度相同个数的值,再平均.这才与实际情况接近.由此可见,本仪器可以作为研究转轴摩擦的方便工具.

3. 因内存的限制,两次计数脉冲的时间间隔应小于 6 秒,否则将出现计时不准的现象.测量总时间应不大于 5 分钟,超时会显示 HOUE,需要重新启动.

4. 电脑在计算正 β 值和时间较小的负 β 值时,对 t 值多取了一位有效数字(而又未被显现出)以减小计算的误差,而当时间值较大时负 β 值仅平均值相符.

5.10 气体流速测量

在科学技术和工业生产的诸多领域,流速测量是最常见的物理测量,根据测量原理不同有多种流速测量方法,常见的有压差法流速测量、旋浆流速测量、热线流速测量、激光流速测量和涡街流速测量等.压差法测量原理基于机械能守恒原理和流体力学基本方程——伯努利方程测量流速的大小,是管道流速和流量测量中最常见的方法,有孔板、比托管、喷嘴、文丘利管等多种形式;它们技术特性参数不同,可以满足不同场合的使用要求.热线法流速测量原理基于介质流动时与传感器的强迫热交换,常用于测量空间流场流速分布.

本实验采用喷嘴压差法和热线法对实验小型风洞的空气流速进行测量,通过实验学习流速测量原理,掌握使用的流速测量方法,绘制流速测量校正曲线.

[实验目的]

(1) 进行喷嘴法测量空气流速实验,掌握力学功能原理和伯努利方程的实际应用.

(2) 进行热线传感器测量空气流速实验,掌握热传导理论的实际应用.

(3) 通过热线流速仪校正,掌握电子测量仪器校正的一般方法.

[实验原理]

1. 压差法测量管道流速

压差流速仪是目前用量最大的工业测量仪器，压差流速仪利用节流元件形成的压力差测量管道中连续介质流速，在被测管道内安装一较小孔径的节流元件，流束在节流处形成局部收缩，由于管道内各点的流速和压力满足机械能守恒原理和由此导出的伯努利方程，于是在节流件上下游两侧会产生随流速变化的静压力差(或称差压)，通过测量此差压可以计算流体经过节流件时的流速和流量.

伯努利方程表述为：对于由不可压缩、非黏滞性流体流线组成的流管内的点，其压力和单位体积的机械能(动能势能)之和为常数，即对于流管内的任意点，均有下式成立：

$$p+\frac{1}{2}\rho u^2+\rho gh=\text{常数}$$

其中 p 为压力，u 为流速，ρ 为流体密度，h 为相对高度，g 为重力加速度.

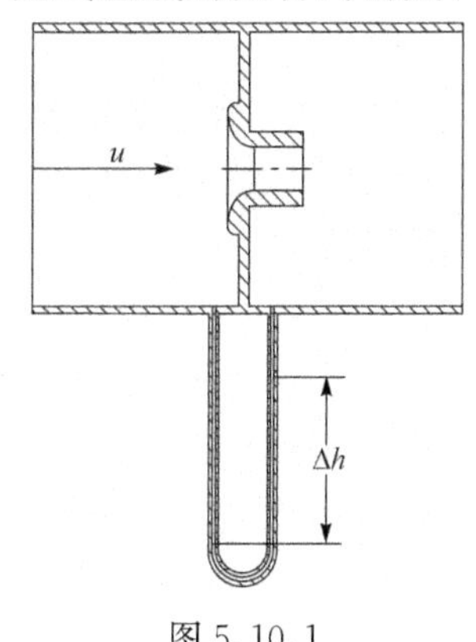

图 5.10.1

喷嘴结构见图 5.10.1. 流线型喷嘴前后的压差由水柱压差计测出，设水柱压差为 Δh，空气流过喷嘴的流速为 u，根据喷嘴两边的压力势能在喷嘴内转换为气体动能(机械能守恒)或伯努利方程均可得知

$$u=k\sqrt{2g\Delta h\rho'/\rho} \tag{5.10.1}$$

其中 k 为修正喷嘴孔口流速不均匀的修正系数，对于本实验所使用的小型实验风洞为 0.935，ρ' 是水的密度，近似取 $\rho'=1.000\text{g/cm}^3$，ρ 为被测流体空气的密度，空气的密度为：$\rho=\frac{273}{273+T}\cdot\rho_0$，其中 T 为环境温度(℃)，ρ_0 为 0℃时的空气密度，取 $\rho_0=1.290\times10^{-3}\text{g/cm}^3$，代入上式化简后有

$$u=1150\sqrt{\frac{273+T}{273}\Delta h} \tag{5.10.2}$$

把室温 T(℃)和压差计读数 Δh(cm)代入(5.10.2)式，即可求出喷嘴处的空气流速.

对于其他的压差流速仪如比托管、孔板和文丘利管，Δh 和 u 仍具有式(5.10.1)的表达形式，但修正系数 k 的数值略有不同.

2. 热交换法测量流场流速分布

热线法采用热线传感器测量流速，热线传感器体积小，响应快，对流场干扰小，

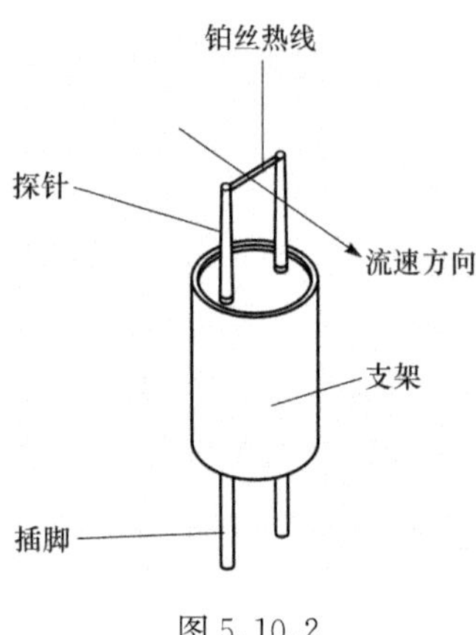

图 5.10.2

可以测量流场中空间点的瞬态流速，例如汽车发动机为取得合适的油气混合比，需要对空气进气量进行测量，采用热线法实现的.

热线传感器结构见图 5.10.2，主要部分是一根极细的金属丝，典型尺寸长约 3mm、直径约 10mm，一般选用钨、铂等稳定性好、电阻温度系数大的金属材料. 用电流加热使它的温度高于周围温度，故称之为“热线”. 流体流动时带走热线的热量，使热线的温度或电流发生变化，从而把流速转变为电信号.

热线也有其他形式，常见的有热膜、热球等. 本实验采用的是铂热传感器，体积为 0.5×5mm，安装在风洞喷嘴的出风口处.

当热线温度恒定时，热线由电加热获得的热量等于热线散失的热量，可列出热平衡方程

$$Q_d = Q + Q_1 + Q_2$$

式中，Q_d 为电流加热产生的热量，Q 为由于周围流体强迫对流散失的热量，Q_1 为由于热线支架热传导散失的热量，Q_2 为热线向周围空间热辐射散失的热量.

实验中传感器的构造设计使 Q_1 和 Q_2 忽略不计，可以认为热线的换热基本只有强迫对流换热. 热平衡方程可简化为

$$Q_d = Q$$

强迫对流散失的热量 Q 与流体强迫掠过热线的换热系数 K 、热线表面积 S、热线温度 T_w 和流体温度 T_f 关系为

$$Q = KS(T_w - T_f) \tag{5.10.3}$$

换热系数 K 与热线几何形状、流体流速 u、流体导热系数 λ、流体黏滞系数 γ、流体热扩散率 α 有关.

以长直细圆柱体热线为边界条件，求解三维流场中的热交换微分方程组可获得(5.10.3)的具体形式，该公式由 King 氏(L. V. King，1914)给出，故称金氏公式

$$Q = [A_2(\lambda,\gamma,\alpha,l) + B_2(\lambda,\gamma,\alpha,l,d)]u^{1/m}(T_w - T_f) \tag{5.10.4}$$

其中，A_2 和 B_2 是λ、γ 、α 、热线几何尺寸 d、l 的函数，与 u 无关，因此在传感器和被测流体确定后，对于变量 u，A_2 和 B_2 为常数

$$Q = (A_2 + B_2 u^{1/m})(T_w - T_f) \tag{5.10.5}$$

流经热线的电流 I 在热线上产生的热量 Q_d 为

$$Q_d = 0.24V_B^2/R \tag{5.10.6}$$

其中 V_B 是电桥电压，R 是热线电阻，因为 Q=Q_d 两者相等，有

$$V_B^2 = (A + Bu^{1/m})(T_w - T_f) \tag{5.10.7}$$

写成 u 的显函数以方便应用，有

$$u=\left(a\frac{V_B^2}{T_w-T_f}-b\right)^m \tag{5.10.8}$$

(5.10.7)、(5.10.8)式给出传感器端电压 V_B 与流速 u 之间的关系，是非线性关系，见图 5.10.3. 上述结论同样适用于其他形状的传感器.(5.10.8)式中 a,b 和 m 可由实验获得，m 取值在 2 附近，本实验所用热线传感器 m 值为 2.2.

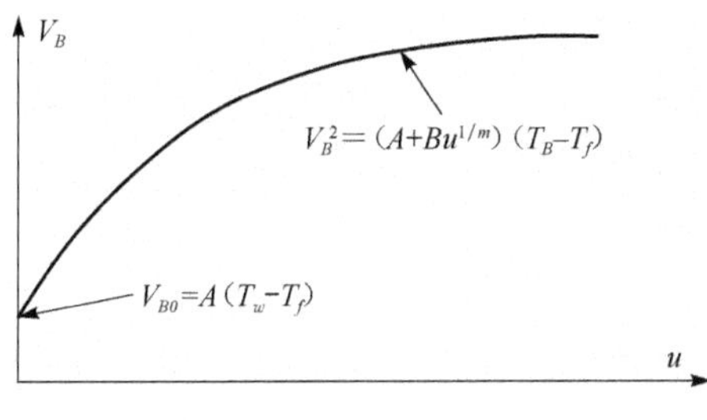

图 5.10.3

为了验证流速仪的传感器端电压 V_B 与流速 u 之间的关系是否符合(5.10.8)式，我们可以把 V_B 与 u 之间的函数关系改写成

$$u^{\frac{1}{2.2}}=a\frac{V_B^2}{T_w-T_f}-b \tag{5.10.9}$$

$$V_B^2=\frac{T_w-T_f}{a}u^{\frac{1}{2.2}}+\frac{T_w-T_f}{a}b \tag{5.10.10}$$

在温度 T_w 和 T_f 确定的情况下$\frac{T_w-T_f}{a}$和$\frac{T_w-T_f}{a}b$ 为常数，V_B^2 与 $u^{\frac{1}{2.2}}$之间为线性关系，可以通过作图法验证 V_B^2与 $u^{\frac{1}{2.2}}$的关系是否满足线性关系，如果 V_B^2-$u^{\frac{1}{2.2}}$图线是直线，也就验证了(5.10.8)式的正确性，间接验证了导出(5.10.8)式的理论是正确的. 通过图解法还可以求出斜率$\frac{T_w-T_f}{a}$和截距$\frac{T_w-T_f}{a}b$，进一步求出 a 和 b，代入(5.10.8)式获得 u 和 V_B 的具体表达式.

也可以利用最小二乘法对 V_B^2 和 $u^{\frac{1}{2.2}}$的一组数据进行直线拟合，在计算出这两个量之间的相关系数 $r\approx1$(表示满足线性关系)的基础上，直接利用公式计算出直线的截距和斜率. 相关系数越是接近 1，表示线性程度越好. 本实验使用的热线流速仪，V_B^2和 $u^{\frac{1}{2.2}}$的相关系数可达 0.999 以上.

热线流速仪主机由非平衡测量电桥、信号调理、A/D 转换、单片机、显示器、电源组成，结构框图见图 5.10.4. 主机不仅提供热线传感器正确的工作点，而且完成线性化校正，其原理概述如下：

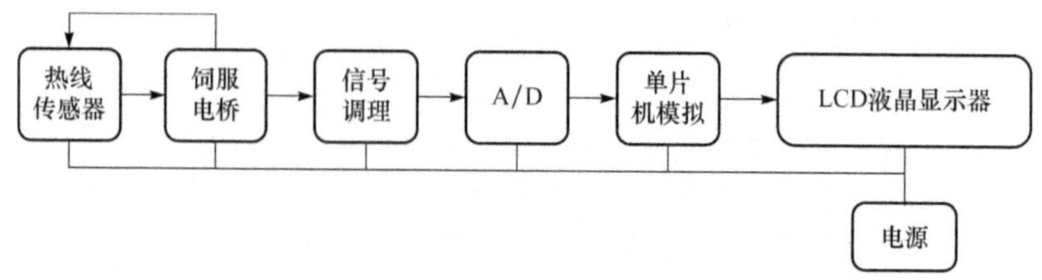

图 5.10.4

非平衡测量电桥根据 R 的变化自动调整热线传感器电流，补偿由风速变化带走的热量，使热线传感器处于恒温状态，这时电桥输出信号 V_B 与流速 u 满足(5.10.8)式规律，V_B 经过信号调理和 A/D 转换，送入单片机进行处理，输出与流速成线性关系的信号 V_{Line}.

由于 a,b 参数与传感器状态、被测流体性质有关，当传感器状态或被测流体发生变化时热线流速仪需要通过校正重新确定公式中的 a、b 的值，常用的校正方法是把热线传感器置于风洞的已知流速的流体中，调整仪器参数使流速仪输出与已知风速一一对应，由于主机中的单片机已经进行线性化处理，V_{Line}与 u 的关系是线性的，因此只要简单进行两点校正即可，具体做法是调整流速仪上的调零旋钮使流速 V_{Line}为零时，调整满度旋钮使流速最大时 V_{Line}与流速值相等即可，经校正后的热线流速仪可以直接从仪器上读出现场的流速测量值.

[实验仪器]

流速测量实验装置如图 5.10.5 所示，由实验风洞、水柱压差计、热线流速仪主机构成，实验风洞由吸气风机、透明缓冲筒、喷嘴、进气口组成，风洞上有一风速旋

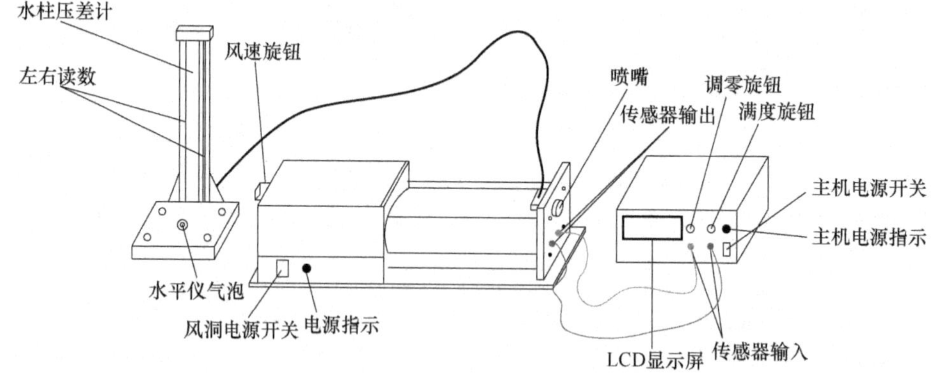

图 5.10.5

钮用以调整风洞内空气流速大小，喷嘴前后的压力差 Δh 可由水柱压差计左右两个水柱读数差求出，代入(5.10.2)式可求出风洞喷嘴的风速值. 热线传感器装在喷嘴后方的支架上，实验风洞上的传感器插座与主机上的传感器输入插座相连(不分正负). 主机上有调零旋钮和满度旋钮，调零旋钮用于使风洞流速为零时流速仪 V_{Line}为零，满度旋钮用于使流速为测量最大值时 V_{Line}与其对应. 主机上有一 LCD 液晶显示器，显示器第一行显示电桥电压 V_B，V_B 与风速 u 满足(5.10.7)式和式(5.10.8)关系，第二行显示经过单片机处理的线性输出 V_{Line}，V_{Line}与 u 为线性关系，数值上可以通过标定取得相等.

[实验步骤]

1. 实验前熟悉试验风洞和流速仪主机，观察喷嘴及传感器构造.

2. 把风速旋钮逆时针旋转到底($U=0$)，按图(5.10.5)所示连接好仪器(注意导线的极性).

3. 调整水柱压差计的底脚使水平气泡居中(保证压差计垂直).

4. 打开主机电源，风洞电源，仪器开始工作. LED 的第一行显示电桥输出电压(V_B)，第二行显示风速 U_{Line}. 缓慢调整风速旋钮(顺时针)，可以听到风机噪声加大，压差计水柱差变大，V_B 随 U 的增大而增大. 如此反复 1～2 次即可做实验.(做实验时最大压差不宜超过 21cm).

5. 调整风速旋钮使风速为 0，用随机附带的风罩盖住喷嘴. 调整主机调零旋钮使 $V_{\mathrm{Lline}}=0$ 并记下电桥输出电压 V_B.

6. 测量室温 T，根据(5.10.2)式计算出 $\Delta h=20.00\mathrm{cm}$ 风速 $u_{20.00\mathrm{cm}}$，去掉风罩，调整风速使 $\Delta h=20.00\mathrm{cm}$. 调整满度旋钮使 $V_{\mathrm{Line}}=u_{20.00\mathrm{cm}}$重复 5，6 两步骤二到三遍.

7. 完成以上步骤后记下水柱左右读数，$h_{左}$，$h_{右}$. 由小到大顺时针调整风速旋钮逐渐改变风速. 根据表一要求记下不同水柱差下的风速，电桥输出的读数记入下表.

[实验数据处理]

实验风洞编号:________热线流速仪主机编号:________

室内温度:$T_f=$________℃；　$h_{左}=$________ cm；　$h_{右}=$________ cm；

$\Delta h=20.00\mathrm{cm}$ 时的风速值 $u_{20.00}=$________ cm/s.

热线温度 $T_w=$200.0℃____，流体温度(环境温度)$T_f=$________

编号	Δh (cm)	u (cm/s)	$u^{\frac{1}{2.2}}$	V_B(V)				V_B^2 (V^2)	V_{Line}(cm/s)			
				(1)	(2)	(3)	平均		(1)	(2)	(3)	平均
0	0.00											
1	2.00											
2	4.00											
3	6.00											
4	8.00											
5	10.00											
6	12.00											
7	14.00											
8	16.00											
9	18.00											
10	20.00											

1. 用毫米方格纸，选取适当坐标，分别绘出 u-Δh；u-V_B；u-V_{Line}三张曲线图，观察 u-Δh、u-V_B 变化规律，观察 u-V_{Line}线性化程度.

2. 用毫米方格纸，选取适当坐标，绘制 V_B^2-$u^{\frac{1}{2.2}}$ 图线；用图解法求出斜率$=\dfrac{T_w-T_f}{a}$和截距$=\dfrac{T_w-T_f}{a}b$；代入热线温度 T_w 和流体温度 T_f 的数据解出参数 a 及 b；按照(5.10.8)式写出 u 和 V_B 之间函数关系的解析式.

3. 利用公式计算 V_B^2 与 $u^{\frac{1}{2.2}}$ 这两个量之间的相关系数 r，对线性相关程度作出判断.

[注意事项]

(1) 由于采用单片机技术，可能出现程序故障现象，此时关机后过 3 秒再重启即可。

(2) 由于热线流速仪低风速时灵敏度很高，因此调零时(风速为零)，一定要罩上风罩，防止自然风在喷嘴处流动造成的 V_B 误差；而压差计低风速时灵敏度较低，Δh 较小时读数要注意避免水柱读数视觉误差.

(3) 测量时注意取下风罩.

(4) 由于风速较高时喷嘴内存在一定的紊流干扰导致压差计水柱不稳，V_{Line}跳动，读数时取平均值即可.

[思考题]

(1) 简述压差流速仪和热线流速仪工作原理.

(2) 为什么热线流速仪使用前要进行校正? 简述校正过程,什么情况下不用进行校正?

(3) 当 T_W 增加(热线温度上升),流速为零时,电桥电压是增大还是减少? 为什么?

(4)试论述 T_W 对测量风速的影响?

5.11　声速测量

声波是一种在弹性介质中传播的机械波,它在不同介质中传播的速度是不同的.频率高于 20kHz 的声波叫超声波,超声波具有方向性好、穿透本领大等特点.声速的测量,在定位、探伤、显示和测距等应用中具有十分重要的意义.本实验主要测量超声波在空气中传播速度.

[实验目的]

(1) 学习用驻波共振法和行波相位比较法测量超声波在空气中传播速度.

(2) 加深对相位概念和振动合成理论的理解.

(3) 熟悉示波器和信号发生器的使用方法.

[实验原理]

声速、声源振动频率和波长之间的关系为

$$v=\nu\lambda \tag{5.11.1}$$

式中,v 为声速;ν 为频率;λ 为波长.频率 ν 就是低频信号发生器输出频率,声波波长用驻波共振法、行波相位比较法测量.

1. 驻波共振法

实验装置如图 5.11.1,S_1 和 S_2 为压电换能器,S_1 与低频信号发生器相连,利用压电效应,将来自信号发生器的电压信号转变为机械振动信号,超声波从 S_1 端平面发出(可近似作为平面波),它经空气传播到达接收器 S_2,S_2 在接收超声波的同时,向右反射部分声波,入射波和反射波的波动方程为

$$y_1 = A\cos 2\pi\left(\nu t - \frac{x}{\lambda}\right) \tag{5.11.2}$$

$$y_2 = A\cos 2\pi\left(\nu t + \frac{x}{\lambda}\right) \tag{5.11.3}$$

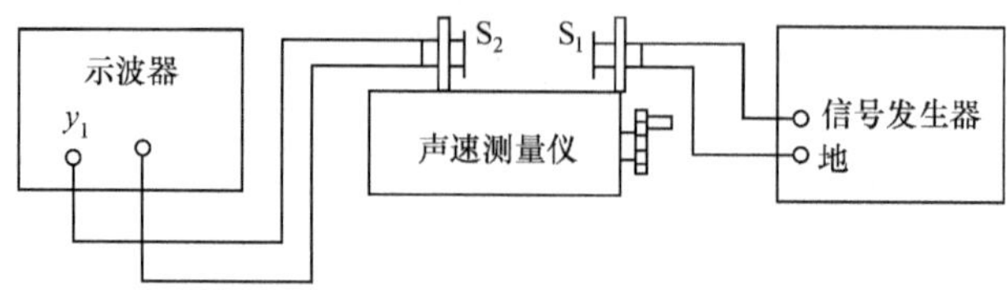

图 5.11.1

叠加后的驻波方程为

$$y = \left(2A\cos 2\pi\frac{x}{\lambda}\right)\cos 2\pi\nu t \tag{5.11.4}$$

当$\left|\cos 2\pi\frac{x}{\lambda}\right| = 1$或$2\pi\frac{x}{\lambda} = k\pi$时，在$x = k\frac{\lambda}{2}(k = 1, 2, \cdots)$位置上振幅最大，称波腹，两相邻波腹间距离为$\frac{\lambda}{2}$.

入射波与反射波干涉后形成驻波，驻波场可看成是一振动系统，当信号发生器的输出频率等于驻波系统的固有频率时发生共振，声波波腹处的振幅达到相对最大值，共振时 S_1、S_2 端平面间的距离 L 恰好等于该超声波半波长的整数倍，即

$$L = n\frac{\lambda}{2} \tag{5.11.5}$$

此时，示波器上显示的电信号的幅度也出现极大值，在移动 S_2 过程中，示波器显示相邻两次出现的极大值之间的距离就等于$\frac{\lambda}{2}$.

2. 行波相位比较法

实验装置如图 5.11.2，声源 S_1 处与接收器 S_2 处声波之间相位差为

$$\Delta\varphi = \varphi_2 - \varphi_1 = 2\pi\frac{x}{\lambda} \tag{5.11.6}$$

所以，输入到示波器 y 轴和 x 轴的电信号的相差为 $\Delta\varphi = 2\pi\frac{x}{\lambda}$，而频率相同.

设输入到示波器 y 轴和 x 轴信号的振动方程分别为

$$y = A_1\cos(\omega t + \varphi_1) \tag{5.11.7}$$

$$x = A_2\cos(\omega t + \varphi_2) \tag{5.11.8}$$

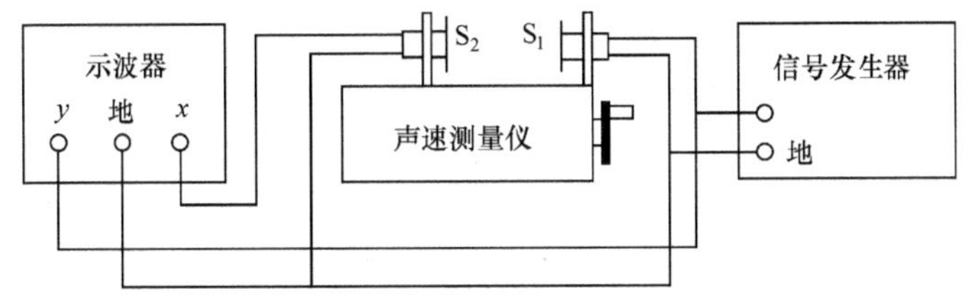

图 5.11.2

合成后为

$$\left(\frac{x}{A_2}\right)^2+\left(\frac{y}{A_1}\right)^2-\frac{2xy}{A_1A_2}\cos(\varphi_2-\varphi_1)=\sin^2(\varphi_2-\varphi_1) \tag{5.11.9}$$

方程(5.11.9)为椭圆方程，椭圆的长短轴大小和方向由相位差 $\varphi_2-\varphi_1$ 决定. 不同相位差时几种特定的李萨如图形如图 5.11.3 所示.

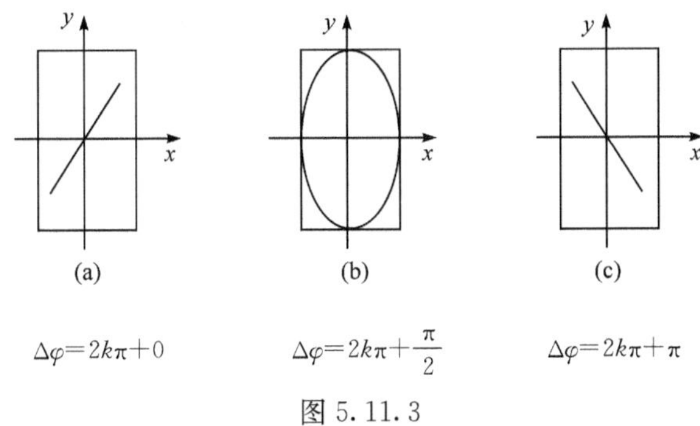

$\Delta\varphi=2k\pi+0$　　$\Delta\varphi=2k\pi+\frac{\pi}{2}$　　$\Delta\varphi=2k\pi+\pi$

图 5.11.3

由式(5.11.6)可知，当波长一定时，相位差 $\Delta\varphi$ 由 S_1、S_2 之间距离 x 决定.

若 S_2 在远离 S_1 的方向移动时，$\Delta\varphi$ 随之变化，李萨如图形随之由图 5.11.3 中(a)→(b)→(c)→(a)周期性变化，从图形(a)→(c)(或(c)→(a))，相位差改变了 π，S_2 移动距离为半波长 $x_{i+1}-x_i=\frac{\lambda}{2}$.

[实验仪器]

SW-1 声速测量仪、SS5702 通用示波器和低频信号发生器.

[实验内容]

1. 用驻波共振法测量声速

(1) 按图 5.11.1 接好电路.

(2) S_1 接信号发生器电压输出端，频段在 20～200kHz 挡，输出旋钮反时针调至最小，接通电源预热半分钟，顺时针方向调大输出电压至 1～2V，频率调至 40kHz 左右.

(3) 接通示波器电源，扫描速度调至 10μs/格左右，垂直偏转因数调至 10mV/格左右，其他按键、旋钮置于合适位置(参考示波器使用说明书).

(4) 将 S_2 移近 S_1(3mm)，然后再缓慢离开 S_1，同时缓慢地调节信号发生器调谐旋钮，使示波器上出现振幅极大值，记下此时频率 ν 及 S_1、S_2 间距离 x_1，此频率与驻波系统固有频率相同时，发生共振.

(5) 继续移动 S_2，依次记下各振幅极大时的 $x_2, x_3, \cdots$.

2. 行波相位比较法测量声速

(1) 按图 5.11.2 接好电路.

(2) 示波器扫描旋钮旋至 y-x 外接，垂直因数旋至 0.2V/格左右，“触发源”开关置于 ExT 位置.

(3) 在共振频率下，使 S_2 靠近 S_1，再缓慢远离 S_1，当示波器出现图 5.11.3 中(a)或(c)图线时，适当调节信号发生器输出电压和示波器垂直因数，使斜线接近 45°，记下 S_2 的位置 x_1.

(4) 继续移动 S_2，示波器上李萨如图形由(a)→(b)→(c)→(a)周期变化，依次记下出现(a)、(c)图线时 S_2 的位置 x_2、x_3、⋯(7 次左右).

3. 双曲线相位比较法

(1) 按图 5.11.4 接好电路，示波器上的旋钮→交替，极性→拉出，内触发→拉出，t/div，v/div 可调，在示波器显示屏的坐标系中；直接观察发生器 S_1 与接收器 S_2 发出的两列波的波形.

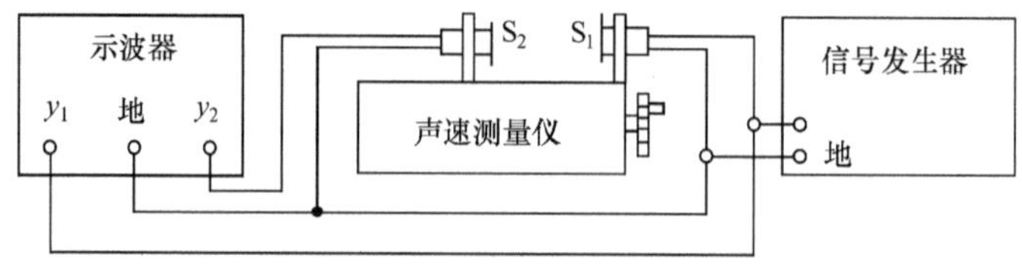

图 5.11.4

(2) 在共振频率 ν 下，使接收器 S_2 靠近发生器 S_1，再缓慢地远离 S_1，在远离的过程中观察两列波形的相同点，记下该点的位置 x_1.

(3) 依次移动 S_2，记下波形相同点处的 $x_2, x_3, \cdots$.

[数据处理]

(1) 自拟表格记录测量数据.

(2) 用逐差法处理数据，分别计算出驻波共振法和相位比较法的波长 λ 和 λ'，用式(5.11.1)计算声速 v 和 v'.

(3) 记录实验室温度 t，按理论公式

$$v_s = v_0\sqrt{\frac{T}{T_0}} \approx 331.45\sqrt{1+\frac{t}{273}}$$

计算出声速理论值.

(4) 分别用 v 和 v_s，v' 和 v_s 求相对误差，并加以分析.

[思考题]

(1) 在本实验中驻波是怎样形成的?

(2) 用逐差法处理数据的优点是什么?

(3) 实验前怎样调整系统的谐振频率?

5.12　玻尔共振仪使用与相差测量

受迫振动所导致的共振现象，在许多领域中，既有实用价值，也有破坏作用，是工程技术人员必须面对的. 本实验采用玻尔共振仪，定量测定机械受迫振动的振幅-频率特性和相位-频率特性(简称幅频特性和相频特性)，并利用频闪方法来测定动态物理量——相位差.

[实验目的]

(1) 研究玻尔共振仪中弹性摆轮受迫振动的幅频特性和相频特性.

(2) 研究不同阻尼力矩对受迫振动的影响，观察共振现象.

(3) 学习用频闪法测定运动物体的物理量.

[实验原理]

物体在周期性外力持续作用下发生的振动称为受迫振动，这种周期性外力称为强迫力. 如果外力是按简谐规律变化，那么稳定状态时的受迫振动也是简谐振

动，此时，振幅保持恒定，振幅大小与强迫力的频率和原振动系统的固有振动频率以及阻尼系数有关. 在受迫振动状态下，系统除受到强迫力作用外，同时还受到回复力和阻尼力的作用. 所以在稳定状态时，物体的位移、振动速度与强迫力不是同相位的，存在相位差. 当强迫力频率与系统固有频率相同时产生共振，此时振幅最大，相位差为 90°.

实验采用摆轮在弹性力矩作用下自由摆动，在电磁阻尼力矩和强迫力矩作用下做受迫振动来研究受迫振动特性，可直观显示机械振动中的一些物理现象.

玻尔共振仪的外形结构如图 5.12.3 所示. 当摆轮受到周期性强迫外力矩 $M=M_0\cos\omega t$ 的作用，并在有空气阻尼和电磁阻尼的介质中运动时$\left(\text{阻尼力矩为} -b\dfrac{\mathrm{d}\theta}{\mathrm{d}t}\right)$其运动方程为

$$J\frac{\mathrm{d}^2\theta}{\mathrm{d}t^2}=-k\theta-b\frac{\mathrm{d}\theta}{\mathrm{d}t}+M_0\cos\omega t \tag{5.12.1}$$

式中，J 为摆轮的转动惯量；$-k\theta$ 为弹性力矩；M_0 为强迫力矩的幅值；ω 为强迫力矩角频率.

令

$$\omega_0^2=\frac{k}{J},\quad 2\beta=\frac{b}{J},\quad m=\frac{M_0}{J}$$

则式(5.12.1)变为

$$\frac{\mathrm{d}^2\theta}{\mathrm{d}t^2}+2\beta\frac{\mathrm{d}\theta}{\mathrm{d}t}+\omega_0^2\theta=m\cos\omega t \tag{5.12.2}$$

当 $m\cos\omega t=0$ 时，式(5.12.2)即为阻尼振动方程，若同时还有 $\beta=0$，即无阻尼时，式(5.12.2)变为简谐振动方程. ω_0 即为系统的固有角频率.

方程(5.12.2)的通解为

$$\theta=\theta_1\mathrm{e}^{-\beta t}\cos(\omega_f t+\alpha)+\theta_2\cos(\omega t+\varphi) \tag{5.12.3}$$

由式(5.12.3)可知，受迫振动分为两部分.

第一部分：$\theta_1\mathrm{e}^{-\beta t}\cos(\omega_f t+\alpha)$表示阻尼振动，经过一定时间后衰减消失.

第二部分：$\theta_2\cos(\omega t+\varphi)$说明强迫力矩对摆轮做功，向振动体传送能量，最后达到稳定的振动状态，其振幅为

$$\theta_2=\frac{m}{\sqrt{(\omega_0^2-\omega^2)^2+4\beta^2\omega^2}} \tag{5.12.4}$$

它与强迫力矩之间的相位差 φ 为

$$\varphi=\arctan\frac{-2\beta\omega}{\omega_0^2-\omega^2}=\arctan\frac{-\beta T_0{}^2T}{\pi(T^2-T_0{}^2)} \tag{5.12.5}$$

式中，$\omega_0=\dfrac{2\pi}{T_0}$；$\omega=\dfrac{2\pi}{T}$.

由于阻尼力矩的作用，摆轮的相位总是滞后强迫力矩的相位，即 φ 应是负值，而反正切函数取值范围在 ±90°之间，因此当由式(5.12.5)计算出的 φ 值为正时，应减去 180°后换算为负值.

由式(5.12.4)、式(5.12.5)可看出，角振幅 θ_2 与相位差 φ 的数值取决于强迫力矩 m、角频率 ω、系统的固有角频率 ω_0 和阻尼系数 β 四个因素，而与振动起始状态无关.

由 $\dfrac{\partial}{\partial\omega}[(\omega_0^2-\omega^2)^2+4\beta^2\omega^2]=0$ 的极值条件可得出，当强迫力的角频率 $\omega=\sqrt{\omega_0^2-2\beta^2}$ 时，产生共振，θ 有极大值. 若共振时角频率和角振幅分别用 ω_r、θ_r 表示，则

$$\omega_r=\sqrt{\omega_0^2-2\beta^2} \tag{5.12.6}$$

$$\theta_r=\frac{m}{2\beta\sqrt{\omega_0^2-\beta^2}} \tag{5.12.7}$$

$$\varphi_r=\arctan\frac{-\sqrt{\omega_0^2-2\beta^2}}{\beta}\approx-90° \tag{5.12.8}$$

式(5.12.6)、式(5.12.7)表明，阻尼系数 β 越小，共振时角频率越接近于系统固有角频率，角振幅 θ_r 也越大. 图 5.12.1 和图 5.12.2 表示出在不同 β 时受迫振动的幅频特性和相频特性.

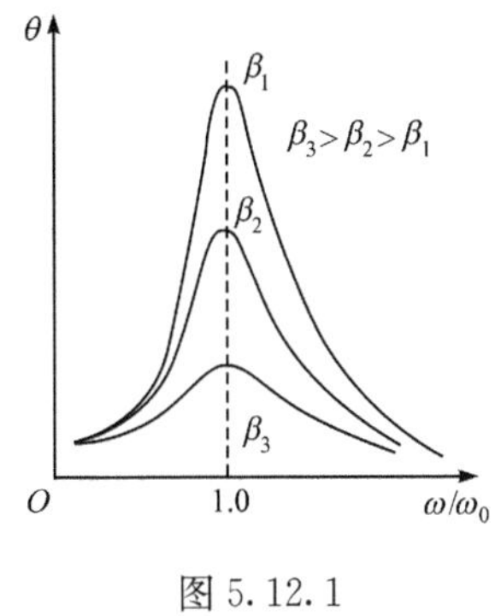

图 5.12.1

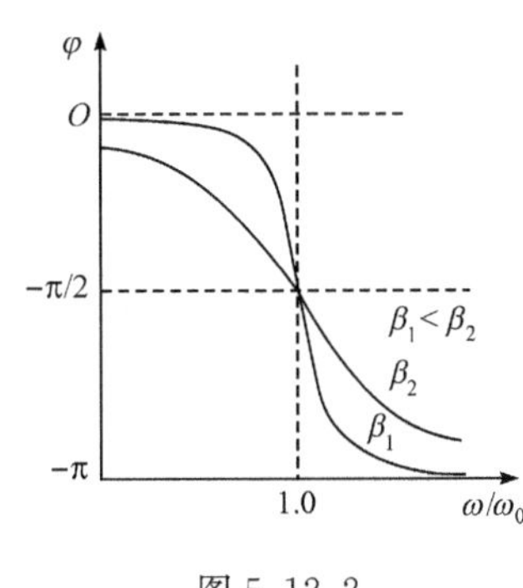

图 5.12.2

［实验仪器］

玻尔共振仪由振动仪与电器控制箱两部分组成. 振动仪部分如图 5.12.3 所示. 由铜质圆形摆轮 A 安装在机架上，弹簧 B 的一端与摆轮 A 的轴相连，另一端可

固定在机架支柱上，在弹簧弹性力作用下摆轮可绕轴自由往复摆动. 在摆轮的外围有一圈槽型缺口，其中一个长形凹槽 C 比其他凹槽 D 长出许多. 在机架上对准长型缺口处有一个双光电门 H，它与电器控制箱相连接，用来测量摆轮的角振幅(角度值 θ)和摆动周期. 在机架下方有一对带有铁芯的线圈 K，摆轮 A 恰巧嵌在铁芯的空隙. 利用电磁感应原理，当线圈中通过直流电流时，摆轮受到一个电磁阻尼力矩的作用，改变电流的数值即可使阻尼大小相应变化. 为使摆轮 A 做受迫振动，在电动机轴上装有偏心轮，通过连杆机构 E 带动摆轮 A，在电动机轴上装有带刻线的有机玻璃转盘 F，它随电机一起转动. 由它可以从角度读数盘 G 读出相位差 φ. 调节控制箱上的强迫力周期旋钮，可以精确改变加于电机上的电压，使电机的转速在实验范围(30～45r/min)内连续可调，由于电路中采用特殊稳速装置，电动机采用惯性很小的带有测速发电机的特种电机，所有转速极为稳定. 电机玻璃转盘 F 上装有两个挡光片. 在角度读数盘 G 中央上方 90°处装有光电门(强迫力矩信号)，并与控制箱相连，以测量强迫力矩周期.

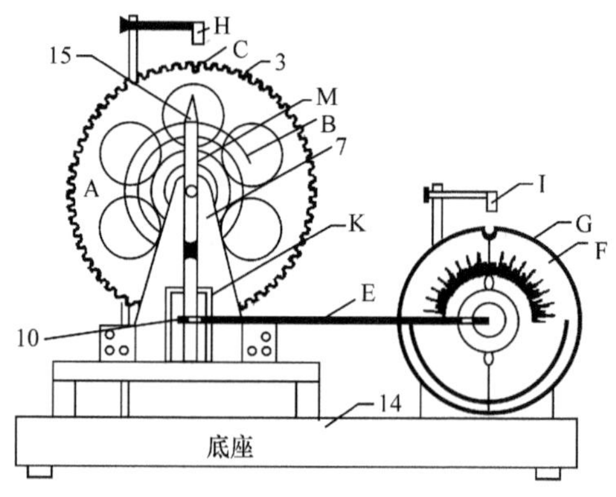

图 5.12.3

1. 双光电门 H；2. 长凹槽 C；3. 短凹槽 D；4. 摆轮 A；5. 摇杆 M；6. 蜗卷弹簧 B；7. 支承架；8. 阻尼线圈 K；9. 连杆 E；10. 摇杆调节螺丝；11. 光电门 I；12. 角度盘 G；13. 转盘 F；14. 底座；15. 夹持螺钉 L

受迫振动时摆轮与外力矩的相位差利用小型闪光灯来测量. 闪光灯受摆轮信号光电门 H 控制，每当摆轮上长型凹槽 C 通过平衡位置时，光电门 H 产生的脉冲信号，引起闪光指针 F 反光形成亮线. 闪光灯放置位置如图 5.12.3 所示. 在稳定情况下，由于过程是周期性，在闪光灯照射下可以看到有机玻璃指针 F 好像一直“停止在”角度盘某一刻度处，这一现象称为频闪现象，此数值可方便地直接读出，误差不大于 2°.

摆轮的角振幅是利用双光电门 H 测出半个振动周期中摆轮 A 外圈上经过双光电门 H 凹型缺口个数，由数显装置直接显示出此值，精度为 2°.

玻尔共振仪电气控制箱的前面板和后面板分别如图 5.12.4 和图 5.12.5 所示.

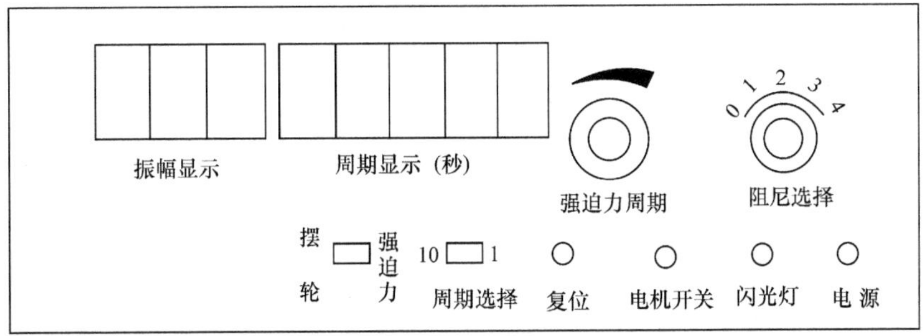

图 5.12.4

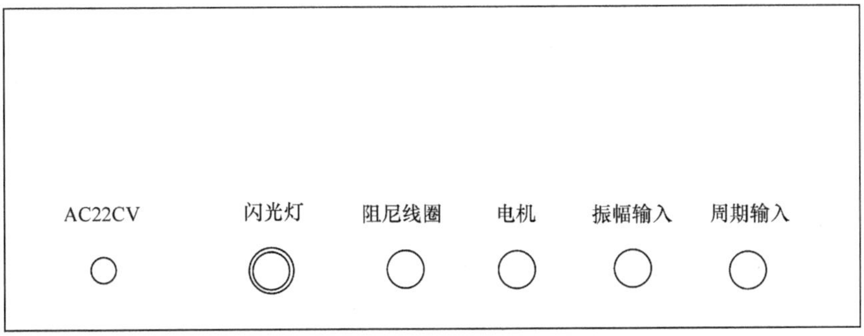

AC22CV　闪光灯　阻尼线圈　电机　振幅输入　周期输入

图 5.12.5

图 5.12.4 面板,左面三位数字显示摆轮 A 的角振幅. 右面 5 位数字显示时间,计时精度 10^{-3}s. 利用面板上"摆轮,强迫力"和"周期选择"开关,可分别测量摆轮强迫力矩(即电动机)的单次和 10 次周期所需时间. 复位按钮仅在 10 个周期时起作用,测单次周期时会自动复位.

强迫力周期旋钮是带有刻度的十圈电位器,调节此旋钮时可以精确改变电机转速,即改变强迫力周期. 旋钮的刻度表示强迫力矩周期值在多圈电位器上的相应位置.

阻尼电流选择开关,可以改变通过阻尼线圈内直流电流的大小,达到改变摆轮系统的阻尼系数. 选择开关分 6 挡,"0"处阻尼电流为零,"1"处最小约为 0.3A 左右,"5"处阻尼电流最大,约为 0.6A,阻尼电流采用 15V 稳压装置提供,实验时选用位置根据情况而定(通常为"1"、"2",切不可放在"0"处),振幅不大于 150°.

闪光灯开关用来控制闪光与否,当揿下按钮时,摆轮长缺口通过平衡位置时便产生闪光,由于频闪现象,可从相位差读数盘上看到刻度线似乎静止不动的读数(实际上有机玻璃 F 上刻度线一直在匀速转动),从而读出相位差数值,为使闪光灯管不易损坏,采用按钮开关,仅在测量相位差时才揿下按钮.

电机开关用来控制电机是否转动,在测定阻尼系数和摆轮固有角频率 ω_0 与振幅关系时，必须将电机关断.

如图 5.12.5 所示，电气控制箱与闪光灯和玻尔共振仪之间通过各种专用电缆相连接.

[实验内容]

打开电气控制箱电源，预热 10～15min.

1. 测定角振幅与固有周期 T_0 关系

在弹簧弹性力矩单独作用下，摆轮的振动为自由振动. 由于制造工艺和材料性能的影响，弹簧的弹性系数 K 不是常数，而是随着摆轮角振幅的改变而产生微小的变化，因而造成在不同角振幅时系统的固有频率有变化.

(1) 将“摆轮，强迫力”开关拨向“摆轮”位置，“周期选择”拨向“1”，“阻尼选择”置于“0”挡，指针 F 停在 0°处.

(2) 用手指将摆轮 A 扳至 150°左右，松手后，连续记录角振幅与固有周期，填入表 5.12.1.

此项实验内容最好两人配合，一人记录角振幅(同时读数)，另一人记录对应周期(只记录最后两位，前两位不会变化). 例如，记录时出现跳跃现象，如 1.516→1.516→1.515→1.516，中间 1.516 可略去. 测量范围根据实验具体情况而定(一般振幅记录 40°～130°).

2. 测定阻尼系数 β

(1) 将“阻尼选择”开关置于“1”或“2”挡(具体看参考表位置)，“摆轮，强迫力”开关拨向“摆轮”处，“周期选择”拨向“10”处，指针 F 放在“0°”位置.

(2) 用手指将摆轮 A 扳至 150°左右，按一下“复位”钮，松手后，连续记录 10 次摆轮振幅 $\theta_1, \theta_2, \cdots, \theta_{10}$，填入表 5.12.2，同时记录对应 10 次振动的平均周期 $\overline{T}$.

(3) 利用公式

$$\ln \frac{\theta_i}{\theta_{i+n}} = n\beta T \tag{5.12.9}$$

求出阻尼系数 β，式中 $n=5$，T 为阻尼振动的平均周期，$\ln \dfrac{\theta_i}{\theta_{i+n}}$ 为平均值.

此项内容重复(1)、(2)、(3)步骤做 3 次，求出 β 平均值.

3. 研究受迫振动的幅频特性和相频特性

(1) 将“摆轮，强迫力”开关拨向“强迫力”位置，“周期选择”开关拨向“10”，“阻尼选择”开关保持在“1”(或“2”)挡位不变,打开“电机开关”.

(2) 将“强迫力周期”旋钮调至强迫力周期参考表,待“振幅显示”稳定后(约1min),按一下“复位”钮,打开闪光灯开关,在“角度盘 G”上读取相位差 φ,在“振幅显示”和“周期显示”上读取角振幅 θ 和周期 T(10 次振动的平均周期),记入表5.12.3 中.

(3) 改变强迫力周期刻度盘值,按上面步骤 2 测出相差 φ、振幅 θ、周期 T. 共10 组. 记入表 5.12.3 中.

如果测量的振幅的峰值不在表 5.12.3 的中间位置,可适当增加测量几组数据. 在共振点附近,由于曲线变化较大,因此测量数据要相对密集些.

(4) 利用表 5.12.3 中测量数据,画出幅频特性和相频特性曲线.

[数据处理]

1. 振幅与固有周期关系

表 5.12.1

$\theta/(^\circ)$																
T_0/s																

2. 阻尼系数 β 计算

利用式(5.12.9)对所测数据按逐差法处理.

表 5.12.2

阻尼选择:________挡,10 周期:________秒

振幅 $\theta/(^\circ)$		振幅 $\theta/(^\circ)$		$\ln\dfrac{\theta_i}{\theta_{i+5}}$
θ_1		θ_6		
θ_2		θ_7		
θ_3		θ_8		
θ_4		θ_9		
θ_5		θ_{10}		
平均值				
$\beta=\dfrac{1}{5\times T}\ln\dfrac{\theta_i}{\theta_{i+5}}$				

3. 幅频特性和相频特性

利用测量数据,画出幅频特性和相频特性曲线.

表 5.12.3

强迫力周期刻度盘值	振动周期 $10T/\mathrm{s}$	振幅 $\theta/(^\circ)$	对应固有周期 T_0	相差($-\varphi$)测量值	$\frac{\omega}{\omega_0}=\frac{T_0}{T}$

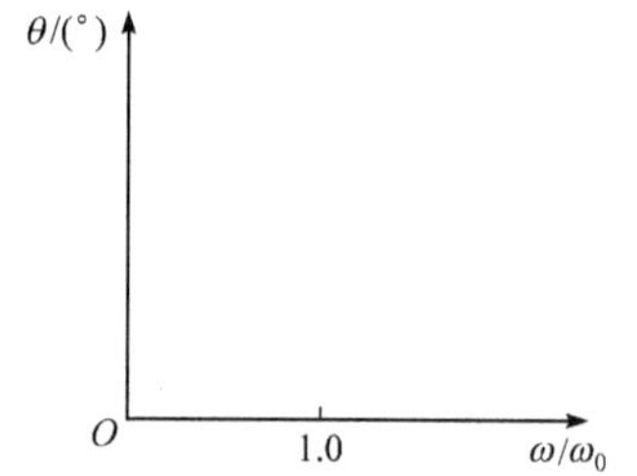

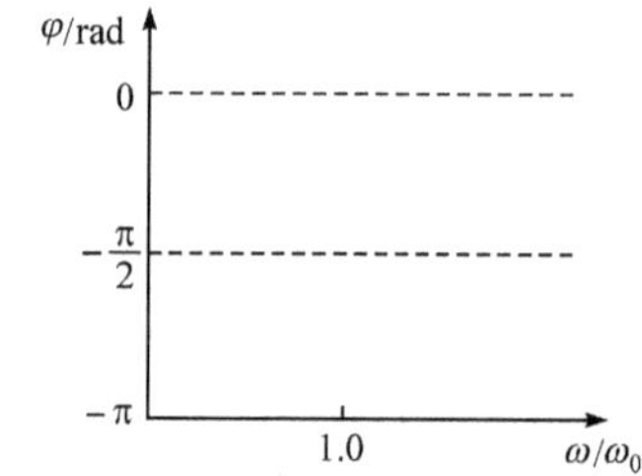

[思考题]

(1) 受迫振动时,角振幅与强迫力角频率有何关系?共振时角频率是否等于系统固有角频率,为什么?

(2) 相位差 φ 与哪些因素有关?

(3) 摆轮 A 的振幅(角度值)和周期是如何测定的?

(4) 受迫振动实验时,阻尼选择一般不能置于"0"位,为什么?

5.13　准稳态法测量导热系数和比热

材料的导热系数是工程传热计算中的一个重要数据,各种材料的导热系数都是用实验的手段获得的.以往测量导热系数和比热大都用稳态法,使用稳态法要求温度和热流量均要稳定,因而导致重复性、稳定性、一致性较差,测量误差大.为了克服稳态法测量误差大的问题,可以引进一种近似稳态法的测量方法——准稳态法,该方法只要求温差恒定和温升速率恒定,而不必通过长时间的加热达到稳态.

[实验目的]

(1) 了解热电偶传感器的工作原理.

(2) 了解准稳态法测量导热系数和比热的原理.

(3) 学会用准稳态法测量不良导体的导热系数和比热容的方法.

[实验原理]

如图 5.13.1 所示的一维无限大导热模型，平板厚度为 $2R$，初始温度为 t_0，现在平板两侧同时施加均匀的指向中心面的($x=0$ 面)热流密度 q_c，则平板各处的温度$t(x,\tau)$将随加热时间 τ 而变化其数学表达式如下：

$$
\begin{aligned}
&\frac{\partial t(x,\tau)}{\partial \tau} = a\,\frac{\partial^2 t(x,\tau)}{\partial^2 x}\\
&t(x,0) = t_0\\
&-\frac{\partial t(x,\tau)}{\partial x}\bigg|_{x=\pm R} + q_c/\lambda\\
&\frac{\partial t(x,\tau)}{\partial x}\bigg|_{x=0} = 0
\end{aligned}
$$

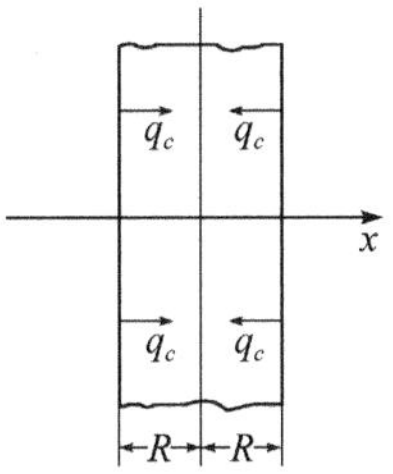

图 5.13.1

此方程组的解为

$$
t(x,\tau) - t_0 = \frac{q_c}{\lambda}\left[\frac{a\tau}{R} - \frac{R^2-3x^2}{6R} + R\sum_{n=1}^{\infty}(-1)^{n+1}\frac{2}{\mu_n^2}\cos\left(\mu_n\frac{x}{R}\right)\exp(-\mu_n^2 F_0)\right] \tag{5.13.1}
$$

式中，x 为试件厚度方向坐标；τ 为加热时间；q_c 表示沿 x 方向从一侧面向试件中心($x=0$ 面)传递的热流密度(单位 $\mathrm{J/(m^2 \cdot s)}$)；λ 为材料的导热系数，$a=\dfrac{\lambda}{c\rho}$为材料的导温系数；$\mu_n = n\pi(n=1,2,3,\cdots)$；$F_0=\dfrac{a\tau}{R^2}$为傅里叶准数.

从 $t(x,\tau)$的解析式可知，随加热时间的增加，样品各处的温度将发生变化，式中的级数求和项因为随指数衰减的原因，会随加热时间的增加而逐渐变小.

定量分析表明当 $F_0=\dfrac{a\tau}{R^2}>0.5$ 以后，上述式中级数求和项可以忽略. 则式(5.13.1)得

$$
t(x,\tau) - t_0 = \frac{q_c}{\lambda}\left(\frac{a\tau}{R} + \frac{x^2}{2R} - \frac{R}{6}\right) \tag{5.13.2}
$$

在试件中心处有 $x=0$，则

$$t(x,\tau)-t_0=\frac{q_c}{\lambda}\left(\frac{a\tau}{R}-\frac{R}{6}\right) \tag{5.13.3}$$

在试件加热面处有 $x=\pm R$，则

$$t(x,\tau)-t_0=\frac{q_c}{\lambda}\left(\frac{a\tau}{R}+\frac{R}{3}\right) \tag{5.13.4}$$

由式(5.13.3)和(5.13.4)可见，当加热时间满足条件 $F_0=\frac{a\tau}{R^2}>0.5$ 时，在试件中心面和加热面处温度与加热时间成线性关系，温升速率同为$\frac{aq_c}{\lambda R}$，此值是一个和材料导热性能和初始条件有关的常数，此时加热面和中心面间的温度差为

$$\Delta t=t(\pm R,\tau)-t(0,\tau)=\frac{1}{2}\frac{q_cR}{\lambda} \tag{5.13.5}$$

由式(5.13.5)可知，加热面和中心面间的温度差 Δt 和加热时间 τ 没有直接关系，保持恒定. 系统各处的温度和时间是线性关系，温升速率也相同，称此种状态为准稳态. 当系统达到准稳态时，由式(5.13.5)得到导热系数 λ

$$\lambda=\frac{q_cR}{2\Delta t} \tag{5.13.6}$$

当进入准稳态后测量出加热面和中心面间的温度差 Δt，热流密度 q_c 可由下式得到

$$q_c=\frac{U^2}{2sr}=\frac{I^2r}{2s} \tag{5.13.7}$$

式中 U 为两加热器的并联电压，s 为试样面积，r 为每个加热器电阻，I 为每个加热器的加热电流.

在进入准稳态后，由比热的定义和能量守恒关系，可由下列关系式：

$$q_c=c\rho R\frac{\mathrm{d}t}{\mathrm{d}\tau} \tag{5.13.8}$$

比热为

$$c=\frac{q_c}{\rho R\frac{\mathrm{d}t}{\mathrm{d}\tau}} \tag{5.13.9}$$

式中，ρ 为材料的质量密度；$\frac{\mathrm{d}t}{\mathrm{d}\tau}$为准稳态条件下试件中心面的温升速率(进入准稳态后各点的温升速率是相同的). 比热容的单位应为 J/(kg · K).

[仪器介绍]

本实验仪器主要包括主机实验仪、实验装置和保温杯三部分，仪器介绍如下.

1. 主机前面板(图 5.13.2)

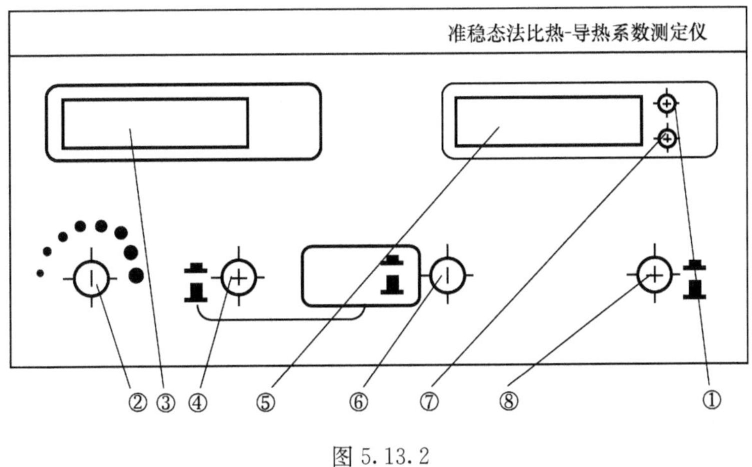

图 5.13.2

① 加热指示灯.亮时表示正在加热,灭时表示加热停止;

② 加热电压调节(范围:15.00～19.99V);

③ 测量电压显示."加热电压(U)"和"热电势(mV)";

④ 电压切换.在加热电压和热电势之间切换,同时测量电压显示表显示相应的电压数值;

⑤ 加热计时显示.显示加热的时间,前两位表示分,后两位表示秒,最大显示99:59;

⑥ 热电势切换.在中心面热电势和中心面一加热面的温差热电势之间切换,同时测量电压显示表显示相应的热电势数值;

⑦ 清零.当前计时显示数值清零;

⑧ 电源开关.

2. 主机后面板(图 5.13.3)

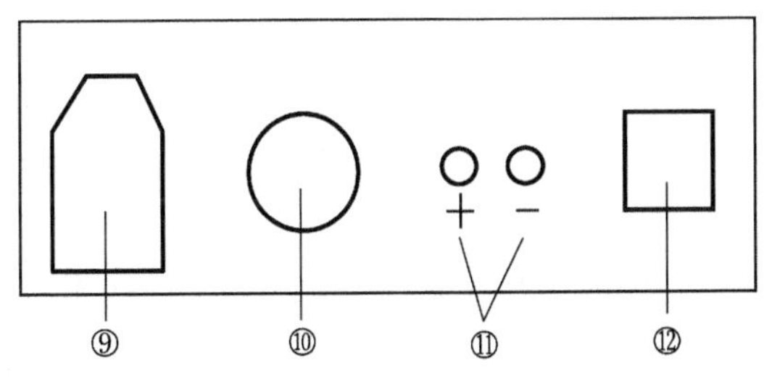

图 5.13.3

⑨ 电源插座. 接 220V,1.25A 的交流电源;

⑩ 控制信号. 为放大盒及加热薄膜提供工作电压;

⑪ 热电势输入. 将传感器感应的热电势输入到主机;

⑫ 加热控制. 控制加热的开关.

3. 实验装置(图 5.13.4)

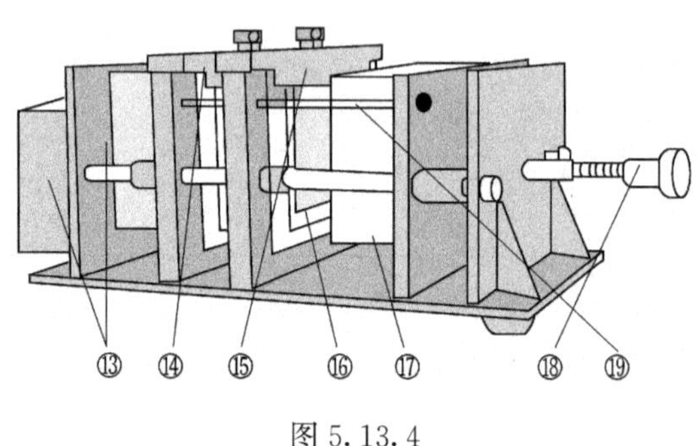

图 5.13.4

⑬ 放大盒. 将热电偶感应的电压信号放大并将此信号输入到主机;

⑭ 中心面横梁. 承载中心面的热电偶;

⑮ 加热面横梁. 承载加热面的热电偶;

⑯ 加热薄膜. 给样品加热;

⑰ 隔热层. 防止加热样品时散热.

⑱ 螺杆旋钮. 推动隔热层压紧或松动实验样品和热电偶;

⑲ 锁定杆. 实验时锁定横梁,防止未松动螺杆取出热电偶导致热电偶损坏.

4. 放大盒、横梁及保温杯接线孔

根据图 5.13.3 和图 5.13.5 连线如下.

(1) 放大盒的两个"中心面热端+"相互短接再与横梁的中心面热端"+"相连(绿—绿—绿);

(2) "中心面冷端+"与保温杯的"中心面冷端+"相连(蓝—蓝). "加热面热端+"与横梁的加热面热端"+"相连(黄—黄);

(3) "热电势输出-"和"热电势输出+"则与主机后面板的"热电势输入-"和"热电势输出+"相连(红—红,黑—黑);

(4) 横梁的两个"—"端分别与保温杯上相应的"—"端相连(黑—黑);

(5) 后面板上的"控制信号"与放大盒侧面的七芯插座相连.

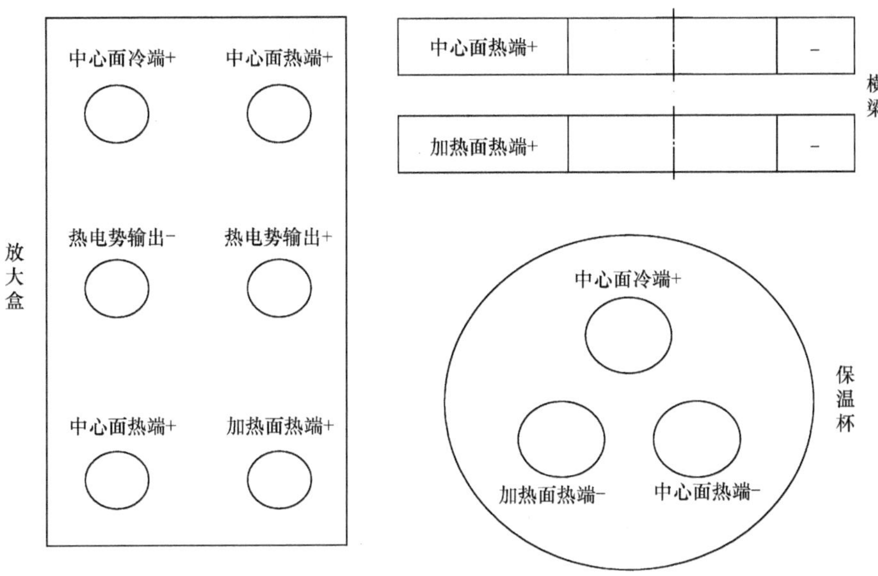

图 5.13.5

［实验要求］

用准稳态法实现精确测量不良导体导热系数和比热的要求条件(如图 5.13.6)：

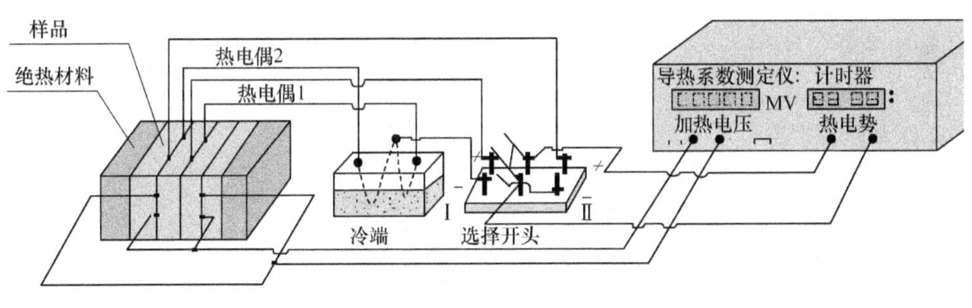

图 5.13.6

(1) 要保证加热前四块样品具有相同的初始温差不应大于 0.1 度.

(2) 实验安装要戴线手套装配样品.

(3) 热电偶的测温端应保证置于样品的中心位置.

(4) 试件不能连续做实验，放置和室温平衡后再实验.

(5) 利用超薄型加热器作为热源.

(6) 利用放置在加热面和中心面中心部位的热电偶传感器来测量温差和温升速率,相应的热电势由数字仪表给出.

按图 5.13.7 安装被测样品,在加热器两侧得到相同的热阻以精确确定 q_c.

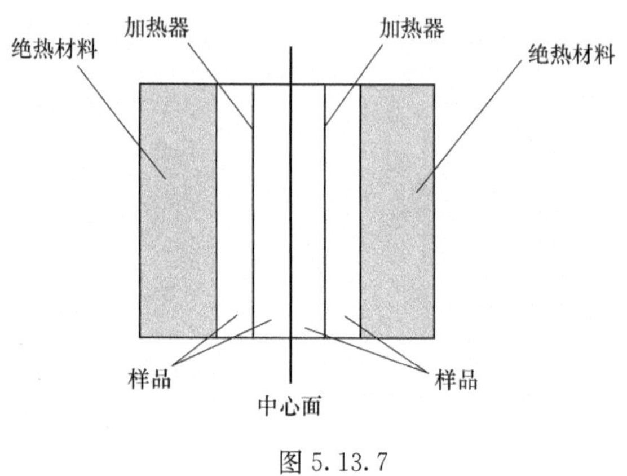

图 5.13.7

加热面和中心面间的温度差 Δt 和中心面温升速率$\frac{dt}{d\tau}$的测量方法:

(1) 将一热电偶热端置于中心面中心,另一热电偶热端置于加热面中心,两热电偶冷端置入盛有水的保温瓶中.

(2) 中心面温升速率$\frac{dt}{d\tau}$的测量是通过测量相同时间间隔内中心面热电偶的读数,利用$\frac{\Delta t}{\Delta\tau}$而得到. 加热面和中心面间的温度差 Δt,可以将两个热电偶反向串联后的输出测量值得到.

[实验内容和步骤]

1. 安装样品并连接各部分联线

(1) 连接线路前,请先用万用表检查两只热电偶冷端和热端的电阻值大小,一般热端电阻接近 6Ω,冷端电阻接近 5Ω,如果偏差大于 1Ω,则可能是热电偶有问题.

(2) 戴好手套(尽量的保证四个实验样品初始温度保持一致),将冷却好的样品放进样品架中(注意两个热电偶之间、中心面与加热面的位置不要放错,热电偶不要嵌入到加热薄膜里).

(3) 然后旋动旋钮以压紧样品. 根据实验要求连接好各部分连线(其中主机与样品架放大盒、放大盒与横梁、放大盒与保温杯、横梁与保温杯之间根据图 5.13.3、图 5.13.5 和图 5.13.6 连线),准备开始实验.

2. 设定加热电压

(1) 检察各部分接线是否有误,"加热控制"开关关闭,指示灯不亮表示加热控制开关关闭.

(2) 图 5.13.2 所示开机后,先让仪器预热 10min 左右再进行实验. 在记录实验数据之前,应该先设定所需要的加热电压,步骤为:先将"电压切换"钮按到"加热电压"挡位,再由"加热电压调节"旋钮来调节所需要的电压(参考加热电压:18~19V).

3. 测定样品的导热系数和比热

(1) 图 5.13.2 所示将测量电压显示调到"热电势"的温差挡位,当显示数值小于 0.004mV,开始加热了,否则应等到显示降到小于 0.004mV 再加热. 确认已进入了准稳态的时间和准稳态时的温差 Δt.

(2) 打开"加热控制"开关并开始记数,记入表 1 中(记数时,每隔 1 分钟分别记录一次中心面热电势和温差热电势,便于后面的计算一般在 15min 左右为宜).

[数据处理]

根据式(5.13.6)和式(5.13.9)可计算样品的导热系数 λ 和比热.

表 5.13.1　导热系数及比热测定

时间/min	Δt/mV	中心面热电势 Ut/mV	$\frac{dt}{d\tau}$/mV
1			
2			
3			
4			
5			
6			
7			
8			
9			
10			
11			
12			
13			
14			
15			

表中$\frac{dt}{d\tau}=Vt_{(n+1)}-Vt_n(n\in N)$. 当记录完一次数据需要换样品进行下一次实验时，其操作顺序是：关闭加热控制开关→关闭电源开关→旋螺杆以松动实验样品→取出实验样品→取下热电偶传感器→取出加热薄膜冷却(其中最重要的是，必须先松动螺杆再取传感器，否则会损坏热电偶传感器).

[附]

(1) 铜-康铜热电偶温度(℃)和热电势(mV)对应关系为每 0.1℃对应热电势 0.004mV.

(2) 实验样品基本参数：

有机玻璃：尺寸为 90mm×90mm×10mm；密度：$\rho=1196\mathrm{kg/m^3}$；

橡胶：尺寸为 90mm×90mm×10mm；密度：$\rho=1374\mathrm{kg/m^3}$；

(3) 加热器电阻分别为 $r=110.06\Omega$ 和 $r=110.20\Omega$，计算时可取 $r=110.14\Omega$；

(4) 温度梯度：定义沿各等温面法线方向的温度变化率为温度梯度.

[思考题]

(1) 什么是准稳态？怎样判断实验进入准稳态？

(2) 用准稳态法测定材料导热系数的实验中，为什么要采用稳压电源？

(3) 什么是导热的第一、二、三类边界条件？实验中怎样实现第二类边界条件？

(4) 与稳态法相比，准稳态法测定材料的导热系数有什么特点？

(5) 在用准稳态法测定材料导热系数的实验中，怎样实现无限大平板的条件？

5.14 霍尔效应的研究及磁场强度测量

[实验目的]

(1) 学会用霍尔集成电路测量磁场的基本方法.

(2) 测量螺线管内轴线上磁场的分布情况.

(3) 电磁铁极间磁场强度的研究.

［实验原理］

1. 霍尔效应

霍尔效应是用半导体材料制成的霍尔元件，在磁场作用下会产生霍尔电压，如在一块长方形的薄金属板两边的对称点 1 和 2 之间接一个灵敏电流计（如图 5.14.1 所示）. 沿 x 轴正方向通以电流 I，若在 z 方向不加磁场，电流计不显示任何偏转，则 1、2 两点是等电位的. 若在 z 方向加磁场 B，电流计立即显示偏转，则 1、2 两点间建立了电位差. 说明电位差与电流强度 I 及磁感应强度 B 均成正比，与板的厚度 d 成反比，即

$$U_{\mathrm{H}} = \frac{R_{\mathrm{H}} IB}{d} \tag{5.14.1}$$

式中，U_{H} 叫霍尔电压，R_{H} 叫霍尔系数，现在可以用洛伦兹力来加以说明.

设一块厚度为 d、宽度为 b、长度为 l 较长的半导体材料制成的霍尔片，如图 5.14.2 所示. 设控制电流 I 沿 x 轴正向流过半导体，如果半导体内的载流子电荷为 e（正电荷，空穴型），平均迁移速度为 v，则载流子在磁场中受到洛伦兹力的作用，其大小为

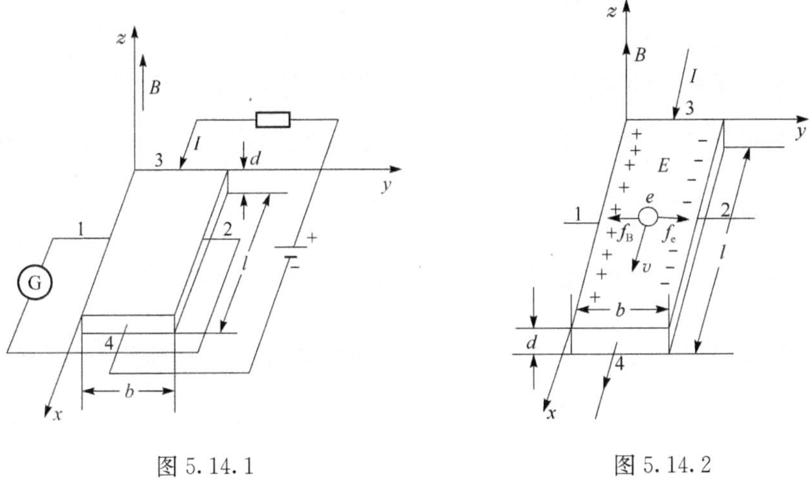

图 5.14.1　　　　图 5.14.2

$$F_{\mathrm{B}} = evB$$

在 F_{B} 的作用下，电荷将在元件的两边堆积并形成一横向电场 E，电场对载流子产生一个方向和 F_{B} 相反的静电力 F_{e}，其大小为

$$F_{\mathrm{e}} = eE$$

式中，F_{e} 阻碍着电荷的进一步堆积，最后达到平衡状态时有 $F_{\mathrm{B}}=F_{\mathrm{e}}$，即

$$evB = Ee = \frac{eU_{\mathrm{H}}}{b}$$

于是1、2两点间的电位差为

$$U_{\mathrm{H}} = vbB$$

我们知道，控制电流 I 与载流子电荷 e、载流子浓度 n、迁移速度 v 及霍尔片的截面积 bd 之间的关系为 $I=nevbd$，则

$$U_{\mathrm{H}} = \frac{IB}{ned} \tag{5.14.2}$$

和式(5.14.1)相比较，霍尔系数 R_{H} 为

$$R_H = \frac{1}{ne}$$

通常把式(5.14.1)写成

$$B = \frac{U_{\mathrm{H}}}{K_{\mathrm{H}} I} \tag{5.14.3}$$

式中的 K_H 为霍尔片的灵敏度，它是一个重要参数，表示该元件在单位磁感应强度和单位控制电流时霍尔电压的大小. 从式(5.14.3)可知：如果知道了霍尔片的灵敏度 K_{H}，用仪器测出 U_{H} 和 I，就可以算出磁感应强度 B. 这就是利用霍尔效应测磁场的原理.

在推导公式(5.14.3)时，还包括其他因素带来得附加电压，为了减小副效应带来的误差. 采用霍尔集成电路. 霍尔集成电路由电压调整器、霍尔元件、差分放大器、输出极等组成，利用射极输出形式，输入(即接受)的是线性变化的磁感应强度，得到与磁感应强度成线性关系的电压

$$U = KB \tag{5.14.4}$$

K 为霍尔集成电路的磁电转换灵敏度.

2. 螺线管中心的磁感应强度

螺线管中心的磁感应强度 $B=\frac{\mu_0 IN'}{2r}$，其中 $2r$ 为螺线管的直径，μ_0 为真空中的磁导率 $\mu_0=12.566371\times10^{-7}\,\mathrm{H/m}$.

3. 电磁铁空气隙中的磁感应强度

在理想的磁路中，磁通量的表达式类似于电学中的欧姆定律

$$\text{磁通量} = \frac{\text{磁动势}}{\text{磁阻}}$$

磁动势为磁化线圈的安匝数(电流与匝数乘积)，带有空气隙的电磁铁的磁阻可以表示为

$$\frac{l_1}{\mu_0\mu_r A}+\frac{l_2}{\mu_0 A}$$

式中，l_1、l_2 分别为轭铁及空气隙的磁路长度，A 为它们的截面积；μ_r 为轭铁的相对磁导率；在不考虑漏磁的情况下，空气隙中的磁感应强度为

$$B=\frac{\mu_0 NI}{l_1/\mu_r+l_2}$$

当轭铁远未磁化饱和时（μ_r 近似为常数），电磁铁极间的磁感强度与电流及匝数成正比.

[实验仪器]

1. 主机面板如图 5.14.3 所示.

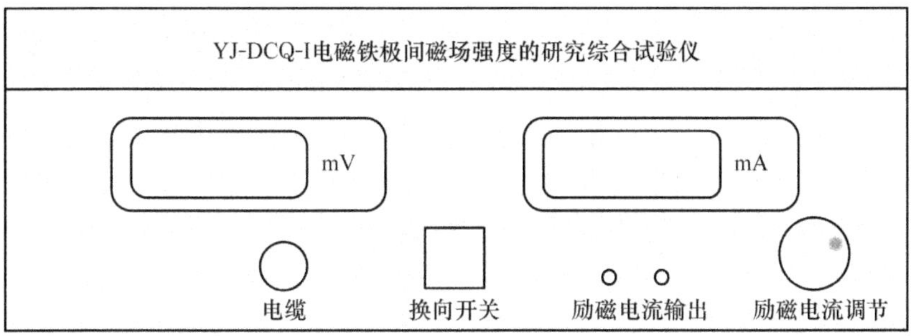

图 5.14.3

2. 实验装置如图 5.14.4 所示.

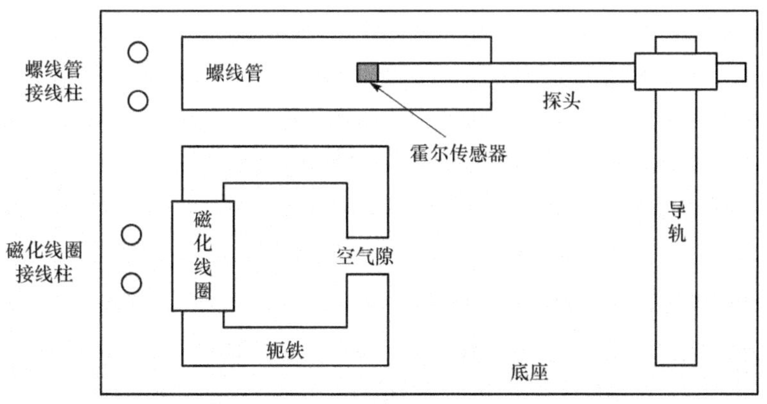

图 5.14.4

3. 测量螺线管内轴线上磁场的分布情况探头装置如图 5.14.5 所示.

霍尔传感器　探头

图 5.14.5

4. 电磁铁极间磁场强度的研究探头装置如图 5.14.6 所示.

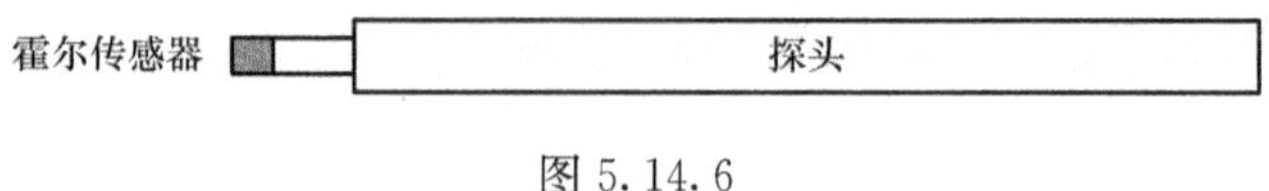

图 5.14.6

[实验内容]

1. 测霍尔集成电路的磁电转换灵敏度 K

(1) 如图 5.14.3、图 5.14.4、图 5.14.5 所示,霍尔传感器调整至如图 5.14.5 所示位置,固定好紧固螺丝,将励磁电流调节旋钮逆时针旋到最小,接好霍尔传感器插头,打开电源开关,预热 5 分钟后,记下霍尔集成电路静态输出电压 U_0;

(2) 接好励磁电流电路,抽动探头,使探头伸入螺线管中间位置,调节励磁电流为 500mA,记下输出电压 V_1,按动换向开关,改变电流方向,使励磁流为 -500mA,记下输出电压 V_1',则实际霍尔电压为

$$u_1 = V_1 - V_0, \quad u_2 = V_1' - V_0$$

取其平均值

$$U = \frac{(|u_1| + |u_2|)}{2}$$

即为霍尔传感器在螺线管中间位置的霍尔电压. 由 $B=\frac{\mu_0 IN'}{2r}$ 求螺线管中间磁感强度 B, 由 $B=\frac{U}{K}$ 求 K

$$K = \frac{2rU}{\mu_0 IN'}$$

式中,$2r$ 为螺线管的直径(参见仪器标示),N' 为螺线管匝数(参见仪器标示),励磁流 I 为 500mA.U 为霍尔传感器在螺线管中间位置的霍尔电压.

2. 测绘螺线管内的 B-x 分布曲线

(1) 霍尔传感器调整至如图 5.14.5 所示位置,固定好紧固螺丝,将励磁电流调节旋钮逆时针旋到最小,接好霍尔传感器插头,打开电源开关,预热 5 分钟后,记下霍尔集成电路静态输出电压 V_0.

(2) 接好励磁电流电路,抽动探头,使探头伸入螺线管中间位置,记下标尺读

数 x_1,调节励磁电流为 500mA,记下输出电压 V_1,按动换向开关,改变电流方向,使励磁电流为 -500mA,记下输出电压 V_1',则实际霍尔电压为

$u_1=V_1-V_0$,$u_2=V_1'-V_0$. 取其平均值 $U_1=\frac{(|u_1|+|u_2|)}{2}$,即为螺线管在 x_1 位置的霍尔电压;

(3) 变探头位置,记下标尺读数 x_i,测出与 x_i 相对应的霍尔电压 ν_i,可求出相应的 B_i,即可绘出螺线管内的 B-x 分布曲线;

3. 测绘螺线管的 B-I 分布曲线

将探头位于螺线管中间位置,将励磁电流依次取 0,±50mA,±100mA,±150mA,±200mA,…,±500mA,得出相应的 B,并绘出 B-I 关系曲线.

4. 测绘电磁铁空气隙中的 B-I 关系曲线

将霍尔传感器调整至如图 5.14.6 所示位置,固定好紧固螺丝,霍尔传感器插头与主机插座相连,主机励磁电流输出与磁化线圈接线柱用连接线连接,将霍尔传感器置于电磁铁空气隙中间位置. 将励磁电流依次取 0,±50mA,±100mA,±150mA,±200mA,…,±500mA,测出相应的霍尔电压 ν_i,由 $B=\frac{U}{K}$得出相应的 B,并绘出 B-I 关系曲线.

5. 测轭铁的相对磁导率 μ_r

根据电磁铁空气隙中的 B-I 关系曲线;当轭铁远未磁化饱和时(μ_r 近似为常数),电磁铁极间的磁感强度与电流及匝数成正比. 由式

$$B=\frac{\mu_0 NI}{l_1/\mu_r+l_2}$$

即可求出轭铁的相对磁导率 μ_r. l_1、l_2 分别为轭铁及空气隙的磁路长度,$l_1=263$mm,$l_2=6$mm.

[数据处理]

1. 测霍尔集成电路的磁电转换灵敏度 K

$$K=\frac{2rU}{u_0 IN'}$$

式中,$2r$ 为螺线管的直径(参见仪器标示),N'为螺线管匝数(参见仪器标示),真空中的磁导率 $\mu_0=12.566371\times10^{-7}$H/m,励磁电流 I 为 500mA. U 为霍尔传感器在螺线管中间位置的霍尔电压.

2. 测绘螺线管内的 B-x 分布曲线

表 5.14.1 B-x 分布 V_0=____ mV, I=500mA.

x(cm)	V_i(mV)(+I)	V_i'(mV)(−I)	u_1(mV)	u_2(mV)	U_i(mV)	B_i(mT)

3. 测绘螺线管的 B-I 分布曲线

表 5.14.2 螺线管的 B-I 关系 V_0=____ mV

I(mA)	V_i(mV)(+I)	V_i'(mV)(−I)	u_1(mV)	u_2(mV)	U_i(mV)	B_i(mT)
0						
50						
100						
150						
200						
250						
300						
350						
400						
450						
500						

4. 测绘电磁铁空气隙中的 B-I 关系曲线

表 5.14.3 电磁铁空气隙中的 B-I 关系 V_0=____ mV

I(mA)	V_i(mV)(+I)	V_i'(mV)(−I)	u_1(mV)	u_2(mV)	U_i(mV)	B_i(mT)
0						
50						
100						
150						

续表

I(mA)	V_i(mV)($+I$)	V_i'(mV)($-I$)	u_1(mV)	u_2(mV)	U_i(mV)	B_i(mT)
200						
250						
300						
350						
400						
450						
500						

5. 测轭铁的相对磁导率 μ_r

$$B = \frac{\mu_0 NI}{l_1/\mu_r + l_2}$$

[思考题]

(1) 什么叫霍尔效应？霍尔效应测磁场的原理是什么？

(2) 阐述螺线管管口处及中心处的磁感应强度的关系如何？

(3) 本实验测量缝隙中磁场的探头应该是怎样的？

第六章 设计性实验

6.0 设计及创新应用性试验概述

“物理量测量”教材系统的编制了实验教学内容及新的教学体系，并从基础的力学量、热学与波动学量、电磁学量、光学量、近代物理与综合性实验方面，全面的进行系统物理量测量基础训练，掌握了大量物理测量的基础知识及仪器设备的应用，在此基础上又增加了大量的设计及创新应用性实验方面的内容，更进一步培养学生的自主研究及创新能力，是实验教学中一项新的重要内容.

一、设计及创新应用性实验的性质和任务

1. 学生通过设计性及应用性内容的实验开发，使学生更进一步对学过的实验知识及仪器的开发利用，更重要的增加学生对知识的全面追求，达到提高学生的设计及创新开发利用的能力.

2. 按学生自己的设想写出研究论证报告，实验室给学生提供有力的创新环境，进一步提高试验层次性教学，重要的是进一步给学生一个发挥创新的机会，提高学生的技术研究水平，为市场经济人才的需求打下良好的基础.

二、设计及创新应用性实验的实施程序

1. 课题的确定：一是学生自己提出题目，经老师审查通过后实施. 二是实验室给出题目，三是采取指导教师和学生相结合的方式共同确定题目.

2. 论证课题：查阅文献资料，写出设计性目的、原理、设计方案（试验方法、使用的仪器、原理图、试验步骤、实验耗材等）. 经教师审查修改后，方可实施.

3. 课题实施：在指导教师指导下，设计原理图，选择元件，组装电路，仪器调试，仪器成型等，逐项进行.

4. 课题报告：写出设计及实验过程，采取数据，进行数据处理及分析，写出完整研究报告.

6.1 固体密度测量

［实验目的］

测定不规则固体的密度. 已知固体的密度小于水的密度.

[使用部件]

金属块、物理天平、烧杯、蒸馏水.

[设计内容]

(1) 写出实验原理,导出实验公式.
(2) 写出实验步骤.
(3) 数据处理.
(4) 对实验结果进行分析.

6.2　气轨斜面上测滑块的瞬时速度

[实验目的]

测定运动滑块上某点在气轨斜面上某处的瞬时速度.

[使用部件]

遮光片若干、数字毫秒计、气垫导轨、游标卡尺等部件.

[设计内容]

(1) 要求设计出一种测量瞬时速度的方法,写出实验原理.
(2) 写出实验步骤.
(3) 数据处理.
(4) 对实验进行讨论.

6.3　用硅压阻式力敏传感器测量液体的表面张力系数

表面张力系数是表征液体性质的一个重要参数,在物理、化学、医学等领域中具有重要的意义. 常用的测量方法有拉脱法、毛细管法和最大泡压法等. 用拉脱法测量时,所测的液体表面张力在 1×10^{-3}N 至 1×10^{-2}N 之间,因而所用的测力仪器必须灵敏度高,稳定性好. 用硅半导体材料制成的硅压阻式力敏传感器能满足要求，并可以使用数字电压表直接读数.

实验通过对不同液体和不同浓度同种液体的表面张力系数进行测量，可以明显观测到不同液体的表面张力系数不一样，同种液体的表面张力系数随浓度变化而改变.

[实验目的]

(1) 了解硅压阻式力敏传感器的工作原理，学习用最小二乘法对力敏传感器定标，计算传感器的灵敏度.

(2) 用拉脱法测量液体的表面张力系数，了解液体的浓度与表面张力系数的关系.

[实验原理]

1. 液体表面张力

在液体的表面以下厚度约为分子力有效作用半径的区间称为表面层. 由于液面上方为气相，分子很少，因此表面层分子受到的向上的引力比向下的引力小，表面层分子有从液面挤入液体内部的倾向，宏观表现为在液体表面层内，存在有与液体表面相切，并使液面具有尽量收缩趋势的张力，称为表面张力. 设想在液体表面划上一线段，表面张力表现为线段两旁的液面以一定的拉力相互作用. 拉力 f 存在于表面层，方向垂直于线段，并与液面相切，大小与线段的长度 l 成正比，即

$$f = \alpha l \tag{6.3.1}$$

式中，α 称为液体的表面张力系数，表示液体表面单位长度上的表面张力，单位是 $N \cdot m^{-1}$，大小与液体的成分，纯度以及温度有关.

2. 拉脱法

用测量一个已知周长的金属圆环或金属片，从待测液体表面脱离时所需要的力，求得该液体表面张力系数的方法称为拉脱法.

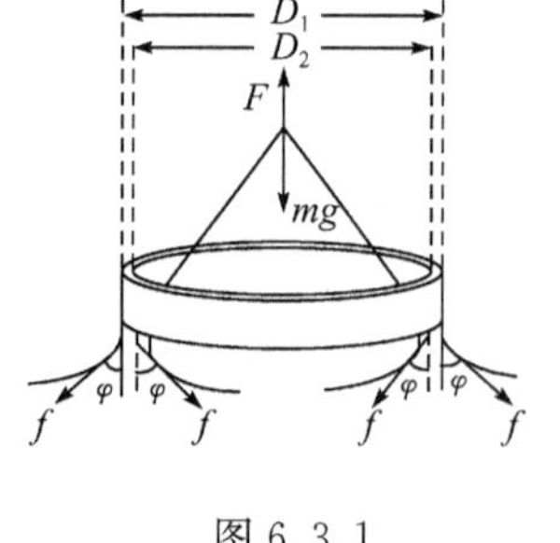

图 6.3.1

实验中采用金属圆环，将其底部水平浸入液面中，然后缓慢地使液面下降. 当金属环底部高于液面时，金属环和液面间形成一环形液膜. 金属环受力情况如图 6.3.1 所示，由于液面是缓慢匀速下降的，所以金属环处于平衡状态. 拉力 F、液体的表面张力 f、金属环所受重力 mg(液膜很薄忽略不计)有下面的关系：

$$F = mg + f\cos\varphi \tag{6.3.2}$$

式中，φ 是液面与金属环的接触角. 金属环临脱离液面时有

$$\varphi \approx 0, \quad F_1 = mg + f \tag{6.3.3}$$

金属环脱离液面后

$$F_2 = mg \tag{6.3.4}$$

液体的表面张力系数

$$\alpha = \frac{f}{\pi(D_1 + D_2)} = \frac{F_1 - F_2}{\pi(D_1 + D_2)} \tag{6.3.5}$$

式中，D_1、D_2 分别是圆环的内外直径.

3. 硅压阻力敏传感器

半导体电阻具有显著的压阻效应，当其受力发生形变时，电阻值线形变化. 硅压阻式力敏传感器由弹性梁（弹簧片）和贴在梁上的传感器芯片组成，如图 6.3.2 所示. 传感器芯片是由四个扩散电阻集成的一个电桥，如图 6.3.3 所示.

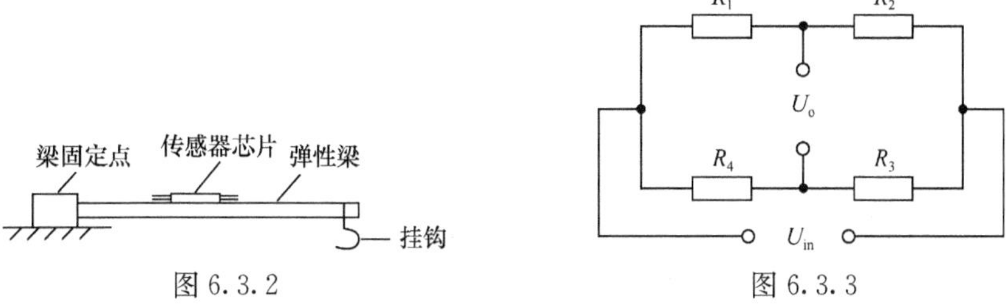

图 6.3.2　　图 6.3.3

当外界拉力作用于梁上时，在拉力的作用下，梁产生弯曲，传感器受力的作用，电桥相邻桥臂的电阻值发生相反的变化. 电桥失去平衡，有电压输出. 输出电压大小与所加外力成正比.

$$U_o = kF \tag{6.3.6}$$

式中，F 为外力的大小；k 为力敏传感器的灵敏度，单位 $\mathrm{mV \cdot N^{-1}}$.

假设吊环拉脱前后传感器输出的电压值分别为 U_1、U_2，根据式(6.3.6)、式(6.3.7)，液体的表面张力系数

$$\alpha = \frac{U_1 - U_2}{k\pi(D_1 + D_2)} \tag{6.3.7}$$

[实验仪器]

液体表面张力系数测定仪组成如图 6.3.4 所示，主要包括：硅压阻式力敏传感器、数字电压表、升降台、玻璃器皿、金属吊环、砝码盘和砝码等.

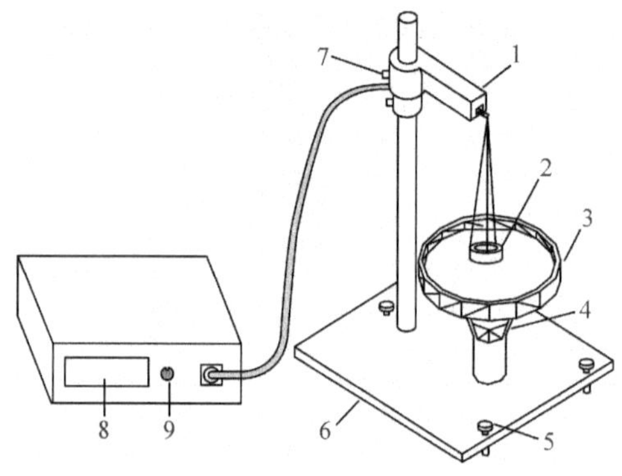

图 6.3.4

1. 力敏传感器;2. 吊环;3. 玻璃器皿;4. 升降螺丝;5. 调节螺丝;
6. 底座;7. 固定螺丝;8. 数字电压表;9. 调零旋钮

(1) 硅压阻力敏传感器. ①受力量程:0～0.098N,②非线性误差:≤0.2%,③供电电压:直流 5～12V.

(2) 数字电压表. ①测量量程:±200mV,②调零旋钮:手动多圈电位器.

[实验内容]

1. 力敏传感器的定标

(1) 开机预热 10 分钟.

(2) 调节螺丝使底座水平,保证测力方向和传感器弹性梁垂直.

(3) 将砝码盘挂在力敏传感器梁的钩上,砝码盘静止后,调节调零旋钮,使数字电压表显示为零.

(4) 依次往砝码盘里加上等质量的砝码($m=0.5$g),直到砝码总质量 $m=3.5$g. 同时将数字电压表测量到的力敏传感器的输出电压 U 记入表 6.3.1 中. 注意每次加砝码后,使砝码盘静止.

(5) 用最小二乘法拟合,计算力敏传感器的灵敏度 k 和拟合的线形相关系数.

2. 用游标卡尺测量金属圆形吊环的内外直径 D_1、D_2,记入表 6.3.2,并计算 D_1、D_2 的平均值.

3. 环的表面状况对测量结果有很大影响,应清洗吊环和玻璃器皿.

4. 水表面张力系数的测量

(1) 往玻璃器皿中盛上蒸馏水,挂上吊环,转动升降螺丝,使液面靠近吊环. 观察吊环下沿和液面是否平行.如果不平行,调节吊环上的细丝使其与液面平行.

(2) 调节升降螺丝,使吊环下沿浸没于液体中.反方向调节升降螺丝,液面缓慢匀速下降,吊环和液面间形成环形液膜.继续使液面下降,测出液膜拉断前瞬间电压表的读数 U_1 和液膜拉断后瞬间电压表的读数 U_2,并记入表 6.3.3.

(3) 根据公式 6.3.7,计算出水的表面张力系数,并与标准值比较计算相对误差.

5. 重复步骤 4,分别测量不同浓度乙醇溶液的表面张力系数.

6. 实验结束后将吊环清洗干净,用清洁纸擦干,放入干燥盒内.

[数据处理]

1. 力敏传感器定标

表 6.3.1

淄博地区重力加速度 $g=9.79878\text{m}\cdot\text{s}^{-2}$

砝码质量 m/g								
输出电压 U/mV								

力敏传感器的灵敏度 $k=$________ $\text{mV}\cdot\text{N}^{-1}$.

拟合的线性相关系数 $r=$________.

2. 吊环内外直径的测量

表 6.3.2

外径 D_1/mm					
内径 D_2/mm					

$\overline{D_1}=$________ mm,$\overline{D_2}=$________ mm

3. 水表面张力系数的测量

表 6.3.3　　　水的温度=________℃

测量次数	U_1/mV	U_2/mV	ΔU/mV	$\Delta\overline{U}$/mV
1				
2				
3				
4				
5				
6				

水的表面张力系数 $\bar{\alpha}=\dfrac{\Delta\overline{U}}{k\pi(\overline{D}_1+\overline{D}_2)}\times10^{-3}\,\mathrm{N\cdot m^{-1}}$,计算相对误差.

水的表面张力系数标准值查书末附表.

4. 不同浓度乙醇溶液表面张力系数的测量.表格自拟.

[思考题]

(1) 实验前,为什么要清洁吊环?

(2) 进行实验时,如果吊环下沿与液面不平行对测量结果有什么影响?

(3) 当吊环下沿浸入液体后,旋转升降螺丝使液面下降,观察数字电压表读数的变化过程,结合拉脱过程中的吊环的受力情况,说明原因.

6.4 霍尔元件传感器测量杨氏模量

随着科学技术的发展,微位移测量技术也越来越先进.本实验采用先进的霍尔位置传感器,利用磁铁和集成霍尔元件间位置变化输出信号来测量微小位移,并将其用于梁弯曲法测杨氏模量的实验中.

[实验目的]

(1) 掌握霍尔位置传感器测量微小位移的原理及使用方法.

(2) 学会霍尔位置传感器的定标方法.

(3) 学会利用霍尔位置传感器测定杨氏模量的原理和方法.

(4) 学会确定灵敏度的方法,并确定仪器的灵敏度.

[实验原理]

霍尔传感器置于磁感应强度为 B 的磁场中,在垂直于磁场的方向通入电流 I,则会产生霍尔效应,即在与这二者相互垂直的方向上将产生霍尔电压则

$$U_{\mathrm{H}}=K_{\mathrm{H}}IB \tag{6.4.1}$$

式中 K_{H} 为霍尔传感器的灵敏度,单位为 mV/(mA · T).

如果保持通入霍尔元件的电流 I 不变,而使其在一均匀梯度的磁场中移动,则输出的霍尔电压的变化量为

$$\Delta U_{H} = K_{H} I \frac{dB}{dz} \Delta z \qquad (6.4.2)$$

式中，Δz 为位移量；$\frac{dB}{dz}$ 为磁感应强度 B 沿位移方向的梯度，为常数. 由此可知 ΔU_{H} 和 Δz 成正比.

为了实现上述均匀梯度的磁场，选用两块相同的磁铁(磁铁截面积及表面磁感应强度相同)平行相对而放，即 N 极对 N 极，两磁铁之间留有等间距空隙. 霍尔元件平行于磁铁放在该间隙的中轴上，即与两磁铁的间距相等，如图 6.4.1 所示. 间隙大小要根据测量范围和测量灵敏度要求而定，间隙越小，磁场强度就越大，灵敏度就越高. 因此磁铁截面要远大于霍尔元件，并将元件放置在磁铁的中心位置，以尽可能的减小边缘效应的影响，提高测量精确度.

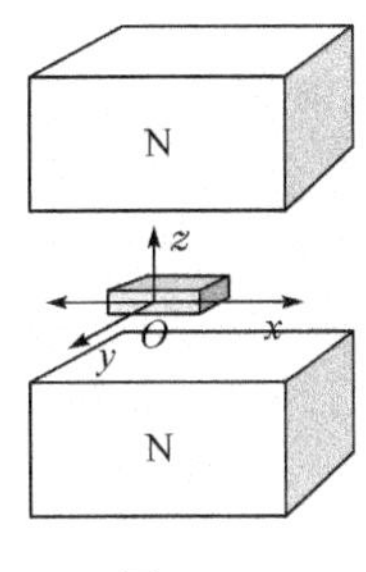

图 6.4.1

若磁铁间隙中心截面处的磁感应强度为零，霍尔元件截面处于该处时输出的霍尔电压应为零. 当霍尔元件截面偏离中心沿 z 轴发生位移时，由于磁感应强度不再为零，霍尔元件也就有相应电压输出，其大小可由数字电压表读出. 一般将霍尔电压为零时元件所处的位置作为位移参考零点.

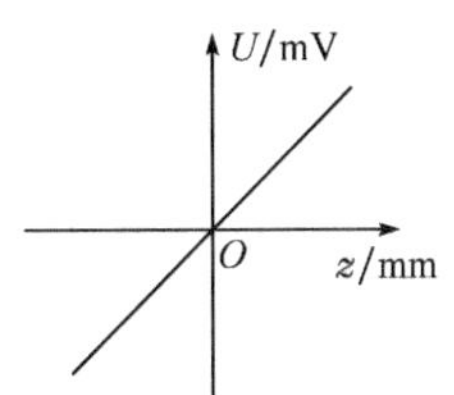

图 6.4.2

霍尔电压与位移量之间存在一一对应的关系，当位移量较小(小于 2mm)时，这一对应关系具有良好的线性，如图 6.4.2 所示.

在梁弯曲的情况下，杨氏模量 Y 用下列公式计算：

$$Y = \frac{d^3 mg}{4a^3 b \Delta z} \qquad (6.4.3)$$

式中，d 为两刀口间的距离；a 为梁的厚度；b 为梁的宽度；Δz 为梁中心由于外力的作用而下降的距离，m 为砝码的质量，淄博地区重力加速度 $g = 9.79878\text{m} \cdot \text{s}^{-2}$.

[实验仪器]

霍尔位置传感器法杨氏模量测定仪有底座固定支架、读数显微镜、集成霍尔位置传感器、磁铁两块、砝码盘、砝码等组成。霍尔位置传感器输出信号测量仪一台(直流数字 mV 表). 螺旋测微器、游标卡尺、米尺.

霍尔位置传感器法杨氏模量测定仪如图 6.4.3 所示.

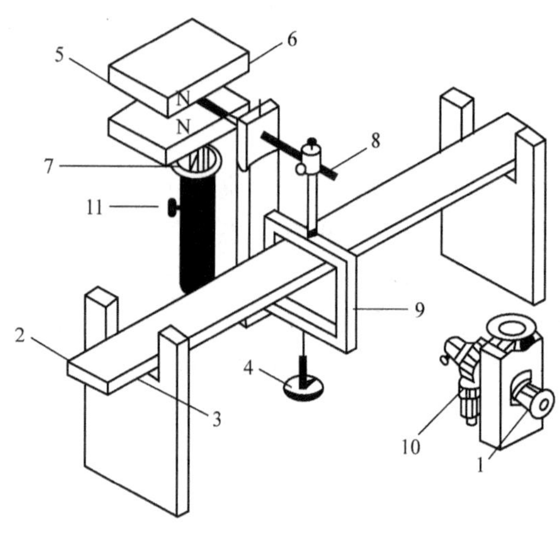

图 6.4.3

1. 读数显微镜;2. 横梁;3. 刀口;4. 砝码;5. 磁铁固定金属架;6. 磁铁(两块);7. 磁铁支架套筒螺母;8. 铜杠杆(顶端装有霍尔传感器);9. 铜方框上的基线;10. 读数显微镜支架套筒螺母;11. 固定螺丝

[实验内容]

1. 调节实验仪器

(1) 将图中横梁黄铜板②穿过砝码铜刀口⑨内,安放在两支柱之间.砝码刀口应在两支柱刀口的正中央.再装上铜杠杆⑧,有传感器的一端插入磁铁的中间,该杠杆中间的铜刀口放在刀座上.圆柱形托尖应在砝码刀口的小圆洞内,传感器若不在磁铁中间,可松弛固定螺丝使磁铁上下移动,或用调节架上的套筒螺母旋转使磁铁上下移动,再固定,然后用水准器观察磁铁是否在水平位置,如不平可调节底座螺丝,但同时应注意杠杆水平.

(2) 将杠杆上的三线插座插在立柱的三线插针上,用电缆线一端连接输出信号毫伏表测量仪,另一端插在立柱的另一三线插针上,接通电源,仪器预热 10 分钟指示值方可稳定,调节⑦磁铁上下位置,当毫伏表数值很小后固定,调节仪器调零电位器使毫伏表读数为零.

(3) 调节读数显微镜目镜,用眼睛能观察到镜内清晰的十字划丝和坐标刻度,然后前后移动读数显微镜距离,使其能清楚地看到铜刀口⑨上的基线,再转动读数显微镜的鼓轮使刀口点的基线与读数显微镜内十字刻线重合,并计下初始读数值.

2. 测量黄铜样品的杨氏模量及霍尔位置传感器的定标

（1）砝码 10.0g 的八块，20.0g 的两块. 逐次增加砝码，每次增加 10.00g，从读数显微镜读出梁中心的位置z_i(mm)及毫伏表的读数 U_i(mv)填入表 6.4.1 中. 然后依次减少砝码，每次减少 10.00g，读取数据填入表中.

（2）测量横梁两刀口间的距离 d(一次测量)、黄铜样品宽度 b(一次测量)填入表 6.4.2 中；在黄铜样品不同的位置用千分尺测量其厚度 a(6 次测量取均值)填入表 6.4.3 中.

3. 测量锻铸铁样品的杨氏模量(选做)

（1）将黄铜样品取下，换上锻铸铁样品，重新调节实验仪器使之满足实验要求.

（2）逐次增加砝码，每次增加 10.00g，把毫伏表的读数 U_i(mV)填入表 6.4.4 中. 然后依次减少砝码，每次减少 10.00g，读取数据填入表中.

（3）测量横梁两刀口间的距离 d(一次测量)、锻铸铁样品宽度 b(一次测量)填入表 6.4.5 中；在锻铸铁样品不同的位置用千分尺测量其厚度 a(6 次测量取均值)填入表 6.4.6 中.

[数据处理]

表 6.4.1　霍尔元件位移与霍尔电压测量

z 的单位为 mm，　U 的单位为 mV

次　数	m_i/g	增加砝码		减少砝码		$\Delta z_i=\overline{z_{i+5}}-\overline{z_i}$	$\Delta U_i=\overline{U_{i+5}}-\overline{U_i}$
		z_i	U_i	z_i	U_i		
1	10.00						
2	20.00						
3	30.00						
4	40.00						
5	50.00						
6	60.00						
7	70.00						
8	80.00						
9	90.00						
10	100.00						
平均值						$\overline{\Delta z_i}=$	$\overline{\Delta U_i}=$

表 6.4.2　黄铜样品长度 d 及宽度 b 的测量

$\Delta_{游}=0.02\text{mm}$，　$\Delta_{钢尺}=0.5\text{mm}$

M/g	d/mm	b/mm
50.00		

表 6.4.3　黄铜样品厚度 a 的测量(单位:mm)　　$\Delta_{千}=0.01\text{mm}$

1	2	3	4	5	6	$\bar{a}$

(1) 将测量数据代入公式 $\bar{Y}=\dfrac{d^3mg}{4a^3b\overline{\Delta z}}$ 中,计算出黄铜样品的杨氏模量平均值. 注意:m 为 5 个砝码的质量.

(2) 黄铜样品杨氏模量的相对误差为

$$E_Y=\frac{\Delta_Y}{Y}=\sqrt{\left(3\frac{\Delta_d}{d}\right)^2+\left(3\frac{\Delta_a}{\bar{a}}\right)^2+\left(\frac{\Delta_b}{b}\right)^2+\left(\frac{\Delta_{(\Delta z)}}{\overline{\Delta z}}\right)^2}$$

式中,$\Delta_d=\Delta_{钢尺}=0.5\text{mm}$,$\Delta_b=\Delta_{游}=0.02\text{mm}$,$\Delta_a=\sqrt{S_a^2+\Delta_{千}^2}$,$S_a=\sqrt{\dfrac{\sum(a_i-\bar{a})^2}{6-1}}$,

$\Delta_{(\Delta z)}=\sqrt{\dfrac{\sum[(\Delta z_i)-\overline{\Delta z}]^2}{5-1}}$.

(3) 根据杨氏模量相对误差计算出标准误差 Δ_Y 并写出实验结果表达式

$$Y_{黄铜}=\bar{Y}\pm\Delta_Y$$

(4) 霍尔位置传感器的定标,将实验数据代入公式 $\bar{K}=\dfrac{\overline{\Delta U}}{\overline{\Delta z}}$ 中,计算出霍尔位置传感器的灵敏度的平均值 $\bar{K}$.

(5) 霍尔位置传感器的灵敏度的相对误差为 $E_K=\sqrt{\left(\dfrac{\Delta_{(\Delta U)}}{\overline{\Delta U}}\right)^2+\left(\dfrac{\Delta_{(\Delta z)}}{\overline{\Delta z}}\right)^2}$,

式中,$\Delta_{(\Delta U)}=\sqrt{\dfrac{\sum[(\Delta U_i)-\overline{\Delta U}]^2}{5-1}}$. 代入公式 $\Delta_K=\bar{K}\cdot E_K$ 计算出灵敏度的标准误差,并写出灵敏度的实验结果表达式为 $K=\bar{K}\pm\Delta_K$.

表 6.4.4　　U 的单位为 mV

次 i	m_i/g	增加砝码	减少砝码	$\Delta U_i=\overline{U_{i+5}}-\overline{U_i}$
		U_i	U_i	
1	10.00			
2	20.00			

续表

次 i	m_i/g	增加砝码	减少砝码	$\Delta U_i=\overline{U_{i+5}}-\overline{U_i}$
		U_i	U_i	
3	30.00			
4	40.00			
5	50.00			
6	60.00			
7	70.00			
8	80.00			
9	90.00			
10	100.00			
平均值				$\overline{\Delta U_i}=$

表 6.4.5　锻铸铁样品长度 *d* 及宽度 *b* 的测量

$\Delta_{游}=0.02\text{mm}$，　$\Delta_{钢尺}=0.5\text{mm}$

M/g	d/mm	b/mm
50.00		

表 6.4.6　锻铸铁样品厚度 *a* 的测量(单位:mm)

$\Delta_{千}=0.004\text{mm}$

1	2	3	4	5	6	$\bar{a}$

(6) 将测量数据代入公式 $\overline{Y}=\dfrac{d^3mg\overline{K}}{4a^3b\,\overline{\Delta U}}$ 中,计算出锻铸铁样品的杨氏模量平均值.注意:m 为 5 个砝码的质量.

(7) 锻铸铁样品杨氏模量的相对误差为

$$E_Y=\frac{\Delta_Y}{Y}=\sqrt{\left(3\,\frac{\Delta_d}{d}\right)^2+\left(3\,\frac{\Delta_a}{\bar{a}}\right)^2+\left(\frac{\Delta_b}{b}\right)^2+\left(\frac{\Delta_K}{\overline{K}}\right)^2+\left(\frac{\Delta_{(\Delta U)}}{\overline{\Delta U}}\right)^2}$$

式中,$\Delta_d=\Delta_{钢尺}=0.5\text{mm}$,$\Delta_b=\Delta_{游}=0.02\text{mm}$,$\Delta_a=\sqrt{S_a^2+\Delta_{千}^2}$,$S_a=\sqrt{\dfrac{\sum(a_i-\bar{a})^2}{6-1}}$,

$$\Delta_{(\Delta U)}=\sqrt{\frac{\sum[(\Delta U_i)-\overline{\Delta U}]^2}{5-1}}.$$

(8) 根据杨氏模量相对误差计算出标准误差 Δ_Y 并写出实验结果表达式

$$Y_{锻铸铁}=\overline{Y}\pm\Delta_Y$$

[思考题]

(1) 试述霍尔位置传感器测量位移的原理和优点?

(2) 实验中误差来源有哪些,如何克服?

(3) 仪器的灵敏度是如何定义的? 简述其意义.

(4) 本实验中,磁铁盒的中心磁感应强度为零,利用逐差法处理本实验数据时,调节中是否一定使霍尔位置传感器处于该中心方可进行测量? 说明理由.

(5) 如何利用实验数据,采用作图法求杨氏模量?

(6) 能否在拉伸法中也应用霍尔位置传感器?

6.5 感应式落球法测量液体黏度系数

各种液体都具有黏滞性,这种黏滞性用黏度系数来表征,黏度系数愈大,该液体的黏滞性就愈强. 当液体稳定流动时,平行于流动方向的各液体层的流动速度通常不同,意味着任意两相邻层面的流体有不同的速度,因而存在着相对滑动,于是在各层之间就有摩擦力产生,这一摩擦力称为黏滞力,它的方向平行于接触面,其大小与速度梯度及接触面积成正比,比例系数 η 称为黏度系数,黏度系数是液体的重要性质之一.

[实验目的]

(1) 用落球法观察不同温度下蓖麻油的黏度.

(2) 了解 PID 温度控制的原理.

(3) 学习用感应法测量液体黏度系数.

[实验原理]

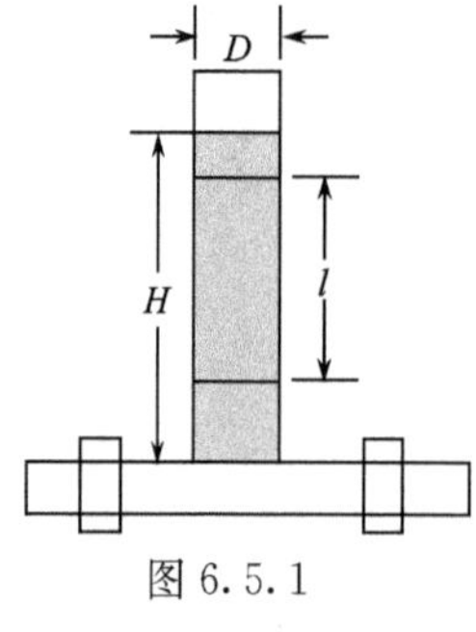

图 6.5.1

当金属小钢球在黏性液体中下落时(图 6.5.1),它受到三个竖直方向的力:小钢球的重力 mg(m 为小球质量),液体作用于小球的浮力 ρgV(V 是小球体积,ρ 是液体密度),黏滞阻力 F(其方向与小球运动方向相反),如果液体无限大,在小球下落速度 v 较小情况下,即

$$F = 6\pi\eta rv \tag{6.5.1}$$

上式称为斯托克斯公式,其中 r 是小球的半径;η 称为液

体的黏度系数，其单位是 Pa · s.

小球开始下落时，随着下落速度的增大，阻力也随之增大. 最后三个力达到平衡状态，即

$$mg = \rho g V + 6\pi\eta r v$$

于是，小球作匀速直线运动，由上式可得

$$\eta = \frac{(m-\rho V)g}{6\pi r v}$$

令小球的直径为 d，并用 $m=\frac{\pi}{6}d^3\rho'$，$v=\frac{l}{t}$，$r=\frac{d}{2}$代入上式得

$$\eta = \frac{(\rho'-\rho)gd^2t}{18l} \tag{6.5.2}$$

其中，ρ'为小球材料的密度，l 为小球匀速下落的距离，t 为小球下落 l 距离所用的时间.

在实验时，待测液体因盛于有限大小的容器中(图 6.5.1)所示，故不能满足无限大的条件，设 D 为容器内径，H 为液柱高度. 小球下落时的所受阻力 F 的公式(6.5.1)经修正后，式(6.5.2)中黏度 η 可改写为

$$\eta' = \frac{(\rho'-\rho)gd^2t}{18l} \cdot \frac{1}{\left(1+2.4\frac{d}{D}\right)\left(1+1.6\frac{d}{H}\right)} \tag{6.5.3}$$

[实验仪器]

1. PID 调节是一种温度自动调控系统，自动控制系统的原理如图 6.5.2 所示

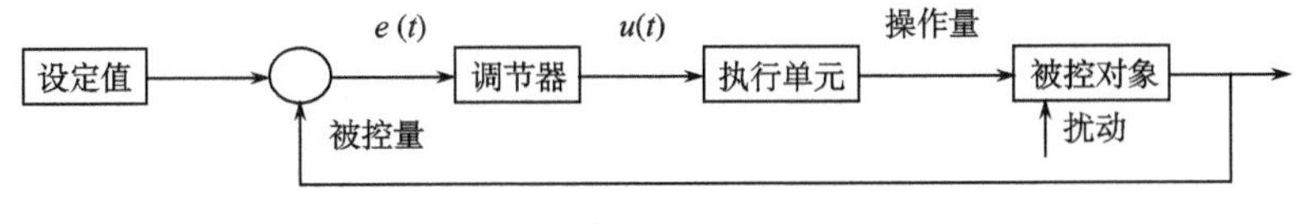

图 6.5.2

如被控量与设定值之间有偏差 $e(t)$＝设定值－被控量，调节器依据 $e(t)$及一定的调节规律输出调节信号 $u(t)$，执行单元按 $u(t)$输出操作量至被控对象，使被控量最后等于设定值. 调节器是自动控制系统的指挥机构.

在温控系统中，调节器采用 PID 调节，执行单元是由可控硅控制加热电流来控制加热器，操作量是加热功率，被控对象是水箱中的水，被控量是水的温度.

PID 调节器是按偏差的比例(proportional)，积分(integral)，微分(differential)进行调节，其调节规律可表示为

$$u(t)=K_P\left[e(t)+\frac{1}{T_I}\int_0^t e(t)\mathrm{d}t+T_D\frac{\mathrm{d}e(t)}{\mathrm{d}t}\right] \tag{6.5.4}$$

式中第一项为比例调节，K_P 为比例系数；第二项为积分调节，T_I 为积分时间常数；第三项为微分调节，T_D 为微分时间常数.

PID 温度控制系统在调节过程中温度随时间的一般变化关系可用图 6.5.3 表示，控制效果可用稳定性，准确性和快速性评价.

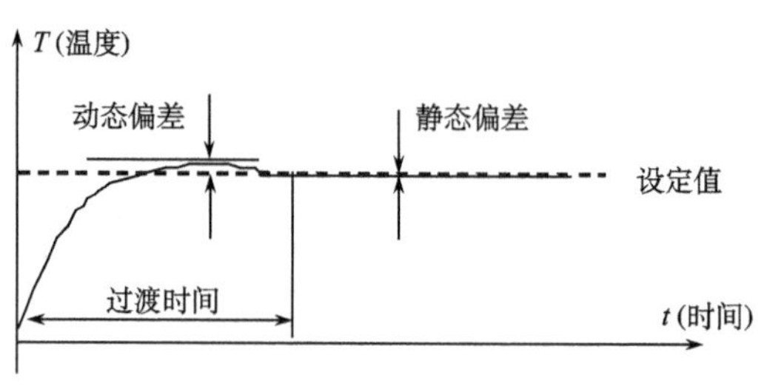

图 6.5.3

系统重新设定(或受到扰动)后经过一定的过渡过程能够达到新的平衡状态，则为稳定的调节过程. 若被控量反复振荡，甚至振幅越来越大，则为不稳定调节过程，不稳定调节过程不能采用的. 准确性可用被调量的动态偏差和静态偏差来衡量，二者越小，准确性越高. 快速性可用过渡时间表示，过渡时间越短越好.

由图 6.5.3 可见，系统在达到设定值后一般并不能立即稳定在设定值，而是超过设定值后经一定的过渡过程才重新稳定，产生超调的原因可从系统惯性，传感器滞后和调节器特性等方面来分析. 系统在升温过程中，加热器温度总是高于被控对象温度，在达到设定值后，即使减小或切断加热功率，加热器存储的热量在一定时间内仍然会使系统升温，降温有类似的反向过程，这称之为系统的热惯性. 传感器滞后是指由于传感器本身热传导特性或是由于传感器安装位置的原因，使传感器测量到的温度比系统实际的温度在时间上滞后，系统达到设定值后调节器无法立即做出反应，产生超调. 对于实际的控制系统，必须依据系统特性合理整定 PID 参数，才能取得好的控制效果.

由(6.5.4)式可见，比例调节项输出与偏差成正比，它能迅速对偏差做出反应，并减小偏差，但它不能消除静态偏差，这是因为任何高于室温的稳态都需要一定的输入功率维持，而比例调节项只有偏差存在时才输出调节量，增加比例调节系数 K_P 可减小静态偏差，但在系统有热惯性和传感器滞后时，会使超调加大.

积分调节项输出与偏差对时间的积分成正比，只要系统存在偏差，积分调节作用就不断积累，输出调节量以消除偏差. 积分调节作用缓慢，在时间上总是滞后于偏差信号的变化，增加积分作用(减小 T_I)可加快消除静态偏差，但会使系统超调加大，增加动态偏差，积分作用太强甚至会使系统出现不稳定状态.

微分调节项输出与偏差对时间的变化率成正比，它阻碍温度的变化，能减小超调量，克服振荡. 在系统受到扰动时，它能迅速作出反应，减小调整时间，提高系统的稳定性.

2. 感应式落球法变温黏度测量仪

仪器由控温系统主机和待测溶液装置两部分组成. 主机包含水箱、水泵、加热器、控制及显示电路等部分；待测液体装在细长的样品管(待测溶液装置)中，样品管外的加热水套连接到主机，通过热循环水加热样品. 在样品管外上、下两处分别套有两个感应线圈，小球穿过感应线圈时可分别产生脉冲信号，用以记录小球经过两线圈距离所需的时间.

［实验内容］

1. 实验前准备

(1) 连接主机和装置，接线方法如图 6.5.4 所示，1→a，2→b，3→c，4→d，5→e.

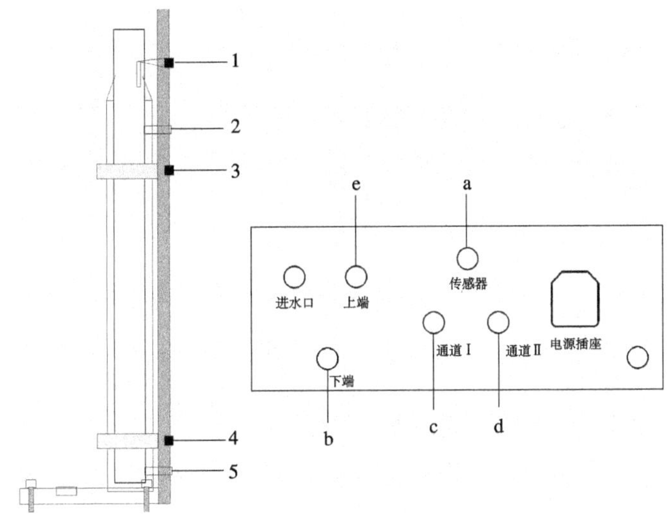

图 6.5.4

(2) 向双层玻璃管内部加入待测液体.

(3) 检查仪器前面的水位指示管，从进水口将水箱水加到水位指示为 4cm 处.

(4) 打开电源开关，水由低到高加满玻璃管外壁，然后自动循环.

(5) 设定 PID 控温表，设定温度方法如图 6.5.5 所示.

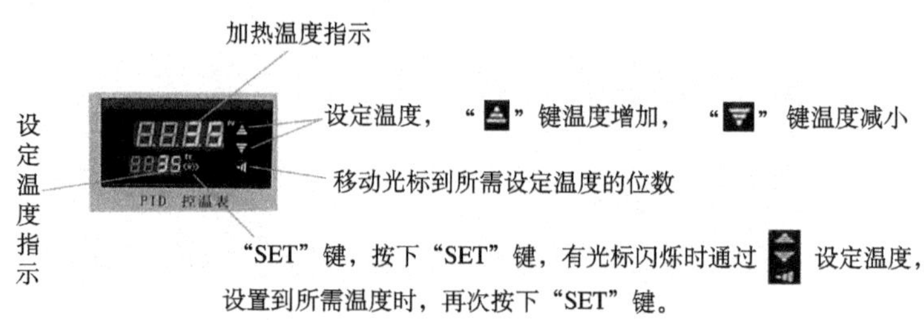

图 6.5.5

(6) 温度设好后，按下加热开关，开始对液体加热，等到温控仪温度达到设定值后再等约 10 分钟，使样品管中的待测液体温度与加热水温完全一致，才能测液体黏度.

2. 自动计时法测黏度系数界面(图 6.5.6)

人机界面(功能秒表)

图 6.5.6

(1) 主机通电后.“自动”指示灯亮，“S”指示灯亮，数码管显示“000.000”.

(2) 此时主机处于自动计时状态，投小球即可做实验：投入小球，当小球经过上方的感应线圈时开始自动计时，当小球经过下方的感应线圈时计时停止.数码管上会自动显示出小球在有效距离内的下落时间.

(3) 看到有时间显示后，按“查询”键，数码管显示出对应的黏滞系数 . Pa · s，如 0.394Pa · s(注：再按“确定”键，能回到时间数据显示).

3. 手动计时法测黏度系数

(1) 按“手动/自动”时，切换到手动，“手动”状态指示灯亮.

(2) 可利用“开始/停止”键启动和关闭计时秒表，投小球后，当小球下落到第一个线圈位置时，按下“开始/停止”键开始计时，当下落到第二个线圈时，按下“开始/停止”键停止计时，此时数码管显示的时间即为钢球下落的时间.

4. 黏度系数测量过程

(1) 用镊子夹住小球沿样品管中心轻轻放入液体，观察小球是否一直沿中心下落，若样品管倾斜，应调节其竖直. 测量过程中，尽量避免对液体的扰动.

(2) 保护指示灯亮，表示加的水量不够，应补充加水，直至指示灯灭为止.

(3) 除非出现如死机或秒表计时不受控制的情况，否则勿按“复位”键.

(4) 自动计时状态下，小球未投时，即时间未启动或已经停止计时时，可按“设定参数”一次，用“上翻”或“下翻”改变液体密度参数，每次动作 0.01，再按“设定参数”一次，用“上翻”或“下翻”改变小球直径参数，每次动作 1.0mm，设定完成后按“确定”回到计时状态.

(5) 自动计时状态下可连续做实验，即连续投小球并人工记录每次下落时间及黏滞系数. 其间不需要人为清除数码管时间，主机会自动清零.

(6) 将测量数据记入表 6.5.1 中. 表 6.5.1 中列出了部分温度下黏度的参考值见附录表，可将这些温度下黏度的测量值与参考值比较.

(7) 实验全部完成后，用磁铁将小球吸引至样品管口，用镊子夹入蓖麻油中保存，以备下次实验使用.

[数据处理]

表 6.5.1

温度/℃	时间/s						速度/(m/s)	η/(Pa·s) 测量值	*η/(Pa·s) 参考值
	1	2	3	4	5	平均			
10									2.420
15									
20									0.986
25									
30									0.451
35									
40									0.231
45									
50									

计算 η、σ_η 及 E_η，表示结果 $\bar{\eta}\pm\sigma_\eta$.

将表 6.5.1 中的测量值，用(6.5.3)式计算出不同温度 T 下的 η，并在坐标纸

上画出 η-T 关系曲线.

$$\eta'=\frac{(\rho'-\rho)gd^2t}{18l}\cdot\frac{1}{\left(1+2.4\dfrac{d}{D}\right)\left(1+1.6\dfrac{d}{H}\right)}$$

式中,D 容器内径 3.6cm(油柱直径),H 液体高度 50cm(油柱高度).

ρ'小球密度(此处为 $7.9\times10^3\text{kg/m}^3$)

ρ 液体密度(蓖麻油的密度 $\rho=0.96\times10^3\text{kg/m}^3$)

g 重力加速度 9.79878m/s^2

d 小球直径 8mm(默认)可人为改变 (但自动测量时小球直径不能小于 8mm)

t 小球下落时间(数码管读数)

l 小球下落有效高度 28.5cm(两感应线圈间距离)

[思考题]

(1) 分析产生误差的主要原因及减少误差的方法.

(2) 如何避免小球通过第一个线圈和第二个线圈位置时的视差?

(3) 试讨论:液体黏滞系数 η 将如何随温度发生变化?

6.6　用千分表法测金属线膨胀系数

在一维情况下,固体受热后长度的增加称为线膨胀. 在相同条件下,不同材料的固体,其线膨胀的程度各不相同,线膨胀系数是物质的基本物理参数之一,在道路、桥梁、建筑等工程设计,精密仪器仪表设计,材料的焊接、加工等各种领域,都必须对物质的膨胀特性予以充分的考虑. 本实验提供的线膨胀系数测量仪和温控仪,能对固体的线膨胀系数予以准确测量.

本实验提供的温控仪针对学生实验的特点,让学生自行设定调节参数,并能观察到对于特定的参数、温度及功率随时间的变化关系及控制精度,加深学生对 PID 调节过程的应用.

[实验目的]

(1) 测量金属的线膨胀系数.

(2) 学习 PID 调节的应用.

[实验原理]

绝大多数物质具有“热胀冷缩”的特性，这是由于物体内部分子热运动加剧或减弱造成的. 这个性质在工程结构的设计中，在机械和仪表的制造中，在材料的加工(如焊接)中都应考虑到，否则，将影响结构的稳定性和仪表的精度. 本实验仪通过加热温度控制仪，精确地控制实验样品在一定的温度下，由千分表直接读出实验样品的伸长量，实现对固体线胀系数测定.

在一定的温度范围内，原长为 L 的物体，受热后其伸长量 ΔL 与其温度的增加量 Δt 近似成正比，即

$$\Delta L = \alpha L \Delta t \tag{6.6.1}$$

式中的比例系数 α 称为固体的线胀系数. 不同材料的线胀系数不同，塑料的线胀系数最大，金属次之，殷钢、熔融石英的线胀系数很小. 殷钢和石英的这一特性在精密测量仪器中有较多的应用.

几种材料的线胀系数

材　　料	铜、铁、铝	普通玻璃、陶瓷	殷　钢	熔凝石英
α 数量级	$-10^{-5}(℃)^{-1}$	$-10^{-6}(℃)^{-1}$	$<2\times10^{-6}(℃)^{-1}$	$10^{-7}(℃)^{-1}$

为测量线胀系数，将材料做成条状或杆状. 由(6.6.1)式可知，测量出 t_1 时杆长 L、受热后温度达 t_2 时的伸长量 ΔL 和受热前后的温度 t_1 及 t_2，则该材料在(t_1，t_2)温区的线胀系数为

$$\alpha = \frac{\Delta L}{L(t_2 - t_1)} \tag{6.6.2}$$

其物理意义是固体材料在(t_1，t_2)温区内，温度每升高一度时材料的相对伸长量，单位为$(℃)^{-1}$.

测线胀系数的主要是如何测伸长量 ΔL. 先粗估算出 ΔL 的大小，若 $L\approx 400$mm，温度变化 $t_2-t_1\approx100℃$，金属的 α 数量级为 $10^{-5}(℃)^{-1}$，对于这么微小的伸长量，用普通量具如刚尺或游标卡尺是测不准的，可采用千分表(分度值为 0.001mm). 本实验中采用千分表测微小的线胀量.

[实验仪器]

线膨胀系数测定仪装置、千分表、待测材料铜、铁、铝各一根.

千分表是一种通过齿轮的多极增速作用，把一微小的位移，转换为读数圆盘上指针的读数变化的微小长度测量工具，它的传动原理如图 6.6.1 所示，结构如图

6.6.2 所示.

千分表在使用前,都需要进行调零,调零方法是:在测头无伸缩时,松开"调零固定旋钮",旋转表壳,使主表盘的零刻度对准主指针,然后固定"调零固定旋钮".调零好后,毫米指针与主指针都应该对准相应的 0 刻度.

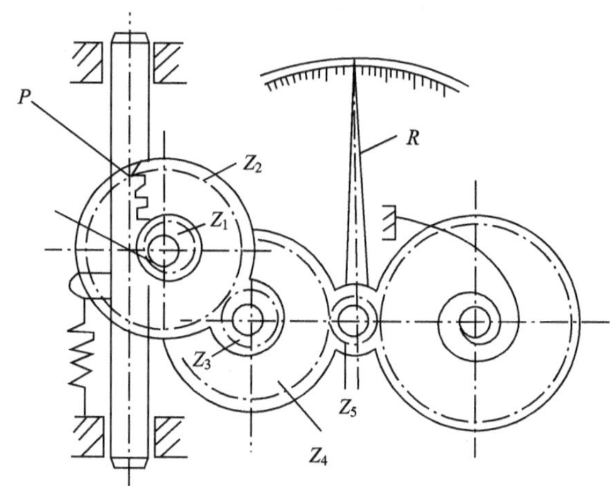

P: 带齿条的测杆; Z_1~Z_5: 带齿条的测杆

图 6.6.1

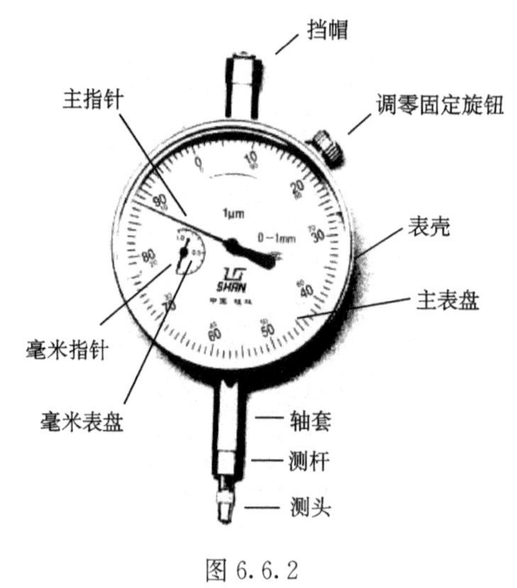

图 6.6.2

千分表的读数方法:本实验中使用的千分表,其测量范围是 0～1mm.当测杆伸缩 0.1mm 时,主指针转动一周,且毫米指针转动一小格,而表盘被分成了 100 个小格,所以主指针可以精确到 0.1mm 的 1/100,即 0.001mm,可以估读到 0.0001mm,即

千分表读数 = 毫米表盘读数 $+\frac{1}{1000}\times$主表盘读数(单位:mm),(毫米表盘读数不需要估读,主表盘读数需要估读).例如:图 6.6.3 中千分表读数为 $0.2+\frac{1}{1000}\times 59.8=0.2598\text{mm}$

[实验内容]

(1) 开机预热 10 分钟,将仪器面板上(风扇接口 、加热输出 、传感器接口)与测量装置连接,将待测材料放入加热器中、装上千分尺,调节装置后面顶头螺丝适中.

图 6.6.3

(2) PID 调节:(请参考感应式落球法测液体黏度系数实验中说明),调节 PID 控温表,设置 SV:在表面板上按一下(SET)按键,SV 表头的温度显示个位将会闪烁;按面板上的"▲"或"▼"键调整设置个位的温度;在按面板上按一下(SET)按键即可,SV 表头的温度显示个位将会闪烁,再按"＜"键使表头的温度显示十位闪烁,按面板上的"▲"或"▼"键调整设置十位的温度;用同样方法还可设置百位的温度.调好 SV 所需设定的温度后,再按一下(SET)按键即可完成设置.将加热开关选择自动加热,待 30 秒后,仪器开始加热,控温表即可自动控制温度(注意:调节不同温度的值,设定参照步骤按上面进行调节).

(3) 测量:当加热盘温度恒定在设定温度 50.0℃,读出千分表数值 L_1,当温度分别为 55.0℃,60.0℃,65.0℃,70.0℃,75.0℃,80.0℃,85.0℃,90.0℃,95.0℃时,分别记下千分表读数 $L_2, L_3, L_4, L_5, L_6, L_7, L_8, L_9, L_{10}, \cdots, L_n$.

(4) 用逐差法求出 5℃时金属棒的平均伸长量,由(6.6.2)式即可求出金属棒在(50℃,95℃)温区内的线胀系数.

[数据处理]

根据 $\Delta L=\alpha L_0 \Delta t$,由表 1 数据用线性回归法或作图法求出 ΔL_i-ΔT_I 直线的斜率 K,已知固体样品长度 $L_0=$ 500mm,则可求出固体线膨胀系数 $\alpha=K/L_0$.

t/℃	50	55	60	65	70	75	80	85	90	95
L_n										
ΔL										
$\alpha=\dfrac{\Delta L}{L(t_2-t_1)}$										

[思考题]

(1) 该实验的误差来源主要有哪些?

(2) 如何利用逐差法来处理数据?

(3) 利用千分表读数时应注意哪些问题,如何消除误差?

6.7 用悬丝耦合弯曲共振法测金属材料杨氏模量

杨氏模量是工程材料的一个重要物理参数,它标志着材料抵抗弹性形变的能力. 在物理实验中所用的测量方法是"静态拉伸法",采用这种方法由于拉伸时载荷大,加载速度慢,存有弛豫过程,它不能真实地反映材料内部结构的变化,对脆性材料无法用这种方法测量,也不能测量在不同温度时的杨氏模量. 而弯曲共振法因其适用不同的材料和不同的温度范围,实验结果稳定误差小,而广泛采用此测量方法. 其测量方法规定为悬丝耦合弯曲共振法,即常称为动态悬挂法.

[实验目的]

(1) 用悬丝耦合弯曲共振法测定金属材料杨氏模量.

(2) 设计性扩展实验.

[实验原理]

用悬丝耦合弯曲共振法测定金属材料杨氏模量的基本方法是:将一根截面均匀的试样(圆棒或矩形棒)用两根细丝悬挂在两只传感器(即换能器,I 激振,II 拾振)下面,在试样两端自由的条件下,由激振信号通过激振传感器做自由振动,并由拾振传感器检测出试样共振时的共振频率,再测出试样的几何尺寸,密度等参数,即可求得试样材料的杨氏模量. 根据理论推导得

$$E = 1.6067\frac{l^3 m}{d^4}f^2 \quad (圆形截面棒) \qquad E = 0.9464\frac{l^3 m}{bh^3}f^2 \quad (矩形截面棒)$$

式中，l 为棒长，d 为圆形棒的直径，b 和 h 分别矩形棒的宽度和高度，m 为棒的质量，f 为试样共振频率.

如果在实验中测定了试样在不同温度时的固有频率 f，即可计算出试样在不同温度时的杨氏模量 E. 在国际单位制中杨氏模量的单位为 $\mathrm{N \cdot m^{-2}}$.

值得注意的是，在推导以上两个公式时是根据最低级次（基频）的对称性振动的波形推导出的. 从图 6.7.1 可见，试样在基频振动时，存在两个节点，分别在 $0.224l$ 和 $0.776l$ 处. 显然节点是不振动的，实验时悬丝不能吊挂在节点上.

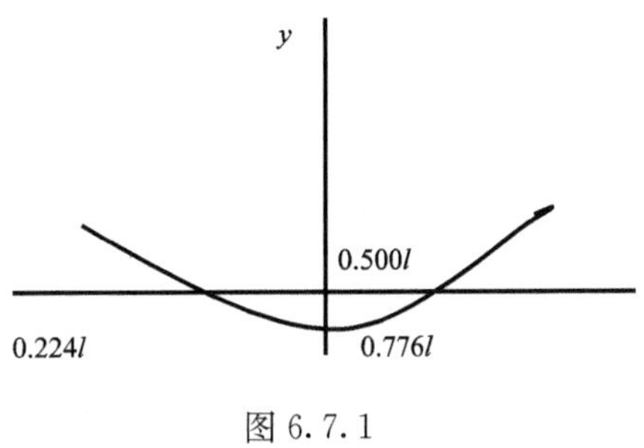

图 6.7.1

［实验仪器］

本实验主要是测量试样的共振频率. 为了测出该频率，可采用如图 6.7.2 所示装置.

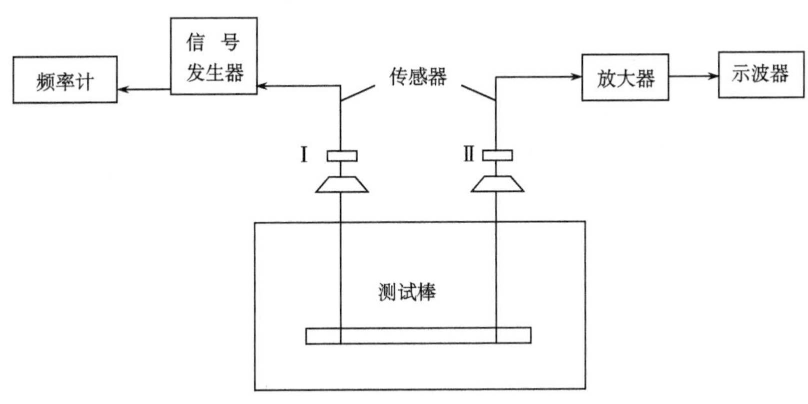

图 6.7.2

由信号发生器输出的等幅正弦波信号，加在传感器 I（激振）上，通过传感器 I 把电信号转变成机械振动，再由悬线把机械振动传给传感器 II（拾振），这时机械振动又转变成电信号. 该信号放大后送到示波器中显示.

当信号发生器的输出频率不等于试样的共振频率时，试样不发生共振，示波器上几乎没有信号波形或波形很小. 当频率相等时，试样发生共振，示波器上波形突然增大，读出此时的频率，该频率就是试样的共振频率，根据公式即可计算出试样的杨氏模量.

［实验内容］

(1) 测定试样的长度 l,直径 d 和质量 m.

(2) 在室温下铜的杨氏模量为 $1.2\times10^{11}\ \mathrm{N\cdot m^{-2}}$,先估算出共振频率 f,以便寻找共振点.因试样共振状态的建立需要有一个过程,且共振峰十分尖锐,因此在共振点附近调节信号频率时须十分缓慢地进行.

［思考题］

(1) 用什么规格的仪器测量试样的长度 l,直径 d,质量 m 和共振频率 f.

(2) 估算实验误差,可从以下几个方面考虑:

① 仪器误差.

② 悬挂点偏离节点引进的误差.

设计性扩展实验

［实验目的］

(1) 根据李萨如图型法判定试样的共振频率 f.

(2) 根据实验原理,要使试样自由振动就应把悬丝吊扎在试样的节点上,但这样做不能激发和拾取试样的振动.请用"处延测量法"准确测定悬线吊扎在试样节点上时的共振频率,并修正实验结果.

［实验仪器］

NJG-YM-II 型信号发生器的前面板如图 6.7.3、图 6.7.4 所示.

1. Norm:仪器工作在手动状态; 2.激振电压显示;3.激振频率显示;4.拾振电压显示;5.共振指示灯,共振时指示灯闪烁;6.扫描按键:按下此按钮仪器在 Norm 和 Scan 两种工作状态下转换;7.激振电压调节:调节此旋钮使 V_j 在(0 ~ 8V)间变换.8.频率粗调:激振频率最小调整单位为 10Hz;9.频率细调:激振频率最小调整单位为 0.1Hz;10. Scan:仪器工作在扫描状态.

前面板图中的表头部分:电压是液晶显示,由旋钮 7 调节,其电压调节范围为 0~8V;频率显示也为液晶显示,分别为旋钮 8 和 9 进行配合调节,其频率调节范

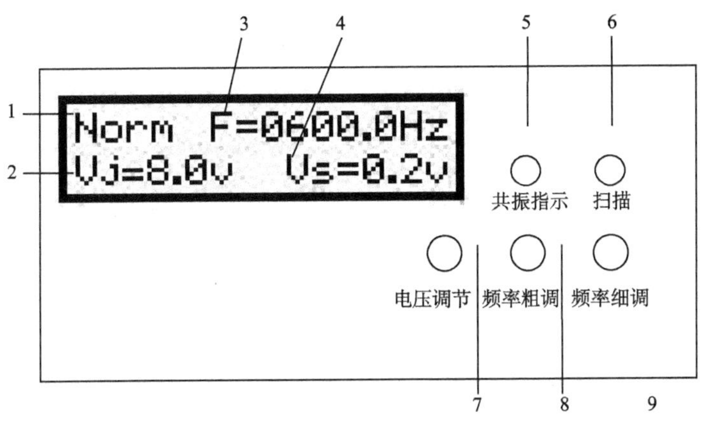

图 6.7.3

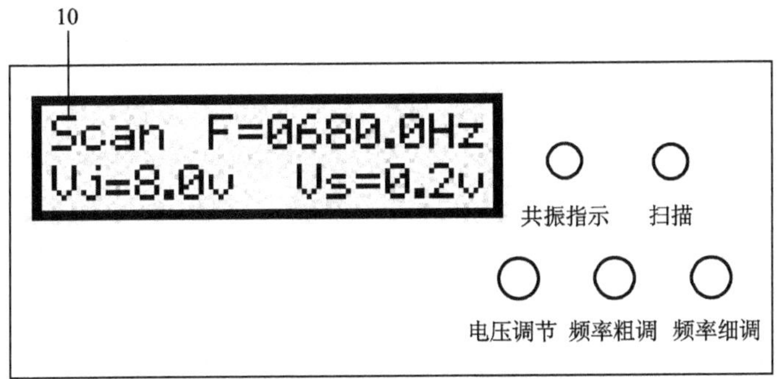

图 6.7.4

围为 20～1500Hz.

本信号发生器频率范围较窄，本仪器中频率细调达 0.1Hz，对于共振峰十分尖锐的，本实验是最适用的.

NJG-YM-II 型信号发生器的后面板如图 6.7.5 所示：1. 电源开关；2. 电源插座；3. 激振输入；4. 拾振输入；5. 拾振输出；6. 激振输出.

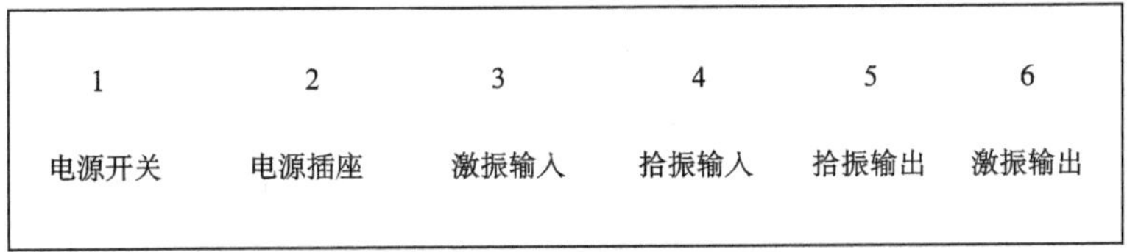

图 6.7.5

[技术指标]

1. 测试台、拾振器输出灵敏度>10mA(激振电压 8V,试样共振时);2. 激振电压范围:0~8V;3. 拾振电压范围:0~5V;4. 频率范围:20Hz~1500Hz;5. 频率粗调:10Hz;6. 频率细调:0.1Hz;7. 电压、频率显示方式:液晶显示;8. 整机综合误差(<1%).

[实验内容]

(1) 接通电源,连接示波器.

(2) 调节激振电压调节旋钮,使 V_j 为 8.0V,将频率细调旋钮逆时针旋为最小状态(此时频率显示的最后两位应该为 0).

(3) 调整频率粗调旋钮,使频率显示为参考频率值(如 600Hz).

(4) 按下扫描按钮(此时状态由 Norm 变为 Scan)等待扫描结果.

(5) 当波形出现最大值时,记下此时的频率值,按下扫描按钮(此时状态由 Scan 变为 Norm),在所记下的频率值附近调节频率细调,找到最佳波形.

(6) 记下此时的频率值,即共振点的频率值,当谐振电压大于 3V 时,共振指示动作.

关于试样的几何尺寸在推导计算公式的过程中,没有考虑试样任一截面两侧的剪切作用和试样在振动过程中的回转作用. 显然这只有在试样的直径和长度之比(径长比)趋于零时才能满足,精确测量时应对试样不同的径长比作出修正. 令

$$E_0 = KE$$

式中,E 为未经修正的杨氏模量,E_0 为修正后的杨氏模量,K 为修正系数. K 值填入表 6.7.1.

表 6.7.1

径长$\frac{d}{l}$	0.01	0.02	0.03	0.04	0.05	0.06
修正系数 K	1.001	1.002	1.005	1.008	1.014	1.019

实验时一般可取径长比为 0.03~ 0.04 的试样,径长比过小,会因试样易于变形而使实验结果误差变大,对同一材料不同径长比的试样,经修正后可以获得稳定的实验结果.

关于悬丝的材料和直径推荐的几种悬丝做实验,对某一试样在相同温度时测得的结果填入表 6.7.2.

表 6.7.2

悬丝材料	棉　线	Φ0.07 铜丝	Φ0.06 镍铬丝
共振频率/Hz	899.0	899.1	899.3

可见对不同材料的悬丝，共振频率差值不大(0.03%)，但悬丝越硬，共振频率越大.

用同种材料不同直径的悬丝做实验，对同一试样在相同温度时测得的结果如表 6.7.3 所示.

表 6.7.3

铜丝直径/mm	0.07	0.12	0.24	0.46
共振频率/Hz	899.1	899.1	899.3	899.5

可见悬丝的直径越粗，共振频率越大.这与上述的悬丝越硬，共振频率越大是一致的.因此，如果实验时的温度不太高，悬丝的刚度能承受时，悬丝尽量用得细些、软些.

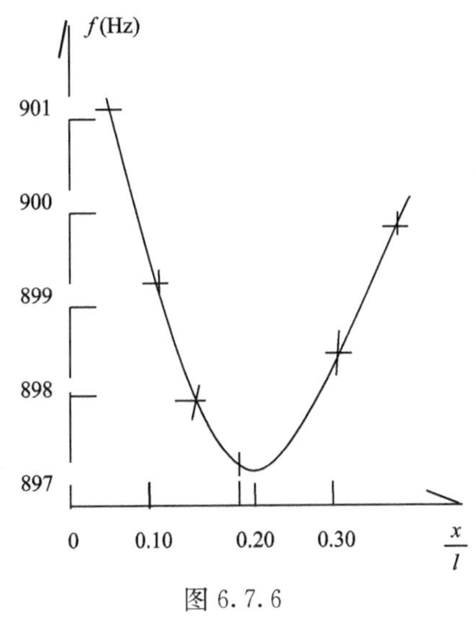

图 6.7.6

关于悬丝吊扎点的位置，已简单述及了试样作基频对称型振动时，存在两个节点，节点是不振动的.必须偏离节点，悬挂点偏离节点越远，可以检测到的共振信号越强，但试样受外力的作用也越大，由此产生的系统误差越大.为了消除误差，可采用内插测量法测出，如果悬丝吊扎在试样节点上时，试样的共振频率.具体的测量方法可以逐步改变悬丝吊扎点的位置，逐点测出试样的共振频率 f.设试样端面至吊扎点的距离为 x，以 $\frac{x}{l}$ 作横坐标，共振频率 f 为纵坐标作图，如图 6.7.6 所示.

从图内插求出吊扎点在试样节点($\frac{x}{l}=0.224$ 处)时的共振频率 f(图标 $f=$ 897.2Hz)，实验数据如下：

X/mm	7.5	15.0	22.5	30.0	37.5	45.0	52.5
$\frac{x}{l}$	0.05	0.10	0.15	0.20	0.25	0.30	0.35
F/Hz	901.4	899.4	898.0	897.3	897.4	898.5	900.0
激振电压/V	0.2	0.3	0.4	2	3	0.4	0.3

关于真假共振峰的判别方法.

① 共振频率预估法:实验前先用理论公式估算出共振频率的大致范围,然后进行细致的测量,对于分辨真假共振峰十分有效.

② 峰宽判别法:真正的共振峰的峰宽十分尖锐,尤其在室温时,只要改变激振信号频率±0.1Hz,即可判断出试样是否处于最佳共振状态.

③ 撤耦判别法:如果将试样用手托起,撤去激振信号通过试样耦合给拾振传感的通道.如果是干扰信号,尤其是当激振信号过强时,直接通过空气或测振台传递给拾振传感器,则示波器上显示的波形不变.

④ 其他尚有衰减判别法:突然去掉激振信号,共振峰应有一个衰减过程,而干扰信号没有.实验者可运用已有的物理学知识和实验技能,设法进行判别.

6.8 声速综合实验测量

本声速实验仪具有在超声波测距、定位,液体流速、材料的弹性、气体温度瞬间变化,观测驻波与共振干涉现象,声音在空气中传播速度,观测声波的双缝干涉和单缝衍射,都会牵涉到声速物理量的测量.通过实验使学生更深入掌握波动学的基本原理和实验方法.

[实验目的]

(1) 用相位法和共振干涉法测量声音在空气中传播速度.

(2) 观察和测量声波的双缝干涉和单缝衍射.

[实验原理]

声波在气体、液体、固体中传播,声波按频率的高低分为次声波($f<20$Hz)、声波(20Hz$\leqslant f\leqslant$20kHz)、超声波($f>$20kHz)和特超声波($f\geqslant$10MHz),声波频谱分布如图 6.8.1.

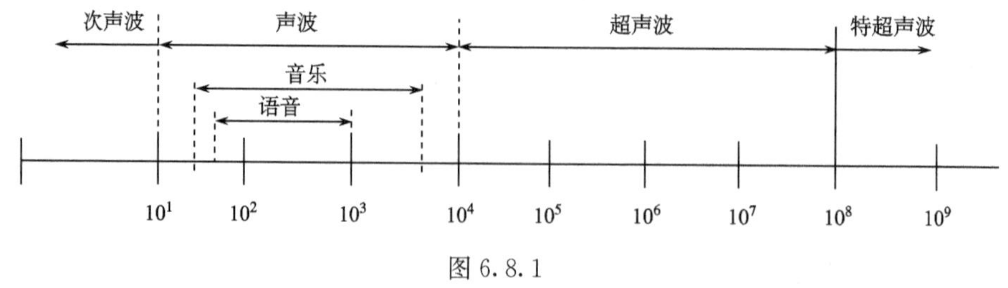

图 6.8.1

振荡源在介质中可产生不同形式的振荡波．横波：质点振动方向和传播方向垂直的波，它只能在固体中传播．纵波：质点振动方向和传播方向一致的波，它能在固体、液体、气体中的传播．表面波：当材料介质受到交变应力作用时，产生沿介质表面传播的波，介质表面的质点做椭圆的振动，因此表面波只能在固体中传播且随深度的增加衰减很快．

声波在理想气体中的传播可认为是绝热过程，因此传播速度可表示为

$$V=\sqrt{\frac{rRT}{\mu}} \tag{6.8.1}$$

式中，R 为气体普适常量（$R=8.314\text{J}/(\text{mol}\cdot\text{k})$），$\gamma$ 是气体的绝热指数，μ 为分子量，T 为气体的热力学温度，若以摄氏温度 t 计算，则 $T=T_0+t$，$T_0=273.15\text{K}$ 代入式(6.8.1)得

$$V=\sqrt{\frac{rR}{\mu}(T_0+t)}=\sqrt{\frac{rR}{\mu}T_0}\cdot\sqrt{1+\frac{t}{T_0}}=V_0\sqrt{1+\frac{t}{T_0}} \tag{6.8.2}$$

对于空气介质 0℃时的声速 $V_0=331.45\text{m/s}$．若同时考虑到空气中的蒸汽的影响，校准后声速公式为

$$V=331.45\sqrt{\left(1+\frac{t}{T_0}\right)\left(1+\frac{0.319p_w}{p}\right)} \tag{6.8.3}$$

式中，p_w 为蒸汽的分压强，p 为大气压强．

1. 共振干涉法

设从发射源发出的一定频率的平面声波，经过空气传播到接收器，如果接收面与发射面严格平行，入射波在接收面上垂直反射，入射波与反射波相干涉形成驻波，反射面处为位移的波节．改变接收器与发射源之间的距离 l，在一系列特定的距离上，媒质中出现稳定的驻波共振现象．此时，l 等于半波长的整数倍，驻波的幅度达到极大，同时在接收面上的声压波腹也相应地达到极大值．在移动接收器的过程中，相邻两次达到共振所对应的接收面之间的距离即为半波长．因此，若保持频率 ν 不变，通过测量相邻两次接收信号达到极大值时接收面之间的距离（$\lambda/2$），就可以用 $V=\nu\lambda$ 计算声速．

声压变化与接收器位置的关系如图 6.8.2．

2. 相位比较法

发射波通过传声介质到达接收器，所以在同一时刻，发射处的波与接收处的波的相位不同，其相位差 φ 可利用示波器的李萨如图形来观察．相位差 φ 和角频率 ω、传播时间 t 之间有如下关系：

$$\varphi=\omega t$$

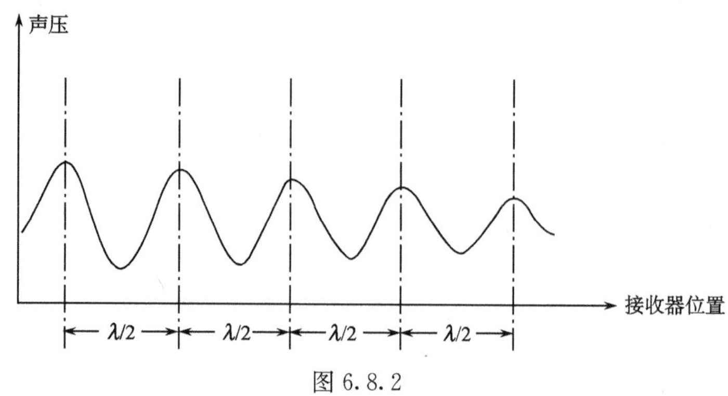

图 6.8.2

同时有

$$\omega = 2\pi/T,\ t = \frac{l}{V}, \lambda = TV$$

式中 T 为周期. λ 的确定用如下方法:根据

$$\varphi = 2\pi l/\lambda$$

当 $l=n\lambda/2(n=1,2,3,\cdots)$时, 得 $\varphi=n\pi$.

实验时,通过改变发射器与接收器之间的距离,可观察到相位的变化.而当相位差改变 π 时,相应的距离 l 的改变量即为半个波长.为精确测定波长的值,在实际的操作中要连续测多个相位改变 π 的点的坐标(图 6.8.3),再用逐差法算出波长 λ 的值,根据波长和频率值可求出声速.

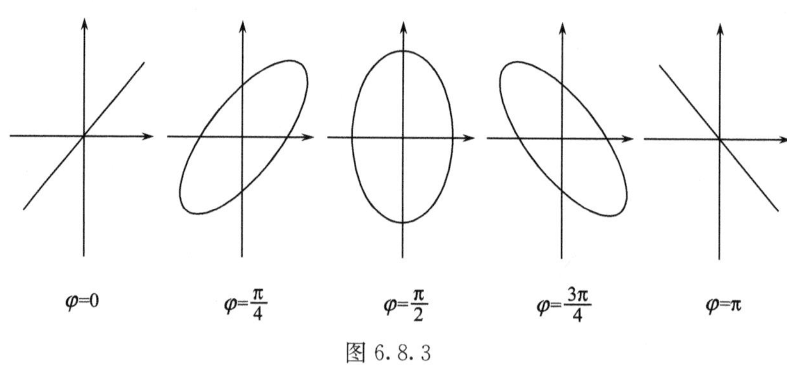

图 6.8.3

3. 声速测量及声波的双缝干涉与单缝衍射

声波是一种在弹性介质中传播的机械波,声速是描述声波在介质中传播特性的一个基本物理量.在气体中,声波是纵波而不是横波,因而不出现偏振现象,这是与电磁波现象的一个重大区别,但声音所产生的几种干涉和衍射效应与电磁波干涉和衍射效应完全相似.

由于超声波具有波长短,易于定向发射及抗干扰等优点,所以在超声波段进行声速测量是比较方便的.研究声波双缝干涉,单缝衍射及声波的反射现象,将测量结果与理论计算进行比较,从而对波动学的物理规律和基本概念有更深的理解.

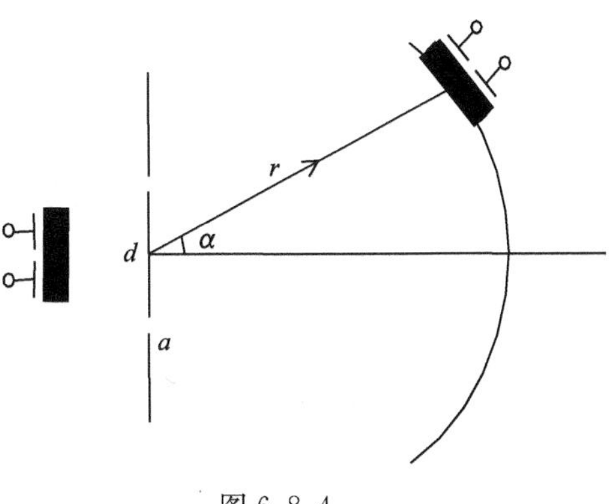

图 6.8.4

4. 声波的干涉和衍射

许多用可见光束产生的干涉和衍射实验都可以用超声波来实现和演示.其中最简单的是双缝干涉实验.实验装置如图 6.8.4 所示.对于不同的 α 角,如果从双缝到接收器的光程差是零或波长的整数倍,就会产生相长干涉,因而观察到干涉强度的极大值;当光程差是半波长的奇数倍时,干涉强度有极小值.因此,干涉强度出现极大值与极小值的条件如下:

$$\text{极大值}\quad d\sin\alpha = n\lambda \tag{6.8.4}$$

$$\text{极小值}\quad d\sin\alpha = \left(n+\frac{1}{2}\right)\lambda \tag{6.8.5}$$

式中,n 为零或整数,d 为双缝中心位置的距离,α 为接收器离中心位置转过角度,λ 为声音的波长.

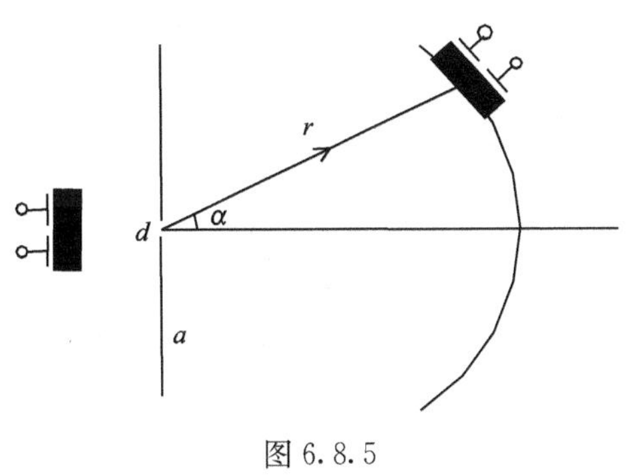

图 6.8.5

衍射效应用超声波也可以观察到,采用单缝(图 6.8.5)所示.当来自单缝的一半的辐射与来自另一半的辐射相差半波长奇数倍时,会产生相消干涉,因此相消干涉条件是

$$\frac{a}{2}\sin\alpha = \left(n+\frac{1}{2}\right)\lambda \tag{6.8.6}$$

式中,$n=0,\pm1,\pm2,\cdots$,a 为单缝缝宽,α 为接收器离中心位置转过角度.

[实验仪器]

仪器主要由三部分组成:声速测定装置、正弦信号发生器、示波器.

(1) 声速测定装置如图 6.8.6 所示:1 为数显游标卡尺电源开关;2 为位移显示;3 为位移显示置零;4 为位移调节;7 分别为超声发射器和超声接收器;5 和 8 分

别为发射器信号输入和接收器信号输出.

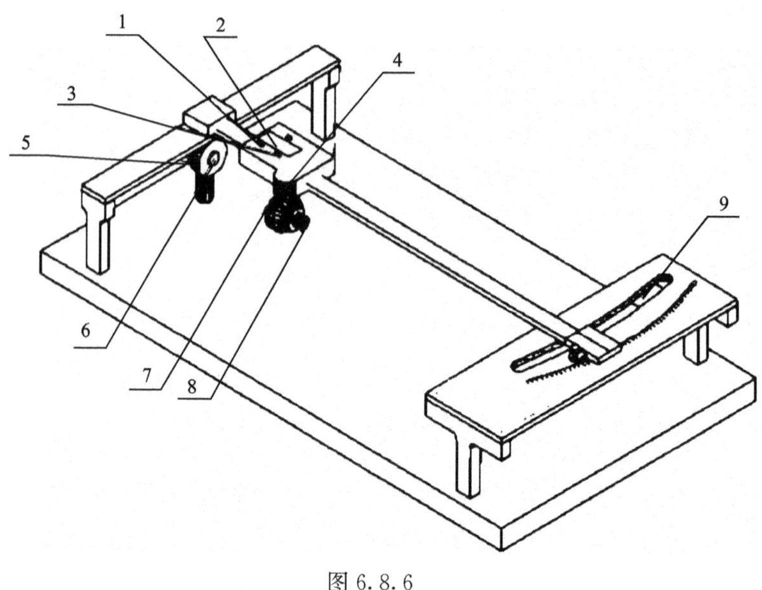

图 6.8.6

（2）声速测定装置分三部分：

① 超声波发射器和超声波接收器：超声波传感器结构如图 6.8.7 所示：(a)外形图；(b)电路符号；(c)内部结构.

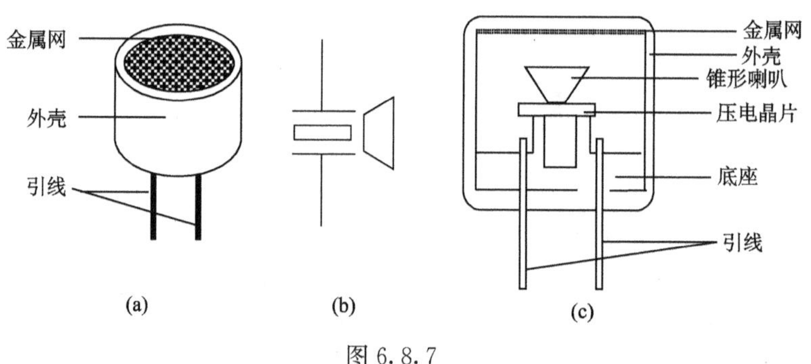

图 6.8.7

超声波传感器的工作频率约为 40kHz，其中超声波接收器与超声波发射器结构相似，只是两种压电晶片的性能有所差别. 接收型压电晶片的机械能转变为电能的效率高；而发射型相反，电能转变机械能效率高.

② 数显游标卡尺：它有一个位移传感器及液晶显示器. 游标移动时，能直接显示其移动距离，液晶显示器上有一个电源开关（图 6.8.6 中 1），使用时打开，使用完毕即关断. 置零开关（图 6.8.6 中 3），正式测量前按一下置零开关，可使当前数

字置零,然后再移动游标时液晶显示器中显示的就是位移的增量值.

③ 正弦波发生器:其输出正弦波信号,频率连续可调.

[实验内容]

声音在空气中传播速度的测量

(1) 调整测试系统的谐振频率.

按图 6.8.6 将实验装置接好. 正弦波的频率取 40kHz,调节接收换能器尽可能近距离,且使示波器上的电源信号为最大. 然后,将两个换能器分开稍大些距离(约 5～6cm),使接收换能器输入示波器上的电压信号为最大(近似波节位置). 再调节频率,使该信号确实为该位置极大值. 最后细调频率,使接收器输出信号与信号发生器信号同相位. 此时信号源输出频率等于二个换能器的固有频率. 在该频率上,换能器输出较强的超声波.

(2) 在谐振频率处用共振法和相位法测声速.

当测得一声速极大值后,连续地移动接收端的位置,测量相继出现 10 个极大值(图 6.8.2),相对应的各接收面位置 L_i,再用逐差法求波长值.

在用相位比较法时,将接收器与示波器的 Y 轴相连,发射器与示波器 X 轴相连,即可利用李萨如图形来观察发射波与接收波的相位差(图 6.8.3),适当调节 Y 轴和 X 轴灵敏度,就能获得比较满意的李萨如图形. 对于两个同频率互相垂直的简谐振动的合成,随着两者之间相位差从 $0\sim\pi$ 变化,其李萨如图形由斜率为正的直线变为椭圆,再由椭圆变到斜率为负的直线,记录游标卡尺上读数时,应选择李萨如图形为直线时所对应的位置. 每移动半个波长,就会重复出现斜率正负交替的直线图形.

(3) 本实验温度应正确仔细地测量,并测出温度计干泡温度和湿泡温度,查表得到该状态下的 p_w 值,再测得实验室当时的气压值 p,(干燥天气可不必测量 p_w 和 p),则可由式(6.8.3)求出声速值.

(4) 将上述两种方法的测量结果比较,计算相对误差.

设计性实验内容

[设计内容]

一、声波的双缝干涉

双缝装置干涉实验如图 6.8.4 所示. 实验须满足公式(6.8.4)和公式(6.8.5)条件. 为了减少由于两个缝处的衍射所引起的复杂性. 简单的办法是每个缝宽度均

小于 1 个波长(约 8～9mm 为一个波长)，缝宽仅 2～3mm，而两个缝相隔为几个波长，(实际使用双缝间距约为 3 倍波长). 这时，测量出主极大，次极大和极小值的位置. 要观察更多极大值和极小值位置，须将固定螺丝卸下，转动更大角度观察到.

二、声波的单缝衍射

单缝衍射实验如图 6.8.5 所示，将转动紧固螺丝卸下(注意螺丝和螺帽不能掉)放在纸盒内. 将接收器绕轴心转动，可以观察接收信号在不同角位置时强度的变化，由公式(6.8.6)可估算一级极小值的角度. 可以在满足公式(6.8.6)的条件下，观测到一级极小值. 估算一下衍射是否与理论值一致，转动更大角度时，可观测到一级极大值.

[注意事项]

(1) 仪器与装置连接的电缆线，不宜多拆、多接. 角度固定螺丝也不宜经常卸下. 观测大角度时双缝干涉和单缝衍射，并备 1 个大量角器.

(2) 数显游标卡尺使用时，应轻轻移动，移动时速度须慢而均匀. 实验结束时，应将数显部分电源关闭.

(3) 搬动仪器时，不能将数显游标卡尺当手柄使用. 应两手拿底板搬动装置.

(4) 平时不做实验时，应用防尘罩(或布)防尘，以避免灰尘进入换能器.

[思考题]

(1) 声波与光波、微波有何区别?

(2) 为何在声波形成驻波时，在波节位置声压最大，因而接收器输出信号最大?

(3) 在什么条件下，声波传播中的压缩与稀疏不是绝热过程? 这对声速测量结果有何影响?

[技术指标]

(1) 正弦信号发生器. 频率调节范围：38～42kHz，频率显示分辨率：0.001kHz.

(2) 超声波换能器(压电陶瓷晶片)，振荡频率 40.1±0.4kHz.

(3) 数显游标卡尺. 量程：0～200mm，精度：0.01mm.

(4) 超声波发生器固定位置. 转动角单边刻度 0°～20°分度值 1°.

(5) 双缝板：长 120mm，宽 60mm，双缝中间间距 $d=30.0$mm. 单缝板：长 120mm，宽 60mm，单缝缝宽 $a=10.0$mm.

6.9　单臂电桥法测微安表内阻

［使用部件］

电源、电阻箱、变阻箱器、微安表头、开关、导线等.

提示:参考惠斯通电桥使用原理.如何设计电路才能使流过待测臂的电流为微安数量级.

［设计内容］

设计一个测量微安表内阻的电路.

6.10　电表的设计

［实验目的］

(1) 了解磁电式电表的基本结构.

(2) 学习将毫安表改装成较大量程的电流表和电压表以及欧姆表的原理及方法.

(3) 掌握测定电流计表头的内阻的方法.

(4) 学会作校准曲线,掌握电表校准的方法.

［原理实验］

1. 电表的改装

电流计(表头)一般测量很小的电流和电压,如果要用它来测量较大的电流或电压,就必须进行改装及扩大其量程.电表的改装要依据电表自身的参数:I_g(电表电流的量程)和 R_g(电表的内阻),并应用欧姆定律设计而成.一块电表的量程从表盘上就能明显得到,而表头的内阻有时往往必须进行实际测量.

(1) 表头内阻的测量.

表头线圈的电阻 R_g 称为表头内阻.以下图中各元件分别为:

G 为待测内阻的电表；　　I_g 为表头量程；

A_0 为标准电流表；　　V_0 为标准电压表；

R_0 为标准电阻箱；　　R_p 为变阻器；

R_1 为 200Ω 标准电阻；　　R_2 为 200Ω 标准电阻；

表头内阻的测定方法很多，常用的有以下几种方法：

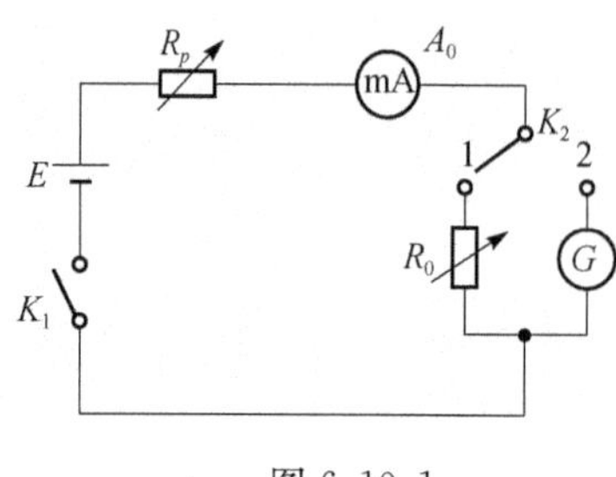

图 6.10.1

① 替代法

测量线路如图 6.10.1 所示，将 K_2 置于 2 处，调节 R_p 使标准电流表 A_0 在一较大示值处（同时注意表 G 的指示不要超过量程）；将 K_2 置于 1 处，保持 R_p 不变，调节 R_0 使表 A_0 指在原来位置上，则有 $R_0=R_g$.

② 电桥法

测量线路如图 6.10.2 所示，取 $R_2=10R_1$，R_0 为电阻箱. 调节变阻器 R_p，使电表 G 中有电流通过，然后调节 R_0，使 K_2 无论闭合还是接通，G 中电流都不发生变化，则

$$R_g = \frac{R_1}{R_2} \cdot R_0 = 10R_0 \tag{6.10.1}$$

③ 标准表法

测量线路如图 6.10.3 所示，合上 K_1，调节 R_p 和 R_0 的值，使 G 中电流为标准电流表的一半，则有 $R_g=R_0$.

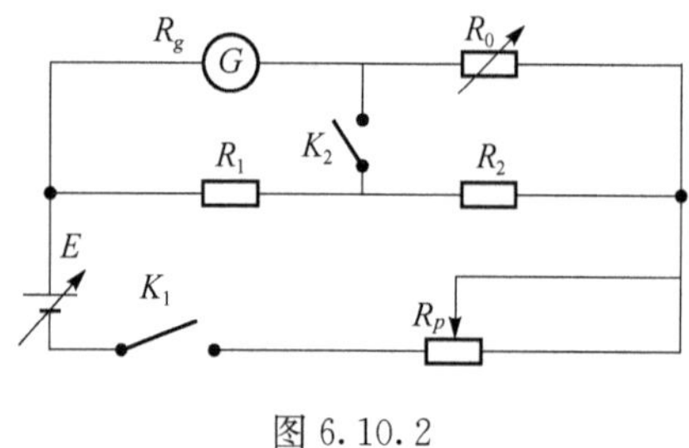

图 6.10.2

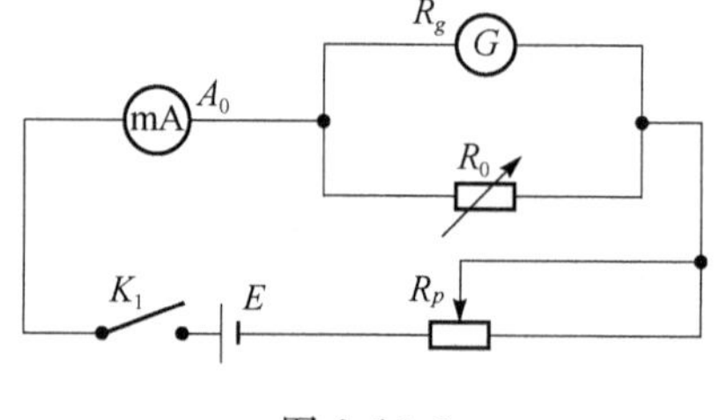

图 6.10.3

④ 半偏法

测量线路如图 6.10.4 所示，合上 K_1，断开 K_2，调节 R_p，使 G 中通过满刻度电流 I_g 则

$$I_g = \frac{E}{R_g + R_p + r} \tag{6.10.2}$$

合上 K_2，保持 R_p 不变，调节 R_0，使 G 中电流为$\frac{I_g}{2}$，则

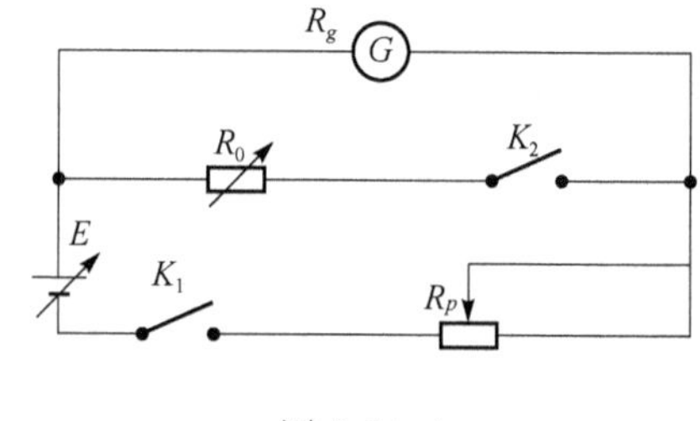

图 6.10.4

$$\frac{I_g}{2}\cdot R_g=\frac{E}{\frac{R_gR_0}{R_g+R_0}+R_p+r}\cdot\frac{R_gR_0}{R_g+R_0}\tag{6.10.3}$$

由以上两式，忽略 r 解得

$$R_g=\frac{R_pR_0}{R_g-R_0}\tag{6.10.4}$$

(2) 将表头改装为安培表.

在表头两端并联电阻 R_F，使超过表头能承受的那部分电流从 R_F 流过，而表头的电流仍在原来许可的范围之内. 由表头和 R_F 组成的整体就是安培表，R_F 称为分流电阻. 选用不同大小的 R_F，可以得到不同量程的安培表.

如图 6.10.5 所示，当表头满度时，通过安培计的总电流为 I，通过表头的电流为 I_g，由欧姆定律有

$$U_g=I_gR_g\quad U_g=(I-I_g)R_F$$

故得

$$R_F=\frac{I_g}{I-I_g}R_g=\frac{R_g}{\frac{I}{I_g}-1}=\frac{1}{n-1}R_g\tag{6.10.5}$$

式中 I/I_g 表示改装后电流表扩大量程的倍数，可用 n 表示，将表头的量程扩大 n 倍时，只要在该表头上并联一个阻值为 $R_g/(n-1)$ 的分流电阻 R_F 即可.

表头的规格 I_g、R_g 事先测出，根据需要的安培计量程，由式(6.10.5)就可以算出应并联的电阻值. 由于安培计的量程 I 远大于表头的量程 I_g，并联电阻 R_F 应远小于表头内阻 R_g.

在电流计上并联不同阻值的分流电阻，便可制成多量程的安培表，如图 6.10.6 所示.

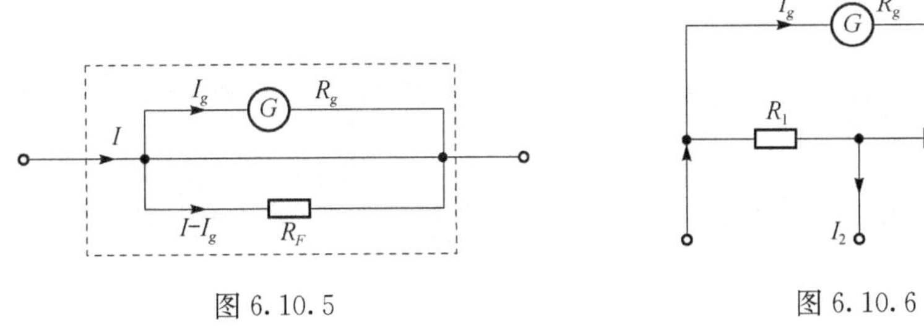

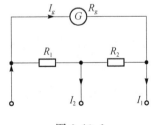

图 6.10.5　　　　图 6.10.6

同理可得

$$\begin{cases}(I_1-I_g)(R_1+R_2)=I_gR_g\\(I_2-I_g)R_1=I_g(R_g+R_2)\end{cases}$$

则

$$R_1 = \frac{I_g R_g I_1}{I_2(I_1 - I_g)}, \quad R_2 = \frac{I_g R_g (I_2 - I_1)}{I_2(I_1 - I_g)} \tag{6.10.6}$$

(3) 将表头改装为伏特表.

表头的满度电压一般为零点几伏，为了测量较大的电压，在表头上串联电阻 R_S，如图 6.10.7 所示，使超过表头所能承受的那部分电压降落在电阻 R_S 上. 表头和串联电阻 R_S 组成的整体就是伏特计，串联的电阻 R_S 称为扩程电阻. 选用大小不同的 R_S，就可以得到不同量程的伏特计.

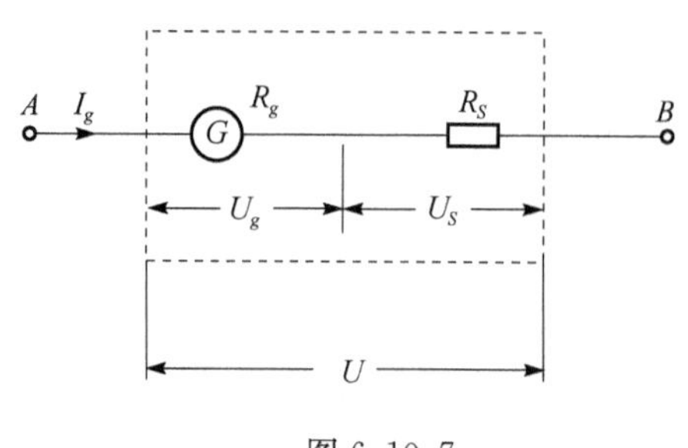

图 6.10.7

设改装后电压表的量程为 U，当表头满刻度时有

$$U_S = I_g R_S = U - U_g \quad U = U_S + U_g$$

可得

$$R_S = \frac{U - U_g}{I_g} = \frac{U}{I_g} - R_g = \left(\frac{U}{U_g} - 1\right) R_g = (n-1) R_g \tag{6.10.7}$$

式中，n 为电压表的扩程倍数. 要将表头测量的电压扩大 n 倍时，只要在该表头上串联阻值为$(n-1)R_g$ 扩程电阻 R_S. 表头的 I_g、R_g 事先测出，根据需要的伏特计量程，由(6.10.7)式就可以算出应串联的电阻值. 由于伏特计的量程 U 远大于表头的量程 U_g，串联电阻 R_S 会远大于表头内阻 R_g.

在电流计上串联不同阻值的扩程电阻，便可制成多量程的电压表，如图 6.10.8 所示. 同理可得

$$I_g(R_g + R_1) = V_1$$

$$R_1 = \frac{V_1}{R_g} - R_g$$

$$I_g(R_g + R_1 + R_2) = V_2$$

$$R_2 = \frac{V_2}{I_g} - R_g - R_1$$

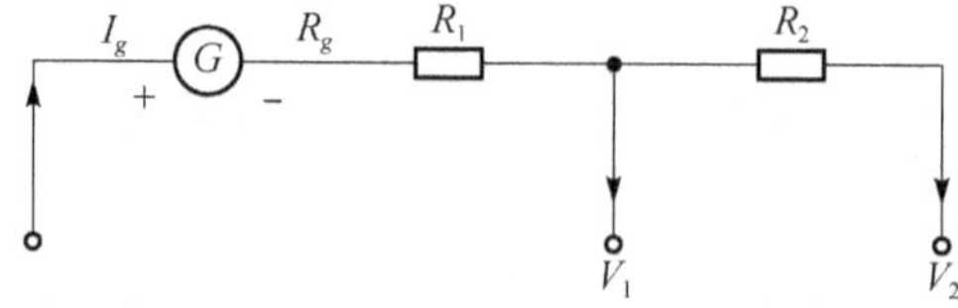

图 6.10.8

(4) 将表头改装为欧姆表.

测量电阻的电路图 6.10.9 所示. 设待改装表的内阻为 R_g，量程为 I_g. 电源电动势 E 与固定电阻 R_0(称为限流电阻)、可变电阻 R_p(称为调零电阻)串联. R_x 为被测电阻，测量时将它接在 A、B 两点之间. 由闭合电路的欧姆定律可知，接入 R_x 后，表头所指示的电流为

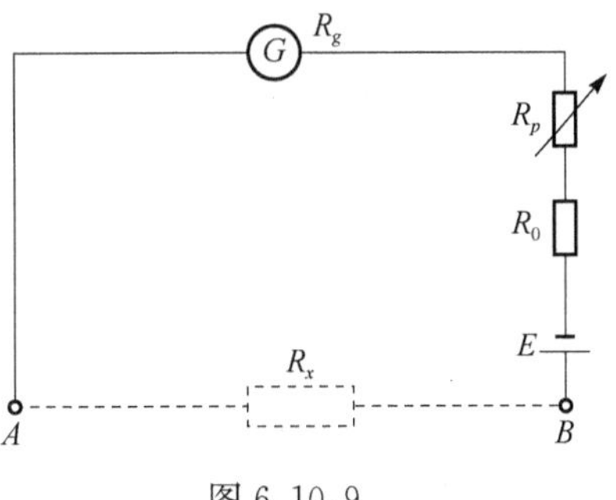

图 6.10.9

$$I_x = \frac{E}{R_g + R_0 + R_p + R_x}$$

当 E、$R_g+R_0+R_p$ 的值一定时，R_x 值与 I_x 值相对应，即与表头指针的一个偏转角度相对应，所以表面可以按电阻值来划分刻度. 现在来看三个特殊的刻度：

① 当 $R_x=0$ 时，即 A、B 间短路，调节使电路中的电流为

$$I_g = \frac{E}{R_g + R_0 + R_p}$$

这时电流强度最大，表头指针应指在满刻度. R_g 和 E 是给定的，R_p 是可调节的，如果没有 R_0，电流可能超过而使表头损坏，所以 R_0 起限制表头电流不能超过 I_g 的作用，故称为限流电阻.

② 当 $R_x=\infty$时，即 A、B 间断路时，电路中的电流为零，所以表头指针停留在最初的刻度上，这个刻度就是电阻为∞时的刻度.

③ 当 $R_x=R_g+R_0+R_p$ 时，即当待测电阻值恰等于电阻挡内部电阻值时，电流为

$$I = \frac{E}{2(R_g + R_0 + R_p)} = \frac{I_g}{2}$$

这时表头指针应刚好指在表面正中央位置，这个刻度表示的电阻值 $R=R_g+R_0+R_p$，称为电阻挡的欧姆中心(或中值电阻)，用 R_Z 表示，即

$$R_Z = R_g + R_0 + R_p$$

式中 R_Z 是由综合内阻 $R_g+R_0+R_p$ 而定的，而综合内阻可以随需要决定，万用表大多数采用 12Ω 和 24Ω 为电阻挡刻度的欧姆中心.

综上所述：图 6.10.9 所示电路原则上可以测量 0～∞范围内所有阻值. 依据被测电阻 R_x 与电流值 I_x 的对应关系，可将表头的标度尺先按已知电阻值划分刻度，就可以直接用来测量电阻. 因为 $R_x=\infty$时，$I_x=0$，表头指针在零位；$R_x=R_Z$ 时，$I_x=I_g/2$，表头指针在正中央；$R_x=0$ 时，$Ix=I_g$，表头指针在量限 I_g 处. 所以欧姆表的刻度为反向刻度，且刻度是不均匀的，电阻 R_x 越大刻度间隔越密.

2. 电表的校准

电表扩程后要经过校准方可使用,所谓校准是使被校电表与标准电表同时测量一定的电流(或电压),看其指示值与相应的标准值(从标准电表读出)相符的程度.

校准的结果得到电表各个刻度的绝对误差.选取其中最大的绝对误差除以量程,即得该电表的标称误差,即

$$\text{最大相对误差}=\frac{\text{最大绝对误差}}{\text{量程}}\times 100\%\leqslant a\% \tag{6.10.8}$$

根据标称误差的大小,将电表分为不同的等级,常记为 K.若 $0.5\%<$标称误差$\leqslant 1.0\%$,则该电表的等级为 1.0 级.其中 $\alpha=\pm 0.1$、± 0.2、± 0.5、± 1.0、± 1.5、± 2.5、± 5.0 是电表的等级,所以根据最大相对误差的大小就可以定出电表的等级.

例如:校准某电压表,其量程为 0~30 伏,若该表在 12 伏处的误差最大,其值为 0.12 伏,试确定该表属于哪一级.

$$\text{最大相对误差}=\frac{\text{最大绝对误差}}{\text{量程}}\times 100\%=\frac{0.12}{30}\times 100\%=0.4\%<0.5\%$$

因为 $0.2<0.4<0.5$,故该表的等级属于 0.5 级.

电表的校准结果除用等级表示外,还常用校准曲线表示(图 6.10.10),即以被校电表的指示值 I_{xi} 为横坐标,以校正值 ΔI_i(ΔI_i 等于标准电表的指示值 I_{si} 与被校表相应的指示值 I_{xi} 的差值,即 $\Delta I_i=I_{si}-I_{xi}$)为纵坐标,两个校正点之间用直线段连接,根据校正数据作出呈折线状的校正曲线(不能画成光滑曲线).在以后使用这个电表时,根据校准曲线可以修正电表的读数.

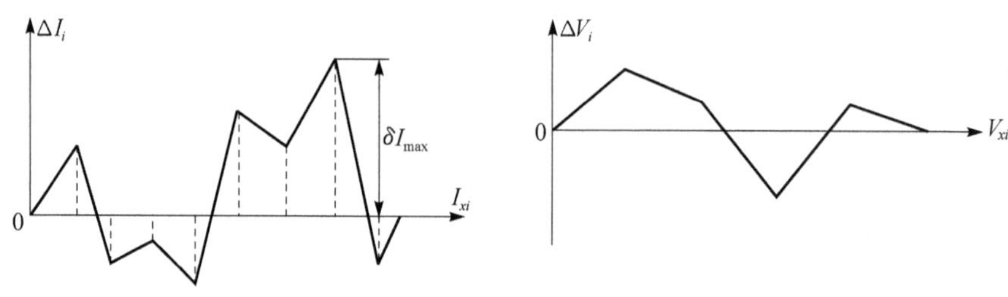

图 6.10.10

一般地,标准表的精度至少要比待校表高一个准确度等级.DG-Ⅱ型 电表改装与校准实验仪中的数字标准电压表和标准电流表的等级精度为 0.5 级.电流表和电压表的校准电路如图 6.10.11 和图 6.10.12.

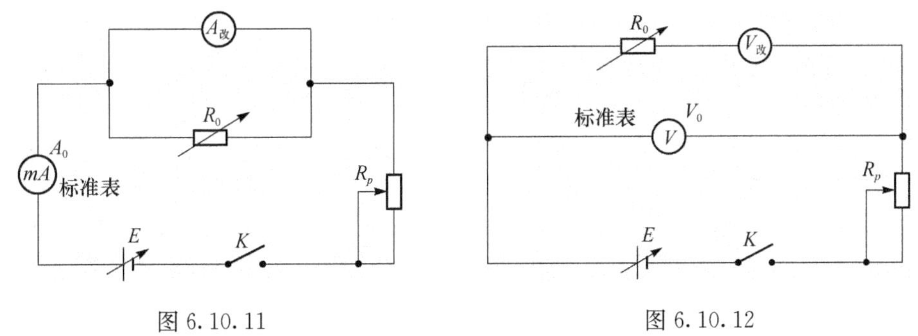

图 6.10.11　　图 6.10.12

[注意]校准电流表和电压表时，必须先调好零点，再校准量程(满刻度点).

[实验仪器介绍]

DG-II 型　电表改装与校准实验仪

仪器包含：待改装电表(毫安表)、数字标准电压表、数字标准电流表、数显可调稳压电源、十进式电阻箱 R_0、高精度标准电阻(R_1、R_2)、变阻器 R_p 和专用导线等.

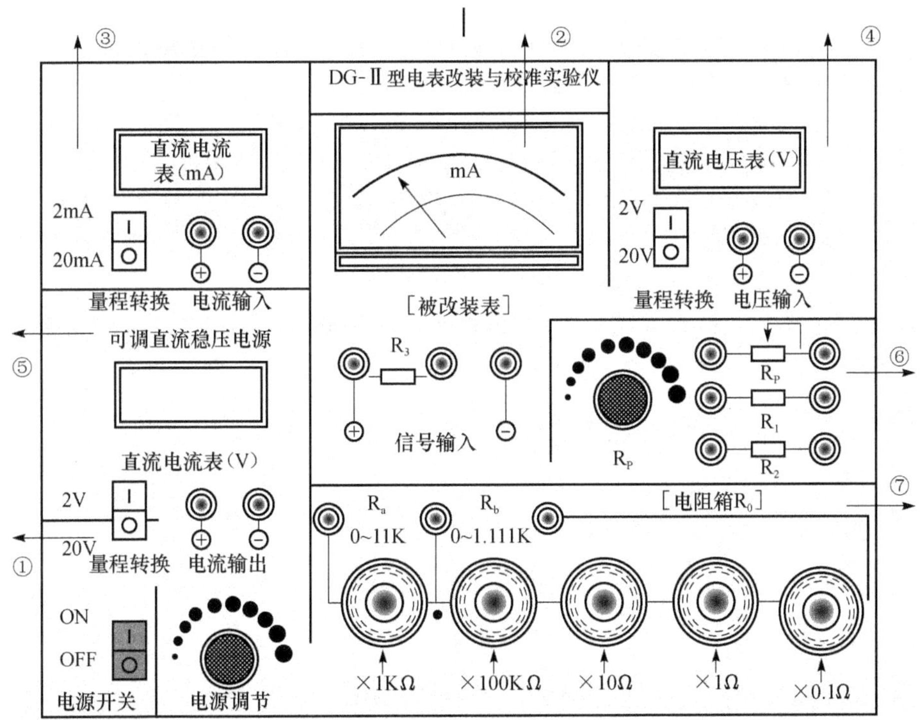

仪器面板示意图

本仪器将面板分为 7 个模块，其功能分别对应如下：

① 仪器电源开关：电源接通时，电源指示灯亮.

② 待改装电表(G)：其输入端的正极对应于红色插孔"＋"，负极对应于黑色插孔"－"；其输入正端"＋"跨接标准电阻"R_3"至黄色插孔，此黄色插孔为毫安表的保护端. $R_3=2\text{k}\Omega$.

③ 数字标准直流电流表(A_0)：分 2mA、20mA 两挡；通过"量程转换"开关来选择量程，其输入端的正极对应于红色插孔"＋"，负极对应于黑色插孔"－"；三位半 LED 数字表显示，精度：0.5 级.

④ 数字标准直流电压表(V_0)：分 2V、20V 两挡，通过量程转换开关来选择量程. 其输入端的正极对应于红色插孔"＋"，负极对应于黑色插孔"－"；三位半 LED 数字表显示，精度：0.5 级.

⑤ 可调直流稳压电源(E)：其电压输出的范围分 2V、20V 两挡，通过"量程转换"开关选择；输出电压的大小通过"电压调节"电位器进行调节，顺时针调节旋钮为增加输出电压，反之，逆时针调节旋钮为降低输出电压；电压输出的正极对应于红色插孔"＋"，负极对应于黑色插孔"－".

⑥ 变阻器R_p、标准电阻 R_1、标准电阻 R_2：

R_p：10 圈可调电位器，阻值范围：0～1kΩ，通过旋钮 R_P 来调节.

R_1、R_2 为高精度标准电阻：$R_1=200\Omega$；$R_2=2\text{k}\Omega$；精度：0.5%.

⑦ 电阻箱R_0：十进式标准电阻箱；

$R_0=R_a+R_b$；阻值范围：0～11.111kΩ，步进值：0.1Ω.

R_a：十进式标准电阻箱；阻值范围：0～10kΩ，步进值：1kΩ.

R_a：十进式标准电阻箱；阻值范围：0～1.111kΩ，步进值：0.1Ω.

仪器技术性能指标

指针式改装表：1mA，内阻 150Ω 左右.

数字标准电压表：分 0～2V、0～20V 两个量程；精度：0.5%；三位半数字表显示.

数字标准电流表：分 0～20mA、0～200mA 两个量程；精度：0.5%；三位半数字表显示.

十进式电阻箱：0～11.111kΩ；精度：0.2%.

可调稳压电源：分 2V、20V 两个量程；稳定度$<10^{-4}$；数字显示电压值.

变阻器：0～1kΩ；10 圈细调.

标准电阻：$R_1=200\Omega$，$R_2=2\text{k}\Omega$；精度：0.5%.

[实验内容]

1. 测量表头的内阻

按图 6.10.1 连接电路，用"替代法"测表头的内阻 R_g.

2. 将量程为 1mA 的表头扩程为 10mA 电流表

(1) 计算分流电阻的阻值 R_F，用电阻箱 R_0 作 R_F.

(2) 校正扩大量程后的电表. 应先调准零点，再校准量程（满刻度点），然后再校正标有标度值的点.

(3) 校准量程时，若实际量程与设计量程有差异，可稍调 R_F.

(4) 校正刻度时，使电流单调上升和单调下降各一次，将标准表两次读数的平均值作为 I_F，计算各校正点的校正值.

(5) 以被校表的指示值 I_{xi} 为横坐标，以校正值 ΔI_i 为纵坐标，在坐标纸上作出校正曲线.

3. 将表头改装为 0-1V 的电压表

(1) 计算扩程电阻的阻值 R_S，用电阻箱 R_0 作 R_S.

(2) 校正电压表与校准电流表的方法相似.

(3) 以被校表的指示值 V_{xi} 为横坐标，以校正值 ΔV_i 为纵坐标，在坐标纸上作出校正曲线.

4. 将表头改装为欧姆表

电路如图 6.10.13 所示，毫安表内阻 R_g 和量程 I_g 已知（自己测量或由实验室给出，E 可选择 1.5V）.

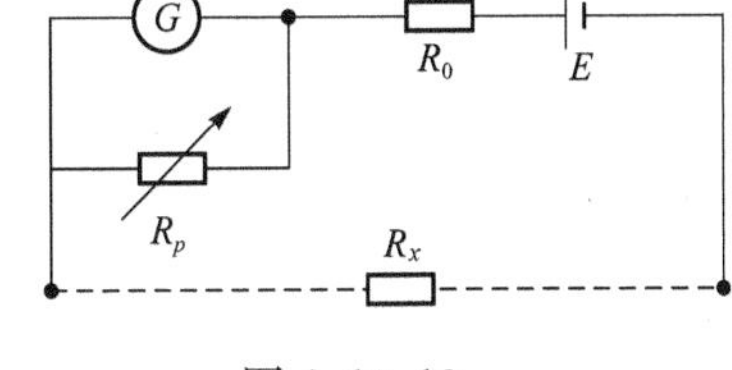

图 6.10.13

(1) 计算出 $E=1.5$V 时满足满偏（外接电阻 R_x 为 0 时，电表指针指示满刻度）和中偏（外接电阻 R_x 为中值电阻 R_Z 时，电表指针指示刻度盘中央）条件时的设计值.

(2) 为了保证欧姆表能正常调零，R_p 应有相应的调节范围.

(3) 根据设计值组装电路，首先进行调整，使电表能达到满偏和中偏的条件.

(4) 绘制理论刻度，用电阻箱提供一系列标准值进行校准.

[数据处理]

电流表的改装和校准：

① 改装电流表

表 6.10.1 改装电流表

精度等级	内阻 R_g/Ω	满度电流 I_g/mA	扩程后的 I 量程/mA	扩程电阻 R_F/Ω	
				计算值	实际值

② 校准电流表

表 6.10.2 标准电流表数据表

被校表读数 I_x/mA	标准表读数 I_S/mA			$\Delta I=I_S-I_x$/mA
	大→小	小→大	平均	

[思考题]

(1) 电压表的改装和校准.[自拟电压表的改装和校准表格]

(2) 分别绘制改装后的电流表和电压表的校准曲线,并确定改装后电表的等级.

6.11 测定电流计内阻 R_g 和电流计灵敏度 S_i

[使用部件]

UJ31 型电压计、ZX21 电阻箱两块、标准电阻一块、开关一个、干电池一节、电流计一块.

[设计内容]

参考 UJ31 型电压计使用方法,设计电路并计算出电流计内阻 R_g 公式,已知电流计灵敏度 $S_i=\dfrac{\theta}{I_g}$,θ 为电流计光标的偏转格数的毫米表示.

6.12 研究热敏电阻的温度特性

[使用部件]

UJ31 型电压计、标准电池、AC15 型复射式检流计、稳压电源、惠斯通电桥、盛有硅油的电加热器、自耦变压器一支、冰水混合物保温瓶、热电偶热敏电阻.

［设计内容］

已知热敏电阻 $R_T=Ae^{\frac{B}{T}}$，$\ln R_T=B\dfrac{1}{T}+\ln A$，$\ln R_T$ 与$\dfrac{1}{T}$成线性关系. 设计出实验内容可通过测得的数据，用作图法求出 B 和 A，求解出 R_T.

6.13　电子和场设计

［实验目的］

(1) 电子在横向匀强电场作用下的运动——电子束的电偏转.
(2) 电子在纵向不均匀电场下的运动——电子束的电聚焦.
(3) 电子在横向磁场作用下的运动——电子束的磁偏转.
(4) 电子在纵向磁场作用下的运动——验证洛伦兹力.
(5) 电子射线的磁聚焦和电子荷质比的测定.

［实验原理］

本实验采用 8SJ 系列示波管，结构示意如图 6.13.1 所示.

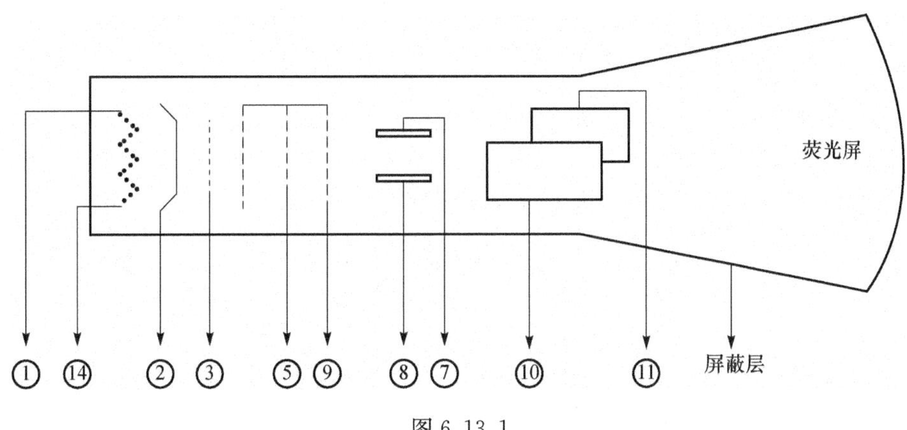

图 6.13.1

1. 14→热丝 H；2. 阴极 K；3. 栅极 G(调制极)；5. 第二阳极；7. 水平偏转板 Y_1；8. 水平偏转板 Y_2；9. 第一、三阳极；10. 垂直偏转板 X_1；11. 垂直偏转板 X_2

电子束实验部分可进行下面五项实验：

1. 电子在横向电场作用下的运动——电子束的电偏转

掌握示波器的内部构造(图 6.13.1)和电子束在不同电场作用下加速和偏转的工作原理,熟悉示波管各电极与电源的连接、加速电压的调节、电子束强度及聚焦的控制方法等. 在几个不同加速电压 U_A 下,分别测量电子束在横向电场作用下偏转量 X、Y 与偏转电压 U_{dx}、U_{dy} 大小之间的变化关系(图 6.13.2).

电子束的偏转量随横向电场大小成线性变化关系(图 6.13.3),直线的斜率 ε_X、ε_Y 表示电偏转灵敏度的大小. 直线的斜率随加速电压 U_A 的大小而变,说明偏转灵敏度与电子的动能大小有关,由此可计算出示波管的"电偏常数"Ke,一个与示波管内部的几何参数有关的量.

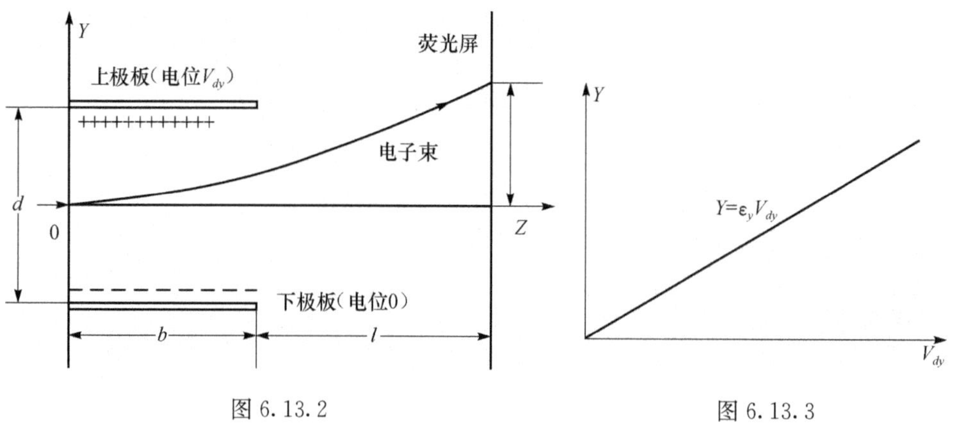

图 6.13.2　　图 6.13.3

2. 电子在纵向不均匀电场下的运动——电子束的电聚焦

在实验中,要求进一步了解电子枪中电子束聚焦的工作原理. 可以比较详细的介绍静电透镜的工作原理(图 6.13.4). 这里作为电子在不均匀电场作用下运动的一个实例提出分析,加深了对现象规律的了解.

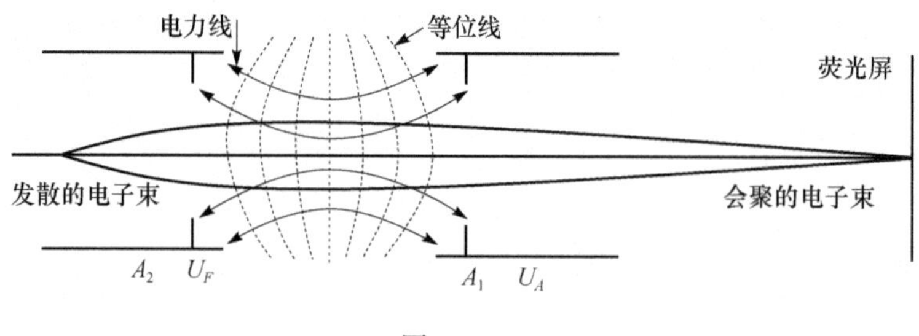

图 6.13.4

从与几何光学之间的可知，引出电子透镜折射率的概念，可导出电子透镜的透镜方程．电子透镜可以对电子束聚焦，也可以对发射电子成像，电子显微镜就是根据这个原理制成的，所以电子显微镜的分辨能力比光学显微镜大的多．

实验中找到电子枪的加速电压 U_A 和聚焦电压 U_F 之间有两种不同的组合，使电子束在荧光屏上聚焦，与理论相符．本实验在这理论的基础上，要求学生分别找出这两个不同的聚焦条件，测定有关电压参数，以检验理论分析结果的正确性．

3. 电子在横向磁场作用下的运动——电子束的磁偏转

首先掌握磁偏转的原理(图 6.13.5)，第一部分是与静电偏转电压对比做的，要求测定在几个不同加速电压 U_A 之下，电子束的磁偏转量 Y_m 与产生横向磁场的励磁电流 I_m 之间的变化关系．

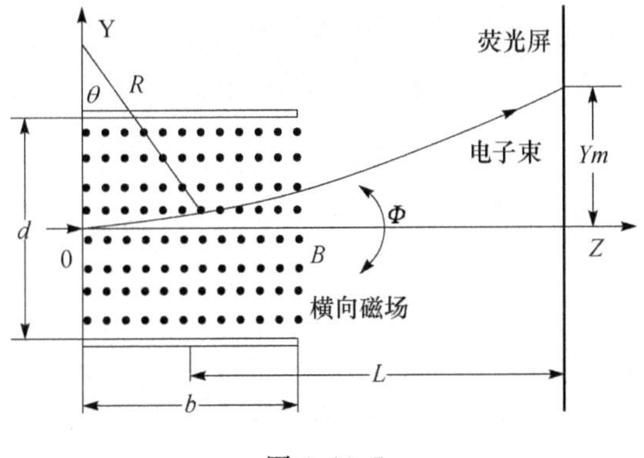

图 6.13.5

实验结果表明，在加速电压 U_A 一定的条件下，偏转量与励磁电流成线性关系(图 6.13.6)，但直线的斜率即磁偏转灵敏度 δ 随加速电压 U_A 的变化规律是不同的．

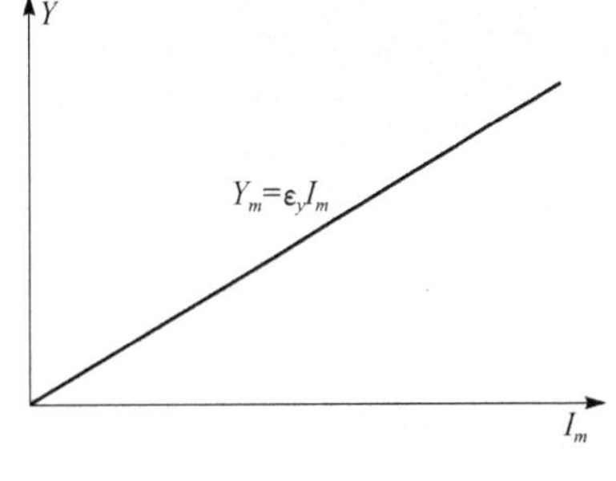

图 6.13.6

静电偏转灵敏度 ε 与加速电压 U_A 成反比，磁偏转灵敏度 δ 与加速电压 U_A 的平方根成反比．

第二部分内容，分析地球磁场对电子束运动的影响，并通过实验进行观察研究．

不加任何偏转电场或磁场，当改变加速电压，荧光屏上亮点位置也会随之改变，产生这一现象的原因之一就是地球磁场．将整个仪器旋转 360°，可找到光点偏转量最高位置和最低位置，记下电子束偏转量的变化情况，确定当地地磁场的方向，与罗盘指示的方向进行比较，计算出地磁场水平分量的大小，并可与手册上的数据进行比较.（地磁：垂直分量 $Z=0.358\text{G}$，水平分量 $H=0.338\text{G}$ 地区需要修改）

4. 电子在纵向磁场作用下的运动——验证洛伦兹力

在纵向磁场作用下，若电子只有轴向速度 $V_{/\!/}$ 而没有径向速度 $V_{\perp}$，它将不受磁场作用沿直线运动. 若电子的径向速度 $V_{\perp}$ 不为零，在洛伦兹力作用下，它在从电子枪到荧光屏的运动过程中将做螺旋运动（图 6.13.7）. 利用洛伦兹力公式和圆周运动公式可导出：

电子的回旋半径：$R = mV_{\perp}/eB$ (6.13.1)

电子的回旋周期：$T = 2\pi m/eB$ (6.13.2)

电子运动的螺距：$h = T V_{/\!/} = 2\pi mV_{/\!/}/Eb$ (6.13.3)

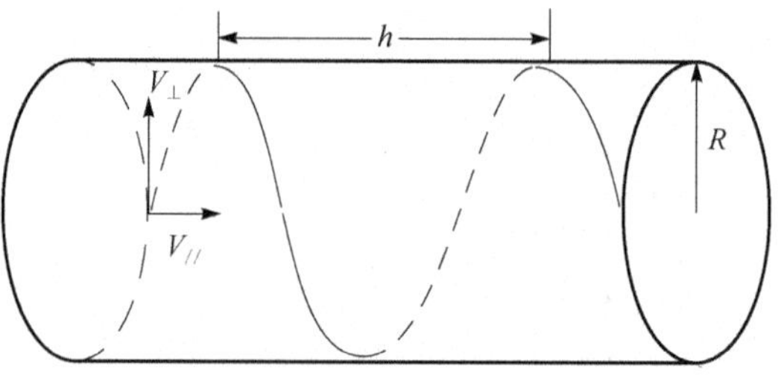

图 6.13.7

根据理论分析，R 与磁场大小 B 成反比. 电子束在荧光屏上光点的位置（直角坐标系的 X、Y 或极坐标的 r、θ）会随纵向磁场 B 的大小而改变，其轨迹为螺线形（图 6.13.8），可以通过实验进行验证.

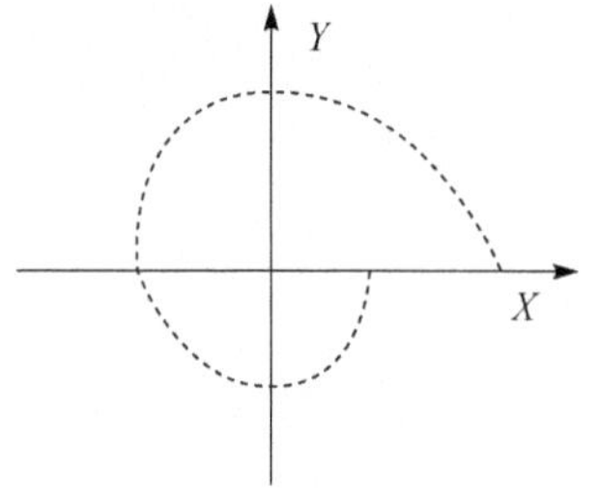

图 6.13.8

5. 电子射线的磁聚焦和电子荷质比的测定

在纵向磁场作用下，电子从电子枪发射出来以后，将做螺旋运动. 在初始时刻，各电子的运动方向不一致，即它们的径向速度 $V_{\perp}$ 是不一样的. 虽然它们的初始轴向速度也是不一样的，但它们的螺距是相等的，也就是经过一个周期后，同时从电子枪发射出来但运动方向不同的电子，又交汇在同一点（图 6.13.9），这就是磁聚焦作用. 而且每经过一个周期（一个螺距）有一个聚焦点.

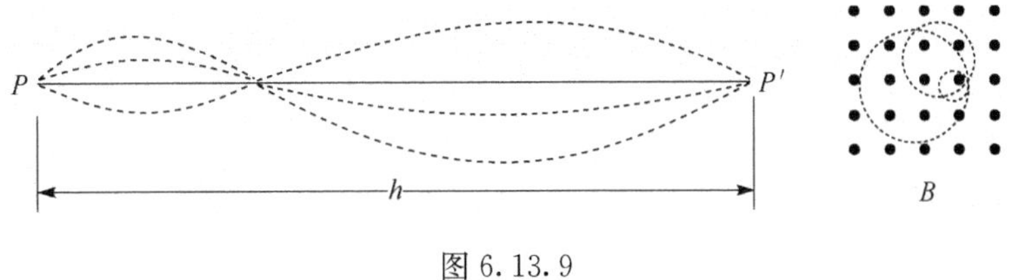

图 6.13.9

通过调整磁场的 B 来改变螺距 h，可使电子枪出口到荧光屏的距离 L 为 h 的整数倍，就可观察到多次磁聚焦现象。

利用磁聚焦现象可以测定电子的荷质比.第一次聚焦时，有

$$L = h = 2\pi m V_{/\!/} /eB \tag{6.13.4}$$

而 $V_{/\!/}^2 = 2eU_A/m$，带入上式得

$$\frac{e}{m} = 8\pi 2U_A/L^2B^2 = \frac{8\pi^2 U_A}{L^2B^2} = \frac{8\pi^2 U_A}{L^2\left(\dfrac{\mu_0 NI}{\sqrt{l^2+D^2}}\right)^2} \tag{6.13.5}$$

$\mu_0 = 4\pi\times10^{-7}$ H/m，N 为螺线管线圈总匝数，L 为电子束交叉点到荧光屏的距离（8SJ 示波管参数 L 为 0.190m），U_A 为加速电压，I 为电子束聚焦电流，l 为螺线管的长度（单位：米），D 为螺线管的直径（单位：米）.故上式可改为

$$\frac{e}{m} = \frac{8\pi^2 U_A}{L^2\left(\dfrac{\mu_0 NI}{\sqrt{l^2+D^2}}\right)^2} = \frac{(l^2+D^2)}{2\times10^{-14}N^2h^2}\cdot\frac{U}{I^2} \tag{6.13.6}$$

测量出加速电压 U_A 和磁场 B（根据螺线管电流 I 来算出磁场强度 B），由上式算出电子的荷质比"e/m"（标准值：e/m=1.759×1011C/Kg）.

[实验仪器]

技术参数：

（1）示波管：水平偏转因数：28.6～40V/cm，垂直偏转因数：19.2～26.3V/cm.

（2）示波管磁聚焦螺线管线圈的参数：螺线管长度：200mm，内径：90mm，外径：100mm，线圈匝数≈2000T.

电子和场实验仪面板功能简介

示波管插座

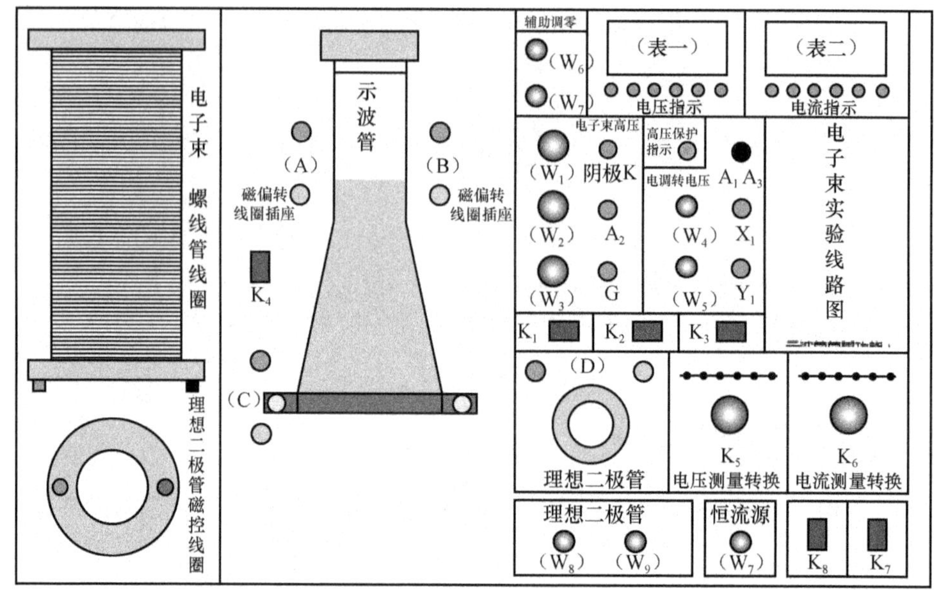

仪器控制面板介绍

(1) 仪器主机机箱左侧:放置“电子束-螺线管线圈”和“理想二极管-磁控线圈”.

(2) 仪器控制面板左侧:电子束实验-示波管部分.

包含:实验示波管;示波管插座;示波管坐标板;磁偏转线圈插座(A、B);

I_M 励磁电流输出插座(C);磁场换向开关(K_4)和金属电子逸出功测定实验原理图等.

(3) 仪器控制面板中上部:示波管电路控制部分.

包含:示波管——X、Y 偏转辅助调零电位器(W_6)、(W_7);加速电极电压控制电位器(W_1);聚焦电极电压控制电位器(W_2);栅极电压控制电位器(W_3);X_1 偏转板电压控制电位器(W_4);偏转板电压控制电位器(W_5);

示波管电极输出端接口:阴极 K;第二阳极 A_2;栅极 G;第一、三阳极 A_1、A_3(GND);偏转板 X_1;偏转板 Y_1;高压保护指示灯泡(如果示波管供电负高压压发生故障,此指示灯亮).

(4) 仪器控制面板中部:开关转换部分.

① 电子示波管和理想二极管工作转换开关 K_1,当按下“—”时,进行电子束实验,示波管工作;当按下“O”时,进行金属电子逸出功测定实验,理想二极管工作.

② 电子束实验中的电聚焦和电子荷质比转换开关 K_2,当按下“—”时,示波管可以进行电聚集实验,可通过调节示波管控制电位器(W_1)、(W_2)进行电聚焦实验;当按下“O”时,示波管的聚焦电极和加速电极短路,即 A_1、A_2、A_3 短路,此时,

可以进行电子束的磁聚焦实验，示波管的电聚焦实验将无法进行.

③ 电子束的点线转换开关 K_3，当按下"—"时，进行电子束的点聚焦或偏转实验；当按下"O"时，电子束的 X_1 偏转板接入约 20V 交流信号，此时电子束点将变成电子束射线，可以进行电子束线的磁场聚焦或偏转实验.

(5) 仪器控制面板中下部：理想二极管及其电源控制部分.

包含：I_M 磁控线圈插座，其磁场方向通过仪器控制面板左侧中部的磁场换向开关 K_4 来转换，通过连接导线，接磁控线圈插孔.

理想二极管插座，插入理想二极管时，务必使理想二极管的凸起部分与插座的槽口方向一致，否则将导致理想二极管无法插入或烧坏理想二极管. 理想二极管灯丝电流调节电位器(W_8)，多圈精密调节，灯丝电流显示通过电流转换开关 K_6 选择至 I_f 挡，在表二上显示其电流值. 理想二极管阳极电压调节电位器(W_8)，多圈精密调节，阳极电压显示通过电压转换开关 K_5 选择至 U_a 挡，在表一上显示其电压值.

(6) 仪器控制面板右中部：实验数据显示部分.

① 表一，电压显示，分别显示示波管加速电压 V_A、示波管聚焦电压 V_F、示波管栅极电压 V_G、示波管 X_1 偏转板电压 U_{dx}、示波管 Y_1 偏转板电压 U_{dy}、理想二极管阳极电压 U_a. 其下方为指示发光管，防止波段开关 K_5 挡位错位.

② 表二，电流显示，分别显示电子束磁偏转电流 I_m、励磁电流 I_M、理想二极管灯丝电流 I_f、理想二极管阳极电流 I_a. 其下方为指示发光管，防止波段开关 K_6 挡位错位.

(7) 仪器控制面板右中部：电子束实验示波管工作电路原理图部分和示波管管脚功能说明部分.

(8) 仪器控制面板右下部包含：

① 电压测量转换开关：分为示波管加速电压 V_A、示波管聚焦电压 V_F、示波管栅极电压 V_G、示波管 X_1 偏转板电压 U_{dx}、示波管 Y_1 偏转板电压 U_{dy}、理想二极管阳极电压 U_a 共六挡，通过表一显示各电压值.

② 电流测量转换开关：分为空挡、电子束磁偏转电流 I_m、励磁电流 I_M、理想二极管灯丝电流 I_f、理想二极管阳极电流 I_a、空挡共六挡，通过表二显示各电流值.

③ 恒流源电流调节电位器(W_7)，多圈精密调节，控制电流电子束磁偏转电流 I_m、励磁电流 I_M，通过表二显示其电流值.

④ 电源开关 K_7，控制电子束实验电源和表一、表二工作电源.

⑤ 电源开关 K_8，控制励磁恒流源和理想二极管实验电源.

[实验内容]

(1)电子在横向电场作用下的运动(电偏转)

① 接通仪器的右下角电源开关"K_7"，此时电源开关"K_7"指示灯亮，仪器面板

中部的“电子示波管、理想二极管”转换开关“K_1”置于“电子示波管”一侧.

② 将聚焦选择开关“K_2”置于“电聚焦”一侧.

③ 将点线转换开关“K_3”置于“点 POINT”一侧.

④ 将电压转换测量开关“K_5”置“V_G”挡，调节栅极电压电位器“W_3”，将栅压调至 0V.

⑤ 将电压转换测量开关“K_5”置“V_{dx}”挡，调节电偏转 X_1 电压电位器“W_4”，使表一显示 0.0；将电压转换测量开关“K_5”置“V_{dy}”挡，调节电偏转 Y_1 电压电位器“K_5”，使表一显示 0.0.

⑥ 将 X、Y 偏转板辅助调零电位器“W_6”、“W_7”调至合适位置，使电子束光点位置显示在示波管坐标板中部，调节栅极电压电位器“W_3”(辉度控制)，使光点不要太亮，以免烧坏荧光物质.

⑦ 将电压转换测量开关“K_5”置“V_A”挡，调节加速电压 V_A 电位器“W_1”，选择适当的加速电压 V_A(根据实验要求进行选择)，调节聚焦电压 V_F 电位器“W_2”，调节栅极电压电位器“W_3”(辉度控制)，使示波管屏上光点聚成一个细点，光点不要太亮.

⑧ 将点线转换开关“K_3”置于“线 V_X”一侧，轻轻转动示波管管身，使电子束线与示波管坐标板刻度盘的 X 轴保持平行，再将点线转换开关“K_3”置于“点 POINT”一侧.

⑨ 调节 X、Y 偏转板辅助调零电位器“W_6”、“W_7”，使光点位置在坐标板刻度盘中心位置，通过“表一”，记录此时的加速电压 V_A 值.

⑩ 将电压转换测量开关“K_5”置“V_{dx}”挡，调节电偏转 X_1 电压电位器“W_4”，使光点依次平移至−30、−25、−20、−15、−10、−5、0、5、10、15、20、25、30(mm)，分别记录各个位置的相应 V_{dx} 值，将数据记入下表，根据测得的数据，计算不同加速电压时电偏转量.

表(一)　加速电压 V_A =____ V

D(mm)	−30	−25	−20	−15	−10	−5	0	5	10	15	20	25	30
V_{dX}(V)													

表(二)　加速电压 V_A =____ V

D(mm)	−30	−25	−20	−15	−10	−5	0	5	10	15	20	25	30
V_{dX}(V)													

表(三)　加速电压 V_A =____ V

D(mm)	−30	−25	−20	−15	−10	−5	0	5	10	15	20	25	30
V_{dX}(V)													

表(四)　加速电压 V_A=____ V

D(mm)	−30	−25	−20	−15	−10	−5	0	5	10	15	20	25	30
V_{dX}(V)													

⑩ 将电压转换测量开关"K_5"置"V_{dy}"挡，调节电偏转 X_1 电压电位器"W_5"，使光点依次垂直移至−30、−25、−20、−15、−10、−5、0、5、10、15、20、25、30(mm)，分别记录各个位置的相应 V_{dy} 值，将数据记入下表，根据测得的数据，计算不同加速电压时电偏转量.

表(一)　加速电压 V_A=____ V

D(mm)	−30	−25	−20	−15	−10	−5	0	5	10	15	20	25	30
V_{dy}(V)													

表(二)　加速电压 V_A=____ V

D(mm)	−30	−25	−20	−15	−10	−5	0	5	10	15	20	25	30
V_{dy}(V)													

表(三)　加速电压 V_A=____ V

D(mm)	−30	−25	−20	−15	−10	−5	0	5	10	15	20	25	30
V_{dy}(V)													

表(四)　加速电压 V_A=____ V

D(mm)	−30	−25	−20	−15	−10	−5	0	5	10	15	20	25	30
V_{dy}(V)													

【提示】测量不同加速电压"V_A"时(至少两组)的 D-V_{dX}直线时(加速电压"V_A"和 X 偏转电压"V_{dX}"从仪器面板上的"电压显示"数字表中分别读出，D 从坐标板刻度盘上读出)，每改变一组加速电压"V_A"，对应的聚焦电压"V_F"和栅极电压"V_G"也要相应进行调整，保证发射到荧光屏上的电子束为一个细点，同时需要调节 X、Y 偏转板辅助调零电位器"W_6"、"W_7"，使 $V_{dx}=V_{dy}=0.0$V 时的光点调置在坐标板刻度盘.

⑪ 根据测得的数据，绘制曲线，计算不同加速电压时电偏转量.

(2) 电子在纵向不均匀电场作用下的运动(电聚焦)

① 调节适当的加速电压"V_A"和聚焦电压"V_F"，使示波管屏上光点聚成一个细点.

② 记录此时的加速电压"V_A".

③ 记录此时的聚焦电压“V_F”.

④ 改变加速电压“V_A”和聚焦电压“V_F”，再使示波管屏上光点聚成一个细点，记录此时的加速电压“V_A”和聚焦电压“V_F”，算出聚焦条件：

$$G=\frac{U_{A_1K}}{U_{A_2K}}=\frac{V_A}{V_F}\approx 常数$$

⑤ 将数据记入下表

表(五)　电子束的电聚焦数据

	第1组	第2组	第3组	第4组	第5组	第6组	第7组	第8组
V_A(V)								
V_F(V)								
G								

⑥ 由于 $V_A>V_F$，因此 $G>1$，这样的聚焦称为正向聚焦；若 $V_A<V_F$，即 $G<1$，V_A 与 V_F 调节适当也可以聚焦，称为反向聚焦.

(3) 电子在横向磁场作用下的运动(磁偏转)

① 接通仪器的右下角电源开关“K_7”，此时开关指示灯亮，将仪器面板中部的“电子示波管、理想二极管”转换开关“K_1”置于“电子示波管”一侧.

② 将聚焦选择开关“K_2”置于“电聚焦”一侧.

③ 将点线转换开关“K_3”置于“点 POINT”一侧.

④ 将电压转换测量开关“K_5”置“V_G”挡，调节栅极电压电位器“W_3”，将栅压调至 0V.

⑤ 将电压转换测量开关“K_5”置“V_{dx}”挡，调节电偏转 X_1 电压电位器“W_4”，使表一显示 0.0；将电压转换测量开关“K_5”置“V_{dy}”挡，调节电偏转 Y_1 电压电位器“W_5”，使表一显示 0.0.

⑥ 将 X、Y 偏转板辅助调零电位器“W_6”、“W_7”调至合适位置，使电子束光点位置显示在示波管坐标板中部，调节栅极电压电位器“W_3”(辉度控制)，使光点不要太亮，以免烧坏荧光物质.

⑦ 将电压转换测量开关“K5”置“V_A”挡，调节加速电压 V_A 电位器“W_1”，选择适当的加速电压 V_A(根据实验要求进行选择)，调节聚焦电压 V_F 电位器“W_2”，调节栅极电压电位器“W_3”(辉度控制)，使示波管屏上光点聚成一个细点，光点不要太亮.

⑧ 将点线转换开关“K_3”置于“线 V_X”一侧，轻轻转动示波管管身，使电子束线与示波管坐标板刻度盘的 X 轴保持平行，再将点线转换开关“K_3”置于“点 POINT”一侧.

⑨ 调节 X、Y 偏转板辅助调零电位器“W_6”、“W_7”，使光点位置在坐标板刻度

盘中心位置，通过“表一”，记录此时的加速电压 V_A 值.

⑩ 取下仪器机箱上盖螺栓上的两只磁偏转线圈，并使之面对面分别插入“磁偏转线圈”插孔“A”和“B”. 如果两只磁偏转线圈的方向不对，将导致磁场抵消，使磁偏转实验无法正常进行.

⑪ 将仪器控制面板右下角的恒流源电流调节电位器“W_7”逆时针旋转到底.

⑫ 接通仪器控制面板右下角的“恒流源”开关“K_8”，此时电源开关“K_8”指示灯亮.

⑬ 将电流转换测量开关“K_6”置“Im”挡，调节仪器控制面板右下角的恒流源电流调节电位器“W_7”，使光点依次垂直移至−30、−25、−20、−15、−10、−5、0、5、10、15、20、25、30(mm)，分别记录各个位置的相应 V_{dx} 值，将数据记入下表，根据测得的数据，计算不同加速电压时磁偏转量.

【提示】改变仪器面板左侧中部的“换向”开关，即可将流过磁偏转线圈 A 和 B 的电流换向. 测量不同加速电压“V_A”时(至少两组)的 D-I_m 直线时(加速电压“V_A”和磁偏转电流“I_m”从仪器面板上的表一、表二中分别读出，D 从坐标板刻度盘上读出)，每改变一组加速电压“V_A”，对应的聚焦电压“V_F”和栅极电压“V_G”也要相应进行调整，保证发射到荧光屏上的电子束为一个细点，同时需要调节 X、Y 偏转板辅助调零电位器“W_6”、“W_7”，使 $V_{dx}=V_{dy}=0.0$V 时的光点调置在坐标板刻度盘.

表(六)　加速电压 V_A＝________ V

D(mm)	−30	−25	−20	−15	−10	−5	0	5	10	15	20	25	30
V_{dy}(V)													

表(七)　加速电压 V_A＝________ V

D(mm)	−30	−25	−20	−15	−10	−5	0	5	10	15	20	25	30
V_{dy}(V)													

表(八)　加速电压 V_A＝________ V

D(mm)	−30	−25	−20	−15	−10	−5	0	5	10	15	20	25	30
V_{dy}(V)													

表(九)　加速电压 V_A＝________ V

D(mm)	−30	−25	−20	−15	−10	−5	0	5	10	15	20	25	30
I_m(mA)													

(4) 电子在纵向磁场作用下的运动(螺旋运动，磁聚焦)

① 关闭仪器控制面板右下角的“恒流源”开关“K_8”，此时电源开关“K_8”指示

灯灭. 将仪器控制面板右下角的恒流源电流调节电位器"W_7"逆时针旋转到底.

② 拔下磁偏转线圈,并固定在仪器机箱上盖螺栓上,松开坐标板的螺丝,取下坐标板.

③ 取出磁聚焦线圈,并抬起示波管管身,将磁聚焦线圈缓缓套入示波管,使示波管基本在磁聚焦线圈的轴向中心位置. 将红黑两根连接导线线接上磁聚焦线圈插座,导线的另一端与仪器控制面板左下方的 I_M 励磁电流输出插座(C)相连接.

④ 将仪器控制面板中部的"电子示波管、理想二极管"转换开关"K_1"置于"电子示波管"一侧.

⑤ 将聚焦选择开关"K_2"置于"电子荷质比"一侧. 此时示波管的 A_1、A_2、A_3 三个电极将连接在一起,示波管将无法进行电聚焦.

⑥ 将点线转换开关"K_3"置于"点 POINT"一侧["线 V_X"一侧为线聚焦].

⑦ 将"电压测量转换"开关"K_5"置于"V_A"档,将"电流测量转换"开关"K_6"置于"I_M"档.

⑧ 调节电偏转 X_1 电压电位器"W_4",将光点拉开偏离中心.

⑨ 接通仪器控制面板右下角的"恒流源"开关"K_8",此时电源开关"K_8"指示灯亮.

⑩ 将"恒流源电流调节"电位器"W_7"逆时针旋到底,此时"电流显示"I_M 为"0. 000",然后顺时针缓慢调节"恒流源电流调节"电位器"W_7",记录相应的电流值"I_M",同时描下不同"I_M"时的光点轨迹,记录光点聚焦时的聚焦电流 I_M,测几个特殊角的"I_M"值,测量从 A_2 到屏的距离,代入公式计算荷质比"e/m".

⑪ 将仪器面板中部的聚焦选择开关"点线"置于"线"($V_{x\sim}$)一侧,即在 X 轴上加上交流电压,此时光点为一条细线,改变励磁电流"I_M",观察其散焦和聚焦现象.

【提示】励磁聚焦电流 I_M,最好即可将流过磁偏转线圈 A 和 B 的电流换向.

测量不同加速电压"V_A"时(至少两组)的 D-I_m 直线时(加速电压"V_A" 和磁偏转电流"I_m"从仪器面板上的表一、表二中分别读出,D 从坐标板刻度盘上读出),每改变一组加速电压"V_A",对应的聚焦电压"V_F"和栅极电压"V_G"也要相应进行调整,保证发射到荧光屏上的电子束为一个细点,同时需要调节 X、Y 偏转板辅助调零电位器"W_6"、"W_7",使 $V_{dx}=V_{dy}=0.0V$ 时的光点调置在坐标板刻度盘.

用纵向磁场聚焦法测定电子荷质比,按公式(6)计算,(螺线管线圈的参数见螺线管铭牌)数据记录下表:

表(十)　电子束的点聚焦

加速电压 U_A(V)	850		900		950		1000		1050		1100	
聚焦电流 I(A)	B+	B−	B+	B−	B+	B−	B+	B−	B+	B−	B+	B−
$\bar{I}$												
e/m(×10^{11}C/kg)												
$\overline{e/m}$												
实验误差												

表(十一)　电子束的线聚焦

加速电压 U_A(V)	850		900		950		1000		1050		1100	
聚焦电流 I(A)	B+	B−	B+	B−	B+	B−	B+	B−	B+	B−	B+	B−
$\bar{I}$												
e/m(×10^{11}C/kg)												
$\overline{e/m}$												
实验误差												

(5) 电子在径向磁场和轴向磁场作用下的运动(磁控法,测定电子荷质比)

① 关闭仪器控制面板右下角的“电源”开关“K_7”,此时电源开关“K_7”指示灯灭.关闭仪器控制面板右下角的“恒流源”开关“K_8”,此时电源开关“K_8”指示灯灭.

② 将仪器控制面板右下角的恒流源电流调节电位器“K_7”逆时针旋转到底.

将仪器控制面板右下角的理想二极管灯丝电流 I_F 调节电位器“W_8”逆时针旋转到底.将仪器控制面板右下角的理想二极管板压 U_a 调节电位器“W_9”逆时针旋转到底.

③ 将仪器控制面板中部的“电子示波管、理想二极管”转换开关“K_1”置于“理想二极管”一侧.

④ 将“电压测量转换”开关“K_5”置于“U_a”档,将“电流测量转换”开关“K_6”置于“I_F”档.

⑤ 根据理想二极管的管脚的槽口方向,将理想二极管插入仪器的理想二极管插座.

⑥ 将理想二极管磁控线圈套入理想二极管上,保证磁控线圈与仪器面板平行.将仪器面板上的 I_M 磁控线圈插孔(D)通过导线分别与测控线圈的红黑插孔

连接.

⑦ 接通电源开关“K_7”、“K_8”,此时电源开关“K_7”、“K_8”指示灯亮.

⑧ 调节理想二极管灯丝电流 I_F 调节电位器“W_8”,使“I_F”达到实验要求的数据(如 0.700A),灯丝通电流后预热 5 分钟.将“电流测量转换”开关“K_6”置于“I_a”档,调节理想二极管板压 U_a 调节电位器“W_9”,使 $U_a=1.0V$.

⑨ 调节恒流源电流调节电位器“W_7”,记录与“I_M”对应的阳极电流“I_a”的值.

⑩ 调节理想二极管板压 U_a 调节电位器“W_9”,使 $U_a=2V$ 改变 I_M,记录与“I_M”对应的阳极电流“I_a”的值.分别使 $U_a=3V$、4V、5V、6V、7V,重复步骤⑨,记录相应的数据.

⑪ 将所记录的数据填入表格,进行数据处理.

【A】磁控法:通过理论计算:

$$\frac{e}{m}=\frac{8U_a}{(r_2^2-r_1^2)B_c^2}\approx\frac{8U_a}{r_2^2B_c^2}$$

式中的 r_2 和 r_1 分别为阳极和阴极的半径,B_C 为理想二极管阳极电流“断流”时螺线管的临界磁感应强度,可按以下公式计算:$B_C=u_0nI_C$(磁控线圈的参数见铭牌)

【B】伏-安特性法:

U_a(V)	1.00	2.00	3.00	4.00	5.00	6.00	7.00
$U_a^{\frac{3}{2}}$($V^{\frac{3}{2}}$)	1.00	2.83	5.20	8.00	11.20	14.70	18.50
I_a(10^{-6}A)							

按上表数据作出的 $Ia\text{-}Ua^{\frac{3}{2}}$ 图像,从图求得直线斜率 K

参考值($K=5.19\times10^{-5}A\cdot V^{-\frac{3}{2}}$)

电子荷质比: $$\frac{e}{m}=\frac{1}{2}\left(K\frac{r}{L}\frac{1}{\varepsilon_0}\frac{9}{8\pi}\right)^2$$

公认值 $$\frac{e}{m}=1.76\times10^{11}C\cdot kg^{-1}$$

理论值与实验值百分误差 $E=$____%

6.14 理想二极管非线性伏安特性及电子比荷测量

[实验目的]

(1) 研究理想二极管非线性伏-安特性曲线.

(2) 并学习用磁场控制电子运动的实验方法,测量电子比荷.

(3) 探索热电子发射电子速度分布的实验规律.

[设计原理]

在本实验中,理想(标准)二极管中同样有热电子发射,也能被用来测定电子的比荷,本设计性扩展实验将研究如何进行测定.

理想二极管的伏-安特性,通过理论推导和实验表明,其理想二极管阳极电流 I_a 与阳极电压 U_a 关系是一条非线伏-安特性曲线,即是电子流产生的. 研究二极管导通但未饱和时的伏安特性,当阳极电压 U_a 不太高时,即阳极电流 I_a 未达饱和前,极间的空间电荷(积聚在阴极附近的电子云)将起作用,那么它和电子的本性的关系,在阳极电流导通的初始阶段 I_a-$U_a^{3/2}$ 近似成线性关系,即

$$I_a = \frac{4}{9}\varepsilon_0\sqrt{\frac{2e}{m}}\frac{s}{d^2}U_a^{3/2}$$

该式称二分之三次方定律. 式中 ε_0 为真空介电常量,s 为阳极面积,d 为阳极与阴极之间的距离. 对于同心圆柱体结构的理想二极管阳极电流 I_a 得

$$I_a = \frac{8}{9}\pi\varepsilon_0\sqrt{\frac{2e}{m}}\frac{L}{R}\frac{1}{\beta^2}U_a^{3/2}$$

式中$\frac{1}{\beta^2}$为修正因子,它是阳极内径与阴极直径之比的函数. 当阳极内径远大于阴极直径时,$\beta=1$. 用的理想二极管,阳极内半径 $R=8.4\times10^{-3}\,\text{m}$,阳极长度 $L=0.15\text{m}$, 因此$\frac{1}{\beta^2}=1$. 上式直线方程的斜率为

$$K = \frac{8}{9}\pi\varepsilon_0\sqrt{\frac{2e}{m}}\frac{L}{R}$$

得

$$I_a = KU_a^{3/2}$$

可见,从理想二极管的二分之三次方定律,将利用这一现象近似来描绘理想二极管的线性的伏-安特性,此方法称伏-安特性法.

当测出 U_a、I_a 后可用最小二乘法求出 K,而 ε_0 为已知,根据上式测出电子比荷$\frac{e}{m}$.

[实验仪器]

WF-3 型金属电子逸出功测定仪仪器包括:标准二极管及座架, WF-3 型组合数字电表,励磁螺线管,专用导线等.

1. 技术指标

(1) 标准二极管

标准二极管是本实验仪的核心器件，标准二极管参数为：

灯丝材类	纯　钨	阳极材料	镍
灯丝直径	7.5×10^{-5}m	灯丝电流	0.5～0.9A
阳极内径	8.4×10^{-3}m	阳极长度	0.15m

(2) WF-3 型金属电子逸出功测定仪及组合数字电表技术指标

二极管灯丝电源	1.2A	测灯丝电流的电流表
二极管阳极电源	150V	测阳极电压的电压表
螺线管电源	1.2A	测阳极电流的电流表

(3) 励磁螺线管线圈参数

线圈内半径	0.021m	线圈外半径	0.028m
线圈长度	0.040m	线圈总圈数	标于线圈上

综合相对误差≤3%.

2. 仪器如图 6.14.1

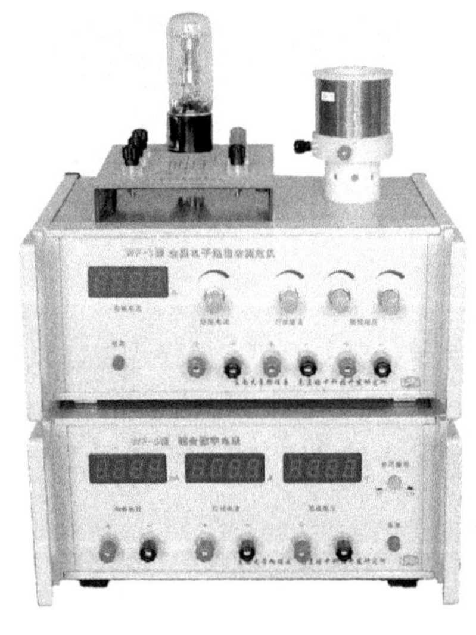

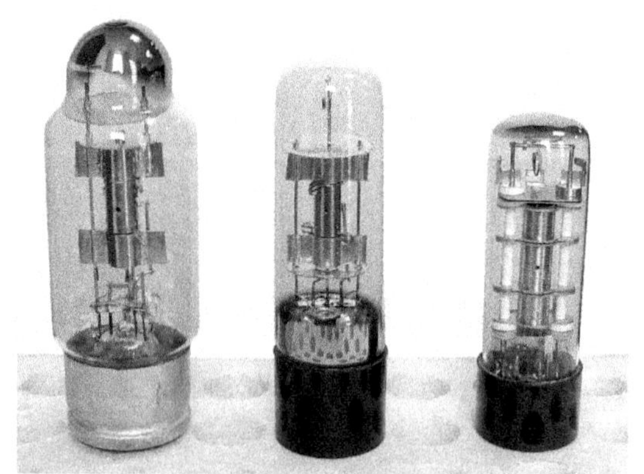

图 6.14.1

[实验内容]

(1) 理想二极管及座架，实验时将理想二极管插在座架的八脚座内，插入时请注意对准定位键.

（2）“灯丝电流”调节电位器用于调节二极管的灯丝电流，电流值由“灯丝电流”数显电表显示.

（3）阳极电压分“粗调”与“细条”两挡. 电压值由“阳极电压”数显电表显示.

（4）二极管的阳极电流由“阳极电流”数显电表显示.

（5）励磁螺线管使用时套在理想二极管外，使二极管内的电子受洛伦兹力的控制运动.

（6）“励磁电流”调节电位器用于调节励磁螺线管内的励磁电流，以改变磁场的大小，电流值与“励磁电流”数显电表显示.

（7）实验数据记录表 6. 14. 1.

[数据处理]

表 6. 14. 1

U_a/V	0.5	1.0	1.5	2.0
$U_a^{3/2}$/V				
$I_a/\times10^{-6}$A				

[思考题]

（1）用你所掌握的物理学的理论和实验知识，完善实验原理.

（2）设计出实验操作的具体方案.

（3）选择实验仪器、安排实验方案.

（4）测定实验数据，解释实验中发现的各种问题.

[附录]

欧·威廉斯·里查孙

里查孙是“里查孙定律”的创立者，1879 年 4 月 26 日生于英国约克群的杜斯伯里. 1904 年获剑桥大学硕士学位，毕业后留卡文迪许实验室从事热离子的研究工作. 1906 年赴美任普林斯顿大学物理学教授，著名物理学家 A. H. 康普顿(Arther Holly Compton，1892～1962，康普顿效应的发现者，1927 年获诺贝尔物理学奖)是他的研究生. 1913 年回英国，受聘于伦敦大学任物理学教授和物理实验室主任. 1921～1928 年间，他还兼任英国物理学会会长等社会职务. 1939 年被封为爵士.第二次世界大战期间他致力于雷达、声纳、电子学实验仪器、磁控管和速调管等的研究.1944 年从伦敦大学退休.

1901 年 11 月 25 日里查孙在剑桥哲学学会宣读的论文中称“如果热辐射是由于金属发出的微粒,则饱和电流应服从下述定律:

$$I = AT^{\frac{1}{2}}\exp\left(-\frac{b}{T}\right)$$

这个定律已被实验完全证实”.当时年仅 22 岁的里查孙就这样一鸣惊人地为 27 年后获得诺贝尔物理学奖打下基础.

1911 年里查孙提出了,之后又经受住了 20 年代量子力学考验的热电子发射公式(里查孙定律)为

$$I = AST^{2}\exp\left(-\frac{e\varphi}{kT}\right)$$

里查孙由于对热离子现象研究所取得的成就,特别是发现了里查孙定律而获得 1928 年度诺贝尔物理学奖.

6.15 太阳能电池测量

能源的重要性人人皆知,由于煤、石油、天然气等主要能源的大量消耗,能源危机已经成为世界关注的问题.为了可持续性发展,人们大量开发了诸如风能、水能等清洁能源,其中以太阳能电池作为绿色能源的开发前景较大.本实验仪器旨在提高学生对太阳能电池基本特性的认识、学习和研究.

[实验目的]

(1) 测量光照状态下太阳能电池的短路电流 I_{sc}、开路电压 U_{oc}、最大输出功率 P_m,最佳负载及填充因子 FF.

(2) 没有光照的情况下,太阳能作为一个二极管器件,测量在正向偏压的情况下,太阳能电池的伏安特性曲线,求出正向偏压时,电压与电流的经验公式.

(3) 测量太阳能电池的短路电流 I_{sc}、开路电压 U_{oc} 与相对光强的关系,求出近似函数关系并对比开路电压和短路电流的关系.

(4) 测量不同角度光照下的太阳能电池板的开路电压、短路电流.

(5) 测量太阳能电池板的串联并联特性.

[实验原理]

太阳能电池又叫光伏电池,它能把外界的光转为电信号或电能.实际上这种太

阳能电池是由大面积的 PN 结形成的，即在 N 型硅片上扩散硼形成 P 型层，并用电极引线把 P 型和 N 型层引出，形成正负电极. 为防止表面反射光，提高转换效率，通常在器件受光面上进行氧化，形成二氧化硅保护膜.

短路电流和开路电压是太阳能电池的两个非常重要的工作状态，它们分别对应于 $R_L=0$ 和 $R_L=\infty$ 的情况. 在黑暗状态下太阳能电池在电路中就如同二极管. 因此本实验要测量出太阳能电池在光照状态下的短路电流 I_{sc} 和开路电压 U_{oc}，最大输出功率 P_m 和填充因子 FF 以及在黑暗状态下的伏安特性. 在 $U=0$ 情况下，当太阳能电池外接负载电阻 R_L 时，其输出电压和电流均随 R_L 变化而变化. 只有当 R_L 取某一定值时输出功率才能达到最大值 P_m，即所谓最佳匹配阻值 $R_L=R_{LB}$，而 R_{LB} 则取决于太阳能电池的内阻 $R_i=\dfrac{U_{oc}}{I_{sc}}$. 由于 U_{oc} 和 I_{sc} 均随光照强度的增强而增大，所不同的是 U_{oc} 与光强的对数成正比，I_{sc} 与光强（在弱光下）成正比，所以 R_i 亦随光强度变化而变化. U_{oc}、I_{sc} 和 R_i 都是太阳能电池的重要参数. 最大输出功率 P_m 与 U_{oc} 和 I_{sc} 乘积之比，可用下式表示：

$$FF=\frac{P_m}{U_{oc}I_{sc}} \tag{6.15.1}$$

上式中 FF 是表征太阳能电池性，此时加在它上面的正向偏压 U 与通过的电流 I 之间关系式为

$$I=I_0(e^{\beta U}-1) \tag{6.15.2}$$

式中 I_0 和 β 是常数，I_0 为太阳能电池反向饱和电流，$\beta=\dfrac{K_BT}{e}=1.38\times10^{-23}\times300/1.602\times10^{-19}=2.6\times10^{-2}\text{V}^{-1}$.

在光照状态下，如果设想太阳能电池是由一理想电流源、一理想二极管、一并联电阻 R_{sh} 与一个电阻 R_s 所组成，那么太阳能电池的工作如图 6.15.1.

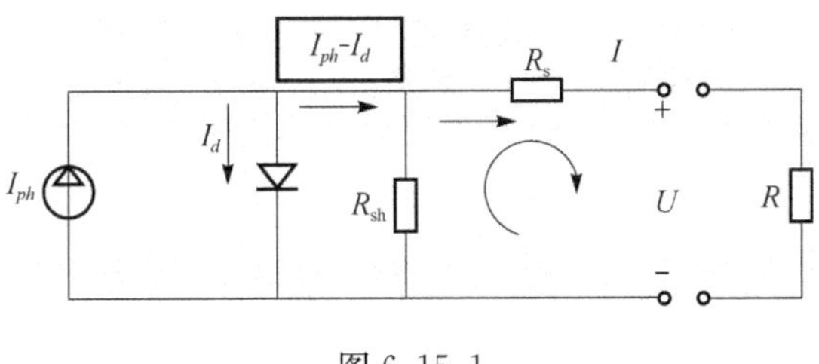

图 6.15.1

I_{ph} 为太阳能电池在光照时该等效电源输出电流，I_d 为光照时，通过太阳能电池内部二极管的电流. 由基尔霍夫定律得

$$IR_s+U-(I_{ph}-I_d-I)=0 \tag{6.15.3}$$

式(6.15.3)中，I 为太阳能电池的输出电流，U 为输出电压. 由(6.15.4)式可

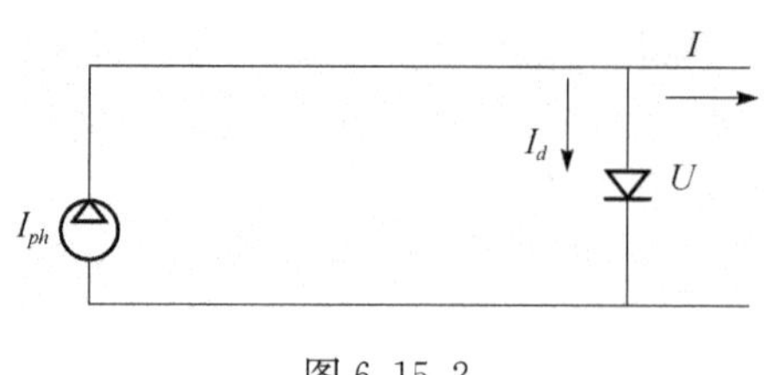

图 6.15.2

得

$$I\left(1+\frac{R_s}{R_{sh}}\right)=I_{ph}-\frac{U}{R_{sh}}-I_d \tag{6.15.4}$$

假设 $R_{sh}=\infty$和 $R_s=0$ 太阳能电池可简化为图 6.15.2.

这里，$I=I_{ph}-I_d=I_{ph}-I_0(e^{\beta U-1})$，在短路时，$U=0$，$I_{ph}=I_{sc}$，而在开路时，$I=0$，$I_{sc}-I_0(e^{\beta U_{oc}}-1)=0$，可以得到

$$U_{oc}=\frac{1}{\beta}\ln\left(\frac{I_{sc}}{I_o}+1\right) \tag{6.15.5}$$

(6.15.1)式即为在 $R_{sh}=\infty$和 $R_s=0$ 的情况下，太阳能电池的开路电压 U_{oc}和短路电流 I_{sc}的关系式，其中 U_{oc}为开路电压，I_{sc}为短路电流.

[实验仪器]

整套仪器包括：太阳能电池实验仪主机、太阳能电池实验仪电机箱、4 块太阳能电池板、连线若干、60W 白炽灯一个、挡板.

特点：

(1) 本仪器采用立式结构，以防止横置光源对其他学生的影响；

(2) 光源采用白炽灯，光强 5 挡可调，更换方便；

(3) 太阳能电池板 4 块：其中单晶硅太阳能电池、多晶硅太阳能电池各 2 块；

(4) 太阳能电池开路电压最大 5V，短路电流最大 80mA，负载电阻 10K 可加载电压 0～5V 可调；

(5) 太阳能电池板俯仰可调，可模拟阳光在不同照射角度下对太阳能电池板吸收功率的影响.

[提示]

(1) 红黑线的串并联过程中,需要将红线或黑线插入需要连接的线头中间的插孔.

(2) 白炽灯带高压,拆卸时需将电源关闭,不要带电插拔电源机箱后方的航空插头.

[实验内容]

通过以下步骤的实验,学生可以从中了解太阳能电池的光伏特性和二极管特性.

(1) 打开电机箱电源,将控制白炽灯电源的"开灯/关灯"开关置于"开灯",并把"亮度调节"旋钮调到最小.

(2) 将太阳能电池的插头用线连接到电机箱相同颜色的插头上(注意连接插头时要连接同一块电池板的两个插头),将"明暗状态开关"拨到"明状态",加载电压调到 0V,"负载调节"(负载电阻)旋钮逆时针调到最小,此时电流表上有电流显示,这是外界光产生的光电流.

(3) 将灯源亮度调到最强,调节电机箱上的负载电阻,由最小逐渐调到最大,可以看见光电流及负载电压的变化,每调一次电阻值,都要记录下负载的电压和电流,直到电压在相邻两次到三次调电阻时都保持不变化为止(保持稳定),这说明太阳能电池已经达到其开路状态,把记录下的所有数据填写在表 6.15.1 中:

表 6.15.1

负载电压 U/V	光电流 I/mA	负载电阻(kΩ)	功率 P(uW)

所得数据为不同负载下,太阳能电池负载的电流和电压,计算出负载电阻和功率的数值,并绘制出关系曲线,找出功率的最大值,参考[实验数据参考 1]. 利用公式(6.15.6)计算出太阳能电池的填充因子 FF

$$FF = \frac{P_{\max}}{I_{sc}U_{oc}} \tag{6.15.6}$$

(4) 把"负载调节"旋钮(负载电阻)调到最小,逐步调低白炽灯光强度(旋转"亮度调节" 旋钮),每调节一次,把负载电阻调到最大,记录下此时的开路电压,然后把负载电阻调到零，记录下此时的短路电流. 依照此法做几次，直到光强很弱，光电流小到可以近似为零为止. 把记录下的所有数据填写在表 6.15.2 中.

表 6.15.2

光强比值	I/mA	U_{oc}/V

绘制 3 种关系曲线(光强比与开路电压、光强比与短路电流以及开路电压与短路电流)，参考[实验数据参考 2]. 分析它们之间的相互关系.

(5) 俯仰角测量：将灯源亮度调到最亮，调节太阳能电池板的俯仰，每调节一次记录太阳能电池板的开路电压及短路电流，填入表 6.15.3. 比较不同照射角度对太阳能电池板输出的影响，太阳能电池输出可根据开路电压、短路电流及填充因子计算得到. 参考[实验数据参考 3].

表 6.15.3

角度	0	10	20	30	50
开路电压 U_{oc}					
短路电流 I_{sc}					
P_{max}					

(6) 串并联实验：

① 串联实验

将两个太阳能电池对应的红黑插座用插线串联起来(用插线将左边的太阳能电池的黑插座连到右边太阳能电池的红插座上，并将剩余的两个插座与机箱上对应颜色的插座连接起来)，此时重复光照状态下的测试实验，观察在最大照明状态下单个太阳能电池板的开路电压、短路电流与串联时的区别，填入表 4，参考[实验数据参考 4]. 并思考实际开路电压与理论上的不同之处. 注意串联光电池应该是同一种类的.

② 并联实验

将每个太阳能电池对应的红黑插座用插线并联起来(用插线将左边的太阳能电池的插座连到右边太阳能电池相同颜色的插座上，将太阳能板上的插座与机箱上对应颜色的插座连接起来)，此时重复光照状态下的测试实验，观察在最大照明状态下单个太阳能电池板的开路电压、短路电流与并联时的区别，填入表 6.15.4，参考[实验数据参考 4]. 并思考实际短路电流与理论上的不同之处. 注意并联光电池应该是同一种类的.

表 6.15.4

	1 号多晶	2 号多晶	3 号单晶	4 号单晶	多晶串联	多晶并联	单晶串联	单晶并联
开路电压(V)								
短路电流(mA)								

(7) 关闭白炽灯,用遮光板将太阳能电池完全盖住,将“明暗状态开关”拨到“暗状态”,这时太阳能电池处于全暗状态,并把可调电阻调到最大(阻值根据明状态的计算结果得到),此时负载电压 U_2 是负载电阻两端电压,太阳能电池两端电压 U 等于加载电压 U_1 减去负载电压 U_2. 此时太阳能电池如同一二极管在工作,给它加正向偏压,由 0V 到 4V,并记录下太阳能电池负载电阻以及太阳能电池的正向偏压的变化,参考[实验数据参考 5]. 绘制表 6.15.5 如下:

表 6.15.5

加载电压 U_1										
负载电压 U_2										
两端电压 U										
通过电流 I/mA										

由数据绘制曲线,把它与二极管加正向偏压下的状态作个比较.

[数据参考]

(1) 太阳能电池填充因子

表 6.15.6

负载电压 U/V	光电流 I/mA	负载电阻(kΩ)	功率 P(mW)
0	4.18	0	0
0.1	4.12	0.024	0.412
0.2	4.08	0.049	0.816
0.3	4.03	0.074	1.209
0.5	3.9	0.128	1.95
0.7	3.75	0.187	2.625
0.9	3.51	0.256	3.159
1.0	3.33	0.3	3.33
1.1	3.11	0.354	3.421
1.2	2.84	0.423	3.408
1.3	2.52	0.516	3.276
1.5	1.78	0.843	2.67
1.7	0.93	1.828	1.581
1.8	0.45	4	0.81
1.85	0.18	10.28	0.333

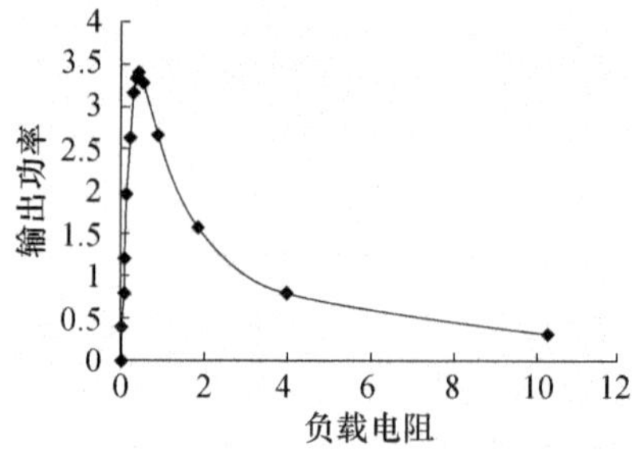

最大功率曲线

作图找到最大功率为 $P_{max}=3.421\text{mW}$，对应最佳负载 R 为 0.354kΩ，填充因子 $FF=\frac{P_{max}}{I_{sc}U_{oc}}=0.44$.

(2) 光强比值与阳能电池开路电压、短路电流及开路电压与短路电流的关系如表 6.15.7.

表 6.15.7

光强比值/%	I/mA	U_{oc}/V
90	1.86	4.09
80	1.82	3.64
70	1.75	3.11
60	1.66	2.47
50	1.58	2.01
40	1.46	1.45
30	1.29	0.98
20	0.97	0.56
10	0.56	0.25

绘制光强比与开路电压、短路电流关系曲线.

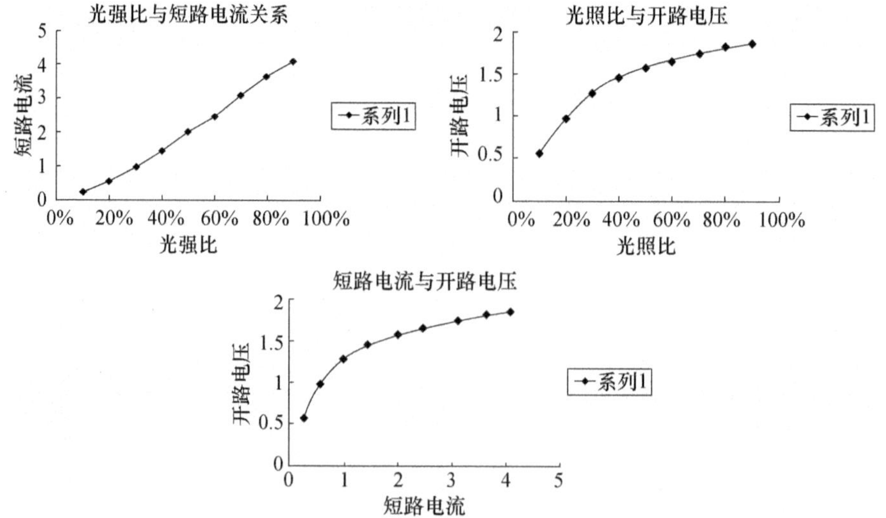

由曲线观察可以发现短路电流和光强比成线性增大关系.开路电压开始随着光照的增大而增大,到一定程度后趋于平缓.开路电压与短路电流的关系满足 $U_{oc}=\frac{1}{\beta}In\left(\frac{I_{sc}}{I_0}+1\right)$曲线.

(3) 俯仰角与太阳能输出关系

表 6.15.8

角度	0	10	20	30	50
U_{oc}	1.83	1.81	1.77	1.72	1.57
I_{sc}	4.1	3.79	3.39	2.93	1.92
P_{max}	3.29	3.01	2.63	2.21	1.32

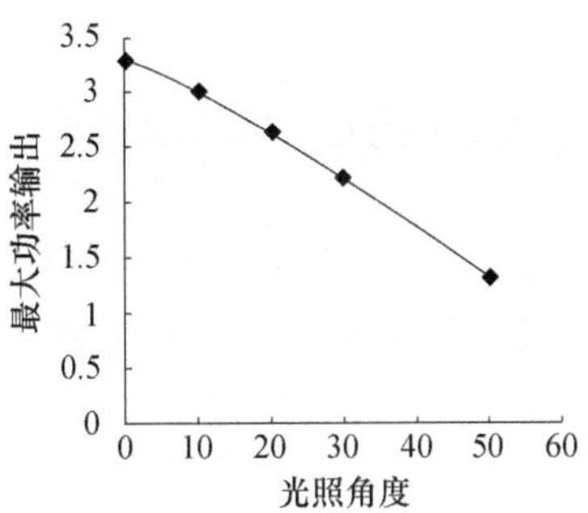

角度与输出关系曲线

太阳能电池与俯仰角的高低成线性反比关系.

(4) 太阳能电池串并联实验

表 6.15.9

	1 号多晶	2 号多晶	3 号单晶	4 号单晶	多晶串联	多晶并联	单晶串联	单晶并联
开路电压(V)	1.91	1.98	1.82	1.75	3.87	1.96	3.56	1.8
短路电流(mA)	4.59	4.24	4.52	4.44	4.32	8.64	4.51	8.63

由此可见串联时开路电压为两块电池开路电压之和,而短路电流不变,适合需要较高电压的场合.并联开路电压不变.短路电流为两块电池短路电流之和,适合需要较高电流的场合.

(5) 太阳能电池暗状态实验

表 6.15.10

加载电压 U_1	0.2	0.4	0.6	1	1.4	1.8	2	2.2	2.4	2.6	3
负载电压 U_2	0.03	0.08	0.14	0.31	0.54	0.8	0.95	1.09	1.25	1.42	1.74
两端电压 U	0.17	0.32	0.46	0.69	0.86	1	1.05	1.11	1.15	1.18	1.26
通过电流 I/mA	0.03	0.08	0.14	0.31	0.54	0.80	0.95	1.09	1.25	1.42	1.74

太阳能电池两端电压与电流的关系如下图,其与二极管工作状态相似.

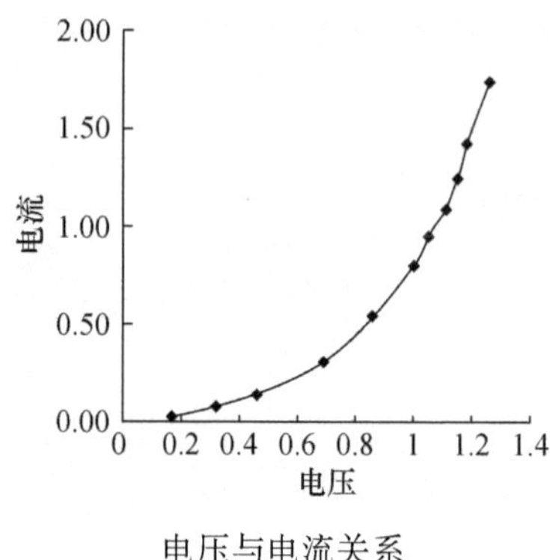

电压与电流关系

6.16 温度传感器特性测量和温度计设计

温度传感器是一种将温度变化转化为电量变化的温度检测元件,被广泛应用于温度测量和自动控制中.它利用传感元件的电磁参数随温度变化的特性达到测量的目的,温度传感器种类非常多,例如有将温度变化转化为电势变化的热电偶,转化为电阻变化的金属热电阻和热敏电阻.另外,集成温度传感器可以输出正比于绝对温度的电压或电流,例如 AD590、LM135.

传感器输出信号一般都很微弱,需要有信号调节与转换电路将其输出信号放大或转换(包括线形化),以便于传输、处理、记录和显示.常见的信号调节与转换电路有放大器、电桥、振荡器、A/D 等.

本实验分别介绍利用热电偶、铂电阻、热敏电阻、AD590 及其对应的测量模块设计温度计的方法,并测量温度计的输出特性.

[实验目的]

(1) 了解热电阻、热电偶、热敏电阻(负温度系数)温度传感器、AD590 传感器特性.

(2) 了解温度计设计的一般方法.

(3) 学会温度传感器特性模块的使用.

[实验原理]

1. PT100 热电阻温度传感器

热电阻的电阻值随温度的上升而增加,电阻-温度特性为

$$R = R_0(1 + \alpha t + \beta t^2 + \gamma t^3 + \cdots\cdots) \tag{6.16.1}$$

式中，R_0 与 R 是温度为 0℃和 t℃相对应的电阻值，α、β、γ、…称为电阻温度系数，而且 $\alpha>\beta>\gamma>\cdots$. 对于纯金属，$\alpha\gg\beta$，当温度不太高时，电阻 R 和温度 t 的关系近似线性关系

$$R_t = R_0(1 + \alpha t) \tag{6.16.2}$$

或

$$R_t = Kt + R_0 \tag{6.16.3}$$

式中，K 是由不同型号的热电阻决定的分度系数. PT100 热电阻的 R_0 值为 100Ω，K 为 0.385Ω·℃$^{-1}$.

2. 2NH-NTC 型热敏电阻温度传感器

2NH-NTC 具有负温度系数特性，在恒流源的激励下，

$$U_t = U_0 + Kt \tag{6.16.4}$$

式中，U_0 为温度 0℃时的电压值，2N-NTC 的 U_0 为 689mV，K 为 −2mV·℃$^{-1}$.

热敏电阻传感器与金属热电阻相比，具有温度系数大、灵敏度高、热容量小，响应速度快等优点，缺点是互换性较差，电阻-温度特性非线性大.

3. AD590 集成温度传感器

AD590 是电流性集成温度传感器，输出电流正比于绝对温度，温度 0℃时，输出电流 273.2μA，输出电流变化 1μA·℃$^{-1}$. AD590 为两端式元件，如图 6.16.1 所示，使用方法简单，通过一个采样电阻 R 便将输出的电流信号转变成电压信号. 假设采样电阻为 10kΩ，输出电压

$$U = 273.2 + 10t \tag{6.16.5}$$

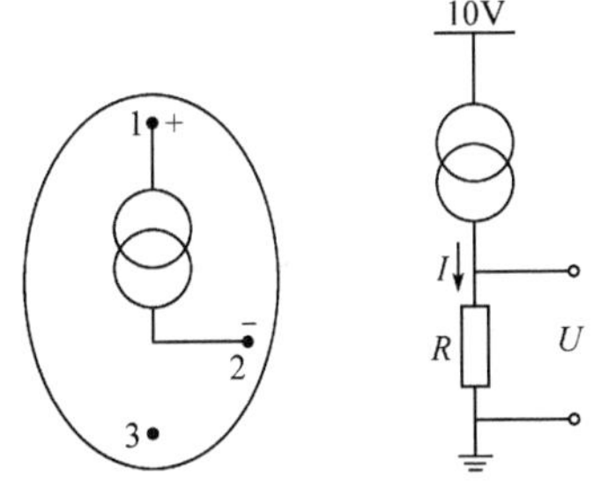

图 6.16.1

1. 接电源正；2. 电源负或取样端；3. 连接管壳可接地

输出电压单位 mV，AD590 的工作电压为 DC4～30V.

4. 热电偶(E 分度)温度传感器

热电偶是目前应用广泛的温度传感器，一般用于测量 500℃以上的温度. 热电效应：在两种不同的导体所组成的闭合回路中，当两接触处的温度不同时，回路中产生热电势，这种物理现象称为热电效应.

热电偶的工作原理是基于热电效应. 如图 6.16.2 所示，两种不同材料导体 A、B 的两端分别连接在一起构成热电偶. 两个接点温度分别为 T、T_0，假设 $T>T_0$，温度高的一端称为热端(测量端)，另一端称为冷端(参比端). 热电偶回路热电势

$E(T,T_0)$与制作材料及两接点的温度有关，测温时，固定一个接点（冷端）的温度T_0，热电势$E(T,T_0)$才是另一个接点（测温端）温度T的函数.热电偶一般只提供在保持冷端温度$T_0=0$℃时，热电势与温度的数值对照表，称为分度表.因此，使用热电偶测温时，必须保持冷端温度为0℃，才可以直接使用分度表，根据测量的热电势$E(T,0)$确定温度大小.但实际使用时，受环境影响，冷度温度T_0一般不是0℃，热电偶输出的热电势$E(T,T_0)\neq E(T,0)$，所以必须对冷端补偿，使测量的热电势与冷端温度为0℃时一样.实验证明

$$E(T,T_0)=E(T,0)-E(T_0,0) \tag{6.16.6}$$

由(6.16.6)式可知，冷端补偿就是补偿热电偶冷端为0℃的热电势$E(T_0,0)$.

常用冷端补偿方法有冷端0℃恒温法、集成温度传感器、电桥等方法.下面介绍采用集成温度传感器AD590的冷端补偿方法.

为了对环境温度（冷端）0～50℃进行补偿，如图6.16.3所示，集成温度传感器AD590在50℃时流经补偿电阻R产生的电压要刚好等于此时热电偶产生的热电势$E(50,0)$，并且当冷端温度T_0变化时，补偿电阻R的电压随着改变并接近热电势$E(T_0,0)$，这样整个电路的输出电压为$E(T,0)$.

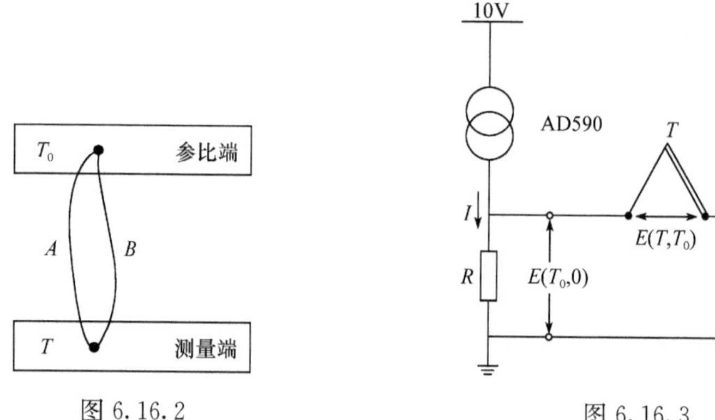

图6.16.2　　图6.16.3

本特性测定仪采用E型热电偶为测试对象设计.

表6.16.1　不同型号的热电偶冷端补偿电阻

热电偶种类	热电势/μV (50℃)	补偿电阻/Ω	热电偶种类	热电势/μV (50℃)	补偿电阻/Ω
R	296	5.92	E	3047	60.94
S	299	5.98	J	2585	51.70
K	2022	40.44	T	2035	40.70

5. 温度计设计的一般方法

(1) 根据测温对象的特点，测温范围、精度，测温环境等因素选择满足要求的

温度传感器，如图 6.16.4.

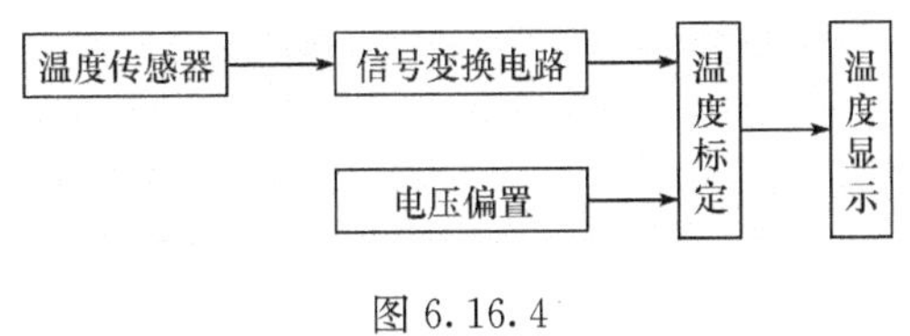

图 6.16.4

(2) 根据温度传感器的测温原理，设计合适的信号变换电路，将温度变化转化为电信号.

(3) 当被测温度为 0℃时，一些信号变换电路输出的电信号不为零或者不符合要求，如果需要，可以利用电压偏置电路设置合适偏置电压使电信号为零和其他值.

(4) 根据温度标定要求，对信号变换电路输出的信号进行滤波、放大及信号形式的变换(数字和模拟信号转换，频率和电压或电流等)，最后选择合适方式进行温度显示. 本温度传感器特性测定仪按 10mV/℃标定，并采用数字形式显示温度.

(5) 由于温度传感器的非线性(热电阻、热电偶等)及信号处理时采用的电路输出的非线性(如电桥)，故工业上应用的温度计需要采取线性化处理. 本温度传感器特性测定仪为便于对不同的温度传感器特性进行研究未进行线性化处理.

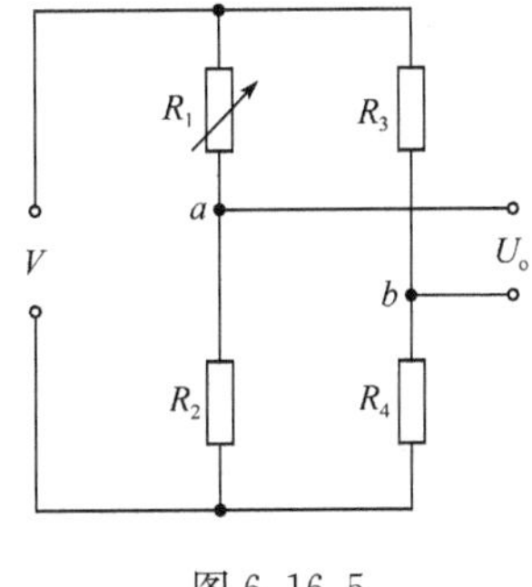

图 6.16.5

6. 温度计设计中常用的非平衡电桥电路的分析

在图 6.16.5 中 R_1 为热电阻，0℃时电桥处于平衡. 当温度变化时，R_1 变化 ΔR_1，电桥 a 点的电势 U_a 和 b 点的电势 U_b 为

$$U_a=\frac{R_2}{R_1+\Delta R_1+R_2}U \tag{6.16.7}$$

$$U_b=\frac{R_4}{R_3+R_4}U \tag{6.16.8}$$

电桥的输出

$$U_o=U_a-U_b=\frac{-\left(\dfrac{\Delta R_1}{R_1}\right)\left(\dfrac{R_4}{R_3}\right)}{\left(1+\dfrac{\Delta R_1}{R_1}+\dfrac{R_2}{R_1}\right)\left(1+\dfrac{R_4}{R_3}\right)}U \tag{6.16.9}$$

从式(6.16.9)中可以看出，由于分母中有 $\Delta R_1/R_1$ 项，所以输出 U_o 与 $\Delta R_1/R_1$ 呈非线性关系.

不计分母中 $\Delta R_1/R_1$ 的影响，电桥的输出电压

$$U'_o = \frac{-\left(\frac{\Delta R_1}{R_1}\right)\left(\frac{R_4}{R_3}\right)}{\left(1+\frac{R_2}{R_1}\right)\left(1+\frac{R_4}{R_3}\right)} U \tag{6.16.16}$$

电桥的输出相对误差

$$\Delta E = \frac{U_o - U'_o}{U_o} = \frac{\frac{-\Delta R_1}{R_1}}{\left(1+\frac{R_2}{R_1}\right)} \tag{6.16.11}$$

从式(6.16.11)可以看出：当 $\Delta R_1/R_1$ 增大时，电桥输出非线误差增大. 当 $\Delta R_1/R_1=0.1$ 时，如果 $R_2=R_1$ 非线性误差达到最大 5%左右. 减少非线性误差的方法通常用恒流源激励或软件线性化校正.

[仪器介绍]

实验仪器主要包括温度传感器特性仪及加热器(如图 6.16.6 所示)、实验模块(如图 6.16.7 所示)、PT100 热电阻、E 分度热电偶、2NH-NTC 型热敏电阻温度传感器、AD590 集成温度传感器.

1. 温度传感器特性仪主机

(1) 连线. 将前面板电缆插座与加热器用电缆连接，后面板电缆插座与实验模块连接. 连接错误会损坏机器.

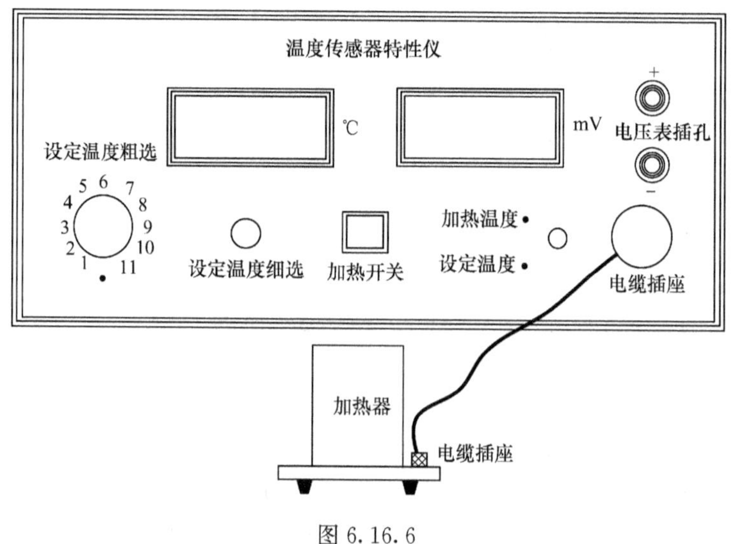

图 6.16.6

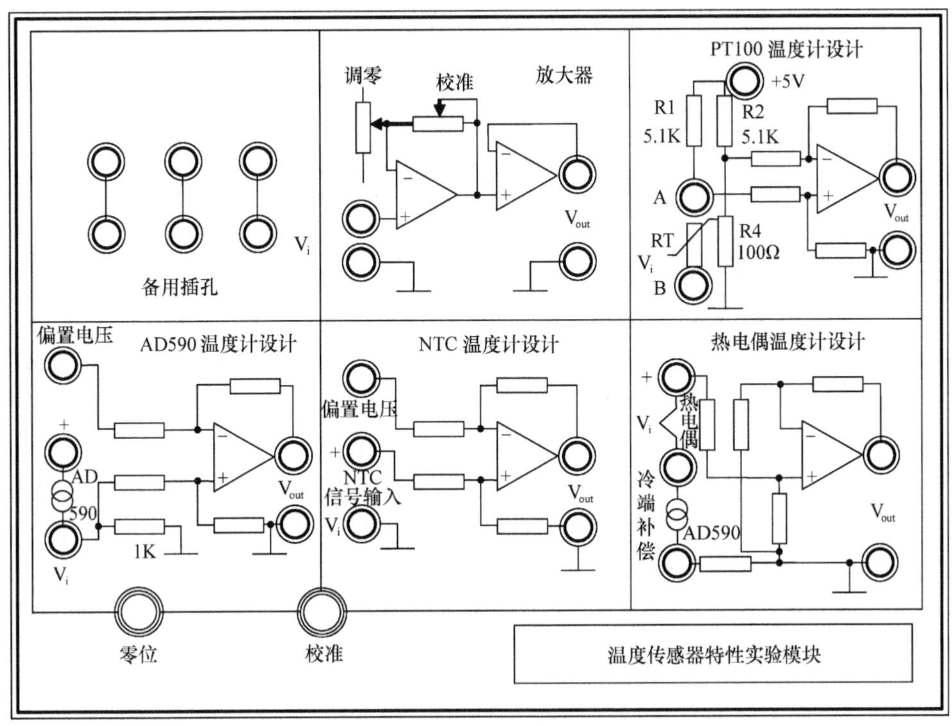

图 6.16.7

(2) 如果需要加热器加热到 60℃,其操作方法如下."温度设定粗选"拨到 60℃附近挡位,调"温度细选"电位器使温度设定为 60℃.再将"设定温度"挡拨到"加热温度"挡,按下"加热开关",加热到 60℃后自动恒温.

2. 传感器模块使用

(1) "放大器"部分

使用前"放大器"V_i 端用导线短接,旋动"调零"电位器,使 V_{out} 为 0V.

(2) 拔掉短接线,输入信号,如有标准信号源更好,无标准信号源则将"PT100"、"NTC"、"热电偶"、"AD590"任意"V_{out}"端插入温度传感器测定仪电压表插孔,假设显示 10mV,记下数据再将它插入放大器 V_i 端,假设需要放大 5 倍,则调节"校准电位器"使电压表显示 50mV.做实验时如放大 5 倍,则不需要再动"调零""校准"电位器,这样做的目的是给温度计设计定标.如需要 10mV/℃,电压表显示 500mV,表明为 50℃.

(3) 传感器的使用

AD590、NTC 热敏电阻、热电偶、PT100 插入加热器中,传感器的输入端分别插入对应传感器模块的输入 V_i 插孔.设定 AD590 为 10mV/℃;PT100、NTC、热电偶均为 2mV/℃变化.

[实验内容]

1. PT100 热电阻温度计设计

在非平衡电桥中,PT100 是 2mV/℃变化,例如要设计一个 10mV/℃的温度计,放大器的放大倍数应调整为 5,做法如下:

(1) 线路连接:用连线将 PT100 温度计设计模块的输出 V_{out}端与放大器的输入端 V_i 接,将放大器的输出端 V_{out}与电压表插孔端连接,注意同色端子相连接. PT100 热电阻放于加热装置中,等待加热.

(2) 调零与校准:PT100 在 0℃时为 100Ω,变化量为 0.385Ω/℃. 用精密电位器调为 100Ω 后接到 PT100 模块的 V_i 端,接通电源开关,调节调零电位器使电压表显示为零. 断开电源,用精密电位器调为 138.5Ω(PT100 热电阻 100℃的值)后接到 PT100 模块 V_i 的两端,接通电源开关,调节校准电位器使毫伏表显示为 1000mV,断开电源.

(3) 加热操作: PT100 热电阻与 PT100 模块的 V_i 端分别连接;加热温度分别设置 40℃、60℃、80℃、100℃、120℃,接通电源,按下加热按钮,对照温控器的温度与毫伏表的显示,到达设定温度后等待几分钟(5min),毫伏表的读数不再变化时记录毫伏表的读数.

(4) 数据处理:分别记录温度上升(40～120℃)和温度下降(120～40℃)的实验数据记入表 6.16.2.

2. 2NH-NTC 传感器温度计设计

(1) 线路连接:将 NTC 传感器插入 NTC 温度传感器模块 V_i 端,注意有正负极,用连线将 NTC 温度计设计模块的输出 V_{out}红色端子、黑色端子与电压表插孔的红色端子、黑色端子对应相连(模块中已定为 10mV/℃变化). 加热器与温控仪用电缆连接,NTC 传感器放于加热器中等待加热;

(2) 加热操作:加热器温度分别设置 40℃、60℃、80℃、100℃、120℃,按电源按钮与加热按钮,对照温控仪的温度与毫伏表的显示,到达设定温度后等待几分钟(5 分钟),毫伏表的读数不再变化时记录毫伏表的读数.

(3) 分别将温度上升(40～120℃)和(120～40℃)的实验数据记入表 6.16.3.

3. 集成温度传感器(AD590)特性测量

(1) 线路连接:AD590 温度计模块 V_{out}输出红色端子、黑色端子分别对应电压表的红色(正)端子、黑色(负)端子相连;加热器与温控仪相连,AD590 传感器放于加热器中等待加热;AD590 传感器的红色插头插入 AD590 温度计设计模块的 V_i 输入端红色插座,AD590 蓝色插头插入 AD590 温度计设计模块的 V_i 输入端子黑色插座.

(2) 加热操作:加热器温度分别设置 40℃、60℃、80℃、100℃、120℃,按电源按钮与加热按钮,对照温控器的温度与毫伏表的显示,到达设定温度后等待几分钟(5分钟),毫伏表的读数不再变化时记录毫伏表的读数.

(3) 分别将温度上升(40～120℃)和温度下降(120～40℃)的实验数据记入表6.16.4.

4. 热电偶(E 分度)温度计设计

(1) 线路连接:用连线将热电偶温度计设计模块红色、黑色输出端子分别与放大器的红色、黑色 V_i 输入端子相连,放大器的 V_{out} 输出红色端子、黑色端子分别与毫伏表的正极(红)端子相连,负极(黑)端子相连.

将热电偶(E 分度)正端(红插头)插入热电偶温度设计模块的输入正端子(上插座孔),将热电偶的负端(黑插头)插入热电偶温度设计模块的 V_i 插孔(中间插孔),AD590 的输出插头(蓝插头)插入热电偶温度设计模块的 V_i 插孔(下插孔座),将 AD590 电源插头(红插头)插入左上角的备用插孔的红色端子.

加热器与温控仪连接,热电偶放于加热装置中等待加热.

(2) 加热操作:加热器温度分别设置 40℃、60℃、80℃、100℃、120℃,按电源按钮与加热按钮,对照温控仪的温度与毫伏表的显示,到达设定温度后等待几分钟(5min),毫伏表的读数不再变化时记录毫伏表的读数.

(3) 分别将温度上升(40～120℃)和温度下降(120～40℃)的实验数据记入表6.16.5.

[数据处理]

表 6.16.2 PT100 热电阻温度计设计实验数据

温度/℃	毫伏表读数/mV		备 注
	上升	下降	
40.0			毫伏表读数为 PT100 热电阻经过处理、放大后的信号. 10mV · ℃$^{-1}$
60.0			
80.0			
100.0			
120.0			

表 6.16.3 2NH-NTC 温度计设计实验数据

温度/℃	毫伏表读数/mV		备 注
	上升	下降	
40.0			毫伏表读数为 2NH-NTC 经过处理、放大后的信号. 10mV · ℃$^{-1}$
60.0			
80.0			
100.0			
120.0			

表 6.16.4 集成温度传感器特性测量实验数据

温度/℃	毫伏表读数/mV		备 注
	上升	下降	
40.0			毫伏表读数为 AD590 经过处理、放大后的信号. 10mV 对应 1℃
60.0			
80.0			
100.0			
120.0			

表 6.16.5 E 分度号热电偶温度计设计实验数据

温度/℃	毫伏表读数(mV)上升				毫伏表读数(mV)下降			
	U_1	U_2	U_3	$\overline{U}$	U_1	U_2	U_3	$\overline{U}$
40.0								
60.0								
80.0								
100.0								
120.0								

[**思考题**]

(1) 温度传感器的种类很多,请查阅资料,介绍一种温度传感器测温原理及应用范围.

(2) 铜热电阻特性与 PT100 类似,常用于热电偶的冷端补偿中,请设计使用铜电阻对热电偶(E 分度)进行冷端补偿的具体电路,并计算出电路元件参数.

(3) 使用多个 AD590 可以测量平均温度,请设计测量两点平均温度的电路.

6.17 自组迈克耳孙干涉仪——空气折射率测量

迈克耳孙干涉仪利用分振幅法获得双光束干涉,可以精确测量到 10^{-4} mm 数量级的微小长度变化.迈克耳孙干涉仪已在科技领域得到广泛的应用,本实验让学生自行设计干涉仪光路,测量空气的折射率.

[实验目的]

(1) 设计迈克耳孙干涉仪光路.

(2) 写出设计及实验步骤.

(3) 测量空气的折射率.

[实验原理]

提示:迈克耳孙干涉仪工作原理请参考实验 4.4.3.本实验要求在常温和常压下进行.迈克耳孙干涉仪测量空气折射率的光路如图 6.17.1 所示.气室内气压的改变量 Δp 与气体折射率的改变量 Δn 成正比关系,如将气室内的压强减小 Δp 时,引起干涉圆环"陷入"或"冒出"N 条时,则空气折射率的改变量为

$$\Delta n = \frac{N\lambda}{2L} \tag{6.17.1}$$

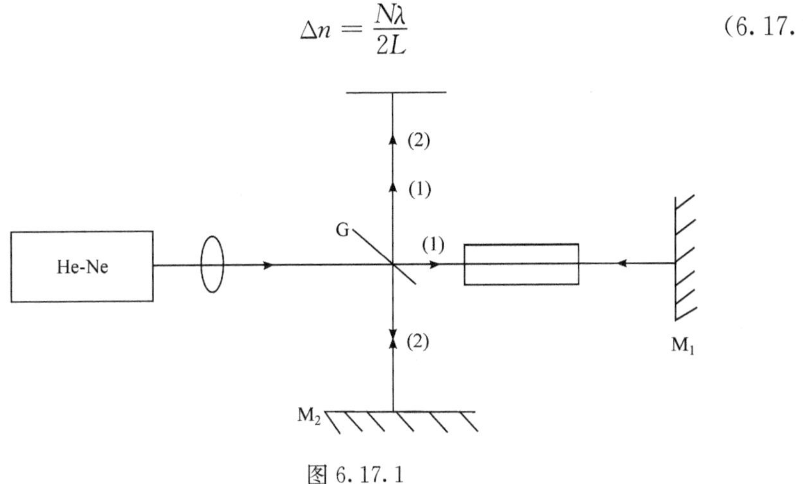

图 6.17.1

根据洛伦兹公式及理想气体状态方程可得到理论公式为

$$\frac{n-1}{p}=\frac{\Delta n}{\Delta p}$$

$$n=1+\frac{\Delta n}{\Delta p}p \tag{6.17.2}$$

将式(6.17.1)代入式(6.17.2)得在常压下压强为 p 时的空气折射率的表达式

$$n=1+\frac{N\lambda}{2L}\cdot\frac{p}{\Delta p} \tag{6.17.3}$$

式中 L 为气室长度.

[实验仪器]

仪器如图 6.17.2 所示.

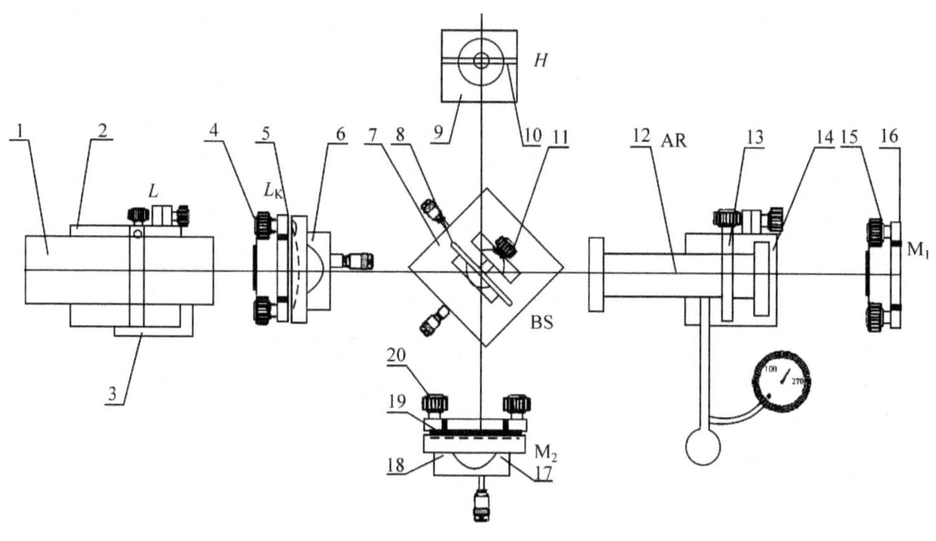

图 6.17.2

1. He-Ne 激光器 L;2. 通用底座(SZ-04);3. 二维架(SZ-07);4. 二维架(SZ-07);5. 扩束镜 BE;6. 升降调整座(SZ-03);7. 三维平移底座(SZ-01);8. 分束器 BS;9. 通用底座(SZ-04);10. 白屏;11. 干版架(SZ-12);12. 气室 AR;13. 光栅转台(SZ-10);14. 二维平移底座(SZ-02);15. 二维架(SZ-07);16. 平面镜 M_1;17. 二维平移底座(SZ-02);18. 二维平移底座(SZ-02);19. 平面镜 M_2;20. 二维架(SZ-07)

设计要求:

(1) 在光学平台上建立直角坐标系,将光学仪器夹好,靠拢,调等高.

(2) 调节激光光束平行于台面,使仪器合理布置处于坐标轴上(暂不用扩束镜).

(3) 调节反射镜 M_1 和 M_2 的倾角,使屏上两组最强的亮点重合为止.

(4) 加入扩束镜,再经过微调反射镜 M_1、M_2,使屏上出现一组干涉条纹.

(5) 将气室放入反射镜 M_1 光路中,如在屏上看不到干涉条纹,请仔细调整,直到出现干涉条纹.

(6) 反复紧握橡皮球向气室充气,至压力表读数为 30kPa 为止,记为 Δp.

(7) 缓慢松开气阀放气,同时数下干涉条纹变化数 N,至表针回零为止.

(8) 根据公式 6.17.3 计算空气折射率,式中激光波长 632.8nm,气室长度 $L=20.00\text{cm}$,p 为室内大气压,可从实验室的气压计读出.

(9) 缓慢松开气阀,记录气压分别由 30kPa 至 20kPa、20kPa 至 10kPa、10kPa

至 0kPa 变化时的干涉条纹变化数 N,分别填入表 6.17.1 中.

表 6.17.1

<table>
<tr><td>气压表读数/mmHg</td><td colspan="3"></td><td colspan="3"></td><td colspan="3"></td><td colspan="3"></td></tr>
<tr><td>气压分数读数/mmHg</td><td colspan="3"></td><td colspan="3"></td><td colspan="3"></td><td colspan="3"></td></tr>
<tr><td>干涉条纹数 N</td><td></td><td></td><td></td><td></td><td></td><td></td><td></td><td></td><td></td><td></td><td></td><td></td></tr>
<tr><td>平均条纹 $\overline{N}$</td><td colspan="3"></td><td colspan="3"></td><td colspan="3"></td><td colspan="3"></td></tr>
<tr><td>空气折射率 n_{tp}</td><td colspan="3"></td><td colspan="3"></td><td colspan="3"></td><td colspan="3"></td></tr>
<tr><td>平均空气折射率 $\overline{n}_{tp}$</td><td colspan="3"></td><td colspan="3"></td><td colspan="3"></td><td colspan="3"></td></tr>
</table>

[思考题]

(1) 实验过程中,光学平台振动对干涉有何影响?

(2) 实验中缓慢放气时,条纹有可能冒出或陷入,为什么? 当气室内气压与外界压强一致时,放置气室的光路的光程与另一光路的光程是大还是小呢?

6.18　光电设计及创新应用性实验

光电技术是光学、电子学及计算机科学知识的高度集中,是跨学科的边缘技术,光电检测技术是光电技术的核心和重要组成部分.光电检测具有非接触、实时和高精度等特点,光电探测器可将一定的光辐射转换为电信号,再经过信号处理,实现测量目的.

GCGDCX-B 型光电技术创新实训平台,对光电器件应用设计而开发的,提供多种光电器件的应用模块、设计模块、以及设计中所需要的电子元器件,并配备有各种电源接口.学生通过所提供的实验模块进行设计,提高学生动手动脑能力及创新意识.

6.18.1　光照度计测量光照度

[实验目的]

(1) 光照度计测量光照度.

(2) 光照度计设计.

[实验原理]

光照度是光度计量的主要参数之一，而光度计量是光学计量最基本的部分. 光度量是限于人眼能够见到的一部分辐射量，是通过人眼的视觉效果去衡量的，人眼的视觉效果对各种波长是不同的，通常用 $V(\lambda)$ 表示，定义为人眼视觉函数或光谱光视效率. 因此，光照度不是一个纯粹的物理量，而是一个与人眼视觉有关的生理、心理物理量.

光照度是单位面积上接收的光通量，因而可以导出：由一个发光强度 I 的点光源，在相距 L 处的平面上产生的光照度与这个光源的发光强度成正比，与距离的平方成反比，即

$$E = I/L^2$$

式中，E——光照度，单位为 lx；I——光源发光强度，单位为 cd；L——距离，单位为 m.

光照度计是用来测量照度的仪器，它的结构原理如图 6.18.1 所示.

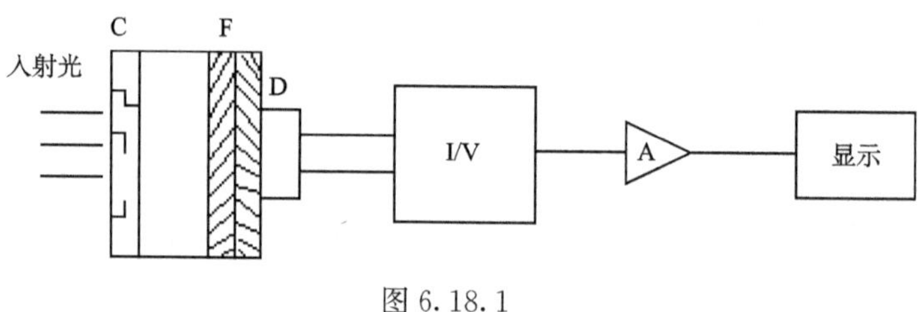

图 6.18.1

图中 D 为光探测器，典型的硅光探测器的相对光谱响应曲线如图 6.18.2；C 为余弦校正器，在光照度测量中，被测面上的光不可能都来自垂直方向，因此照度计必须进行余弦修正，使光探测器不同角度上的光度响应满足余弦关系. 余弦校正器使用的是一种漫透射材料，当入射光不论以什么角度射在漫透射材料上时，光探测器接收到的始终是漫射光. 余弦校正器的透光性要好；F 为 $V(\lambda)$ 校正器，在光照度测量中，除了希望光探测器有较高的灵敏度、较低的噪声、较宽的线性范围和较快的响应时间等外，还要求相对光谱响应符合光谱视觉曲线(图 6.18.3)函数 $V(\lambda)$，而通常光探测器的光谱响应度与之相差甚远，因此需要进行 $V(\lambda)$ 匹配. 匹配基本上都是通过给光探测器加适当的滤光片($V(\lambda)$)来实现的，满足条件的滤光片往往需要不同型号和厚度的几片颜色玻璃组合来实现匹配. 当 D 接收到通过 C 和 F 的光辐射时，所产生的光电信号，首先经过 I/V 变换，然后经过运算放大器 A 放大，最后在显示器上显示出相应的信号定标后就是照度值.

照度计测量的误差因素有如下几个.

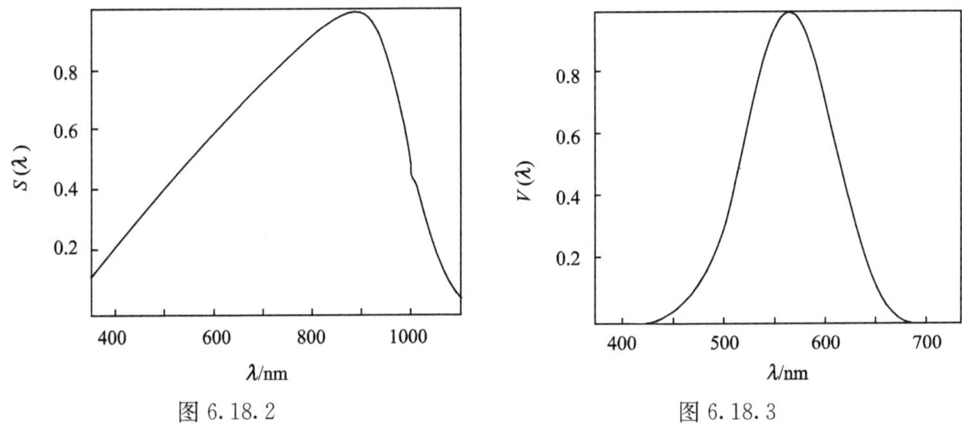

图 6.18.2　　图 6.18.3

(1) 照度计相对光谱响应度与 $V(\lambda)$ 的偏离引起的误差.

(2) 接收器线性:接收器的响应度在整个指定输出范围内为常数.

(3) 疲劳特性:疲劳是照度计在恒定的工作条件下,由投射照度引起的响应度可逆暂时的变化.

(4) 照度计的方向性响应.

(5) 由于量程改变产生的误差:这个误差是照度计的开关从一个量程变到邻近量程所产生的系统误差.

(6) 温度依赖性:温度依赖性是用环境温度对照度头绝对响应度和相对光谱响应度的影响来表征.

(7) 偏振依赖性:照度计的输出信号还依赖于光源的偏振状态.

(8) 照度头接收面受非均匀照明的影响.

[注意事项]

(1) 不得扳动面板上面元器件,以免造成电路损坏,导致实验仪不能正常工作.

(2) 说明:输入"+""-"为探头输入端,输出"+" "-"为照度计输出电压测试点.

(3) X1、X10、X100 开关为放大倍数切换开关.

[实验仪器]

光电创新实验仪主机箱、光照度计和光功率计设计模块、照度计探头、连接线、万用表.

［实验内容］

(1) 照度计探头红黑插座对应接到实验模块上输入端"＋""－".

(2) 万用表红黑表笔对应接到实验模块上输出端"＋""－".

(3) 放大倍数切换开关拨至 X1 挡,向上拨.

(4) 打开电源开关,观察万用表指示数值.

(5) 改变不同光照度和放大倍数,观察万用表指示数值变化.

(6) 关闭电源.

［设计电路图］

光照度计电路原理(图 6.18.4)如下:

U1 对光电池输出电流进行 I/V 变换,将光电流转换为电压,K1 为挡位切换开关. U2 对输出电压进行放大,调节 RP1 阻值大小可以给便放大倍数,5 脚对应电位器为调零电位器.

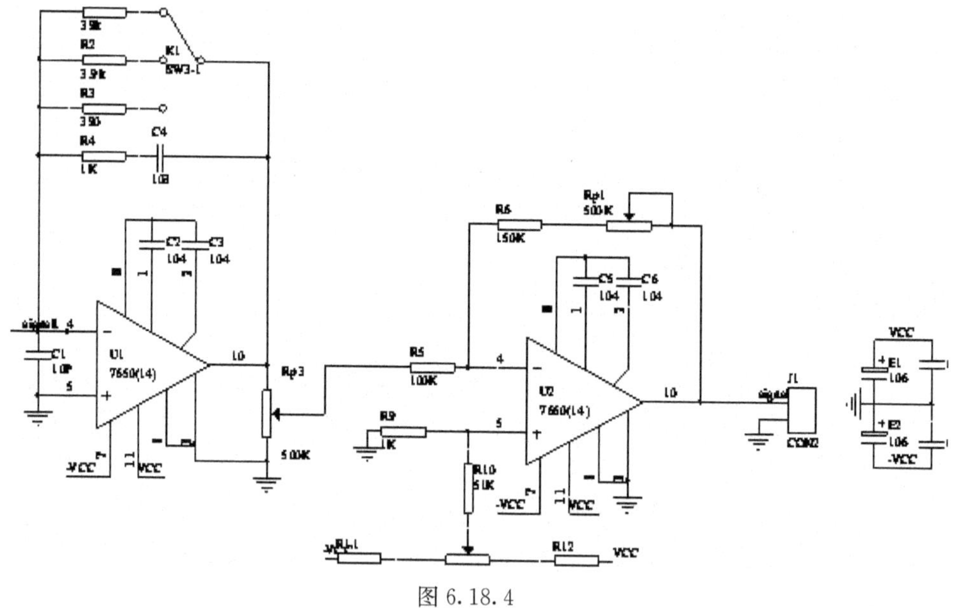

图 6.18.4

［思考题］

分析放大电路芯片选用条件.

6.18.2 光功率计测量光照度

［实验目的］

(1) 光功率计测量光照度.
(2) 光功率计的设计.

［实验原理］

光功率是光在单位时间内所做的功.光功率单位常用毫瓦(mW)和分贝(dB)表示,其中两者的关系为:1mW=0dB,换算关系为 dB =10lg(A/B).而小于 1mW 的分贝为负值.

使用分贝(dB)做单位主要有三大好处:

(1) 数值变小,读写方便.电子系统的总放大倍数常常是几千、几万甚至几十万,一架收音机从天线收到的信号至送入喇叭放音输出,一共要放大 2 万倍左右,用分贝表示先取对数,数值就小得多.

(2) 运算方便,放大器级联时,总的放大倍数是各级相乘.用分贝做单位时,总增益就是相加.若某功放前级是 100 倍(20dB),后级是 20 倍(13dB),那么总功率放大倍数是 100×20=2000 倍,总增益为 20dB+13dB=33dB.

(3) 符合听感,估算方便.人听到声音的响度是与功率的相对增长呈正相关的.例如,当电功率从 0.1W 增长到 1.1W 时,听到的声音就响了很多;而从 1W 增强到 2W 时,响度就差不太多;再从 10W 增强到 11W 时,没有人能听出响度的差别来.如果用功率的绝对值表示都是 1W,而用增益表示分别为 10.4dB,3dB 和 0.4dB,这就能比较一致地反映出人耳听到的响度差别了.在 Hi-Fi 功放上的音量旋钮刻度都是标的分贝,改变音量时直观些.

［注意事项］

(1) 不得扳动面板上面元器件,以免造成电路损坏,导致实验仪不能正常工作.

(2) 说明:输入"+""−"为探头输入端、输出"+""−"为照度计输出电压测试点.

(3) X1、X10、X100 开关为放大倍数切换开关.

[实验仪器]

光电创新实验仪主机箱、光照度计和光功率计设计模块、功率计探头、连接线、万用表.

[实验内容]

(1) 功率计探头红黑插座对应接到实验模块上输入端"+""−".

(2) 万用表红黑表笔对应接到实验模块上输出端"+""−".

(3) 放大倍数切换开关拨至 X1 挡,向上拨.

(4) 打开电源开关,观察万用表指示数值.

(5) 改变不同光照度和放大倍数,观察万用表指示数值变化.

(6) 关闭电源.

[设计电路图]

光功率计电路原理如图 6.18.5 所示.

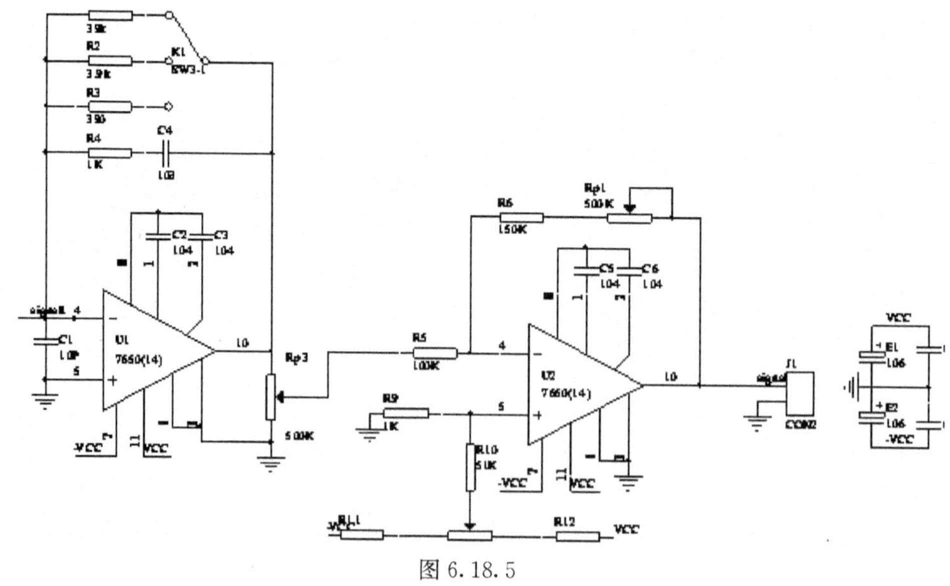

图 6.18.5

U1 对光电池输出电流进行 I/V 变换，将光电流转换为电压，K1 为挡位切换开关. U2 对输出电压进行放大，调节 RP1 阻值大小可以给便放大倍数，5 脚对应电位器为调零电位器.

［思考题］

分析放大电路芯片选用条件.

6.18.3　PSD 位移测量

［实验目的］

(1) 一维 PSD 光学系统组装调试.

(2) 一维 PSD 光学系统设计.

［实验原理］

PSD 为一具有 PIN 三层结构的平板半导体硅片. 其断面结构如图 6.18.6 所示，表面层 P 为感光面，在其两边各有一信号输入电极，底层的公共电极是用与加反偏电压. 当光点入射到 PSD 表面时，由于横向电势的存在，产生光生电流 I_0，光生电流就流向两个输出电极，从而在两个输出电极上分别得到光电流 I_1 和 I_2，显然 $I_0=I_1+I_2$. 而 I_1 和 I_2 的分流关系则取决于入射光点到两个输出电极间的等效电阻. 假设 PSD 表面分流层的阻挡是均匀的，则 PSD 可简化为图 6.18.7 所示的电位器模型，其中 R_1、R_2 为入射光点位置到两个输出电极间的等效电阻，显然 R_1、R_2 正比于光点到两个输出电极间的距离.

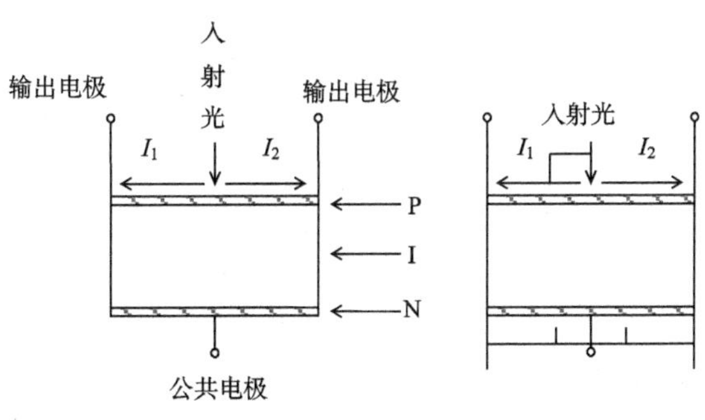

图 6.18.6

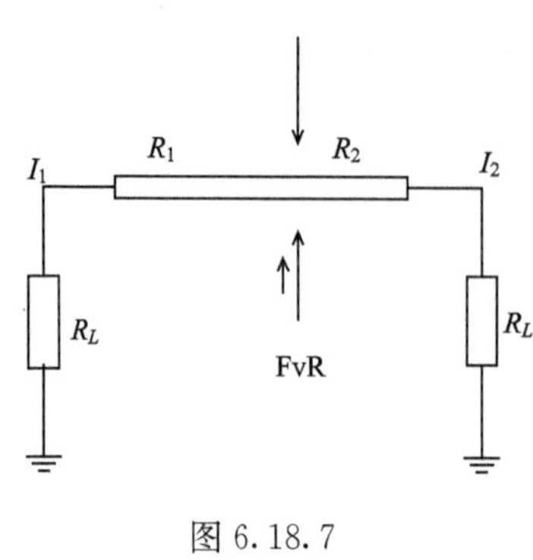

图 6.18.7

因为

$$I_1/I_2 = R_2/R_1 = (L-X)/(L+X)$$
$$I_0 = I_1 + I_2$$

所以可得

$$I_1 = I_0(L-X)/2L$$
$$I_1 = I_0(L+X)/2L$$
$$X = (I_2 - I_1/I_0)L$$

当入射光恒定时，I_0 恒定，则入射光点与PSD中间零位点距离 X 与 I_2-I_1 成线性关系，与入射光点强度无关.通过适当的处理电路，就可以获得光点位置的输出信号.

[注意事项]

(1) 激光器输出光不得对准人眼，以免造成伤害.

(2) 激光器为静电敏感元件，因此操作者不要用手直接接触激光器引脚以及与引脚连接的任何测试点和线路，以免损坏激光器.

(3) 不得扳动面板上面元器件，以免造成电路损坏，导致实验仪不能正常工作.

[实验仪器]

光电创新实验仪、PSD位移测试模块、连接线、万用表.

[实验内容]

(1) 将激光器引线红色接模块上＋5V金色插孔，黑色接GND5金色插孔.PSD后金色插孔“I1” “I2”为PSD电流输出，对应接到金色插孔“T6”“T8”，PSD后金色插孔“C”为PSD供电端，对应接到金色插孔“T4”.

(2) 将PSD传感器实验单元电路连接起来：“T7”接“T10”，“T9”接“T12”，“T13”接“T14”，“T15”接“T16”，“T17”接“T18”对应接到万用表电压挡正负极，用来测量输出电压.

(3) 打开主机电源开关，打开模块上电源开关，实验模块开始工作.调整测微头，使激光光点能够在PSD受光面上的位置从一端移向另一端，最后将光点定位在PSD受光面上的正中间位置(目测)，调节零点调整旋钮，使电压表显示值为0.

转动测微头使光点移动到 PSD 受光面一端，调节输出幅度调整旋钮，使电压表显示值为 3V 或－3V 左右.

(4) 从 PSD 一端开始旋转测微头，使光点移动，取 $\Delta X=0.5\text{mm}$，即转动测微头一转. 读取电压表显示值，填入表 6.18.1，画出位移－电压特性曲线.

表 6.18.1　PSD 传感器位移值与输出电压值

位移量/mm	0	0.5	1	1.5	2	2.5	3	3.5
输出电压/V								
位移量/mm	4	4.5	5	5.5	6	6.5	7	7.5
输出电压/V								

(5) 根据表 6.18.1 所列的数据，计算中心量程 2mm，3mm，4mm 时的非线性误差.

[设计电路图]

(1) PSD 供电电路如图 6.18.8.

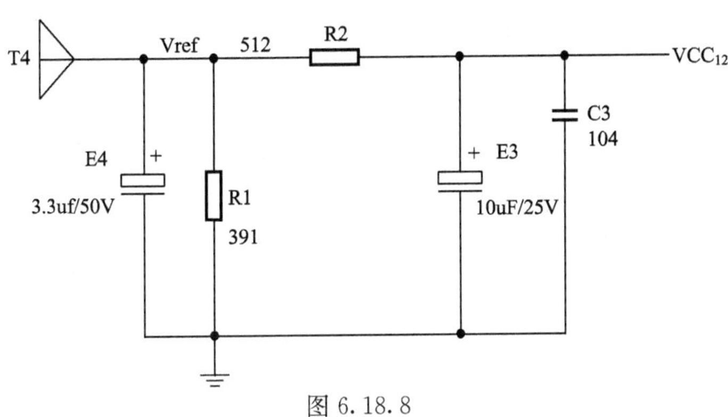

图 6.18.8

(2) PSD 输出处理电路如图 6.18.9：运算放大器 U4A U4B 完成 PSD 两路电流输出 I/V 变换；U5A 为加法电路，对两路输出进行加法运算，用来验证 PSD 两路输出之和不随光电位置变化而改变；U5B 为减法电路，实现 PSD 位移测量；U3A 为放大电路，W1 用来调节放大增益. U3B 为调零电路，通过调节 W2 阻值大小进行电路调零.

[思考题]

试分析一下二维 PSD 的工作原理.

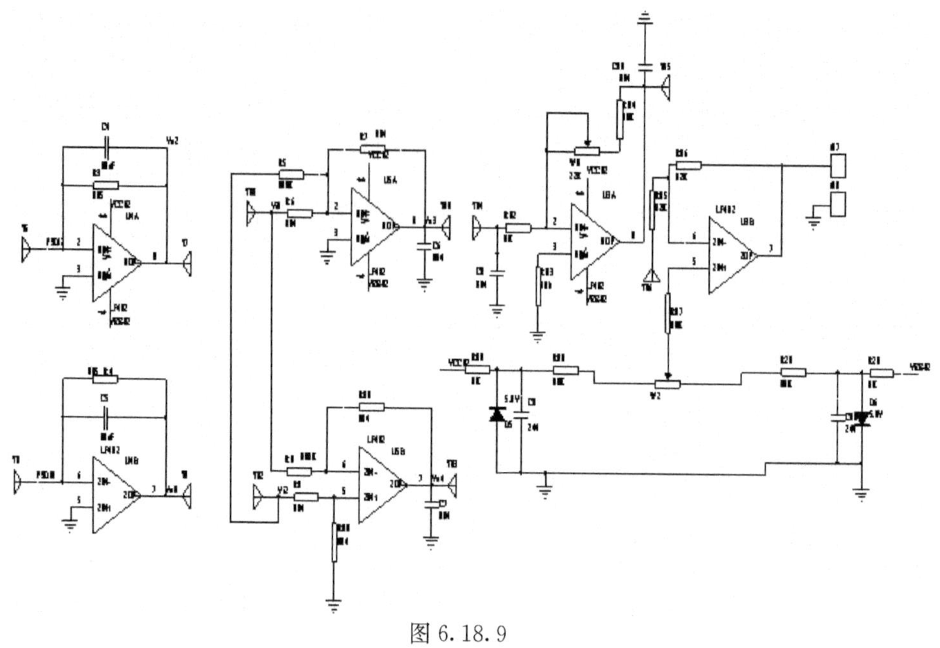

图 6.18.9

6.18.4 光电转速里程测量

[实验目的]

(1) 对射式光开关转速里程测量.

(2) 对射式光开关设计.

[实验原理]

1. 光电耦合器件的含义和特点

(1) 光电耦合器件的含义.

在工业检测、电信号的传送处理和计算机系统中,常用继电器、脉冲变压器和复杂的电路来实现输入、输出端装置与主机之间的隔离、开关、匹配和抗干扰等功能.而继电器动作慢、有触点工作不可靠;变压器体积大,频带窄,所以都不是理想的部件.随着光电技术的发展,出现了一种新的功能器件——光电耦合器件.它是将发光器件(LED)和光敏器件

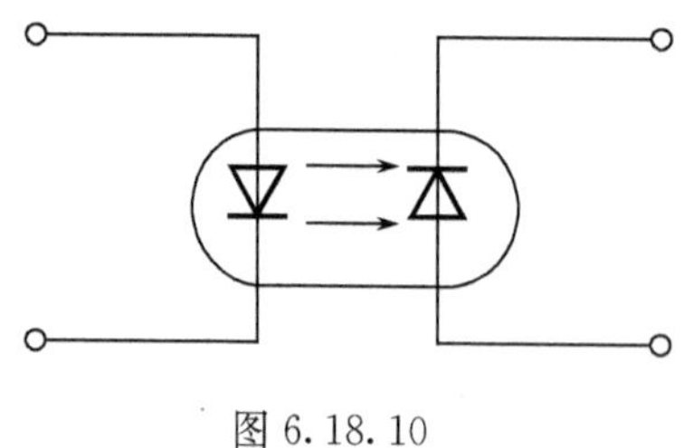

图 6.18.10

(光敏二、三极管等)密封装在一起形成的一个电—光—电器件,如图 6.18.10 所示.

这种器件在信息的传输过程中是用光作为媒介把输入和输出的电信号耦合在一起的,在它的线性工作范围内,这种耦合具有线性变化关系.由于输入和输出仅用光来耦合,在电性能上完全是隔离的.因此,光电耦台器件的电隔离性能、线性传输性能等许多特性,都是从“光耦合”这一基本特点中引伸出来的.故把光电耦合器件也称为光电隔离器或光电耦合器.由于这种器件是一个利用光耦合做成的电信号传榆器件,所以一般称为光电耦合器件.

(2) 光电耦合器件的特点:

具有电隔离的功能,在输入、输出信号间完全没有电路的联系,所以输入和输出回路的电平零位可以任意选择.绝缘电阻高达 $10^{10}\sim10^{12}\Omega$,击穿电压高到 100~25kV,耦合电容小到零点几个皮法.

信号传输是单向性的,无论脉冲、直流都可以使用,适用于模拟信号和数字信号.

具有抗干扰和噪声的能力,它作为继电器和变压器使用时,它不受外界电磁干扰、电源干扰和杂光影响.

响应速度快,一般可达微秒数量级,甚至纳秒数量级,它可传输的信号频率在直流和 10MHz 之间.

使用方便,体积小,重量轻,抗震,密封防水,性能稳定,耗电省,成本低.工作温度范围在−55~+100℃之间.

由于光电耦合器件性能上的优点,在自动控制、遥控遥测、航空技术,电子计算机和其他光电、电子技术中得到广泛的应用.

(3) 光电耦合器件的重要优点:

抑制尖脉冲及各种噪音等的干扰传输信号中大大提高了信噪比.光电耦合器件之所以具有很高的抗干扰能力,主要有下面几个原因:

① 光电耦台器件的输入阻抗很低,一般为 10~1kΩ;而干扰源的内阻一般都很大,一般为 1k~1MΩ.按一般分压比的原理来计算,能够馈送到光电耦合器件输入端的干扰噪声就变得很小了.

② 由于一般干扰噪声源的内阻都很大,虽然也能供给较大的干扰电压,但可供出的能量却很小,只能形成很微弱的电流.而光电耦合器件输入端的发光二极管在通过一定的电流时才能发光.因此,即使是电压幅值很高的干扰,由于没有足够的能量,不能使发光二极管发光,从而被它抑制掉了.

③ 光电耦合器件的输入、输出边是用光耦合的,这种耦合又是在一个密封管壳内进行的,因而不会受到外界光的干扰.

④ 光电耦合器件的输入、输出间的寄生电容很小(一般为 0.6~2pF),绝缘电

阻又非常大(一般为 $10^{11}\sim10^{13}\,\Omega$),因而输出系统内的各种干扰噪音很难通过光电耦合器件反馈到输入系统中去.

2. 光电耦合开关

光电耦合开关又分为对射式和反射式两种,对射式光电耦合开关的红外发射直接照射光敏器件,反射式光电耦合开关的红外发射需要通过开关前物体挡住从而使红外光反射到光敏器件上.本实验使用对射式光电开关测量电动机转动速度.

[注意事项]

(1) 不得随意摇动和插拔面板上元器件和芯片,以免损坏,造成实验仪不能正常工作.

(2) 在使用过程中,出现任何异常情况,必须立即关机断电以确保安全.

[实验仪器]

光电创新实验仪主机、光电转速里程测量模块、连接线、示波器.

[实验内容]

(1) 电机驱动电路输出“M+”“M−”用连线对应接到电动机的“M+”“M−”,对射式光电开关的“L+”“L−”“P+”“P−” 用连线对应接到电路上“L+” L−”“P+”“P−”.

(2) 示波器探头测量电路输出“F”“GND”. 转速调节旋钮“W1”左旋到底,此时电动机不转动.

(3) 打开电源开关,调节红外发射管限流电阻“W2”和光敏器件负载电阻“W3”,用手转动转盘,直至光电开关发射和接收透过转盘时圆孔和被遮住时示波器上显示高低电平跳变,调节转速调节旋钮“W1”直至电机转动,观察示波器输出波形,记录频率.

(4) 计算电机转速.注意转盘上有 6 个圆孔,转盘每转动一周产生 6 个输出脉冲.

(5) 实验完毕,关闭电源,拆除连线.

[设计电路图]

(1) 电机调速电路原理(图 6.18.11):直流电动机的转速与电动机两端的电压成正比,电压越高,转速越快.该电路采用电压反馈方式控制电动机的转速,NE555

为比较器工作方式，3 脚输出电压的占空比受 2 脚电压的控制，调节 W_1 可以设定电动机的转速. 当电动机两端电压增大时，其转速超过设定的转速，此时 R_1 上电压降增大，该压降馈送到 NE555 的 2 脚，则 3 脚输出脉冲电压的占空比减小，即脉冲高电平时间变短，Q_1 导通时间缩短，加到电动机两端电压降低，电动机转速下降，从而保持电动机转速为恒定值.

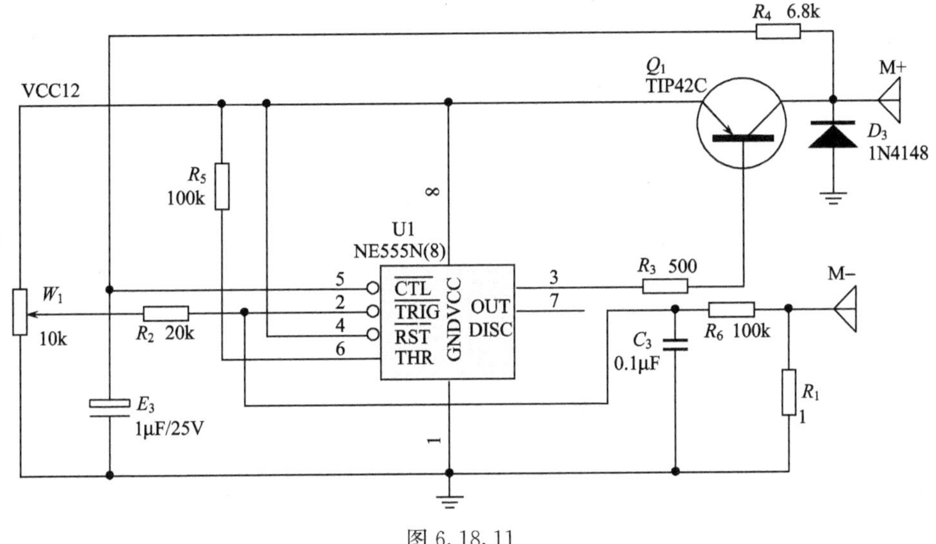

图 6.18.11

(2) 光电开关电路(图 6.18.12)：R_7 为红外发射管的限流电阻，调节 W_2 可以调节发光强弱. R_9 和 W_3 为光敏器件的负载电阻，调节 W_2 可以调节探测灵敏度. LED 用来指示开关状态.

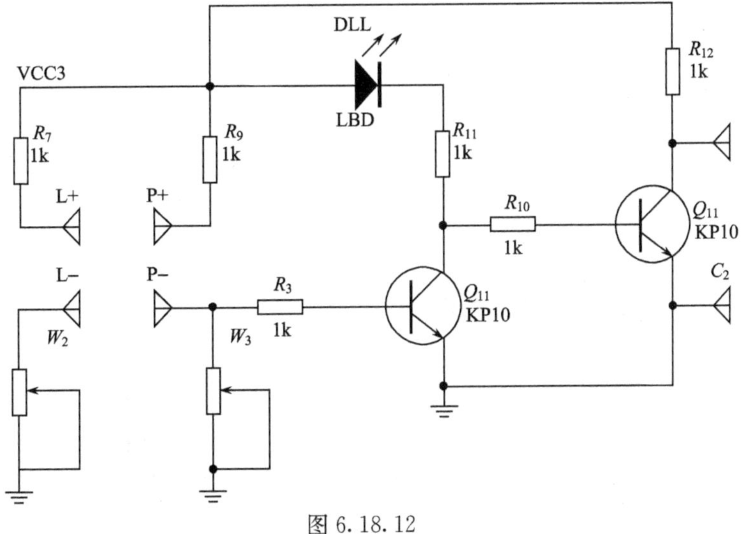

图 6.18.12

[思考题]

在组成光开关的光发射管和光接收管有哪些要求?

6.18.5 光电传感器的特性测量

[实验目的]

(1) 光电传感器的特性测量.
(2) 光电传感器的应用.
(3) 光电传感器设计性.

[实验原理]

本实验的光电测距传感器是应用三角测量原理. 红外线发射器按照一定的角度发射红外线,当遇到物体以后,光束会反射回来,三角测量原理如图 6.18.13 所示. 反射回来的红外线被 CCD 检测器检测到以后,会获得一个偏移值 L,利用三角

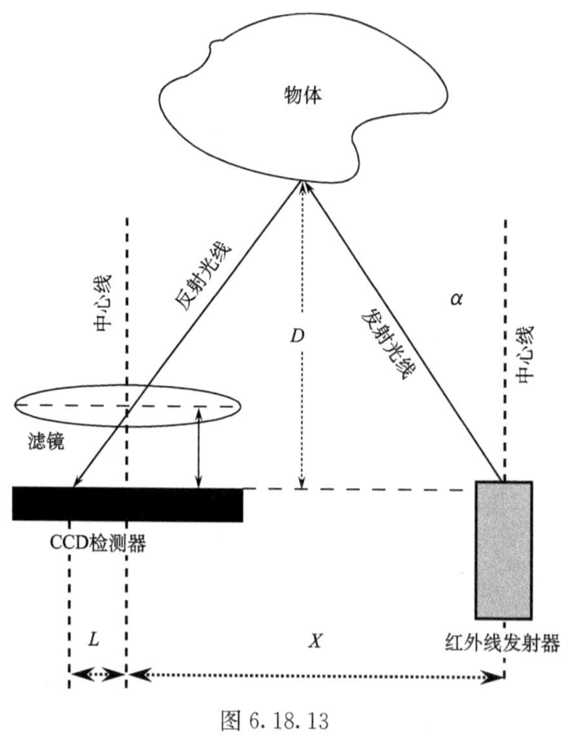

图 6.18.13

关系，在知道了发射角度 α，偏移距 L，中心矩 X，以及滤镜的焦距 f 以后，传感器到物体的距离 D 就可以通过几何关系计算出来了.

当 D 的距离足够近的时候，L 值会相当大，超过 CCD 的探测范围，这时，虽然物体很近，但是传感器反而看不到了. 当物体距离 D 很大时，L 值就会很小. 这时 CCD 检测器能否分辨得出这个很小的 L 值成为关键，也就是说 CCD 的分辨率决定能不能获得足够精确的 L 值. 要检测越是远的物体，CCD 的分辨率要求就越高.

本实验采用的光电测距传感器的输出是非线性的. 每个型号的输出曲线都不同. 所以，在实际使用前，最好能对所使用的传感器进行一下校正. 对每个型号的传感器创建一张曲线图，以便在实际使用中获得真实有效的测量数据. Sharp GP2YOA21 的传感器输出曲线如图 6.18.14.

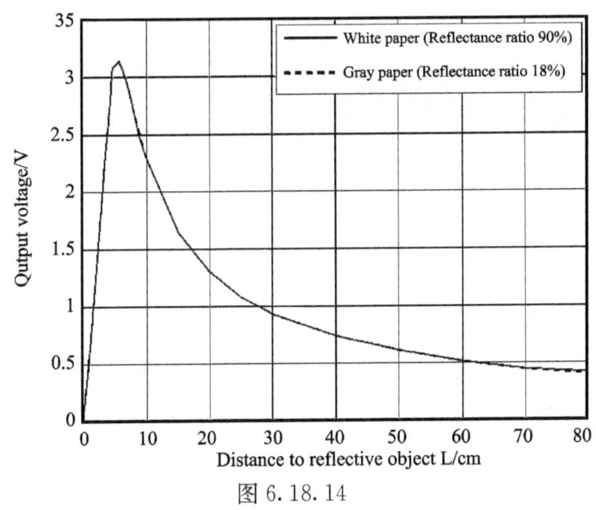

图 6.18.14

[注意事项]

(1) 当万用表用作电流测试时应先用大量程，然后逐级调小到合适的量程，以免烧坏电流挡.

(2) 连线之前保证电源关闭.

(3) 实验过程中，请勿遮挡光电测距传感器与白屏之间的光路，以保证光能正常反回.

[实验仪器]

光电创新实验平台主机、光电测距系统设计模块、导轨及底座、光电测距传感器及其组件、白屏、万用表、链接线.

[实验内容]

光电测距系统设计模块是光电创新平台当中的一个模块,具体实验内容及步骤如下:

(1) 光电测距传感器的组装实验.

光电测距实验由主机箱、光电测距模块、导轨与滑块组件、光电测距传感器以及白屏五大部分组成,首先认识这些部件,然后学会如何组装.

(2) 光电传感器的特性测量.

在完成第(1)步的实验内容后,开始进行光电传感器的特性测量实验,首先打开主机电源开关,然后按下电源显示部分的按键开关,查看电源指示灯是否点亮.若没点亮,请检查电源线路是否正常;若点亮,用万用表测量传感器输出信号 Vout,并逐步改变白屏与光电测距传感器的距离,将所测得数据记录在表 6.18.2 中.

表 6.18.2

距离/cm	2	6	10	20	30	40	50	60	70	80
输出/V										

(3) 光电测距传感器的应用.

光电测距传感器可以用作超过距离限制报警.在本实验中有两路比较器电路,阈值测试点分别为 J4 和 J5.通过实验 2 的测试,可以知道光电测距传感器在各个位置的输出大小,比如说 20cm 处传感器输出为 1.3V,40cm 处传感器输出为 0.75V,可以通过调节 W1、W2 来改变比较器的电压阈值使 J4 输出为 1.3V、J5 输出为 0.75V,改变白屏与光电测距传感器的距离,观察 D1 与 D4 的发光变化.改变阈值,重复上述步骤,观察 D1 与 D4 的变化,总结传感器与比较器的应用特性.

[设计电路图]

根据传感器的特性,自行搭建应用电路,实现超限报警功能.如图 6.18.15 所示,光电测距传感器信号经过电压跟随器输出,将这个信号作为两路比较器的输入,通过设定比较器的参考电压来改变比较器输出的结果.

[思考题]

(1) 本实验中光电测距传感器的测距原理是什么?

(2) 本实验中光电测距传感器的理想工作区间是什么?

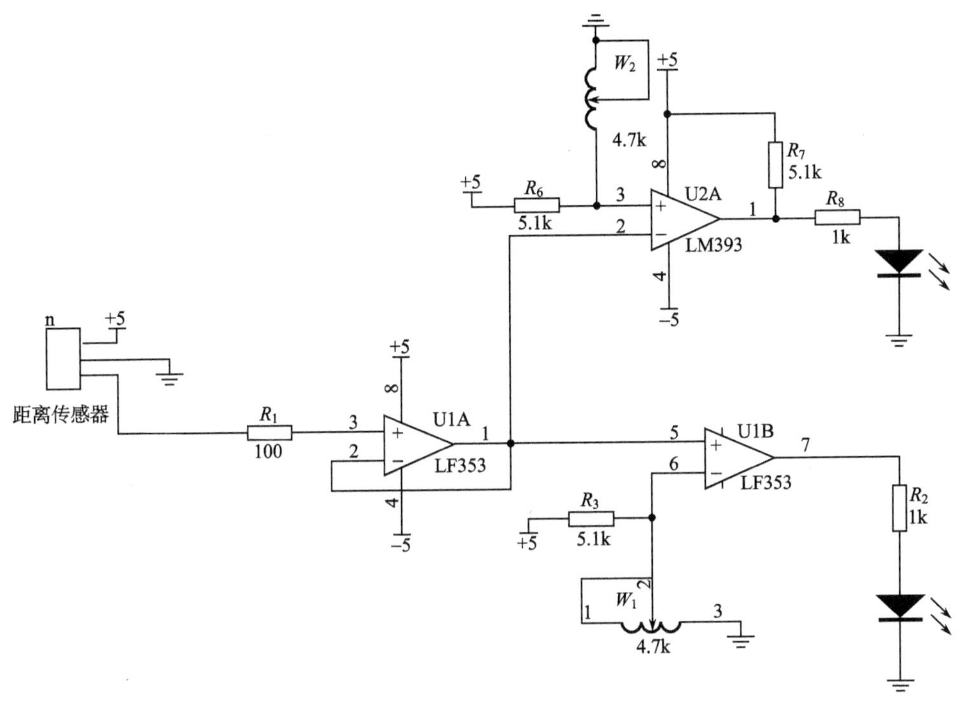

图 6.18.15

6.19　光电探测综合实验

GCGDTC-B 型光电探测原理综合实验仪，是光电检测器件特性测试的实验仪，主要研究光电检测器件的基本特性，如光电特性、伏安特性、光谱特性、时间响应特性等. 如光敏电阻、光电二极管、光电三极管等，可以让学生对整个实验系统的光通路一目了然，增强学生对系统的理解，可供学生配合其他元件自己动手，提高学生动手动脑能力.

6.19.1　光敏电阻特性测试

[实验目的]

(1) 光敏电阻的暗电阻、暗电流测试.

(2) 光敏电阻的亮电阻、亮电流测试.

(3) 光敏电阻的伏安特性测试.

(4) 光敏电阻的光电特性测试.

(5) 光敏电阻的光谱特性测试.

(6) 光敏电阻的时间响应特性测试.

(7) 光控开关设计.

[实验原理]

1. 光敏电阻的结构与工作原理

光敏电阻又称光导管,它几乎都是用半导体材料制成的光电器件.光敏电阻没有极性,纯粹是一个电阻器件,使用时既可加直流电压,也可以加交流电压.无光照时,光敏电阻值(暗电阻)很大,电路中电流(暗电流)很小.当光敏电阻受到一定波长范围的光照时,它的阻值(亮电阻)急剧减小,电路中电流迅速增大. 一般希望暗电阻越大越好,亮电阻越小越好, 此时光敏电阻的灵敏度高.实际上光敏电阻的暗电阻值一般在兆欧量级,亮电阻值在几千欧以下.

光敏电阻的结构很简单,图 6.19.1(a)为金属封装的硫化镉光敏电阻的结构图.在玻璃底板上均匀地涂上一层薄薄的半导体物质,称为光导层.半导体的两端装有金属电极,金属电极与引出线端相连接,光敏电阻就通过引出线端接入电路.为了防止周围介质的影响,在半导体光敏层上覆盖了一层漆膜,漆膜的成分应使它在光敏层最敏感的波长范围内透射率最大.

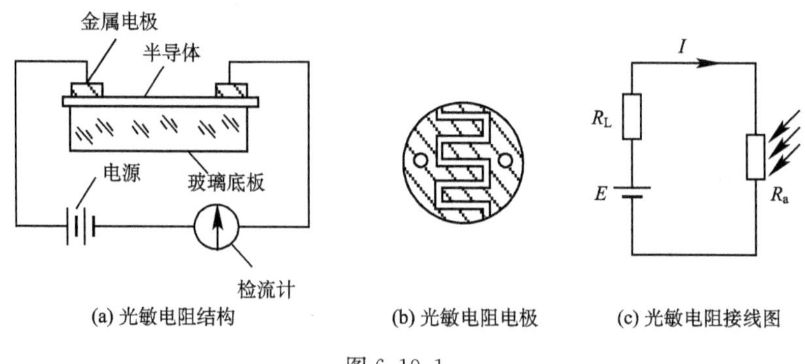

(a) 光敏电阻结构　(b) 光敏电阻电极　(c) 光敏电阻接线图

图 6.19.1

为了提高灵敏度,光敏电阻的电极一般采用梳状图案,如图 6.19.1(b)所示.图 6.19.1(c)为光敏电阻的接线图.

2. 光敏电阻的主要参数

(1) 暗电阻:光敏电阻在不受光照射时的阻值称为暗电阻，此时流过的电流称为暗电流.

(2) 亮电阻:光敏电阻在受光照射时的电阻称为亮电阻,此时流过的电流称为亮电流.

(3) 光电流:亮电流与暗电流之差称为光电流.

3. 光敏电阻的基本特性

(1) 伏安特性:在一定光照度下,流过光敏电阻的电流与光敏电阻两端的电压的关系称为光敏电阻的伏安特性. 光敏电阻在一定的电压范围内,其 I-U 曲线为直线,硫化镉光敏电阻的伏安特性如图 6.19.2 所示.

(2) 光照特性:光敏电阻的光照特性是描述光电流 I 和光照强度之间的关系，不同材料的光照特性是不同的,绝大多数光敏电阻光照特性是非线性的,如图 6.19.3 所示.

(3) 光谱特性:光敏电阻对入射光的光谱具有选择作用,即光敏电阻对不同波长的入射光有不同的灵敏度. 光敏电阻的相对光灵敏度与入射波长的关系称为光敏电阻的光谱特性,亦称为光谱响应. 几种不同材料光敏电阻的光谱特性(图 6.19.4). 对应于不同波长,光敏电阻的灵敏度是不同的,而且不同材料的光敏电阻光谱响应曲线也不同.

(4)时间特性:光敏电阻的光电流不能随着光强改变而立刻变化,即光敏电阻产生的光电流有一定的惰性,这种惰性通常用时间常数表示. 大多数的光敏电阻时间常数都较大，这是它的缺点之一. 不同材料的光敏电阻具有不同的时间常数(毫秒数量级),而光敏电阻的频率特性各不相同如图 6.19.5 所示.

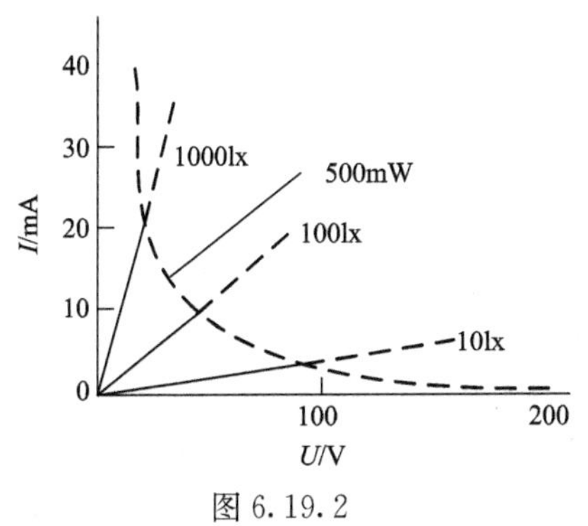

图 6.19.2

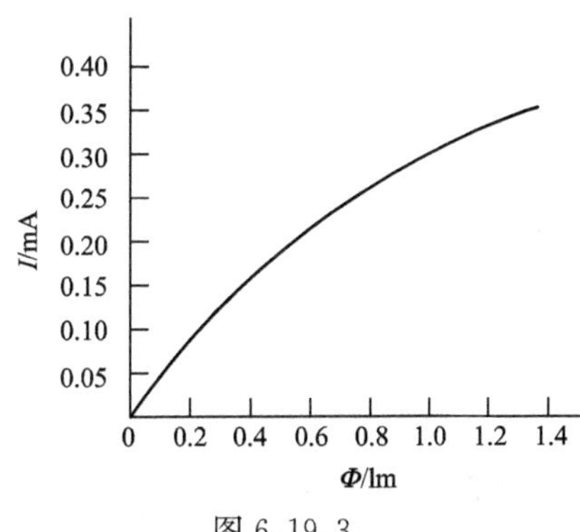

图 6.19.3

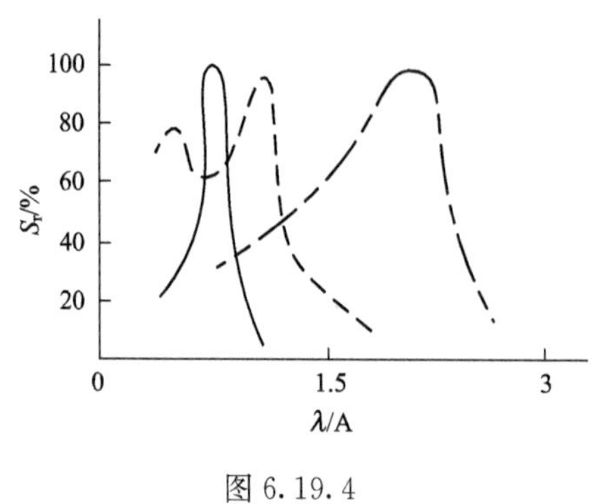

图 6.19.4

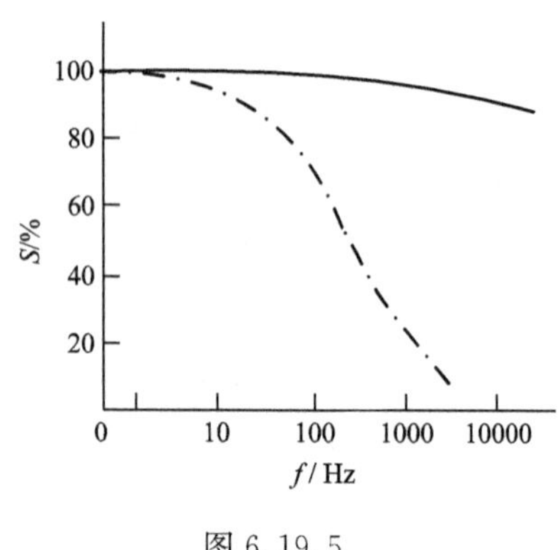

图 6.19.5

[注意事项]

(1) 实验之前,请仔细阅读光电探测综合实验仪说明,弄清实验箱各部分的功能及拨位开关的意义.

(2) 当电压表和电流表显示为“1_”说明超过量程,应更换为合适量程.

(3) 连线之前保证电源关闭.

(4) 实验过程中,请勿同时拨开两种或两种以上的光源开关,这样会造成实验所测试的数据不准确.

[实验仪器]

光电探测综合实验仪、光通路组件、光敏电阻及封装组件、光照度计、2#迭插头对(红色,50cm)、2#迭插头对(黑色,50cm).

[实验内容]

1. 光敏电阻的暗电阻、暗电流测试

(1) 将光敏电阻完全置入黑暗环境中(将光敏电阻装入光通路组件,不通电即完全黑暗),使用万用表测试光敏电阻引脚输出端,即可得到光敏电阻的暗电阻 $R_{暗}$.

(2) 组装好光通路组件,将照度计与照度计探头输出正负极对应相连(红为正极,黑为负极),将光源调制单元 J4 与光通路组件光源接口使用彩排数据线相连.

(3)将将三掷开关 BM2 拨到“静态”,将拨位开关 S1,S2,S3,S4,S5,S6,S7 均

拨下.

(4) 将直流电源 2 正负极与电压表头对应相连,打开电源,将直流电流调到 12V,关闭电源,拆除导线.

(5) 按照光敏电阻暗电流测试电路(图 6.19.6)连接电路图,R_L 取 $R_{L20}=10M\Omega$.

(6) 打开电源,记录电压表的读数,使用欧姆定理 $I=U/R$ 得出支路中的电流值 $I_{暗}$(注:在测量光敏电阻的暗电流时,应先将光敏电阻置于黑暗环境中 30min 以上,否则电压表的读数会较长时间后才能稳定).

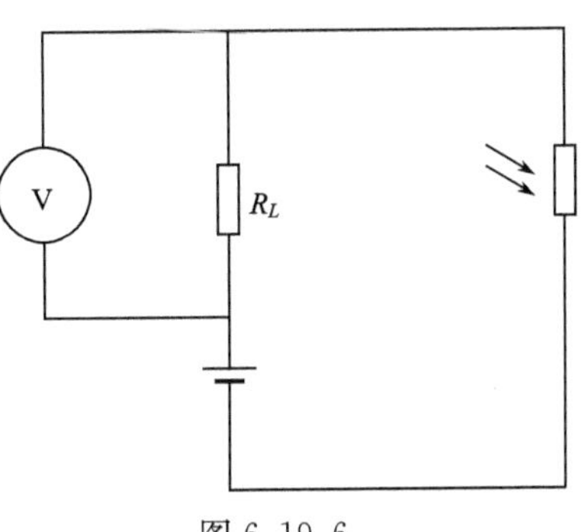

图 6.19.6

2. 光敏电阻的亮电阻、亮电流测试

(1) 组装好光通路组件,将照度计与照度计探头输出正负极对应相连(红为正极,黑为负极),将光源调制单元 J4 与光通路组件光源接口使用彩排数据线相连.

(2) 将将三掷开关 BM2 拨到“静态”,将拨位开关 S1 拨上,S2,S3,S4,S5,S6,S7 均拨下.

(3) 打开电源,缓慢调节光照度调节电位器,直到光照为 300lx(约为环境光照),使用万用表测试光敏电阻引脚输出端,即可得到光敏电阻的亮电阻 $R_{亮}$.

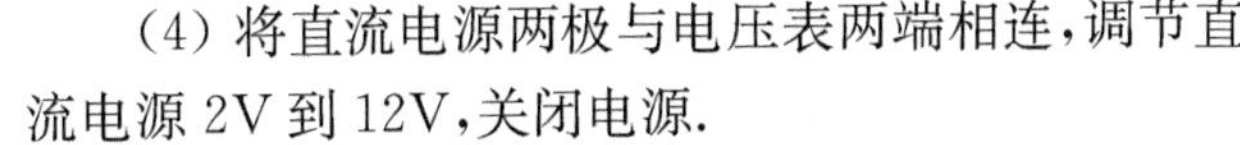

(4) 将直流电源两极与电压表两端相连,调节直流电源 2V 到 12V,关闭电源.

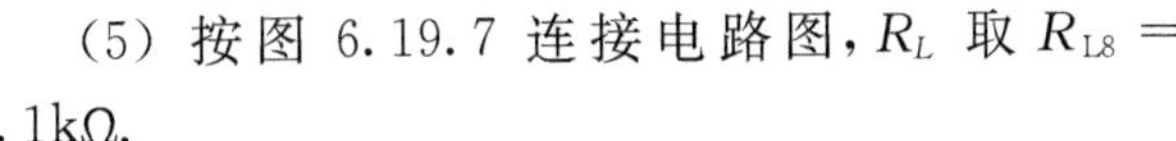

(5) 按图 6.19.7 连接电路图,R_L 取 $R_{L8}=5.1k\Omega$.

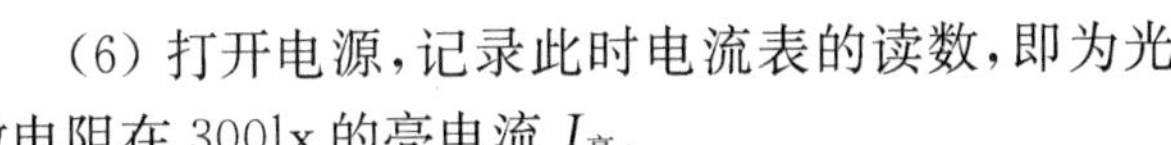

(6) 打开电源,记录此时电流表的读数,即为光敏电阻在 300lx 的亮电流 $I_{亮}$.

图 6.19.7

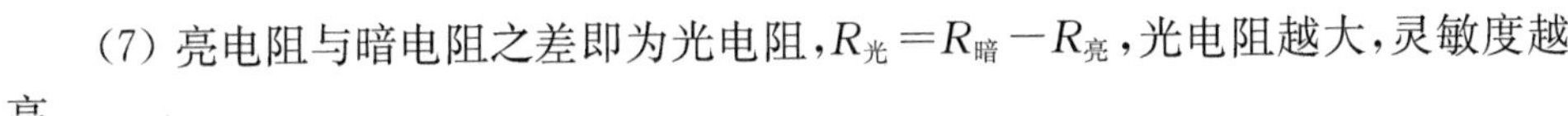

(7) 亮电阻与暗电阻之差即为光电阻,$R_{光}=R_{暗}-R_{亮}$,光电阻越大,灵敏度越高.

(8) 亮电流与暗电流之差即为光电流,$I_{光}=I_{亮}-I_{暗}$,光电流越大,灵敏度越高.

(9) 实验完成,关闭电源,拆除各导线.

3. 光敏电阻伏安特性测试

光敏电阻伏安特性即为光敏电阻两端所加的电压与光电流之间的关系.

(1) 组装好光通路组件,将照度计照度计探头输出正负极对应相连(红为正极,黑为负极),将光源调制单元 J4 与光通路组件光源接口使用彩排数据线相连.

(2) 将三掷开关 BM2 拨到“静态”,将拨位开关 S1 拨上,S2,S3,S4,S5,S6,S7 均拨下.

(3) 按照图 6.19.7 连接电路图,直流电源选用电源 2,R_L 取 $R_{L4}=510\Omega$,直流电源电位器调至最小.

(4) 打开电源,将光照度设置为 200lx 不变,调节电源电压,分别测得电压表显示为 0V、2V、4V、6V、8V、10V 时的光电流填入表 1.

(5) 按照上述步骤(4),改变光源的光照度为 400lx,分别测得偏压为 0V、2V、4V、6V、8V、10V 时的光电流并填入表 6.19.1.

表 6.19.1

偏压	0V	2V	4V	6V	8V	10V
光电流 I/200lx						
光电流 II/400lx						

(6) 根据表中所测得的数据,在同一坐标轴中做出 V-I 曲线,并进行分析比较.

(7) 实验完成,关闭电源,拆除各导线.

4. 光敏电阻的光电特性测试

在一定的电压作用下,光敏电阻的光电流与光照度的关系称为光电特性.

(1) 组装好光通路组件,将照度计与照度计探头输出正负极对应相连(红为正极,黑为负极),将光源调制单元 J4 与光通路组件光源接口用彩排数据线相连.

(2) 将三掷开关 BM2 拨到“静态”,将拨位开关 S1 拨上,S2,S3,S4,S5,S6,S7 均拨下.

(3) 按照图 6.19.7 连接电路图,R_L 取 $R_{L2}=100$ 欧.

(4) 打开电源,将电压设置为 8V 不变,调节光照度电位器,依次测试出光照度在 100lx、200lx、300lx、400lx、500lx、600lx、700lx、800lx、900lx 时的光电流填入表 6.19.2.

表 6.19.2

光照度/lx	100	200	300	400	500	600	700	800	900
电压 U									
光电流 I									
光电阻/U/I									

(5) 根据测试所得到数据，描出光敏电阻的光电特性曲线.

5. 光敏电阻的光谱特性测试

用不同的材料制成的光敏电阻有着不同的光谱特性，当不同波长的入射光照到光敏电阻的光敏面上，光敏电阻就有不同的灵敏度.

(1) 组装好光通路组件，将照度计与照度计探头输出正负极对应相连(红为正极，黑为负极)，将光源调制单元 J4 与光通路组件光源接口用彩排数据线相连.

(2) 将将三掷开关 BM2 拨到“静态”，将拨位开关 S1 拨上，S2，S4，S3，S5，S6，S7 均拨下.

(3) 打开电源，缓慢调节光照度调节电位器到最大，将 S2，S3，S4，S5，S6，S7 依次拨上后拨下，记录照度计所测数据，并将最小值“E”为参考(注意：请不要同时将两个拨位开关拨上).

(4)S2 拨上，缓慢调节电位器直到照度计显示为 E，使用万用表测试光敏电阻的输出端，将测试所得的数据填入表 3，再将 S2 拨下.

(5) 依次将 S3、S4、S5、S6、S7 拨上后拨下，分别测试出橙光，黄光，绿光，蓝光，紫光在光照度 E 下时光敏电阻的阻值，填入表 6.19.3.

表 6.19.3

波长/nm	红(630)	橙(605)	黄(585)	绿(520)	蓝(460)	紫(400)
光电阻						

(6) 根据所测试得到的数据，做出光敏电阻的光谱特性曲线(注：不同的光敏电阻曲线略有不同，属正常现象，峰值在蓝光附近).

(7) 实验完成，关闭电源，拆除各导线.

6. 光敏电阻时间特性测试

(1) 组装好光通路组件，将照度计与照度计探头输出正负极对应相连(红为正极，黑为负极)，将光源调制单元 J4 与光通路组件光源接口用彩排数据线相连.

(2) 将三掷开关 BM2 拨到“脉冲”，将拨位开关 S1 拨上，S2，S3，S4，S5，S6，S7 均拨下.

(3) 打开电源，将直流电源 2 调到 6V，关闭电源.

(4) 如图 6.19.7 连接电路图，R_L 取 $R_{L10}=10\text{k}\Omega$，示波器的测试点应为光敏电阻两端，为了测试方便，可把示波器的测试点用迭插头对引至信号测试区的 TP1 和 TP2.

(5) 打开电源，白光对应的发光二极管亮，其余的发光二极管不亮. 缓慢调节直流电源电位器，用示波器的第一通道接 TP 和 GND(即为输入的脉冲光信号)，用示波器的第二通道接 TP2 和 TP1.

(6) 观察示波器两个通道信号的变化，并作出实验记录(描绘出两个通道的 U-T 曲线).

(7) 缓慢增大输入脉冲的信号宽度，观察示波器两个通道信号的变化，并作出实验记录(描绘出两个通道的 U-T 曲线)，拆去导线，关闭电源.

7. 光控开关设计

实验仪器：光电创新实验仪主机、光控开关实验模块、连接线、万用表

[实验内容]

(1) 光敏电阻输出端金色插座对应接到"IN"端金色插座，"OUT"端对应接到继电器正负端.

(2) 打开电源开关，用万用表测量 V_{lm} 端电压，用手遮挡光敏电阻，分别记下明、暗时 V_{lm} 电压.

(3) 调节阈值电压使 V_{yz} 值在明暗电压值之间.

(4) 用手遮挡光敏电阻，观察指示灯指示状况.

[设计电路图]

光控开关原理(图 6.19.8)如下，IN1 和 CON1 为光敏电阻输入端. U8 为运算放大器，型号为 OP07，此运算放大器构成比较器电路. 当 3 脚电压高于 2 脚电压时输出高电平，三极管 Q4 截止继电器不吸合，发光二极管不发光. 反之 2 脚输出低电平，三极管 Q4 导通，继电器得电导通，发光二极管发光.

[思考题]

分析光敏电阻应用场合.

6.19.2 光电二极管特性测试

[实验目的]

(1) 光电二极管暗电流测试.

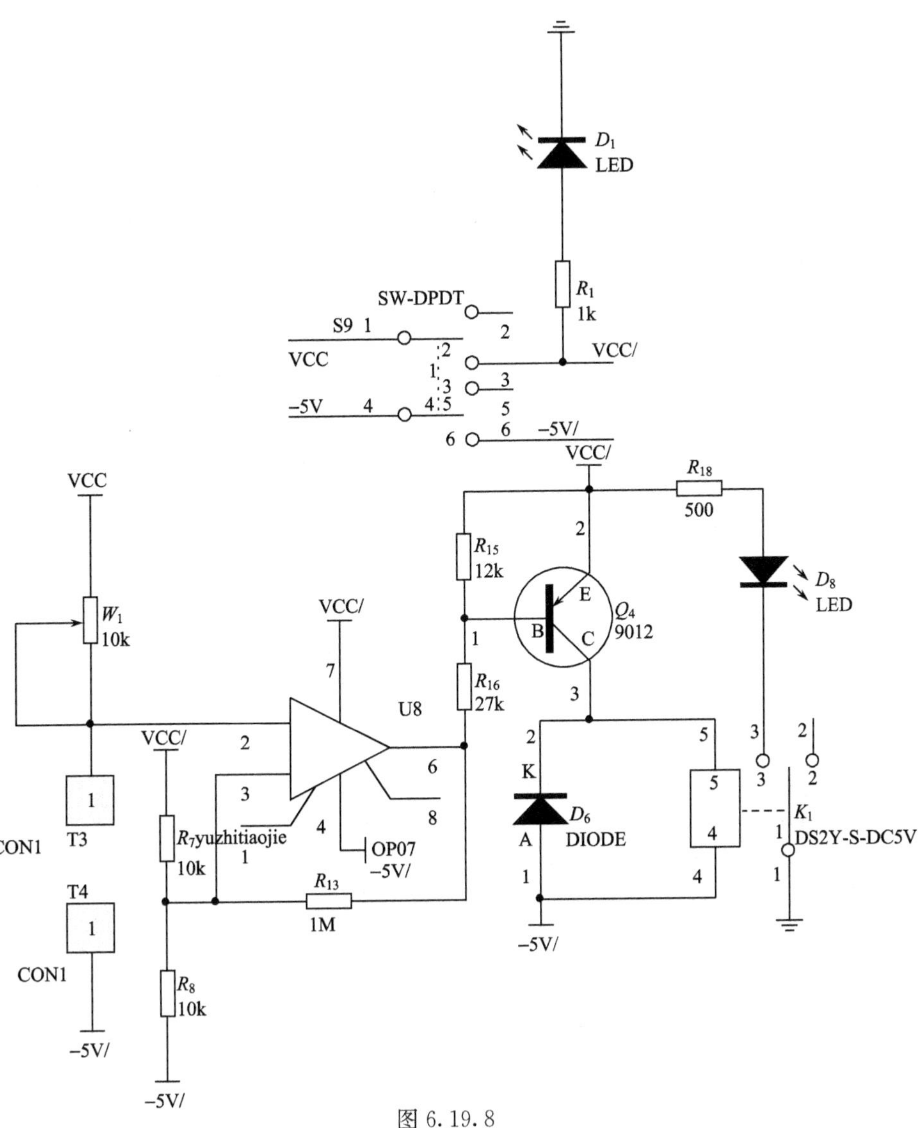

图 6.19.8

(2) 光电二极管光电流测试.

(3) 光电二极管光照特性.

(4) 光电二极管伏安特性测试.

(5) 光电二极管光电特性测试实验.

[实验原理]

光电二极管的结构和普通二极管相似,只是它的 PN 结装在管壳顶部,光线通过透镜制成的窗口,可以集中照射在 PN 结上,光电二极管其结构示意图及符号如图 6.19.9(a)所示,光敏二极管在电路中通常处于反向偏置状态,基本电路如图 6.19.9(b)所示.

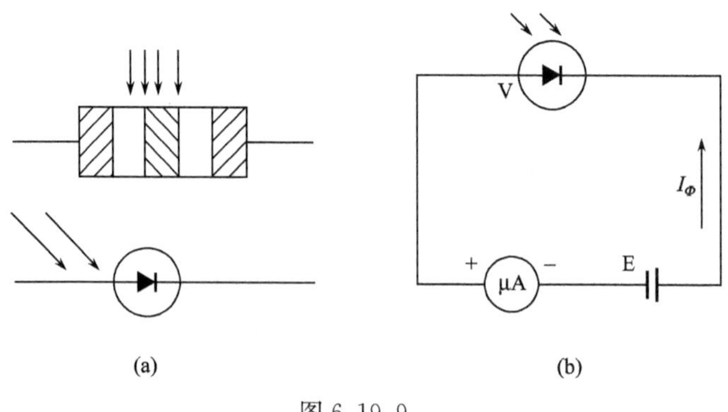

图 6.19.9

当 PN 结加反向电压时,反向电流的大小取决于 P 区和 N 区中少数载流子的浓度,无光照时 P 区中少数载流子(电子)和 N 区中的少数载流子(空穴)都很少,因此反向电流很小. 但是当光照射 PN 结时,只要光子能量 $h\nu$ 大于材料的禁带宽度,就会在 PN 结及其附近产生光生电子—空穴对,从而使 P 区和 N 区少数载流子浓度大大增加,它们在外加反向电压和 PN 结内电场作用下定向运动,分别在两个方向上渡越 PN 结,使反向电流明显增大. 如果入射光的照度改变,光生电子—空穴对的浓度将相应变动,通过外电路的光电流强度也会随之变动,光敏二极管就把光信号转换成了电信号.

[注意事项]

(1) 实验之前,请仔细阅读光电探测综合实验仪说明,弄清实验箱各部分的功能及拨位开关的意义.

(2) 当电压表和电流表显示为"1_"是说明超过量程,应更换为合适量程.

(3) 连线之前保证电源关闭.

(4) 实验过程中,请勿同时拨开两种或两种以上的光源开关,这样会造成实验所测试的数据不准确.

［实验仪器］

光电探测综合实验仪、光通路组件、光照度计、光电二极管及封装组件、2＃迭插头对(红色，50cm)、2＃迭插头对(黑色，50cm)、示波器.

［实验内容］

1. 光电二极管暗电流测试

光电二极管和光电三极管的暗电流非常小，只有 μA 数量级. 实验操作过程中，对电流表的要求较高，本实验采用电路中串联大电阻的方法，将图 6.19.10 中的 R_L 改为 20MΩ，再利用欧姆定律计算出支路中的电流即为所测器件的暗电流.

$$I_{暗} = V/R_L$$

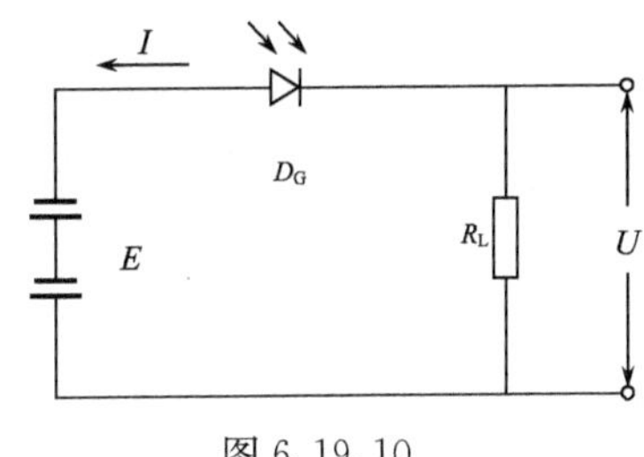

图 6.19.10

由光电探测原理综合实验箱可知：

(1) 组装好光通路组件，将照度计与照度计探头输出正负极对应相连(红为正极，黑为负极)，将光源调制单元 J4 与光通路组件光源接口用彩排数据线相连.

(2) 将将三掷开关 BM2 拨到“静态”，将拨位开关 S1，S2，S3，S4，S5，S6，S7 均拨下.

(3) “光照度调节”调到最小，连接好光照度计，直流电源调至最小，打开照度计，此时照度计的读数应为零.

(4) 选用直流电源 2，将电压表直接与电源两端相连，打开电源调节直流电源电位器，使得电压输出为 15V(注意：在下面的实验操作中请不要动电源调节电位器，以保证直流电源输出电压不变)，关闭电源.

(5) 按图 6.19.10 所示的电路连接电路图，负载 R_L 选择 R_{L21} = 20MΩ.

(6) 打开电源开关，等电压表读数稳定后测得负载电阻 R_L 上的压降 $V_{暗}$，则暗电流

$I_{暗} = V_{暗}/R_L$. 所得的暗电流即为偏置电压在 15V 时的暗电流(注：在测试暗电流时，应先将光电器件置于黑暗环境中 30 分钟以上，否则测试过程中电压表需一段时间后才可稳定).

(7) 实验完毕，直流电源电位器调至最小，关闭电源，拆除所有连线.

2. 光电二极管光电流测试

实验装置原理图如图 6.19.11 所示.

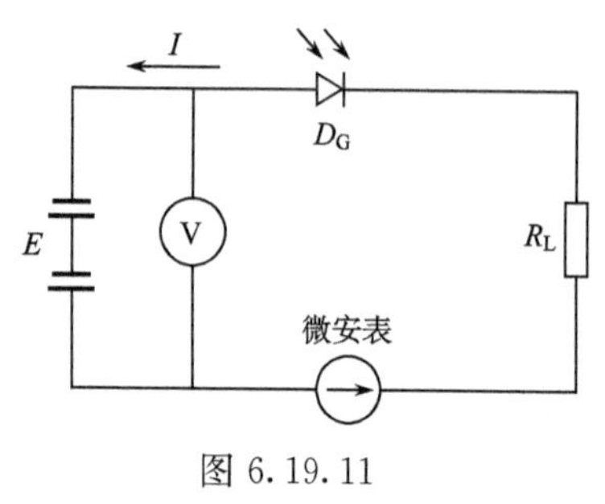

图 6.19.11

由光电探测原理综合实验箱可知：

(1) 组装好光通路组件，将照度计与照度计探头输出正负极对应相连（红为正极，黑为负极），将光源调制单元 J4 与光通路组件光源接口用彩排数据线相连.

(2) 将将三掷开关 BM2 拨到“静态”，将拨位开关 S1 拨上，S2，S3，S4，S5，S6，S7 均拨下.

(3) 按图 6.19.11 连接电路图，直流电源选择电源 2，R_L 取 $R_{L6}=1k\Omega$.

(4) 打开电源，缓慢调节光照度调节电位器，直到光照为 300lx（约为环境光照），缓慢调节直流电源 2 直至电压表显示为 6V，请出此时电流表的读数，即为光电二极管在偏压 6V，光照 300lx 时的光电流.

(5) 实验完毕，将光照度调至最小，直流电源调至最小，关闭电源，拆除所有连线.

3. 光电二极管光照特性

由光电探测原理综合实验箱可知：实验装置原理框图如图 6.19.11 所示.

(1) 组装好光通路组件，将照度计与照度计探头输出正负极对应相连（红为正极，黑为负极），将光源调制单元 J4 与光通路组件光源接口用彩排数据线相连.

(2) 将三掷开关 BM2 拨到“静态”，将拨位开关 S1 拨上，S2，S3，S4，S5，S6，S7 均拨下.

(3) 按图 6.19.12 所示的电路连接电路图，直流电源选择电源 2，负载 R_L 选择 $R_{L6}=1k\Omega$.

(4) 将“光照度调节”旋钮逆时针调至最小值. 打开电源，调节直流电源 2 电位器，直到显示值为 8V 左右，顺时针调节该旋钮，增大光照度值，分别记下不同照度下对应的光生电流值，填入表 6.19.4.

表 6.19.4

光照度/lx	0	100	300	500	700	900
光生电流/μA						

若电流表或照度计显示为“1_”时说明超出量程,应改为合适的量程再测试.

(5) 将“光照度调节”旋钮逆时针调节到最小值位置后关闭电源.

(6) 将以上连接的电路中改为如图 6.19.12 连接(即零偏压).

(7) 打开电源,顺时针调节光照度旋钮,增大光照度值,分别记下不同照度下对应的光生电流值,填入表 6.19.5.

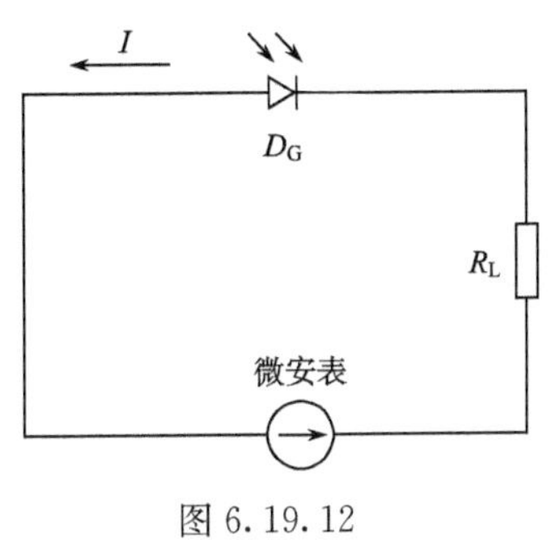

图 6.19.12

表 6.19.5

光照度/lx	0	100	300	500	700	900
光生电流/μA						

若电流表或照度计显示为“1_”时说明超出量程,应改为合适的量程再测试.

(8) 根据上面两表中实验数据,在同一坐标轴中作出两条曲线,并进行比较.

(9) 实验完毕,将光照度调至最小,直流电源调至最小,关闭电源,拆除所有连线.

4. 光电二极管伏安特性

实验装置原理框图如图 6.19.11 所示,由光电探测原理综合实验箱可知:

(1) 组装好光通路组件,将照度计与照度计探头输出正负极对应相连(红为正极,黑为负极),将光源调制单元 J4 与光通路组件光源接口用彩排数据线相连.

(2) 将三掷开关 BM2 拨到“静态”,将拨位开关 S1 拨上,S2,S3,S4,S5,S6,S7 均拨下.

(3) 按图 6.19.11 所示的电路连接电路图,电源选择直流电源 2,负载 R_L 选择 $R_{L7}=2\text{k}\Omega$.

(4) 打开电源,顺时针调节照度调节旋钮,使照度值为 500lx,保持光照度不变(注意:直流电源不可调至高于 20V,以免烧坏光电二极管),调节直流电源 2 电位器,记录反向偏压为 0V、2V,4V、6V、8V、10V、12V 时的电流表读数,填入表 6.19.6:

表 6.19.6

偏压/V	0	−2	−4	−6	−8	−10	−12
光生电流/μA							

(5) 根据上述实验结果,作出 500lx 照度下的光电二极管伏安特性曲线.

(6) 重复上述步骤. 分别测量光电二极管在 300lx 和 800lx 照度下,不同偏压下的光生电流值,在同一坐标轴作出伏安特性曲线,并进行比较.

(7) 实验完毕,将光照度调至最小,直流电源调至最小,关闭电源,拆除所有连线.

6.19.3 光电三极管特性测试

[实验目的]

(1) 光电三极管光电流测试.

(2) 光电三极管光照特性测试.

(3) 光电三极管伏安特性测试.

(4) 光电三极管时间特性测试.

[实验原理]

光电三极管与光电二极管的工作原理基本相同,工作原理都是基于内光电效应,和光敏电阻的差别仅在于光线照射在半导体 PN 结上,PN 结参与了光电转换过程.

光敏三极管有两个 PN 结,因而可以获得电流增益,它比光敏二极管具有更高的灵敏度. 光电三极管结构及等效电路其结构如图 6.19.13(a)所示.

当光敏三极管按图 6.19.13(b)所示的电路连接时,它的集电结反向偏置,发射结正向偏置,无光照时仅有很小的穿透电流流过,当光线通过透明窗口照射集电结时,将使流过集电结的反向电流增大,这就造成基区中正电荷的空穴的积累,发射区中的多数载流子(电子)将大量注人基区,由于基区很薄,只有一小部分从发射区注入的电子与基区的空穴复合,而大部分电子将穿过基区流向与电源正极相接

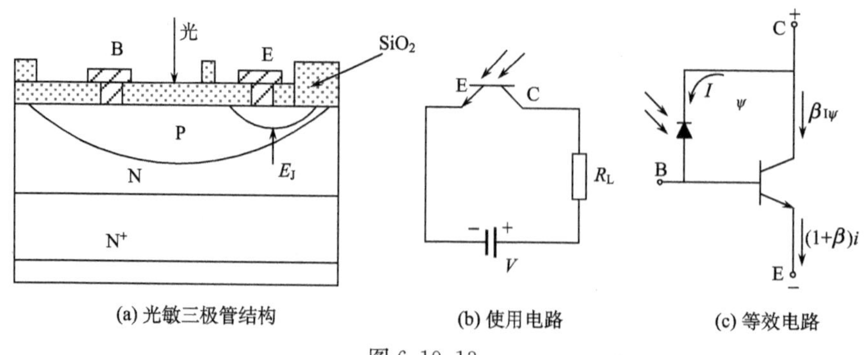

(a) 光敏三极管结构　(b) 使用电路　(c) 等效电路

图 6.19.13

的集电极，形成集电极电流. 它使集电极电流是原始光电流的$(1+\beta)$倍. 这时集电极电流将随入射光照度的改变而更加明显地变化.

利用了晶体三极管的电流放大作用，用 Ge 或 Si 单晶体制造 NPN 或 PNP 型光敏三极管. 其结构使用电路及等效电路如图 6.19.13(c)所示.

光敏三极管可以等效一个光电二极管与另一个一般晶体管基极和集电极并联：集电极一基极产生的电流，输入到三极管的基极再放大. 不同之处是，集电极电流(光电流)由集电结上产生的 iφ 控制. 集电极起双重作用：把光信号变成电信号起光电二极管作用；使光电流再放大起一般三极管的集电结作用. 一般光敏三极管只引出 E、C 两个电极，体积小，光电特性是非线性的，广泛应用于光电自动控制作光电开关应用.

[注意事项]

(1) 实验之前，请仔细阅读光电探测综合实验仪说明，弄清实验箱各部分的功能及拨位开关的意义.

(2) 当电压表和电流表显示为“1_”说明超过量程，应更换为合适量程.

(3) 连线之前保证电源关闭.

(4) 实验过程中，请勿同时拨开两种或两种以上的光源开关，这样会造成实验所测试的数据不准确.

[实验仪器]

光电探测综合实验仪、光通路组件、光照度计、光电三极管及封装组件、2＃迭插头对(红色，50cm)、2＃迭插头对(黑色，50cm)、示波器.

[实验内容]

1. 光电三极管光电流测试

由光电探测原理综合实验箱可知：

(1) 组装好光通路组件，将照度计与照度计探头输出正负极对应相连(红为正极，黑为负极)，将光源调制单元 J4 与光通路组件光源接口使用彩排数据线相连.

(2) 将将三掷开关 BM2 拨到“静态”，将拨位开关 S1 拨上，S2，S3，S4，S5，S6，S7 均拨下.

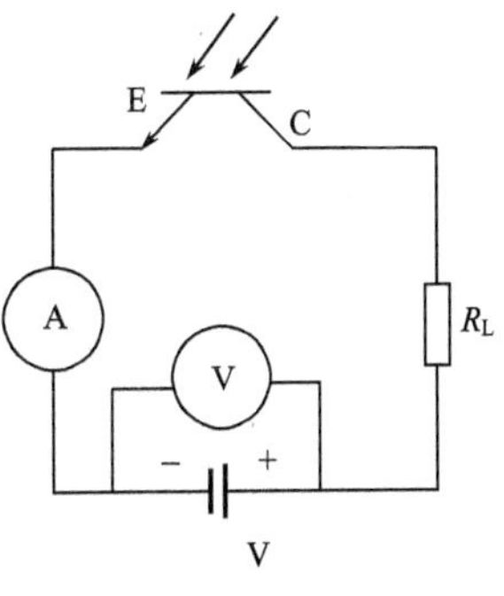

图 6.19.14

(3) 按图 6.19.14 连接电路图，直流电源选用电源

2, R_L 取 $R_{L6}=1k\Omega$,光电三极管 C 极对应组件上红色护套插座,E 极对应组件上黑色护套插座.

(4) 打开电源,缓慢调节光照度调节电位器,直到光照为 300lx(约为环境光照),缓慢调节直流电源 2 到电压表显示为 6V,读出此时电流表的读数,即为光电二极管在偏压 6V,光照 300lx 时的光电流.

(5) 实验完毕,将光照度调至最小,直流电源调至最小,关闭电源,拆除所有连线.

2. 光电三极管光照特性测试

由光电探测原理综合实验箱可知:

(1) 组装好光通路组件,将照度计与照度计探头输出正负极对应相连(红为正极,黑为负极),将光源调制单元 J4 与光通路组件光源接口用彩排数据线相连.

(2) 将三掷开关 BM2 拨到"静态",将拨位开关 S1 拨上,S2,S3,S4,S5,S6,S7 均拨下.

(3) 按图 6.19.14 所示的电路连接电路图,电源选用直流电源 2,负载 R_L 选择 $R_{L6}=1k\Omega$.

(4) 将"光照度调节"旋钮逆时针调节至最小值位置. 打开电源,调节直流电源电位器,直到显示值为 6V 左右,顺时针调节该旋钮,增大光照度值,分别记下不同照度下对应的光生电流值,填入表 6.19.7.

表 6.19.7

光照度/lx(6V)	0	100	300	500	700	900
光生电流/μA						

若电流表或照度计显示为"1_"时说明超出量程,应改为合适的量程再测试.

(5) 调节直流调节电位器到 10V 左右,重复述步骤(4),改变光照度值,将测试的电流值填入表 6.19.8.

表 6.19.8

光照度/lx(10V)	0	100	300	500	700	900
光生电流/μA						

(6) 根据所上面所测试的两组数据,在同一坐标轴中描绘光照特性曲线并进行分析.

(7) 实验完毕,将光照度调至最小,直流电源调至最小,关闭电源,拆除所有连线.

3. 光电三极管伏安特性测试

实验装置原理框图如图 6.19.14 所示：

(1) 组装好光通路组件，将照度计与光照度计探头输出正负极对应相连(红为正极，黑为负极)，将光源调制单元 J4 与光通路组件光源接口用彩排数据线相连.

(2) 将三掷开关 BM2 拨到“静态”，将拨位开关 S1 拨上，S2，S3，S4，S5，S6，S7 均拨下.

(3) 按图 6.19.14 所示的电路连接电路图，电源选择直流电源 2，负载 R_L 选择 $R_{L7}=2k\Omega$.

(4) 打开电源顺时针调节照度调节旋钮，使照度值为 200Lx，保持光照度不变，调节电源电压电位器，使反向偏压为 0V、1V、2V，4V、6V、8V、10V、12V 时的电流表读数(注意：直流电流不可调至高于 30V，以免烧坏光电三极管)，填入表 6.19.9.

表 6.19.9

偏压/V(200lx)	0	1	2	4	6	8	10	12
光生电流/μA								

(5) 根据上述实验结果，作出 200lx 照度下的光电二极管伏安特性曲线.

(6) 重复上述步骤. 分别测量光电三极管在 100lx 和 500lx 照度下，不同偏压下的光生电流值，在同一坐标轴作出伏安特性曲线. 并进行比较.

(7) 实验完毕，将光照度调至最小，直流电源调至最小，关闭电源，拆除所有连线.

4. 光电三极管时间响应特性测试

由光电探测原理综合实验箱可知：

(1) 组装好光通路组件，将照度计与照度计探头输出正负极对应相连(红为正极，黑为负极)，将光源调制单元 J4 与光通路组件光源接口用彩排数据线相连.

(2) 将三掷开关 BM2 拨到“脉冲”，将拨位开关 S1 拨上，S2，S3，S4，S5，S6，S7 均拨下.

(3) 按图 6.19.14 所示的电路连接电路图，负载 R_L 选择 $R_{L6}=1k\Omega$.

(4) 示波器的测试点应为光电三极管的 CE 两端，为了测试方便，可把测试点使用迭插头对引至信号测试区的 TP1 和 TP2.

(5) 打开电源，白光对应的发光二极管亮，其余的发光二极管不亮. 用示波器的第一通道与接 TP 和 GND(即为输入的脉冲光信号)，用示波器的第二通道接

TP2 和 TP1.

(6) 观察示波器两个通道信号,缓慢调节直流电源电位器直到示波器上观察到信号清晰为止,并作出实验记录(描绘出两个通道波形).

(7) 缓慢调节脉冲宽度调节,增大输入信号的脉冲宽度,观察示波器两个通道信号的变化,并作出实验记录(描绘出两个通道的波形)并进行分析.

(8) 实验完毕,关闭电源,拆除导线.

6.20　光纤压力传感器测压力

本实验重点研究传导型光纤位移传感器的工作原理及其应用电路设计. 在传导型光纤压力传感器中,光纤本身作为信号的传输线,利用压力-电-光-光-电的转换来实现压力的测量.

[实验目的]

(1) 传导型光纤压力传感光学系统组装调试.

(2) 发光二极管驱动及探测器接收.

(3) 传导型光纤压力传感器测压力原理.

[实验原理]

光纤压力传感器装置系统框如图 6.20.1 所示.

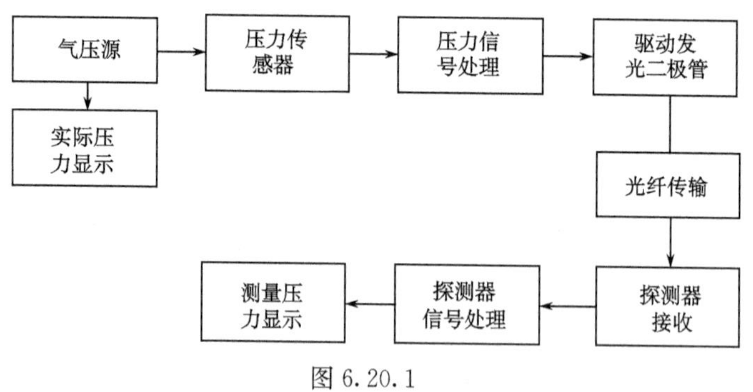

图 6.20.1

光纤压力传感器是一种传光型的复合型光纤传感器. 在此光纤本身作为信号的传输线,在实验过程中实现了压力-电-光-光-电的转换. 使用压电式传感器,压电式传感器主要是利用某些非金属晶体的压电式效应. 压电效应的基本特点,在机械应力或压力的作用下，表面极化电荷增加．将这个变化引入到测量电路，通过光电转换则光信号强弱的变化就反映了所受压力的变化．

［注意事项］

（1）不得随意摇动和插拔面板上元器件和芯片，以免造成仪器不能正常工作．

（2）光纤传感器弯曲半径不得小于 3cm，以免折断．

（3）在使用过程中，出现任何异常情况，必须立即关机断电以确保安全．

［实验仪器］

光纤压力传感器实验仪 1 台、气压计 1 个、气压源 1 套、光纤 1 根、2＃选插头对若干、光源：高亮度白光 LED，直径 5mm、探测器：高灵敏度光敏三极管、光纤：光纤芯直径 Φ1、气压源气压范围：0～20kPa、气压表：GB3053、电压表、电流表．

［实验内容］

（1）实验测试点说明：发射、收接口为光纤插入口；“引压口”为气压接入口．

（2）传导型光纤压力传感光学系统组装调试．

① 空气压缩机输出口接气袋输入端，气袋输出端通过三通一端接气压表，另一端接入主机箱引压口．

② 将主机箱上的输出“Uo”、“⊥”和电压表的“＋”、“－”相连，“mA”上下两个插孔按颜色对电流表的“＋”、“－” 输入插孔．

③ 打开主机箱电源，再打开气压电源开关．调节气压为（气压表监测气压大小），观察电压表变化情况，分析原理，系统组装完成．

④ 关闭电源．

（3）发光二极管驱动及探测器接收．

① 安装气压源装置以及步骤连线．

② 打开主机箱电源，再打开气压电源开关．取出发射端光纤，观察发光二极管发光，发光二极管发出的光很耀眼，不要用眼直视．慢慢插入发射端光纤至底，插入过程中观察电压表变化，并分析变化原因．根据实验仪面板上探测器接收电路图示分析探测器工作原理．

③ 关闭电源．

（4）导型光纤压力传感器测压力原理．

① 空气压缩机输出口接气袋输入端，气袋输出端通过三通一端接气压表，另

一端接入主机箱引压口.

② 将主机箱上的输出“Uo”、“⊥”和电压表的“+”、“−”相连,“mA”上下两个插孔按颜色对电流表的“+”、“−” 输入插孔.

③ 打开主机箱电源,再打开气压电源开关.

a. 调节气压为 20kPa(气压表监测气压大小),待指针稳定后调节 WP2 使电流表显示值为 8mA.

b. 调节转子流量计旋钮设置气压为 4kPa,待指针稳定后调节 WP1 使电流表显示值为 4mA.

c. 重复步骤 a、b,气压在 4～20kPa 之间变化时,电流表能在 4～8mA 之间变化.

注:该过程为定标过程,最大电流 8mA 和最小电流 4mA 并不绝对限制,但要保证最大电流不得超过 20mA,最小电流要保证发光器件能够正常发光.

(5) 气压从 7kPa 开始,根据表 6.20.1,记录主机箱电压表读数(待气压表指针稳定后再读数),填入表 6.20.1,并根据实验数据作特性曲线.

(6) 实验测试点说明:发射、收接口为光纤插入口;“引压口”为气压接入口.

表 6.20.1

压力/kPa	7	8	9	10	12	14	16	18
U/V								

[思考题]

根据你的理解光纤压力传感的核心是什么?

6.21 菲涅耳双棱镜干涉

[使用部件]

如图 6.21.1 所示,见各部件介绍.

[设计内容]

(1) 参照图 6.21.1 沿米尺安置各器件,使钠黄光通过透镜 L_1 会聚在狭缝上.双棱镜的棱脊与狭缝须平行地置于 L_1 和测微目镜 L_2 的光轴上,以获得清晰的干涉条纹.

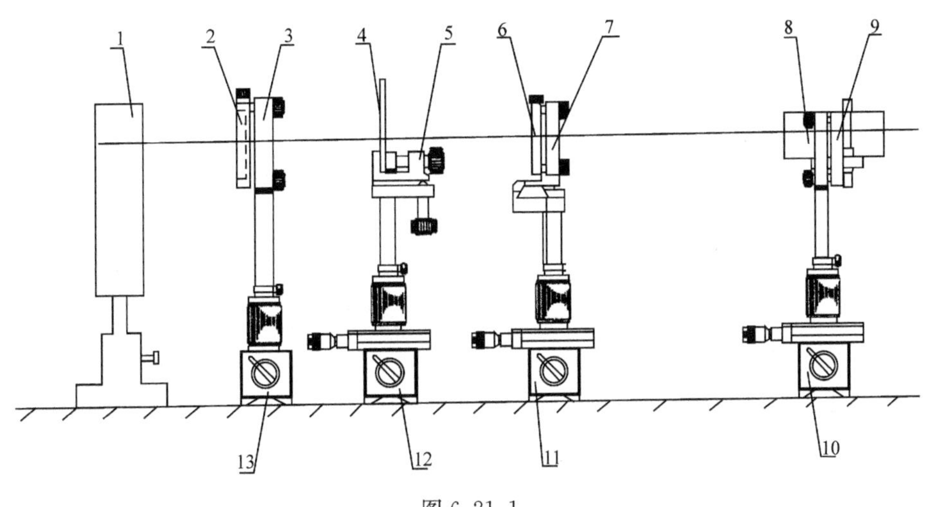

图 6.21.1

1. 钠灯；2. 透镜 L_1($f'=50$mm)；3. 二维架(SZ-07)；4. 可调狭缝；5. 二维干版架(SZ-18)；6. 双棱镜；7. 三维调节架(SZ-16)；8. 测微目镜；9. 光源二维架(SZ-19)；10. 二维平移底座(SZ-02)；11. 三维平移底座(SZ-01)；12. 二维平移底座(SZ-02)；13. 升降调整座(SZ-03)；另备凸透镜($f'=190$mm)及架、座若干

(2) 测微目镜测量干涉条纹间距 Δx(可连续测定 11 个条纹位置，用逐差法计算出 5 个 Δx 取平均)，并测出狭缝至目镜分划板的距离 l.

(3) 保持狭缝和双棱镜位置不动，在双棱镜后用凸透镜在测微目镜分划板上成一虚光源的放大实像，并测得间距 d'，再根据成像公式算出两虚光源间距 d.

(4) 根据公式计算钠黄光波长

$$\lambda=\frac{d}{l}\Delta x$$

6.22　杨氏双缝干涉

[使用部件]

如图 6.22.1 所示，见各部件介绍.

[设计内容]

(1) 参考图 6.22.1 安排实验光路，狭缝要铅直，并与双缝和测微目镜分划板的毫米尺刻线平行. 双缝与目镜距离适当，以获得适于观测的干涉条纹.

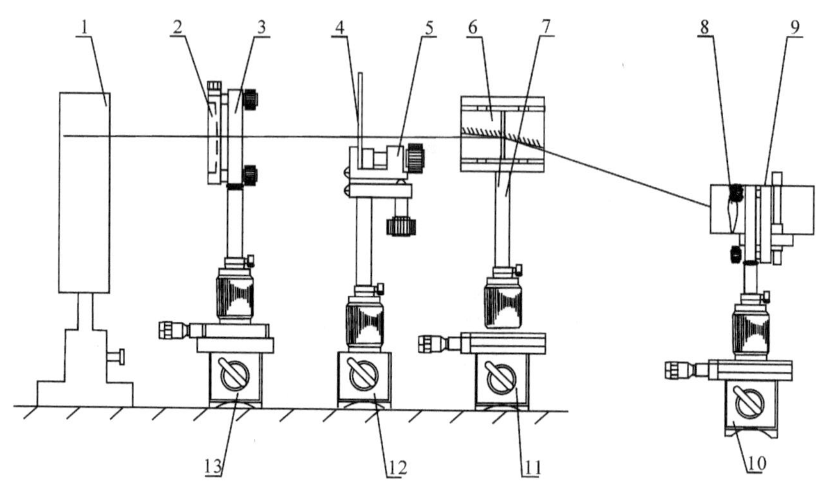

图 6.22.1

1. 钠灯(加圆孔光阑);2. 透镜($f'=50$mm);3. 二维架(SZ-07);4. 可调狭缝(SZ-07);5. 干版架(SZ-12);6. 双缝(在多缝板上);7. 二维干版架(SZ-18);8. 测微目镜;9. 光源二维架(SZ-19);10. 二维平移底座(SZ-02);11. 三维平移底座(SZ-01);12. 二维平移底座(SZ-02);13. 升降调整座(SZ-03)

(2) 用测微目镜测量干涉条纹的间距 Δx,用米尺测量双缝至目镜焦面的距离 l,用显微镜测量双缝的间距 d,根据 $\Delta x=\dfrac{l}{d}$ 计算钠黄光的波长 λ.

6.23　劳埃德镜干涉

[使用部件]

如图 6.23.1 所示,见各部件介绍.

[设计内容]

(1) 使钠光光束经透镜会聚到狭缝上,通过狭缝部分光束掠入射劳埃德镜,被镜面反射,另一部分直接与反射光会合发生干涉,用测微目镜接收干涉条纹,同时调节缝宽、入射角及镜面与铅直狭缝的平行,以改善条纹的清晰度.

(2) 用实验 6.21 的方法测出条纹间距 Δx,狭缝与其虚光源的距离 d 以及狭缝与目镜分划板的距离 l,根据公式

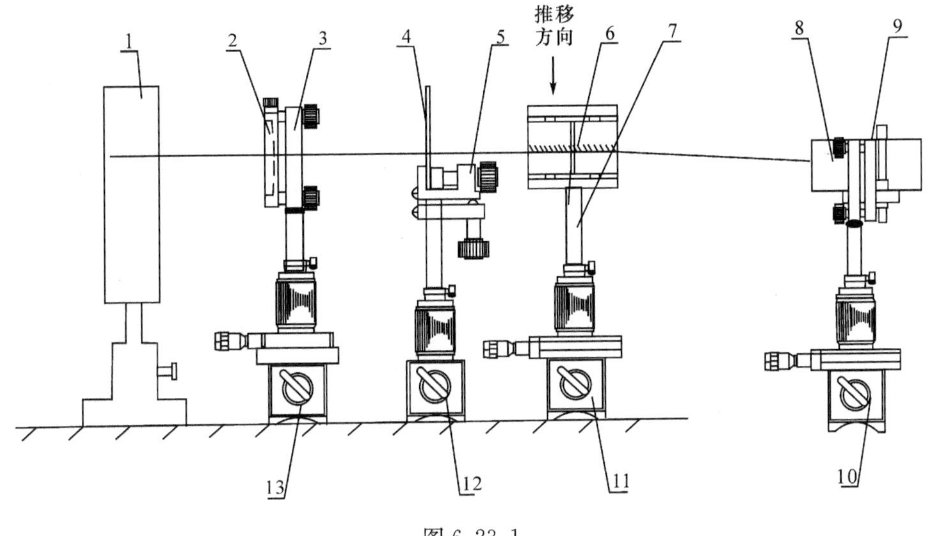

图 6.23.1

1. 钠灯(加圆孔光阑);2. 透镜($f'=50$mm);3. 二维架(SZ-07);4. 可调狭缝;5. 二维干版架(SZ-18);6-7. 劳埃德镜及支架;8. 测微目镜;9. 光源二维架(SZ-19);10. 二维平移底座(SZ-02);11. 三维平移底座(SZ-01);12. 升降调整座(SZ-03);13. 二维平移底座(SZ-02)

$$\lambda = \frac{d}{l}\Delta x$$

计算钠黄光波长.

6.24　夫琅禾费圆孔衍射

[使用部件]

如图 6.24.1 所示,见各部件介绍.

[设计内容]

(1) 参照图 6.24.1 沿平台米尺安排各器件,调节共轴,获得衍射图样.

(2) 在黑暗环境用测微目镜测量艾里斑的直径 d,据已知波长($\lambda=589.3$nm)、衍射小孔直径 D 和物镜焦距 f',可验证公式 $d=2.44\dfrac{f'}{D}\lambda$.

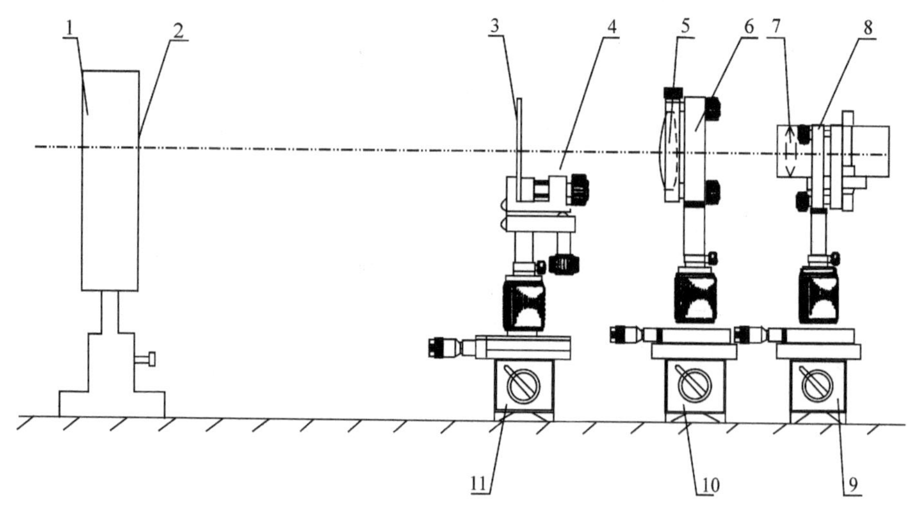

图 6.24.1

1. 钠灯；2. 小孔(ϕ1mm)；3. 衍射孔(ϕ0.2～0.5mm)；4. 二维干版架(SZ-18)；5. 透镜($f'=70$mm)；6. x 轴旋转二维架(SZ-06)；7. 测微目镜；8. 光源二维架(SZ-19)；9. 三维平移底座(SZ-01)；10. 二维平移底座(SZ-02)；11. 二维平移底座(SZ-02)

6.25　菲涅耳单缝衍射

[使用部件]

如图 6.25.1 所示，见各部件介绍.

[设计内容]

使激光通过扩束器(造成非远场条件)照射到狭缝上，用白屏接收衍射条纹. 在缓慢、连续地将狭缝由很窄变到很宽的同时，注意屏上的衍射图样，可观察到与理论分析一致，由近似夫琅禾费单缝衍射逐渐变化成各种菲涅耳单缝衍射，最后形成两个对称的直边衍射的现象.

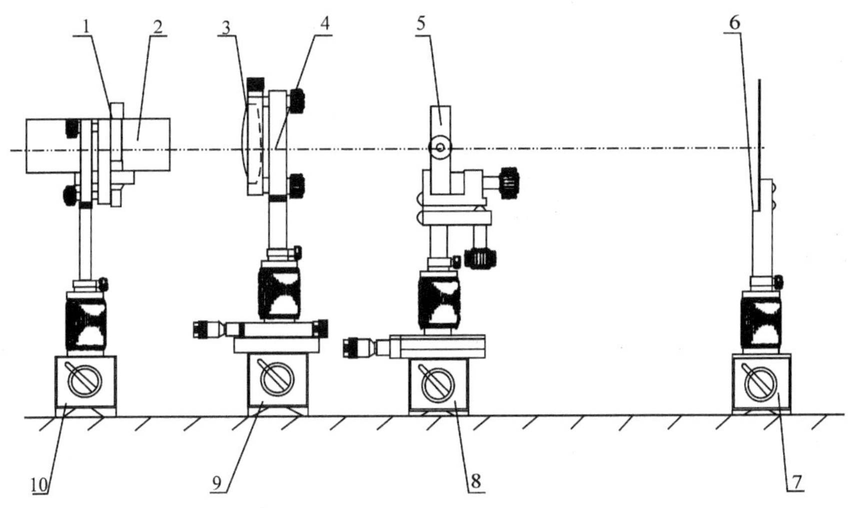

图 6.25.1

1. 光源二维架(SZ-19);2. He-Ne激光器;3. 扩束器(f'=6.2mm);4. 二维架;5. 可调狭缝;6. 白屏(SZ-13);7. 升降调整座(SZ-03);8. 三维平移底座(SZ-01);9. 二维平移底座(SZ-02);10. 升降调整座(SZ-03)

6.26 光栅衍射

[使用部件]

如图 6.26.1 所示,见各部件介绍.

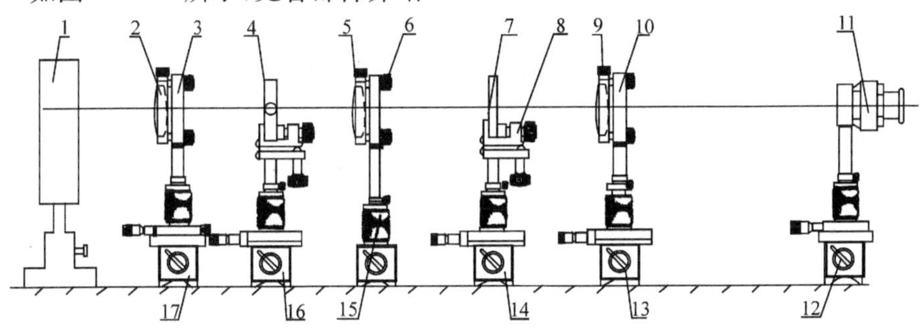

图 6.26.1

1. 汞灯;2. 透镜 L_1(f'=50mm);3. 二维架(SZ-07);4. 可调狭缝;5. 透镜 L_2(f'=190mm);6. 二维架(SZ-07);7. 光栅(d=1/20mm);8. 二维干版架(SZ-18);9. 透镜 L_3(f'=225mm);10. 二维架(SZ-07);11. 测微目镜及支架;12. 三维平移底座(SZ-01);13. 二维平移底座(SZ-02);14. 二维平移底座(SZ-02);15. 升降调整座(SZ-03);16、17. 二维平移底座(SZ-02)

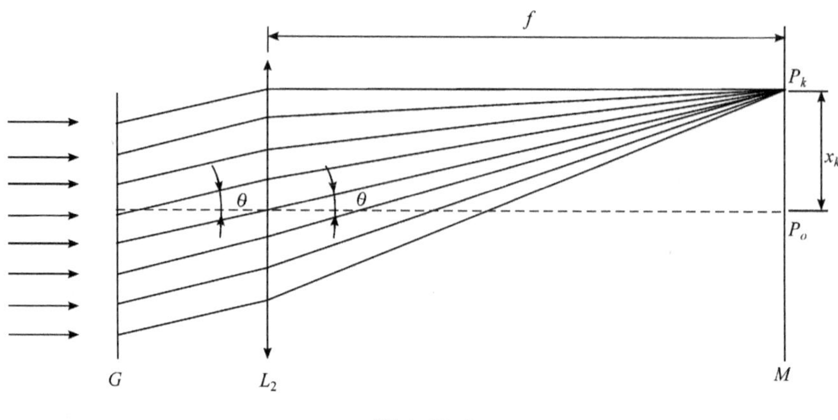

图 6.26.2

[设计内容]

(1) 按图 6.26.1 沿平台米尺安排各器件,调节共轴.

(2) 狭缝须调铅直,并使光栅刻线和测微目镜分划板上的毫米尺刻线与狭缝平行.

(3) 将狭缝调窄,前后移动测微目镜,获得清晰的汞的光栅衍射光谱.

(4) 转动目镜,消除光谱线与分划板间的视差.

(5) 根据光栅方程,衍射的各主极大由下式决定:

$$(a+b)\sin\theta=k\lambda,\quad k=0,\pm1,\pm2,\cdots$$

实际上因 θ 角很小(图 6.26.2)予以放大,可近似地认为

$$(a+b)\frac{x_k}{f}=k\lambda,\quad k=0,\pm1,\pm2,\cdots$$

式中,$(a+b)$是光栅常量;x_k 是某待测谱线位置到零级谱线的距离;f 是物镜 L_2 的焦距;k 是衍射级;λ 是光波波长.

用测微目镜对汞的一级光谱中较强的两条黄线,一条绿线和一条蓝线分别测出 x_{y1},x_{y2},x_G 和 x_B,根据上式即测得各谱线的波长. 左右移动测微目镜,也可以利用二级谱线测谱线波长.

(6) 光栅光谱与棱镜光谱的比较:将等边三棱镜放在光栅转台上,替换下二维干版架和光栅,用测微目镜在适当角度找到汞的棱镜光谱,通过观察比较两种光谱的区别.

附 表

附表 1 基本物理常数、常量表

真空中的光速	$c=2.99792458\text{m}\cdot\text{s}^{-1}$
电子的电荷	$e=1.6021765\times10^{-19}\text{C}$
普朗克常量	$h=6.626069\times10^{-34}\text{J}\cdot\text{s}$
阿伏伽德罗常量	$N_0=6.022141\times10^{23}\text{mol}^{-1}$
原子质量单位	$u=1.6605387\times10^{-27}\text{kg}$
电子的静止质量	$m_e=9.109382\times10^{-31}\text{kg}$
电子的比荷	$e/m_e=1.7588201\times10^{11}\text{C}\cdot\text{kg}^{-1}$
法拉第常量	$F=9.648456\times10^{1}\text{C}\cdot\text{mol}^{-1}$
热功当量常量	$J=4.186\text{J}\cdot\text{cal}^{-1}$
氢原子的里德伯常量	$R_H=1.096776\times10^{7}\text{m}^{-1}$
摩尔气体常量	$R=8.31441\text{J}\cdot\text{mol}^{-1}\cdot\text{K}^{-1}$
玻尔兹曼常量	$k=1.380662\times10^{-23}\text{J}\cdot\text{K}^{-1}$
洛喜密德常量	$n=2.68719\times10^{25}\text{m}^{-3}$
库仑常量	$e^2/4\pi\varepsilon_0=14.42\text{eV}\cdot\text{Å}$
万用引力常量	$G=6.6720\times10^{-11}\text{N}\cdot\text{m}^2\cdot\text{kg}^{-2}$
标准大气压	$p_0=101325\text{Pa}$
空气压强温度系数	$\alpha_P=3.659\times10^{-3}\text{K}$
冰点的绝对温度	$T_0=273.15\text{K}$
玻璃材料体膨胀系数	$\beta=2.6\times10^{-5}\text{K}$
标准状态下声音在空气中的速度	$v_{声}=331.46\text{m}\cdot\text{s}^{-1}$
标准状态下干燥空气的密度	$\rho_{空气}=1.293\text{kg}\cdot\text{m}^{-3}$
标准状态下水银的密度	$\rho_{水银}=13595.04\text{kg}\cdot\text{m}^{-3}$
标准状态下理想气体的摩尔体积	$V_m=22.41383\times10^{-3}\text{m}^3\text{mol}^{-1}$
真空的介电常数(电容率)	$\varepsilon_0=8.854188\times10^{-12}\text{F}\cdot\text{m}^{-1}$
真空的磁导率	$\mu_0=12.566371\times10^{-7}\text{H}\cdot\text{m}^{-1}$
在镉光谱中红外线的波长	$\lambda_{Cd}=643.84696\times10^{-9}\text{m}$

附表 2　在海平面上不同纬度处的重力加速度

纬度 φ/度	$g/(\mathrm{m \cdot s^{-2}})$	纬度 φ/度	$g/(\mathrm{m \cdot s^{-2}})$
0	9.78049	50	9.81079
5	9.78088	55	9.81515
10	9.78024	60	9.81924
15	9.78394	65	9.82294
20	9.78652	70	9.82614
25	9.78969	75	9.82873
30	9.79338	80	9.83065
40	9.80180	85	9.83182
45	9.80629	90	9.83221

表中的数值是根据公式：$g=9.78049(1+0.005288\sin^2\varphi-0.000006\sin^2 2\varphi)$算出，其中 φ 为纬度. 淄博地区 $g_{标}=9.79878\mathrm{m/s^{-2}}$.

附表 3　20℃时某些金属的弹性模量(杨氏模量)

金　属	杨氏模量	
	GPa	Pa
铝	70.00～71.00	$7.000\sim7.100\times10^{10}$
钨	415.0	4.150×10^{11}
铁	190.0～210.0	$1.900\sim2.100\times10^{11}$
铜	105.0～130.0	$1.050\sim1.300\times10^{11}$
金	79.00	7.900×10^{10}
银	70.00～82.00	$7.000\sim8.200\times10^{10}$
锌	800.0	8.000×10^{10}
镍	205.0	2.050×10^{11}
铬	240.0～250.0	$2.400\sim2.500\times10^{11}$
合金钢	210.0～220.0	$2.100\sim2.200\times10^{11}$
碳　钢	200.0～210.0	$2.000\sim2.100\times10^{11}$
康　铜	163.0	1.630×10^{11}

杨氏弹性模量的值根据材料的结构、化学成分及加工制造方法有关，因此在某些情况下，Y 的值可能根据表中所列的平均值不同.

附表4　水的表面张力与温度的关系

温度/℃	表面张力/($\times10^{-3}$ $N\cdot m^{-1}$)	温度/℃	表面张力/($\times10^{-3}$ $N\cdot m^{-1}$)	温度/℃	表面张力/($\times10^{-3}$ $N\cdot m^{-1}$)	温度/℃	表面张力/($\times10^{-3}$ $N\cdot m^{-1}$)
0	75.61	13	73.77	20	72.76	40	69.56
5	74.90	14	73.64	21	72.60	50	67.90
6	74.76	15	73.49	22	72.45	60	66.18
8	74.48	16	73.34	23	72.27	70	64.41
10	74.20	17	73.20	24	72.11	80	62.60
11	74.08	18	73.15	25	71.97	90	60.74
12	73.92	19	72.88	30	71.16	100	58.85

附表5　液体的比热容

液　体	温度/℃	比　热　容	
		$\times10^3 J\cdot kg^{-1}\cdot K^{-1}$	$\times10^3 cal\cdot kg^{-1}\cdot K^{-1}$
乙醇	0	2.30	0.55
	20	2.47	0.59
甲醇	0	2.43	0.58
	20	2.47	0.59
乙醚	20	2.34	0.56
水	0	4.220	1.009
变压器油	0～100	1.88	0.45
汽油	10	1.42	0.34
	50	2.09	0.50
水银	0	0.1465	0.0350
	20	0.1390	0.0332

附表6　固体的比热容

物　质	温度/℃	比　热　容	
		$\times10^3 cal\cdot kg^{-1}\cdot K^{-1}$	$\times10^3 J\cdot kg^{-1}\cdot K^{-1}$
铝	20	0.214	0.895
铜	20	0.092	0.385
铂	20	0.032	0.134
铁	20	0.115	0.481
铅	20	0.0306	0.130
镍	20	0.115	0.481
银	20	0.056	0.234
钠	20	0.107	0.447
冰	−40～0	0.43	1.797

附表 7 固体的线膨胀系数

物　质	温度或温度范围/℃	$\alpha/(\times10^{-6}K^{-1})$
铝	0～100	23.8
铜	0～100	17.1
铁	0～100	12.2
金	0～100	14.3
银	0～100	19.6
铅	0～100	29.2
锌	0～100	32
铂	0～100	9.1
钨	0～100	4.5
石英玻璃	20～200	0.56
窗玻璃	20～200	9.5
花岗石	20	6～9
瓷　器	20～200	3.4～4.1

附表 8 水的沸点随压强变化的参考值

沸点/℃	压强/($\times10^5$Pa)	沸点/℃	压强/($\times10^5$Pa)	沸点/℃	压强/($\times10^5$Pa)
100.0	1.013	90.8	0.723	81.6	0.505
99.6	0.999	90.4	0.712	81.2	0.497
99.2	0.985	90.0	0.701	80.8	0.489
98.8	0.971	89.6	0.690	80.4	0.481
98.4	0.957	89.2	0.680	80.0	0.474
98.0	0.943	88.8	0.670	79.6	0.466
97.6	0.929	88.4	0.659	79.2	0.458
97.2	0.916	88.0	0.649	78.8	0.451
96.8	0.903	87.6	0.640	78.4	0.444
96.4	0.890	87.2	0.630	78.0	0.436
96.0	0.877	86.8	0.620	77.6	0.429
95.6	0.864	86.4	0.610	77.2	0.422
95.2	0.851	86.0	0.601	76.8	0.415
94.8	0.839	85.6	0.592	76.4	0.409
94.4	0.827	85.2	0.583	76.0	0.402
94.0	0.814	84.8	0.573	75.6	0.395
93.6	0.802	84.4	0.565	75.2	0.389
93.2	0.791	84.0	0.556	74.8	0.382
92.8	0.779	83.6	0.547	74.4	0.376
92.4	0.767	83.2	0.538	74.0	0.370
92.0	0.756	82.8	0.530	73.6	0.363
91.6	0.745	82.4	0.522	73.2	0.357
91.2	0.734	82.0	0.513	72.8	0.351

续表

沸点/℃	压强/(×10^5Pa)	沸点/℃	压强/(×10^5Pa)	沸点/℃	压强/(×10^5Pa)
72.4	0.345	64.8	0.248	57.2	0.175
72.0	0.339	64.4	0.243	56.8	0.171
71.6	0.334	64.0	0.239	56.4	0.168
71.2	0.328	63.6	0.235	56.0	0.165
70.8	0.322	63.2	0.231	55.6	0.162
70.4	0.317	62.8	0.226	55.2	0.159
70.0	0.312	62.4	0.222	54.8	0.156
69.6	0.306	62.0	0.218	54.4	0.153
69.2	0.301	61.6	0.214	54.0	0.150
68.8	0.296	61.2	0.210	53.6	0.147
68.4	0.291	60.8	0.207	53.2	0.144
68.0	0.286	60.4	0.203	52.8	0.141
67.6	0.281	60.0	0.199	52.4	0.139
67.2	0.276	59.6	0.195	52.0	0.136
66.8	0.271	59.2	0.192	51.6	0.133
66.4	0.266	58.8	0.188	51.2	0.131
66.0	0.261	58.4	0.185	50.8	0.128
65.6	0.257	58.0	0.181	50.4	0.126
65.2	0.252	57.6	0.178	50.0	0.123

附表 9　不同温度下干燥空气中的声速

温度/℃	V/(m/s)	温度/℃	V/(m/s)	温度/℃	V/(m/s)	温度/℃	V/(m/s)
0	331.450	10.5	337.760	20.5	343.663	30.5	349.465
1.0	332.050	11.0	338.058	21.0	343.955	31.0	349.573
1.5	332.359	11.5	338.355	21.5	344.247	31.5	350.040
2.0	332.661	12.0	338.652	22.0	344.539	32.0	350.327
2.5	332.963	12.5	338.949	22.5	344.830	32.5	350.614
3.0	33.265	13.0	339.246	23.0	345.123	33.0	350.901
3.5	333.567	13.5	339.542	23.5	345.414	33.5	351.187
4.0	333.868	14.0	339.838	24.0	345.705	34.0	351.474
4.5	334.169	14.5	340.134	24.5	345.995	34.5	351.760
5.0	334.470	15.0	340.429	25.0	346.286	35.0	352.040
5.5	334.770	15.5	340.724	25.5	346.576	35.5	352.331
6.0	335.071	16.0	341.019	26.0	346.866	36.0	352.616
6.5	335.370	16.5	341.314	26.5	347.516	36.5	352.901
7.0	335.670	17.0	341.609	27.0	347.445	37.0	353.186
7.5	335.970	17.5	341.903	27.5	347.735	37.5	353.470
8.0	336.269	18.0	342.197	28.0	348.024	38.0	353.755
8.5	336.568	18.5	342.490	28.5	348.313	38.5	354.039
9.0	336.866	19.0	342.784	29.0	348.601	39.0	354.323
9.5	337.165	19.5	343.077	29.5	348.889	39.5	354.606
10.0	337.463	20.0	343.370	30.0	349.177	40.0	354.890

附表 10　某些金属合金的电阻率及其温度系数

金属或合金	电阻率/(μΩ·m)	温度系数/K^{-1}
铝	0.028	42×10^{-4}
铜	0.0172	43×10^{-4}
银	0.016	40×10^{-4}
金	0.024	40×10^{-4}
铁	0.098	60×10^{-4}
铅	0.205	37×10^{-4}
铂	0.105	39×10^{-4}
钨	0.055	48×10^{-4}
锌	0.059	42×10^{-4}
水银	0.958	10×10^{-4}
康铜	0.47～0.51	$(-0.04\sim0.01)\times10^{-3}$

附表 11　几种标准温差电偶

温差电偶名称	100℃时的电动势 $\mathscr{E}$/mV	使用温度 t/℃
铜-康铜	4.26	−200～300
镍铬-康铜	6.95	−200～800
镍铬-镍硅	4.1	1200
铂铑-铂	0.643	1600
镍铬-镍铝	4.15	0～1300

附表 12　铜-康铜热电偶分度表

温度/℃	热电势/mV									
	0	1	2	3	4	5	6	7	8	9
−10	−0.383	−0.421	−0.458	−0.496	−0.534	−0.571	−0.608	−0.646	−0.683	−0.720
−0	0.000	−0.039	−0.077	−0.116	−0.154	−0.193	−0.231	−0.269	−0.307	−0.345
0	0.000	0.039	0.078	0.117	0.156	0.195	0.234	0.273	0.312	0.351
10	0.391	0.430	0.470	0.510	0.549	0.589	0.629	0.669	0.709	0.749
20	0.789	0.830	0.870	0.911	0.951	0.992	1.032	1.073	1.114	1.155
30	1.196	1.237	1.279	1.320	1.361	1.403	1.444	1.486	1.528	1.569
40	1.611	1.653	1.695	1.738	1.780	1.882	1.865	1.907	1.950	1.992
50	2.035	2.078	2.121	2.164	2.207	2.250	2.294	2.337	2.380	2.424
60	2.467	2.511	2.555	2.599	2.643	2.687	2.731	2.775	2.819	2.864
70	2.908	2.953	2.997	3.042	3.087	3.131	3.176	3.221	3.266	3.312

续表

温度/℃	热电势/mV									
	0	1	2	3	4	5	6	7	8	9
80	3.357	3.402	3.447	3.493	3.538	3.584	3.630	3.676	3.721	3.767
90	3.813	3.859	3.906	3.952	3.998	4.044	4.091	4.137	4.184	4.231
100	4.277	4.324	4.371	4.418	4.465	4.512	4.559	4. 607	4.654	4.701
110	4.749	4.796	4.844	4.891	4.939	4.987	5.035	5.083	5.131	5.179
120	5.227	5.275	5.324	5.372	5.420	5.469	5.517	5.566	5.615	5.663
130	5.712	5.761	5.810	5.859	5.908	5.957	6.007	6.056	6.105	6.155
140	6.204	6.254	6.303	6.353	6.403	6.452	6.502	6.552	6.602	6.652
150	6.702	6.753	6.803	6.853	6.903	6.954	7.004	7.055	7.106	7.156
160	7.207	7.258	7.309	7.360	7.411	7.462	7.513	7.564	7.615	7.666
170	7.718	7.769	7.821	7.872	7.924	7.975	8.027	8.079	8.131	8.183
180	8.235	8.287	8.339	8.391	8.443	8.495	8.548	8.600	8.652	8.705
190	8.757	8.810	8.863	8.915	8.968	9.024	9.074	9.127	9.180	9.233

附表 13　常用光源的谱线波长

元　素	λ/nm
氢(H)	656.28H_α　红
	486.13H_β　绿
	434.05H_γ　蓝
	410.17H_δ　蓝紫
	397.01H_ε　蓝紫
	388.90H_ξ　紫外
氦(He)	706.52　红
	667.82　红
	587.56(D_3)　黄
	501.57　绿
	492.19　绿蓝
	471.31　蓝
	447.15　蓝
	402.62　蓝紫
	388.87　蓝紫
氖(Ne)	650.65　红
	640.23　橙
	638.30　橙
	626.65　橙
	621.73　橙
	614.31　橙
	588.19　黄
	585.25　黄
钠(Na)	589.592(D_1)黄 } (589.3)
	588.995(D_2)黄 }
汞(Hg)	623.44　橙
	579.07　黄
	576.96　黄
	546.07　绿
	491.60　绿蓝
	435.83　蓝
	435.83　蓝
	407.78　蓝紫
	404.66　蓝紫
激光(He-Ne)	632.8　橙红

附表 14　几种常用激光器的主要谱线波长

氦氖激光/nm	632.8
氦镉激光/nm	441.6　325.0
氩离子激光/nm	528.7　514.5　501.7　496.5　488.0　476.5　472.7　465.8 457.9　454.5　437.1
红宝石激光/nm	694.3　693.4　510.0　360.0
Nd 玻璃激光/μm	1.35　1.34　1.32　1.06　0.91
CO_2 激光/μm	10.6

附表 15　常温下某些物质相对于空气的折射率

物质＼波长	H_α 线 656.3nm	D 线 589.3nm	H_β 线 486.1nm
水(18℃)	1.3314	1.3332	1.3373
乙醇(18℃)	1.3609	1.3625	1.3665
三硫化碳(18℃)	1.6199	1.6291	1.6541
窗玻璃(轻)	1.5127	1.5153	1.5214
窗玻璃(重)	1.6126	1.6152	1.6213
方解石(寻常光)	1.6545	1.6585	1.6679
方解石(非常光)	1.4846	1.4864	1.4908
水晶(寻常光)	1.5418	1.5442	1.5496
水晶(非常光)	1.5509	1.5533	1.5589

附表 16　一毫米厚石英片的旋光率

$t=20$℃

波长/nm	344.1	372.6	404.7	435.9	491.6	508.6	589.3	656.3	670.8
旋光率 ρ	70.59	58.86	43.54	41.54	31.98	29.72	21.72	17.32	16.54

附表 17　光在有机物中偏振面的旋转

旋光物质,溶剂,浓度	波长/nm	ρ_s	旋光物质,溶剂,浓度	波长/nm	ρ_s
葡萄糖＋水 $C=5.5(t=20℃)$	447.0 479.0 508.0 535.0 589.0 656.0	96.62 83.88 73.61 65.35 52.76 41.89	酒石酸＋水 $C=28.62(t=18℃)$	350.0 400.0 450.0 500.0 550.0 589.0	−16.8 −6.0 ＋6.6 ＋7.5 ＋8.4 ＋9.82
蔗糖＋水 $C=26(t=20℃)$	404.0 435.8 480.0 520.9 589.3 670.8	152.8 128.8 103.05 86.80 66.52 50.45	樟脑＋水 $C=34.70(t=19℃)$	350.0 400.0 450.0 500.0 550.0 589.0	378.3 158.6 109.8 81.7 62.0 52.4

附表 18　常用材料的导热系数

物　质	温度/K	导热系数 /(×10^{-2}m^{-1} · K^{-1})	物　质	温度/K	导热系数 /(×10^{-2}m^{-1} · K^{-1})
空气	300	2.60	黄铜	273	1.20
甘油	273	2.90	铜	273	4.00
乙醇	293	1.70	不锈钢	273	0.14
石油	293	1.50	玻璃	273	0.01
银	273	4.18	橡胶	298	0.16
铝	273	2.38	木材	300	0.04～0.35

附表 19　Cu-50 铜电阻的电阻-温度特性

α=0.004280/℃

温度/℃	0	1	2	3	4	5	6	7	8	9
	电阻值/Ω									
−50	39.24									
−40	41.40	41.18	40.97	40.75	40.54	40.32	40.10	39.89	39.67	39.46
−30	43.55	43.34	43.12	42.91	42.69	42.48	42.27	42.05	41.83	41.61
−20	45.70	45.49	45.27	45.06	44.84	44.63	44.41	42.20	43.98	43.77
−10	47.85	47.64	47.42	47.21	46.99	46.78	46.56	46.35	46.13	45.92
−0	50.00	49.78	49.57	49.35	49.14	48.92	48.71	48.50	48.28	48.07
0	50.00	50.21	50.43	50.64	50.86	51.07	51.28	51.50	51.81	51.93
10	52.14	52.36	52.57	52.78	53.00	53.21	53.43	53.64	53.86	54.07
20	54.28	54.50	54.71	54.92	55.14	55.35	55.57	55.78	56.00	56.21
30	56.42	56.64	56.85	57.07	57.28	57.49	57.71	57.92	58.14	58.35
40	58.56	58.78	58.99	59.20	59.42	59.63	59.85	60.06	60.27	60.49
50	60.70	60.92	61.13	61.34	61.56	61.77	51.93	62.20	62.41	62.63
60	62.84	63.05	63.27	63.48	63.70	63.91	64.12	64.34	64.55	64.76
70	64.98	65.19	65.41	65.62	65.83	66.05	66.26	66.48	66.69	66.90
80	67.12	67.33	67.54	67.76	67.97	68.19	68.40	68.62	66.83	69.04
90	69.26	69.47	69.68	69.90	70.11	70.33	70.54	70.76	70.97	71.18
100	71.40	71.61	71.83	72.04	72.25	72.47	72.68	72.90	73.11	73.33
110	73.54	73.75	73.97	74.18	74.40	74.61	74.83	75.04	75.26	75.47
120	75.68									

附表 20　蓖麻油黏度系数

温度/℃	η/(Pa · s)
10	2.420
20	0.986
30	0.451
40	0.231

参　考　文　献

陈守川.1995.大学物理实验教程.杭州:浙江大学出版社

丁慎训等.2002.物理实验教程.北京:清华大学出版社

杜义林.2002.大学实验物理教程.合肥:中国科学技术大学出版社

国家技术监督局.1992.测量误差及数据处理(试行).中华人民共和国国家计量技术规范(JJG1027—91,1992年10月1日实施)

贾玉润等.1987.大学物理实验.上海:复旦大学出版社

林抒等.1983.普通物理实验.北京:人民教育出版社

凌邦国等.2003.大学物理实验.苏州:苏州大学出版社

吕斯骅等.2002.基础物理实验.北京:北京大学出版社

王希义.1998.大学物理实验.西安:陕西科学技术出版社

杨述武.2000.普通物理实验.北京:高等教育出版社

袁长坤.2004.物理量测量.北京:科学出版社

袁长坤等.1996.物理实验教程.济南:山东大学出版社

曾金根.2002.大学物理实验教程.上海:同济大学出版社

周殿清.2002.大学物理实验.武汉:武汉大学出版社